油气集输工培训教材

河南石油勘探局人力资源开发中心　编

中国石化出版社

内 容 提 要

本书依据国家相关工种职业资格等级标准和鉴定试题库，详细介绍了油气集输基础知识、油气集输流程及站库、油气集输主要设备、原油净化处理、天然气净化及储运、输油管道及计量、含油污水处理、仪表及控制系统、油气集输安全与环保、油气集输管道工程施工图等内容。本书可作为油气集输技能人才的培训教材和工具书，也可供高等院校相关专业的师生参考。

图书在版编目（CIP）数据

油气集输工培训教材/河南石油勘探局人力资源开发中心编．—北京：中国石化出版社，2012.8
 ISBN 978－7－5114－1621－6

Ⅰ．①油… Ⅱ．①河… Ⅲ．①油气集输－技术培训－教材 Ⅳ．①TE86

中国版本图书馆 CIP 数据核字（2012）第 136408 号

未经本社书面授权，本书任何部分不得被复制、抄袭，或者以任何形式或任何方式传播。版权所有，侵权必究。

中国石化出版社出版发行
地址：北京市东城区安定门外大街 58 号
邮编：100011　电话：(010)84271850
读者服务部电话：(010)84289974
http://www.sinopec-press.com
E-mail:press@sinopec.com
北京科信印刷有限公司印刷
全国各地新华书店经销

*

787×1092 毫米 16 开本 35 印张 841 千字
2012 年 8 月第 1 版　2012 年 8 月第 1 次印刷
定价：98.00 元

前 言

为不断提高油气集输技能人才整体素质，实现岗位操作标准化、设备管理科学化、安全运行规范化，我们组织专家编写了《油气集输工培训教材》。

本教材依据国家相关工种职业资格等级标准和鉴定试题库，立足油气集输本行业的实际，着眼于油气集输技能人才专业基础理论知识面的拓宽、相关重点关键岗位操作技能和创新技能的提升，力求达到油气集输行业对技能人才知识型、技术型、复合型的专业化要求。

本教材由中国石化集团河南石油勘探局人力资源开发中心组织编写。参加本教材编写人员有李恒钦、闫玉彪、董绍奎、王攀、李中增、秦彦敏、马振峰、刘殿勋、张忠、李天健、曹正先、林波等。一、二稿由毕普田、刘钰、胡朝荣、马振峰、闫玉彪、秦彦敏、李晓玲、李恒钦、杨洪茂、赵正茂分审修改；最后由曹汴生、卢万选、毕普田、张忠、刘钰、闫玉彪、秦彦敏、李恒钦审定。邢江燕、彭冉、周茂林、青麒等为本教程的编写作了大量的前期辅助工作，在此一并表示衷心的感谢！

本教材在编写过程中，参考了大量的文献书籍，汲取了兄弟油田诸多专家的研究成果。对此，编者在该书的参考文献中尽可能地作了列举。在此，谨向有关作者、编者表示深深的谢意，并向出版这些书刊、读物的出版社致敬！

限于编者水平，错误和不妥之处在所难免，恳请读者批评指正，以便今后修订完善。

目 录

第一章 基础知识

第一节 石油与天然气基础知识 ……………………………………………（ 1 ）
一、石油 ………………………………………………………………（ 1 ）
二、天然气 ……………………………………………………………（ 4 ）
三、石油、天然气的危险性 …………………………………………（ 9 ）

第二节 流体力学基础知识 ……………………………………………（ 13 ）
一、流体的概念及特性 ………………………………………………（ 13 ）
二、水力学知识 ………………………………………………………（ 17 ）

第三节 热力学基础知识 ………………………………………………（ 24 ）
一、热传导 ……………………………………………………………（ 24 ）
二、热对流 ……………………………………………………………（ 26 ）
三、热辐射 ……………………………………………………………（ 28 ）

第四节 油气田开发基础知识 …………………………………………（ 29 ）
一、石油及油气藏 ……………………………………………………（ 29 ）
二、油气藏开发 ………………………………………………………（ 36 ）

第二章 油气集输流程及站库

第一节 油气集输基本工艺流程 ………………………………………（ 45 ）
一、油气集输的主要内容 ……………………………………………（ 45 ）
二、油气集输的基本工艺流程 ………………………………………（ 46 ）
三、不同油气藏及其集输流程 ………………………………………（ 51 ）

第二节 油气集输站、库 ………………………………………………（ 53 ）
一、油库的类型和作用 ………………………………………………（ 53 ）
二、站、库布设原则 …………………………………………………（ 55 ）
三、站、库工艺流程 …………………………………………………（ 58 ）
四、站、库的试运投产 ………………………………………………（ 62 ）

第三章 油气集输主要设备

第一节 输油机泵 ………………………………………………………（ 70 ）
一、离心泵 ……………………………………………………………（ 70 ）
二、螺杆泵 ……………………………………………………………（110）
三、三相异步电动机 …………………………………………………（113）

第二节 加热炉 …………………………………………………………（128）

I

  一、加热炉的分类及型号 …………………………………………（129）
  二、常用加热炉 ……………………………………………………（130）
  三、新型加热炉 ……………………………………………………（151）
  四、加热炉燃烧器 …………………………………………………（160）
 第三节 储油罐 ………………………………………………………（164）
  一、储油罐的分类 …………………………………………………（164）
  二、金属油罐 ………………………………………………………（167）
  三、金属储油罐附件 ………………………………………………（171）
  四、金属油罐储油的损耗 …………………………………………（177）
  五、金属油罐的操作和维护保养 …………………………………（182）
  六、金属油罐的防腐 ………………………………………………（185）

第四章 原油净化处理

 第一节 原油净化工艺 ………………………………………………（193）
  一、油气分离工艺 …………………………………………………（193）
  二、原油脱水工艺 …………………………………………………（193）
  三、原油稳定工艺 …………………………………………………（194）
 第二节 气液分离 ……………………………………………………（194）
  一、相平衡分离特性 ………………………………………………（195）
  二、油气分离器 ……………………………………………………（201）
  三、三相分离器 ……………………………………………………（209）
  四、分离器的操作与维护 …………………………………………（213）
 第三节 原油脱水 ……………………………………………………（214）
  一、原油中水的危害 ………………………………………………（214）
  二、原油乳状液 ……………………………………………………（215）
  三、化学破乳剂 ……………………………………………………（219）
  四、常用原油脱水方法 ……………………………………………（222）
  五、电脱水器的操作与维护 ………………………………………（231）
 第四节 原油稳定 ……………………………………………………（237）
  一、原油稳定概述 …………………………………………………（237）
  二、原油稳定的方法 ………………………………………………（239）
  三、原油稳定装置 …………………………………………………（248）
  四、原油稳定装置操作 ……………………………………………（255）

第五章 天然气净化及储运

 第一节 天然气净化 …………………………………………………（260）
  一、天然气技术要求 ………………………………………………（260）
  二、天然气净化工艺 ………………………………………………（261）
 第二节 天然气净化设备 ……………………………………………（281）

一、天然气压缩机 ……………………………………………………（281）
　　　二、分馏设备 ……………………………………………………（299）
　　　三、换热设备 ……………………………………………………（302）
　第三节　天然气及凝液储运 ………………………………………（308）
　　　一、天然气储运 …………………………………………………（308）
　　　二、天然气凝液回收及储运 ……………………………………（312）

第六章　输油管道及计量

　第一节　管道输油工艺 ……………………………………………（319）
　　　一、等温输送工艺 ………………………………………………（319）
　　　二、加热输送工艺 ………………………………………………（331）
　　　三、输油管道的运行管理 ………………………………………（339）
　　　四、输油管道常见事故与处理 …………………………………（346）
　第二节　管道的腐蚀与防护 ………………………………………（350）
　　　一、金属腐蚀与防护基本原理 …………………………………（350）
　　　二、地下金属管道的腐蚀及防护 ………………………………（354）
　第三节　管道及主要配件 …………………………………………（359）
　　　一、管道 …………………………………………………………（359）
　　　二、阀门的选用 …………………………………………………（360）
　　　三、主要配件的选用 ……………………………………………（367）
　第四节　输油管道在线监控系统（泄漏检测技术） ………………（369）
　　　一、输油管道参数监控 …………………………………………（369）
　　　二、管道泄漏检测技术 …………………………………………（369）
　第五节　管道输油计量与输差 ……………………………………（371）
　　　一、原油的计量方法、分级与器具配备 ………………………（371）
　　　二、石油静态计量 ………………………………………………（373）
　　　三、石油动态计量 ………………………………………………（379）
　　　四、管道输油计量的误差 ………………………………………（380）

第七章　含油污水处理

　第一节　含油污水处理知识 ………………………………………（383）
　　　一、含油污水 ……………………………………………………（383）
　　　二、水质标准 ……………………………………………………（386）
　第二节　含油污水处理方法及工艺 ………………………………（388）
　　　一、处理方法 ……………………………………………………（388）
　　　二、工艺流程 ……………………………………………………（389）
　第三节　水质净化处理工艺 ………………………………………（394）
　　　一、重力除油 ……………………………………………………（394）
　　　二、化学除油（或混凝除油） …………………………………（399）

三、粗粒化（聚结）除油 …………………………………………（401）
　　四、气浮除油 ……………………………………………………（404）
　　五、旋流除油 ……………………………………………………（407）
　　六、过滤除油 ……………………………………………………（409）
　第四节　水质稳定处理工艺 ……………………………………………（419）
　　一、系统工程密闭 ………………………………………………（420）
　　二、缓蚀剂与阻垢剂 ……………………………………………（423）
　　三、其他水处理药剂 ……………………………………………（428）
　　四、含油污水处理操作 …………………………………………（429）
　第五节　污水污油回收和含油污泥处理 ………………………………（432）
　　一、污水回收 ……………………………………………………（432）
　　二、污油回收 ……………………………………………………（432）
　　三、含油污泥处理 ………………………………………………（433）

第八章　仪表及控制系统

　第一节　常用工用具 ……………………………………………………（436）
　　一、测量工具 ……………………………………………………（436）
　　二、用具 …………………………………………………………（442）
　　三、锉削工具 ……………………………………………………（445）
　　四、转速表 ………………………………………………………（449）
　　五、兆欧表 ………………………………………………………（451）
　　六、万用表 ………………………………………………………（453）
　第二节　自动化仪表 ……………………………………………………（455）
　　一、基本知识 ……………………………………………………（455）
　　二、测量仪表 ……………………………………………………（459）
　　三、显示仪表 ……………………………………………………（477）
　　四、控制仪表 ……………………………………………………（479）
　　五、执行器 ………………………………………………………（482）
　第三节　安装与维护 ……………………………………………………（490）
　　一、仪表的安装 …………………………………………………（490）
　　二、日常维护与故障处理 ………………………………………（492）
　第四节　自动化控制系统 ………………………………………………（499）
　　一、自动控制系统 ………………………………………………（499）
　　二、DCS 控制系统 ………………………………………………（502）

第九章　油气集输安全与环保

　第一节　油气集输生产特点及主要风险 ………………………………（510）
　　一、油气集输生产特点 …………………………………………（510）
　　二、集输系统的主要风险 ………………………………………（511）

第二节 油气集输安全防控重点 （513）
    一、主要危险及预防 （513）
    二、岗位直接作业环节控制 （516）
    三、防火防爆、防中毒、防污染 （520）
    四、人员不安全行为控制措施 （521）

第三节 集输站库防静电、防雷电 （522）
    一、防静电 （522）
    二、防雷电 （523）

第四节 集输站库应急处置技术 （524）
    一、事故现场抢险应急预案 （524）
    二、油罐着火应急处置 （529）
    三、常见意外伤害急救要点 （531）
    四、火灾、中毒事故案例 （532）

第十章 油气集输管道工程施工图

第一节 管道工程施工图的基本知识 （536）
    一、分类 （536）
    二、线型、图例和类别代号 （537）
    三、管道施工图表示方法 （538）
    四、管道施工图的特点 （540）

第二节 油田、气田管道设计常用制图标准与图例 （540）
    一、风向频率及方向 （540）
    二、坐标网 （540）
    三、管道标注 （541）
    四、设备和构筑物编号及标注 （541）
    五、常用图例 （542）

第三节 油气集输管道工程施工图 （545）
    一、种类、图示要点和内容 （545）
    二、读图单元及识读方法 （548）

参考文献 （550）

第一章 基础知识

第一节 石油与天然气基础知识

一、石油

天然石油即原油，是多种碳氢化合物混合组成的可燃性液体。

（一）原油的组成

原油主要是由碳、氢两种元素构成的，碳、氢两种元素约占原油总质量95%~99%，其中碳为84%~85%，氢为12%~14%，此外还含有少量硫、氧及微量的磷、钒、钾、镍、硅、钙、铁、镁、钠等元素。原油中所含的烃类主要有正构及异构烷烃、环烷烃、芳香烃。原油内 C_{16} 以上的正构烷烃称石蜡，其熔点高于环境温度，若管道输送温度过低将析出蜡晶，并在管内壁结蜡。原油为胶体溶液，常含有胶质、沥青质，还有砂、各种盐类及金属腐蚀产物等。

根据原油的成分，可把原油分为蜡基、沥青基、混合基三大类，含蜡量高的原油称为蜡基原油。沥青质、胶质多的称为沥青基原油。介于两者之间的称为混合基原油。习惯将含蜡高、凝固点高、黏度高的原油称为"三高"原油。

（二）原油的工业分类

原油的工业分类如图1-1所示。

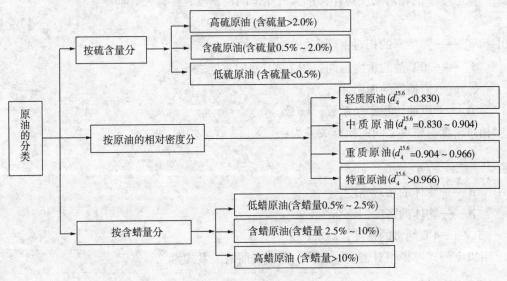

图1-1 原油的工业分类

（三）原油的性质

1. 密度、重度与相对密度

密度为物体质量对其体积之比。我们把物体单位体积内所具有的质量，称为密度，以 ρ 表示。

$$\rho = \frac{m}{V} \qquad (1-1)$$

式中　m——物体的质量，kg；
　　　V——物体的体积，m³；
　　　ρ——物体的密度，kg/m³。

原油随着温度升高而体积增大，密度减小。但温度不变，压力升高时，原油的密度变化却很小。

任何物体都具有重量，并可以用重力来表示，$G = m \times g$。单位体积物体所产生的重力，就是重度，以 γ 表示。

$$\gamma = \frac{G}{V} \qquad (1-2)$$

式中　G——物体所具有的重力，N；
　　　V——物体的体积，m³；
　　　γ——物体的重度，N/m³。

由以上公式可得重度与密度的关系式 $\gamma = \rho \times g$

式中　g——重力加速度，其值为 9.81 m/s²。

某物体的重度 γ 与 4℃纯水的重度 $\gamma_水$ 之比等于物体的相对密度，用符号 d_4^t 表示：

$$d_4^t = \frac{\gamma}{\gamma_水} \qquad (1-3)$$

因为原油的重度是随温度的变化而变化，所以常把 20℃时原油的相对密度作为标准密度，其他温度下的相对密度称作标准大气压下的视密度，换算公式如下：

$$d_4^t = d_4^{20} - \beta_t(t-20) \qquad (1-4)$$

式中　d_4^t——需换算的相对密度；
　　　d_4^{20}——20℃油的重度与同容积下 4℃水的重度之比；
　　　t——需换算的油温，℃；
　　　β_t——原油体积膨胀系数，1/℃。

相对密度与密度之间的换算关系为：

$$d = \frac{\rho}{\rho_水} \qquad (1-5)$$

式中　d——物体的相对密度；
　　　ρ——物体的密度，kg/m³；
　　　$\rho_水$——4℃纯水的密度，kg/m³。

由以上公式可得相对密度、密度、重度之间的关系式为

$$d = \frac{\rho}{\rho_水} = \frac{\gamma}{\gamma_水} \qquad (1-6)$$

2. 黏度

黏度表示液体(气体)的位移阻力。液体(气体)分子作相对运动时,产生摩擦阻力,这种摩擦阻力一般用黏度表示。黏度的大小,直接影响管道输送原油(天然气)时所需的动力。流体的黏度有绝对黏度(动力黏度)、运动黏度、相对黏度三种表示方法。在实际生产中,较多地使用运动黏度。

(1) 动力黏度 μ

当流体流动的速度梯度等于1时,单位面积上由于流体的黏性所产生的内摩擦力的大小。因此,黏度是一个有单位的量,其数值取决于流体种类及其温度。在 SI 制中,动力黏度单位可表示为:

$$\mu = \frac{\tau}{\frac{du}{dy}} = \frac{N/m^2}{m/s \cdot \frac{1}{m}} = \frac{N \cdot s}{m^2} = Pa \cdot s \qquad (1-7)$$

式中 μ——动力黏度,Pa·s;
τ——剪应力,N/m²。

(2) 运动黏度

运动黏度等于动力黏度与流体密度之比,即

$$\nu = \frac{\mu}{\rho} \qquad (1-8)$$

式中 ν——运动黏度,m²/s;
ρ——物体的密度,kg/m³;
μ——动力黏度,Pa·s 或 N·s/m²。

(3) 相对黏度

为了比较各种油品的黏度,常采用相对黏度。相对黏度最常用的是恩氏黏度,即所测油品在某温度下从恩氏黏度计中流出 200mL 所需要的时间与同样条件下流出 200mL 蒸馏水所需时间的比值,称为恩氏黏度,以符号 °E 表示。除恩氏黏度外,相对黏度还有赛氏、雷氏黏度等,使用时可查有关资料。

3. 比热容和发热值

将 1kg 的物质温度升高 1℃时所需热量,称为该物质的比热容,用符号 c 表示。目前在生产实际应用中,比热容大都是通过实验得出。原油的比热容一般取 2.0 ~ 2.1 kJ/(kg·℃)。1kg 固体或液体完全燃烧时所放出的总热量,称为该燃料的发热值,以符号 Q 表示。对于气体来说,发热值是指在标准状态下 1m³ 气体完全燃烧时所放出的总热量。含有氢和水分的燃料燃烧时,要产生水蒸气。在计算燃料发热量时,若把水蒸气冷凝成水时所放出的汽化潜热也计算在内,这种发热量称为燃料的高位发热值,用 Q_h 表示。不计入这部分水蒸气的汽化潜热,则称为燃料的低位发热值,用 Q_l 表示。在生产实际中,燃料燃烧时生成的水蒸气一般不能在炉内冷凝,亦即这部分汽化潜热并不能利用,因而通常使用燃料的低位发热值来进行有关计算。

4. 导热系数

原油或成品油传导热量的能力可用导热系数 λ 来表示。λ 表示在单位时间内,当原油或成品油沿热流方向流动,使导热体两侧的温差变化为 1℃时,通过单位长度所传导的热量,单位是 W/(m·K)。

5. 蜡熔点、析蜡点、凝点

一般原油中含有各种不同相对分子质量的蜡，蜡是多种高分子的直链烷烃，常温下大都呈固态。每一种单体的蜡高于一定温度时，便转化为液态。蜡的组成不同，转化为液态的温度也不同。蜡从固态变为液态时的温度称为蜡熔点。

原油在静止状态下，开始析出固体蜡的温度称为该原油的析蜡点。不同产地的原油，含蜡量不同，析蜡点也不同。一般情况下，含蜡量高，蜡熔点高的原油，析蜡点也高。在一定条件下，当原油的温度低于析蜡点，蜡晶开始析出，温度继续降低，析出的蜡晶互相联结，形成网络结构，从而使原油出现凝固现象，丧失流动性时的温度，叫做原油的凝点。原油的凝固不同于水的凝固，不是简单地由液态转变为固态，而是转变成凝胶状。故凝固后的原油介于液体和固体之间。

原油凝点的高低，主要取决于原油的化学组成和含蜡量，一般含蜡量越多的原油，其凝点也越高。两种含蜡量相近的原油，其他组分如胶质、沥青质含量的多少，也会影响凝点，一般含沥青质多的原油凝点低。原油中所含的胶质和沥青质越多，颜色越深，其油品特有的气味越浓；含的硫化物、氮化物越多，则气味越臭。

6. 油品蒸气压

油品蒸气压是衡量其挥发性的重要指标。在同一温度下，油品的蒸气与液相成平衡状态时所产生的压力，称为该油品的蒸气压。蒸气压的高低表明了液体中分子汽化或蒸发的能力。蒸气压越高，说明该液体的蒸发能力越强，越容易汽化。在储运原油的过程中，经常利用蒸气压数据来计算油品的蒸发损耗。蒸气压的大小反映了石油的汽化能力，过大的蒸气压将影响离心泵的吸入能力和机械密封的使用寿命。

二、天然气

(一) 天然气的组成

从广义的定义来说，天然气是指自然界中天然存在的一切气体，包括大气圈、水圈、生物圈和岩石圈中各种自然过程形成的气体。而人们长期以来通用的"天然气"的定义，是从能量角度出发的狭义定义，是指天然蕴藏于地层中的烃类和非烃类气体的混合物，主要存在于油田气、气田气、煤层气、泥火山气和生物生成气中。

天然气是指自然生成，在一定压力、温度下蕴藏于地下岩层孔隙或裂缝中的混合气体，其主要成分为甲烷，少量乙烷、丙烷、丁烷、戊烷及以上烃类气体，并可能含有氮、氢、二氧化碳、硫化氢及水蒸气等非烃类气体及少量氦、氩等惰性气体。天然气中还可能含硫化氢、以胶溶态粒子形式存在于气相中的沥青质，还可能微含水银。石油工业范围内，天然气通常指从气田采出的气及油田采油过程同时采出的伴生气（参见国际标准化组织 ISO 14532:2001）。在石油地质学中，通常指油田气和气田气。天然气主要是由碳、氢、硫、氮、氧及微量元素组成的，以碳、氢为主，碳约占 65%~80%，氢约占 12%~20%。天然气是一种烃类气体的混合物，其中带有水蒸气和较重的烃类，它是一种易燃易爆的气体。未经处理的天然气不能使用。在标准状况下，甲烷至丁烷以气体状态存在，戊烷以上为液体。天然气相较于煤炭、石油等能源具有使用安全、热值高、洁净等优势。

对于不同地区、不同类型的天然气，其所含组分是不同的。根据有关统计资料，将这些组分加以归纳，大致可分为三类，即烃类组分、含硫组分和其他组分。

1. 烃类组分

大多数天然气中烃类组分含量为60%~90%。天然气的烃类组分中，主要成分为甲烷，分子式为CH_4，甲烷的化学性质稳定，但通过热裂解等反应后，可以制造化肥、橡胶等，甲烷又是用途广泛的化工原料。甲烷是天然气最主要的组分，其含量相当高，故通常将天然气作为甲烷来处理。天然气中除甲烷组分外，还有乙烷、丙烷、丁烷（含正丁烷和异丁烷），它们在常温常压下是气体。天然气经过降温和加压后液化成为液化气。液化气可作化工原料，也可作为燃料，供民用生活使用。天然气中常含有一定量的戊烷（碳五）、己烷（碳六）、庚烷（碳七）、辛烷（碳八）、壬烷（碳九）和癸烷（碳十），这些含碳量较多的烷烃，简称为碳五以上组分，它们在常温常压下是液体，是汽油的主要成分。在天然气开采中，上述组分凝析为液态而被回收，称为凝析油，是一种天然汽油，可以用作汽车的燃料。不饱和烃、烯烃和炔烃，在天然气中的含量很少，大多数天然气中不饱和烃的总含量小于1%。有的天然气中含有少量的环戊烷和环己烷；有的天然气中含有少量的芳香烃，其多数为苯、甲苯和二甲苯，上述组分常常可以和凝析油一起从天然气中分离出来。

2. 含硫组分

天然气中的含硫组分，可分为无机硫化物和有机硫化物两类。

无机硫化物组分，只有硫化氢（分子式H_2S）。硫化氢是一种比空气重、可燃、有毒、有臭鸡蛋气味的气体。硫化氢的水溶液叫氢硫酸，显酸性，故称硫化氢为酸性气体。有水存在的情况下，硫化氢对金属有强烈的腐蚀作用，硫化氢还会使化工生产中常用的催化剂中毒而失去活性（催化能力减弱）。因此天然气中含有硫化氢时，必须经过脱硫净化处理，才能进行管输和利用。

天然气中有时含有少量的有机硫化物组分，例如硫醇、硫醚、二硫醚、二硫化碳、羰基硫、噻吩、硫酚等。有机硫化物对金属的腐蚀不及硫化氢严重，但对化工生产中的催化剂的毒害作用与硫化氢一样，使催化剂失去活性。大多数有机硫有毒、具有臭味、会污染大气，因此对天然气中的有机硫，也应该通过净化处理，尽量脱除。

3. 其他组分

天然气中除去烃类和含硫组分之外，较为多见的组分，还有二氧化碳及一氧化碳、氧和氮、氢、氦、氩以及水汽。二氧化碳是无色、无臭、比空气重的不可燃气体，溶于水生成碳酸，故二氧化碳是酸性气体。有水存在时，二氧化碳对金属设备腐蚀严重，通常在天然气脱硫工艺中，将二氧化碳同硫化氢一起尽量脱除。二氧化碳在天然气中的含量对于个别气井而言，可高达10%以上。一氧化碳在天然气中的含量甚微。在某些天然气中发现有微量氧，大多数天然气中含有氮，一般情况下，其含量都在10%以下，也有高达50%，甚至更多的。天然气中氢、氦、氩的含量极低，一般都在1%以下。气井采出的天然气大多含有饱和水蒸气，即水汽，随着天然气的开采输送，天然气温度降低，其中的水汽会不断冷凝为液态水，天然气中凝析出的液态水，会影响管输工作，如果天然气含有硫化氢和二氧化碳，会腐蚀设备及管道，故对天然气中的饱和水汽应进行脱除处理。

（二）天然气的分类

1. 按矿藏特点分类

按矿藏特点的不同可将天然气分为气井气、凝析井气和油田气。

气井气：即纯气田天然气，气藏中的天然气以气相存在，通过气井开采出来，其中主要成分是甲烷，还有少量的乙烷、丙烷、丁烷及非烃气体。

凝析井气：即凝析气田天然气，气藏中以气体状态存在，是具有高含量可回收烃液的气田气，其凝析液主要为凝析油，其次可能还有部分被凝析的水，这类气田的井口流出物除含有甲烷、乙烷外，还含有一定数量的丙烷、丁烷、戊烷及戊烷以上的烃类。凝析气田天然气从井口流出来，经过减压降温后，分为气液两相。气相经过净化处理后，即成为商品天然气。液相主要是凝析油，可进行进一步加工，从中可获得几种轻烃产品。与伴生气相比气田气甲烷的含量较高，一般在90%以上。

油田气：即油田伴生气，它是伴随原油共生，是在油藏中与原油呈相平衡接触的气体，包括游离气（气层气）和溶解在原油中的溶解气。在油井开采情况中，借助气层气来保持井压，而溶解气则伴随原油采出。油田气采出的特点是：其组分和气田气差不多，但甲烷含量比气田气低，一般只有80%~90%，而重碳氢化合物的含量较气田气高。组成和气油比（一般为20~500m³气/t原油）因产层和开采条件不同而异，不能人为地控制，一般富含丙烷、丁烷以上组分。当油田气随原油一起被开采到地面后，由于油气分离条件（温度和压力）和分离方式（一级或二级）不同，以及受气液平衡规律的限制，气相中除含有甲烷、乙烷、丙烷、丁烷外，还含有戊烷、己烷，甚至 C_9、C_{10} 组分。液相中除含有重烃外，仍含有一定量的丁烷、丙烷，甚至甲烷、乙烷。与此同时，为了降低原油的饱和蒸气压，防止原油在储运过程中的挥发耗损，油田上往往采用各种原油稳定工艺回收原油中 C_1~C_5 组分。

2. 按天然气的烃类组成分类

按天然气的烃类组成（即按天然气中液烃含量）的多少来分类，可分为干气、湿气或贫气、富气。

(1) C_5 界定法——干、湿气的划分

根据天然气中 C_5 以上的烃液含量的多少，用 C_5 界定法划分为干气和湿气。

干气：指在每1标准立方米的天然气中，C_5 以上重烃液体含量低于 $13.5cm^3$ 的天然气称为干气。不与石油伴生，主要成分是 CH_4，其次是 C_2H_6、C_3H_8 和 C_4H_{10}，并含有少量的 C_5 以上重组分，CO_2、N_2、H_2S 和 NH_3 等。它稍加压缩不会有液体产生，故被称作干气。属于这一类的天然气主要有气井气。干气燃烧时火焰蓝色，通入水中无油膜出现。干气中绝大部分是甲烷，因此是制造合成氨和甲醇的好原料，由于热值很高，也是很好的燃料。

湿气：指在每1标准立方米的天然气中，C_5 以上重烃液体含量超过 $13.5cm^3$ 的天然气称为湿气。常与石油伴生，除 CH_4 和 C_2H_6 等低碳烷烃外，还含有少量液态烃，对它稍加压缩就有液态烃析出来，故称湿气。属于这一类的天然气主要有凝析井气和油田伴生气。湿气有微弱的汽油味，燃烧时火焰黄色，通入水中，水面常出现彩色油膜。湿气中乙烷以上烃类含量高，它们加适当压力会被液化，常被称为"液化石油气"（LPG），用作热裂化原料或民用燃料，C_5 以上烷烃，稍加压缩即被凝析出来，常被称为"凝析汽油"，也是热裂化制低级烯烃的好原料。

注：标准立方米是指 0℃、101.325kPa 下计量的气体体积。

(2) C_3 界定法——贫、富气的划分

根据天然气中 C_3 以上烃类液体的含量多少，用 C_3 界定法划分为贫气和富气。

贫气：指在每1标准立方米的天然气中，C_3 以上烃类液体含量低于 $94cm^3$ 的天然气。

富气：指在每1标准立方米的天然气中，C_3 以上烃类液体含量超过 $94cm^3$ 的天然气。

3. 按酸性气体含量分类

按酸性气体(指 CO_2 和 H_2S 等硫化物)含量多少,天然气可分为酸性天然气和洁气。

酸性天然气:指天然气中含有显著量的 CO_2 和 H_2S 等硫化物的酸性气体,这类气体必须经净化处理后才能达到管输标准或商品气气质指标的天然气(我国规定天然气含硫量在 $1g/m^3$ 以上的天然气称为酸性气)。

洁气:指天然气中 CO_2 和 H_2S 等硫化物含量甚微或根本不含的气体,它不需要进行净化处理就可外输和利用。

H_2S 的存在,不仅会引起金属设备腐蚀,而且影响产品质量。天然气中 H_2S 的含量不宜超过 $20mg/m^3$ 的规定是根据 GB 17820《天然气》中二类气的标准确定的。

4. 按储存形式分类

天然气按储存形式可分为压缩天然气(CNG)与液化天然气(LNG)。

液化天然气(LNG):天然气在产地经过深加工,在常压下冷冻到 $-162℃$,使其变为液体称液化天然气(LNG)。它是天然气通过净化后(脱除重质烃、硫化物、二氧化碳、酸性和水等杂质),采用外加冷源的工艺,是甲烷变成液体而形成的。液化天然气(LNG)的体积为其气态体积的1/620,由于液化后体积缩小620倍,因此便于经济可靠的运输。

压缩天然气(CNG):是利用气体的可压缩性将天然气以高压压缩后,储存在专用的容器(钢瓶)内经汽车运送。压缩天然气(CNG)是天然气经过计量,调压后进入净化,预处理达到标准要求,再经压缩机加压至 $10\sim20MPa$(按量设定),通过高压管向钢瓶充气,当达到设定压力时压缩机停止充气而形成压缩天然气(CNG)。它的体积是天然气的1/300,即压缩后体积缩小300倍左右,在同容积 LNG 的储罐装液化天然气是 CNG 的2.5倍。压缩天然气(CNG)为缺能地区提供了一种新的供气方式,也为天然气市场开发出一个新的领域。它具有工艺简单、投资省、成本低、工期短、见效快的优点。

(三)天然气的性质

1. 天然气的相对分子质量(千摩尔质量)

分子是保持物质原有成分和一切化学性质的最小粒子。碳元素 C_{12} 质量的十二分之一作为测量一切分子的质量的单位,用这种质量单位表示的分子质量叫相对分子质量。

天然气是由多种组分组成的混合气体,其相对分子质量是根据天然气各组分的相对分子质量和它们的组成,用求和法计算,通常称为视相对分子质量,简称相对分子质量。

当用摩尔组分表示时,天然气的相对分子质量 M 为:

$$M = \frac{m}{n} = \frac{m_1 + m_2 + \cdots + m_n}{n} = \frac{n_1 M_1 + n_2 M_2 + \cdots + n_n M_n}{n}$$

所以:$M = y_1 M_1 + y_2 M_2 + \cdots + y_n M_n = \sum_{i=1}^{n} y_i M_i$ \hfill (1-9)

此时天然气的相对分子质量等于各组分气体的相对分子质量(千摩尔质量)与其摩尔分数的乘积的总和。

当用质量组分表示时,天然气的相对分子质量为

$$M = \frac{m}{n} = \frac{m}{n_1 + n_2 + \cdots + n_n} = \frac{m}{\frac{m_1}{M_1} + \frac{m_2}{M_2} + \cdots + \frac{m_n}{M_n}}$$

$$M = \frac{1}{\frac{x_1}{M_1} + \frac{x_2}{M_2} + \cdots + \frac{x_n}{M_n}} = \frac{1}{\sum_{i=1}^{n} \frac{x_i}{M_i}} \quad (1-10)$$

此时天然气的相对分子质量等于各组分气体的质量组分与相对分子质量比值的总和的倒数。

式中　M——天然气的相对分子质量(千摩尔质量)，kg/kmol；

　　　M_i——天然气第 i 种组分气体的相对分子质量(千摩尔质量)，kg/kmol。

2. 密度及相对密度

对于天然气来说，单位体积天然气的质量称之为密度。由此可得到如下天然气密度的计算公式：

$$\rho = \frac{m}{V} \quad (1-11)$$

式中　ρ——天然气的密度，kg/m³；

　　　m——天然气的质量，kg；

　　　V——天然气的体积，m³。

在石油天然气生产中，经常使用相对密度这一概念。天然气的相对密度，是指在同温同压条件下，天然气的密度与空气的密度之比，即：

$$G = \frac{\rho}{\rho_a} \quad (1-12)$$

式中　G——天然气的相对密度；

　　　ρ——天然气的密度，kg/m³；

　　　ρ_a——同温同压下空气的密度，kg/m³。

通常所说的天然气相对密度，是指压力为 101.325kPa、温度为 273.15K(即 0℃)条件下天然气密度与空气密度之比值，即天然气在标准状态下的相对密度。天然气比空气轻，其相对密度一般小于 1，通常在 0.5~0.7 范围内变化。

3. 天然气的黏度

从宏观上讲，黏度表示流体(含气体和液体)流动时的难易程度，黏度小的流体易于流动，黏度大的流体流动困难。实质上，黏度表征流体内部有相对运动时，相互间的内摩擦力，即相互阻碍运动的力，内摩擦力亦叫黏滞力。流体的内摩擦力与流体内部两层流体的相对运动速度、接触面积及相对距离有关。常用的黏度有动力黏度和运动黏度。动力黏度的物理意义是速度梯度为 1 时，单位面积上的内摩擦力，常用 μ 表示。动力黏度的国际单位是帕秒(Pa·s)，运动黏度则是动力黏度与密度的比值。常用 ν 表示，其单位是 m²/s。

天然气的黏度，与其组分的相对分子质量、组成、温度及压力有关。在低压条件下，压力变化对气体黏度的影响不明显；气体黏度随温度的升高而增大；气体黏度随相对分子质量的增大而减小；非烃类气体的黏度比烃类气体的黏度高。在高压条件下，气体黏度随压力的增大而增大；气体黏度随温度的增高而降低；气体的黏度随相对分子质量的增大而降低。天然气中的主要烃类组分甲烷，一般情况下，其体积组成为 95% 以上，故可以用甲烷的黏度代替天然气黏度。

4. 天然气的溶解度

在地层压力下，地层水中溶解有部分天然气，我们把每立方米地层水中含有天然气的标准立方米数称为天然气的溶解度。在气藏压力降低时，溶解在地层水中的天然气会释放出来。在某些条件下，还会形成水溶性气藏。

5. 天然气的热值

天然气作为燃料使用，其热值是一项重要的经济指标。天然气的热值，是指单位数量的天然气完全燃烧所放出的热量，法定单位为 J/Nm^3。天然气的主要组分烃类是由碳和氢构成的，氢在燃烧时生成水并被汽化，由液态变为气态，这样，一部分燃烧热能就消耗于水的汽化。消耗于水的汽化的热叫汽化热（或蒸发潜热）。将汽化热计算在内的热值叫全热值（高热值），不计算汽化热的热值叫净热值（低热值）。由于天然气燃烧时汽化热无法利用，工程上通常用低热值即净热值。

6. 天然气的含水量

天然气在地层里长期与水接触，一部分天然气溶解于水之中，一些水蒸气也进入天然气。所以，从地下气藏中开采出来的天然气，总是含有水汽。通常所说的天然气含水量，是指天然气中水汽的含量。

天然气的含水量，与天然气的压力、温度有关。在气藏中或密闭系统中，天然气与液态水同时存在时，天然气的含水量随压力的增高而减少，随温度的升高而增加。

天然气含水量的多少，通常用绝对湿度、相对湿度和露点来表示。

天然气的绝对湿度，是指单位数量天然气中所含水蒸气的质量，常用 E 表示，单位是 g/m^3。

天然气含水量的多少，与天然气的压力、温度有关。在天然气的压力和温度一定的条件下，天然气的含水量达到某一最大值时，就不能再增加水汽的含量，同时开始有水从天然气中凝析出来，即此时天然气为水汽所饱和。天然气为水汽饱和时的绝对湿度，称之为饱和绝对湿度，或简称饱和湿度，用 E_s 来表示。饱和湿度是一定压力和温度下天然气的水汽最大含量。

天然气的饱和湿度与压力和温度有关，通常情况下，天然气的饱和湿度随着温度的升高而增大，随着压力的升高而降低。

单位体积天然气中所含水蒸气的质量（即绝对湿度）与相同条件下呈饱和状态的单位体积天然气中所含水蒸气质量之比，称为天然气的相对湿度。常用 φ 来表示。

在一定压力下，将天然气降温，天然气的含水量就可能由较高温度时的不饱和，变化为达到某一较低温度时的饱和，此时，天然气中开始凝析出液态水，再降低温度，天然气中的水汽就不断凝析出来。在一定压力下，天然气的含水量刚达到饱和湿度时的温度，称之为天然气的水露点，简称为露点。露点是一定压力下天然气为水汽饱和时的温度，是一定压力下，天然气中刚有一滴露珠出现时的温度。

天然气在管输过程中，在输送压力条件下，随着天然气不断流动及输送距离的增长，天然气温度逐渐降低，当天然气的温度降低到其露点温度时，就会凝析出液态水。为此，对天然气进行管输时，必须将天然气中的水汽尽量脱除，使其露点降低到输送压力条件下的输气温度以下。这样天然气在输送过程中就不会出现液态水。

三、石油、天然气的危险性

（一）易燃性

1. 石油的易燃性

石油在一定温度条件下可以燃烧。通常，石油遇热后会蒸发产生易燃性油蒸气，这种油蒸气与空气混合后会形成燃烧性混合物。当这种混合物达到一定浓度时，遇有火源便可燃烧，石油的这种燃烧称作蒸发燃烧。蒸发燃烧不同于一般可燃气体的燃烧，它有着独特的燃烧方式。蒸发燃烧时液体的本身并没有燃烧，它所燃烧的只是由液体蒸发后产生的可燃蒸气。它的燃烧过程是，当可燃蒸气着火后，液体的温度会不断升高，进一步加热了可燃液体的表面，加速了液体中油蒸气的再次蒸发，促使燃烧继续保持或蔓延扩大。

石油及其产品属于易燃、可燃性物质，有着很大的火灾危险性。闪点、燃点和自燃点是衡量它们易燃性的三个基本条件。

(1) 闪点

在标准条件下加热油品，油品蒸发出的蒸气与周围空气形成混合物，当油气浓度达到一定量时，以火焰接近，能自行闪火并立即熄灭的最低温度，称为该油品的闪点。不同原油有不同的闪点，一般在20～100℃之间。闪点越低，该油品的易燃性越大。

(2) 燃点

油品在标准条件下被加热到一定温度，当火焰接近时即发生燃烧，且着火时间不少于5s的最低温度，称为该油品的燃点。燃点越低，该油品的火灾危险性越大。

(3) 自燃点

在一定条件下，当油品温度升高到一定程度，在外界并无火源的情况下，油品在空气中会自行引燃和持续燃烧，这种促使油品自行燃烧的最低温度称为该油品的自燃点。

表1-1是原油和油田集输生产中经常使用的几种油品在空气中的闪点与自燃点。

表1-1 原油和常用几种油品在空气中的闪点与自燃点

名 称	闪点/℃	自燃点/℃	名 称	闪点/℃	自燃点/℃
汽油	<28	510～530	蜡油	>120	300～320
煤油	28～45	380～425	渣油	>120	230～240
轻柴油	45～120	350～380	原油	28	—
重柴油	>120	300～330			

石油的闪点、燃点和自燃点比起其他一般可燃性物质都要低。因此，杜绝现场的"跑、冒、滴、漏"，实现装置、工艺设备的密闭化生产，强化生产装置的安全可靠性，对于油气集输乃至整个石油化工行业的安全生产十分重要。

石油及其产品除了具有闪点、燃点和自燃点比较低的特性外，在石油生产储运过程中，与安全运行密切相关的其他的主要性质还有原油的沸溢、爆喷性等。

原油和重质油在长时间着火燃烧时会容易产生沸溢、爆喷现象，尤其是储存在储罐里的油品，着火后甚至会从储罐中猛烈地喷出，形成巨大火柱，这种现象是受"热波"的影响所造成的。所谓热波，是因为石油及其产品是多种烃类的混合物，油品燃烧时，液体表面的轻馏分首先被燃烧掉，而剩下的重馏分则逐渐下沉，在重馏分下沉的同时，也把大量的热量带到了储罐的底部，从而使油品逐层地向深部加热而形成热波。油罐中被加温后的热油与冷油的结合面称为"热波面"，热波面处的原油温度可达149～316℃，热波的传播速度约为30～127cm/h。当热波面与原油中乳状水滴相遇或到达原油罐底水层时，水将会被加热汽化，并形成非常黏的泡沫。形成的泡沫促使油品体积急剧膨胀，而后以很大的压力冲至油面,把着火的油品带上高空,从而形成了巨大火柱。另外,由于原油温度的升高,还会使油品体积急剧膨胀,使燃烧的油品大量外溢,造成大面积地面火灾。

2. 天然气的易燃性

天然气主要成分是气态烃类,还含有少量非烃气体。天然气的烃类物质主要是甲烷,一般气层气中甲烷含量约占天然气总体积的90%以上,而油田伴生气中甲烷含量一般占天然气总体积的80%~90%。其次是乙烷、丙烷、正丁烷、异丁烷、正戊烷、异戊烷等。天然气的非烃类物质有硫化氢、二氧化碳、氢气、氮气以及少量的硫醇、硫醚、二硫化碳等有机硫化物。

可燃性气体的燃烧分为混合燃烧和扩散燃烧两种形式。混合燃烧是可燃性气体预先与空气混合后发生的燃烧。这种燃烧反应迅速,着火温度高,火焰传播速度极快。以汽化后的液化石油气为例,它的燃烧速度可高达3000m/s,通常的爆炸反应便属于这一类。扩散燃烧是可燃性气体从容器或管道中泄漏后,与周围空气接触,由可燃性气体的燃烧组分与空气中的氧分子相互扩散,形成边混合边稳定燃烧的现象。扩散燃烧较混合燃烧的危险性要小的多,但是由于燃烧造成周围温度的急剧升高,极易导致其他容器设备因高温热辐射而引起爆炸。

石油与天然气的性质决定了它们易燃易爆的危险性。尽管它们的危险程度各有差异,但是在实际生产、储运过程中,还是应当对这些危险性进行认真的分析与对待。

(二) 易爆性

石油、天然气都属易爆物质。石油蒸气或天然气按一定比例与空气(或氧气)混合,达到爆炸浓度范围时,遇火就会爆炸。石油、天然气有关组分与空气混合时的爆炸极限如表1-2所示。

表1-2 石油、天然气有关组分与空气混合时的爆炸极限

名 称	爆炸极限(体积分数)/%	
	下限	上限
甲烷	5.0	15
乙烷	2.9	13
丙烷	2.1	9.5
正丁烷	1.8	8.4
异丁烷	1.8	8.4
正戊烷	1.4	8.3
异戊烷	1.4	(8.3)
新戊烷	1.4	(8.3)
天然气	5.0	16
氢	4.0	74.2
汽油	1.0	6
乙炔	2.6	80

可燃气体的爆炸是在瞬间(千分之一或万分之一秒)产生高温高压的燃烧过程。爆炸波速可达2000~3000m/s,具有强大的破坏力。破坏力的大小取决于气体与空气混合浓度和起始压力。如不同浓度的油蒸气,在密闭容器中,当起始压力为0Pa(表压)时,爆炸产生的压力为0.06~0.8MPa;当起始压力为0.8MPa(表压)时,爆炸产生的压力可达0.5~6MPa。天然气在大口径输气管道里与空气混合发生爆炸时,火焰传播速度将超过音速,达到1000~4000 m/s,这时局部压力可高达8MPa或更高一些,从而破坏力更大。

石油、天然气的爆炸极限,就是石油蒸气和天然气与空气混合与火发生爆炸的浓度范围。这个浓度范围,通常用气体的体积分数来表示。遇火发生爆炸的最低浓度称为爆炸下限,最高浓度称为爆炸上限。石油气体爆炸极限对安全防爆有着重要意义。

原油及其他可燃液体除了爆炸浓度极限外,还有一个爆炸温度极限。因为液体的蒸气浓度是在一定温度下形成的,如果没有这种温度条件就不能形成与爆炸极限相应的蒸气浓度。可燃气体由于蒸发而形成等于爆炸浓度极限的蒸气浓度,这时对应的温度就叫做爆炸温度极限。爆炸温度极限和爆炸浓度极限一样也是有上限和下限。汽油的爆炸温度极限下限为-39℃,上限为-8℃。原油含有大量的汽油组分,即使在寒冷的冬季,挥发性也是很强的,很容易达到爆炸浓度极限。在油气集输过程中,根据这些特性,有效采取安全措施,就可以预防爆炸事故发生。

(三)石油、天然气的有毒性

石油与天然气并非都具有同样的毒性。不同的气田开采出的石油与天然气毒性差异很大。我国开采的油气田大部分属低毒油气。一般来讲,含硫化物的毒性就大;含不饱和碳氢化合物和芳香族的碳氢化合物较之一般饱和碳氢化合物的毒性要大。

1. 原油对人体的毒害

原油含有大量的轻烃成分。在集输过程中,如果遇到泄漏,原油中的轻烃就会迅速挥发扩散,这些轻组分属于麻醉性毒物,现场工作人员大量吸入石油气体就会立即失去知觉。石油气体的中毒临界值规定为$350mg/m^3$。从实际经验中知道,当空气中的石油气体含量尚微时(0.1%),人们即可感觉到原油气味;如果呼吸空气中石油气体含量达到0.7%时,从开始吸入的一刹那起,经过12~14min,便会引起头晕;当石油气体在空气中浓度达1.0%时,吸入几分钟后,人就会头晕得难以站住;如果浓度更高,石油气体含量达到2.0%时,那就会使人迅速丧失知觉,甚至会立即丧失生命。

原油和石油成品对人体皮肤也能起毒害作用。原油和汽油粘在皮肤上,会使皮肤外皮脱脂。假如皮肤经常受到这样的毒害,那就可能发生皮肤病(如皮肤干燥、裂口或刺激疼痛等)。而最危险的是原油和成品油落入人的口腔、眼睛的黏液膜上。因为这样会使黏液膜枯萎,易生刺激,有时还会造成出血症。

2. 天然气对人体的危害

石油蒸气和天然气泄漏后,往往集聚在厂房内,根据它们的密度大小,分布于一定的高度。这种分布情况与厂房内空气温度、空气层的变动有关。即便在一个很大的厂房内也会集中在厂房的下部,距地面1.5~2m的高度。特别应注意的是含有硫化氢(H_2S)的天然气,超过此临界值浓度时,人体接触会产生如表1-3所示的反应。

表 1-3 硫化氢对人体的毒害

浓度/(mg/m³)	人体反应
0.195	有明显的难闻气味
15	有讨厌的气味，眼睛可能受到刺激，为标准中的阈限值
30	暴露安全工作 8h 可接受的最高限度
150	3~15min 内丧失嗅觉，头晕目眩，头痛恶心
450	立即危及生命和健康的暴露值
750	失去理智和平衡能力，呼吸困难，必须做人工呼吸和心肺复苏
1050	立刻神志不清，大小便失禁，如不立即抢救，就会导致死亡
1500	知觉立刻丧失，如不立即抢救，就会导致死亡或大脑永久性损伤

第二节 流体力学基础知识

石油属于流体，油流的性质、运动规律，在某些方面和水有相同的特点。流体力学的原理在输油生产中被广泛地应用。

一、流体的概念及特性

（一）流体的概念

物质以固体、液体和气体三种状态存在。固体的分子排列紧密，分子之间的作用力大，因此，固体不仅具有一定的体积，而且保持一定的形状，能抵抗一定的外力作用，变形微小。液体和气体与固体相比较，分子排列松散，分子间的作用力较小，这就决定了液体和气体具有区别于固体的共同特性：不能保持一定的形状，不能抵抗拉力和切力的作用。当受到微小切力作用时，将发生连续不断的变形，即通常所说的流动。液体和气体放在什么形状的容器里就成什么形状。凡是无一定形状、易流动的物质称为流体。因此，液体和气体都属于流体。

1. 层流

流体流动时，如果质点没有横向脉动，不引起流体质点的混杂，而是层次分明，能够维持稳定的流束状态，这种流动状态称为层流。

2. 紊流

流体流动时，质点具有横向脉动，引起流层质点相互错杂交换，这种流动状态称为紊流。

3. 摩阻损失

在管路中流动的流体质点之间和质点与管路之间的摩擦所消耗的能量，称为管道摩阻损失。它有沿程摩阻损失和局部摩阻损失之分。沿程摩阻损失是油流通过直管段所产生的摩阻损失。局部摩阻损失是油流通过阀门、管件及有关的工艺设备等所产生的摩阻损失。

4. 水力坡降

单位长度的管道摩阻损失称为水力坡降，用 i 表示。

$$i = \frac{h_l}{L} \tag{1-13}$$

式中　h_l——沿程摩阻损失，m；
　　　i——水力坡降，m/m(m/km)；
　　　L——管道长度，m。

5. 雷诺数

用来判别流体在流道中流态的无量纲准数，称为雷诺数，用 Re 表示

$$Re = \frac{vd}{\nu} \tag{1-14}$$

式中　v——管内流体流速，m/s；
　　　d——管道内径，m；
　　　ν——液体运动黏度，m^2/s。

6. 稳定流动与不稳定流动

流体是由连续分布着的质点所组成的。根据流体运动时运动要素是否随时间变化，可以把流体运动分为稳定流(见图1-2)和不稳定流(见图1-3)两类。

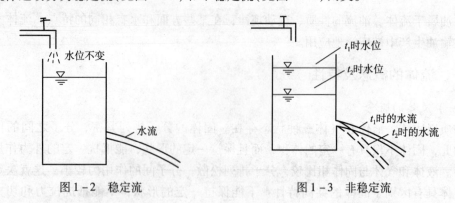

图1-2　稳定流　　　　　　图1-3　非稳定流

在一个盛水容器中，如果控制好进入及排出容器的水量，使容器内水面高度不变，流体中每一空间点处质点的运动要素均不随时间变化，只是不同位置处的运动要素才有所不同，那么在流场中流体质点通过空间点时所有的运动要素都不随时间变化，这种流动称为稳定流动。如果关闭进水阀则容器内水面将不断下降，这时通过空间点处流体质点运动要素的全部或部分要随时间改变，这种流动称为不稳定流动。

在实际工程中，遇到的问题绝大部分都是不稳定流动，可是运动要素变化并不显著而接近于稳定流动，所以可将其作为稳定流动来处理。

7. 迹线与流线

迹线：把某一质点在连续的时间过程内所占据的空间位置连成线，就是迹线。迹线就是流体质点在一段时间内运动的轨迹线，如图1-4所示。

流线：某一瞬时在流场中绘出的曲线，在这条曲线上所有质点的速度矢量都和该曲线相切，所以，流线表示出瞬时流动方向。流线具有以下特征：

(1) 不稳定流时，由于流场中速度随时间改变，所以，流体经过同一点的流线其空间方位和形状是随时间改变的。

(2) 稳定流时，由于流场中各点速度不随时间改变，因此流体的流线也不随时间而变

化。设想一个位于某条流线上的质点,因为该质点的速度和该流线相切,所以质点没有与流线相垂直的速度分量,质点只能沿流线移动。如果是稳定流,则流线不随时间改变,于是质点就一直沿着这条流线运动而不会离开它。这也就是在稳定流中质点的迹线与流线重合。反之,不稳定流流线与迹线不重合。

(3) 流线不能相交也不能折转。如果流线相交则交点处的速度向量同时与两条流线相切,即一个质点同时有两个速度向量,这是不可能的。另外,由于流体是连续介质,各运动要素在空间是连续的,流线不可能折转,只能是光滑曲线。

8. 流管、流束、总流

不稳定流时,流管形状随时间而改变,稳定流时流管的形状不随时间改变。由于流管表面是由流线所围成,流线是不能相交的,所以流管内外无流体质点交换,这样流管就好像刚体管壁一样,把流体运动局限在流管之内或流管之外。故在稳定流时流管就像真实管子一样,充满在流管内部的流体称为流束。断面无穷小的流束为微小流束,无数微小流束的总和称为总流,如水管及气管中的水流及气流的总体,如图1-5所示。

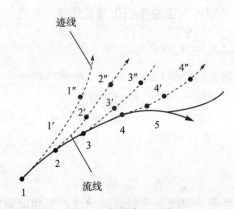

图1-4 流线、迹线

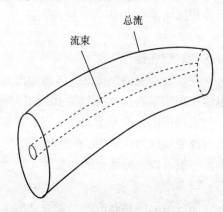

图1-5 流束、总流

在分析总流的速度、流量、压力等运动要素变化时,可以认为在微小断面上的各点运动要素相等,这样能利用数学积分方法求出相应的总流断面上的运动要素。

9. 有效断面、流量和平均流速

流速或总流上垂直于流线的断面,称之为有效断面。因为所有的流线都垂直地通过它,所以沿有效断面上没有流体流动。有效断面可能是平面,也可能是曲面。例如等直径管路中,液流都沿着管轴方向,流线是一簇互相平行的直线,有效断面是平面;在喇叭形管嘴中,液流的有效断面是曲面。

单位时间内流经有效断面的流体量,称为流量。有两种表示方法:一种以单位时间内通过的流体体积表示,称为体积流量,或习惯称为流量,记为 Q,其单位符号为 m^3/s,也常用 L/s 或 m^3/h 等辅助单位;另一种以单位时间内通过的流体质量表示,称为质量流量,记为 G,单位是 kg/s。

体积流量等于断面平均流速 v 与有效断面面积 A 的乘积。反之,根据断面面积与体积流量,可求得断面平均流速。工程上所说的管道中流体的流速,便是指断面平均流速而言的。

10. 比能量、比位能、比压能和比动能

单位质量液体在重力作用下所具有的能量称为比能量。单位质量液体在重力作用下所

15

具有的位能和压能称为比位能和比压能。单位质量液体在一定的速度和重力作用下所具有的动能称为比动能。

11. 动能修正系数

总流过流断面上的实际动能与按平均流速算出的动能的比值，称为动能修正系数，它与流速分布有关。在流速分布比较均匀的液流中，动能修正系数在 1.05~1.1 之间。

12. 理想液体

在水力学中，假想的一种既没有黏滞性又不可压缩的液体，这种液体称为理想液体。

13. 实际液体

自然界中存在的具有黏滞性和压缩性的液体称为实际液体。

(二) 流体的特性

1. 压缩性和膨胀性

(1) 压缩性

在温度不变的条件下，流体在压力作用下体积缩小的性质称为压缩性。压缩性的大小用体积压缩系数 β_p 表示，它代表压力增加一个大气压时所发生的体积相对变化量，单位为 Pa^{-1}。

(2) 膨胀性

在压力不变的条件下，流体温度升高时其体积增大的性质称为膨胀性。膨胀性的大小用体积膨胀系数 β_t 表示，它代表温度每增加 1℃ 时，所发生的体积相对变化量。

实验指出，在 1 个大气压下，在温度较低时 (10~20℃)，温度每增加 1℃，水的体积相对改变量仅为 0.015%；温度较高时 (90~100℃)，也只改变 0.07%。所以在实际计算中，一般可以忽略液体的膨胀性。

2. 黏性

黏性是流体具有的一个重要性质。黏性指的是当流体微团发生相对运动时产生切向阻力的性质。流体是由分子组成的物质，当它以某一速度流动时，其内部分子间存在着吸引力。此外，流体分子和固体壁之间有附着力作用。分子间的吸引力和流体分子与壁面附着力都属于抵抗流体运动的阻力，而且是以摩擦形式表现出来，其作用是抵抗液体内部的相对运动，从而影响着流体的运动状况。由于黏性存在，流体在运动中因克服摩擦力必然要做功，所以黏性也是流体中发生机械能量损失的根源。

黏度 μ 是与流体种类、温度有关的系数。温度对黏度的影响比较大。但是在不同条件下，液体与气体的黏度随温度的变化规律并不相同。在低压条件下，液体温度升高时黏度降低，而气体的黏度反而加大。这是由于液体的分子间距较小，相互吸引力起主要作用，当温度升高时，间距增大，吸引力减小。气体分子间距较大，吸引力影响很小。根据分子运动理论，分子的动量交换率因温度升高而加剧，因而使切向应力也随之增加。而在高压条件下，液体和气体的黏度都随着温度的升高而降低。

3. 表面张力

由于液体的分子引力极小，一般来说，它能承受压力，不能承受张力。但是在液体与大气相接触的自由面上，由于气体分子的内聚力和液体分子的内聚力有显著差别，使自由表面上液体分子有向液体内部收缩的倾向，这时沿自由表面上必定有拉紧作用的力，使自由表面处于拉伸状态。单位长度上这种拉力便定义为表面张力，以表面张力系

数 σ 来表示。

表面张力除产生在液体和气体相接触的自由表面外,在液体与固体相接触的表面上,也会产生附着力。一般情况下,因表面张力系数很小,在工程中可以忽略不计。但是,在毛细管中,这种张力可以引起显著的液面上升和下降,即所谓毛细管现象。因此,在用某些玻璃管制成的水力仪表中,必须注意到表面张力的影响。当玻璃管插入水(或其他能够润湿管壁的液体)中时,由于水的内聚力小于水同玻璃间的附着力,水将湿润玻璃管的内外壁面,在内壁面由于管径小,水的表面张力使水面向上弯曲并升高。当玻璃管插入水银(或其他不湿润管壁的液体)中时,由于水银的内聚力大于水银同玻璃间的附着力,水银不能湿润玻璃,水银面向下弯曲,表面张力将使玻璃管内的液柱下降。

二、水力学知识

（一）水静力学知识

工程上最常见的流体静止或平衡是指流体相对于地球没有运动的静止状态,也就是质量力只有重力作用下的情况。该部分仅对流体静止平衡的情况进行论述。

1. 水静压强

处于静止状态的液体,其内部各质点之间、质点对容器的壁面,均有压力的作用。将静止液体内部各质点间作用的压力,以及液体质点对容器壁作用的压力叫做水静压力。静止液体作用在单位面积上的水静压力称为水静压强。其计算式为:

$$p_0 = \frac{P}{A} \tag{1-15}$$

式中 p_0——受压面上的水静压强,Pa;
P——作用在受压面上的水静压力,N;
A——受压面面积,m²。

水静压强有两个很重要的特性:一是水静压强的方向垂直并指向作用面;二是静止液体中任意一点的水静压强不论来自哪个方向,其大小都相等。换而言之,同一点的水静压强各向等值。

2. 水静力学基本方程式

将一侧壁上开有三个小孔的容器灌满水,然后把三个小孔的塞子同时打开,这时可以看到水流分别从三个小孔喷射出来(见图1-6)。愈靠近容器底部的小孔,其水流喷射的愈远。这个现象说明水中不同深处的压强是不一样的,即压强随着水深度的变化而变化。在石油工业中,各种大型的储液容器(罐),其底部的侧壁就要比顶部厚一些,以便承受逐渐增大的压强。

现在我们用理论分析的方法来研究液体的压强和深度之间的关系。如图1-7所示,在静止液体中任取一点 M,该点在液面以下的深度为 h,围绕 M 点以水平的微小面积 dA 为底,沿铅垂方向取出一个高为 h 的微小液柱。这时作用在小液柱上的力有:

(1) 液柱上面的压力 $P_0 = p_0 dA$(p_0 为液面压强),方向铅垂向下;
(2) 液柱底面上的压力 $P = p dA$,方向铅垂向上;
(3) 液柱侧面上的压力在铅垂方向上的分力为零;
(4) 液柱所受的重力 $dG = \rho g h dA$,方向铅垂向下。

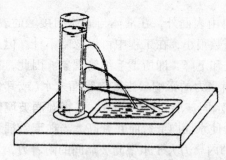 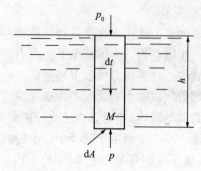

图1-6 液体的压强与深度的关系示意图　　　图1-7 微小液柱示意图

由于液体静止，所以液柱在铅垂方向上受力平衡，其平衡方程式为：
$$p_0 dA - p dA + \rho g h dA = 0$$
整理得：
$$p = p_0 + \rho g h \tag{1-16}$$

式中　p——静止液体中任一点 M 的水静压强，N/m^2；
　　　p_0——液体上的压强，N/m^2；
　　　ρ——液体的密度，kg/m^3；
　　　g——重力加速度，$g = 9.8 m/s^2$；
　　　h——M 点距液面的铅垂深度，m。

公式 $p = p_0 + \rho g h$ 定量地揭示了静止液体中水静压强与深度之间的关系，反映了水静压强的分布规律，一般称为水静力学基本方程式。该方程式在水静力学中占有重要位置，是最基本也是最重要的一个方程式。

根据水静力学基本方程式可得出液体不同深度任意两点(图1-8)之间的压强差：
$$p_2 = p_1 + \rho g (h_2 - h_1) = p_1 + \rho g \Delta h \tag{1-17}$$
上式说明液体内任意两点的压强差等于两点间的液柱高度产生的压强。

若取0—0为基准面，则1点与2点到该基准面的铅垂距离又可表示为 z_1 与 z_2，显然
$$\Delta h = h_2 - h_1 = z_1 - z_2$$

整理得
$$z_1 + \frac{p_1}{\gamma} = z_2 + \frac{p_2}{\gamma} \tag{1-18}$$

上式是水静力学基本方程式的另一种表达形式。

以上三式是重力作用下的平衡方程的三种形式，都属于水静力学基本方程式。它表明：

(1) 液体内任一点的压强 p 由两部分组成，一部分是液面上的压强 p_0，另一部分是由液柱的自重产生的压强 $\rho g h$。液面上的压强是外力作用于液面上引起的；

(2) 当液面压强 p_0 一定时，在同一种均质的静止液体中，水静压强 p 的大小与深度 h 之间呈线性规律变化。简言之，p 与 h 成正比；

(3) 在同种均质的静止液体中，若各点距液面的

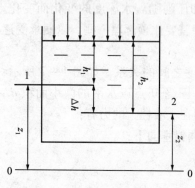

图1-8 静止液体的压强示意图

深度相等，则各点的压强相等。由这些压强相等的点所组成的面，称为等压面，即在同一个连续的重力作用下的静止液体的水平面都是等压面。绝对静止液体中的等压面是水平面；但必须注意，这个结论只是对互相连通而又是同一种流体才适用。

(4) 由于液体内任一点的压强都包含液面上的压强 p_0，因此，液面压强 p_0 的任何变化都会引起液体内部所有液体质点上压强的相应变化，这种液面压强等值地在液体内部传递的规律，称为帕斯卡定律。

综上所述，可知水静力学基本方程式的应用条件是：绝对静止、均质、连续的液体。

3. 水静力学基本方程式的意义

z——某一点相对于某一基准面的位置高度，称为位置水头或位置高度。

$\dfrac{p}{\rho g}$——在某点的压强作用下，液体能沿测压管上升的高度，称为压强水头。

$z + \dfrac{p}{\rho g}$——测压管内液面相对于基准面的高度，称为测压管水头。

$z + \dfrac{p}{\rho g} = C$——同一容器的静止液体中，所有各点的测压管水头均相等。

方程 $z + \dfrac{p}{\rho g} = C$——同一容器的静止液体中，所有各点对同一基准面的总势能相等。

4. 压强的量度和表示方法

压强以不同的基准量度，则有不同的数值。以物理真空为基准量度的压强称为绝对压强；以大气压强为基准量度的压强称为相对压强。相对压强的大小通常以压力表上的读数来反映，因此，相对压强也叫作表压强。绝对压强恒为正值，但是表压强可正可负，也就是说某点的绝对压强可能大于大气压强，也可能小于大气压强。当绝对压强大于大气压强时，表压强为正值；当绝对压强小于大气压强时，表压强为

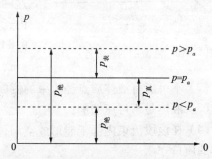

图 1-9　绝对压强、表压强和真空度的关系

负值。负的表压强不能用压力表量测，而用真空表量测。真空表上的读数表明绝对压强比大气压强低的数值，称为真空度。绝对压强、表压强和真空度之间的关系如图 1-9 所示。相应的数学关系式如下：

当 $p_绝 > p_a$ 时，则

$$p_表 = p_绝 - p_a$$

式中　$p_绝$——绝对压强；

　　　p_a——大气压强；

　　　$p_表$——表压强。

表压强是绝对压强比大气压强高的值。当 $p_绝 < p_a$ 时，则 $p_真 = p_a - p_绝 = -p_表$

式中　$p_真$——真空度。真空度是绝对压强比大气压强低的值。

工程上还有以下两种表示压强的方法：

(1) 用液柱高度表示。单位为米液柱或毫米液柱。在物理学中，1 标准大气压（符号：

atm)相当于760mm Hg 在其底部产生的压强,取标准重力加速度,则

$$1\ \text{atm} = 760\ \text{mmHg} = 101325\ \text{N/m}^2 = 101.325\ \text{kPa} = 10.332\ \text{mH}_2\text{O}$$

(2)用大气压的倍数表示压强。单位符号为 atm 或 at(标准大气压或工程大气压)。在实际工作上,为了计算方便,常用工程大气压表示压强。1at = 98.0665kPa。工程中,取 $g = 9.81\text{m/s}^2$,则 1 atm = 98.1 kPa = 735.6mmHg = 10.0 mH$_2$O。

(二)水动力学知识

运动是绝对的,静止是相对的,静止只是运动的一种特殊形式。因此,在学习了水静力学的基础上学习水动力学,是由特殊到一般的过程。它们的区别:一是进行力学分析时,水静力学只考虑重力和压力,而水动力学由于流体的流动还要考虑黏滞力(内摩擦力),在水动力学中粘滞力起主要作用。二是进行压强计算时,水静压强只与某点的位置有关,而水动压强不仅与该点的位置有关,还与该点的流速有关。

1. 流束和总流的连续性方程式

连续性方程式是反映连续介质在流动时液量的数学关系式。在此只讨论不可压缩液体的情况。如图 1-10 所示,在液体总流中取出任意一段,它的两个过流断面积为 A_1 和 A_2、并在这一段液流中取一个流束。流束的两个过流断面的面积分别为 dA_1 和 dA_2,这两个过流断面上的速度分别为 u_1 和 u_2,则 dt 时间内,经过这两个过流断面的液体体积分别为 $u_1 dA_1$ 和 $u_2 dA_2$。考虑以下四个条件:

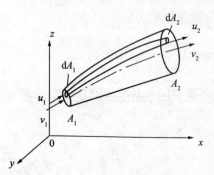

图 1-10 液流的的连续性示意图

(1)该段流束的形状不随时间变化;

(2)不可能有液体质点经流束的侧面流入或流出;

(3)液体是不可压缩的;

(4)在该段流束内部不能形成空洞,液体也不能自行消灭或自行产生,即这段流束内液体的质量守衡。

根据这些条件,可得到: $$u_1 dA_1 = u_2 dA_2$$

即: $$dQ_1 = dQ_2$$

或写成 $$\frac{u_1}{u_2} = \frac{dA_2}{dA_1}$$

以上公式就是流束的连续性方程式。它表明同一流束的各个过流断面的面积与该断面上速度的乘积是一个常数;或者说同一流束的所有过流断面上的流量都是相等的。因而流束段内的液体体积和质量都是一定的。

把公式 $u_1 dA_1 = u_2 dA_2$ 在相应的总流过流断面上进行积分并整理得总流的连续性方程式,即

$$u_1 A_1 = u_2 A_2 \text{ 或 } Q_1 = Q_2 \tag{1-19}$$

式中 u_1、u_2——总流过流断面 A_1 和 A_2 上的平均流速;

Q_1、Q_2——总流过流断面 A_1 和 A_2 上的流量。

总流的连续性方程式表明各个过流断面的面积与该断面上平均流速的乘积为一常数,或者说,总流的所有过流断面上的流量都是相等的。因而总流段内的液体体积和质量都是

一定的,所以流束和总流的连续性方程式就是质量守衡定律在水力学中的数学表达式。

只要是流束和总流的形状不随时间改变的连续液流,就必须满足上述的连续性方程式。对于稳定流来说,由于流束和总流的形状不随时间改变,可以应用上述公式。对于不稳定流,就某一瞬时来说,流束和总流的形状可以看作是一定的,不稳定流的每一瞬时也可应用上述公式。实际液体与理想液体也都同样可以应用上述公式。

例:变径输液管如图 1-11 所示。断面 1-1 处的管径 $d_1 = 300\text{mm}$,液体平均流速 $v_1 = 0.2\text{m/s}$;断面 2-2 处的管径 $d_2 = 100\text{mm}$。当流量不变时,确定液体在断面 2-2 处的平均流速。

解:由连续性方程式可知,液体在断面 2-2 处的平均流速

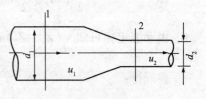

图 1-11 变径输液管

$$v_2 = v_1 \frac{A_1}{A_2}$$

两端面的面积分别为 $A_1 = \frac{\pi}{4}d_1^2$,$A_2 = \frac{\pi}{4}d_2^2$,将各已知量代入上式,得

$$v_2 = v_1 \left(\frac{d_1}{d_2}\right)^2 = 0.2 \times \left(\frac{300}{100}\right)^2 = 1.80(\text{m/s})$$

2. 理想液体流束的伯努利方程式

如图 1-12 所示,在理想液体的稳定流中,任取 1-1 断面与 2-2 断面之间的液体流束。设 1-1 和 2-2 两个过流断面的面积分别为 dA_1 和 dA_2,两断面距某水平基准面 0-0 的位置高度分别为 z_1 和 z_2,两断面上相应的压力为 p_1 和 p_2,流速为 u_1 和 u_2。设经过 dt 时间,该流束从原来的位置 1-1、2-2 移动到 1'-1'、2'-2' 的位置。在同一时间内,两断面移动的距离分别为 $dL_1 = u_1 dt$ 和 $dL_2 = u_2 dt$。根据动能定律可知,液体流束在运动过程中所受的外力有质量力和表面力。

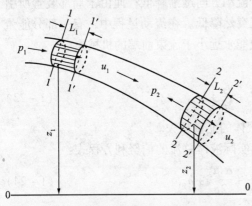

图 1-12 理想流体的流束示意图

(1) 质量力所做的功

稳定流的质量力只有重力。在 dt 时间内,当液体流束从原来位置 1-1 和 2-2 移动到 1'-1'、2'-2' 的位置,可以看成是 1-1 至 1'-1' 断面间的液体经过 dt 运动到 2-2 至 2'-2' 断面之间的位置。因为在运动过程中,1'-1' 与 2-2 断面间的液体质量及其所具有的能量均没有发生变化。这相当于质量为 $dm = \rho u_1 dA_1 dt = \rho u_2 dA_2 dt = \rho dQ dt$ 的液体在重力方向上的位移是 $(z_1 - z_2)$,于是重力所做的功为 $(z_1 - z_2)\rho g dQ dt$。

(2) 表面力所做的功

理想液体的表面力只有压力。液体流束所受的压力包括两部分:一是作用在流束的两断面上的压力,另一部分是作用在流束侧面上且与流束的位移方向垂直的压力。显然,只有作用在两断面上的压力做功,其总压力的大小分别为 $P_1 = p_1 dA_1$ 和 $P_2 = p_2 dA_2$。在 dt 时

间内，两断面的压力 P_1 和 P_2 所做的功之和为

$$P_1 dL_1 - P_2 dL_2 = p_1 dA_1 u_1 dt - p_2 dA_2 u_2 dt = (p_1 - p_2) dQ dt \qquad (1-20)$$

流束内液体动能的变化量相当于质量为 dm 的液体，从 $1-1$ 至 $1'-1'$ 运动到 $2-2$ 至 $2'-2'$

即

$$\frac{1}{2} dm u_2^2 - \frac{1}{2} dm u_1^2 = \frac{1}{2}(u_2^2 - u_1^2) dm = \frac{1}{2}(u_2^2 - u_1^2) \rho dQ dt$$

由动能定律可知 $(Z_1 - Z_2)\rho g dQ dt + (p_1 - p_2) dD dt = \frac{1}{2}(u_2^2 - u_1^2)\rho dQ dt$

整理得：

$$z_1 + \frac{p_1}{\rho g} + \frac{u_1^2}{2g} = z_2 + \frac{p_2}{\rho g} + \frac{u_2^2}{2g} \qquad (1-21)$$

位置时动能的变化量。

式中 z、$\dfrac{p}{\rho g}$ ——单位质量液体在重力作用下所具有的比位能和比压能；

$\dfrac{u^2}{2g}$ ——单位质量液体在重力作用下的比动能。

此式称为理想液体稳定流流束的伯努利方程式，亦称为理想液体稳定流流束的能量方程式。

理想液体稳定流流束的伯努利方程式表明，液流同一流束的各断面上单位质量液体在重力作用下总机械能为常数，也就是说液流任一断面的总机械能守恒，即

$$z_1 + \frac{p}{\rho g} + \frac{u^2}{2g} = C(常数) \qquad (1-22)$$

3. 实际液体总流的伯努利方程式

理想液体稳定流流束的伯努利方程式只适用于理想液体而不适用于实际液体，只适用于流束而不适用于总流。它说明流束上单位质量液体的机械能处处相等，由于液体与外界的摩擦和液体内部的摩擦，使得液体的机械能沿流动方向逐渐降低；而由于局部装置所引起的液流扰乱，使得液体的机械能在某些断面处突然降低。在流动过程中，有一部分能量由于消耗变成热能而散失，因此流束后端的机械能永远小于流束前端的机械能。

据此，实际液体流束的伯努利方程式为

$$z_1 + \frac{p_1}{\rho g} + \frac{u_1^2}{2g} = z_2 + \frac{p_2}{\rho g} + \frac{u_2^2}{2g} + h'_{w1-2} \qquad (1-23)$$

式中 h'_{w1-2} ——流束上 1、2 两点间单位质量液体的能量损失。

从实际液体流束的伯努利方程式可以推导出实际液体总流的伯努利方程式：

$$z_1 + \frac{p_1}{\rho g} + \frac{\alpha_1 u_1^2}{2g} = z_2 + \frac{p_2}{\rho g} + \frac{\alpha_2 u_2^2}{2g} + h_{w1-2} \qquad (1-24)$$

式中 α ——动能修正系数；

h_{w1-2} ——单位质量液体由断面 $1-1$ 流到 $2-2$ 断面的能量损失。

伯努利方程在实际工程问题中应用很广。输油、输水管路系统，液压传动系统，机械润滑系统，消防系统，泵的吸入高度和扬程功率的计算，喷射泵以及节流式流量计的水力原理等，都涉及液流的能量方程的运用。但在应用中需注意以下事项：

（1）方程式不是对任何液流问题都能适用，必须满足以下条件：①稳定流；②液流所

受的质量力只有重力;③不可压缩液体;④缓变流断面;⑤流量沿流程不变;⑥液体在运动过程中,没有能量输入或输出。

(2) 方程式中位置水头是相比较而言的。基准面可以是水平面。通常通过两个计算点中较低的一种作为基准面,使方程式中的一个位置水头为正值。

(3) 尽可能选取已知条件最多的过流断面作为计算断面,并且一个断面选在待求的未知量所在位置。

根据具体情况,可与连续性方程式或另一个方程式组成方程组联立求解。缓变流的条件仅限于所选的过流断面处的液流,而在两个断面之间,液流既可以是缓变流,也可以是急变流。

(4) 两个断面所用的压力标准必须一致,一般多用表压。

(5) 在多数情况下,位置水头或压力水头都比较大,而流速水头相对来说很小,因此动能修正系数常可以近似的取1,即令 $\alpha = 1$。如果计算点取在容器液面时,则由于该断面远大于管子断面,而其流速远小于管内流速,于是可以把该断面的流速水头忽略不计。

例:如图1-13所示为救火水龙带的喷嘴和泵的相对位置。泵出口压强(A 点)为 2×10^5 Pa(表压),泵排出管断面直径为 50mm,喷嘴出口 C 的直径为 20mm;假定水龙带的水头损失为 0.5m,喷嘴水头损失为 0.1m。试求喷嘴出口流速度、泵的排量及 B 点压强。(动能修正系数为1.0)。

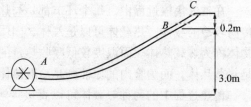

图1-13 泵和喷嘴相对位置图

解:A、C 两断面的能量与方程式为:

$$z_A + \frac{p_A}{\rho g} + \frac{\alpha_A u_A^2}{2g} = z_C + \frac{p_C}{\rho g} + \frac{\alpha_C u_C^2}{2g} + h_{wA-C}$$

取通过 A 点的水平面为基准面,则 $z_A = 0$,$z_C = 3.2$m,$P_A = 2 \times 10^5$Pa,$p_C = 0$(在大气中),水的重度 $\gamma = 9800$N/m,重力加速度 $g = 9.8$m/s²,$h_{w(A-C)} = 0.5 + 0.1 = 0.6$m,$\alpha_A = \alpha_B = 1$。根据连续性方程式可写出:

$$u_A \cdot A_A = u_C \cdot A_C$$

得:
$$u_A = \frac{u_C A_C}{A_A} = u_C \cdot \left(\frac{d_C}{d_A}\right)^2 = u_C \cdot \left(\frac{20}{50}\right)^2 = 0.16 u_C$$

将上述各已知量代入能量方程式得:

$$0 + \frac{2 \times 10^5}{9800} + \frac{(0.16 u_C)^2}{2 \times 9.8} = 3.2 + 0 + \frac{u_C^2}{2 \times 9.8} + 0.6$$

求出喷嘴出口流速为:

$$u_C = \sqrt{341} = 18.46$$

泵的排量即为管内流量:

$$Q = Q_A = Q_C = u_C \cdot A_C = 18.46 \times \frac{\pi}{4} \times 0.02^2 = 0.0058 \text{m}^3/\text{s}$$

为了计算 B 点压强,需要取 A、B 或 B、C 两断面的能量方程式。现取 B、C 两断面列伯努利方程得:

$$z_B + \frac{p_B}{\gamma} + \frac{\alpha_B u_B^2}{2g} = z_C + \frac{p_C}{\gamma} + \frac{\alpha_C u_C^2}{2g} + h_{L(B-C)}$$

取 B 点作水平基准面，则 $z_B=0$，$z_C=0.2\text{m}$，$\alpha_B=\alpha_C=1$。
$u_B=u_A=0.16u_C=0.16\times18.46=2.95\text{m/s}$；

将已知参数代入上式得：$0+\dfrac{p_B}{9800}+\dfrac{2.95^2}{2\times9.8}=0.2+0+\dfrac{18.46^2}{2\times9.8}+0.1$

$$p_B=9800\times18.4\approx1.8\times10^5\text{Pa}$$

答：喷嘴出口流速18.46m/s，泵的排量是0.0058m³/s，B点压强为1.8×10^5Pa。

第三节　热力学基础知识

热力学是一门研究热量传递规律的科学。它在管道输油领域得到了广泛的运用。热能由物体的一端传向物体的另一端或者由一个物体传向另一物体的过程称为传热过程。而这两个传热物体，称为热载体。

在油气集输过程中，每个环节都是与热能的传递分不开的。热能通常是由较热的载体传向较冷的载体。热载体可以是气体、固体和液体。在传热过程中，温度较高放出热量的物体称为热载热体。而温度较低吸收热量的物体称为冷载热体。例如加热炉管对原油来说是热载热体，而炉管内的原油则是冷载热体。

传热过程中的两种热载体可以直接接触或通过中间介质来进行热量传递，如热传导、对流。也可以不借助任何介质进行热量传递，如辐射传热。因此，热传递有三种基本方式，即热传导、热对流和热辐射。

一、热传导

热传导是依靠物体的分子运动进行的。温度较高物体的分子具有较大的动能，温度较低的物体分子所具有的动能也较低，热量在固体中的传播实际上就是动能较大的分子将其动能的一部分传给邻近的动能较小的分子。

（一）热传导的概念

1. 热传导

两个相互接触的物体或同一物体的各部分之间，由于温度不同而引起的热传递现象，称为热传导，简称导热。导热现象不仅在固体和静止的流体中存在，在流动的流体中也同样存在。

2. 热流密度

单位面积所传递的热量，称为热流密度（热流）。

3. 稳定导热和不稳定导热

不随时间变化的导热，称为稳定导热。反之称为不稳定导热。

4. 温度场

物质系统内各个点上温度的集合称为温度场。它是时间和空间坐标的函数。像重力场、速度场等一样，物理中存在着温度的场，称为温度场，它是各时刻物体中各点温度分布的总称，温度场有两大类。一类是物体各点的温度不随时间变动的稳态温度场；另一类是温度分布随时间改变的非稳态温度场。

5. 等温面与等温线

在某一瞬时，温度场中具有相同温度的各点所构成的面称为等温面。等温面上任何一条线都称为等温线。等温面可以是平面也可以是曲面。等温线同样可以是直线或曲线。不同温度的等温面和等温线不会相交，因为在任一点上不可能具有两种不同的温度。物体内温度场通常用画等温面的方法来表示。

6. 温度梯度

所谓温度梯度，就是相邻两等温面之间的温差与两等温面之间的法向距离比值的极限。温度梯度的数值，等于等温面法向单位距离上温度改变的数量，它表示温度变化的强度。温度梯度是一种沿等温面法线方向的向量，由低温到高温的方向为正，反之为负。因为在同一等温面上，各处的温度是相同的，所以在同一等温面上没有热传递。热量只能由温度场的高温等温面向低温等温面传递，且热量的传递方向只能沿着等温面的法向进行。即导热的方向与温度梯度的方向相反。

7. 导热系数

导热系数在数值上等于单位温度梯度所传导的热流密度。当物质的种类一定时，影响导热系数的主要因素是温度和压力。其值与材料的几何形状无关，主要决定于材料的成分、内部结构、密度、温度、压力和含湿量等。一般来说，固体的导热系数较大，液体次之，气体最小，导热系数通常根据实验确定，在实际应用时，有关材料的导热系数可查相关的资料。

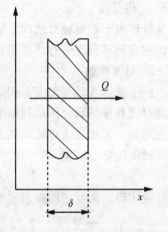

图 1-14 平壁内的热传导及温度分布

8. 热传导定律

设有一平壁（如图 1-14 所示），左面有热烟气流过，右面有冷空气流过，则左边壁面的温度 t_1 必定大于右边壁面的温度 t_2，而且热量是从壁的左面传向右面。如果平壁的面积 F 很大，两个壁面上的温度又是均匀的，显然这时平壁内部的温度分布只能沿 x 方向变化，这样的温度分布叫一维温度场。

通过平壁的导热量 Q 与传热面积 F 成正比，与平壁左右两个表面上的温度差 (t_1-t_2) 成正比，与平壁的厚度 δ 成反比，这就是热传导定律。它是从实践中总结出来的。写成等式为：

$$Q = \lambda F \frac{t_1 - t_2}{\delta} \tag{1-25}$$

式中 Q——导热量，W 或 kW；
λ——导热系数，W/(m·℃)；
F——平壁面积，m²；
t_1-t_2——平壁两侧的温度差，℃；
δ——平壁厚度，m。

将等式的两边都除以面积 F，便得：

$$q = \frac{Q}{F} = \frac{\lambda(t_1 - t_2)}{\delta} \tag{1-26}$$

式中 q——热流密度，W/m^2 或 kW/m^2。

从上式得出：热流密度等于平壁两面温度差被平壁厚度与导热系数的比值所除的商。当壁面两侧的温度已知时，壁面内部各点的温度可以用数学分析的方法来证明。对于平壁来说，在稳定导热且导热系数不随温度而变化时，壁面内部的温度分布为一直线。

（二）传导换热的特点

物体内温度不同的各部分不发生相对位移，热传导仅依靠分子、原子及自由电子等微观粒子的热运动进行热量传递。

二、热对流

热对流是指流体各部分之间发生相对位移时所引起的热量传递过程，是热交换三种基本形式之一。对流仅能发生在流体中，而且必然伴随着导热现象。

（一）热对流的概念

1. 热对流

流体由于宏观相对运动，把热量从某一区域移动到另一温度不同的区域时的热传递过程，称为热对流。显然，在热对流时表现为微观粒子间能量传递的导热依然存在。

2. 对流换热

由于流体流动与温度不相同的壁面之间所发生的热传递过程，称为对流换热。对流换热是对流和导热联合作用的结果。根据流体是否存在相变，常把对流换热分为有相变和无相变两类。无相变的对流换热又分为强迫对流换热和自由对流换热。

对流换热过程中，热量的传递采用牛顿公式来计算为：

$$Q = \alpha(t_1 - t_2)F \qquad (1-27)$$

或用热流密度的形式表示为：

$$q = \frac{Q}{F} = \alpha(t_1 - t_2) \qquad (1-28)$$

式中 q——热流密度，kW/m^2；

F——流体与固体壁面接触的表面积，m^2；

t_1——壁面温度，℃；

t_2——流体平均温度，℃；

α——放热系数，$kW/(m^2 \cdot ℃)$。

放热系数 α 的大小决定于流体性质、流动速度及表面形状等因素，由实验来决定。

影响放热系数的主要因素：

（1）流体流动状态对放热系数的影响

从水力学知识可知，流体的流动存在着两种不同的状态层流和紊流，并用雷诺数 Re 来判断。流体的流动状态不同，传热的规律也不同，当处于层流时，从壁面向流体的传热只能依靠沿半径方向的导热作用，同一截面上流体温度沿半径方向的变化较大，如图1－15(a)所示。由于液体的导热系数较小，传热量相对来说小的多。但是，当流体是紊流状态时则不同。如图1－15(b)所示，由于流体微团间的剧烈混合使热量传递大大强化，引起的热量转移比导热要大许多倍，紊流时半径方向热量传递的主要阻力集中在边界层内，所传递的热量在穿过这一薄层时要克服很大的热阻，大部分温度降就发生在这里。一旦穿过这一薄层，热量很快就被传递走了。对一定的流体，放热系数的大小主要取决于流体的流态，即雷诺数的大小，雷诺数越大，放热系数越大。

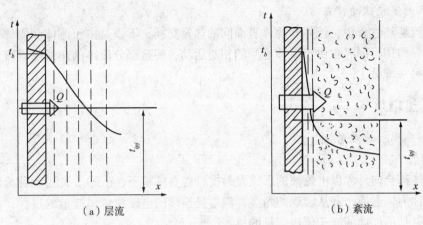

图 1-15 液流被加热时截面上的温度变化

(2) 流体流速对放热系数的影响

在紊流状态下流体的流速增高，层流底层厚度变薄，因此在层流底层中的流体导热热阻也就越小，导热增强。此外，当流体流速增高时，流体内部相对位移加剧，因此流体内部的对流也较激烈，由于对流换热是由层流底层的导热和流体内部对流放热所组成，所以当流体流速增高时，对流换热激烈，放热系数就大。

虽然提高流速能增强放热，但提高流速却增加了流体流动的阻力，流动阻力与流速平方成正比，若采用外力来驱动流体流速，则要消耗大量的动能，因此在工程上并不是片面地利用流速越高，放热越激烈的特点，而是综合考虑提高流速后，随着放热系数的增加动能也增加这种情况，选取适当的流体流速。

(3) 流体的导热系数 λ、比热容 C、密度 ρ 及流体的黏度对放热系数的影响

流体的导热系数 λ 大的流体，在层流底层厚度相同时，层流底层的导热热阻越大，则对流放热系数越大。

流体的比热容 C 一般称为单位容积热容量，用以表示单位容积的流体当温度改变 1℃ 所需要的热量。C 值越大，即单位容积的流体温度改变 1℃ 所需的热量就越多，载热能力就越强，因而增强了流体与壁面之间的热交换，提高了放热系数。

黏性是流体的一种物理性质，流体的黏性越大，则流体流过壁面时的滞止作用就大，在相同流速下，黏性大的流体，其层流底层的厚度较厚，因此减弱了对流换热，即放热系数较低。

3. 强迫对流换热

由于外力引起流体流动而发生的对流换热，称为强迫对流换热。

4. 自由对流换热

由于流体温差造成密度差，产生浮升力而使流体流动的现象，称为自由对流换热。自由对流换热因流体所处空间的大小可分为两类。一类是流体处于很大的空间中，因空间很大，流体自由对流不受干扰，称为无限空间中的自由对流换热。另一类是流体封闭在一个小空间的自由对流，称为有限空间中的自由对流换热。无限空间中的自由对流换热是一种

较为普遍的现象,如各种炉子、热工设备、输送热流体的管道等在空气中的放热,均属于无限空间中的自由对流换热。

(二)对流换热的特点

在对流换热过程中,流体和固体表面间的热量交换,不仅是由于流体和固体表面间存在着热传导作用,同时也由于流体本身的相对运动,使这部分流体的热量随同流体的流动而迁移到另一部分去。

三、热辐射

(一)热辐射的概念

1. 辐射

凡物体都会向外界以电磁波的形式发射携带能量的粒子(光子),此过程称为辐射,发射的能量称为辐射能。即从宏观的角度,辐射是连续的电磁波传递能量的过程;而从微观角度,辐射是不连续的光子传递能量的过程。

2. 热辐射

由于热的原因所发生的辐射称为热辐射或温度辐射,不同的辐射过程所遵循的规律是不同的。

热辐射与导热和热对流这两种热量传递的方式在本质上是不同的。当两个物体以热辐射的方式进行热量传递时,不仅有热量的转移,而且还伴随着辐射能和热能之间的转换。

3. 辐射换热

两个物体之间以热辐射的方式进行热量传递的过程,称为辐射换热。物体的温度越高,热辐射的能力越强。

4. 白体、黑体和透热体

设外界投入到一物体表面上的辐射能量为 Q,其中被反射的部分为 Q_R,进入物体表面被物体吸收的部分为 Q_A,透过物体的部分为 Q_D,根据能量守恒定律有

$$Q + Q_R + Q_A + Q_D 或 \frac{Q_R}{Q} + \frac{Q_A}{Q} + \frac{Q_D}{Q} = 1 \tag{1-29}$$

式中 Q_R/Q、Q_A/Q、Q_D/Q 分别为该物体投入辐射的"反射率"、"吸收率"、"穿透率"。相应地记为 R、A、D,则上式可变为 $R + A + D = 1$

凡是能将落在物体表面上的辐射能全部反射的物体称为白体。对白体来说:

$$R = -1,而 A = D = 0$$

凡是能将落在物体表面上的辐射能全部吸收的物体称为黑体。对于黑体来说:

$$A = 1,而 R = D = 0$$

凡是能将落在物体表面上的辐射能全部透过的物体称为透热体。对于透热体来说:

$$D = 1,而 A = R = 0$$

在自然界中,绝对的白体、黑体、透热体是没有的,但有近似于这样的物体。绝大多数的固体材料和液体都不能让热射线通过,因此对于一般的固体和液体:

$$D = 0,而 A + R = 1$$

5. 灰体和有色体

物体在任意温度下对各种不同波长的射线所带的辐射能以相等程度的吸收,这种物体

称为灰体。物体只能吸收某几个波长的射线所携带的辐射能，而对其他波长的则起反射作用者，这种物体称为有色体。

6. 镜面和粗面

射线射到物体表面上，若反射的射线按照一定的方向，即按入射角等于反射角的规律进行反射者，这种表面称为镜面。射线向各个方向进行乱反射者，称为粗面。工程上所遇到的，除去某些特殊情况，如太阳能热水器等例外，大部分都是粗面。

7. 黑度

实际物体的辐射能与同温度下黑体的辐射能之比称为黑率，亦称黑度。

$$\varepsilon = \frac{E}{E_s} \tag{1-30}$$

式中 ε——黑度，无量纲；
 E——实际物体的辐射能，kW/m^2；
 E_s——黑体的辐射能，kW/m^2。

黑度的大小取决于物体的材料、温度和它的表面状态，一般用实验方法来确定。在使用时可查有关资料。

8. 本身辐射、投射辐射、吸收辐射、反射辐射、有效辐射

由于物体本身热状态所引起的辐射能，称为本身辐射。由外界物体投射来的辐射能，称为投射辐射。外界物体投射来的辐射能被物体吸收的部分，称为吸收辐射。外界物体投射来的辐射能物体没有全部吸收而反射回去的部分，称为反射辐射。本身辐射和反射辐射能之和，称为有效辐射。

（二）辐射换热的特点

（1）物体间的辐射换热不需要相互接触、也不需要中间媒质，可以在真空中进行。

（2）辐射换热过程伴随有能量形式的转换，即：物体的内能在向外辐射的过程中变为辐射能，在被别的物体吸收后又重新变为物体的内能。

（3）在辐射换热过程中，高温物体向低温物体辐射能量的同时，低温物体也向高温物体辐射能量，即使两个物体的温度相同，辐射换热仍在进行，只是一个物体辐射出去的能量等于它从旁的物体吸收的能量，从而处于动态平衡罢了。

第四节　油气田开发基础知识

油气田开发是一项庞大的系统工程。油气田开发由油（气）藏工程、钻采工程和油气田地面工程组成。油（气）藏工程是研究所开发油气田的油（气）藏类型，预测储量和产能，确定油气田的生产规模和开发方式；钻采工程包括钻井、完井及油气开采工程；油气田地面工程包括油气集输与油气矿场加工、采出水处理、供排水、注水（注气、注汽、注聚合物）、供电、通信、道路、消防等与油气田生产密切相关的各个系统。

一、石油及油气藏

（一）石油的生成及油气藏的形成

石油由拉丁语"岩石"与"油"两字拼写而成，指具有天然产生的碳氢化合物的混合物。

原油仅指由油井中开采出来的液态油料。而石油除包括原油外，还包括天然气、天然汽油、蜡、沥青等。

世界上已经发现的石油中，有99%储藏于沉积盆地中。沉积岩中含有丰富的有机物质，这些有机物质是动、植物死亡后在沉积岩的形成过程中保存下来的。石油和天然气是有机化合物的混合物，有机物质和石油都是以碳、氢元素为主，其次是氧、氮、硫等元素。

石油开始生成的时候，是非常细小的油滴，呈分散状态分布在沉积岩层中。要形成工业上有开采价值的油田，必须把这些分散的油滴进一步聚集起来，同时还必须有适当的条件，使石油能够保存下来，不至于流失，这就不仅需要有生油层和储油层，还需要有适当的地质构造和盖层。生油层中分散的石油和水沿地层向低势能区流动，由于油比水轻，气比油轻，油、气有向上运移的趋势。石油在运移过程中，当流动受到阻碍时，就聚集起来，形成了具有工业开采价值的油气藏。生油层、储油层和保护油气不至于流失的盖层是形成油气藏必须的地质因素，三者缺一不可。

生油层就是生成石油的岩层，是自然界中石油和天然气生成的实际场所，是生油物质与生油环境的具体体现。生油层通常是泥岩或石灰岩。生油层一般都是致密的，不可能储存大量的石油。在地层的静压力和毛细管力作用下，生油层中的石油，沿着微细的裂缝孔道逐渐向有孔隙的岩层运移，此时的运移过程称为初次运移，最后聚集在有孔隙的岩层中。这种有足够孔隙可以聚集石油，并且石油可在其中流动的岩层，就叫储油层。砂岩和碳酸盐岩富于孔隙和裂缝，被认为是理想的储油层。盖层是位于储油层上面渗透性极低的致密岩层，常见的有泥岩、页岩、盐岩及致密的石灰岩和白云岩等。

石油运移到储油层以后，还不一定能形成油气藏，只有在运移的道路上遇到遮挡，不能继续前进时，才能聚集起来，形成油气藏。石油在储油层内的运移称为二次运移。而要进行二次运移，必须要有较为强大、持久的动力，这些动力主要有构造作用力（动压力）、浮力、动水压力。这种由于遮挡而造成的适于石油聚集的场所，通常称为圈闭。圈闭的存在是形成油气藏最重要的前提条件之一。储油层是具有储集石油空间的岩层；盖层是紧邻储油层的不渗透岩层，起阻止石油向上逸散的作用；遮挡物是指从各方面阻止石油逸散的封闭条件。遮挡物可以是由盖层的拱形弯曲造成，如背斜遮挡，也可以是由其他条件造成的。上述三者在一定的地质条件下结合起来就组成了圈闭。当有足够的石油进入圈闭时，就会形成油气藏。在圈闭中只聚集液体石油的称为油藏，只聚集天然气的称气藏，同时聚集既有液体石油，又有天然气的则称为油气藏。

（二）油气藏的分类

油气藏是油气聚集的基本单元。若油气聚集的数量足够大，具有开采价值，则称为工业油气藏。如果油气聚集的数量不够大，没有开采价值，就称为非工业性油气藏。一个油气藏可以是一个单一油层（当储集层聚集了石油之后称为油层）；当剖面上油层之间的隔层不起遮挡油气运移作用时，一个油气藏可以是处于同一压力系统中的几个油层。

1. 构造油气藏

构造油气藏是指以储集层顶面发生变形或变位为主构成的圈闭所形成的油气藏。

(1) 背斜油气藏。该油气藏的油气层顶面向上拱起，上方及上倾方向被非渗透性岩层封闭，底面和下倾方向被高油势面和非渗透岩层联合封闭。

(2) 断层油气藏。该油气藏的油气层上倾或四周均由断层遮挡。

2. 地层油气藏

凡是油气层四周或上倾方向因岩性变化，或地层层序中断而被非渗透性岩层所封闭的油气藏均称为地层油气藏。

(1) 岩性油气藏：凡是因岩性变化，使油气层四周或上倾方向以及顶、底面均为非渗透岩层所限定的油气藏称为岩性油气藏。

(2) 不整合油气藏：油气层上倾方向为不整合遮挡所限定的油气藏称为不整合油气藏。

(3) 礁型油气藏：具有良好孔、渗性的礁油气层上方和周围被非渗透性岩层封闭而形成的油气藏称为礁型油气藏。

3. 水动力油气藏

凡是因水动力或与非渗透性岩层联合封闭，使静水条件下不存在圈闭的地方所形成的油气藏称为水动力油气藏。

一般的油气藏都是一个地质单元（如背斜构造）的一部分，在所处的圈闭内，气、水常常是按相对密度分布，气在上部、油在中间，水在下部。为了说明油气藏中，油气水分布特征常用下列术语，如图1-16所示。

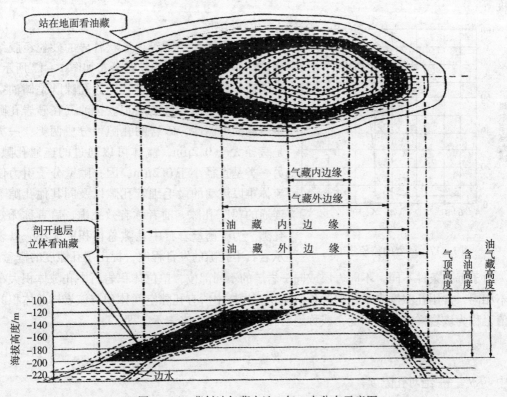

图1-16 背斜油气藏中油、气、水分布示意图

(1) 含油高度（或油藏高度）：含水接触面与油藏顶部最高点间的海拔高差。

(2) 含油内边界(含水边界):油水界面与储集层底面的交线。

(3) 含油外边界(含油边界):油水界面与储集层顶面的交线。

(4) 含气面积:气水界面与气藏顶面的交线所圈闭的面积,也就是含气外边界圈闭的构造面积。

(5) 边水:气水界面同时与储层顶、底面相交时,处于气藏外圈的水称为边水。

(6) 底水:当气层平缓时,水位于气藏之下,气水界面与气藏底层面没有交线的水称为底水。

由单一构造控制下的同一面积范围内的一组油藏的组合称之为油田。显然,油藏和油田是不同的两个概念。一个油藏是受一个圈闭所控制,一个油田是由局部构造所控制,一个局部构造,例如背斜构造,在剖面上可以形成一个到几个圈闭,即可形成一个到几个油藏。所以,一个油田可以是一个油藏,也可包含几个乃至几十个油藏。前者称为单一型油田,后者称为复合型油田。

(三) 油气储层的物理性质

油气储层的物理性质对油田的开发至关重要。当前世界上已开采的石油绝大多数来自沉积岩油层,如砂岩、石灰岩等。砂岩油藏主要为孔隙储油,石灰岩油藏主要为裂缝或溶洞储油。已开发的油田大多属于砂岩孔隙性储油,故以砂岩为主介绍岩石的某些基本物理性质。不同的储油岩层,有不同的物理性质。研究储油岩层的物理性质,对开发好油田有很重要的意义。储油岩层的物理性质参数主要包括有孔隙度、渗透率和含油饱和度等。

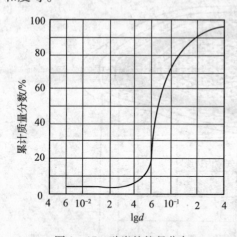

图 1-17 砂岩的粒径分布

1. 孔隙度

砂岩是由大小不等、形状各异的砂粒经胶结物胶结而成,某砂岩的粒径分布如图 1-17 所示,胶结后的砂粒间留下许多孔隙,孔隙既是储油空间又是石油流向井底的通道。按油气在砂岩孔隙中流动的可能性,砂岩的孔隙可分成两类:一类是直径大于 $0.2\mu m$,流体可以通过的连通孔隙;另一类是直径小于 $0.2\mu m$,因孔隙壁分子引力使流体难以流动的微毛细管孔隙以及同其他孔隙不连通的"死"孔隙。前者称有效孔隙,后者称无效孔隙。为了衡量岩石中孔隙总体积的大小,以表示岩石中孔隙的发育程度,提出了孔隙度的概念。

由于沉积条件不同,不同岩层或同一岩层的不同部位,单位体积岩石中孔隙体积大小各不相同,常用孔隙度表示孔隙的相对体积。岩样中所有孔隙空间体积与该岩样总体积的比值,称为该岩样的总孔隙度,或称绝对孔隙度,用 ϕ_a 来表示,即

$$\phi_a = \frac{V_{tp}}{V_{ty}} \tag{1-31}$$

式中 ϕ_a ——绝对孔隙度;

V_{tp} ——岩样中所有孔隙空间体积,m^3;

V_{ty} ——岩样总体积,m^3。

岩石中相互连通的，且在一般压力条件下，可以允许流体在其中流动的孔隙体积与岩石的总体积之比称为岩石的有效孔隙度，用 ϕ_e 来表示，即

$$\phi_e = \frac{V_{ep}}{V_{ty}} \tag{1-32}$$

式中　ϕ_e——岩石的有效孔隙度；

　　　V_{ep}——岩石内可以允许流体流动的孔隙体积，m^3；

　　　V_{ty}——岩样总体积，m^3。

孔隙度用百分数表示，砂岩孔隙度范围为 0.035 ~ 0.29，而石灰岩为 0.005 ~ 0.33。大部分砂岩类型的储油岩层，绝对孔隙度和有效孔隙度十分接近，说明砂岩中不连通的孔隙很少。我国大部分油田砂岩的有效孔隙度在 0.2 ~ 0.29 之间，孔隙度可用来计算石油地质储量并可作为评价油藏好坏的重要参数。

2. 渗透率

岩石渗透性是指在一定压力差下，岩石能使流体通过的能力，它仅仅反映油气被采出的难易程度，并不反映岩石内流体的含量。在开采石油和天然气时，油气之所以能不断地从岩层中流向井底，不但是因为周围岩层和井底之间对流体来说有压差存在，而且岩石本身又有渗透性的缘故。所以，渗透性是评价油层好坏即油气在岩石中流动难易程度的主要指标。渗透率与油气在岩石中的流动阻力呈相反关系，渗透性愈好，岩石对油气流动的阻力愈小。岩石渗透率与孔隙度之间没有必然的关系，有些黏土层的孔隙度有时并不小于砂岩，但渗透率却很低。但对同一油层，由于沉积条件、沉积物来源大体相同，故孔隙度和渗透率之间往往有一定的内在联系。岩石渗透性的好坏，是以渗透率的数值大小来表示的，其数值大小根据达西的直线渗透定律来确定。

如图 1-18 所示，当流体以层流通过岩样并与岩石不发生物理、化学反应时，根据达西线性渗流定律，流体通过岩样的流量与流动方向上的压力梯度、垂直于流动方向的岩样面积成正比，同流体黏度、岩样长度成反比，即

$$Q = K\frac{A(p_1 - p_2)}{\mu L} \tag{1-33}$$

式中　Q——通过岩石的液体流量，m^3/s；

　　　K——比例系数，称岩石渗透率，m^2；

　　　A——液体通过岩石的横截面积，m^2；

　　　μ——液体的动力黏度，$Pa·s$；

　　　L——岩石的长度，m；

　　　$p_1 - p_2$——液体通过岩石前后的压差，N/m^2。

由上式可以看出，在一定的试验条件下，A、L、μ 和 ($p_1 - p_2$) 是给定的常数，则流量 Q 与渗透率 K 成

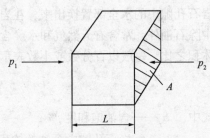

图 1-18　岩石渗透率

正比。K 反映了岩石本身在压差作用下使流体通过的能力，它的大小只决定于岩石的性质，即决定于岩石的孔隙结构和孔隙大小，而和所通过的液体性质无关。

实际资料研究证明，岩石的绝对孔隙度与渗透率之间没有明显的数量关系，例如一些黏土岩类绝对孔隙度很大（约 40%），但实际上几乎是不渗透的；碳酸盐岩的孔隙度一般小于 5%，但有的渗透率却很高。然而，有效孔隙度与渗透率之间的关系则较为密切，一

一般来说，有效孔隙度越大，渗透率也越大，渗透率随有效孔隙度的增加而有规律的增加。在油田开采中，可以采用人工措施（如压裂、酸化等）改造油层，增加有效孔隙度，提高油层的渗透率，进而提高油井产量和油层的采收率。孔隙性和渗透性是储集层两大基本特性，两者直接影响到油气的储量和产量。

以上讨论渗透率时，假定岩石孔隙中只有一种流体（单相），而且这种流体与岩石不发生任何物理和化学反应，在这种条件下测得的渗透率称为绝对渗透率。在实验室中常用空气测定岩石渗透率，因此又把绝对渗透率称为空气渗透率。由于渗透率具有面积量纲，故能理解为 $1m^2$ 截面积的岩石内能通过流体的孔道总面积。实际上，以 m^2 作渗透率单位太大，常用 μm^2 作为渗透率单位。它与油田上习惯使用的单位"达西"的关系为：1 达西 = $0.9869 \mu m^2$，达西常以符号 d 表示。

同一油田、不同油层或同一油层、不同区块的渗透率是不同的，有时还有相当大的差异。此外，岩石沿地层层理方向与垂直层理方向的渗透率亦不相同。由于受上覆地层的压力，在垂直方向的渗透率低于沿层理方向的渗透率。

实际上，在油层内流体的渗透情况要复杂的多。在油层内一般不可能只有单相流体，常为两相（油-气、油-水、气-水）、甚至三相（油-气-水）流体并存，这时测得岩石让某一相（油、气或水）流体通过的能力称作有效渗透率或相渗透率。有效渗透率不仅与岩石的性质有关，而且也与其中流体的性质和该流体在岩石中的饱和度有关。饱和度越大，相渗透率也越大，当某种流体在岩石孔隙中含量达百分之百时，该相流体的有效渗透率就等于绝对渗透率。相反，随着该相流体在岩石孔隙中的含量逐渐减少，有效渗透率则逐渐降低，直到某一极限含量，该相流体停止流动。岩石中存在多相流体时，由于各相流体间的互相干扰，使各相流体的渗透率均低于单相流体的渗透率。还应注意的是，岩层中各种流体有效渗透率之和总小于岩石的绝对渗透率。为描述岩石中存在多相流体时岩石允许每相流体的通过能力，又引入了相对渗透率的概念。相对渗透率表示岩石中有多种流体存在时，每种流体的有效渗透率与岩石绝对渗透率之比。

3. 含油饱和度

岩石孔隙中，并不是全部为油所充满。在石油运移和储集过程中，油不可能把沉积在岩石孔隙中的水全部置换出来，在岩石孔隙中只有一部分体积被油所充满。因而，在岩石中除石油外，常含有天然气和水。含油（气）饱和度是指油层孔隙中油的体积与其有效孔隙体积之比，一般以百分数或小数表示，即

$$S_o = \frac{V_o}{V_{ep}} \times 100\% \quad (1-34)$$

式中　S_o——含油饱和度，%；

　　　V_o——岩石孔隙中含油的体积，m^3；

　　　V_{ep}——岩石中有效孔隙的体积，m^3。

纯油藏，含油饱和度与含水饱和度（S_w）之和为1，即

$$S_o + S_w = 1 \quad (1-35)$$

油气藏，则油、气（S_g）、水饱和度之和为1，即

$$S_o + S_g + S_w = 1 \quad (1-36)$$

含油饱和度越大，表明油层中储油量就越多，它是用来计算油藏地质储量的重要参

数。油藏中原始含油饱和度的大小，与油层水的性质及其盐含量有关。水中盐含量增高会使黏附于岩石壁的水膜变薄，束缚水饱和度下降，含油饱和度增大；而岩石中黏土含量增加，使水膜增厚，含油饱和度下降。束缚水饱和度的平均范围为0.1~0.3。

油藏中油水、油气接触界面并非清晰的水平面。水润湿性较强的岩石孔道中，在毛细管力的作用下，水沿孔道向上爬升，直至毛细管力和爬高水柱的重力相平衡。由于岩石孔道直径各异，水柱爬升高度亦各不相同，因而形成油水过渡带，如图1-19所示。在油水过渡带内沿深度方向，含水饱和度由束缚水饱和度逐渐增加至1.0，过渡带厚度与油水密度差和岩石孔道大小有关。密度差愈大，过渡带愈薄；岩石孔道愈小，过渡带愈厚。

油藏过渡带厚度一般为几米，但亦有高达几十米者。在地层倾角平缓的油藏（如大庆油田）或有底水的油藏，过渡带的体积相当庞大。了解过渡带含油饱和度的分布，对油藏储量计算与开发方案的制订均有重要意义。同样，油气间亦存在过渡带，只是由于油气密度差较大，过渡带较薄而已。

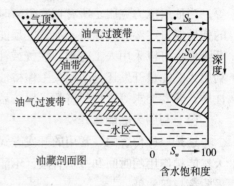

图1-19 油气、油水过渡带

4. 地层油的饱和压力

在地层压力、温度条件下，天然气溶解在原油中，其溶解度随压力的增高而增大，随温度的增加而降低。当全部气体保持溶解状态时，地层中只有液相石油。在石油从油层流至井口的过程中，压力不断下降，当压力下降到一定程度时，溶解在油中的天然气就从油中分离出来而成为油气两相。溶解气开始从油中分离出来时的压力叫饱和压力。它表征石油溶解天然气的压力界限。

应该指出，饱和压力在油田开采中是一个很重要的数据。一般情况下，在采油过程中，都要求井底流动压力高于饱和压力，即要求有一定的流饱压差，使油中的溶解气不易在井底析出，油气比较低，这样可以用较大的油嘴放大采油压差，提高油井产量和油田的采油速度。如果饱和压力低，井筒内自喷能量弱。如果井底流动压力低于饱和压力，则油里溶解气就会在油层中分离出来，油气比高，使油层渗透率降低，原油黏度增高，流动阻力增大，从而降低油井产量。因此，在油田开采过程中，必须尽早知道地层油的饱和压力，以便规定在一定的流饱压差界限以内采油。

采液量与边水（底水）侵入量平衡，或采出量不超过注入量时，由于能量不断地得到补偿，油层压力、井底压力、油气比和油层产量将基本上不随时间变化，油田生产能力旺盛。从目前生产情况看，采用水压驱动方式进行开发的油田，最终采收率比较高，成本低，开发效果比较好。

上述情况下，如果供水（边水或注入水）十分充足，采出多少油就能补充多少水，油层压力、油气比和油层产量基本不变，油层中没有出现弹性压力，故称这种水压驱动为刚性水压驱动。当边水或注入水不充足时，进入油藏的水量不足以补偿油井采出的油量时，油层压力就要下降，油层内的石油、天然气、水和岩石的体积就会发生膨胀，弹性压力参与驱油，故称这种水压驱动为弹性水压驱动。

二、油气藏开发

（一）油气田开发

1. 油田开发

从地下把原油采出来，靠的是油层内的压力。油层压力是驱油的动力，用以克服各种阻力，如储油砂层中细小孔道的阻力、采油井筒中液柱的重力以及管道内壁的摩擦阻力等。当油层压力克服了所有这些阻力时，原油才能从地下采到地面。油层压力来自于油层的弹性能量、溶解气能量、油藏气顶能量和水压驱油能量等。随着油田开发，油层压力逐渐降低，可以采用人工注水、注气或注聚合物等方法保持油层压力，维持油田正常生产。利用天然能量开发还是采用人工保持油层压力，这一油田开发方式的确定，要根据油气藏性质、开发要求等进行经济技术比较后确定。

（1）利用天然能量开发。

这是一种传统的、常用的开发方式。其优点是投资少、成本低、投产快。缺点是由于天然能量作用的时间和范围有限，不能适应油田较高的采油速度和长期稳产的要求，最终采收率一般较低。

天然能量开发有以下几种方式：

①弹性能量开发

油层弹性能量的储存缘于油层埋藏于地下几千米深处，在未开发前，油层承受着巨大的压力，积蓄了一定的弹性能量。当钻井钻开油层采油时，油层均衡受压状态被破坏，油层孔隙中液体和岩石颗粒因压力下降而膨胀，使一部分原油被挤了出来，流向井底喷至地面。随着原油的不断采出，油层中压力降低的范围不断扩大，压力降低的幅度也不断增加，这样油层中的弹性能量也不断减少。一般的砂岩油藏，靠弹性能量仅能采出地下储量的 $1\% \sim 5\%$。这种驱动方式的特点是开采过程中天然气处于溶解状态，日产油量不变时，油气比稳定，油层压力逐渐下降。若急剧减小采出量时，地层压力也有回升现象。再继续不断采油，油层压力又会下降。当地层压力降到低于饱和压力时，就会出现溶解气驱动。

②溶解气驱

油藏没有外来能量补充，当地层压力低于饱和压力时，全油层将是油、气两相流动，这时依靠石油中溶解气分离时所产生的膨胀（弹性）力推动石油流向井底的，叫溶解气驱动。这种驱动方式没有明显的驱油界面。这点与压力驱动显然不同。在油田开发初期，油气比逐渐上升，油层压力不断下降，产量基本稳定。在中期，油气比迅速上升，溶解气能量迅速消耗，油层压力和油井产量显著降低。到开采后期，油气比迅速降低，油层压力也极速降低。这时，由于脱气后原油黏度增高，流动阻力大为增加。而油层内含气饱和度提高后，气体的渗透能力提高很快，因此大量的气体流入井内而不携带原油，结果使原油的采收率极低，最终采收率只有 $5\% \sim 25\%$，有效开采期也很短。此外，由于油藏开采期间产量和气油比变化幅度很大，给油田集输系统的设计和地面建设带来很多困难。因此，不论从资源利用上，还是从生产上来看，溶解气驱动都是十分不利的，在油田开发过程中应尽量避免出现这种驱动方式。溶解气驱开采方法只适用于油层内极其分散的透镜状小油藏。

③气顶能量开发

依靠油藏原生气顶压缩气体的膨胀力推动石油流向井底的，称为气压驱动。它的开采特点与水压驱动极为相似，也有刚性和弹性气体驱油之分。当在气顶上注气且注气量和产油量相等时，油层压力基本不变，称为刚性气体驱动。当注气量不足以补偿出油量或未注气时，油层压力下降，油层内的石油、天然气和岩石体积膨胀，由此而产生的弹性压力也参与了驱油，此时称为弹性气压驱动。

在采油过程中，油气界面不断向下移动，当气顶接近井底时，由于气体黏度小，它会超越油流率先流入井中，气油比将急剧上升。为避免油藏能量无益地消耗，必须及时关闭这类油井。气压驱动的采收率低于水压驱动的采收率，一般为15%~35%左右。

④天然水压驱动

油层中有广大的含水区，如含水区和地面相通、且连通性较好并有地面水补充，则随石油的开采，油层内空出的体积将被地下水占据，这就形成了天然水压驱动。此外，也可通过专门的注水井向油层补充水量以维持油层压力，这称为人工水压驱动，如图1-20所示。

水压驱动过程实际上是水驱替油的过程，是油水界面向井底移动的过程。在油水接触界面处油的饱和度不断发生变化，是油水混合流动。在油水接触界面之外的油藏中，油层的含水饱和度不变。在开采的最初阶段，流向油井的是纯石油，只有当油水接触界面推进到油井附近时才开始出水。通常以含水百分比超过某一数值、油井生产已无利可图时结束油井的生产寿命。由于岩石各方向的性质差异，油水界面向井底的推进很不均匀，在油井生产的绝大部分时间内将生产含水原油。

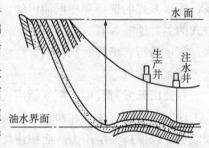

图1-20 天然和人工水压驱

水压驱动又分两种情况：当水源十分充足，采出原油所亏空的体积能及时而充分地由水源补充，油藏压力基本不变、没有弹性能量出现时，称刚性水压驱动。当以高于油藏饱和压力的刚性水压驱动方式开采石油时，油层中石油以单相流向井底，油井附近的油藏压力、油井产量和气油比在开采过程中基本保持不变。当进入油藏的水量不足以补偿产油量，油藏压力和产量下降，岩石、油、水的体积膨胀、弹性能量参与驱油时称为弹性水压驱动。若开采初期的油藏压力高于石油泡点压力，则弹性水压驱动的气油比亦基本不变。

水压驱动方式开采油藏时，由于油层能量不断得到补偿，油藏的采收率较高。刚性水压驱动的采收率可达30%~75%。若油藏多而薄、且很分散、呈透镜状分布时，应用人工水压驱动很难使每个油藏都得到良好的注压驱动水效果，所以人工水压驱动方式的应用受到油藏地质条件的限制。

⑤重力驱动

原油本身所受的重力同上述四种能量相比是微不足道的，只有在以消耗内能方式（无外界气体补充的气压驱动和溶解气驱动）开采的油藏末期，其他驱动能量消耗殆尽，油藏压力接近大气压，原油中几乎不含溶解气，并在有利条件下才出现重力驱动。所谓有利条件指：油藏渗透率好；原油黏度小；油层较陡或厚度较大。

重力驱动开采的特点是：油井产油量与油井在油藏上的位置有关，靠近油藏底部的油井产油量较大；井底压力和油井产量比较稳定，但水平都很低；气油比接近于零。靠重力开采的油藏，原油只能流至井筒内的某一高度处，需借助外部能源（如抽油机、油抽子、捞油筒等）使油流至地面。在溶解气驱后期、出现重力驱动时，油藏采收率略有提高。

(2) 人工保持压力开发

依靠油层本身具有的天然能量，可以采出一部分油量。但是，依靠天然能量，不能保持油层压力，从而不能实现长期稳定生产和实现较高采收率。为了保持油层压力，可以人工向油层注水、注气或注聚合物等方法，以向油层输入外来能量来保持油层压力，达到驱油的目的。

① 人工注水

人工注水就是用人工的方法把水注入到油层中或底水中，以保持或提高油层压力。目前国内外油田应用的注水方式归纳起来，主要有边缘注水、切割注水、面积注水和点状注水四种。所谓注水方式，就是注水井在油藏中所处的部位和注水井与生产井之间的排列关系。注水方式的选择要根据油田的地质条件，特别是不同油层性质和构造条件是确定注水方式的主要地质因素。依靠人工注入水填充采出原油后的亏空体积，以保持油藏能量。注水，简单易行、工程费用较低。注水油藏的平均采收率约为35%~45%。

② 人工注气

在油田开发过程中，把气体用人工的方法注入到油层中去，以保持和提高油层压力。人工注气分为顶部注气和面积注气两种。顶部注气是把注气井布置在油藏的气顶上，向气顶注气，以保持油层压力。面积注气是把注气井与生产井按某种几何形状，根据需要部署在油田的一定位置上，进行注气采油。依靠人工注入天然气填充采出原油后的亏空体积，以保持油藏能量。人工注气开发油藏的采收率约为25%~35%。

向油藏内注氮、烟气（约87% N_2 和12% CO_2）和 CO_2 均属注气混相驱油。"混相驱油"是指注入气体完全溶解于液相内，没有驱替界面。人们认为 CO_2 驱油有极好的发展前景。研究表明，油藏压力达到或高于最小混相压力时有最好的驱油效果，油藏原油密度愈大、温度愈高所需的混相压力愈大。若原油相对密度0.89，油藏温度60℃，所需压力约为18 MPa。与 N_2 相比，CO_2 的混相压力小4~5倍，使 CO_2 驱油的成本比注 N_2 驱油低得多。

③ 注聚合物驱

油藏地层是非均质的，从注水井注入的水总是沿阻力最小的路径流向压力较低的生产井底，即沿渗透率最大的通道驱替原油。因而，注入水仅在少量通道内驱油，增加的采出原油量不多。随水驱过程的延续，有注入水流动的岩石通道内含水饱和度增加、水的相对渗透率增大，油的相对渗透率下降，扩大了油、水相对渗透率和流量的差异，油井采出液的水油比急剧上升，水驱效果下降。即使是均质地层，由于油水黏度差别较大，在水驱油过程中水将超越原油流向油井，造成油井水淹，大片原油残留于油层内无法开采。为达到有利于驱油的流度比应增大注入水黏度，采用黏度较大的聚合物水溶液，这就是聚合物驱油。

我国自1985年开始注聚试验，注聚采油时，先注入15%~25%油藏孔隙体积的聚合物溶液，然后转入正常水驱。"八五"期间胜利油田完成了孤东小井距三元复合驱先导性试验，1998年又开辟了孤岛西区常规井距三元复合驱试验区，大庆、新疆等油田均开展了复合驱的攻关。孤东小井距试验作为我国首例复合驱油先导试验，取得了突破性进展。在中心井含水率达98.5%，水驱采出程度54.4%，接近水驱残余油状况下进行复合驱油先导试验，实施后总采收率达到67%。其在矿场应用中也暴露出了一些问题，如注入过程中的结垢影响注入问题、采出液的破乳问题。为了克服三元复合驱的弊端，胜利油田、河南油田先后开展了二元复合驱矿场先导试验，取得了突破性的进展。研究表明，与单一聚合物驱相比，同等经济条件下，二元驱提高采收率增加5个百分点；与单一活性水驱相比，二元驱由于加入了聚合物，可防止流体窜流；与三元复合驱相比，可减少产出液乳化，处理容易，降低处理成本。

④注蒸汽驱

由于稠油油藏用常规方法很难开采，利用稠油黏度对温度敏感的特点，向油层提供热能的热力采油在稠油油藏的开采中收到了较好的效果。根据向油藏供热方式的不同，热力采油可分为注蒸汽（或热水）和火烧油层两种。

注蒸汽有蒸汽驱油和蒸汽吞吐两种方式。采用蒸汽吞吐时，先向稠油生产井注入高压蒸汽，然后关井1~4日（焖井）使蒸汽的热能在地层中得以传播并和地层流体充分热交换后，开井生产。当油井采油量下降到一定程度后，再重复下一个周期。一般经过若干周期（约2~4年）的蒸汽吞吐后，由于井底附近岩石内含水饱和度增加和油井产出液中油水比下降，使蒸汽吞吐失去效果。所以蒸汽吞吐的采收率不高，只有10%~15%左右，最高只有20%左右。蒸汽吞吐不适用于深油藏，因为井筒内热损失太大，使井底蒸汽干度大大下降，影响了吞吐效果。每注1t蒸汽能开采多少吨原油，即油汽比是衡量注蒸汽采油经济性的重要指标。多数情况下，蒸汽吞吐的油汽比大于1。

在油气田的开采中，极少利用一种驱动能量开采石油，常综合利用各种驱油能量。在同一油田的各油藏，甚至同一油藏的不同区域，所使用的驱动能量亦可能不同，靠近注水井的采油井，可能靠水压驱动；离注水井较远得不到注水效果的区域，油层压力可能降低到油藏饱和压力以下，由溶解气的能量来开采石油。油田的驱动方式是指整个油田的主要驱动方式。在油藏开采过程中，也可以转变油藏驱动方式，开始采用溶解气驱，后来注水变成水压驱动。在油田开采过程中应力求把油田驱动方式转变为最有利的压力驱动方式，使产量稳定，生产成本降低，采收率和经济效益提高。

2. 气田开发

气藏大都采用衰竭式开采，即利用气藏自身压力驱使天然气流向地面。

开采气藏时，应合理地控制气藏的开采速度。若气藏采气速度太快，一方面水不能及时填补岩石内的亏空体积，使气藏压力下降过快；另一方面采出气体中带液量增多，不得不提高衰竭压力使气藏最终采收率下降。

开发初期，随新井陆续投入生产，气藏产量逐步增加；之后，气藏产量进入稳定生产期，调节井口压力使气藏产量与气体处理厂的规模、输气管道的输量相匹配，采用增压站、钻新井等措施延长稳定生产期；最后，由于气藏压力已不足以维持一定采气量而进入衰减期。

对于凝析气藏，为了预防凝析气藏在开发过程中气体中有价值的重烃成分在地层中析出，提高可凝组分的采收率，应尽量将地层压力保持在临界压力以上开采，也可将脱去重烃的干天然气回注气藏，维持气藏压力、减少因反常凝析而残留在气藏内的重烃，提高凝析气藏重烃的采收率。而注干气的时机则要根据气藏的压力变化和经济合理性来确定。当产出流体中凝析液的含量低于一定程度（低于$40g/m^3$）时，因经济合理原因需停止注干气，因此开采一般可分为两个阶段：第一阶段应尽量将压力保持在临界压力之上开采，第二阶段为纯气藏开采阶段。

对于无水气藏，可适当采用大压差生产，其优点是：可以增加大缝洞与微小缝隙之间的压差，使微缝隙里的天然气易排出；可以充分发挥低渗透区的补给作用；发挥低压层的作用；提高气藏采气速度；净化井底，改善井底渗滤条件。无水气藏在开发后期会遇到举升能量不足、井底积液等问题，需要采取降低地面流程回压、定期放喷等措施以解决气井生产中存在的问题。

对于边、底水气藏的开发，关键是要采取措施避免气井过早出水而影响气井的产量和气田的采收率。气井出水影响产能一般有三个阶段：

预兆阶段：气井水中氯根含量上升，由几十上升到几千乃至几万 mg/L，井口压力、气产量、水产量无明显变化；

显示阶段：水量开始上升，井口压力、气产量波动；

出水阶段：气井出水增多，井口压力、产量大幅度下降。

底水气藏开发中常用的治水措施有：

（1）控水采气

气井出水前和出水后，为了使气井更好地产气，都存在控制出水问题。对水的控制是通过控制临界流量和临界压差来实现的。

（2）堵水

对于有水气藏如何阻止水进入井筒，也是解决井筒积液的一个重要途径。根据不同的出水类型采取不同的堵水措施，如调剖堵水等堵水工艺都可采用。只有堵水和排水工艺互为补充，才能最有效地解决有水气藏的开采问题。

（3）排水采气

排水采气有两种方式：一种是单井中的排水采气，另一种是在气藏中的水活跃区打排水井排水或把水淹井改为排水井，以减缓水向主力气井的推进速度。

目前排水采气工艺主要有七种：优选管柱排水采气、泡沫排水采气、气举排水采气、活塞气举排水采气、抽油机排水采气、电潜泵排水采气和射流泵排水采气。

各种排水采气的工艺方法都有一定的适应条件。对于每一口产水气井，应根据地质、开采、环境等因素，进行技术经济对比，确定采用方法，以确保方法的有效性。

（二）油气田开采

油气田开采是通过一系列可作用于油气藏的工程技术措施，使油气从储层通畅地流入井筒，并将其举升到地面，进入地面油气集输系统。油气田开采的目标是经济有效地提高油气井产量和油气采收率。

油气田开采面对的是不同地质条件和动态不断变化的各种类型的油气藏。只有根据其地质条件和动态变化，正确地选择和实施技术上可行、经济上合理的工程技术方案，才能获得良好的经济效果。开采工程对实现油气藏开发方案设计的开发指标起着重要的工程技术保证作用。

随开采时间延续,井底压力不足以使油井自喷、或虽能自喷但油井产量低于经济界限(表现为油井产水量上升、气液比下降、液体密度增大)时,必须使用人工举升进行开采。人工举升的方法可以是气举采油、深井泵采油等。

1. 气举采油

气举采油时,由油套环空注入高压天然气,并在一定井深处油套环空的气体注入油管,减小油管内液体密度,在井底流动压力和注入气膨胀功共同作用下将气液混合物排出井口。也可由油管注入气体,从油套环空采油。

气举采油时,油管应下至油层中部,在油层压力下降、井内液位下降时仍能保持较高的气体举油效率。与其他人工举升采油方法相比,其优点为:可充分利用油层气体(气顶气和溶解气)举升液体的能力;对气油比高、渗透率大、产量较高的油藏,气举采油的经济性较好;井下设备简单,维护费用低;特别适用于水平井、斜井、定向井、丛式井。气举采油的缺点是:地面需建压气站、高压供气管网等设施,一次性投资较高;适用于油田区块集中生产,不适合孤立井、边缘井的使用;需要有丰富的天然气气源等。由于我国大部分油田受气源条件的制约,气举采油仅在中原、吐哈、塔里木等高气油比、深油藏油田上得到使用。

气举法分连续气举和间歇气举两种。连续气举适用于油井供液能力强、地层渗透率较高的油井;间歇气举是周期性地注入气体,通过大孔径气举阀进入油管,在油管内形成气塞将液体推向井口,适用于井底压力低、供液能力小的油井。对这类井,间歇气举比连续气举的注气量小,举升效率高。气液比是衡量气举采油经济性的一项指标,即采出单位体积或单位质量液体所需的注气量。随生产时间的延续,井底流动压力下降,所需注气量增大,气液比随之增高。

2. 深井泵采油

人工举升除气举采油外,还普遍采用深井泵采油,用深井泵生产的井称为抽油井。深井泵按其动力传递方式不同可分为:

①有杆泵:地面动力设备通过抽油杆将动力传递给井下深井泵,带动其工作。目前使用最广泛的是游梁式抽油机-深井泵装置。这种装置结构简单、工作可靠、管理方便、适应性较强,在机械采油中占有重要地位。但有杆泵地面设备笨重、排量小,需经常维修,不适应砂、蜡、水、稠油等复杂情况及海上采油。为克服上述缺点,相继出现了各种不用抽油杆向井下传递能量的抽油泵,统称为无杆泵。

②无杆泵:主要有水力活塞泵、电动潜油离心泵、电动潜油单螺杆泵、射流泵等。

(1) 游梁式抽油机-深井泵

广泛使用的抽油机-深井泵装置如图1-21所示,包括抽油机、抽油杆和深井泵。抽油机电机通过减速箱降低转速至$3 \sim 25 r/min$后带动曲轴旋转,曲轴的旋转运动通过连杆、游梁使悬挂在驴头上的抽油杆($16 \sim 25 mm$)及深井泵柱塞做上下往复运动。当柱塞上行时,活塞上方的游动阀受管内液柱压力而关闭,此时,泵内(柱塞下面的)压力降低,泵下方液体推开固定阀进入泵筒;抽油杆及柱塞靠自身重力下行时,固定阀承受泵筒内的液体压力而关闭,而游动阀则受泵筒内的液体压力而开启,泵筒内液体经游动阀进入柱塞以上区域。柱塞上下往复运动,液体不断地吸入和排出,由井底流向地面。

由于抽油杆本身质量就很大,同时又承受了很大的交变载荷,因此抽油杆的强度限制泵的工作范围。用碳钢做的抽油杆,其工作深度大致在2000m以内。为减少抽油杆负不油井愈深,所用柱塞直径愈小,常不能充分发挥油井的出油能力。同时,油井愈深,消耗提升抽油杆的无效能量愈大,抽油机-深井泵装置的效率和经济性下降。因此,对于高产、深度大的油井一般用水力活塞泵或电动潜油离心泵采油。

(2) 水力活塞泵

水力活塞泵是一种液压传动的无杆抽油设备。图1-22为典型的水力活塞泵采油系统,地面部分包括沉降罐、动力泵、油气分离器和各种阀件;井下部分包括同心的两套油管柱、水力活塞泵和密封两层油管环形空间并带有止回进油阀的锥形座。

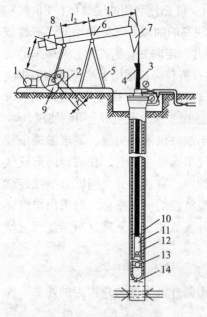
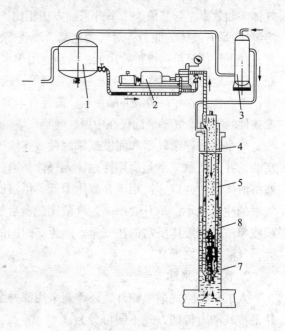

图1-21 抽油机-深井泵采油装置
1—电机;2—减速箱;3—光杆;4—悬绳器;
5—游梁支架;6—游梁;7—驴头;8—游梁平
衡重;9—曲轴平衡重;10—泵筒;11—柱塞;
12—游动阀;13—固定阀;14—过滤器

图1-22 水力活塞泵采油系统
1—沉降罐;2—动力泵;3—气液分离器;
4、5—油管;6—水力活塞泵;7—锥形座

动力液(一般用原油或低含水原油)从沉降罐抽出,经过地面动力泵加压后由中心油管压入井下。高压动力液推动水力活塞泵作往复运动,不断地从油井中抽取原油并与乏动力液一起经两层油管间的环形空间(或用一根油管,乏动力液和原油一起由油套环形空间产出)流至设在地面的气液分离器。脱出气体后的原油返回至沉降罐,一部分作为动力液重复使用,另一部分沿出油管去计量站。

水力活塞泵的流量调节范围($30\sim500m^3/d$)大、扬程高、水力效率较高(可达60%)、不需要日常维修(可连续运转1年,甚至2~3年不大修),适用于超深井(最大下泵深度已达5450m,我国达3542m)、斜井、丛式井、海上平台以及高黏、高含蜡原油的开采。缺点是每个井口需有沉降罐、分离器和地面动力泵,不适用于出砂量较多的油井。当油井较为稠密时,可设动力液站向各井供给动力液,简化井场设备,便于管理。

（3）电动潜油离心泵

电动潜油离心泵采油系统由潜油电机、保护器、多级离心泵、铠装电缆、电缆滚筒、变压器、控制台等组成，如图1-23所示。电潜泵机组用油管下入井中，铠装电缆固定于油管上。潜油电机为封闭式三相感应电机，装于充满变压器油的、外径为100~150mm的钢管内。为防止地层水通过接缝处渗入电机内部破坏电机的工作，变压器油的压力必须略高于井底流体压力。根据油井的生产能力，电机的功率范围为10~125kW，最大长度可10m，最高工作温度为95℃。电机长期在温度较高的井下运行，故设有专门的油路循环系统对电机运转部件进行润滑和散热。电机的转子和定子各分为若干节，每节有单独的绕组，各节都串于电机轴上，形成细而长的电机外形。为改善离心泵启动和调节性能使之适应生产需要，电机有时用变频控制，电源频率可调范围为30~

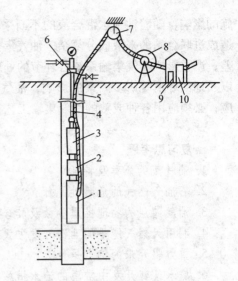

图1-23 电动潜油离心泵系统
1—潜油电机；2—保护器；3—多级离心泵；4—油管；5—铠装电缆；6—井口装置；7—导向轮；8—电缆滚筒；9—变压器；10—自动控制台

90Hz。在低频下启动电潜泵，启动后逐步将电源频率提高至所需的工作频率。保护器由独立的两部分组成。上部充满润滑脂，用来对离心泵的止推轴承进行润滑。下部充满变压器油，及时补充电机与钢管外壳间变压器油的消耗。保护器轴的两端有花键，用特殊的联轴器分别同电机和泵相连。

多级离心泵也用管式壳体，其外径与潜油电机相近（100mm左右），级数从84级到332级不等，长度一般不超过5.5m，排量40~700m³/d，扬程1400~3000m液注，泵效率44%~52%。多级离心泵上还装有灌泵用的止回阀及排油阀。当需要把电动离心泵机组提升至地面检查时，可通过排油阀排泄油管和离心泵壳体内的油液。与普通离心泵一样，电动潜油离心泵亦不允许有较多的气体（一般不超过2%的体积含量）进入泵内，常在泵入口处设气液分离器，防止气体进入泵内。

电潜泵具有排量大、流量均衡、扬程高、油管寿命长、地面设备简单、受气候变化影响小、易于实现自动控制以及具有较好携砂和携蜡能力等优点，在我国油田得到广泛使用。但受电机耐热程度的限制，适用的井深一般不超过3000m。油井产量改变和开采高黏油时会影响离心泵的泵效，而且设备结构复杂、制造质量要求较高。根据电潜泵的特点，它适用于高产井、深井、斜井和地层水转注（由地下水层吸水注入油层）等场合。

3. 油气开采方式与油气集输的关系

地下储油层的石油依靠天然（或人工）能量，从地层中渗流向井底，从井底沿井筒流向井口，从井口沿地面集输管路，并经地面上油气集输系统一系列设备的初步加工，最后原油流至矿场原油库，天然气（油田气）输往压缩机站（或输气首站），以备外输。因此，油气集输系统实质上只是油气开采和油气外输之间的一个中间环节。

由于开采方式的不同，对油气开发和油田地面工程的影响也不同，一方面提高了油藏采收率，但是另一方面因为采取注聚、注水、添加各种化工药剂、酸化压裂等各种驱油措施的影响，随着油气水混合液的不断采出，聚合物和各种添加的化工药剂等被携带出来，造成进联合站的来液成分复杂，油气集输环节的油气水处理难度加大，脱水和水质指标变差，严重影响油气集输系统各环节的处理效果。兼受油气藏性质、规模，开发目的、方式以及地面环境等诸多因素的影响，油气集输工艺有多种不同的地面设施流程与之配套适应，必须应用各种成熟的油气集输工艺技术，才能完成收集、输送、处理油气的任务。

☞ 复习思考题

1. 油气藏的分类及特征。
2. 石油天然气的危险性是什么？
3. 油气储层的物理性质参数及其含义。
4. 利用天然气能量的油田开发方式有哪几种？
5. 重力驱开采的特点是什么？
6. 底水气藏开发中常用的治水措施有哪些？
7. 人工举升开采的方法有几种？分别指什么？
8. 深井泵按其动力传递方式不同分类及特点。
9. 气井出水影响产能一般分为哪三个阶段？
10. 孔隙度与渗透率的关系是什么？
11. 何谓圈闭，其生成条件是什么？

第二章 油气集输流程及站库

第一节 油气集输基本工艺流程

一、油气集输的主要内容

(一) 油气集输系统的主要功能

将分散在油田各处的油井产物加以收集,分离成原油、伴生天然气和采出水;进行必要的净化、加工处理使之成为油田商品(原油、天然气、液化石油气和天然汽油)以及这些商品的储存和外输。同时油气集输系统还为油藏工程提供分析油藏动态的基础信息。因而油气集输系统不但将油井生产的原料集中、加工成油田产品,而且还为不断加深对油藏的认识、适时调整油藏开发设计方案、正确经济地开发油藏提供科学依据。

(二) 油气集输系统的工作内容

(1) 油井计量 测出每口油井内原油、天然气、采出水的产量,作为分析油藏开发动态的依据。

(2) 集油、集气 将分开计量后的油气水混合物汇集送到油气水分离站场;或将含水原油、天然气汇集分别送到原油脱水及天然气集气站场。

(3) 油气水分离 将油气水混合物在一定压力条件下,经几次分离成液体和不同压力等级、不同组分的天然气;将液体分离成含水原油及游离水;必要时分离出固体杂质,以便进一步处理。

(4) 原油脱水 将乳化原油破乳、沉降、分离,使原油含水率符合出矿原油标准。

(5) 原油稳定 将原油中的易挥发组分脱出,使原油饱和蒸气压符合出矿原油标准。

(6) 原油储存 将出矿原油盛装在常压油罐中,保持原油生产与销售的平衡。

(7) 天然气净化 包括脱出天然气中的饱和水和酸性气体(H_2S、CO_2)。通过脱水,使气体在管道输送时不析出液态水,以满足商品天然气对水露点的要求;或用冷凝法回收凝液时不析出液态水。对含 CO_2 及 H_2S 天然气可减缓对管道及容器的腐蚀。

(8) 天然气轻烃回收 油田伴生气中含有较多的、容易液化的丙烷和比丙烷重的烃类,回收天然气中的重组分凝析液,使其在管道输送时不被析出,可满足商品天然气对烃露点的要求。加工天然气凝液可获得各种轻烃产品(液化石油气、天然汽油),以提高油田的经济效益。

(9) 烃液储存 将液化石油气、天然气、汽油分别盛装在压力油罐中,保持烃液生产与销售平衡。

（10）输油、输气　将出矿原油、天然气、液化石油气、天然汽油经计量后，用管道配送给用户。

（11）采出水处理及注水　将分离后的油田采出水进行除油、除机械杂质、除氧、杀菌等处理，使处理后的水质符合回注油层或国家外排水质标准。

二、油气集输的基本工艺流程

油气集输工艺流程是指收集油井生产的油、气、水混合物，通过管道输送到集中处理站(联合站)进行加工处理，获得合格的产品，并把这些产品输送到指定地方的全过程。所以，集输工艺流程表明了油、气在油田内部的流向和生产过程。一个合理的集输流程，必须满足油田的具体情况，要妥善解决以下工艺问题：能量的利用、集油集气方式、油气分离、油气计量、油气净化、原油稳定、密闭集输、易凝原油和稠油的储存和输送、加热与保温，以及管道的防腐等。由于自然条件、社会条件、油气物性等不同，不同油田的集输工艺流程是不同的；不同油藏如整装注水开发油田、复杂断块和分散小油田、低渗透油田、稠油热力开采油田等油藏，有各具特色的开发方式和集输工艺流程。

将油气集输各单元工艺合理组合，即成为油气集输系统工艺流程。其组合的原则是：

（1）油气密闭输送、处理，各接点处的压力、温度、流量最优化。

（2）油井产物是自然流入油气集输系统，流量、压力、温度瞬间都有变化，流程中必须设有缓冲、调控设施，以保证操作平稳，产品质量稳定。

（3）油气集输各单项工程所用化学助剂，要相互配伍，与水处理过程中的杀菌、缓蚀等化工药剂也要配伍。

（4）自然能量与外加能量的利用要平衡。

（一）油气集输工艺流程分类

油气集输工艺流程有许多种分类方法，有按油气集输系统的布站方式分类；按集输加热保温方式分类等等流程。

1. 按油气集输系统的布站方式分类

（1）一级(一级半)流程

"井口→联合站"为一级布站流程，原油由井口直接输送到联合站进行处理。该流程简单，工艺简化，投资较省。如塔里木东河塘油田。

近年来，随着油田自动化水平的提高，出现了"一级半"流程。所谓"一级半"流程可看作由"井口→计量站→联合站"的二级布站流程简化而来，即在各计量站的位置只选井阀组，不设计量分离器和计量仪表，称作"选井点"。选井点有两条管道通往集中处理站：一条为油井计量用的管道，与集中处理站的计量分离器相连；另一条为其他不计量油井油流的集油管道。如我国宁海油田、吐哈丘陵油田都采用了这种流程。图2-1为"一级半"布站流程示意图。

（2）二级布站流程

根据油气输送形式不同，可以分为油气分输流程和油气混输流程。

①单井进站、集中计量、油气分输流程

油井产物经出油管道到分井计量站，经气液分离后，分别测出单井油、气、水的产量值，在油气水分离器出口之后油气分别输送。含水原油进入原油脱水装置，脱水原油进入原油稳定装置，经出矿原油罐储存，计量后送到用户；天然气和由稳定塔闪蒸出的石油蒸气，经天然气脱水，回收天然气烃液，烃液再分离成液化石油气及天然汽油，经储存、计量后分配给用户，干天然气计量后，送给用户；各单元装置排出的采出水及含油污水则分别就地处理利用。

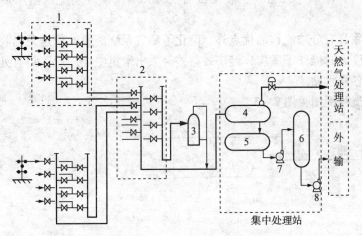

图2-1 "一级半"布站流程示意图
1—计量阀组；2—计量总阀组；3—计量分离器；4—油气分离器；5—原油脱水器；
6—原油稳定装置；7—输油泵；8—外输泵

这种流程的特点是单井进站，分井集中周期性计量，简化了井场，油、气分别处理。出油、集油、集气管道分别采用不同的输送工艺，对不同压力、不同产量的油井都能适应，对油田中后期井网的调整比较灵活，操作方便可靠，且易于集中控制管理。

其缺点是油、气分输、集气系统复杂，需多处分散进行露点处理，工程量、设备、钢材、投资消耗量大。

油气分输流程框图见图2-2。

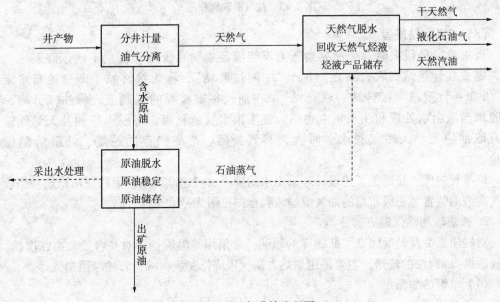

图2-2 油气分输流程图

②单井进站、集中计量、油气混输流程

单井产物在分井计量站分别计量油气水产量值后,气液再度混合经集油管道进入集中处理站,集中进行油气分离、原油脱水、原油稳定、天然气脱水、回收天然气烃液。产品经储存、计量后,原油、天然气、液化石油气、天然汽油分别配送给用户,采出水集中处理。

这种流程除具有分输流程的优点外,简化了集气系统。原油稳定及回收天然气凝液在处理量变化幅度大时操作不适应,经济效益差。采出水集中处理后,需有处理合格采出水的管网,配给各注水站。

油气混输流程框图见图2-3。

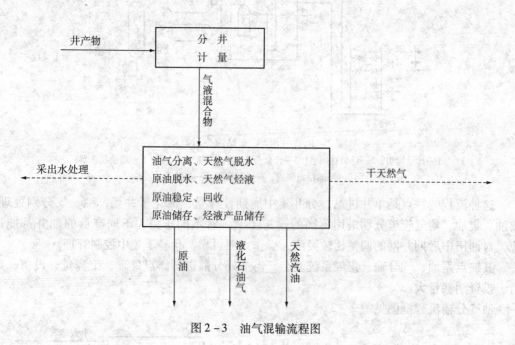

图2-3 油气混输流程图

(3) 三级布站流程

当集输半径很大时,采油剩余压力不能满足集输系统设计流量下的压降要求,此时,需要在计量站到联合站之间加上"中间过渡站",称为接转站。即三级布站流程为"井口→计量站→接转站→联合站"。在油气集输流程的基础上,将油气分离、原油脱水与采出水处理和注水集中建站,使采出水就地利用。将脱水原油及天然气输到设有原油稳定、天然气脱水、回收天然气凝液、产品储存的站场,计量后配送给用户。

该流程的优点是避免了建设处理采出水的管网,可建设规模较大的原油稳定和回收天然气凝液的装置。三级布站的油气混输流程框图见图2-4。

2. 按集输加热保温方式分类

对轻质原油及低凝固点、低黏度的原油,常采用等温输送。对高含蜡和高黏度(含有高胶质沥青)原油的输送,主要采用加热方法,以降低黏度,减少管输摩阻损失。

(1) 单管热油流程

在井场设锅炉、加热炉给原油加热。该流程适用于凝点和黏度较高的石蜡基原油,有较高的单井油气产量,井口出油温度或管道输送温度低于原油凝点,如图2-5所示。

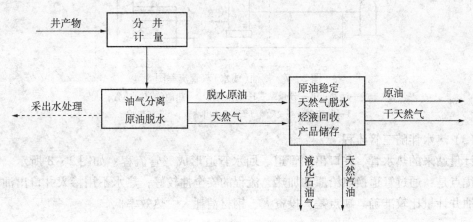

图2-4 三级布站油气混输流程框图

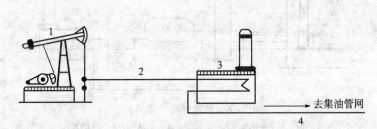

图2-5 单管热油集输流程图
1—油井;2—出油管;3—加热炉;4—热油管

(2) 双管流程

双管流程有两种:一是蒸汽伴随双管流程,把计量站的蒸汽送到井口,对井出油管道加热保温;由于废蒸汽和冷凝水不回收,使锅炉用水量增大、水处理费用上升、锅炉结垢严重、热效率低及蒸汽管道易腐蚀穿孔等原因,导致流程的建设和经营费用都很高,所以一般不采用蒸汽伴随双管流程;二是双管掺油(或水)流程,将计量站来的热油(或水)在井口掺与出油管道,从而给原油加热。掺水流程适用于油井产量较小、原油黏度大、井口出油温度较低的情况,如图2-6和图2-7所示。

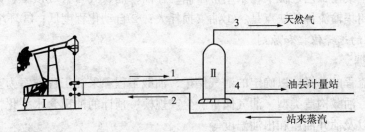

图2-6 蒸汽伴随双管流程
Ⅰ—油井;Ⅱ—分离器;1—出油管;2—蒸汽伴随管;3—天然气管;4—出油管

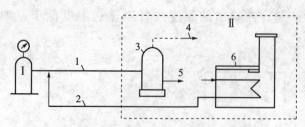

图 2-7 掺油(或水)双管流程图

Ⅰ—油井；Ⅱ—计量站；1—出油管；2—热油(或热水)管；
3—分离器；4—天然气管；5—出油管；6—加热炉

(3) 热水伴随三管流程

计量站来的热水管、井口出油管道、回水管道形成三管流程，如图 2-8 所示。该流程的优点是：通过管道换热给原油加热，流程的安全性较好；热水不用掺入井口出油管道内，油井计量比较准确。缺点是：投资大、钢材消耗大、热效率低。

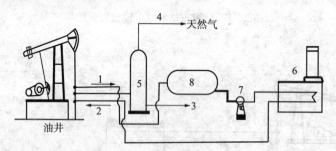

图 2-8 热水伴随三管流程

1—回水；2—热水；3—出油管；4—天然气；5—分离器；
6—热水缓冲罐；7—热水泵；8—加热炉

3. 按流程是否密闭分类

油气集输流程分密闭输送工艺流程和非密闭输送工艺流程。

(1) 油气密闭流程

油气密闭集输流程是在非密闭集输的基础上，将原非密闭集输流程中的常压开口油罐改为卧式压力缓冲罐而成。特点：①集输过程中油气损耗小；②环境污染少；③自动化程度高。

(2) 油气非密闭流程

原油在整个集输工艺过程中，采用常压储罐存油，油、气与大气接触，即为非密闭集输流程。非密闭集输流程的缺点是：①油气损耗大；②自动化程度低；③环境污染大。

(二) 流程的选择依据和原则

1. 选择依据

(1) 集输流程的选择应以确定的油气储量、油藏工程和采油工程方案为基础。应充分考虑油田面积、油藏构造类型、油气储量、生产规模、预计的油田含水变化情况、单井产油量、产气量以及油井油压和出油温度等。

(2) 油气物性。原油物性包括原油组分、蜡含量、胶含量、杂质含量、密度、倾点和黏温关系等。天然气物性包括天然气组分和 H_2S、CO_2 等酸性气体的含量。

(3) 油田的布井方式、驱油方式和采油方式以及开发过程中预期的井网调整及驱油方式和采油工艺的变化等。

(4) 油田所处的地理位置、气象、水文、工程地质、地震烈度等自然条件以及油田所在地的工农业发展情况、交通运输、电力通信、居民点和配套设施分布等社会条件。

(5) 已开发类似油田的成功经验和失败教训。

2. 选择原则

(1) 满足油田开发和开采的要求。油气集输流程应根据油藏工程和采油工程的要求，保证油田开发生产的安全可靠、采输协调，按质按量地生产出合格的油气产品。

(2) 满足油田开发、开采设计调整的要求和适应油田生产动态变化的要求。所选集油流程应有较强的适应能力和进行调整的灵活性，尽量减小流程的改建工作量，流程局部调整时尽量不影响油田的正常生产。应能及时收集集油系统的各种生产信息，以便操作人员采取相应的措施。

(3) 贯彻节约能源原则。集输流程应合理利用油井流体的压力能，减少油气的中途接转，降低动力消耗。同时应合理利用井流的热能，做好设备和管道的保温，降低油气处理和输送温度。注意使用高效节能设备和节能技术，将单位油气产量的能耗和生产费用降到最低。

(4) 充分利用油气资源。提高井口到矿场油库或用户的密闭程度，使集输过程中的油气损耗降到最低。

(5) 贯彻"少投入，多产出"，提高经济效益的原则。油田油气集输工程设计应与油藏工程、钻井工程、采油工程紧密结合，统筹考虑。根据油田分阶段开发的具体要求，全面规划、分期实施，做到地上、地下相结合，统一论证优化，保证油田开发建设取得好的整体经济效益。同时应遵守国家和行业规定的各项安全生产规范和设计规范。

(6) 注意保护生态环境。在确定油气集输流程方案时：要考虑消除污染、保护环境的工程措施，在重大项目可行性研究阶段，要提出项目对环境影响的评价报告，报国家有关部门审批。

三、不同油气藏及其集输流程

(一) 整装注水开发油田

油藏完整并连片、面积较大的油田称整装油田，常采用注水开发。这种油田的油气集输系统应根据开发方案要求进行总体规划、配套建设。集油系统尽量采用计量站集油流程、一级半或二级布站，简化井场设施，增强集中处理站的功能，以利于操作管理、收集生产信息和实施自控。油井所产油气经计量站计量后，利用井口压力多相混输至集中处理站进行油气分离、原油脱水、原油稳定、天然气处理、轻烃回收、含油污水处理等作业。生产出符合质量要求的原油、天然气、轻烃和符合回注或排放水质要求的油田污水。

整装油田的典型代表为大庆油田，开发初期采用多井串联集油流程，后调整为计量站集油流程。由于大庆地处高寒地区，原油倾点较高，采用双管掺活性水流程，保持油井出油管道流体的流动性，在集中处理站完成油气水处理，生产出油田产品。

（二）复杂断块和分散小油田

复杂断块油田面积小、分散，投资开发风险大，一般采用边勘探、边生产的滚动开发建设方式。滚动开发也应做好油田地面建设总体规划，并在实施过程中适时进行调整。在油田地面一般先建简易设施，视试采情况再配套完善。在试采过程中，应根据不同的油田特点和不同的油气物性采用不同的集油流程或方式。

对断块分散的小油田，一般先采用"单井拉油"或"几口井集中拉油"的方式试采。对产量低、间歇出油的油井，采用定期开井、油罐车收油、拉油方式收集原油，也可采用车载式捞油装置直接从井筒内提捞原油，尽量减少地面建设费用。

分散于老油田外围的小断块油田，尽量利用老油田的油气水处理和储存设施。在小断块油田只设计量站，或计量站和接转站，小断块油田单井产物也可进入附近老油田的计量站。对于分布集中，产量较高的油田，在各断块油田内建计量站或接转站，在适中的地域内建处理站或利用老油田的集中处理站，完成油气分离、脱水、外输的目的。在断块之间一般采用管道输送油气。

由于断块油田的总产量较低，所以断块油田一般采用多功能油气处理设备，以简化流程，节约建设和经营费用。

（三）低渗透油田

低渗透油田指低产、低丰度（丰度系指石油在岩石孔隙内的丰富程度）、渗透率低的油田，既有连片分布的大、中型油田，也有分散的小断块油田。低渗透油田的探明储量约占我国石油总探明储量的22%，这些油田已处于经济开发界限附近或以下，因而简化地面设施、降低建设和经营成本对这类油田的经济开发具有特别重要的意义。

低渗透油田的地面建设与复杂断块油田基本相同。但低渗透油田的单井产量低，要求油气集输流程进一步简化才有效益，所以，在一些分散的低渗透油田上不建任何固定的油气集输设施，用车载捞油装置完成油井的采油、拉油。

（四）稠油热力开采油田

通常把地面相对密度大于0.943、地下黏度大于$50 mPa·s$的原油叫稠油。稠油在我国原油总产量中约占10%，有些稠油的μ_{50}甚至高于$50000 mPa·s$。

对于井深较浅、$\mu_{50}<500 mPa·s$的稠油，可采用单管加热集油流程。对于不能顺利流入井底、埋深较浅的中高黏度稠油藏，常采用注蒸汽热力开采，由地面向井底附近的地层注入蒸汽使稠油温度升高、黏度降低并与冷凝水一起流入井底。中高黏度稠油宜采用掺稀释剂降黏集油流程，常用稀释剂有：轻质原油（即含蜡原油）、轻质馏分油、活性水等。当稠油油田附近有轻质原油来源时，可考虑采用掺油流程。在稠油流动性得到相同程度改善的条件下，轻质原油的掺入量少于活性水的掺入量，使油井出油管负荷降低、阻力损失减小。但由于轻质原油含蜡量多，与含大量胶质沥青质的稠油混掺后会破坏两种原油的性质，使轻质原油售价降低，同时使混入大量石蜡的稠油不能出高级道路沥青，因此应优先考虑掺活性水降黏流程。

无论是掺轻质原油还是掺活性水降低稠油的流动阻力，其流程也不是一成不变的。例如，油田开发中后期，原油含水率上升至一定比例后，可以停掺或少掺活性水；也可在油田开发初期掺轻质原油，到原油含水达到一定比例后改掺油田采出水。在井口还可向油井出油管内掺蒸汽改善稠油在地面管道内的流动性，如克拉玛依红浅山油田。

注蒸汽热力开采稠油时油田地面须设注汽站，它有集中和分散两种布局形式。集中布局有利于热能的综合利用，但注汽管道较长，沿途热损失稍有增加。新疆克拉玛依红浅山油田以集中布局为主，与集中处理站联合建站。胜利油田采用分散布局，注汽站与计量接转站联合建站。

热力开采稠油油田时，由于地面需设高压锅炉及高压注汽管网，基建投资高、能耗大，原油生产成本高，因此更需使油藏开发、采油工艺和地面工程有机结合、整体优化，以降低生产成本。

（五）滩海油田

渤海湾区域滩海的特点是：海床坡度平缓，淤泥层厚，土壤承载力低，潮差大，冬季有浮冰，近岸有冰堤。在该区域内的油藏大部分是陆上构造的延伸，油气富集程度较低。针对以上特点并通过十几年的勘探开发建设的实践，总结出"简易、安全、经济、可靠、注重环保"的滩海油田建设原则。根据海水可能淹没的深度，滩海可细分为海滩和潮间带、极浅海区域及浅海区域三部分，并总结出不同的建设模式。

海滩和潮间带：采用由陆上向海上延伸修建堤路，沿路建砂石平台，在平台上利用陆上钻机钻大斜度丛式井，沿堤建管道、电力线与陆上采油生产设施相连。海堤路可以是围埝吹填就地取土，或用砂石填海并修建混凝土防浪隔栅。

极浅海区域：采用浅吃水钻井平台钻丛式井或大斜度井。对于分散的小油田可建简易采油平台，以油船拉油。对成片较大规模油田，可建丛式井采油平台，通过海底管道将油井产出物集中到中心处理平台处理，中心处理平台采用海底管道、海底电缆与陆上生产系统相连。当丛式井采油平台离岸较近时，平台也可通过海底管道、海底电缆与陆上生产系统相连，将油井产出物集中到陆上处理。

浅海区域：建造钻采合一的海上平台，钻大斜度井、水平井，在另建的中心平台上集中设置高效油气处理设备，处理后的合格原油以油轮运输或用海底管道输至陆上。平台供电可采用自发电与陆上电源结合的方式，目前从陆上经海底电缆可向海上平台提供35kV的高压电。平台用水可由海水淡化装置或打水源井解决。

第二节 油气集输站、库

一、油库的类型和作用

凡是用来接收、储存和发放原油或石油产品的企业和单位都称为油库。它是协调原油生产、原油加工、成品油供应及运输的纽带，是国家石油储备和供应的基地。

（一）油库的类型

油库的类型很多，大体上可以从以下几个方面进行分类：

（1）根据油库的管理体制和业务性质，油库可分为独立油库和企业附属油库两大类型，如图2-9所示。

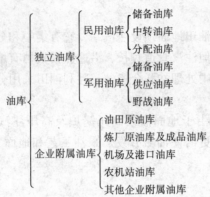

图2-9 油库的类型(按管理体制和业务性质分类)

独立油库是指专门接收、储存和发放油品的独立企业和单位；附属油库则是工业、交通或其他企业为了满足本部门需要而设置的油库。供销和军事部门的大多数油库都属于独立油库，石油部门的油田原油库和炼厂的油库则多属企业附属油库。

(2) 根据油库的主要储油方式，油库可分为地面油库、隐蔽油库、山洞油库、水封石洞油库和海上油库等。

地面油库的储油罐设置在地面上，因此，与其他类型油库相比，投资省、建设速度快，是分配、供应和一般企业附属油库的主要建库形式。

隐蔽油库是将储油罐部分或全部埋入地下，上面覆土作为伪装并提供一定防护能力，在空中和库外不能直接看到储油设施的一种地下油库。这种油库由于储油罐部分或全部埋入地下，为了使储油罐不致因外部土压而引起破坏，必须加筑钢筋混凝土或其他护墙。因此在投资和工期上都大大超过地面油库。

山洞油库则是将储油罐建设在人工开挖的洞室或天然的山洞内。由于储油罐建筑在坚实的山体内，不仅隐蔽条件好，而且也有较强的防护能力。

水封石洞油库是利用稳定的地下水位，将需要储存的油品封存于地下洞室中。它的储油罐体便是在有稳定地下水位的岩体内开挖的人工洞室，不需另建储油罐。由于洞内油品被周围岩石内的地下水包围，除少量地下水渗入洞内之外，油品不致外渗。这种水封石洞油库的石洞储油容量可高达数十万立方米。一般它都是深埋于地下，隐蔽和防护能力都很好，建设费用比山洞油库低，也省钢材。但它需要有稳定的地下水位，而且其他的技术条件也比较复杂，库址也难以选择。目前这种油库大多建在沿海地区。

海上油库是为适应海上石油开发而发展起来的，而且近年来一些国家为了减少陆地上用地，增大石油储备能力，也正在研究海上储油问题。这类油库一般可以接收和转运原油。其形式可分为漂浮式和着底式两大类。漂浮式是将储油设施制成储油船或储油舱，让其漂泊在海面组成储油系统。这个系统既可以利用沿海海域，也可建于石油开采的海域；着底式海上油库是将储油设施制成储罐让其固着于海底，形成水下储油系统。

(3) 按照储存油品的种类可分为原油库、成品油库等。

原油库是油田现在最常见的油库，是输油系统的主要组成部分之一，如果将管道比作人身上的动脉，输油站就好比是心脏，输油站的主要任务就是为管道输油提供能量(压能、热能)，以保质、保量、安全、经济地将其输到指定地点。

输油站按在管道沿线位置的不同，可分为首站、中间站与末站。首、末站的站址以管道起、终点的位置为依据，中间站则以计算的站间距为依据，同时还必须考虑当地的地形、地质、交通、水源及社会条件等。

另外油库还可以按照运输方式分为水运油库、陆运油库和水陆联运油库等。

(二) 油库的作用（原油库）

不同类型的油库其业务性质也不同，设计油库时必须考虑到它们的各自业务特点和要求。

油库的业务大体上可分为下述4个方面：
(1) 生产基地用于集积和中转油料；
(2) 供销部门用于平衡消费流通领域；
(3) 企业部门用于保证生产；
(4) 国家储备部门用于战略储备，以保证非常时期需要。

尽管油库的业务性质各有不同，但油库的主要设施都是围绕油品的收发和储存来设置的。其中包括：装卸原油栈桥或码头、装卸油泵房、储油罐、罐桶间、汽车发放站台等主要设施以及水、电、蒸汽、修洗桶等辅助设施。在油库经营中，除了保证油品能顺利而经济地收发外，还应特别注意安全，因为油料是易燃物品，管理不当或疏忽，将会带来不可弥补的损失。在油库设计、使用中这个问题都要充分考虑。设计上要保持足够的安全距离，并有可靠的消防系统。

二、站、库布设原则

站、库内的原油量主要依靠油罐的储存和周转，确定站、库的容量，也就是确定建设油罐的总容量，这是站、库建设首先要解决的问题。

(一) 站、库容量的确定

站、库容量起着平衡收发和调节供销的作用。正确确定站、库容量，是为了解决原油进出之间的矛盾，确保油田正常生产。

容量选的过大，导致占地面积和投资费用的增加（油罐区是站、库的主要建筑物，也是站、库投资最大的部分，有时占站、库总投资一半以上），而且还会造成较高的储油损耗。容量选的过小，妨碍油田正常生产，而且还会造成运输工具的经常性积压，使产、运、销之间的协调遭到破坏。因此，合理地确定容量，既能满足任务，又节约投资，达到原油收发平衡、调节供销、确保油田生产持续进行。由此看出，正确地确定站、库容量是一个极重要的问题。

如前所述，站、库的主要任务是接收油田来油，并通过管道、铁路油槽车或油轮外输（运）。因此，站、库容量的大小与很多因素有关。

管道外输站、库，例如首站，容量的大小主要考虑油田来油量（油田生产能力）、最大输送量、管输不平衡（包括管道事故、停输）和油田本身的储油能力。也就是说，当油田来油暂时中断时，管道可继续输送，或在管道发生故障而停止输送时，能继续接收油田来油。对于主要靠油轮外运的原油库，如码头转运储备油库，除考虑最大管输量和管输不平衡外，还要考虑海上风暴情况、一次最大装船量、冰冻时间、来船不均匀情况以及装船时间等因素。这种油库要求做到，大风季节不能装船外运时，能继续接收管道来油，或当管道发生事故来油暂时中断时，可继续装船保证供应。对于供给炼厂或装铁路油罐车、或两者兼有的油库，它的库容量除考虑最大管输量和管输不平衡外，还要考虑炼厂计划检修、铁路转运能力和来车不均匀等因素。对于中间站，主要取决于输送方式和输送量，当采用旁接油罐流程时，每座中间站的油罐容量按 1~2.5h 输油量考虑；当采用密闭输送，管道采用超压泄放的水击保护时，油罐的容量应根据水击保护的专门计算确定，油罐只用作为事故泄压时，其容量一般不大，若管道自动监控系统运行可靠时，中间站也可不设油罐。

综上所述，由于各种站库类型及业务性质的不同，确定站、库容量时考虑的因素是不同的。但是，对于原油管道外输首站、油田储备油库及原油铁路外运油库来说，由于来油一般比较稳定，故在确定容量时应重点考虑运输方式和运输条件，为此引入储备天数这一概念。外输(运)手段在可能出现最大间断时间的情况下，站、库的油罐能继续接收储存油田来油的天数，称为储备天数，用符号 T 表示，于是，站、库油罐的总容量可按下式计算

$$V = \frac{G}{350\rho\eta}T \qquad (2-1)$$

式中　V——站、库油罐的总容量，m^3；
　　　G——站、库原油全年转输(运)量，t；
　　　η——油罐容积利用系数，立式固定顶油罐可取 $\eta = 0.85$，浮顶油罐取 $\eta = 0.90$；
　　　ρ——原油密度，t/m^3；
　　　T——储备天数。

T 的数值是在考虑影响站、库容量的各种因素后而引入的系数，其大小主要取决于运输方式和运输条件的可靠性。为了保证油田连续安全生产，油罐应作为外输(运)手段最不利的情况下储油之用。对于与油田管道相连接的首站，储备天数取 $T = 3d$，这就是说，首站 3 天内不向外输油，也不影响正常生产；末站为海运码头储备油库，取 $T = 5~7d$；末站向炼油厂供油时，取 $T = 2~3d$；油田原油铁路外运油库，储备天数 $T = 4~5d$。

一般来说，储备天数影响站、库的总容量，也将直接影响站、库的总投资。因此，在确定 T 值时，要在深入研究外输(运)沿线的设备情况，运输条件及抢修能力等各种因素的基础上，慎重确定。

上式中油罐容积利用系数 η 是指油罐的储存容量和名义容量之比。油罐的容量在使用上可分为三种情况，如图 2-10 所示。

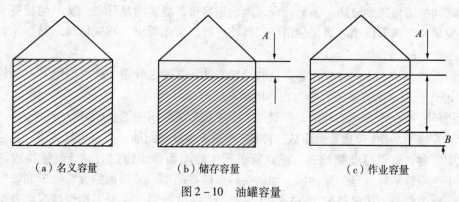

(a) 名义容量　　(b) 储存容量　　(c) 作业容量

图 2-10　油罐容量

1. 名义容量(公称容量)

名义容量即油罐的理论容量，它是按油罐壁的整个高度来计算的。一般设计油罐时，

就是以这个尺寸来计算油罐容量,选择油罐的高度 H 和直径 D。

2. 储存容量(实际容量)

由于受油罐消防系统安装高度的限制,以及为防止操作不慎而造成"冒顶"事故,油罐装油时实际上不可能全部装满,必须在油罐上边缘以下留有一定的距离 A。即每座油罐的最大装油高度都不得超过规定的安全储油高度。油罐的名义容量减去 A 部分占去的容量(还应减去加热设备占去的容量)便是储存容量。

3. 作业容量

油罐使用时,出油管下部的油品并不能发出,成为油罐的"死油"。因此,油罐的一次最大周转量,比储存容量还要小。这个容量就叫做作业容量,它是储存容量减去"死油"高度 B 包含的容量。

(二) 站、库的分级

油库主要是储存易爆易燃的石油和石油产品,这对油库安全是个很大威胁。油库容量越大,一旦发生火灾或爆炸等事故造成的损失也越大。因此从安全防火观点出发,根据油库总容量的大小,分为若干等级并制定与其相应的安全防火标准,以保证油库安全。

根据《石油天然气工程设计防火规范》(GB 50183—2004),油库等级的划分,应符合表 2-1 的规定。

表 2-1 石油库的等级划分

等 级	油品储存总容量 V_p/m^3	液化石油气、天然气凝液储存总容量 V_1/m^3
一级	$V_p \geqslant 100000$	$V_1 > 5000$
二级	$30000 \leqslant V_p < 100000$	$2500 < V_1 \leqslant 5000$
三级	$4000 < V_p < 30000$	$1000 < V_1 \leqslant 2500$
四级	$500 < V_p \leqslant 4000$	$200 < V_1 \leqslant 1000$
五级	$V_p \leqslant 500$	$V_1 \leqslant 200$

油品储存总容量包括油品储罐、不稳定原油作业罐和原油事故罐的容量,不包括零位罐、污油罐、自用油罐以及污水沉降罐的容量。

油库设计中,除了考虑储存油品的数量之外,还应考虑到油品的性质,按照它们的易燃易爆程度,来设置不同的安全距离。对石油库储存油品的火灾危险性的分类,如表 2-2 所示。

表 2-2 油库储存油品的火灾危险性分类

类 别		特 征
甲	A	37.8℃时蒸气压力 >200kPa 的液态烃
	B	1. 闪点 <28℃的液体(甲$_A$类和液化天然气除外) 2. 爆炸下限 <10%(体积分数)的气体
乙	A	1. 闪点 ≥28℃至 <45℃的液体 2. 爆炸下限 ≥10%的气体
	B	闪点 ≥45℃至 <60℃的液体
丙	A	闪点 ≥60℃至 ≤120℃的液体
	B	闪点 >120℃的液体

(三) 油罐的选择与布置

站、库容量 V 确定以后，就要着手于选择油罐的容量、数量及油罐尺寸。

油罐的数量 n 可按下面的公式计算

$$n = \frac{V}{V_g} \qquad (2-2)$$

式中，V_g 是油罐的名义容量（标准油罐的容量），它可从已有的金属油罐系列中选用。油罐的数量应不少于 2~3 座（便于同时收发、计量和周转），且罐型尽量相同或相近，各罐容积不要悬殊太大，以便使工艺流程灵活可靠，便于操作管理。

站、库使用的储油罐主要是立式圆柱形钢油罐。这种油罐安全可靠、耐用、不渗漏、施工方便。常用的是拱顶罐和浮顶罐，前者结构简单、施工方便；后者可降低原油的蒸发损耗。

布置油罐时，应满足下列要求：

（1）油罐罐底标高应尽可能高于泵吸入口的标高（一般要高出 0.5m 以上），使罐与泵的连接管道坡向泵房，保证泵有良好的吸入条件；

（2）油罐尽量靠近泵房，减少吸入管阻力损失，防止泵抽空；

（3）油罐尽可能设置在明火设施的主导风向侧上方；

（4）站、库的油罐区储有大量原油，是站、库的核心要害部位，必须在各方面注意它的安全。因为一旦发生火灾，不仅本身会造成重大经济损失，还可能危及周围地区的安全。因此，布置上一定要符合国家有关的安全规定，保证油罐与其他建（构）筑物之间有足够的安全距离，使油罐排出的气体逸散到有火源的地方时已稀释到很小的浓度，不致引起火灾。各罐之间也要保持一定距离，以免一个油罐着火时，波及其他油罐。

三、站、库工艺流程

站、库内原油的流动过程称为工艺流程，它是通过管道把分布在站、库内的各生产设施有机的联系起来，构成一个原油输送操作系统，该系统表明了站、库内原油的流向及其所承担的任务。

将站、库工艺流程绘制于图纸上，即为工艺流程图。工艺流程图分为原理工艺流程图和施工工艺流程图两种。绘制原理工艺流程图时，可不按比例，不受总平面布置的约束，以表达清晰、易懂为主，图中只反映原油的流向和主要设备，是站、库工艺设计的依据。施工工艺流程图也称工艺安装流程图，它反映的是站、库内整个工艺系统的全部内容，是指导站库施工、投产、正常生产管理和事故处理的主要技术文件。

(一) 子系统工艺流程

1. 罐区管网

罐区管网流程主要是指站、库内储油罐进出油的流程。归纳起来，一般有以下几种形式，如图 2-11 所示。

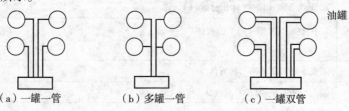

图 2-11 罐区管网流程

(1) 一罐一管 进出油用一根管道。这种管网布置清晰,检修时不影响其他油罐操作,但消耗钢材多。

(2) 多罐一管 将油罐分为若干组,每个罐组各设一根油管,同组油罐进、出油共用一根管道。

这种流程布置,管材耗量少。但缺点较多,如同组油罐的油无法相互输转,同组油罐的管道发生故障时,同组的油罐均不能操作。

(3) 一罐双管 即进、出油各一根管道。这种罐区流程给操作上带来了很大的便利,其缺点是管材耗量大。

为了做到经济节约,操作方便,上述罐区管网的配置,需要结合储油罐容积、数量等具体情况,慎重选择。在选择时,无论采取哪种形式的罐区管网流程,一定要保证在某一油罐因故检修时,来油进罐和从罐内抽油外输或装车外运能同时进行。保证在最不利的情况下使整个流程较为灵活地满足站、库收油和外输(运)。根据经验,一般站、库整个罐区进出油管为6~8根较为适宜。

2. 输油泵工艺流程

泵房与阀组是整个站、库的枢纽,其流程是整个站、库工艺流程的一个重要组成部分,它把分布在站、库内的储油罐等设施联系起来,构成一个收油、发油作业系统,保证各种工艺操作的完成,保证在某一油罐或某一泵机组检修时也能正常运行。由于站、库的一些主要作业都要通过它来实现,所以,泵房与阀组的设计是否合理,必将影响到站、库作业的圆满完成。在考虑泵房与阀组流程时,首先要满足站、库主要作业的要求,保质保量完成原油外输(运)任务;其次,要操作方便,调度灵活,经济节约。

站、库普遍采用离心泵。但是,原油管道输送用泵与原油装车外运用泵是不同的。前者,宜采用大排量、中高扬程离心泵;后者,因油库多处于平原地区、宜采用大排量、低扬程离心泵。

根据生产需要,离心泵可并联,也可串联,如图2-12所示。

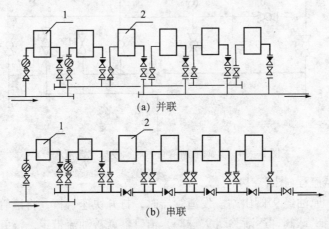

图2-12 泵机组流程

3. 加热装置

高黏易凝原油的加热输送装置,有直接加热炉和间接加热炉。在加热输送中,加热炉对输油生产的作用十分重要。各输油站,加热炉的连接方式都采用并联运行,加热后的原油温度一般控制在70℃以下。原油进出加热炉的方式大体上有三种：单进单出、双进双出和双进单出。图2-13为加热炉双进单出工艺流程图。

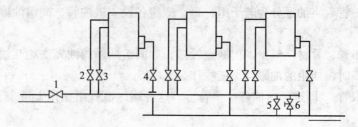

图2-13 某中间站加热工艺流程

该工艺采用两个进口阀保证炉管不致产生"偏流"，设置一个出口阀，使操作简便又节约资金。5#、6#阀为冷热油掺合阀，5#阀为手动阀，6#阀为自动阀，热油和部分冷油经此阀进行掺合，既保证所需的原油出站温度，又能减少炉子的压降。

4. 管道清管流程

长距离热油输送管道因原油中的蜡析出在管壁而使管道输送能力下降的现象，在输油生产中是普遍存在的。清管是保证输油管道长期高效、安全运行的基本措施之一。为了清除管内壁的积蜡和杂质，长输管道大多数输油站都安装了管道清管系统。管道清管系统包括收、发、转清管器三个流程，以图2-14和图2-15说明其工作过程。

（1）收清管器流程（图2-14）

正常输油时，上站来油经4#球阀进站。收清管器时，打开2#、10#球阀，逐渐关闭4#球阀。清管器到收筒后，先打开4#球阀，后逐渐关闭2#、10#球阀，恢复正常输油。排除清管器收筒内存油，打开收筒盲板取出清管器。

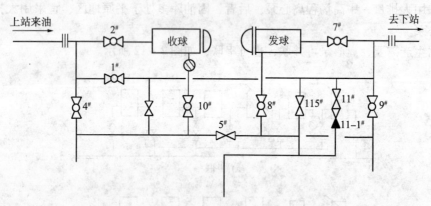

图2-14 某输油站清管器收、发球工艺流程

（2）发清管器流程（图2-14）

正常输油时，原油经9#阀出站。发清管器时，打开快速盲板，将清管器发筒内，关好盲板后，打开7#、8#球阀，逐渐关闭9#球阀，清管器就被油流带走。清管器发出后，打开9#球阀，逐渐关闭7#、8#球阀，恢复正常输油。

（3）转清管器流程（图2-15）

准备收清管器时，打开1#、5#球阀，逐渐关闭4#球阀。油流经过1#、5#球阀将清管器带入转发装置。收到清管器后，先打开4#球阀，后关闭1#、5#球阀，恢复正常输油。

准备发清管器时，打开2#、8#球阀，适当关小9#球阀。油流通过8#球阀进入转发筒将清管器带走，转发清管器结束后，先打开9#球阀，后关闭8#、2#球阀，恢复正常输油。

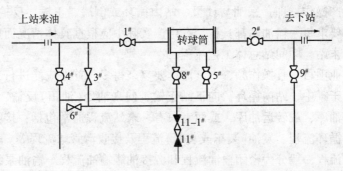

图2-15 某输油站转清管器工艺流程

（二）系统工艺流程

输油站、库建成后，一般有试运投产、正常输油和停输再启动三个生产过程。为了适应这三者的要求，站、库工艺流程需满足下列操作：

1. 储油

来油→流量计→阀组→罐（储存）

2. 循环或倒罐

罐→泵→炉→阀组→罐

站、库内设循环流程，是为了投产前输油泵试运转、加热炉烘炉，站、库内突然停电，避免因油流中断而加热炉炉管结焦或发生重大事故，必须使原油可以继续循环。

3. 正输

罐→阀组→泵→炉→阀组→下站

或者，上站来油→阀组→泵→炉→阀组→下站
　　　　　　　　└→旁接油罐

4. 反输

下站来油→阀组→泵→炉→阀组→上站
　　　└→旁接油罐

设反输流程的目的，一是为了投产前热水预热管道；二是在末站原油出路不畅通、储油罐油装满，或者首站油源不足，而被迫借正、反输维持管道最低输量时采取的应急措施；三是当管道发生局部破裂事故，造成一个站间管道停输时，如不能很快恢复输油，全线其他站间管段应组织交替正反输。

5. 越站

中间站泵机组或加热炉发生故障时，可压力越站或热力越站，前者油流不经输油泵，后者油流不经加热炉。当站内发生事故，或站内设备检修时，可全越站。

此外，还有收发清管球、计量及标定装置、铁路外运原油库装车场等工艺流程，当然上述流程中，并非是每一个站、库都需要，应根据任务书和各站、库的具体情况

选择。

输油站工艺流程的设置，应满足输油生产各个环节的需要。输油站总体工艺流程一般应能进行以下生产操作，即：来油与计量、站内循环或倒罐、正输、反输、越站及清管。上述功能并不是要求每一输油站都具备，在生产实际中应根据具体情况而选择。下面分别介绍输油首站、末站、中间站总体工艺流程。

首、末站作业项目多且操作频繁，其流程要复杂得多。首站应能进行下列操作：接收来油、计量后储于罐中、站内循环、向下站正输、向来油处（油田）反输、发送清管球等。末站往往为炼厂油库，或转运油库，或两者兼有。末站流程通常包括：接收来油、计量和储存流程、站内循环流程、发油（装车或装船）流程及接收清管球流程等。

中间站工艺流程一般分为密闭输油流程和旁接油罐输油流程。输油泵组合采用串联型或并联型，加热方式采用直接加热或间接加热。下面介绍两种输油流程：

（1）密闭输送的中间站流程

密闭输送中间站工艺流程，采用串联泵组合，热煤炉间接加热。主要操作有正输、反输、越站输送、清管器收发，取消了站内循环，原油在进泵之前加热。先炉后泵流程的加热系统在低压下工作，原油加热后黏度降低使输油泵效率提高。中间站无旁接油罐，加热炉的燃料油罐兼作泄放用罐，节约了投资，降低了原油的蒸发损耗。该流程全线是一个统一的水力系统，有利于实现自动化。

（2）旁接油罐的中间站流程

旁接油罐的中间站流程，采用并联泵，直接加热。主要操作有正输、反输、越站输送、站内循环及清管器通过。与上述流程相比，其主要区别在于设有旁接油罐，泵组合方式为并联，原油先经泵后加热。若旁接油罐采用泵前加热，则泵吸入摩阻增大，往往不能正常工作；另一方面进加热炉的原油流量受上站工况的影响，本站操作控制不变，故原油多采用泵后加热。泵后加热使进泵油流黏度高，泵效降低，同时加热设备承受高压，处于高温高压工作状态，增大了设备投资而且不安全。如果单独在炉前加装供油泵，专门给加热炉供油，即可改善外输泵的阻力损失，大口径输油管道上，为了减少油流在加热炉管内的阻力损失，只让部分原油进入炉管，再将热油与未加热的原油混合外输。为避免"冷油"节流的损失，炉前泵仅给进炉原油补偿炉管内的阻力损失。

四、站、库的试运投产

站、库试运投产的过程，实际上就是对该工程项目整体质量和性能验收的过程。试运投产一般分两个阶段：一是站内试运，包括站内的各设施单体试压、系统管道试压、各类设备的单机试运和整体试运。二是系统联合试运，包括管道清扫、管道预热和投油三个步骤。

站、库的投产，首先要试运转，在试运合格的基础上方可进行投产。试运时一般要进行"六试"：油罐试水、站内管道清扫试压、设备试运转、站内试流程、供电试负荷、电信试通话。通过试运要达到"六通"：油气通、水通、电通、风通、电信通、自控系统通。对管道和设备设强制区域阴极保护时，还要对该保护系统试运。

（一）子系统试运行

（1）站内管道安装完毕后，应按规定对管道系统进行强度、严密性试压，以检查管道系统及各连接部位的工程质量。

管道系统强度与严密性试压，一般采用液压(洁净水)进行。如因设计结构或其他原因，液压强度试验确有困难时，可用气压试验代替，但因气压试验特别是进行较高压力试验时有一定的危险性，因此必须采取有效的安全措施。液压试验压力应按表2-3规定进行。

表2-3 液压试验压力

管道级别			设计压力 p /MPa	强度试验压力/MPa	严密性试验压力(大于)/MPa
真空			—	0.2	0.1
中低压管道	地上管道		—	1.25p	p
	埋地管道	钢	≤0.5	1.25p 且不小于0.4 p	不大于系统内阀门的单体试验压力 p
		铸铁	>0.5	p + 0.5	p
高压			—	1.5p	p

严密性试验一般在强度试压合格后进行。泄漏量试验应在系统吹洗合格后进行，其试验压力等于设计压力，时间为24h，全系统每小时平均泄漏量不得超过表2-4的规定。

表2-4 允许泄漏率

管道环境	每小时平均泄漏率/%	
	剧毒介质	甲乙类火灾危险性介质
室内及地沟	0.15	0.25
室外及无围护结构车间	0.30	0.5

泄漏率按下式计算：

$$A = \frac{100}{t}\left(1 - \frac{p_2 T_1}{p_1 T_2}\right) \tag{2-3}$$

式中　A——每小时的平均泄漏率，%；

　　　p_1——试验开始时的绝对压力，MPa；

　　　p_2——试验结束时的绝对压力，MPa；

　　　T_1——试验开始时的气体温度，K；

　　　T_2——试验结束时的气体温度，K；

　　　t——试验时间，h。

站内管道系统强度试验合格后或气压严密性试验前，应分段进行吹扫与清洗。吹洗方法根据对管道的使用要求，工作介质及管道内的表面脏污程度确定。吹洗的顺序是先主管后支管。吹洗前应将系统内的仪表加以保护，并将孔板、滤网、节流阀、止回阀阀芯等拆除，妥善保管，待吹洗后复位，不允许吹洗的设备和管道与吹洗系统隔离。吹洗时，管道的脏物不得进入设备。管道吹扫应有足够的流量，吹扫压力不得高于设计压力，流速不低于工作流速，一般不小于20m/s。

2. 站内各类设施的单体试运

机泵试运转应在机泵的油、水系统工艺管道、电气、仪表、土建及有关设备等均安装

完成后进行。机泵所属系统试运要求如下:

(1) 润滑油循环系统。对于有润滑油系统的大功率机泵,在泵运转之前润滑油系统应首先试运72h,循环冲洗过程中,要临时装入过滤网,每运转4h检查清洗滤网一次,直至冲洗干净。循环冲洗过程中,润滑油不得进入轴承内,以防油污及杂物进入轴承。

(2) 冷却水系统。冷却水系统通水试验前,必须对冷却系统管道进行冲洗,经检查合格后方可与设备连接。冷却水系统应无泄漏,回水清洁畅通。

(3) 离心泵无负荷空载试运。拆去联轴器螺栓,将电动机盘车几转,应灵活,无碰、刮、卡现象。检查电机绕组绝缘电阻,应大于1000Ω/V。通电检查电机转向,应与泵转向相同且无异常声音,然后停机装上联轴器螺栓。泵启动后检查电动机,轴承温度不得超过70℃,定子温升不得超过65℃。泵的振动应符合表2-5的规定值。

(4) 离心泵带负荷试运。离心泵带负荷试运转前应做好准备工作,如放空、盘车、例行检查,有润滑油及冷却系统等附属设施的要预先启动并运行正常,待一切工作准备就绪方可开泵试运。机泵运行正常后,运行电流在额定范围内;各轴承温度不超过70℃;各轴承处的振动值应负荷表2-5的要求;泵试运转时间可参照表2-6。

表2-5 离心泵的径向振幅(双向)

转速/(r/min)	振幅(不大于)/mm
1000~1500	0.08
1500~3000	0.06

(5) 各类阀门在安装前应进行检验,低压阀门应从每批中抽查10%(至少一个),进行强度和严密性试验。若有不合格,再抽查20%,如仍有不合格则需逐个进行强度和严密性试验。高、中压和有毒有害及甲、乙类火灾危险性物质的阀门均应逐个进行强度和严密性试验,对公称压力≤32MPa的阀门,其强度试验压力为公称压力的1.5倍;公称压力>32MPa的阀门,其强度试压按有关规定执行,试验时间不少于5min。

投产前各类阀门可结合阀组及管道系统吹扫试压一起进行。试验合格后,对所有调节阀门安全阀等按设计要求压力范围进行调校。

表2-6 离心泵试运时间表

时间/h 功率 转速/(r/min)	<100kW		≥100~1000		≥1000	
	无负荷	有负荷	无负荷	有负荷	无负荷	有负荷
1000~1500	1	4	2	8	4	16
1500~3000	2	6	3	12	4	24

(6) 加热炉建成后要进行整体试压,一般用常温水作试压介质,试验压力取工作压力的1.5倍,稳定24h,以检查炉管及焊缝,检查各部分有无渗漏现象。试压合格后进行烘炉。加热炉的烘炉包括升温和降温两个阶段。在加热炉设计时,应对烘炉和试烧提出要求,并做出升降温曲线,供加热炉烘炉和试烧用。

烘炉期间每小时记录一次炉膛温度,并仔细观察加热炉的各部位。烘炉后要对加热炉进行全面检查,发现问题及时处理。

(7) 储罐试水检查应在罐底严密性试验后进行。充水强度试验中应分别检验罐壁的严密性和强度；固定顶的严密性、强度及稳定性；浮顶的严密性及升降情况；观察并记录储罐基础的沉降量等。

①罐底严密性试验。罐底的严密性试验通常采用真空试漏法或正压试漏法。试验前应清除罐底的一切杂物，除净焊缝上的熔渣和铁锈。当采用真空试漏法时，真空箱内的真空度不低于40kPa；空气正压试漏时，向罐底打入压缩空气，当压力值达到20～27kPa时，沿焊缝表面刷肥皂水，以肥皂水不漏为合格。

②储罐充水试验。在充水过程中，水温不应低于5℃；充水高度为设计最高液位；要注意监视基础沉降等情况，充水速度应根据基础设计要求确定。充水过程中若发现罐壁、罐底漏水及基础沉降量超过设计规定时，必须停止充水，认真检查处理，合格后方可继续试验，固定顶罐充水时，应将透光孔打开。

③罐壁的严密性试验及强度试验。在充水过程中对壁板和焊缝应逐节逐条地检查。充水到最高操作液位后，持压48h，如无异常变形和渗漏为合格。罐壁若有少量渗漏现象，修复后可用煤油渗透法复查；如有大量渗漏，修复后应重新作充水试验。

④固定顶的严密性试验、强度和稳定性试验。罐内充水高于1.0m后，将所有开口封闭，再继续充水，当罐内空间压力达到设计规定的正压值时停止充水，在罐顶焊缝表面上涂肥皂水，如未发现气泡且无异常变形时，则罐的严密性和强度为合格。

⑤浮顶的严密性和升降试验。浮顶单盘应采用真空试漏检查，其试验负压值不应低于40kPa，浮顶的每个船舱内均应注入空气，试验压力为11kPa。

储罐充水和放水时，检查浮顶升降是否平稳，密封和导向部分有无偏移、卡阻和较大摩擦现象；浮顶与水接触部分有无渗漏；转动浮梯是否灵活。

⑥基础的沉降观测。在装水前选择能反映罐底情况的点。储罐直径小于16.5m时选4个观测点；直径大于或等于16.5m的罐选8个观测点。从开始充水到罐内充满水后，保持压力48h，试基础沉降情况，并分阶段测量和记录测试数据，以确定罐底沉降的均匀性。

(二) 系统联合试运行

单机、单体、单项和站内管道清扫、试压合格的基础上即可进行站内整体试运。在整体试运中各系统均以水为介质，按正常集输、储存等工艺要求进行站内循环，倒换各种流程，检查站内各种流程和设备是否符合设计要求，运行时间一般不少于72h。

整体试运完后，再进行一次全面检查整改。通过整体试运，对所有设施、工艺管道、供电系统等进行实际考验，同时对站内操作人员进行生产实际演练，从而为全系统联合试运创造条件。

油库试运一般比泵站多这样一个单项。试运时要对各个装卸设施进行全面检查，发现问题及时处理。

隐蔽工程(埋地管道等)应先试压，再进行绝缘防腐电火花检漏，然后保温回填。地上项目试验按前面提到的进行。

站、库间管道预热要在站内整体试运及站外系统试压，检漏合格后进行。预热过程中水温不可过高，因为过高的水温易引起管道变形，造成事故。所以需要严格控制站内加热炉温度。一般到末站出水温度高于原油凝固点即可。

进油投产，进油前要将罐内存水排掉。投油后油头到达各站要严密监控油头变化，一旦发现油温降到危险状态，要迅速采取升温或增大流量等措施。

（三）系统投产运行操作程序

1. 投产操作

（1）憋压输送

①为了保证投油后运行安全可靠，检验管道在热力、压力同时作用下的承载能力，在预热后期进行一次全线的加热憋压输送。

②憋压输送时间不少于24h。

③憋压输送的压力为管道设计的最高允许工作压力。

④憋压输送时要组织巡线检查，明确漏点部位，发现问题，立即组织抢修。

（2）投油

①投油前应具备的条件：

a. 站内油气分离、原油脱水（原油稳定系统）及相关系统运行正常。保证供油平稳，质量合格。

b. 憋压输送（以水为介质）发现的问题全部处理完毕。

c. 原油交接计量设施标定完毕，能保证通油后计量准确。

d. 全线各种设备、仪表运行正常。预热后管道、固定支墩等没有明显变形和位移。

e. 末站已准备好足够储罐，落实投油后的热水处理措施。

f. 根据供油协议或设计要求确定输油量，出站温度低于原油初馏点5~10℃，原油到达下站的进油温度应高于原油凝固点5℃，投油过程中管道压力应低于管道设计允许工作压力。

②投油的具体措施：

a. 预热结束后，根据管道的具体情况既可采用直接投油方式，也可采用水油之间放置隔离球的方式，以减少油水混合量。

b. 投油时的每小时输油量为预热时每小时输水量的2倍，且必须大于设计规定的最低输油量。

c. 核算油头到达时间，沿线进行巡检，测取各种参数，并有专门人员跟踪油头及时进行调节，保证投油后的安全运行。

d. 预计油头到达末站2h，开始加密观察，发现油头到达后，立即切换流程，改进存放油水混合物的储罐，当原油含水低于3%时，改进原油罐。

e. 油水混合物的处理应采取加热沉降，加入破乳剂等措施分离油和水，分离出的污水妥善处理。

（3）天然气外输管道投产方法

①投产前的基本条件：

a. 有完整的投产方案，并经有关部门认可和上级批准。

b. 输气管道、计量装置、仪表均已竣工，并经强度和气密试验合格。

c. 气源有保证，天然气必须经过净化、脱水、气质达到"管输天然气标准"。

d. 各部仪表（调压阀、压力表、流量计等）均应校验合格。

e. 与相关的用气单位和沿线输气站联系畅通，制定出严格的制度。

②投产程序：

a. 置换管内空气，保证天然气中含氧量小于2%。

b. 进行清管工作，可投球清管，排出因施工带入管内的泥、石、水等杂质、杂物。使用动力源为压缩空气。

c. 严密性试验，将压力升到管道工作压力，保持24h，压降达到标准，并巡线检查无漏气为合格。

d. 试输气：检查输气量、压力、温度、压力降等参数是否符合设计要求，管道各种设备仪表运行是否正常，发现异常情况及时处理，试输气正常后，即投入正常的运行。

（4）污水外输（回掺）回注的投产方法

①投产前的基本条件：

a. 有完整的投产方案，并经上级部门批准。

b. 外掺、输污水管道、回注污水管道、计量仪表均已竣工并经强度和气密性试验合格。

c. 站内污水处理系统试运完毕，水质合格，达到回掺、回注水质标准。

d. 全部仪表（流量计、压力表）等均校验合格。

e. 与相关的配水间、井站及沿线负责单位联系畅通，制定出严格的操作制度。

②投产程序：

a. 外输、回掺、回注污水分别进行。

b. 外供、回注污水管道的清扫可用风扫或水洗方法进行，以排除因施工带入管内的泥、石等其他杂物。

c. 通知相关的注水井站、掺水间、配水间等切换好流程，做好掺水、注水的准备工作。

d. 启动外输污水泵、注水泵投入运行。

e. 对注水水质和回掺水质进行化验，按照规定，输送回注合格污水。

f. 投入计量仪表、流量计等，进行投产资料汇总工作。

（5）通过联合站的试投，其主要生产指标应达到合格。

2. 各系统的投产顺序

联合站由油气分离系统、原油脱水及外输系统、原油稳定系统、供热供电及自动化控制系统等组成。联合站的投产顺序根据其各系统的功能和工艺设施不同，投产时顺序也略有不同，一般说来就联合站本身的投产步骤应按下述顺序进行：

（1）通信设施和供电系统应首先投入运行

这是因为通信系统的作用是指挥生产，依靠便捷的通信网络，能够及时地指挥和协调好各相关工艺运行。供电系统的作用是保证联合站各系统的安全用电。联合站一般都设置有变电所和配电间，电是运转设备的直接动力源，供电系统运行的平稳与否直接关系到联合站内设备运转的进行，在使用电脱水工艺的原油脱水系统，对于供电系统的依赖，就显得更加至关重要了。

（2）供水、供热、供风系统，在供电系统平稳供电的条件下，应该顺序投入运行

首先是供水设施，联合站内的供水设施有两种，一是站内有自备深水井，并配有存储清水的储罐与站内清水泵组成供水设备和生活用水的供清水系统；二是供站内生产的循环冷却水系统，由循环水泵、冷却水塔及循环水管网组成，此系统可供运转设备冷却及原油稳定系统烃蒸汽的冷却使用。供风系统由空气压缩机与供气动仪表及气动阀门的压缩风管

道组成，有的还配有用于工艺扫线用的管道。有了供电、水及风(电)动力仪表控制系统的投入运行，供热系统在其后也应进入运行状态。这是因为除了气温低时站内储油罐、伴热管道、生活用热以外，原油稳定工艺的进料再加热(重沸器)过程及锅炉加热炉使用的蒸汽雾化火嘴等。供热系统由锅炉房、燃料油罐、燃料油管道和供热管网组成。以上是联合站的各系统中投产过程里作为辅助生产环节的投产顺序。应该说明，把这些系统作为辅助生产环节是相对于联合站整体功能和承担任务的重要性提出的，有了可靠的供电、热、水、风等的设施，联合站其他系统才能安全平稳进行。

(3) 油气分离系统与原油脱水及原油外输系统的投产顺序

油气分离系统的作用是将油井生产出来的油气混合物，通过分离器分离成为单相介质，其中液相最终与储罐相连，气相根据其质量要求的不同，有的进入气脱水装置，也有的进入生活用气管网。其系统特点是从井口到储罐或使用气的用户，整个生产过程是连续性的，且储罐本身设置有一定的储存能量，油气分离器的出口管道都设有副线或旁通，一经投产后，基本上不受供电、风等的影响，只是存在着自控与人工手控的操作问题。

原油外输系统的投产，在联合站的管理中，不论是试运投产或是停电后的再启动，在投产顺序中应该作为一个主要环节，这是因为目前国内北方大部分输油管道，都还使用热油输送工艺方法，为使输油管道能够安全运行，在经过与输油末站或炼厂有供求协议后，正常情况下，应保证原油外输生产的连续性。

原油脱水在联合站内处于油气分离工艺后和原油稳定工艺之前的一个中间环节。在脱水的工艺中，有脱水器、脱水泵、加药泵、储罐及原油稳定进料泵等装置与之相连，含油污水去污水处理系统。脱水系统的生产过程受制于进液量与原油稳定系统处理量及油罐储存能力，是原油脱水的关键工艺设施，在联合站主要生产指标中，关系到原油外输质量。因此，它的投入运行，应在液量、温度、加药量等参数平稳的前提下进行。

(4) 污水处理及污水回掺、回注系统的投产顺序关系

含油污水来自沉降罐、脱水器脱除的污水，含油污水经过处理合格后，可经由污水泵加掺到计量站，也可以由注水泵回注到井下。由此看来，它们之间的投产顺序关系，应是在投产初期或污水场存污水较少的情况下，先投入污水处理，然后再投回注、回掺工艺，这样便于有一个充足的污水源。但是在污水源充足，污水场负荷较大，而计量掺水间又急需污水的情况下，先投污水泵运行也是可以的。注水系统由注水泵、工艺流程和注水井组成一个单独生产单元，在联合站投产初期可根据具体情况放在较后的环节中投产，但是在不影响其他工艺系统生产正常运行的前提下，亦可同时投入运行。

(5) 原油稳定和天然气脱水装置及烃蒸汽回收工艺的投产顺序关系

联合站中，原油稳定系统、天然气脱水系统及烃蒸汽回收系统，各自构成了相对独立的单元，但又和相关工艺相连。在上述的三个系统中，既有联系也有不同，在一般情况下，气脱水工艺、原油稳定工艺、烃蒸汽回收工艺这样一个顺序即可以了。应该说明一个完备的生产工艺，都具有相应的应稳措施，以保证不受其他因素的影响，而保持生产的连续运行。

3. 各系统流程切换的注意事项

(1) 在流程切换之前，必须与调度人员联系，根据作业计划，提前做好准备。

(2) 调度人员在确认切换罐的油品种类、罐号、阀号无误后，方可下达切换指令。

(3)流程切换应实行挂牌作业，实施切换作业的人员应从值班室取牌，并经班组长确认后方可进行切换。

(4)切换流程一般应需要3人，一人监护运转的机泵，以防抽空或憋压，另一人在阀组间进行切换流程的操作，第三人操作原运行罐的阀门，如不需机泵倒罐，则只需两人进行。

(5)在开关阀门之前，必须确认手中牌号与将要操作的阀门牌号一致。

(6)切换流程要依照先开后关的原则，倒罐过程中，首先要先开待进油罐的阀门，听到油流声后可示意另一人关闭原运行罐的阀门。

(7)如果未能听到阀门相连接的管内有油流声或未能感觉管道内有油流通过，可能有凝管或流程不通等原因，需立即向调度人员汇报，准备应急处理，但不得擅自采取措施。

(8)切换流程时，应该有一人监护，另一人操作，即两人倒换流程，特别是夜间作业，更应注意到这一点，切换完成后，应取回已关阀门上的牌号，并送值班室确定，做好相应的记录。

☞ **复习思考题：**

1. 简述油气集输系统的主要功能及其内容。
2. 常见的油气集输工艺流程分类。
3. 油气集输工艺流程的选择原则是什么？
4. 油库的分类及作用。
5. 如何确定站库的容量？
6. 简述工艺流程图及其分类。
7. 简述试运投产的阶段。
8. 储罐试运要做哪几方面的试验？
9. 联合站的投产顺序是怎样的？

第三章 油气集输主要设备

第一节 输油机泵

在石油及天然气的储存和运输过程中,广泛地使用各种管输流体机械,用来增加流体的能量,克服流动阻力,达到沿管路输送的目的。输送液体介质并提高其能头的设备称为泵。其作用是提高液体的位能、压能或增加液体的输送量以及进行能量传递。在原油长距离输送管道生产中,泵是输油生产的心脏设备。泵的种类很多,在此仅介绍离心泵、螺杆泵等。

一、离心泵

离心泵是叶片式泵的一种。由于这种泵主要是靠一个或数个叶轮旋转时产生的离心力而输送液体的,所以叫离心泵。输油离心泵适合于油田原油集输的需要,适用于输送不含固体颗粒无腐蚀的石油产品(改变材质后亦可用于输送具有一定腐蚀,含有一定固体颗粒的石油产品)。被输送介质温度一般不超过80℃(增加水冷后可用于<110℃)。

离心泵之所以在输油生产中得到广泛的应用,主要是由于与其他类型泵相比有以下特点:

(1) 流量均匀,运行平稳,噪音小。
(2) 调节方便,流量和压力可在很宽的范围内变化,只要改变出口阀开度或回流阀就可以调节流量和压力。
(3) 操作方便,易于实现自动控制,检修维护方便。
(4) 在大流量下,泵的尺寸并不大,结构简单、紧凑,质量小。
(5) 转速高,可以与电动机、汽轮机、柴油机直接相连。
(6) 由于离心泵没有自吸能力,在一般情况下开泵前要灌泵,或安装真空泵在泵的入口。
(7) 压力取决于叶轮级数、直径和转数,而且不会超过由这些参数所确定的一定值。
(8) 当输送的液体黏度增加时,对泵的性能影响很大,这时泵的流量、压力、吸入能力和效率都会下降。

(一) 离心泵的分类

离心泵的类型很多,随使用的目的不同而有多种结构。常用的分类方法有:

1. 按泵轴位置分

(1) 卧式泵：泵轴与地面平行安装。

(2) 立式泵：泵轴垂直于地面安装。立式泵可减少占地面积。

2. 按叶轮级数分

(1) 单级泵：在泵轴上只安装一个叶轮。

(2) 多级泵：在同一泵轴上安有两个或两个以上的叶轮。

3. 按叶轮吸液方式分

(1) 单吸式泵：叶轮只有一个进液口，液体从叶轮一面进入。这种泵结构简单，易制造，液体在叶轮中流动情况好，但叶轮两侧所受的压力不同。

(2) 双吸式泵：叶轮两侧都有进液口，液体从两面进入叶轮，其流量约为单吸式泵的两倍。这种泵制造复杂，两面液流汇合时稍有冲击，但两侧压力基本平衡。

4. 按泵壳接缝型式分

(1) 水平中开式泵：它是在通过泵轴中心线的水平面上开有泵壳接合缝的泵。

(2) 垂直分段式泵：这种泵的泵壳是按叶轮级数联成一串，接缝与轴垂直，用螺栓紧固在一起。

5. 按泵壳结构分

(1) 蜗壳泵：它具有螺旋线形状的壳体，液体从叶轮甩出后，直接进入泵壳的螺旋形流道，再进入排出管。

(2) 导叶泵：在叶轮的外边具有固定的导轮。液体自叶轮中流出后，先经过导轮的导流和转换能量，再流入蜗壳中，二次升压。垂直分段式泵只有导轮而没有蜗壳，一次升压。

6. 按压力大小分

(1) 低压泵：$p<1.5$ MPa。

(2) 中压泵：1.5 MPa$<p\leqslant 5$ MPa。

(3) 高压泵：$p>5$ MPa。

7. 按比转数 n_s 分

(1) 低比转数泵：$50<n_s<80$。

(2) 中比转数泵：$80<n_s<150$。

(3) 高比转数泵：$150<n_s<300$。

8. 按输送介质分

(1) 水泵：输送水。

(2) 油泵：输送油品。

(3) 泥浆泵：输送泥浆。

(4) 化工泵：输送酸碱及其他化工原料。

9. 按传动方式分

(1) 电动泵：电动机直接传动的泵。

(2) 柴油机泵：柴油机带动的泵。

(3) 汽(燃气)轮机泵：蒸汽(燃气)轮机带动的泵。

10. 按轴的方向分

(1) 卧式：泵轴为水平方向的结构。

(2) 立式：泵轴为铅直方向的结构。
(3) 液下式：立式泵的一种，泵本体被吊装在液面之下的结构。
(4) 地坑筒式：立式泵的一种，为了增加有效汽蚀余量而利用地坑作为泵体一部分。

(二) 离心泵的结构

任何离心泵均由泵壳部分、转动部分、密封部分、平衡部分、轴承部分和传动部分组成，如图3-1所示。

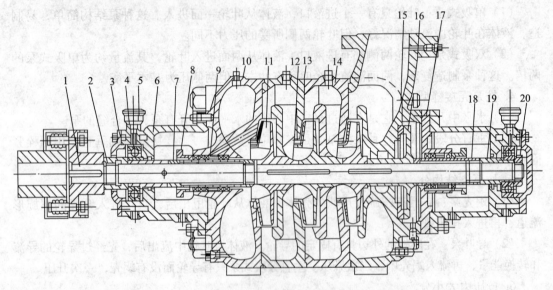

图3-1 分段式三级离心泵
1—泵轴；2—轴套螺母；3—轴承盖；4—轴承衬套甲；5—单列向心球轴承；6—轴承体；7—轴套甲；
8—填料压盖；9—填料环；10—进水段；11—叶轮；12—密封环；13—中段；14—出水段；15—平衡环；
16—平衡盘；17—尾盖；18—轴承乙；19—轴承衬套乙；20—圆螺母

1. 泵壳部分

泵壳是离心泵承受压力的主要部件。泵壳有蜗形泵壳和有导轮分段泵壳两种。蜗形泵壳的导流机构的液体流道断面是由小到大呈螺旋形，所以叫蜗壳式。壳体用中心线水平分开。下部叫泵体，上部叫泵盖，用双头螺柱紧固在一起。如果是多级泵，壳体内的级间过渡，可以是体内过渡（流道铸在壳体内），也可以是体外过渡（用带法兰的管子与壳体连接）。它一般用于单级泵和水平中开式多级泵。其结构简单，水头损失小，轴向推力利用叶轮对称布置，径向推力的平衡需采用其他措施。

泵壳的作用是把液体均匀地引入叶轮，并把叶轮甩出的高压液体汇集起来导向排出侧或通入下一段叶轮，并且减慢叶轮甩出的速度，把液体的动能转变为压力能。通过泵壳可把泵的各固定部分连为一体，组成泵的定子，并起支承作用。

具有导轮的分段式泵壳分为吸入段、中段和压出段。吸入段又叫前段，压出段又叫后段，在中段上有导轮，采用导轮来完成收集液体和转换能量的作用。在后段上装有尾盖，前段与后段的外侧分别与轴承架连接，前段、中段与后段用两头带丝扣的穿杠上紧，各段上还铸有泵脚，用来和机座台板连接。各段间的密封面要有严格的密封性，不允许有渗漏，可加密封垫来保证密封。这种结构的泵都用在多级泵。其结构复杂，水头损失大，径向推力自己平衡，轴向推力的平衡采用平衡盘、平衡鼓、平衡管等措施。

各段的作用：

（1）吸入段的作用

①保证液体以最小的摩擦损失流入叶轮入口。

②保证叶轮进口均匀地灌满液体。

③使液流速度均匀的分布，保证叶轮的吸入能力。

（2）中段的作用

①组成多级泵的各段。

②将前一级里以较大速度出来的液体降低速度，保证液体很好地进入下一级叶轮。

（3）压出段的作用

①收集从叶轮里以一定速度流出来的液体。

②将液体的动能变成压力能。

2. 转动部分

转动部分由轴、叶轮、轴套等组成，是产生离心力和能量的旋转主体。密封部分、平衡装置等也都套在轴上，是离心泵的关键部分。

（1）叶轮

叶轮是离心泵的主要零件。叶轮主要由叶片、前后盖板、轮毂组成，泵流量、扬程和效率都和叶轮的形状、尺寸的大小及表面粗糙度有关。叶轮在前后盖板间形成流道，在轴的旋转下产生离心力，液体由叶轮中心轴进入，由外缘排出，完成液体的吸入与排出。叶轮的形式按进水方式可分为单吸和双吸两种。按结构可分为封闭式、敞开式、半封闭式三种。

（2）泵轴

泵轴是将动力机械能量传给叶轮的主要零件，并把叶轮和联轴器连在一起，组成泵的转子。

（3）轴套

轴套套装在轴上，一般是圆柱形。轴套有两种：一种是装在叶轮与叶轮之间，主要起固定叶轮的作用；另一种是装在轴两头密封处，防止轴磨损，起保护轴的作用。

3. 密封部分

为保证泵正常运转、效率高、防止泵内液体外流或外界空气进入泵内，在叶轮与泵壳之间、轴与泵壳之间都装有密封装置。

（1）叶轮与泵壳之间的密封

转动着的叶轮和泵壳之间有间隙存在，如果这个间隙过大，那么从叶轮出口出来的液体就会通过这个间隙而返回叶轮的吸入室，这个漏失量最大可达总液量5%。所以，必须控制这个间隙，同时，由于泵在运转过程中，泵壳和叶轮可能因为磨损过大而报废。因此，在泵壳和叶轮之间装上密封环，也叫口环，它可以用来防止液体从叶轮排出口通过叶轮和泵壳之间的间隙漏回入口，以减少容积损失；同时它可以承受叶轮与泵壳接缝处可能产生的机械摩擦，磨损后只换密封环而不必更换叶轮和泵壳，以延长叶轮和泵壳的使用寿命，减少修理费用。密封环的型式见图3-2。

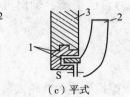

(a) 单曲折式　　(b) 双曲折式　　(c) 平式　　(d) 直角式

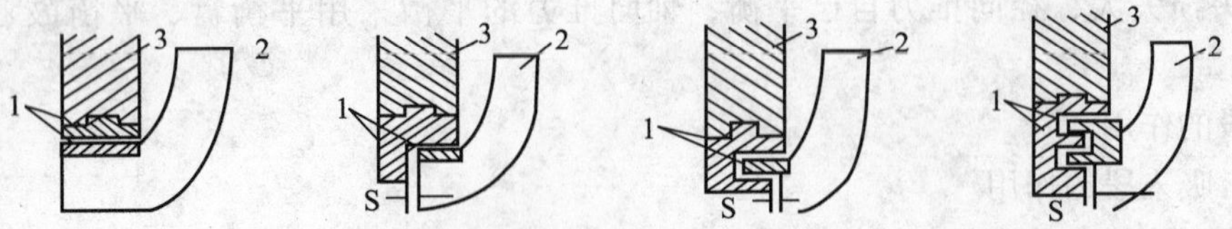

图3-2　平式、直角式、曲折式密封环

1—密封环；2—叶轮；3—泵壳

①平式密封环

这种密封环结构简单，容易制造，但漏失最少，同时液体从径向间隙漏出时，速度较高，但其流动方向和流进叶轮吸入口的液体方向相反，容易在叶轮进口处造成涡流，故这种密封只在低扬程的泵上采用。

②直角式密封环

这种密封环的漏失量也较高，但其轴向间隙比径向间隙大得多，所以液体通过径向间隙转90°，通过轴向间隙漏出后其速度就大大降低，因而造成的涡流比平式要小。

③曲折式密封环

它可分为单曲折式密封环和双曲折式密封环两种。单曲折式密封环其漏失量较小，液体漏出的速度较低，因而造成的涡流较小。双曲折式密封环密封性能最好，但其制造复杂，安装麻烦，所以它只用在低比转数和高扬程的地方。密封环一般由铸铁、塑料及铜合金等材料制成。

（2）泵轴与泵壳之间的密封

转动着的泵轴和泵壳之间存在有间隙，在低压时，就可能使空气进入泵内，影响泵的工作，甚至使泵不上液；在高压时，就有液体漏出，所以要有密封装置，在离心泵上常用的是填料密封和金属端面密封。

①填料密封（密封盒）

由填料座、填料环（水封环）、填料和密封填料压盖组成。填料座和压盖在密封填料的两头，是压紧密封填料用的。密封填料的松紧程度是由调节螺钉进行调节的，填料环在密封填料正中间，正好对准水封口，它可以通过液体起冷却和润滑泵轴的作用，更重要的是进行水封，它是封闭泵间隙最严密的一道防线。

在向密封盒内加填料时，可找要加泵密封盒处的轴套，将填料绕在轴套上，而后与轴套呈30°~50°切开，切开后的切口应对齐，无松散的填料线头。将切好的填料和轴套接触的一侧涂抹上黄油，然后一圈一圈地放进密封盒内，每圈切口要相互错开90°~120°。在放填料环时要注意，当在紧填料后填料环要正对水封管口。当最后一圈填料装好后，应均匀地调紧压盖螺钉，然后松开，再用手拧紧，压盖压入的深度一般为一圈填料的高度，最小不能小于5mm。压盖的松紧程度要适当，过紧会增加磨损而消耗功率，过松会漏水漏气，一般在压紧填料后，液体不成线漏出，而是一滴一滴漏，以每分钟10~30滴为准。

填料在使用一段时间后，就要失去弹性和润滑作用，因此，必须及时更换。

填料密封的特点是结构简单，但密封性能欠佳，维修工作量大，功耗大，不宜输送易燃易爆介质，现逐渐被机械密封所取代。

②机械密封(端面密封)

机械密封的工作原理是靠两块密封原件(动、静环)的光洁而平直的端面相互贴合,并作相对转动而构成的密封装置。如图3-3所示,靠弹性构件(如弹簧)和密封介质的压力,在旋转的动环和静环的接触表面(端面)上产生适当的压紧力,使这两个端而紧密贴合,端面间维持一层极薄的液体膜,从而达到密封的目的。这层液体膜具有流体的动压力和静压力,起着润滑和平衡压力的作用。

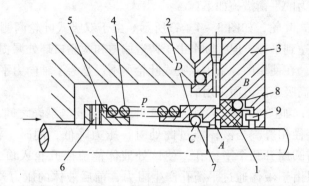

图3-3 机械密封结构图

1—静环;2—动环;3—压盖;4—弹簧;5—传动座;6—固定销钉;7,8—O形密封圈;9—防转销

机械密封的结构类型较多,但不论何种类型均离不开动环、静环、主要密封件和辅助密封元件(常用的有O形或V形密封环)、压紧元件和传动件等5个部分。

机械密封与填料密封相比有以下特点:

a. 密封性好、泄漏量小(约10mL/h),可达到完全密封,在输送有爆炸危险和有毒物质时能保证安全。

b. 容积损失和机械损失小,相应地提高了效率。

c. 安装面确定后,端面密封装置能自动调整,对操作与维护的要求不高。

d. 外廓尺寸小,特别在高压下更为显著。

e. 制造精度高,在轴振动时,会使工作情况恶化。

f. 使用寿命长,约2年才调换一次。功耗小,约为填料密封的1%~15%。

g. 成本较高,安装要求很高。

机械密封启动前的注意事项与准备工作:

a. 应滤净被输送介质中颗粒和杂质。

b. 检查机械密封的附设装置、冷却和润滑系统是否完善,有无堵塞。

c. 检查密封压盖处是否泄漏。

d. 用手转动泵轴,看其是否轻松运转,如很沉重,应检查。

机械密封运转时的注意事项:

a. 运转时保证腔内充满介质,无介质时不宜长时间空转,防止密封面得不到润滑和冷却而发热损坏。

b. 检查密封是否泄漏。

c. 检查机械密封温升是否正常。

d. 停泵时应先停电源,后停冷却水。

4. 平衡部分

平衡部分主要用来平衡离心泵运行时产生指向叶轮进口的轴向推力。泵在工作之前，叶轮四周的液体压力都一样，因而不产生轴向推力。当泵开始工作后，因压出室内产生了压力，并且由于叶轮两侧在进、出口存在压差，便产生了轴向力。

离心泵转子上的轴向力很大，特别是在多级泵中此力更大。为了减轻轴承的轴向负荷和摩擦，必须采取轴向力平衡措施。

单级泵的轴向力的平衡措施如下：

（1）采用双吸式叶轮，如图3-4（a）所示。由于双吸式叶轮两侧对称，所受压力不同，故轴向力可以达到平衡，但实际上由于铸造偏差和两侧口环处漏损不同，可能有残余不平衡轴向力存在。在使用中，采用双吸式叶轮，不仅是为了轴向力平衡，而且是综合考虑到增大流量和提高吸入能力而采用的。

（2）开平衡孔，如图3-4（b）所示。在叶轮后盖板与泵壳之间，添设口环，其直径与前盖板口环直径相等。当液体流过此处时，压力降低，同时，在叶轮后盖板与吸入口对应的地方沿圆周开几个平衡孔，使该处液体能流回叶轮入口，使叶轮两侧液体压力达到平衡。但由于液体通过平衡孔产生阻力，前后液体的压力差不可能完全消除，约有10%~25%的轴向力未能平衡。此外，采用这种方法由于漏回吸入口的液流方向与吸入液流方向相反，使吸入液流的均匀性遭到破坏，从而使泵的效率降低约4%~6%。此法的优点是结构简单，但效率不高，而且不能完全平衡轴向力，其残余轴向力由轴承承受。

（3）采用平衡叶片，在叶轮后盖板的背面安置几条径向筋片，如图3-4（c）所示。这种平衡方法的平衡程度，取决于平衡叶片的尺寸和叶片与泵体的间隙。在参数选择适当时，可以使轴向力达到完全平衡，但只能是在一种额定工况下平衡。一般此种方法也有残余轴向力也由轴承来承受。

（4）采用平衡管，如图3-4（d）所示。与开平衡孔的方法相同，在叶轮后盖板上与吸入口对应处设置口环，利用平衡管将此封闭腔内的液体引到泵入口，使这部分液压与叶轮入口压力平衡，从而使轴向力达到平衡。采用此法时，平衡管的过流断面积应等于或大于口环间隙过流面积的4~5倍。

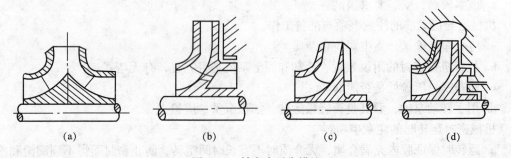

图3-4 轴向力平衡措施

（5）采用止推轴承或利用原有轴承承受轴向力。这是机械平衡方法，只适合于小型离心泵。

多级泵的轴向力平衡可采用以下三种方法。

(1) 采用叶轮对称布置的方法,如图 3-5 所示。一般用于多级泵叶轮的级数是偶数的情况下;若级数为奇数时,则第一级叶轮采用双吸式;这样就可以采用各级单吸式叶轮入口相对或背靠背的方法来平衡轴向推力。

尽管对称布置的方法似乎能完全平衡轴向力,但级数多时,因各级的漏损不同,各级叶轮轮毂大小不同,所以要达到完全平衡,仍要采用辅助装置。当叶轮布置不当时,会增长轴承距离。泵体结构复杂,造价较贵。

(2) 采用平衡鼓

平衡鼓法是一种径向间隙式,如图 3-6 所示。

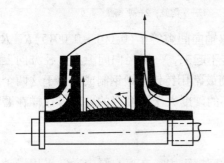

图 3-5 对称安装叶轮以平衡轴向力

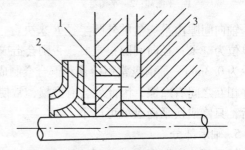

图 3-6 平衡鼓法

1—平衡鼓轮头;2—平衡轮鼓;3—平衡室

它装在最后一级叶轮和平衡室之间,与轴一起旋转的叫平衡鼓轮。静止部分称为平衡鼓轮头。当用一管路将平衡室连接泵的进口或是其他吸入区,这样平衡室的压力就等于进口压力与连通管路中损失压力之和。而平衡鼓前面是最后一级叶轮的后泵腔,这里的压力接近于排出压力,所以在平衡鼓的两个断面之间,有一个很大的压力差,把平衡鼓向后推。一般取平衡鼓的直径等于叶轮吸入口直径,这时可以平衡掉 90% ~ 95% 的轴向力。

为了减少液体漏失到平衡室里的漏失量,必须控制平衡鼓轮和平衡鼓头之间的径向间隙,一般为 0.25 ~ 0.3mm。

(3) 平衡盘法

平衡盘是一种轴向间隙液压平衡装置(图 3-7)。它装在最后一级叶轮和平衡室之间,与轴一起旋转的称为平衡盘,静止不动的称为平衡环。从叶轮流出来的一部分液体,经过平衡盘与平衡环之间的轴向间隙则进入平衡室,再经过管路和泵的进口与其他吸入区相连。平衡盘背面所受的压力是平衡室压力;平衡盘正面所受压力,在盘的最小直径上是排出压力,而在周界上是平衡室压力。一般取平衡盘的直径略大于叶轮吸入口的直径。假使泵的轴向力增加,这额外的压力就把转子向前推,而使平衡盘与平衡环之间的轴向间隙减小。所以经过这个间隙的漏失量就减少。平衡室的压力就降低,这时平衡盘前面的压力差就增大,使轴向推力平衡为止。相反,如泵的轴向力减小,就会造成平衡盘与平衡环间的轴向间隙增加,从而增加了漏失和平衡室内的压力,直到入口获得新的平衡。

在泵内无压力时,平衡盘与平衡环之间的轴向间隙为 0.1 ~ 0.5mm。

(4) 平衡盘与平衡鼓组合法

平衡盘与平衡鼓组合的平衡装置是一种径向和轴向液压平衡装置,如图 3-8 所示。

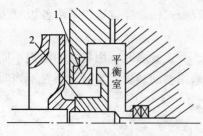
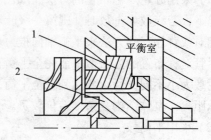

图3-7 平衡盘法
1—平衡环；2—平衡盘

图3-8 组合平衡法
1—平衡鼓；2—平衡盘

轴向间隙由平衡盘的外圆半径R来决定，一般取轴向间隙等于$(0.001\sim0.0015)R$，R的单位为毫米；径向间隙很重要，否则会造成泵运转不起来，一般径向间隙在直径方向上最少为0.3mm。平衡盘常用铸铁和铜合金制成，平衡鼓常用铸铁或锻钢制成。由于这两个零件相互之间有摩擦，因此就会有磨损，常使平衡环的硬度大于平衡盘的硬度，这样在磨损后，只修或换平衡盘就可以了。

5. 轴承部分

轴承部分主要用来支承泵轴并减少泵轴旋转时的摩擦阻力，在离心泵中通常采用滑动轴承和滚动轴承平衡径向负荷。

(1) 滑动轴承

滑动轴承又称轴瓦，它是铸铁或铸钢制成的中空圆筒或球体。在轴瓦的内孔上浇注有一层轴承合金(巴氏合金)，靠轴承合金面上的润滑油膜来支承转子。

滑动轴承工作可靠。因为润滑油膜具有一定的吸震能力，所以能承受较大的冲击载荷，同时使用周期较长。但是结构复杂，体积较大，故常用在高速旋转的大型离心泵上做支承轴承。

(2) 滚动轴承

滚动轴承是标准件，按滚子的形状可分为球形、滚柱、滚针、圆锥多种。按承受力的方向来分，又可分为径向、止推和径向止推轴承。滚动轴承由滚动体、内圈、外圈和保持架4部分构成。

滚动轴承的特点是结构简单、紧凑、互换性好。由于精度高，容易保证轴的对中性，摩擦阻力小，但是不能承受较大的冲击载荷，在高速时易产生噪音。

6. 传动部分

离心泵与电动机中间的连接机构称为联轴器。它起着传递电动机的能量，缓冲轴向、径向的振动以及自动调整泵与电动机中心的作用。常用的联轴器有三种：刚性联轴器、弹性联轴器、液体耦合联轴器(耦合器)。

联轴器(也称对轮)的种类很多，下面只介绍几种离心泵常用的联轴器。

(1) 爪型弹性联轴器

这是小型离心泵上广泛应用的一种联轴器。这种联轴器的结构简单，安装和拆卸都很方便，而且在安装上要求精度不高，允许联接轴间有小量的偏差。它是由电动机联轴节和泵联轴节及爪型弹性块组成，联轴器的材质一般是灰口铸铁，爪型块为橡胶。

（2）弹性圈柱销联轴器

这种联轴器主要用于大型离心泵，它的特点是弹性较好，能减少冲击，不需润滑，并具有电气绝缘性能。缺点是外形尺寸大，需要较高的加工精度，弹性圈容易磨损需要更换。

在弹性圈柱销联轴器的两个对轮之间留有 3~7mm 间隙，对于较大机组间隙还要大些，这主要是考虑机泵轴在工作中可能发生窜动时，不致使转子发生碰撞或顶死，以保证机组的正常运行。

（三）工作原理

离心泵在启动之前，泵内应灌满液体，此过程称为灌泵。启动工作时，驱动机通过泵轴带动叶轮旋转，叶轮中的叶片驱使液体一起旋转，因而产生离心力。在离心力作用下，液体沿叶片流道被甩向叶轮出口，并流经蜗壳送入排出管。液体从叶轮获得能量，使压力能和速度能均增加，并依靠此能量将液体送到储罐或工作地点。

在液体被甩向叶轮出口的同时，叶轮入口中心处就形成了低压，在吸液罐和叶轮中心处的液体之间就产生了压差，吸液罐的液体在这个压差的作用下，便不断地经吸入管路及泵的吸入室进入叶轮中。这样，叶轮在旋转过程中，一面不断地吸入液体，一面又不断地给吸入的液体以一定的压力，将液体排出。离心泵便如此连续不断地工作。

为什么液体能从进口管道吸入泵里呢？主要因为液体从叶轮中甩出去后在叶轮进口处形成负压，液面受外面大气压的作用便顺着吸入管被吸入到叶轮中去。大气压力等于 0.1MPa，这个压力最多能把水顺着完全真空的管路压到 10m 的高度。由于离心泵工作的叶轮进口处只是形成相对低压，而不是完全真空；另外液体沿吸入管路上升时，还有摩擦阻力。因此，实际泵的吸入高度只有 5~6m。如果离心泵在高原上工作，由于高原上空气稀薄，大气压力低于 0.1MPa，因此泵的吸入高度还要降低。

离心泵不论什么型号，自吸能力都是非常低的，必须灌泵，在实际使用时，一般在吸入管下部装有底阀或使进口液面高于离心泵，便于再次启动。由于离心泵的吸入能力有限，所以为了保证泵的正常工作，泵不能高出液面过多，其吸入管不能过长、过细，吸入管路上要尽量减少弯头、阀门。

（四）离心泵的性能参数

1. 流量

流量也称排量，就是泵在单位时间内排出液体的数量，可用体积流量和质量流量两种单位表示。泵样本和铭牌上所给出的流量是体积流量。泵的流量由制造厂按 GB 3214《水泵流量测定法》实际测定。其中体积流量和质量流量换算如下：

$$G = Q\rho \quad (3-1)$$

式中　G——质量流量，kg/s；

　　　Q——体积流量，m^3/s；

　　　ρ——液体密度，kg/m^3。

2. 扬程

扬程又称压头，是指单位质量液体通过泵时（进口至出口）获得能量的大小。用 H 表示，单位为 m。泵样本和铭牌上给出的扬程由泵厂用水实际测定。离心泵工作时，往往用压力表来测扬程，单位是帕（Pa）。压力与扬程的关系为：

$$p = \rho g H \quad (3-2)$$

式中　p——压力，Pa；
　　　g——重力加速度，9.8m/s²；
　　　H——扬程，m。

泵的总扬程包括吸入扬程、出水扬程和泵进出口液体流速速度头之差，即：

$$总扬程 = 吸入扬程 + 出水扬程 + 速度头之差$$

3. 转数

是指泵轴每分钟旋转的次数，用符号 n 表示，单位为 r/min。为使工作稳定，要求转数不变。一般泵产品样本上规定的转数是指泵的最高转数许可值。实际工作中最高不超过许可值的4%。转数是离心泵的一个重要参数，它的改变可以影响泵的性能，引起流量、扬程和轴功率的变化，因此每台泵都有一个设计要求的转数，称为泵的额定转数。

4. 功率

泵在单位时间内对液体所做的功，称为功率，用符号 N 表示，单位为瓦特（W）。泵的功率有：轴功率、有效功率和原动机功率三种。轴功率是指离心泵的输入功率，用符号 $N_{轴}$ 表示；有效功率指泵在单位时间内对液体所做的功，用符号 $N_{有效}$ 表示。三种功率之间的关系为：

$$N_{有效} = \rho g Q H \tag{3-3}$$

$$N_{轴} = N_{有效}/\eta \tag{3-4}$$

$$N_{原} = (1.1 \sim 1.2) N_{轴} \tag{3-5}$$

式中　η——泵效，%。

原动机传给泵轴的功率称为轴功率，泵的轴功率由泵制造厂实际测定。通常泵铭牌上标明的功率不是有效功率，而是指与泵配合的原动机的功率，称为配用功率。有些铭牌上标明轴功率，它是指泵需要的功率。

5. 效率

效率是衡量功率中有效程度的一个参数，用符号 η 并以百分数表示。

泵的功率大部分用于输送液体，使一定量的液体增加了压能，即所谓有效功率；而另一部分功率消耗在泵的轴与轴承及填料和叶轮与液体摩擦上，以及液流阻力损失、漏失等各方面，这部分功率称为损失功率。即：

$$\eta = \frac{N_{有效}}{N_{轴}} \times 100\% \tag{3-6}$$

它也等于泵的容积功率、机械效率和水力效率的乘积，即：

$$\eta = \eta_{容} \cdot \eta_{机} \cdot \eta_{水} \tag{3-7}$$

$$\eta_{容} = \frac{Q - q}{Q} \times 100\% \tag{3-8}$$

$$\eta_{机} = \frac{N_{轴} - N_{损}}{N_{轴}} \times 100\% \tag{3-9}$$

$$\eta_{水} = \frac{H}{H_t} = \frac{H_t - h}{H_t} \tag{3-10}$$

式中　Q——泵的流量，m³/h；
　　　q——泵的漏失量，m³/h；

$N_{损}$——损失功率，W；

H——泵实际产生的压头，m；

H_t——理论压头，m；

h_t——总压头损失，m。

离心泵在运行过程中发生的能量损失主要有容积损失、机械损失和水力损失三个方面。

(1) 离心泵的容积损失

①密封环泄漏损失：在叶轮入口处设有密封环(口环)。在泵工作时，由于密封环两侧存在着压力差，所以始终会有一部分液体从叶轮出口向叶轮入口泄漏，形成环流损失。漏失量的大小取决于叶轮口环的直径、间隙的大小和两侧的压差。

②平衡装置的泄漏损失：在离心泵工作时，平衡装置在平衡轴向力时将使高压区的液体通过平衡孔、平衡盘及平衡管等回到低压区而产生的损失。

③轴端密封装置的泄漏损失：泵在运行中，一部分液体从轴端密封泄漏到外部而造成的损失。

(2) 离心泵的机械损失

①轴承、轴封摩擦损失：泵轴支承在轴承上，为了防止液体向外泄漏，设置了轴封。当泵轴高速旋转时，就与轴承和轴封发生摩擦，损失的大小与密封装置的形式和润滑的情况有关。

②叶轮圆盘摩擦损失：离心泵叶轮在充满液体的泵壳内旋转，这时叶轮盖板表面与液体发生相互摩擦，引起摩擦损失。它的大小与叶轮的直径、转数及输送液体的性质有关。随级数的增加可成倍地加大，加工精度对它的影响也很大。

(3) 离心泵的水力损失

①冲击损失：泵在工作点工作时，液体不发生与叶片及泵壳的冲击，这时泵效率较高。但当泵偏离工作点时，其液流方向就要与叶片方向及泵壳流道方向发生偏离，产生冲击。这种损失与流速或流量的平方成正比。

②旋涡损失：在泵中，过流截面积是很复杂的空间截面，液体在这里通过时，流速大小和方向都要不断地发生变化，因而不可避免地会产生涡流损失。另外过流表面存在着尖角、毛刺、死角区时，会增大旋涡损失。

③流动摩擦阻力损失：由于泵内过流表面的粗糙和液体具有黏性，所以液体在流动时产生摩擦阻力损失。

6. 允许吸入高度

泵的允许吸入高度也叫真空度，表示离心泵能吸上液体的允许高度，一般用 $H_{允}$ 或 H_s 表示，单位为 m。为保证泵的正常工作，必须规定这一数值，以保证泵入口液体不汽化，不产生汽蚀现象。

7. 比转数

任何一台泵，根据相似原理，可以利用比转数 n_s 按泵叶轮的几何相似与动力相似的原理对叶轮进行分类。比转数相同的泵即表示几何形状相似，液体在泵内运动的动力相似。

当流量改变到 $0.075 m^3/s$ 时，扬程改变到 1m，有效功率改变为 0.735W 时，泵所具有的转速称之为比转数，用 n_s 表示。

它与流量、扬程和转数之间的关系用公式表示如下：

$$n_s = \frac{3.65n\sqrt{Q}}{H^{\frac{3}{4}}} \qquad (3-11)$$

式中　　n——泵的转数，r/min；

　　　　Q——泵的额定流量，双吸泵为 $Q/2$，m³/s；

　　　　H——泵的额定扬程，多级泵为 (H/i)，m；

　　　　i——泵的级数。

一般来说，比转数越小的泵，扬程越高，排量较低；比转数越大的泵，扬程越低，排量较高。比转数是离心泵用来分类、比较、设计和选型的重要参数，同一台泵在不同的工况下，具有不同的比转数，通常取泵的最高效工况点的比转数作为该泵的比转数。

8. 汽蚀余量

输送常温清水的离心泵，当泵内液体压力低于或等于该温度下饱和蒸汽压时，液体会发生汽化，产生气泡。气泡随液体流到压力较高处突然凝结；周围液体快速集中，产生水力冲击。这种汽化和凝结产生泵的冲蚀、振动和性能下降的现象，通常称为汽蚀现象。汽蚀余量（NPSH）系指泵进口处液体能头超出汽化压力能头的数值。

在离心油泵产品样本上一般给出泵输常温清水时的必须汽蚀余量，泵的必须汽蚀余量是指对于给定的泵在给定转速和流量下必须的汽蚀余量值。确定必须汽蚀余量的基础是泵的临界汽蚀余量。

（五）离心泵的特性曲线与工作点

1. 离心泵的特性曲线

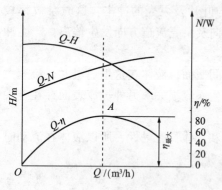

图 3-9　离心泵的特性曲线

在泵的转数不变的情况下，泵的流量、压头、轴功率和效率等之间存在着相互关系，这些相互关系可用曲线图来表示，这种曲线图就叫泵的特性曲线。曲线图上一个参数变化，其他的数值也会相应地改变，离心泵的特性曲线是根据试验获得的数据绘制的。

图 3-9 所示为一台离心泵的三种特性曲线图：流量-压头（$Q-H$）特性曲线、流量-功率（$Q-N$）特性曲线、流量-效率（$Q-\eta$）特性曲线。

特性曲线图的横坐标为流量（Q），纵坐标为压头（H）、轴功率（N）、效率（η）。

（1）$Q-H$ 特性曲线

由图 3-9 可看出，离心泵在正常工作范围内，压力随着流量的增大而变小；反之，压力随流量的减小而变大。

（2）$Q-N$ 特性曲线

由图 3-9 可看出，流量增加功率随之增加；反之，流量减少，功率也减少。不同比转数的 $Q-N$ 特性曲线是不一样的。

(3) $Q-\eta$ 特性曲线

由图 3-9 可看出，流量-效率曲线是一条向上凸起的曲线，随流量的增加而增加，达到最高点后，流量增加则效率开始下降。这个最高点称该泵的额定工作点，即最优工作点(图 3-9 中的 A 点)。相应地，这一点的流量、扬程、功率分别称为额定流量、额定扬程和额定功率。泵应在额定点 A 附近的区域工作，否则效率低，浪费动力。

当泵出口阀关死时，泵的排量为零，这时泵的功率最小，一般为额定功率的30%，因此在开泵时，为减小电动机的启动负荷必须把出口阀关死。

2. 离心泵的工作点

管路中流量与克服流体流经管路时所需的能量之间存在着一定的关系，用曲线表示这一关系，其称为管路特性曲线。

泵在管路系统工作时，泵给出的能量与管路消耗的能量相等的点称为离心泵的工作点。这一点就是泵的特性曲线($Q-H$)与管路特性曲线($Q-h$)的交点 A，如图 3-10 所示。当离心泵在管路中工作时，其($Q-H$)特性曲线和($Q-h$)特性曲线确定后，则工作点就确定了；反之，($Q-H$)特性曲线或($Q-h$)特性曲线发生变化，则工作点也相应改变。

如果泵不在 A 点，而在左边的 B 点工作，则泵给出的能量大于管路所需要的能量，使之流量增大，管路摩擦随之增加，一直到能量平衡，又回到 A 点为止。反之，如果在 A 点右边 C 点工作，则泵给出的能量小于管路所需的能量，使流量下降，直到能量平衡又回到 A 点。所以离心泵在管路中工作，每一个工作状况下，只有一个工作点，而必然是泵特性曲线与管路特性曲线的交点。

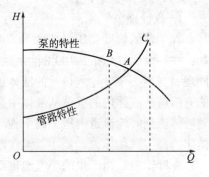

图 3-10 离心泵的工作点

3. 离心泵的并联和串联

在实际工作中，当一台泵不能满足工作需要时，常把两台或多台泵并联或串联使用，并联工作用于增大流量，串联工作用于增大扬程。

(1) 离心泵的并联

并联运行的泵要求扬程相同。图 3-11 为两台泵在同一管路条件下的并联工作特性曲线图。此时，总流量为两泵之和，但小于两台泵单独工作时流量之和。图中 A 点为并联之前一台泵的工作点，当两台泵并联后工作点变为 B 点，这时因流量增大，所以，联合工作点高于单泵的工作点。

(2) 离心泵的串联

当一台泵的压力不能满足工作需要时，可将两台或两台以上的泵串联运行，以达到提高压力的目的。图 3-12 为两台泵在同一管路条件下的串联工作特性曲线图。此时，两台泵的流量比一台泵工作时要大些，扬程大致为两泵之和，但比单泵工作时扬程之和小些。图中 A 点为串联之前一台泵的工作点，当两台泵串联后工作点变为 B 点。

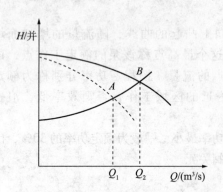

图 3-11 离心泵的并联特性曲线示意图

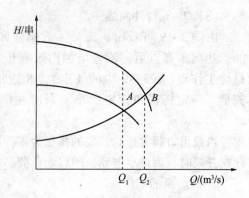

图 3-12 离心泵的串联特性曲线示意图

（六）离心泵的汽蚀

1. 汽蚀现象

在一定的温度和压力条件下，水和汽可以互相转化，这是液体所固有的物理特性。例如，在一个大气压下，100℃的水就要汽化；在水温为20℃时，则汽化压力为 2.4×10^3 Pa。同理，当离心泵叶轮入口处的液体压力 p_k 降低到汽化压力 p_v 时，液体就汽化；同时还可能有溶解在液体内的气体从液体中逸出，形成大量小气泡，即产生了空化。当这些小气泡随液体流到叶轮流道内压力高于临界值的区域时，由于气泡内是汽化压力 p_v，而外面的液体压力高于汽化压力，则小气泡在四周液体压力作用下，便会重新凝结、溃灭。

在叶轮内，当产生的小气泡重新凝结、溃灭后，这时周围的液体以极高的速度向空化点冲来，液体质点互相撞击形成局部水力冲击，使局部压力可达数百大气压。气泡越大，其凝结溃灭时引起的局部水击压强越大。如果这些气泡是在叶轮金属表面附近溃灭，则液体质点的冲击就连续地打击在金属表面上。这种水力冲击，速度很快，频率高达每秒数千、甚至几万次，金属表面很快会因疲劳而剥蚀。若所产生的气泡内还夹杂有某种活性气体（如氧气等），它们借助气泡凝结时释放出的热量，使局部温升可达200~300℃，对金属会起电化学腐蚀，更加快了金属的破坏速度。上述这种空化、空蚀现象统称为"汽蚀"。

运行中判断泵是否发生汽蚀现象，可根据泵在运行时噪音的大小、效率降低的多少来判断。

一般地说比转数高的泵不易产生汽蚀。当叶轮的叶片较长、流道又窄时，汽蚀产生的就快。反之，叶片愈短愈宽，离心泵则不易产生汽蚀。

容易汽蚀的地方和区域是叶轮进口处的背面，其次是导叶和压水室内。泵内如果有1%的气体，则效率就要降低10%，可见汽蚀危害的严重性。

2. 汽蚀的危害

（1）噪音和振动

气泡溃灭时，液体质点互相撞击，会产生各种频率范围的噪音。在汽蚀严重的时候，可以听到泵内有"劈劈""啪啪"的爆炸声，同时机组振动。在这种情况下，泵就不应继续工作了。

（2）对泵性能曲线的影响

离心泵开始发生汽蚀时，汽蚀区域较小，对泵的正常工作没有明显的影响，在泵性能曲线上也没有明显反映。但当汽蚀发展到一定程度时，气泡大量产生，堵塞流道，使泵内流体流动的连续性遭到破坏,泵的流量、扬程和效率均会明显下降,在泵性能曲线上出现"断裂工况"。这时泵不能正常工作,甚至泵"抽空"断流了。

(3) 对叶轮材料的破坏

发生汽蚀时,由于机械剥蚀和电化学腐蚀的共同作用,使叶轮材料受到破坏。被汽蚀的金属表面呈海绵状、沟槽状、鱼鳞状等。严重时,整个叶片和前后盖板都有这种现象,甚至将叶片和盖板蚀穿。

汽蚀对水力机械的正常运转威胁很大,也是影响水力机械向高速发展的巨大障碍,所以,研究汽蚀过程的客观规律,提高泵的抗汽蚀性能,是水力机械的使用和发展中的重要问题。

3. 离心泵产生汽蚀的主要原因

(1) 吸入压力降低,吸入高度过高,吸入管路阻力增大,处于高原大气压降低等因素。

(2) 输送液体黏度增大。

(3) 输送液体的温度过高,液体的饱和蒸汽压增大。

(4) 液体在叶轮内流动方向急剧改变或流过突出处而使流速增大,造成泵内局部压力下降。

4. 防止汽蚀的产生

为了防止和消除汽蚀的产生,保证泵正常的工作,可采取如下措施:

(1) 改善泵的吸入条件,降低吸入高度、减少吸入管路的阻力损失和在正压下进泵。

(2) 改善泵的结构,泵的第一级叶轮用双吸式和高比转数,以及叶轮入口处过渡要平滑。

(3) 降低泵的转数。

(4) 降低泵的排量。

(七) 离心泵的相似原理及其应用

1. 相似定律

有两台泵,如果

(1) 泵内液体流道部分所有对应的尺寸成比例,所有的对应角相等,即

$$i_D = \frac{D_2}{D_1} = \frac{b_2}{b_1} = \cdots \cdots \quad (3-12)$$

式中 D_1、D_2——第一台泵与第二台泵的叶轮外径;

b_1、b_2——第一台泵与第二台泵的叶轮出口流道宽度;

i_D——两台泵对应的线性尺寸的比。

(2) 它们的流道中液流对应点的流速方向一致,流速大小成正比,即

$$i_n = \frac{n_2}{n_1} \quad (3-13)$$

式中 n_1、n_2——第一台泵与第二台泵的转数,r/min;

i_n——两台泵转速的比。

那么它们的流量 Q_1、Q_2,扬程 H_1、H_2,功率 N_1、N_2 之间,有如下的规律:

$$\frac{Q_2}{Q_1} = i_D^3 \cdot i_n \quad (3-14)$$

$$\frac{H_2}{H_1} = i_D^2 \cdot i_n^2 \qquad (3-15)$$

$$\frac{N_2}{N_1} = i_D^5 \cdot i_n^3 \cdot \frac{\rho_2}{\rho_1} \qquad (3-16)$$

式中 ρ_1，ρ_2——两台泵各自所输液体的密度。

由此得相似定律：两台相似泵（注）的流量比与线性尺寸比的三次方和转数比的一次方成正比，压头比与线性尺寸及转数比的平方成正比，功率比与线性尺寸比的五次方、转数比的三次方及重度比的一次方成正比。

相似泵：对于两台泵，若几何尺寸相似，运动相似，动力相似，那么就称这两台泵是相似的。

2. 比例定律

对于同一台泵，在使用中如改变其转数或输送不同重度的液体时，其流量 Q、扬程 H 及功率 N 的变化规律如下：

由于是同一台泵，其线性尺寸没有变化，所以 $i_D=1$。根据相似定律有：

$$\frac{Q_1}{Q_2} = i_n \qquad (3-17)$$

$$\frac{H_1}{H_2} = i_n^2 \qquad (3-18)$$

$$\frac{N_1}{N_2} = i_n^3 \cdot \frac{\rho_1}{\rho_2} \qquad (3-19)$$

式中，Q_1 与 Q_2、H_1 与 H_2、N_1 与 N_2、ρ_1 与 ρ_2 等为该泵在改变转速前后的流量、扬程、功率、及液体的密度，i_n 为改变转速后的转速比。

由此可得比例定律：流量比与转速比成正比，压头比与转速比的平方成正比，功率比与转速比的三次方及重度比的一次方成正比。

例：某站原有一台离心泵，其性能是扬程60m，流量830m³/h，轴功率150kW，转速为1450r/min，现在需要扬程降到30m，采用降低转速的方法现场能够解决，问改变后的转数应为多少？流量、轴功率在转数改变后将是多少？

解：根据比例定律：

$$\frac{H'}{H} = \left(\frac{n'}{n}\right)^2$$

$$n' = n \cdot \frac{\sqrt{H'}}{\sqrt{H}} = 1450 \times \frac{\sqrt{30}}{\sqrt{60}} = 1025 (\text{r/min})$$

转数改变后的流量为：

$$\frac{Q'}{Q} = \frac{n'}{n} \quad Q = Q' \cdot \frac{n}{n'} = 830 \times \frac{1025}{1450} = 586 (\text{m}^3/\text{h})$$

转速改变后的轴功率为：

$$\frac{N'}{N} = \left(\frac{n'}{n}\right)^3 \quad N = N' \cdot \left(\frac{n}{n'}\right)^3 = 150 \times \left(\frac{1025}{1450}\right)^3 = 53 (\text{kW})$$

即：此泵应降低到1025r/min，这时的流量为586m³/h，轴功率为53kW。

可见由于泵的转速的改变，其他的各个参数也随之改变，但是改变转速是有限的，一般提高转速时,不能超过额定转速的10%,这是因为水泵的零件还受到材质和精度的约束。降低转速时,不能超过50%,否则会使泵的效率下降太多,或者抽不上水来。

3. 切割定律

实际生产过程中,常用车削叶轮外缘(既减小外径D)的方法改变泵的性能,以适应生产的需要。

叶轮车削以后,其几何尺寸(如叶轮出口断面、出口角度等)是略有改变的,但一般车削量较小,可近似认为它们都不变。另外,由于转速没有变化,所以$i_n=1$。于是根据比例定律可得:

$$\frac{Q_1}{Q_2} \cong i_D \tag{3-20}$$

$$\frac{H_1}{H_2} \cong i_D^2 \tag{3-21}$$

$$\frac{N_1}{N_2} \cong i_D^3 \tag{3-22}$$

式中,Q_1与Q_2,H_1与H_2,N_1与N_2、i_D等分别为该泵在车削叶轮前后的流量、扬程、功率及叶轮外径比。

由此可得切割定律:泵在切割叶轮的前后,流量比与叶轮外径比成正比,压头比与叶轮外径比的平方成正比,功率比与叶轮外径比的三次方成正比。

例:有一台离心泵,它的流量是180m³/h,扬程23m,轴功率13kW,叶轮直径是270mm,现在需要将扬程降到18m,即可满足生产要求,问叶轮直径应切割多少?切割后的流量和轴功率是多少?

解:根据切割定律:

$$\frac{H_1}{H_2} = (\frac{D_1}{D_2})^2$$

$$D_2 = D_1 \cdot \frac{\sqrt{H_2}}{\sqrt{H_1}} = 270 \times \frac{\sqrt{18}}{\sqrt{23}} = 239(\text{mm})$$

按切割定律计算出切割量后,一般还需加上2~3mm余量,以保证安全,因此叶轮加工成239+3=242mm,应切去28mm。

切割叶轮后的流量为:

$$\frac{Q_1}{Q_2} = \frac{D_1}{D_2} \quad Q_2 = Q_1 \cdot \frac{D_2}{D_1} = 180 \times \frac{242}{270} = 161(\text{m}_3/\text{h})$$

切割后的轴功率为:

$$\frac{N_1}{N_2} = (\frac{D_1}{D_2})^3 \quad N_2 = N_1 \cdot (\frac{D_2}{D_1})^3 = 13 \times (\frac{242}{270})^3 = 9.36(\text{kW})$$

扬程需要降到18m时,叶轮应切去28mm,切割后的流量为161m³/h,轴功率为9.36kW。

水泵叶轮切割后效率不变或有所下降,但下降不多,若切割过多时,效率会下降得很多,这是不合理的,因此水泵叶轮外径最大允许切割量有一个范围,见表3-1。

表 3-1　水泵叶轮外径最大允许切割量

比转数 n_s	60	120	200	300	350	>350
最大允许切割量/%	20	15	11	9	7	0
效率下降值/%	每车削10，下降1			每车削4，下降1		

对于切割过的叶轮，若流量、扬程不够时，可利用切割定律放大，但放大的叶轮直径，以能装入泵内为限。对于多级泵的叶轮切割时只切叶片，不要把两侧盖板切掉。

（八）离心泵的操作

1. 离心泵操作规程

（1）启泵前的准备工作

①检查机泵周围有无杂物，各部位螺钉是否松动。
②检查各种仪表是否齐全准确，灵活好用。
③检查并调整密封填料松紧程度，密封填料盒无堵塞。
④检查机泵伴热冷却循环系统良好。
⑤检查联轴器是否同心，端面间隙是否合适。
⑥检查机泵润滑油油质是否合格，油位应在规定范围内。
⑦打开泵入口阀门，向泵及过滤缸内充满液体，同时放净过滤缸及泵内气体，活动出口阀门。
⑧检查电气设备和接地线是否完好。
⑨盘车3~5圈，灵活、不卡。
⑩启泵前与有关岗位进行联系，做好准备工作。

（2）离心泵的启动操作

①按启动按钮，当电流从最高值下降，二次起跳，泵压上升稳定，缓慢打开泵的出口阀门，根据生产需要，调节好泵压及流量。
②检查各种仪表指示是否正常，电动机的实际工作电流不允许超过额定电流。
③检查各密封点不渗不漏。
④检查密封填料漏失量是否超标，并适当调整。
⑤检查机组无振动，无异常声，无异常气味。
⑥检查机泵轴承不超温。
⑦泵运行正常后，与相关岗位联系，随时注意罐位变化，防止泵抽空、罐溢流，并挂上运行牌。
⑧每2h对机泵进行检查，记录相关生产数据，并做好全部记录。

（3）离心泵运行中的检查

对正常运行的机组，操作人员要按规定进行每1~2h的认真巡回检查并做好记录。运用"（耳）听、（眼）看、（手）摸、（鼻）闻"来发现和判断异常情况。

①检查压力和电流波动情况是否在正常范围内。
②泵密封填料漏油情况应控制在合适范围内。
③检查润滑油是否在合适范围内。
④检查各部件的紧固有无松动。

⑤倾听机组运行有无异常的噪音和响声。
⑥检查机组的振动情况。
⑦检查温升情况。
⑧检查各管路的渗漏情况及油污系统是否畅通。
⑨运行中发现问题和异常现象时，要立即报告和处理。
⑩要认真填写机组运行记录，做到完整、准确、真实。
（4）离心泵停泵操作
①接到通知后做好停泵前的准备工作。
②关小泵出口阀门，当电流下降接近最低值时，按停止按钮，然后迅速关闭出口阀门。
③泵停稳后盘车转动灵活，关闭进口阀门。
④拉下刀闸，切断电源，挂上停运牌。
⑤做好停泵记录，通知相关岗位。
（5）离心泵倒泵操作
①接到倒泵通知后，按启动前准备步骤检查备用泵。
②关小欲停泵的出口阀门，控制好排量。
③按启泵操作步骤启运备用泵，调节好排量和压力。
④按停泵操作步骤停运欲停泵，调节排量和压力达到工作需要值。
（6）离心泵操作技术要求
①启泵前要放净过滤缸及泵内气体，防止泵抽空不起压。
②启泵前要调整好密封填料的漏失量，不能过大也不能过小。
③启泵时要缓慢开出口阀门，合理调节泵压和排量。
④运行时润滑油油位调节到看窗的1/3~1/2。
⑤运行的泵密封填料漏失量应控制在10~30滴/min。
⑥电动机温度不超过70℃，轴承温度不超过65℃。
⑦运行中压力表指示值应在量程的1/3~2/3之间。
⑧运行中机泵振幅不超过规定值。
⑨启泵后出口阀门关闭时间不许超过2~3min，防止泵发热汽蚀。
⑩泵压与管压要达到经济合理，不能憋压，也不能超负荷工作。
⑪停泵或倒泵时，要保持管道压力相对稳定，不要忽高忽低。
⑫启动备用泵，先调小运行泵排量，待备用泵运行正常时，再停运行泵。
⑬离心泵出口要安装单流阀，防止突然停电泵反转。
⑭正常运行时，机组工作电流不能超过额定电流。

2. 离心泵主要技术参数的测定方法
（1）流量的测定
流量是指在流动的流体中单位时间内流经与流体流动方向相垂直横截面内流体的数量，泵的流量就是排出水量。如果横截面上各点的流速相等，或能求出其流速平均值，并且流体是均匀介质，不含有较多的异相流体，如油、水中不能含有太多的气体，不含有过多、过大的固体杂质，能够连续不间断地流动，在管道中流动时，流体必须全部充满管

道，不能有自由表面存在，这时可以按简化的公式计算

$$Q = vF$$

式中　Q——流量，m^3/s；

　　　v——平均流速，m/s；

　　　F——管道横截面积，m^2。

离心泵流量测定可使用现场工艺配用流量计观察法进行测量，其流量计的精度要求不低于0.2级，并经校验。也可采用容积式测量法，即经标定的标准容器来测量流量，还可以采用节流、差压式流量计等进行。但由于前两种测量方法精度已经很高，误差较小，故节流式、差压式流量计在测试液体介质时已不多用。此外，还有电磁流量计和激光流量计在不同的场合亦有使用。

流量的测定方法是使用流量计、流量表、流量测速仪等进行。因为流量计盘面上均标有流量值，测定时，根据需要配合时钟可以得出瞬时流量、累积流量或某一时间间隔内的流量。如测定者从离心泵出口流量计盘面上读出流量值在5min流过12m^3，则流量为144m^3/h。

由于离心泵输送的介质是液体，一般情况下其配合使用的容积式和速度式流量计较普遍。但如果配合商品油交接流量的测定，还应配以标准体积管等液体流量标准装置进行。

（2）扬程的测定

泵的扬程是指单位质量的液体通过泵后能量的增加值。通常用H表示，单位m。

扬程的测定，可以采用弹簧式压力表、液体差压计或液体真空计测定出泵的进出口压力，然后换算出扬程。压力的单位是帕、千帕、兆帕。测试时要求压力表的精度不低于0.5级，压力表或真空压力表安装在泵的出、入口法兰处。

离心泵扬程也指全扬程，全扬程可分为吸上扬程和压出扬程。按下式进行计算：

$$H = \frac{p_D - p_S}{\rho g} + z_{SD} \tag{3-24}$$

式中　H——扬程，m；

　　　p_S、p_D——分别为泵入口和出口处的压力，Pa；

　　　ρ——被输送液体的密度，kg/m^3；

　　　g——重力加速度，g取9.8m/s^2；

　　　z_{SD}——泵入口中心到出口处的垂直距离，m。

（3）功率的测定

①有效功率的测定

泵的有效功率表示在单位时间内泵输送出去的液体从泵中获得的有效能量，也就是泵的质量流量和扬程的乘积，常用$N_有$表示。测定了泵的体积流量、泵的扬程来计算出泵的有效功率。按下式计算：

$$N_有 = \rho g Q H (W) \tag{3-25}$$

$$N_有 = \frac{\rho g Q H}{1000} (kW) \tag{3-26}$$

$$N_有 = \frac{\rho \cdot Q \cdot H}{102} (kW) \tag{3-27}$$

式中　$N_有$——泵的有效功率，W、kW；

ρ——泵输送液体的密度，kg/m^3；

Q——泵的流量，m^3/d 或 m^3/s；

H——泵的扬程，m。

从上面的式子中，泵的有效功率是与所输送液体的密度有关，在测定有效功率时，应根据输送介质密度的不同进行计算。

②轴功率测定

电动机输出功率即为轴功率，常用 $N_{轴}$ 表示，由于泵内有各种损失，所以轴功率比有效功率要大些。轴功率的测定方法是用电流表、电压表分别测出其运行电流、电压值（要求精度不低于0.5级），然后按下式计算：

$$N_{轴} = \frac{\sqrt{3}\, U\, I \cos\varphi\, \eta_{机}}{1000} \quad (3-28)$$

式中　$N_{轴}$——电动机输出功率，kW；

U——运行时测定的电压，V；

I——运行时的测定电流，A；

$\eta_{机}$——电动机效率；

$\cos\varphi$——功率因数。

功率因数 $\cos\varphi$ 由厂家提供的 $N_{轴}-\cos\varphi$ 曲线查出，或用功率因数表测得，也可用三相电度表直接测出电动机输入功率，然后按下式计算：

$$N = N_0 - P \quad (3-29)$$

式中　N——电动机输出功率，kW；

N_0——电动机输入功率，kW；

P——总损耗，它包括电动机定子和转子的铜损、铁损及附加损耗（0.5%），可经试验求得，kW。

(4) 效率的测定

泵的效率是表示泵性能好坏及动力的有效利用程度，效率越高，说明泵的使用越经济，它是泵的一项重要的技术经济指标。

泵在工作时，从原动机输入的轴功率不可能全部化为有效功率，有一部分功率在泵内损失掉，把有效功率与轴功率之比，叫作泵的效率，用符号 η 表示，即：

$$\eta = \frac{N_{有}}{N_{轴}} \times 100\% \quad (3-30)$$

式中　η——离心泵效率，%；

$N_{有}$——泵的有效功率，kW；

$N_{轴}$——泵的轴功率，kW。

由以上公式可知，离心泵的有效功率、轴功率及泵效率，在测定了泵的流量、扬程和取得了输送液体的密度值之后，即可以通过计算的方法得出。

离心泵效率的测定方法主要有两种：

①利用流量（功率）法测定离心泵效率

用计量仪表求出泵的流量，然后再用电工仪表测出电机输出功率并计算泵效。

测定步骤:
a. 将压力表换成标准压力表。
b. 在泵正常运转的情况下,用流量计测出流量;同时记录进出口压力及电机的电流和电压。
c. 代入公式:

$$N_{轴} = \frac{\sqrt{3}\,U\,I\cos\varphi\eta_{机}}{1000} \quad (3-31)$$

$$N_{有} = \frac{\rho \cdot Q \cdot H}{102} \quad (3-32)$$

$$\eta = \frac{N}{N_{轴}} \times 100\% \quad (3-33)$$

②使用温差法测试离心泵效率
a. 测试前的准备工作
(a) 在测试地点准备220V的电源插座。
(b) 待测泵安装校对后的标准压力表,进出口各1块。
(c) 温差测试仪经校验并完好。
(d) 准备好测试过程中所用工具、用具。
b. 测试步骤
以升压法测试为例:升压法测泵效要求按离心泵压力分为3~5个点,每点间压力升幅差值应较小。
(a) 先将待测泵压力降至某一低点值,稳定15min,以达到热平衡。
(b) 将A、B铂热电阻紧贴在一起,接通电源预热15min。
(c) 调整开关使数码显示到"零"点。
(d) 逐渐开大灵敏度开关,用调节开关使表针调到"零"(或最小)。
(e) 关闭电源,将A、B电阻分开,A电阻紧贴出口管道,B电阻紧贴进口管道。
(f) 接通电源,在保持最大灵敏度情况下,调拨零、个、十位直到表头指示为"0",这时数码管显示器的数字即为温差值。稳定15min,同时录取入口压力、泵压、电流、电压等参数。
(g) 按测试所需划分的点数,将测试泵扬程提高即控制出口阀门,每测一点稳定15min,并录取参数。
(h) 根据所测数据整理出各点泵效率。
c. 测试计算方法及步骤
计算泵效可利用下式:

$$\eta = \frac{\Delta p}{\Delta p + 4.1868 \times (\Delta T - \Delta T_s)} \times 100\% \quad (3-34)$$

式中　η——离心泵效率,%;
　　　Δp——泵进出口压差,MPa;
　　　ΔT——泵进出口温差,℃;
　　　ΔT_s——等熵值(查表)。

3. 离心泵工作参数的调节
在生产实际中,根据操作条件的变化,常需对泵的工作参数进行一定的调节,使泵与管路的联合工作处于有利的状况，发挥较高的效率。

(1) 节流调节

节流调节指的是通过调节泵出口阀门的开度，增加或减少流量与扬程，从而达到调节参数目的。

节流调节的优点是方法简便，并能得到较大的调节范围，缺点是能量损失较大，且增加了阀门的节流损失，也容易损坏阀门。

(2) 回流调节

回流调节是将泵所排出液体的一部分经旁通管路回到泵的入口，从而改变泵输向外输管路中的实际排量。由于回流阀的开度的增大，回流量也相应地增加，外输管路的流量就减少。回流阀开度减小时，回流量相应地减少，外输管路的流量就增大。回流调节的操作是在下面一些情况下才使用的：

①来液量少，储罐液位低，运行泵有抽空可能时；

②下站或下游流程不需现有排量或泵排量大，而需输油量小时；

③气温较低，活动管道时，回流调节较为方便，但损失的能量较多，因为液体经泵出口又回到入口，所以回流调节只是在小范围内使用，如果调节量较大，或频繁开启回流阀，就要考虑其他方法了。

(3) 改变泵的转数调节

当离心泵转数改变时，可使泵的特性曲线发生变化，即引起流量、扬程、功率的变化。当转数增大，流量和扬程相应地与转数近似地按一、二次方的正比关系变化，当转数减小时，流量和扬程相应地降低，通过改变转数调节流量的方法，可以得到不同的工作点，使流量、扬程改变，从而达到调节参数的目的。

根据比例定律，调节输油泵转数，以达到调节参数的要求。在利用改变泵的转速来调节离心泵运行参数时，应当注意，改变泵的转速可以从改变原动机的转速入手，如用可调速的柴油机、线绕电动机及更换皮带轮等。但这些方法维护操作不方便，目前最广泛采用的是用变频器来调节电动机的转速，也有利用液力耦合器传动装置来调节电动机的转速，来达到调节参数的目的。

(4) 改变叶轮数量及改变叶轮外径的调节方法

改变叶轮数量的调节方法是在多级离心泵中进行的，如果工艺需要降低排量与扬程，可将多级离心泵中的叶轮去掉一个或几个，去掉叶轮后，离心泵转子部分长度的缺少空间，可以由加工后的轴套来填补，泵壳不需做大的改变，这样相应地减少了叶轮，也减少了级数，达到调节流量的目的。

切割叶轮直径就是将离心泵中的叶轮直径车削减小，从而改变离心泵的性能和特性曲线，来达到调节的目的。利用切割定律可以计算出达到某一扬程或轴功率时叶轮的切割量，或计算出切割叶轮后泵的流量、扬程和轴功率的变化。

(5) 改变连接方式的调节方法

在集输生产实际中，单台泵不能满足管道的流量或压力时，常用几台泵串联、并联的方法来解决。特别是流量需求较大，一台泵不满足需要，可用两台或几台泵并联工作。

①离心泵并联工作

假设参加运行是两台，在同一管路中，总流量等于两泵流量之和，总扬程等于各泵的扬程，用公式表示：

$$Q_{并} = Q_1 + Q_2 \tag{3-35}$$
$$H_{并} = H_1 = H_2 \tag{3-36}$$

由上式可知，离心泵并联运行时，要求扬程相近。

离心泵的并联是将两台或多台离心泵的出口管道合并为一条输出管路，泵的并联运行可增加流量，有几台泵参加并联运行，其流量总和就是所投入并联运行的泵的总流量，其扬程不变。离心泵并联运行使集输站供液的安全性提高，这是因为当多机泵组处于并联运行时，如有一台损坏，其他几台泵仍可供液。

并联运行的调节方法，增减运行泵的台数，以达到调节流量的目的。

②离心泵串联运行

通过两台泵串联运行可提高扬程，总扬程为两台泵扬程之和，用公式表示：

$$H_{串} = H_1 + H_2 \tag{3-37}$$
$$Q_{串} = Q_1 = Q_2 \tag{3-38}$$

由公式可知，串联工作的两台泵，要求它们的额定流量尽量相同，如果不同，则流量较大的泵，应作为第 1 级泵，另外，还必须考虑第 2 级泵，泵壳强度和泵的密封必须可靠，在操作上应顺序操作，启时先启动前一台泵，停时先停运后一台泵。

离心泵串联运行就是将第 1 台泵的出口管作为第 2 台泵的入口管，液体由第 1 台泵压入第 2 台泵，介质以同一流量依次通过各台机泵。在串联工作中，介质获得的能量，为各台泵所供能量之和。矿场中使用的多级泵，实质上就是将若干级泵的串联。

串联运行的调节方法则将第 1 台泵运行正常后，介质输入到第 2 台、第 3 台依次顺序投入串联运行，达到提高扬程的目的。

(6) 其他调节法

除上述方法外，根据需要与可能，也可采用冬天用较大叶轮，夏天用较小叶轮的方法调节。同样，还可利用几台泵间歇或轮换工作，用改变工作时间等方法调节。实际生产中常是几种方法综合使用。

从上述可知，离心泵的参数调节，可以从多种角度考虑，既可以简单地手动调节阀门，也可利用技术先进的自动调节；既可作暂时的调节，也可以深入进行改造，作长久的调节。单就离心泵本身而言，经过调节后的离心泵运行参数应力争在高效区工作。为了提高泵效可以从几方面入手。

①精心管理，确保泵的正常运行。

②从生产需求的实际出发，合理调节，保证泵在高效区工作。

③根据实际生产需要，利用泵的相似原理，对泵进行改造，提高运转效率，达到经济合理的运行方式。

④提高离心泵零部件的加工精度，减少泄漏损失、水力损失和机械损耗。

4. 离心泵的调速运行

(1) 离心泵调速节能原理

离心泵调节特性曲线如图 3-13 所示，当离心泵转速为 n_1 时，扬程流量曲线为 $H-Q(n_1)$ 效率曲线为 η_{n1}，R_1 为匹配的管路特性曲线，R_1 与 $H-Q(n_1)$ 交于 A_1 点，A_1 为额定工况点，Q_1 为额定流量，H_1 为额定扬程，此时泵在高效区运行，效率为 η_1。运行中要减少流量到 Q_2，有两种实现方式：一种是节流调节，使管路特性曲线变为 R_3，R_3 与 $H-Q(n_1)$ 交于 A_3 点，A_3 点为新的工况点，Q_2 为对应流量，H_3 为对应扬程，此时泵运行偏离了高效区，效率为 η_3；另一种是调速调节，管路特性曲线 R_1 不变，泵转速由 n_1 变为 n_2，泵的 $H-Q(n_1)$ 曲线变为 $H-Q(n_2)$ 曲线，效率曲线为 η_{n_2}，R_1 与 $H-Q(n_2)$ 交于 A_2 点，A_2 点为调速后新的工况点，Q_2 为对应流量，H_2 为对应扬程，效率为 η_2，根据叶片式水力机械的相似理论 $\eta_2 = \eta_1$，因此泵仍在高效区运行。泵机组的电动机输入功率表示为：

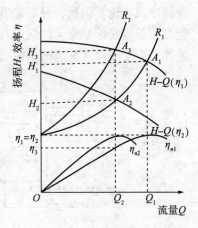

图 3-13 离心泵调节特性曲线

$$N_Z = K_Z Q H / \eta \qquad (3-39)$$

式中 N_Z——电动机输入功率，kW；

η——泵的效率；

K_Z——系数（与电动机效率、传动效率和流体密度有关）。

对于节流调节，电动机输入功率为：

$$N_{Z_3} = K_Z Q_2 H_3 / \eta_3 \qquad (3-40)$$

对于调速调节，电动机输入功率为：

$$N_{Z_2} = K_Z Q_2 H_2 / \eta_2 \qquad (3-41)$$

两种调节方式能耗差值为：

$$\Delta N = N_{Z_2} - N_{Z_3} = K_Z Q_2 (H_2 / \eta_2 - H_3 / \eta_3) \qquad (3-42)$$

由图 3-13 可见，$H_2 < H_3$，$\eta_2 > \eta_3$，所以 $\Delta N < 0$，也就是说，调速调节比节流调节少消耗功率。调速调节少消耗的功率一是节省了阀门节流损失的功率；二是泵在高效区运行少消耗的功率。调速调节这种方法既提高了泵的运行效率，又增大了管网效率，因此它是离心泵节能的一个有效措施。

（2）离心泵调速技术介绍

离心泵的变速调节方法一般可分为电动机直接调速与恒速电动机带调速传动装置调速两大类。前者包括变极调速、变频调速、串极调速、串电阻调速及无换向器电动机调速等多种方式，其中变频调速与串极调速为高效的调速技术；后者包括电磁转差离合器、液力耦合器、液力调速离合器等变速传动装置。

下面简单介绍鼠笼式异步电动机的变频调速。

①变频调速的基本原理

异步电动机转速 n 表示如下：

$$n = 60f(1-S)/p \qquad (3-43)$$

式中 f——电源频率，Hz；

p——极对数；

S——转差率，%。

由上式知，极对数 p 一定的异步电动机，在转差率 S 变化不大时，转速 n 基本上与电源频率成正比。因此，只要能设法改变频率 f，就可改变转速 n。基于这个原理，变频调速就是用晶闸管等变流元件组成的变频器作为变频电源，通过改变电源频率的办法，实现转速调节。变频调速系统的示意图如图 3-14 所示。

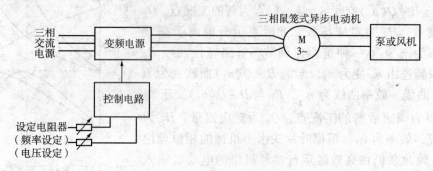

图 3-14　变频调速器系统示意图

实际上，若仅改变电源的频率则不能获得异步电动机满意的调速性能，因此，必须在调节的同时，对定子相电压 U 也进行调解，是 f 与 U 之间存在一定的比例关系。故变频电源实际上是变频变压电源，而变频调速准确地称应是变频变压调速。

②变频调速方式

根据 f 与 U 的关系，变频调速原则上主要有以下两种方式。

a. 恒转矩变速调频（恒磁通变频调速）

由异步电动机的电势方程知：电动机定子相电压近似与电源频率 f、磁通 Φ 的乘积成正比，故若 U 一定时，则 Φ 将随着 f 的变化而变，若 f 从额定值（我国通常为 50Hz）往下调节时，Φ 就增大。而一般在电动机设计时，为了充分利用铁芯材料，都把 Φ 值选在接近磁饱和的数值附近。因此，Φ 的增大就会导致磁路过饱和，励磁电流大大增加，这将使电动机带负载的能力降低，功率因数值变小，铁损增加，电动机过热，这是不允许的。反之，若 f 从额定值往上调节时，Φ 就减小，这在一定的负载下又有过电流的危险。为此通常要求磁通恒定，即 f 与 U 成正比关系：

$$\frac{U}{f} = \frac{U'}{f'} = c \tag{3-44}$$

式中　U'——电动机在非额定工况时的定子电压；

　　　f'——电动机在非额定工况时的电源频率；

　　　c——常数。

又由异步电动机的转矩方程式知，当有功电流为额定，Φ 一定时，电动机的转矩也一定，故恒磁通即恒转矩。

b. 恒功率变频调速

当电动机在额定转速以上运行时，定子频率将大于额定频率。这时若仍采用恒磁通变频调速，则要求电动机的定子电压随着升高。可是电动机绕组本身不允许耐受过高的电压，电压必须限制在允许范围内，这就不能在应用恒磁通变频调速。在这种情况下，可以采用恒功率变频调速。恒功率变频调速必须满足以下条件：

$$\frac{U}{\sqrt{f}} = \frac{U'}{\sqrt{f'}} = c \tag{3-45}$$

由于恒功率变频调速时 Φ 将发生变化，故电动机的效率和功率因数将有可能下降。

从上面对恒磁通和恒功率的变频调速特性分析可以得知，变频调速从额定频率往频率下降的方向调速时，即次同步调速时，应采用恒转矩变频调速。变频调速从额定频率往频率增加方向调速时，即超同步调速时。有时需采用恒功率变频调速。

c. 变频调速的优缺点

变频调速具有以下优点：

（a）调速效率高，属于高效调速方式。这是由于频率变化后，电动机仍在同步转速附近运行，基本上保持额定转差。只是在变频装置系统中会产生变流损失，以及由于高次谐波的影响，电动机的损耗增加，从而效率有所下降。

（b）调速范围宽，一般可达 20∶1，并在整个调速范围内均具有高的调速效率。所以变频调速适用于调速范围宽，且经常处于低负荷状态下运行的场合。

（c）机械特性较硬，在无自动控制时，转速变化率在 5% 以下；当采用自动控制时，能作高精度运行，把转速波动控制在 0.5%~1% 左右。

（d）变频装置万一发生故障，可以退出运行，改由电网直接供电，泵仍可继续保持运转。

（e）能兼作启动设备，即通过变频电源将电动机启动到某一转速，在断开变频电源，电动机可直接接到工频电源使泵加速到全速。

变频调速存在的缺点是：

从目前看，低压变频装置（380V）技术比较成熟，价格逐步降低，已成为 380V 电机的主要调速技术。高压电机的变频调速装置的初投资比较高，是应用于泵的调速节能中的主要障碍。变频器输出的电流或电压的波形为非正弦波而产生的高次谐波，会对电动机及电源产生种种不良影响，应采取措施加以清除。

（九）离心泵的维护与检修

1. 离心泵的维护保养

为了保证离心泵能长时间的安全良好运行，不但要合理使用离心泵，而且要会正确保养离心泵。为了确保离心泵在任何时间、任何情况下都能正常工作，必须做好离心泵经常性保养工作和强制保养工作。

（1）离心泵经常性保养

离心泵经常性保养的时间为 8h，由当班工人来完成。主要进行以下工作：

①做好泵机组的清洁卫生工作。

②经常检查、紧固泵机组各部的固定螺钉，保证无松动滑扣等现象。

③检查和加注润滑脂和润滑油，保证机组不缺油干磨。

④及时调节填料密封的松紧程度。

⑤及时处理渗漏，调节泵在规定的技术参数下运行。

（2）离心泵的强制性保养

离心泵除了经常性保养工作外，一般分为三级强制性保养。分别是：一级保养、二级保养、三级保养。强制保养就是离心泵达到各级保养运行时间后，强制停泵，按各级保养内容进行全面检查，测试技术数据，并做好运行记录。单级离心泵更换轴承时即认为是大修，因其更换轴承的次数一般较多，因此把单级离心泵的最高保养级别定为二级保养。三级保养大多数是对多级离心泵而言的，虽然三级保养各地规定时间不一致，但检修内容大致相同。

（3）离心泵一级保养内容

完成经常性保养，还要进行以下工作内容：

①检查调整前后密封填料，不发热，不漏失超量，轴套与压盖不磨。

②检查端盖螺钉、泵壳拉紧螺钉、底座及轴承支架螺钉，不松动滑扣。

③检查联轴器，螺钉受力均匀，松紧一致。

④检查润滑室是否缺油，并更换润滑油。

⑤检查压力表，灵活准确，不松动漏失。

⑥清洗过滤网，保证清洁、畅通。

（4）离心泵二级保养内容

完成一级保养工作，还要进行以下工作内容：

①清洗前后轴承盒，检查或更换润滑油、润滑脂。

②检查密封填料磨损情况，必要时更换。

③检查联轴器的外表及同心度。

④检查清洗更换泵轴承，并加注润滑脂。

⑤检查轴套密封磨损情况，必要时更换。

⑥检查平衡盘、平衡环磨损情况，磨损超过要求标准，进行更换。

⑦检查泵轴窜动量是否在规定范围。

（5）离心泵的三级保养内容

完成一、二级保养内容外还应完成以下工作内容：

①检查前后轴承，并测量轴承间隙。

②检查清洗叶轮、导翼、导翼固定螺钉及泵壳。

③测量叶轮与密封环间隙，密封环和导翼配合情况。

④检查并测量挡套与轴承套间隙。

⑤检查校正泵轴及联轴器和泵轴的配合。

⑥检查平衡盘与平衡环的窜量。

⑦检查调整联轴器的同心度。

⑧对叶轮、平衡盘做静平衡试验。

⑨测量电动机和泵的振动。

2. 离心泵的拆装与检修

（1）拆装单级离心泵（二级保养）

①拆卸切断要拆泵的流程并进行泄压，对油泵事先要进行热水置换。

②拉下刀闸，拆下电动机接线盒内的电源线，并做好相序标记。

③用梅花扳手拆下电动机的地脚螺栓，把电动机移开到能顺利拆泵为止。

④拆下泵托架的地脚螺栓及与泵体连接的螺钉，取下托架。

⑤用梅花扳手或固定扳手拆卸泵盖螺钉。用撬杠均匀撬动泵壳与泵盖连接间隙，把泵的轴承体连带叶轮部分取出来。把卸下的轴承体及连带叶轮部分移开放在平台上检修、保养。

⑥用拉力器拉下泵对轮，卸下背帽螺钉，拉下叶轮。
⑦拆下轴承压盖螺钉及轴承体与泵端盖连接螺钉。
⑧拆下密封填料压盖螺钉，使密封填料压盖与填料函分开。
⑨拆下轴承压盖及泵端盖，用铜棒及专用工具把泵轴(带轴承)与轴承体分开。
⑩取下泵轴上的轴套，用专用工具将泵轴上的前后轴承拆下。

（2）检查
①检查各紧固螺钉、调整螺钉和螺栓的螺纹是否完好，螺母是否变形。检查对轮外圆是否有变形破损，对轮爪是否有撞痕。
②检查轴承压盖垫片是否完好，压盖内孔是否磨损，压盖轴封槽密封毡是否完好，压盖回油槽是否畅通。
③检查叶轮背帽是否松动，弹簧垫圈是否起作用。检查叶轮流道是否畅通，入口与口环接触处是否有磨损，叶轮与轴通过定位键配合是否松动，叶轮键口处有无裂痕，叶轮的平衡孔是否畅通。
④检查轴套有无严重磨损，在键的销口处是否有裂痕，轴向密封槽是否完好。
⑤检查填料函是否变形，上下、左右间隙是否一致，冷却环是否完好。检查密封填料是否按要求加入，与轴套接触面磨损是否严重。
⑥检查轴承体内是否有铁屑，润滑油是否变质。检查轴承是否跑内圆或外圆，轴承架是否松旷，是否有缺油过热变色现象。检查轴承间隙是否合格，轴承球粒是否有破损。检查轴承压盖是否对称，有无磨损，压入倒角是否合适，压盖调整螺栓是否松动，长短是否合适。
⑦检查泵轴是否弯曲变形，与轴承接触处是否有过热、有磨内圆痕迹，背帽处的螺纹是否脱扣。
⑧检查各定位键是否方正合适，键槽内有无杂物。
⑨检查入口口环处是否有汽蚀现象。

（3）安装
①按检查项目准备好合格的泵件，按拆卸顺序安装泵。
②用铜棒和专用工具把两轴承安装在泵轴上。用柴油清洗好轴承体内的润滑油润滑室及看窗。把带轴承的泵轴安装在轴承体上。用卡钳、直尺和圆规及青克纸制作好轴承端盖密封垫，并涂上润滑脂。用刮刀刮净轴承密封端盖密封面的杂物，放好密封垫。按方向要求上好轴承端盖，对称紧好固定螺钉。
③在泵轴叶轮的一端安上密封填料压盖、冷却环，上好轴套密封，装上轴套。把轴承体与泵盖连接好，对称均匀紧固好螺钉。
④用键把叶轮固定在泵轴上，并用键与轴套连接好。安上弹簧垫片，用背帽把叶轮固定好。用铜棒和键把泵对轮固定在泵轴上。
⑤按加密封填料的技术要求，向填料函内加好密封填料，上好密封填料压盖。
⑥用卡钳、直尺、划规、布剪子、青克纸制作好泵壳与泵盖端面密封垫，并涂上润滑脂。将在平台上组装好的泵运到安装现场。
⑦装好密封垫后，将泵壳与检修后的泵体用固定螺钉均匀对称地紧固好。安上泵体托架，紧固好托架地脚螺栓及与泵体的连接螺钉。
⑧在泵对轮上放好胶垫，移动电动机把泵电动机对轮找正，并紧固好电动机地脚

螺栓。
⑨按标记接好电动机接线盒的电源线，合上刀闸。
⑩向泵体内加入看窗 1/3～1/2 的润滑油，清扫现场。
（4）试运
①按启泵前的检查工作检查泵。
②按启泵操作规程启运检修泵。
③按泵的运行检查要求，检查保养后泵的运行情况。
（5）离心泵找正方法
离心泵和电动机是由联轴器连接的。因此，在安装时必须保证两轴的同心度。检查同心度时，应在对轮端面和圆周上均匀分布的 4 个位置，即 0°、90°、180°、270°位置上用百分表进行测量。其方法如下：
①将联轴器相互连接，在圆周上划出 4 个位置的对准线。
②将联轴器转动，使对准线顺次转 0°、90°、180°、270°位置。
③转动时，在每个位置上测出两个半联轴器之间的径向及轴向间隙，并做好记录。
④按测出的数值进行计算和调整。复查时也应在原来的位置上进行，直到合格为止。
⑤两个半联轴器找正后，其端面间隙应略大于离心泵的轴向审量。
⑥找正后将两轴作相对转动，任何螺孔对准时，柱销应均能自由穿入各孔。
⑦找正时泵和电动机垫的垫片最好采用紫铜皮，在紧固泵和电动机的地脚螺栓时，要注意检查同心度。
（6）离心泵密封填料更换方法
离心泵在现场加密封填料常受客观条件的限制，很不方便。但在检修时加密封填料就方便多了。如在检修中高质量正确更换密封填料，可以延长更换密封填料时间，保持良好的密封性能。其正确方法如下：
①卸下密封填料压盖紧固调整螺钉，把压盖与密封填料盒分离。
②用密封填料钩沿旧密封填料的接缝把旧密封填料取出，要彻底取净。
③选择适合规格的密封填料。
④在新换的轴套上，把密封填料圈好，量取单圈长度。
⑤切割密封填料，各密封填料切口应按顺时针方向斜度为 30°～45°；切口应齐整，无松散的线头，切好后的密封填料长短应正好。
⑥密封填料加入时，切口应垂直于轴向，并在与轴套接触面上涂上润滑脂。
⑦加密封填料时，每相邻两密封填料切口应错开 90°～180°。
⑧密封填料压盖应对称、均匀压入，压入深度不小于 5mm。
⑨密封填料松紧要适宜，试运时调整压盖，保证密封填料漏失量小于 30 滴/min。
3. 多级离心泵的拆装（三级保养）
（1）拆卸（D 型泵）
①关闭泵出、入口阀门，在过滤缸和出口处放净泵中液体，若泵体内液体是油，则需事先用热水置换干净。
②拆掉对轮销钉和弹性胶圈，断开联轴器，挪开电动机。拆下泵的地脚螺栓和冷却水连接管道，把泵转移到检修平台上。

③拆卸轴承体：先拆下前后侧的轴承体连接螺栓，然后用拉力器取下轴承。
④拆卸密封压盖：拆下压盖与泵体的连接螺母，并沿轴向抽出压盖，然后取出填料。
⑤拆卸尾盖：拆下尾盖尾端之间的连接螺母，卸下尾端，然后把轴套、平衡盘及平衡环用拉力装置取出。
⑥拆卸穿杠：拆下穿杠两端的螺母，抽出泵各端的连接穿杠。拆平衡管：拆下平衡管两端法兰固定螺钉，取下平衡管。尾端拆卸：用铜棒和锤子轻敲后端的凸缘使之松脱后即可卸下。
⑦拆卸叶轮：用两把夹把螺丝刀对称放量，同时撬动卸下叶轮。
⑧拆卸中段：用撬棍沿中段两边撬动，即可取下，再从中段上取下密封环，拆下挡套和导翼，而后即可拆卸其他零件，直至吸入口。
⑨拆卸泵轴：拆到前段时，可将泵轴抽出，然后取下联轴器和前轴承。
⑩拆下各部件用柴油清洗干净，按拆卸顺序摆放，以便进行检查测量。

（2）检查
①弹性胶圈：弹性良好，不硬化，内孔不变形，胶圈没有裂痕。
②联轴器：外圆平整无变形，边缘不缺损，端面平整，胶圈孔无撞痕。
③对轮销钉：销钉螺纹不凸，与螺母配合间隙良好，弹簧垫正常。
④轴承：不跑内外圆，沙架不松旷，轴承径向间隙合格。
⑤压盖：压入均匀，无裂痕，螺钉孔对称。
⑥轴套：磨损不严重，表面无深沟、划痕，与键、轴配合良好。
⑦平衡盘：均匀磨损不超标，与键、轴配合良好。
⑧平衡环：磨损较轻，固定螺钉完好。平衡管：畅通，不堵塞。
⑨叶轮：静平衡，出、入口无磨损，流道通畅，键销口处无裂纹。
⑩泵轴：弯曲度是否合格，是否磨损有裂纹。

（3）安装
①装配离心泵时，按泵的装配高低要求进行，一定按先拆后装，后拆先装的步骤进行。
②安装转子时，叶轮、挡套、轴套、平衡盘和密封环都要检查同心度。
③装配时各泵件必须是齐全完好，各固定螺钉紧固。
④装配中各密封润滑部分要涂上黄油。

（4）技术要求
①检查前后轴承，测量轴承间隙，应符合表3-2和表3-3要求。
a. 轴承内外圈面应无滑痕，球粒应完整无损。
b. 轴承内外圈与泵件的接合处应为过渡配合。
c. 轴与轴瓦每侧间隙应相等，以保证轴处在中心位置，而且侧间隙应等于顶间隙的一半，轴瓦允许间隙也可按下式计算：

$$直径间隙 = 0.001d \tag{3-46}$$

式中 d——轴的直径，mm。
轴瓦间隙测定：轴瓦两侧间隙测量一般用塞尺插入轴瓦的四角测得，塞尺插入深度约 $10\sim15$mm。

d. 轴瓦顶部间隙的测量

将粗 0.1mm，长 50~70mm 的铅丝放入轴颈的两处，在下轴瓦接合处相对应放正铅丝。为了压得均匀，常在轴瓦接合面上的四角放上厚约 0.5mm，长 12mm，宽 8mm 的四片铜片，将上瓦扣上，均匀紧固螺钉。然后旋开轴瓦端盖螺钉，上下瓦用千分尺测量铅丝厚度，可算出轴瓦前后两端顶部间隙大小。计算方法：

$$轴瓦顶部间隙(前侧) = A_1 - (B_1 + B_3)/2 \tag{3-47}$$
$$轴瓦顶部间隙(后侧) = A_2 - (B_2 + B_4)/2 \tag{3-48}$$

式中　　A_1、A_2——铅丝的厚度，mm；

B_1、B_2、B_3、B_4——铜片的厚度，mm。

表3-2　滚动轴承间隙要求表

轴承直径/mm	径向间隙/mm		最大许可磨损量
	新滚球轴承	新滚柱轴承	
20~30	0.01~0.02	0.03~0.05	0.1
35~50	0.01~0.01	0.05~0.07	0.2
55~80	0.01~0.02	0.06~0.08	0.2
85~120	0.02~0.03	0.08~0.10	0.3
130~150	0.03~0.04	0.10~0.12	0.3

表3-3　滑动轴承(轴瓦)允许间隙表

轴径/mm	间隙/mm	
	1 500r/min	3 000r/min
30~50	0.075~0.16	0.17~0.34
50~80	0.095~0.195	0.20~0.40
80~120	0.23~0.46	0.23~0.46
120~180	0.15~0.285	0.26~0.53
180~200	0.18~0.33	0.30~0.60

②叶轮的检查

a. 叶轮表面无严重裂纹和磨损。

b. 叶轮内无杂物堵塞，入口处无磨损。

c. 叶轮静平衡试验技术要求见表3-4。

③泵轴的检修

a. 检修时，应将泵轴放在车床上或架在两块 V 形铁上，用千分表测量弯曲度不得超过 0.06mm。

b. 若轴弯曲度大于标准值要进行校直，校直时用压力机或手动螺纹矫正器进行直轴。

c. 当泵轴有裂纹或磨损时，可采用喷金属或补焊等方法修复，然后进行热处理经车削研磨后，才能使用。

④平衡装置检修

a. 平衡盘与平衡环凸凹不平时，必须修刮研磨直至在泵体上整个盘面全接触为止。

表3-4 叶轮静平衡的允差极限值

叶轮外径 D/mm	叶轮最大直径上的静平衡允差极限/g
≤200	3
201~300	5
301~400	8
401~500	10
501~700	15
701~900	20

b. 平衡盘磨损严重，不能修刮时，需要经过堆焊、车削、磨研合格后才能装入泵体。
c. 当平衡盘有严重裂纹和缺损时，必须换新平衡盘。
d. 平衡盘的间隙范围为2~6mm。

⑤密封装置的检修
a. 检修泵时，填料盒内的每一根填料都要更换新的，泵各段密封要严密。
b. 轴套磨损严重必须更换。
c. 泵体口环和叶轮的配合间隙应符合表3-5中规定。

表3-5 泵体口环与叶轮的配合间隙

口环直径/mm	水泵间隙/mm		冷油泵间隙/mm		热油泵间隙/mm	
	安装	报废	安装	报废	安装	报废
80~120	0.25~0.44	0.96	0.30~0.50	0.10	0.5~0.6	1.0
120~150	0.3~0.5	1.2	0.4~0.6	1.1	0.6~0.7	1.1
150~180	0.3~0.56	1.2	0.4~0.6	1.1	0.6~0.8	1.2
180~220	0.4~0.63	1.3	0.45~0.7	1.2	0.6~0.8	1.2
220~250	0.4~0.68	1.3	0.45~0.7	1.2	0.7~0.9	1.4
250~290	0.45~0.7	1.4	0.5~0.8	1.3	0.7~0.9	1.4
290~300	0.45~0.75	1.5	0.5~0.8	1.4	0.7~0.9	1.4

⑥轴套、挡套的偏心度不得超过0.1mm，平衡盘的偏心度不得超过0.06mm，叶轮密封环处的偏心度不得超过0.08~0.14mm，叶轮与密封环间隙不超过0.25mm。
⑦整个机泵要找同心度，用百分表或千分表测量联轴器轴向、径向间隙，机泵不同心度值，轴向不得超过0.06mm，径向不得超过0.08mm。
⑧检查联轴器，如有变形、伤痕、掉块等缺陷时，应补焊或更换。
⑨加入轴承内的润滑油必须清洁，加入量为轴承室的1/2或2/3，太少或太多都容易使轴承发热。

4. 离心泵安装检修质量标准

（1）泵壳质量标准
①检查泵盖和泵体有无残存铸造砂眼、气孔、结瘤以及流道光滑度。
②检查接合面的加工精度、粗糙度及介质导向孔道是否畅通。

（2）泵轴件标准
①检查轴表面，不允许有裂纹、磨损、擦伤和锈蚀等缺陷。
②泵轴允许弯曲程度：轴中部弯曲小于 0.05mm，轴颈处小于 0.015mm，如发现泵轴不合格，及时进行校正或换轴。
③检查轴颈圆度，允许为 0.02mm，椭圆度小于 0.02mm。
④检查键槽中心线对轴中心线的不同轴度，允许为 0.03/100。
⑤检查轴瓦表面，不应有裂纹、脱层、乌金内夹砂和金属屑等缺陷。
⑥轴瓦安装时，用压铜丝方法测轴瓦与轴颈间的间隙，对于转数 1500r/min 的顶间隙，取轴径的 1.5/100，对于转数为 3000r/min 的顶间隙，取轴径的 1.5/100～2/100，两侧间隙为顶间隙的 1/2。
⑦采用油环润滑的轴承，油环槽两侧要光滑，以保证油环自由转动。
⑧轴承安装时，要测轴承间隙。
（3）叶轮标准
①检查叶轮铸造有无气孔、砂眼、裂纹、残存铸造砂等缺陷，检查流道光滑程度，外形是否对称。
②更换叶轮时，要做静平衡试验。
③检查叶轮轮毂两端对轴线的不垂直度，应小于 0.01mm。
（4）转子件标准
①转子窜量应为 0.01～0.15mm。
②检查轴套叶轮与轴不同心度小于 0.07mm。
③检查转子晃动度。
④轴、叶轮与轴承架、轴套两端面对轴中心线的不垂直度应小于 0.5mm。
（5）填料压盖，填料环标准
①填料压盖与轴套外径间隙一般为 0.75～1.0mm。
②填料压盖端面与轴中心线允许不垂直度为填料压盖外径的 1/100。
③填料压盖外径与填料函内径间隙为 0.1～0.15mm。
④填料环与轴套外径间隙一般为 1.0～1.5mm。
⑤填料环的端面与轴中心线的不垂直度允许为填料环外径的 1/1000。
⑥填料环外径与填料函内径间隙为 0.15～0.2mm。
（6）机泵同心度标准
①联轴器与轴的啮合，联轴器与轴采用 D/gc 配合，其松紧程度见表 3-6。

表 3-6 D/gc 配合松紧程度表

轴径/mm	D/gc	
	间隙/mm	过盈/mm
18～30	0.021	0.017
30～50	0.024	0.020
50～80	0.024	0.023
80～120	0.032	0.026
120～180	0.036	0.030

②联轴器找同心,每半个联轴器装在轴上,其端面跳动允差不得超过表 3-7 的规定。

表 3-7 半联轴器对轴跳动和两轴不同心允差

联轴器外型最大直径/mm	半轴器对轴向跳动允差/mm	半轴器对轴面跳动允差/mm	两轴不同心度不应超过	
			径向位移/mm	倾斜/mm
105~170	0.07	0.16	0.05	0.2/1000
190~260	0.08	0.18	0.05	0.2/1000
290~350	0.09	0.20	0.10	0 2/1000
410~500	0.10	0.25	0 10	0.2/1000

③两个半轴器端面间隙应略大于轴向窜量,见表 3-8。

表 3-8 两个半轴器端面间隙表

轴孔直径/mm	标准型			轻型		
	型号	外径最大直径/mm	间隙/mm	型号	外径最大直径/mm	间隙/mm
25~28	B_1	120	1~5	Q_1	105	1~4
30~38	B_2	140	L~5	Q_2	120	1~4
35~45	B_3	170	2~6	Q_3	145	1~4
40~55	B_4	190	2~6	Q_4	170	1~5
45~65	B_5	220	2~6	Q_5	200	1~5
50~75	B_6	260	2~8	Q_6	240	1~6
70~95	B_7	330	2~10	Q_7	290	2~8
80~120	B_8	410	2~15	Q_8	350	2~8
100~150	B_9	500	2~15	Q_9	400	2~10

④联轴器连接检查同心度方法与检查机组同心方法相同。

5. 检查验收多级泵

检查出厂合格证书和设备技术文件,大修或三级保养后的泵,要检查检修记录及更换零部件记录。

(1) 检查地脚螺栓安装质量的方法

①使用长度量尺测量泵机组地脚螺栓安装技术要求的尺寸,其螺栓间的长度间距、角度位移不应超过技术文件规定的值。

②用水平仪贴紧螺栓,检查螺栓应垂直不歪斜,螺栓光杆部分应无油污、锈蚀和氧化皮,螺纹部分应涂少量油(脂)防腐。

③螺母拧紧后,螺栓外露 2~5 个螺距,机组各地脚螺栓受力、紧力均匀。螺母与弹簧垫圈、垫片与机组底座接触要紧密。

(2) 检查垫铁安装的质量及检验方法

①观察:垫铁放置位置要靠近地脚螺栓,垫铁组间距离一般为 500mm 左右。

②单组垫铁的检查:平垫铁与斜垫铁配对使用,上下两层为平垫铁,中间两层为斜垫铁,单组垫铁总的高度为 30~70mm,层数不得超过 4 层,调整两斜垫铁间位移以调整垫

铁高度。

③垫铁与基础、底座接触应均匀,垫铁间的接触面应紧密,一般接触面积应为60%以上,且受力均匀,不得偏斜。用0.05mm塞尺检查,插入15mm各点均匀。

④经找平水平后的各垫铁组要点焊牢固,防止因振动等原因而产生位移,影响支承强度,为便于检修垫铁组应露出底座10~30mm。

(3) 泵机组安装质量的验收、检验方法

①泵体水平度的检验:机组底座安装在基础上时,应使用水平仪和长度尺检查安装基准质量。内容包括:与建筑轴线距离允许偏差±20mm;与设备平面位置允许偏差±5mm;与设备标高允许偏差±5mm;泵体水平度:纵向小于0.05/1000,横向小于0.10/1000;原动机水平度:纵向不大于0.05/1000,横向不大于0.10/1000。水平仪放置位置应为泵出入口法兰处。

②联轴器安装质量的检验方法

a. 联轴器的形式及规格不同,安装质量允许偏差也不相同,其检验方法分为千分表(百分表)找正法,与水平仪配合找正法。常见联轴器安装质量标准见表3-9。两个半联轴器面间的间隙应符合表3-10的规定。

表3-9 联轴器对中质量要求

联轴器外形最大直径/mm	两轴的同轴度允许偏差	
	径向位移/mm	倾斜
105~260	0.05	0.5/1000
290~500	0.10	0.10/1000

表3-10 联轴器端面间的间隙

联轴器外形最大直径/mm	间隙/mm
105~140	2~4
170~220	4~6
260~330	4~8
410~500	8~10

b. 联轴器找正时,根据电动机或泵轴承类型、轴径的不同及输送介质温度的因素,应考虑轴受温度变化而发生涨缩时对轴同心度的影响因素。

c. 联轴器端面间隙范围不包括电动机轴和泵轴窜量,以免在运行中出现顶轴现象。

d. 泵找正后对垫铁、地脚螺栓进行一次复查,合格后进行抹面,抹面应符合设备技术文件或设计图样等有关规定。

e. 泵的工艺管道安装应以泵的出、入口轴线为基准,不得强力结口。自控保护系统的安装调试,应符合设备技术文件的有关规定。

(4) 试运转检验

①开启冷却水上水阀,并检查冷却水的压力及回水情况。

②启动循环油泵,将油压调至设备技术文件规定值,无循环油泵则检查轴承室润滑油

位、油量、油质。

③电动机空运转时间不得少于2h。

④盘车检查转子是否转动灵活。

⑤复查机泵联轴器的安装，应符合表3-9和表3-10的有关规定。

⑥检查电动机旋转方向，应与泵旋转方向一致，然后装联轴器弹性柱销。

⑦排出泵及入口管段内的气体，装满液体，打开入口阀门，关闭出口阀门，待泵启动后，开启出口阀门，将泵压调整到设计规定值。

⑧泵运行中应无杂声。轴承温升：对于滑动轴承其温度不得超过65℃；对于滚动轴承其温度不得超过70℃。

⑨泵两端轴封应随时检查，调整填料压盖松紧程度，保证正常泄漏量，一般以10~30滴/min为宜。机械密封不得渗漏。

⑩泵和电动机载负荷试运时间及振动振幅应符合设备技术文件规定，若无规定时，试运时间为48h，振幅应不大于0.06mm，运转正常，各项参数达到设计工艺规定值为合格。

（5）技术要求

①泵解体检查、调整应符合的要求

a. 滑动轴承应清洗、检查，其轴瓦表面不得有裂纹、孔洞、夹渣、重皮、斑痕等缺陷；轴瓦与轴颈的接触及顶、侧间隙应符合设计技术文件规定。

b. 滚动轴承应检查轴承内、外表面接触是否良好，转动应平滑无杂声。

c. 拆平衡盘后再装上补充轴套，测试泵的总窜动量尺寸。

d. 泵体的拆卸、组装应按照先拆后装，后拆先装的原则。

②各零部件的检测应符合的要求

a. 叶轮与密封环间隙的测量值应符合设计要求和技术规定；无规定时，应符合表3-11的要求；

表3-11 叶轮与密封环间隙

密封环内径/mm	间隙/mm	密封环内径/mm	间隙/mm
120~180	0.24~0.30	260~360	0.35~0.44
180~260	0.30~0.35	360~460	0.44~0.54

b. 叶轮、轴套、平衡盘等零件两端面应与孔轴线垂直，其偏差应小于0.02mm；

c. 轴的直线度测量可分为前部（前轴承段）、中部、后部（后轴承段），其允许偏差为：前部不大于0.02mm；中部不大于0.05mm；后部不大于0.02mm。

③转子径向圆跳动的检查应符合的要求

a. 用专用顶尖架支承，用百分表进行检测。

b. 检测泵轴、轴套、叶轮的径向跳动，端面与轴的垂直度应符合上面"各零部件的检测应符合的要求"中的b、c项的技术要求。

c. 导叶衬套与叶轮的间隙应符合设备技术文件规定，无规定时可按0.20~0.25mm装配。

d. 转子校装检测：径向圆跳动值允许偏差，见表3-12。

表 3-12　转子径向圆跳动值允许偏差

名　称	允许偏差/mm
口环外径	0.05
轴套	0.05
轴承处	≤0.02
轴中部	≤0.05
叶轮外径	≤0.20

④轴承拆、装工序要求

a. 拆卸前需用塞尺检查轴与轴瓦的顶、侧间隙,并做好记录。

b. 检查轴瓦接触是否占总面积的70%以上。

c. 轴与轴瓦的间隙应符合设计技术文件的规定。

d. 拆卸滚动轴承时要用扒轮器,严禁用锤子敲打以防止打坏泵轴。

e. 安装滚动轴承时要用套管击打轴承内轨,严禁用锤子敲打轴承外轨,防止打坏轴承。

⑤多级离心泵的组装要求

a. 泵的组装应在各零部件的尺寸、间隙、振摆等项经检查合格后进行。

b. 各泵段零部件装配后拧紧螺栓,测量转子的总窜动量,其数值应符合设计技术文件的规定。

c. 测量平衡套端面的平行度,其允许偏差为0.06mm。

d. 装好平衡盘后,测量平衡盘与平衡套的轴向间隙,其间隙应符合设备技术文件规定,无规定时,可按照总窜量的1/2再留出0.1~0.25mm的量。

e. 密封填料函内的水封环与冷却水管应对中,密封装置各部装配间隙应符合设备技术文件的规定。

f. 组装主轴轴承时应保证转子与泵体的同心度,其允许偏差为0.05mm。

g. 多级离心泵的解体检查。当离心泵有下列情况之一时,可进行解体检查:

(a) 安装时超过出厂保修期限者;

(b) 徒手盘车出现偏磨,有异常声音者;

(c) 泵进、出口法兰处密封遮盖不严,有异物落入泵内者;

(d) 试运转时有异常情况者。

6. 离心泵的常见故障与处理

(1) 离心泵抽空的故障处理

①现象:泵体振动,泵和电动机声音异常,压力表无指示,电流表归零。

②原因:泵进口管道堵塞,流程未倒通,泵入口阀门没开;泵叶轮堵塞;泵进口密封填料漏气严重;油温过低,吸阻过大;泵入口过滤缸堵塞;泵内有气未放净。

③处理:清出或用高压泵车顶通泵进口管道;启泵前全面检查流程;清除泵叶轮入口的堵塞物;调整密封填料压盖,使密封填料漏失量在规定范围内;用热水伴热提高来油温度;检查清理泵入口过滤器;在出口处放净泵内气体,在过滤器处放净泵入口处的气体。

(2) 离心泵汽蚀的故障处理
①现象：泵体振动，噪声强烈，压力表波动，电流波动。
②原因：吸入压力降低；吸入高度过高；吸入管阻力增大；输送液体黏度增大；抽吸液体温度过高，液体饱和蒸气压增加。
③处理：提高罐位，增加吸入口压力；降低泵吸入高度；检查流程，清理过滤网，增大阀门的开启度，减小吸入管的阻力；输送黏度高的液体要提前加温降低黏度，或采取伴热水掺输的办法；如果抽吸液体温度过高，要对锅炉减火降温，减小液体的饱和蒸气压。

(3) 泵压力打不足的故障处理
①现象：压力表压力达不到规定值，伴有间歇抽空现象。
②原因：电动机转速不够，进油量不足，过滤器堵塞；泵体内各间隙过大；压力表指示不准确；平衡机构磨损严重，油温过高产生汽化；叶轮流道堵塞。
③处理：检查电动机是否单相运行；调节油罐的液面高度，清理过滤缸，检查调节各部配合间隙；重新检测、校正压力表；调节平衡盘的间隙；降低油温；检查清理叶轮流道入口，或更换叶轮。

(4) 泵轴承温度过高的故障处理
①现象：泵的轴承处温度过高，声音异常。
②原因：缺油或油过多；润滑回油槽堵塞；轴承跑内圆或外圆；轴承间隙过小，严重磨损；轴弯曲，轴承倾斜；润滑油内有机械杂质。
③处理：补充加油或利用下排污把油位调节到 $1/3 \sim 1/2$ 处；拆开端盖清理回油槽；停泵检查，跑外圆要更换轴承体或轴承，跑内圆要更换泵轴或轴承；更换挑选合适间隙的轴承；校正或更换泵轴；更换清洁的润滑油。

(5) 密封填料发烧、甩油漏失的故障处理
①现象：密封填料处冒烟，密封填料漏失成流。
②原因：
a. 冒烟：密封填料压盖压偏磨轴套，轴套表面不光滑，密封填料加得过多，压得过紧。水封环位置装得不对，水封环的开口被填料堵塞，使压力水不能进入填料函润滑冷却。
b. 漏失：密封填料压盖松动没压紧；密封填料不行，须更换；密封填料切口在同一方向；轴套胶圈与轴密封不严，轴套磨损严重，加不住密封填料。
③处理：
a. 冒烟：调整密封填料压盖不偏对称不磨轴套；用砂纸磨光轴套或更换球磨铸铁镀铬轴套，密封填料加入以压盖压入5mm为准，调整压盖松紧；调整水封环位置。
b. 漏失：适当对称调紧密封填料压盖；更换新密封填料；密封填料切口要错开 $90° \sim 180°$ 角；更换轴套的O形密封胶圈；更换轴套。

(6) 泵体振动故障处理
①现象：泵件振动，伴有异常声音。
②原因：对轮胶垫或胶圈损坏；电动机与泵轴不同心；泵吸液不好抽空；基础不牢，地脚螺栓松动；泵轴弯曲；轴承间隙大或沙架坏；泵转动部分静平衡不好；泵体内各部间隙不合适。

③处理：检查更换对轮胶垫或胶圈，紧固销钉；对电动机和泵对轮进行找正；在泵入口过滤缸和出口处放气，控制提高油罐液面；加固基础，紧固地脚螺栓；校正泵轴；更换符合要求的轴承；拆泵重新校正转动部分（叶轮、对轮）的静平衡；调整泵内各部件的间隙，使之符合技术要求。

二、螺杆泵

螺杆泵是一种容积式泵。它是依靠几根相互啮合的螺杆间的容积变化来输送液体的。螺杆泵有单螺杆泵、双螺杆泵、三螺杆泵和五螺杆泵等。双螺杆泵、三螺杆泵和五螺杆泵统称为多螺杆泵。多螺杆泵有一根螺杆为主动螺杆，呈右旋凸螺杆，其余为从动螺杆，呈右旋凹螺杆。螺杆泵的螺杆数目虽然不同，但其工作原理相同，都是利用螺杆啮合空间的容积变化输送液体。

在油田油气集输中，螺杆泵主要用于输送稠油和其他黏度较高含气量较多的原油，常见的是三螺杆泵和双螺杆泵。其性能特点如下：

(1) 结构简单紧凑。可与电动机直接连接，操作管理方便，具备离心泵的特点。
(2) 流量小、扬程高。排出压力可达40MPa，具备往复泵优点。
(3) 转速高。一般转速为1450r/min，为其他容积式泵所不及，可与离心泵媲美。
(4) 效率高，一般为80%~90%。
(5) 工作平稳，流量均匀。流体在螺杆密封腔内无搅拌地、连续地做轴向移动，没有脉动和旋涡，接近离心泵的优点，为其他容积泵所不及。
(6) 震动小，无噪音。主杆对从杆以液压传动，螺杆之间保持油膜，无扭矩，又具备离心泵的优点。
(7) 有自吸能力，并略低于往复泵，为一般离心泵所不及。
(8) 流量随压力的变化很小，在输送高度有变化时能保持一定的流量，具备容积式泵的优点。
(9) 能输送黏油和柴油，几乎兼备离心泵和容积泵的用途。

（一）螺杆泵的结构和工作过程

如图3-15所示，当螺杆旋转时，吸入腔一端螺纹开放密封线连续地向排出腔一端做轴向移动，使吸入腔的容积增大，压力降低，液体在压差作用下沿吸入管进入吸入腔，随着螺杆的转动，密封腔内的液体便连续而均匀地沿轴向移动到排出腔。由于排出腔一端的容积逐渐缩小，压力增大，即将液体排出。

图3-15 螺杆泵的输液过程

单吸螺杆泵将液体从螺杆的一端吸入，卷到另一端排出。双吸螺杆泵上的螺纹分成两段，一段右旋，一段左旋，吸入腔的液体从两端吸入口吸入，一齐卷到中间排出口排出。

三螺杆泵是一种外啮合的密闭式螺杆泵。其主要构件为衬套、主动螺杆、从动螺杆、安全阀、填料箱和两个碗状平衡轴承。泵体由铸铁铸造，排出管位于泵体上方，高于泵轴，因此停车时螺杆中存有液体，以免每次螺杆启动产生干摩擦，并改善自吸能力。根据需要吸入管可以置于泵体左方，或置于泵体右方。衬套插入泵体中，主动螺杆和从动螺杆装在衬套中。主动、从动螺杆上的螺纹转向相反,当主动螺杆为左螺纹时,则从动螺纹为右螺纹,采用摆线齿廓螺纹螺杆与衬套以及螺杆与螺杆之间都是线接触,流体不会倒流。同时,主动轴杆可以对从动螺杆液压传动,不需外设同步齿轮。在正常工作过程中,从动螺杆不是由主动螺杆驱动,而是由输送液体的压力作用而旋转的。

目前各油田广泛使用的是油气混输双吸卧式三螺杆泵。

(二)螺杆泵的主要性能参数

1. 排出压力

泵的最大允许工作压力主要根据泵的强度,使用中不经制造厂同意不得任意提高排出压力。为安全起见,常装设安全阀。

2. 流量

主要决定于泵的螺杆尺寸和转数。对于摆线螺杆可按下式计算:

$$Q = \frac{0.691}{104}d^3 n \eta_v \quad (3-49)$$

式中　Q——流量,L/s;

　　　d——主动螺杆外径,cm;

　　　n——转数,r/min;

　　　η_v——容积效率,一般为 0.85~0.95。

3. 轴功率

对于摆线螺杆可用下式计算:

$$N = \frac{0.68 P n d^3}{1030 \eta} \quad (3-50)$$

式中　N——轴功率,kW;

　　　P——泵的排出压力,MPa;

　　　η——泵的总效率,一般为 0.7~0.85。

(三)螺杆泵的操作

1. 启动前的检查

为了保证泵的安全运转,第一次启动前的最终检查是非常必要的。交付正常运转前必须检查的几项内容:

(1)检查所有的管道,管道是否都有独立于泵的单独支承,并保证对泵不施加额外的力,管道以及其他附件的结合处是否有泄漏,所有管道是否都已冲洗干净。阀门以及控制仪器是否都起作用,过滤器的网目是否符合要求。

(2)泵腔内是否已注入足够的被输送的介质。

(3)检查齿轮箱内的油位是否达到规定的位置,过量的齿轮油会引起齿轮箱的过热。

(4)检查密封油罐内的油位,必要时加油。

(5)检查进出口压力表以及其他仪表是否工作正常。

(6)检查所有的管路、电缆、控制线以及附属设备。

(7)检查泵轴的转动:用手转动联轴器,检查泵轴联轴器与电机轴是否均匀的转动,如果有任何的摩擦与咬合,则不应交付使用,应该查出故障原因并排除。

(8)检查泵的转动方向:点动电动机,检查泵轴的转动方向是否与泵上的转向牌的方向一致。

2. 启泵前的准备工作

（1）检查仪表、电器设备处于备用状态。

（2）检查螺杆泵的入口罐液位和入口管道压力在操作范围内。

（3）对泵盘车 3~5 圈无异常。

3. 启泵运行及运行检查

（1）倒通泵入口流程。

（2）打开泵出口阀门，下游流程应畅通。

（3）按启车按钮启动螺杆泵。

（4）检查螺杆泵进出口参数和运行工况。

（5）记入交接班记录。

4. 螺杆泵停泵操作

螺杆泵停泵无特殊要求，只是根据停泵的目的采取不同的措施。如停泵后需对泵进要采取以下步骤：

（1）按停泵按钮，通知电岗配电柜断电。

（2）关闭泵进出口阀，关闭泵旁通阀。

（3）打开泵体排污阀。

（4）打开泵体放空阀。

（5）换上泵备用标志，记入交接班记录。

5. 注意事项

（1）首次启动前需从泵上的注油孔向泵内注入少量油料，起密封和润滑作用。还应当检查泵的转动方向及各部连接，并打开排出管路上的所有阀门。若有回流阀，启动时最好打开回流阀。

（2）运转中应注意看压力表和电流表的读数是否正常，并注意听泵运转的声音是否正常，泵是否发热等。遇有不正常现象应立即停泵查明原因，予以排除。运转中不允许关闭排出管路阀门。

（3）工作完毕须停泵时，可全开排出阀门或保持工作时阀门的开启度停泵，绝不允许关闭排出阀停泵。

（4）螺杆泵的流量一般采用回流管调节，也可改变泵的转速调节，但泵的转速只能低于正常工作时的转速，而不能任意提高。泵的工作压力可以通过调整安全阀弹簧的松紧程度来调节。

（四）螺杆泵的常见故障及排除方法（表 3-13）

表 3-13 螺杆泵的常见故障及排除方法

故障现象	产生原因	排除方法
1. 轴功率急剧增大	1. 排出管路堵塞； 2. 螺杆与泵套摩擦	1. 停泵清洗管路； 2. 检修与更换有关零件
2. 泵振增大	1. 泵与电动机不同心； 2. 螺杆与泵套不同心； 3. 泵内有气体； 4. 安装高度过大，泵内产生汽蚀	1. 认真调整同心度； 2. 检修调整； 3. 检修吸入管路，排除漏气； 4. 降低安装高度或降低转速

续表

故障现象	产生原因	排除方法
3. 泵发热	1. 泵内严重摩擦; 2. 机械密封回油孔堵塞; 3. 油温过高	1. 检查调整螺杆和泵套; 2. 疏通回油孔; 3. 适当降低油温
4. 机械密封大量漏油	1. 装配位置不对; 2. 密封压盖未压平; 3. 动环和静环密封面碰伤; 4. 动环和静环密封圈损坏	1. 重新按要求安装; 2. 调整密封压盏; 3. 研磨密封面和更换新件; 4. 更换密封圈
5. 泵不吸油	1. 堵塞或漏气; 2. 超过允许吸上真空高度	1. 检修吸入管路; 2. 降低安装高度
6. 压力表指针波动大	1. 吸入管路漏气; 2. 安全阀没有调好或压力过大,时开时关	1. 检查吸入管路; 2. 降低安全阀或降低工作压力
7. 流量下降	1. 吸入管路堵塞或漏气; 2. 螺杆与泵套磨损; 3. 安全阀弹簧太松或阀座与阀瓣不严; 4. 电动机转速不够	1. 检修吸入管路; 2. 磨损严重时应更换零件; 3. 调整弹簧,研磨阀瓣、阀座; 4. 修理和更换电动机

三、三相异步电动机

利用电磁原理进行机械能与电能互换的装置,称为电机。把机械能转换成电能的电机,称为发电机;反之,把电能转换成机械能的电机,称为电动机。按照它所耗用的电能种类不同,电动机分为交流电动机和直流电动机,而交流电动机又分为异步电动机和同步电动机。异步电动机结构简单、价格便宜、运行可靠、维护方便,是一种应用最广泛的交流电动机。该部分主要讨论三相异步电动机。

运行时异步的电动机称为异步电动机,它又称作感应电机。和其他电动机相比,具有结构最简单,较便宜,使用和维护方便,运行可靠,较坚固耐用等优点。此外,它也有较高的效率和相当好的工作特性。但是,异步电动机的应用也有一定的限制,主要是它的功率因数和调速特性。异步电动机工作时,必须从电网汲取一落后的电流,它的功率因数总是落后的,也就是它必须要电网供给一定的落后的无功功率。这对电网是一个相当重的负担,增加了损耗,也妨碍了有功功率的输出。因此,在功率因数问题较严重的情况下,就必须采用同步电动机。

此外,异步电动机的启动电流大,使供配电系统产生较大的电压降,可能影响电源上其他电机的运行。

(一) 分类

(1) 按使用的电源相数不同,可分为三相和单相异步电动机两种。在油气集输系统中,容量很小的电动机使用单相交流电动机,大部分都用三相交流电动机。

(2) 按其转子的结构可分为绕线转子式和笼型(即鼠笼型)两种。绕线转子异步电动机,是以定子绕组的初级连接于电源,转子上具有与集电环连接的多相绕组的异步电动机。笼型异步电动机,是以次级绕组为笼型的异步电动机。各集输站库主要使用鼠笼式异步电动机，其优点是构造简单，价格便宜，坚固耐用，效率高，启动方便，维修容易。其缺点是启动电流大，约为额定电流 5~7 倍，启动转矩小，容易受电源电压波动影响，负荷不足时，功率因数低，调速性能差。

（3）按功率分类，电动机可分为分马力电动机和小功率电动机两种。分马力电动机指折算至 1000r/min 时，连续额定功率不超过 735W（1hP）的电动机；小功率电动机指折算至 1500r/min 时，连续额定功率不超过 1.1kW 的电动机。

（4）按防护结构形式可分：

①开启式：在结构上无特殊防护装置，用于干燥、无灰尘、通风良好的场所。

②防护式：在机壳或端盖下面有通风罩，以防止铁屑等杂物掉入。也有的将外壳做成挡板状，以防止在一定角度内有水滴溅入。

③封闭式：封闭式电动机的外壳严密封闭，电动机靠自身风扇或外部风扇冷却，并在外壳带有散热片。在灰尘多、潮湿或含有酸性气体的场所，可采用这种电机。

④防爆式：整个电机严密封闭，用于有爆炸性气体的场所。

（5）按安装型式又可分为卧式安装、立式安装及轴伸向上或向下，B 代表卧式、V 代表立式。

基本安装结构型式为：

B3 – 机座带底脚，端盖无凸缘的结构型式；

B5 – 机座不带底脚，端盖有凸缘的结构型式。

分类见表 3 – 14。

表 3 – 14 三相异步电动机的分类表

分类方式	电源相数	转子结构型式	功率	防护型式	冷却方式	安装方式	工作定额	尺寸大小/mm		使用环境
								H（中心高），D（定子铁芯外径）		
类别	单相三相	鼠笼式绕线式	分马力小功率	开启式防护式封闭式防爆式	自冷式自扇冷式他扇冷式	B3 B5 B5/B3	连续短时断续	大型：$H>630$；$D>990$ 中型：$H=315\sim630$；$D=560\sim990$ 小型：$H=80\sim315$；$D=125\sim560$		普通、干热、湿热、船用、化工、防爆、户外、高原

（二）结构

三相异步电动机主要由定子、转子及端盖三部分组成。三相异步电动机的结构见图 3 – 16，定子是电动机的静止部分，主要由定子铁芯、定子绕组及机座等组成。转子是电动机的旋转部分，主要由转子铁芯、转子绕组及转轴等组成。端盖安装在机座的两侧，一般采用铸铁件，起防护和支承转子的作用。端盖上装有轴承及轴承端盖，通过滚动轴承支承转轴，减小摩擦。轴承端盖起保护轴承的作用，使轴承内的润滑油不致溢出。另外，电动机上还装有风扇，此风扇用来通风冷却。

1. 定子

（1）定子铁芯

定子铁芯作为电动机的磁路，主要由 0.35~0.5mm 厚的圆环形硅钢片叠压而成，硅钢片表面涂有绝缘漆或表面具有氧化膜的绝缘层,作为硅钢片间的绝缘,以减小涡流损耗。定子铁芯的内圆冲有均匀分布的槽,用来嵌放定子绕组。定子铁芯槽形分为半闭口形、半开口形和开口形三种。半闭口形一般用于中、小型低压电动机中。半开口形一般用于大型低压电动机中。开口形一般用于高压电动机中。

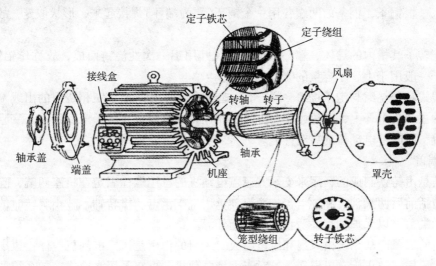

图 3-16 三相异步电动机结构图

(2) 定子绕组

定子绕组是电动机的核心部件,其主要作用是:通过交流电流,产生旋转磁场。三相异步电动机的定子绕组由对称的三个绕组组成,每个绕组由若干个线圈按一定的规律连接而成。中、小型低压电动机的线圈由高强度漆包线绕制,线圈与槽壁之间垫以槽绝缘,嵌入定子槽内。大、中型的电动机采用成型线圈(即各种规格的铜条),经过绝缘处理后,再嵌入定子槽内。定子绕组在槽内的分布分为单层和双层绕组两种基本形式,绕组嵌好后打入槽楔。

(3) 机座

机座一般为铸铁件,其主要作用是固定和支承定子铁芯和定子绕组,并作为它们的保护外壳,用两个端盖支承转子,以保护整个电动机并散发电动机运行中所产生的热量。封闭式电动机的机座外面有散热筋,以增加散热面积。开启式和防护式电动机的机座有通风孔,利于散热。为了便于搬运,在机座上装有吊环。

2. 转子

(1) 转子铁芯

转子铁芯作为电动机的磁路,由 0.5mm 厚的冲槽硅钢片叠压而成。转子铁芯固定在转轴或转子支架上,其外圆冲有均匀分布的槽口,用以嵌放转子绕组。一般小型异步电动机的转子铁芯直接压装在转轴上,而大、中型异步电动机的转子铁芯则借助于转子支架压装在转轴上。

鼠笼式电动机转子铁芯的槽形通常有普通型(即斜槽型)、双鼠笼型及深槽型三种形式。其中普通型最为常见,它的转子的槽不是与轴线在同一平面上,而是倾斜一个角度,故称作斜槽结构。

(2) 转子绕组

转子绕组的主要作用是：切割定子磁场，产生感应电动势和电流，并在旋转磁场的作用下使转子转动。异步电动机的转子绕组可分为鼠笼式和绕线式两种类型。

鼠笼式转子绕组可分为铜笼和铝笼两种，铜笼转子的转子绕组是在转子铁芯的每一个槽中插入一根铜条，铜条的两端各用一个铜环(称为端环)焊接起来，形状似笼，故称作笼形转子。

铝笼转子其槽内的导体、端环及电动机风叶用铝一次性浇铸而成，故称作铝铸转子。铝铸转子一般用于中、小容量的笼型电动机。

绕线式转子绕组与定子绕组一样，是一套对称的三相绕组，三相绕组的出线端分别接到转轴的三个集电环上，通过电刷与外电路相连，这样可以在转子电路中接入变阻或其他控制装置，以改善电动机的启动性能。

3. 端盖

端盖是由铸铁制成的，用来支承并遮盖电动机的，用螺栓固定在机座两端，除了端盖外，还包括前后两只轴承和轴承盖。两只轴承用来支承电动机转轴，减小旋转时的摩擦阻力。轴承端盖可以保护轴承并防止润滑油脂外流。

电机的通风冷却系统由风扇和风罩组成。风扇的作用是风冷电动机整体；风扇罩的作用是保护风扇，防止旋转风扇伤人。对于大型电动机，也有采用水冷式冷却系统的，这类电动机的外壳中，专门设置了冷却水道，用泵供给循环冷却水。

接线盒是固定电动机定子三相绕组出线头的，接线板上出线头旁标有各相绕组始末端的符号，可按不同要求连接电源线。

(三) 工作原理

三相异步电动机的定子绕组是三相对称绕组，当定子三相绕组接在三相电源上以后，三相绕组内就会产生三相交流电流，并在空间产生旋转磁场。

当磁场以恒速顺时针方向旋转时，转子导体与旋转磁场之间会产生相对运动，转子导体开始切割磁力线，从而产生感应电动势。在感应电动势的作用下，转子导体将产生与感应电动势方向基本一致的感应电流。载有感应电流的转子导体在旋转磁场中产生电磁力，在电磁力的作用下产生电磁转矩，促使转子沿旋转磁场的方向转动起来。

转子转动后逐步加速，但它不可能达到旋转磁场的转速。这是因为只有在转子转速 n 低于旋转磁场转速 n_1 时，转子导体与磁场之间才有相对运动，才能切割磁割磁力线产生感应电动势从而产生电流和电磁转矩，所以这种电动机称为异步电动机。另外，由于电动机转子的电流是由定子旋转磁场感应而产生，因此也称感应电动机。

一般情况下，把旋转磁场的转速与转子转速之差对旋转磁场的转速之比值，称为异步电动机的转差率，其表达式是：

$$S = \frac{n_1 - n}{n_1} \times 100\% \qquad n_1 = 60f/p \qquad (3-51)$$

式中　S——转差率；

n_1——旋转磁场转速 r/min；

n——转子的实际转速，r/min；

f——交流电频率，Hz；

P——定子绕组的极对数。

从公式可以看出，n 增大，S 就减少。转子不动时，$n=0$，$S=1$。而转子转速 n 和 n_1 相同时，$S=0$，所以，$0 \leq S \leq 1$。常见电动机在额定负载时，S 为 2%～5%。

（四）主要参数

电动机的主要参数有：额定容量、额定电压、额定频率等。

1. 额定容量

指电动机在额定条件下机轴所输出的机械功率，亦称额定功率，单位千瓦(kW)。

2. 额定电压

指接到电动机定子绕组上的能使电动机安全运行的特定线电压值，单位为伏特(V)。常用的有 220V、380V 两种。

3. 额定频率

指要达到额定转速所需的交流电源的频率，单位为赫兹(Hz)。

4. 额定电流

指电动机在额定电压、额定频率和额定输出功率的条件下运行时定子绕组的三相线电流值，单位为安培(A)。额定电流也是能使电动机安全运行的定子绕组三相线电流的最大值。

5. 额定转数

就是电动机在额定容量、额定电压、额定频率下转子每分钟的转数，单位 r/min。

（五）接线方法

在三相供电系统中，都要将三相绕组做一定连接后再向负载供电。连接方法通常有三角形(△)和星形(Y)两种。发电机的三根引出线以及配电站的三相电源线上涂以黄(U)、绿(V)、红(W)三种颜色作为标志。

1. 电源星形（见图 3-17）和三角形连接（见图 3-18）

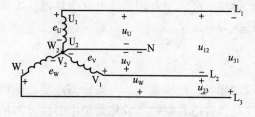
图 3-17　电源星形连接

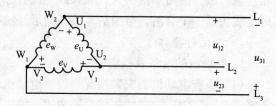
图 3-18　电源三角形连接

将电源的三相绕组末端 U_2、V_2、W_2 连在一起称为中性点，用 N 表示；从 N 点引出的一根线称为中性线。常把中性点接地（称为工作接地），令其对大地的电位为零。在这种情况下，中性线又被称为零线。把三个绕组的始端 U_1、V_1、W_1 分别引出，称为端线，用 L_1、L_2、L_3 表示，在中性点接地的情况下，也称为火线。

由三根端线和一根中性线所组成的供电方式称为三相四线制；只由三根端线组成的供电方式称为三相三线制。

电源每相绕组两端的电压称为电源相电压。参考方向规定为从绕组始端指向末端，采用星形接法时即从端线指向中性线，并分别用 u_U、u_V、u_W 表示。

电源任意两根端线之间的电压，称为线电压。分别为 u_{12}、u_{23}、u_{31} 表示，其中下角

12、23、31 即为各电压的参考方向。

2. 三相电接法

一般三相异步电动机接线盒内都有 6 个接头，这是电动机三相绕组的 6 个首末端。一般新电动机首、末端均有符号标记，如表 3-15 所示。

表 3-15　电动机绕组首、末端符号识别

引出相序	标准符号		不标准符号							
	首	末	首	末	首	末	首	末	首	末
第一相	U1	U2	A	X	A1	A2	C1	C4	1	4
第二相	V1	V2	B	Y	B1	B2	C2	C5	2	5
第三项	W1	W2	C	Z	C1	C2	C3	C6	3	6

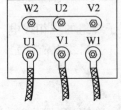
（a）星形连接

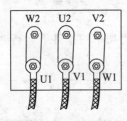
（b）三角星形连接

图 3-19　接线盒中的连接

由于电动机绕组 6 个出线头引出的情况不同，它的具体接法也就不同，见图 3-19。

（1）电动机上有接线板，出线板上引出 6 根线的接法：因接线板上用符号标明绕组的首末端，故只要按图 3-19 接成星形或三角形即可，然后将 U1、V1、W1 分别接在三相电源上。

（2）电动机上只引出 3 根线的接法：这种电动机内部已接成固定的星形或三角形，所以接线时只要将引出的 3 根线分别与 3 根火线相接即可。

（3）电动机外壳上有 2 孔，每个孔引出 3 根线（分别为三组绕组首端和末端）的接法：星形接法是，只要将任何一孔中的 3 根线拧在一起，将另一个孔的 3 根线分别与 3 根火线相连就可以。三角形接法时，如果线上没有标记符号，首先用万用表或电池小灯泡找出哪两个线头是一个绕组，分组后，按三角形接法接线即可。

（六）运行操作

1. 启动前的准备及检查

（1）检查电动机的安装情况：检查电动机端盖螺丝、地脚螺丝、与联轴器连接的螺钉和销子是否紧固；皮带的连接是否牢固，松紧度是否合适，联轴器或皮带轮中心线是否校准；机组的转动是否灵活，有无非正常的摩擦、卡塞、窜动和异响等。

（2）检查电动机绕组的接法，所用电源电压是否与电动机铭牌规定相符。检查该电动机供电电网上的电压是否稳定，其波动值不得超过 +10% 和 -5%。

（3）新安装或长期停用（超过 3 个月）的电动机，启动前应检查绕组间和绕组对地的绝缘电阻。对绕线式电动机，除检查定子绝缘外，还应检查转子绕组及滑环对地及滑环间的绝缘电阻。通常对额定电压为 380V 的电动机，采用 500V 兆欧表测量，其绝缘电阻应不小于 0.5MΩ。若绝缘电阻偏低，应进行烘烤后再测。

（4）对只允许单向运行的电动机，应首先测定三相电源的相序，然后按电动机出线端标记接线，如三相电源 L1、L2、L3 分别与电动机出线端 U1、V1、W1 相接。对只有一个轴伸端的电动机，电动机的旋转方向是：从轴伸端方向看，电动机为顺时针方向旋转。

(5) 检查电动机转轴是否能自由转动，电动机轴承是否有油。

(6) 检查电动机内有无杂物、积尘。

(7) 检查电动机的启动、保护设备是否符合要求：启动、保护设备的规格是否与电动机配套，接线是否正常；所配熔体的额定电流是否恰当，熔断器安装是否牢固；过载保护的整定电流是否符合规定；这些设备和电动机外壳是否妥善接地。经上述准备工作及检查后方可启动电动机。

2. 启动

电动机启动时应先点动，预检电动机有无异常现象及转向是否正确。合闸后，若电动机不转动，或转速很低或有嗡嗡声，应迅速、果断地断开电源，以免烧毁电动机。断电后，查明电动机不能启动的原因，排除故障再重新试车。电动机预检后，应空载运转一段时间，注意观察电动机、传动装置、控制设备、生产机械及各种仪表等有无异常现象，电动机是否有不正常的噪声、振动、局部过热等现象。若发现有不正常现象，应采取措施，待故障现象消除后才能投入运行。

3. 运行中的检查

电动机运行是否正常，可从线路的电压、电流、电动机温升、声响等情况是否正常进行判断。

(1) 观察电动机电源电压

运行中的电动机对电源电压的稳定度要求较高。电源电压允许值不得超过额定值的10%，不得低于额定值的5%。对三相电压要求对称，不对称值也不得超过5%。否则应减轻负载，有条件时可对电源电压进行调整。

(2) 观察电动机工作电流

在额定电压时，电动机的工作电流直接反映出负荷的大小。只有在额定负载下运行时，电动机的线电流才接近于铭牌上的额定值，这时电动机工作状态最好，温升也符合要求。负载过轻，电动机容量得不到充分利用，其功率因数和效率都将降低，使经济指标变差；负载过重，将使电动机电流增大，发热加剧，温升过高，影响使用寿命。

通常电动机冷却装置的设计是按环境温度为40℃时，电动机能散发掉负载运行所产生的全部热量来考虑的。如果环境温度低于40℃，电动机散热加快，机身温度下降，可酌情加大负载；反之，必须减小负载。

(3) 检查电动机温升

电动机温升是否正常，是判断电动机运行是否正常的重要依据之一。电动机的温升不得超过铭牌规定值。在实际应用中，如果电动机电流过大，三相电压和电流不平衡、电动机出现有关机械故障等均会导致温升过高，影响其使用寿命。对于没装电流表、电压表和过载保护装置的小型电动机，检查温升则成了监视电动机运行状况的主要手段。电动机各部分的最高允许温升，随电动机绝缘等级而有所差异。

(4) 观察有无故障现象

对运行中的电动机，应随时检查紧固件是否松动、松脱，有无异常振动、异响，有无温升过高、异味和冒烟，若有，应立即停机检查。运行中的电动机发出较大的"嗡嗡"声，不是电流过大就是缺相运行；如果出现异常摩擦声，可能转子扫膛（摩擦定子铁芯）；用螺丝刀一端抵到轴承位，一端紧贴人耳，若有"咕噜"声，则轴承中滚珠破碎，有"咝咝"声，是轴承缺油；电动机振动加大，可能是基础不稳，地脚螺丝松动，与生产机械之间传动装置配合不良，定子绕组部分开路、短路或转子断条；若有焦臭味或冒烟，说明电动机长时间大电流运行引起严重过热，将绝缘材料烧焦。

在运行中的电动机，一旦出现下列严重故障时，必须立即断电，紧急停机：

（1）发生人身触电伤亡事故，或火灾、水灾等事故；

（2）电动机或有关设备、线路冒烟、起火；

（3）电动机剧烈振动；

（4）电动机电流突然急剧上升；

（5）轴承剧烈发热和明显异响；

（6）电动机所拖动的生产机械损坏；

（7）电动机发生窜轴冲击、扫膛、转速突然下降、温度迅速上升；

（8）缺相运行；

（9）电机能量传送装置失灵或损坏。

4. 定期维修

电动机除了在运行中应进行必要的维护外，无论是否出现故障，都应定期维修。这是消除隐患、减少和防止故障发生的重要措施。定期维修分为小修和大修两种。小修只作一般检查，对电动机和附属设备不作大的拆卸，大约每半年或更短的时间进行一次；大修则应全面解体检查，彻底清扫和处理，大约一年进行一次。

（1）定期小修项目

①清擦电动机机壳，除去污物和油垢。

②检测绕组绝缘电阻，测完后按要求连接好绕组接头。

③检查接线端子、接线盒的紧固螺丝是否松动，接线盒内有无烧伤和杂物，接线螺帽有无松动。

④检查紧固件及接地线：检查端盖螺丝、地脚螺丝、轴承盖螺丝是否紧固；检查保护接地线是否良好、牢固。

⑤检查电动机和生产机械之间的传动装置是否正常，传动良好。

⑥检查轴承是否磨损、松旷、润滑油是否干涸、变质、变脏。

⑦检查电动机附属设备是否完好、清洁；擦拭外壳，检查触头是否良好，检测绕组及带电部分对地绝缘电阻是否符合要求。

（2）定期大修项目

①检查各零部件有无机械损伤和丢失，如有应修理或配齐。

②对电动机和启动设备进行解体，清除灰尘、油垢。注意检查绕组的绝缘状况，若已老化或变色、变脆，应特别注意保护，如有剥落，应进行局部绝缘处理。

③拆下轴承并洗掉废油，检查转动是否灵活，是否磨损和有旷动。若轴承表面粗糙说明润滑油中有酸、碱物质和水分，应当换合格油脂。若出现蓝紫色，则说明钢材已受热退火。若轴承滚道有不正常磨损伤痕，说明油中有砂子或铁屑。检查后对不能使用的应当换新，对能用的加足钠基脂或钙钠基脂等高速黄油，再按要求组装复位。

④检查定子绕组有无绝缘性能下降，对地短路，相间短路、开路，接错等故障；检查转子绕组有无断条，并针对检查中发现的问题讲行修理。

⑤检查定子和转子铁芯有无磨损和变形，应特别注意检查定子、转子气隙中有无突出物及发亮点，这是引起扫膛的隐患或是已发生扫膛的标志，应锉平或刮低，对变形的部位应修复。

⑥检查启动设备、保护装置、指示测定仪表等是否完好，并应清除脏物，检查、打磨触头和接线端子，更换已损坏的零部件。

⑦检查电动机的装配。检查电源线的连接，与启动设备、保护装置等的连接，接地装置等的安装是否符合要求。

⑧检查电动机与生产机械之间的传动装置。检查皮带、联轴器的紧固和校准状况，紧固件的紧固状况、皮带的连接状况等是否符合要求。

⑨对上述内容经检验无误后的电动机应通电试验。先用手扳动转动部分看运转是否灵活，确认无毛病时通电空载运行半小时，再带负荷试车。

（七）常见故障分析及处理

三相异步电动机的故障可分为两大类，即：电磁方面和机械方面的故障。区分这两类故障的常用方法是：在故障出现时，切断电动机电源，若故障现象随之消失，则说明是电磁方面的故障；若故障仍然存在，则说明是机械方面的故障。电磁方面的故障大多发生在绕组，如绝缘损坏、导体及其回路接触不良、断线、短路及接线错误等；机械方面则主要是轴承、端盖、铁芯等零部件的松动、变形、磨损、断裂及润滑不良等。检修时，应根据故障现象，分析原因，作出判断，找出故障，迅速进行修复。

三相异步电动机常见故障及处理方法：

1. 电动机温升超过允许值

（1）过载或机械传动卡住，选择较大容量电动机，减轻负载并改善传动状况。

（2）缺相运行：检查熔体、开关、触点等并排除故障。

（3）环境温度过高或通风不畅：采取降温措施或减轻负载和清除风道油垢、灰尘及杂物，更换修复损坏的风扇。

（4）电压过高或过低和接线错误：测电动机输入端电压和按铭牌纠正绕组接法。

（5）定、转子铁芯相擦：检查轴承有无松动，定、转子装置有无不良装配，若轴承过松可更换轴承。

（6）定子绕组接地或匝间、相间短路：电动机绕组的常见故障之一。即使是同一故障形式，其产生故障的原因也各不相同。因此必须进行仔细观察和分析，运用各种检查方法查出故障点，然后相应地进行修复。

2. 电源无电和电压过低

如果电源无电，应检查电源开关、熔体、各触点及电动机引出头有无断路，查出故障点修复。

如果电压过低，则应检查系统电网电压，过低时调高，但不能超过额定值，降压启动可改变电压抽头来提高电压。

3. 熔断丝熔断

（1）检查定子绕组是否对地绝缘，绝缘不能损坏。

（2）检查定子绕组相间是否短路，相间电阻应无穷大。

（3）检查定子绕组是否反相，绕组首尾端与规定的接线顺序应一致。

（4）检查电动机负荷是否过大，应降低负荷或更换对应容量熔断丝。

4. 电动机机壳带电

（1）检查电源线和接地线是否接错，应接线无误。

（2）检查绕组是否受潮或绝缘损坏，应干燥处理或修补绝缘并刷漆烘干处理。

（3）检查引出线绝缘是否损坏或接线盒是否打铁。应包扎绝缘带或重新接线。

（4）检查接地板是否损坏或油污多。应更换或清理接地板。

（5）检查是否接地不良或接地电阻太大。应检查接地装置，找出原因，并采取相应纠正方法。

5. 电动机断相

检查熔体、开关、触点及交流接触器并排除故障。

6. 技术要求

（1）测量接地电阻时，引线要与电动机断开。绝缘电阻合格的标准为：每千伏工作电压，绝缘电阻大于1MΩ，380V电动机绝缘电阻应大于0.5MΩ。

（2）测量三相电流平衡时，被测导线应尽可能远离其他导线，三相电流的差值必须在额定电流的5%以内。

（3）检查带电体温度时，必须用手背轻轻触摸，以防触电。轴承温度不超75℃，电动机温度不超80℃。

（4）切断电源后，应在开关操作把手上挂上"有人工作，禁止合闸"标示牌。

（5）拆装轴承外端盖和电动机端盖时要事先做好标记。

（6）装轴承外盖时，先将外盖套在轴上，在螺钉孔中插入一根螺钉，转动转子带着轴承内盖转动，此时外盖应固定不动。找正对准内、外盖的螺钉孔后，再将内、外盖用螺钉拧紧。

（7）安装电动机端盖和轴承端盖时，螺钉应对称均匀，使端盖受力均匀，但轴承端盖螺钉不能拧得太紧，致使转子转动不灵活。

（8）安装对轮和风扇时，键与槽的配合松紧要合适，太紧时会伤槽、伤销，太松时会滚键打滑，引起撞击。

（9）清洗轴承后，若检查轴承良好，则不拆下轴承。若轴承有缺陷不能继续使用时，应更换新轴承。

（10）在电动机前后端盖都拆下之前，一定要把电动机轴两端架起，防止转子直接落在定子上，擦伤、划破定子绕组。

（11）通电启动后，要监听轴承与电动机内声音是否正常，有无不正常气味，有无冒烟和打火现象，有无剧烈振动，有无过热现象等。

（八）防爆电动机的特性

1. 类型和标志

（1）增安型是指电动机在正常运行时不产生火花、电弧，或者在有危险温度的部件上采取适当措施，以提高安全强度。

（2）隔爆型是指在电动机内部发生爆炸时，不引起外部的爆炸性混合物爆炸。

（3）充油型是指将可能产生火花、电弧或危险温度的带电部件浸在油中，使其不引起油面上的爆炸性混合物发生爆炸。

(4) 通风充气型是指向机壳内通入新鲜空气或惰性气体,以阻止外部爆炸性混合物进入机壳内部。

(5) 安全火花型是指当电路系统在正常故障状态下产生的电火花,都不能引起爆炸性混合物爆炸。

(6) 特殊型是指结构上不属于上述各型规定,采取其他防爆措施。

防爆电机的类型和标志如表 3-16 所示。

表 3-16 防爆电动机的类型和标志

序 号	类 型	防爆标志	
		工厂用	煤矿用
1	增安型(安全型)	A	KA
2	隔爆型	B	KB
3	充油型	C	KC
4	通风充气型	F	KF
5	安全火花型	H	KH
6	特殊型	T	KT

2. 结构特点及隔爆原理

(1) 隔爆结构特点

以 YB 为例加以介绍。

①机座与前、后端盖止口的隔爆结合面最小有效长度为 15mm,最大直径差为 0.4mm。

②端盖与轴承内盖的隔爆结合面边缘到螺孔边缘的最小有效长度为 8mm,最大间隙为 0.4mm;轴承内盖轴孔与轴的隔爆结合面最小有效长度为 25mm,最大值差为 0.6mm。

③接线盒座与盖的隔爆结合面最小有效长度为 15mm,最大间隙 0.4mm,接线盒座与机座的隔爆结合面最小有效长度为 15mm,最大间隙 0.4mm;接线盒座与绝缘接线座之间的隔爆结合面最小有效长度为 12.5mm,最大间隙为 0.4mm。因此,保证了隔爆结构强度。其余结构与普通电动机相似。

(2) 隔爆原理

形成爆炸的必要条件是爆炸性混合物达到爆炸极限和设备有火花、电弧或危险温度存在。这两个必要条件同时满足时,就有爆炸的可能。排除一个便不能形成爆炸。所以各种防爆类型电动机设计时,总是采取各种办法使两个条件不同时满足。

常用的隔爆型电动机的隔爆原理是:在结构上保证电动机外壳各组成部件配合面(如端盖与机座配合)间有一定的接缝;当电动机内部发生火花或爆炸性混合物发生火焰时,火焰会沿着接合面的缝隙向外扩展,在扩展过程中,将火焰能量大部分阻止或消耗在缝隙中,当火焰传到外壳以外时,其能量和温度已不足以使外界爆炸性混合物引燃爆炸。

增安型电动机的防爆原理是:当电动机制造时,采取许多安全措施,尽可能避免或减少事故火花、电弧或危险温度的机会。安全火花型防爆电动机允许产生火花,但限制火花能量,使之低于爆炸所需的最小能量。

充油、通风、充气型防爆电动机也允许电动机内部产生弧光,但用油层、新鲜空气和惰性气体层将火花和电弧与外部爆炸性混合物隔离开,不使它冲出而与爆炸性混合物接触从而发生爆炸。

3. 接线要求

防爆电动机上均带有防爆接线盒,接线盒进线口有压盘式和压紧螺母式,无论哪种防爆电动机其接线应符合下列要求:

(1)接线盒必须完好,无损坏。

(2)引入电动机的电源线接点必须有防止自松脱措施,且连接点必须置于接线盒内。

(3)接线盒口必须做好密封。

①弹性密封垫内孔的大小,应按电缆外径切割,其剩余径向厚度不得小于4mm,轴向长度不许切割,且不得小于10mm。

②压紧螺母应经金属垫片压紧弹性密封垫使引入口密封。

③有电缆头腔或密封盒的进线口,电缆引入后应填塞密封胶泥,填塞高度不得小于50mm。

④电缆端头在盒内与接线柱连接要牢固,并且相间及相与盒外壳之间的电气间隙和漏电距离要符合规范要求。

(4)零线应与盒内接地螺柱连接,电动机外壳还应用扁钢(4mm×40mm)与电缆沟内接地干线焊接在一起,做接零接地双重保护。

(5)进入防爆厂房的电缆不许有中间接头,与防爆电动机相接的铠装电缆,其钢带及金属包皮宜在电源侧终端头接地。

(6)电缆保护管口也要用密封胶泥填塞,其高度不小于50mm。

4. 预防措施

(1)开启式电动机不能装在易腐、易燃、易爆、易污的场所。

(2)在存放易燃易爆液体、气体的场所,应安装密封式、防爆式电动机和开关,电动机所在的位置应与可燃物体、建筑物的可燃部分保持一定的安全距离。

(3)经常检查电动机的温度,定期检查电动机的绝缘及接地是否良好。

(4)电动机不宜长期超载运行,防止定子线圈绝缘老化、过热,发生火灾。

(5)保持轴承性能良好,防止轴承烧毁,转子下落发生扫膛事故而引起火灾。

5. 常见故障及其处理(表3-17)

表3-17 防爆电动机常见故障及其处理

故障现象	故障原因	处理方法
1. 电动机不能启动	1. 电源未接通; 2. 绕组断路; 3. 定子绕组相间短路; 4. 定子绕组接地; 5. 定子绕组接线错误; 6. 熔丝烧断; 7. 绕线转子电动机启动误操作	1. 检查开关、熔丝、各对触点及电动机引出线头; 2. 需专业人员拆机检修; 3. 需专业人员拆机检修; 4. 需专业人员拆机检修; 5. 需专业人员拆机检修; 6. 查出原因,排除故障,按电动机规格配新熔丝; 7. 检查集电环短路装置及启动变阻器位置,启动时应分开短路装置,串接变阻器

续表

故障现象	故障原因	处理方法
2. 绝缘电阻低	1. 绕阻受潮或被水淋湿； 2. 绕组绝缘粘满粉尘、油垢； 3. 电动机接线板损坏，引出线绝缘老化破裂； 4. 绕组绝缘老化	1. 进行加热烘干处理； 2. 清洗绕组油垢，并经干燥、浸渍处理； 3. 重包引线绝缘，更换或修理出线盒及接线板； 4. 经鉴定可以继续使用时，可经清洗干燥，重新涂漆处理；如果绝缘老化、不能安全运行时，需更换绝缘
3. 电动机接入电源后，熔丝被灼断	1. 单相启动； 2. 定、转子绕组接地或短路； 3. 电动机负载过大或被卡住； 4. 熔丝截面积过小； 5. 绕线转子电动机所接的启动电阻太小或被短路； 6. 电源到电动机之间的连接短路	1. 检查电源线、电动机引出线、熔断器、开关各对触点，找出断线或假接故障后进行修复； 2. 需专业人员拆机检修； 3. 将负载调至额定值，并排除被卡机构故障； 4. 熔丝对电动机过载不起保护作用，一般应按启动电流是熔断器额定电流2~3倍来选择熔丝； 5. 清除短路故障或增大启动电阻； 6. 检查短路点后进行修复
4. 电动机空载运行时空载电流不平衡，且相差很大	1. 重绕时，三相绕组匝数不均； 2. 绕组首尾端接错； 3. 电源电压不平衡； 4. 绕组匝间短路、某线圈组接反等	1. 绕组重绕； 2. 查明首尾端，改正后再启动电动机进行试验； 3. 测量电源电压，找出原因，消除； 4. 拆开电动机，检查绕组极性和故障，并改正和消除故障
5. 电动机空载或负载时，电流表指针不稳摆动	1. 绕线转子电动机有一相的电刷接触不良； 2. 绕线转子电动机集电环短路装置接触不良； 3. 笼型转子开焊或断条； 4. 绕线转子一相断路	1. 调整刷压和改善电刷与集电环的接触面； 2. 检修或更换短路装置； 3. 采用开口变压器或其他方法检查，排除故障； 4. 用校验灯、万用表等检查断路处，排除故障
6. 电动机通电，电动机不启，有嗡嗡响声	1. 改极重绕后，槽配合选择不当； 2. 定、转子绕组断路； 3. 绕组引出线始末端接错或绕组内部接反； 4. 电动机负载过大或被卡住； 5. 电源未能全部通； 6. 电压过低； 7. 对于小型电动机，润滑脂硬或装配太紧	1. 选择合理绕组型式和绕组节距，适当车小转子直径；重新计算绕组参数； 2. 查明断路点进行修复；检查绕线转子电刷与集电环接触状态；检查启动电阻是否断路或电阻过大； 3. 在定子绕组中通入直流电，检查绕组极性；判定绕组首末端是否正确； 4. 检查设备，排除故障； 5. 更换熔断的熔断器，紧固接线柱上松动的螺钉；用万用表检查电源线某相断线或假接故障，然后修复； 6. 如果△接电动机误接成Y接，就改回△接；电源电压太低时，应与供电部门联系解决；电源线压降太大造成电压过低时应改粗电缆线； 7. 选择合适的润滑脂，提高装配质量

续表

故障现象	故障原因	处理方法
7. 电动机启动困难，加定额负载后，电动机转速比额定转速低	1. 电源电压过低； 2. △接绕组误接成Y接； 3. 笼型转子开焊或断接； 4. 绕线转子电刷或启动变阻器接触不良； 5. 定、转子绕组有局部线圈接错或接反； 6. 重绕时匝数过多； 7. 绕线转子一相断路； 8. 电刷与集电环接触不良	1. 用电压表或万用表检查电动机输入端电源电压太小，然后进行处理； 2. 将Y接改回△接； 3. 检查开焊或断裂处后，进行修理； 4. 检修电刷与启动变阻器接触部位； 5. 需专业人员拆机检修； 6. 按正确绕组匝数重绕； 7. 用校验灯、万用表等检查断路处，然后排除故障； 8. 改善电刷与集电环的接触面积，例如磨电刷接触面、调刷压、车削集电环表面等
8. 三相空载电流匀称平衡但普遍增大	1. 重绕时，线圈匝数不够； 2. Y接误接成△接； 3. 电源电压过高； 4. 电动机装置不当（如装反，转子铁芯未对齐，端盖螺钉固定不匀称等）； 5. 气隙不均或增大； 6. 拆线时，使铁芯过热而灼损	1. 重组重绕； 2. 将绕组接线改正为Y接； 3. 测量电源电压，如果电源本身电压过高，则与供电部门协商解决； 4. 检查装置质量，消除故障； 5. 调整气隙，对于曾经车过转子的电动机需更换新转子或改绕； 6. 检修铁芯或重新计算绕组，进行补偿
9. 电动机运行时有杂音，不正常	1. 改极重绕时，槽配合不当； 2. 转子擦绝缘纸或槽楔； 3. 轴承磨损； 4. 定、转子铁芯松动； 5. 电压太高或不平衡； 6. 定子绕组接错； 7. 绕组短路； 8. 重绕时每相匝数不相等； 9. 轴承缺少润滑脂； 10. 风扇碰风罩； 11. 气隙不均匀，定、转子相擦	1. 要校验定、转子槽配合； 2. 检修绝缘纸或检修槽楔； 3. 检修或更换新轴承； 4. 检查振动原因，重新压铁芯； 5. 测量电源电压，检查电压过高和不平衡原因进行处理； 6. 需专业人员拆机检修； 7. 需专业人员拆机检修； 8. 重新绕线，改正匝数； 9. 清洗轴承，添加润滑脂，使其充满轴承室容积的1/2～1/3； 10. 修理风扇和风罩，使其几何尺寸正确，清理通风道； 11. 调整气隙，提高装配质量
10. 轴承发热超过规定	1. 润滑脂过多或过少； 2. 油质不好，含有杂质； 3. 轴承与轴颈配合过松或过紧； 4. 轴承与端盖配合过松或过紧； 5. 油封太紧； 6. 轴承内盖偏心，与轴相擦； 7. 电动机两侧端盖或轴承盖未装平；	1. 拆开轴承盖，检查油量。要求润滑脂填充至轴承室容积的1/2～1/3； 2. 检查油内有无杂质，更换洁净的润滑脂； 3. 更换轴承，使之符合配合公差要求； 4. 更换新轴承； 5. 更换或修理油封； 6. 修理轴承内壁，使之符合配合公差要求；

续表

故障现象	故障原因	处理方法
10. 轴承发热超过规定	8. 轴承磨损，有杂物等； 9. 电动机与被拖机构连接偏心或传动皮带过紧； 10. 轴承型号选小了，过载，使滚动体承受载荷过大； 11. 轴承间隙过大或过小； 12. 滑动轴环转动不灵活	7. 按正确工艺将端盖轴承盖装入止口内，然后均匀紧固螺钉； 8. 更换损坏的轴承，对含有杂质的轴承要彻底清洗、换油； 9. 校准电动机与传动机构连接的中心线，并调整传动皮带的张力； 10. 选择合适型号的轴承； 11. 更换新轴承； 12. 检修轴环使尺寸正确，校正平衡
11. 电动机振动	1. 轴承磨损，间隙不合格； 2. 气隙不均； 3. 转子不平衡； 4. 机壳强度不够； 5. 基础强度不够或安装不平； 6. 风扇不平衡； 7. 绕线转子开焊、断路； 8. 笼型转子开焊、断路； 9. 定子绕组短路、断路、接地、连接错误等； 10. 转轴弯曲； 11. 铁芯变形或松动； 12. 靠轮或皮带轮安装不符合要求； 13. 齿轮接后松动； 14. 电动机地脚螺栓松动	1. 检查轴承间隙，应符合要求； 2. 调整气隙，使之符合规定； 3. 检查原因，经过清扫，紧固各部螺栓后校动平衡； 4. 找出薄弱点，进行加固，增加机械强度； 5. 将基础加固，并将电动机地脚找平、垫平，最后紧固； 6. 检修风扇，校正几何形状和校平衡； 7. 需专业人员拆机检修； 8. 进行补焊或更换笼条； 9. 需专业人员拆机检修； 10. 校直转轴； 11. 校正铁芯，然后重新叠装铁芯； 12. 重新找正，必要时检修靠轮或皮带轮，重新安装； 13. 检查齿轮接手，进行修理，使之符合要求； 14. 紧固或更换不合格的电动机地脚螺栓
12. 电动机过热或冒烟	1. 电源电压过高，使铁芯磁通密度过饱和，造成电动机温升过高； 2. 电源电压过低，在额定负载下电动机温升过高； 3. 灼线时，铁芯被过灼，使铁耗增大； 4. 定、转子铁芯相擦； 5. 绕组表面粘满尘垢或异物，影响电动机散热； 6. 电动机过载或拖动的生产机械阻力过大，使电动机发热； 7. 电动机频繁启动或正、反转次数过多；	1. 如果电源电压超过标准很多，应与供电部门联系解决； 2. 若因电源线电压降过大而引起，可更换较粗的电线；如果是电源电压太低，可向供电部门联系，提高电源电压； 3. 做铁芯检查试验，检修铁芯，排除故障； 4. 检查故障原因，如是轴承间隙超限，则应更换新轴承，如果转轴弯曲，则需调直处理，铁芯松动或变形时，应处理铁芯； 5. 清扫或清洗电动机，并使电动机通风沟畅通； 6. 排除拖动机械故障，减少阻力；根据电流表指示，如超过额定电流，需减低负载；更换较大容量电动机或采取增容措施；

续表

故障现象	故障原因	处理方法
12. 电动机过热或	8. 笼型转子断条或绕线转子绕组接线松脱，电动机在额定负载下转子发热，使电动机温升过高； 9. 绕组匝间短路、相间短路以及绕组接地； 10. 进风温度过高； 11. 风扇通风不良； 12. 电动机两相运转； 13. 重绕后绕组浸渍不良； 14. 环境温度增高，或电动机通风道堵塞； 15. 绕组接线错误	7. 减少电动机启动及正、反转次数或更换合适的电动机； 8. 查明断条和松脱处，重新补焊或拧紧固定螺钉； 9. 需专业人员拆机检修； 10. 检查冷却水装置是否有故障；检查周围环境温度是否正常； 11. 检查电动机风扇是否损坏，扇叶是否变形或未固定好，必要时更换风扇； 12. 检查熔丝、开关接触点，排除故障； 13. 要采取二次浸漆工艺，最好采用真空浸漆措施； 14. 改善环境温度采取降温措施；隔离电动机附近高温热源，不使电动机在日光下曝晒； 15. Y接电动机误接成△接，或△接电动机误接成Y接，要改正接线
13. 集电环发热或有刷火	1. 集电环椭圆或偏心； 2. 电刷压力太小或刷压不均； 3. 电刷被卡在刷握内，使电刷与集电环接触不良； 4. 电刷牌号不对； 5. 集电环表面有污垢，表面粗糙不够引起导电不良； 6. 电刷数目不够或截面积过小	1. 将集电环磨光或车光； 2. 调整刷压，使之符合要求； 3. 修磨电刷，使电刷在刷握内的间隙符合要求并且要求间隙均匀； 4. 采用制造厂规定的电刷或选用性能与制造厂规定相近的电刷； 5. 清除污物，用干净布蘸汽油擦净集电环表面，并消除漏油故障； 6. 增加电刷数目或增加电刷接触面积，使电流密度符合工作要求

第二节　加热炉

　　加热炉是将燃料燃烧产生的热量传给被加热介质而使其温度升高的一种加热设备。它被广泛应用于油气集输系统中，将原油、天然气及其井产物加热至工艺所要求的温度，以便进行输送、沉降、分离、脱水和初加工。

　　油气集输应用的加热炉与其他行业的加热炉相比，有许多特点：

　　（1）单台热负荷小，一般不超过4000kW；

　　（2）被加热介质流量大，要求压力降小；

　　（3）被加热介质温升小，一般为30℃；

　　（4）介质在炉内不产生相变；

　　（5）操作条件不稳定，热负荷波动较大；

　　（6）连续运行、操作及检修条件差；

　　（7）同一型号加热炉使用数量多；

(8) 燃料为原油或天然气。

一、加热炉的分类及型号

（一）分类

（1）按基本结构型式分类：①管式加热炉分为立式圆筒形管式加热炉和卧式圆筒形管式加热炉。当被加热介质易结焦或易堵时，宜选用水平管卧式管式炉；当被加热介质为单相流，且要求压降小时，宜采用炉管为螺旋状的圆筒管式炉；当建设场地受到严格控制时，宜选用立式圆筒管式炉。②火筒式加热炉分为火筒式直接加热炉和火筒式间接加热炉。

（2）按被加热介质种类分为：原油加热炉、天然气加热炉、含水原油加热炉、掺热水加热炉。

（3）按使用燃料分为：燃油加热炉、燃气加热炉、油气两用加热炉。

（4）按燃烧方式分为：负压燃烧加热炉、微正压燃烧加热炉。

（5）按加热炉在工艺过程中的作用分为：单井计量用加热炉、热化学沉降用加热炉、电脱水用加热炉、原油外输加热炉。

（二）加热炉的型号

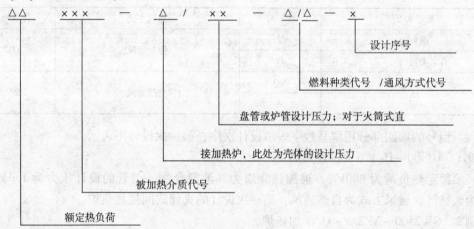

结构型式代号（见表3－18）

表3－18　加热炉的基本结构型式代号

加热炉的基本结构型式		代　号
火筒式加热炉	火筒式直接加热炉	HZ
	火筒式间接加热炉	HJ
管式加热炉	立式圆筒管式加热炉	GL
	卧式圆筒管式加热炉	GW
	卧式异型管式加热炉	GWY

（1）型号的第一部分表示加热炉的基本结构型式和额定热负荷，共分两段：第一段用汉语拼音字母表示加热炉的基本结构型式；第二段用阿拉伯数字表示加热炉的额定热负荷为若干千瓦。两段连续书写，互相衔接。

（2）型号的第二部分分为两段，其间以斜线相隔。第一段用汉语拼音字母代表被加热介质的种类，见表3-19，若同时加热两种或两种以上的介质（一般设两组或多组盘管），代表被加热介质的汉语拼音字母连续表示；第二段用阿拉伯数字表示盘管或炉管设计压力，对于火筒式直接加热炉，此处为壳体的设计压力。若同时有两组或两组以上不同设计压力的盘管或炉管，其设计压力数值应用逗号隔开。

表3-19 被加热介质代号

被加热介质种类	代号
原油	Y
生产用水	S
天然气	T
气液混合物（原油、天然气、水混合物）	H

（3）型号的第三部分分为两段，其间以斜线相隔。第一段以汉语拼音字母代表燃料种类，若可用两种燃料，代表被加热介质的汉语拼音字母连续表示。第二段以汉语拼音字母代表通风方式，见表3-20。

表3-20 燃烧种类、通风方式

燃烧种类	代号	通风方式	代号
燃料油	Y	强制通风	Q
天然气	Q		
煤气	MQ	自然通风	Z
煤	M		

（4）型号的第四部分用罗马数字表示设计次序，第一次设计不表示。

例1　HJ800-H/1.6-Q/Z 加热炉

表示额定热负荷为800kW，被加热介质为气液混合物，盘管的设计压力为1.6MPa，燃料为天然气，通风方式为自然通风，第一次设计的火筒式间接加热炉。

例2　GW2500-Y/2.5-Q/Q 加热炉

表示额定热负荷为2500kW，被加热介质为原油，炉管的设计压力为2.5MPa，燃料为天然气，通风方式为强制通风，第一次设计的卧式管式加热炉。

二、常用加热炉

目前，长输管道的原油加热方式有直接加热和间接加热两种。直接加热是原油直接经过加热炉吸收燃料燃烧放出的热量；间接加热是原油通过中间介质（导热油、饱和水蒸气或饱和水）在换热器中吸收热量，达到升温的目的。直接加热所用的加热设备是直接加热炉，目前输油管道间接加热所用的加热设备是水套炉、真空炉或锅炉等。

（一）直接式加热炉

直接式加热炉又称盘管式加热炉（简称管式炉），可分为立式和卧式两类。在长距离输油管道生产实际中，根据结构的不同可将加热炉分为圆筒形直接式加热炉和卧式方箱形直接加热炉两大类。

1. 分类

(1) 圆筒形直接式加热炉

可分为立式(图3-20)、卧式(图3-21)和异形管式加热炉三种。这三种炉形的共同特点是结构紧凑,可减少炉膛容积;占地面积小;耗用钢材少;烟气流向合理,可烟囱不很高,沿炉截面积热分布均匀,可提高传热效果。根据燃烧器的位置,烟气有三种可能的流向,第一种是底烧燃烧器,即燃烧器放在炉膛底部,烟气上行,其优点是烟气流动阻力小,减小烟囱高度;缺点是炉膛烟气充满度小,漏油和雾化不良时油滴落入炉底造成脏物。第二种是顶燃烧器即燃烧器放在炉膛顶部,烟气下行,其优缺点正好与底烧燃烧器相反,烟气流动阻力大、结构复杂、操作不便,但是炉膛烟气充满度大、轴向传热较底烧均匀、燃烧器漏油或雾化不良,不污染炉子。第三种是横烧燃烧器即燃烧器放在炉膛侧边,烟气横向或斜向流动,烟气流动阻力介于顶烧与底烧燃烧器之间,一般烟气充满度不佳、不适于横截面积太大或高度很高的炉型,但横烧燃烧器操作也是方便的,不像底烧燃烧器那样污染炉子。

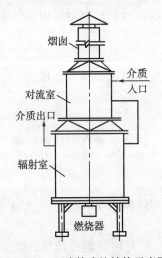

图3-20 立式管式炉结构示意图

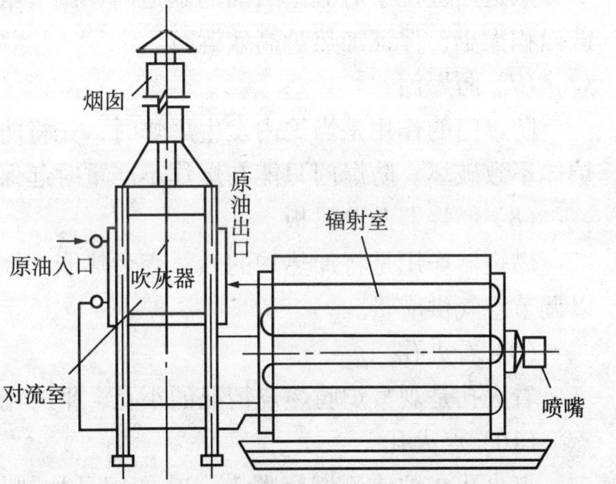

图3-21 卧式圆筒管式加热炉基本结构形式

(2) 卧式方箱形直接加热炉

根据其卧式外形可分为方箱炉(图3-22)、双斜顶炉和单斜顶炉三种。其特点是炉体可用砖砌体,节约钢材,结构简单,建造比较容易,运行调节容易等。不足之处是热效率低,炉墙易裂漏风;炉膛中烟气充满度不好,有死角,不同部位炉管强度相差很大。

2. 直接式加热炉的结构

加热炉一般由辐射室、对流室、燃烧器、烟囱等部分组成。

(1) 辐射室

在辐射室中排列的炉管直接受火焰的辐射作用,故称为辐射管。燃料燃烧产生的火焰在该室内主要以辐射方式将热量传递给辐射管,后者再把热量传递给管中介质。

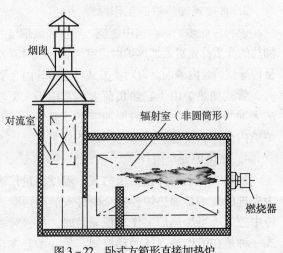

图3-22 卧式方箱形直接加热炉

(2) 对流室

从火焰和烟气流动方向看，对流室位于辐射室的后面。对流室内也排列着炉管，这些炉管称为对流管。燃料燃烧所产生的热气经过隔墙到对流室，其携带的热量以对流的方式传给对流管，对流管将热量传递给管中介质。

(3) 隔墙（挡火墙）

隔墙又叫挡火墙，它把辐射室与对流室隔开，烟气从隔墙顶部（或底部）进入对流室，隔墙主要起气流导向作用，同时还可以提高辐射室的辐射换热效果。

(4) 炉管

排列在辐射室和对流室中的炉管是吸热介质的载体。

(5) 烟囱

烟囱起通风和排烟作用。烟囱内有一定高度的耐火砖衬里，以防烧坏烟囱。

(6) 烟道挡板

烟道挡板位于对流室后面的烟道内，调节烟道挡板开启度，可以控制烟道内烟气流通截面积大小，保证加热炉高效运行。

(7) 防爆门

防爆门的作用是当炉内发生爆炸时，先将防爆门炸开，从而降低炉内气体压力，保护炉体不致破坏。防爆门只能在爆炸不严重时起保护作用。

(8) 燃烧器及调风板

燃烧器作用是将加热炉的燃料变为热能，加热管内介质。调风板装在燃烧器后面，用以调节空气供应量。

(9) 看火孔

看火孔是观察炉膛燃烧情况的小孔，平时用挡板盖住，以防漏入冷风。

(10) 点火孔

点火孔在炉前侧燃烧器上。其作用是加热炉点火时用，平时用玻璃片挡住，防止漏风，也可以通过点火孔观察炉内火焰颜色。

(11) 炉管支架

炉管支架用于支持辐射室和对流室的炉管。

3. 直接式加热炉的工作原理

燃料在加热炉辐射室中燃烧，产生高温烟气并以它作为载体流向对流室，从烟囱排出。待加热的介质首先进入加热炉对流室炉管，以对流方式从流过对流室的烟气中获得能量。这些热量传导到炉管内表面，以对流方式传递给管内介质，实现了加热炉加热介质的工艺要求。

管式加热炉由于它热负荷大，常用于大型输油管道中。使用时应注意点火前炉膛内清洁无油气，停炉后盘管内原油应继续循环半小时以上（不能循环也应采取卸压措施），以防炉膛内余热，使盘管升温憋压，造成事故。

4. 加热炉安全附件

加热炉安全附件包括压力表、温度测量仪表、液位计、安全阀、报警装置等。目前较为先进的技术是加热炉各安全附件安装有两套工作系统：一套是现场可读式，另一套是远传中控式。当加热炉工作出现异常时，报警装置自动报警，操作人员闻警处理。其处理方式一种是在工作炉现场手动控制，另一种是在自动化中心控制室计算机控制。

(1) 压力表

①精度等级：加热炉工作压力小于2.5MPa时，应高于2.5级；加热炉工作压力大于2.5MPa时，应高于1.5级。

②量程范围：通常取加热炉工作压力的1.5~3倍，但以2倍为最佳。

③工作状态：压力表完好、准确且具有合格检定证书。

(2) 温度参数检测仪

加热炉有关部位一般应设测量孔，通常温度检测点包括以下主要内容：燃料进燃烧器温度；加热炉排烟温度；空气预热器的空气进出口温度和烟气进出口温度；水套炉出水及回水温度；介质进出口温度。

(3) 液位计

每台加热炉至少应设一个液位计。液位计应装在便于观察的位置，有高低安全液位的明显标志，应有安全防护装置，应有安全排污通道，应有防冻防凝措施。当介质含有原油时，应设置盐水包及加盐水装置。

(4) 安全阀

安全阀是管式炉、火筒加热炉、水套炉等设备的安全保护装置。当这些设备超过规定的工作压力时，能够自动开启，使压力下降，防止设备发生爆炸事故。安全阀要保证完好且具有有效合格检定证书，排放通道安全畅通。

(5) 报警装置

为了确保加热炉安全运行，通常要配备以下报警装置：超温报警；超高超低液位报警；燃烧器灭火报警和风机停机报警等报警装置。

(二) 间接式加热炉

间接式加热炉是以某种中间介质进行热量传递的，常用的中间介质有水和蒸汽，也有用烟气的。在我国，习惯用水作为中间传热介质，所以通常称它为水套式加热炉。

水套炉是间接加热的油田常用加热设备，它具有效率高、便于操作管理、安全可靠等特点。

图3-23是一台高效水套加热炉的构造图，它的主体部分也是一个圆筒形钢筒水套，水套内下部设置有波形火筒和螺旋槽形管制造的小口径高烟速的烟管束，烟管束和前烟箱相通，前烟箱上装有钢烟囱。在水套内上部还安装有油盘管，此盘管也是用螺旋槽形管制成，共两束，可在炉外任意拆卸。故名为可卸式列管加热器。在水套上(外部)装有安全阀、压力表、人孔、热回水进出口及排污口和安装在火管上另一端的看火孔等。该炉使用旋杯火嘴，采用密闭封装，配备了点火自动程序控制及火焰监测系统，在炉门上设置有高压火花塞式(或电容式)的自动点火孔及紫外线光敏管火焰自动监测孔等。

该炉在使用时扳动启动开关，风机首先启动吹扫炉膛30s，然后进点火燃气，同时电点火。点火成功后，主燃料进炉，点火燃气及电点火器自行关闭。燃料从火嘴喷出后，靠火嘴风机供给空气(全部)在炉膛内强化燃烧，由波形火筒实施强化传热(主要是由于波形火筒的凸筋增加了管壁粗糙度，加剧了流体的扰动，减少了边界层的热阻，使传热过程得到强化)，然后，高温烟气在火嘴风机压力的驱动下，以较高速度(20m/s)流经小口径的由螺旋槽管制成的烟管束，并由螺旋槽管及其凸筋实施强化对流换热(原理同波形火筒)。最后，烟气流向前烟箱，靠火嘴风机的压力从烟囱排出。

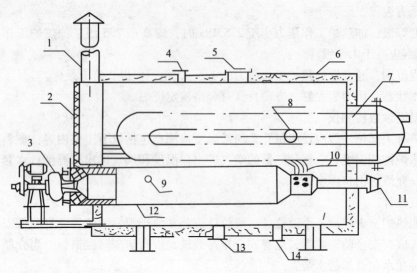

图 3-23 ST50—YQ 油水加热炉

1—烟囱；2—前烟箱；3—旋杯火嘴；4—安全阀口；5—人孔；6—保温层；7—可卸式列管加热器；8—出水口；
9—进水口；10—烟管 $\phi 51 \times 3$ 左右共 14 根；11—看火孔；12—火筒 $\phi 800$；13—水连通口；14—放水口

在启动的过程中如点火失败，或在使用过程中自动熄火后，由紫外光敏管监测信号实施自动报警，并自动切断油源、电源，进行自动熄火保护。从以上的工作过程可以看出，该炉的自动化程度高，采用了正压燃烧方式（即靠火嘴风机供给燃料所需要的全部空气，排出燃料所生成的烟气，不受烟囱拔力的限制），从而可靠地实施了强化燃烧与传热，因此使该炉的热效率得到了很大的提高，目前已达 90%，赶上了世界先进水平，超过了国家标准，不愧为名副其实的高效加热炉。

（三）加热炉相关技术参数的确定

1. 加热炉热效率参数的确定

燃料在炉中燃烧放出的热量，不可能完全被原油和水吸收，总会有一部分没有被利用而损失掉。通常在描述加热炉热效率的定义时，用炉子供给被加热介质的有效热量与燃料燃烧放出的热量之比来说明，并用百分数的方法来表示，是热量被利用的有效程度的一个重要参数。在额定热负荷时按设计参数计算求得的热效率叫设计热效率，而在加热炉运行条件下测试求得的热效率叫运行热效率。

热效率是通过采用正、反平衡直接或间接地测试计算出来的。正平衡法计算公式能够把加热炉热效率的定义得以公式表达，而反平衡法计算公式能够把加热炉运行中的热量损失方式量化，公式中的 q_2、q_3、q_4、q_5 表示了加热炉运行热损失方式的焓，只要计算出这些热量损失的数值，便可以通过反平衡法的计算公式来加以推算。如果能够通过认真的核算，并能确定热损失方式，在操作实践中，有的放矢地加以技术改造，就能够得到提高热效率的方法，达到降低成本和节能的目的。加热炉热效率应保持一个恰当的数值，热效率低时燃料耗量大，而热效率太高一般则投资高。排烟温度低，可能造成低温腐蚀。所以应予以综合考虑，使加热炉效率保持在一个合理数值。一般要求额定热负荷 580kW 以下的加热炉热效率应大于 75%，580~4000kW 应为 82%~85%，而 4000kW 以上的加热炉热效率应大于 88%。

(1) 正平衡法计算加热炉热效率

①燃料的低发热值

一般采用燃料的低发热值,其计算公式为:

气体燃料 $$Q_L = \sum q_{Li} Y_i \tag{3-52}$$

液体燃料 $$Q_L = 81w_C + 246w_H + 26(w_S - w_O) - 6w \tag{3-53}$$

式中　　Q_L——液体燃料低发热值,kJ/m³;

q_{Li}——气体燃料各组分低发热值,kJ/m³;

Y_i——气体燃料各组分的体积分数;

w_C、w_H、w_O、w_S——燃料各组分质量分数;

w——燃料油中所含水分质量分数。

例:某站测试加热炉效率时,测得燃料气组分甲烷为97%,乙烷为2%,乙烯0.6%,乙炔0.4%,求燃料气的低发热值为多少?(甲烷低热值为35818kJ/m³,乙烷为63748kJ/m³,乙烯为59063kJ/m³,乙炔为56053kJ/m³)

解:$Q_L = \sum q_{Li} Y_i$

$= 35818 \times 0.97 + 63748 \times 0.02 + 59063 \times 0.006 + 56053 \times 0.004 = 36597 (kJ/m^3)$

②燃料燃烧发热量计算公式:

气体燃料 $$Q_R = B_G \cdot Q_L \tag{3-54}$$

液体燃料 $$Q_R = B_L \cdot Q_L \tag{3-55}$$

式中　Q_R——气、液燃料燃烧时发热值量,kJ/h;

B_G——气体燃料耗量,m³/h;

B_L——液体燃料耗量,kg/h。

③加热炉热负荷计算公式:

$$Q = G \cdot C(T_2 - T_1) \tag{3-56}$$

式中　Q——加热炉热负荷,kJ/h;

G——介质流量,kJ/h;

C——介质比热容,kJ/(kg·K);

T_2——介质出炉温度,K;

T_1——介质进炉温度,K。

④比热容计算公式:

$$C = \frac{1}{\sqrt{\rho}}(1.68 + 3.39 \times 10^{-3} t) \tag{3-57}$$

式中　ρ——介质密度,kg/m³;

t——平均温度,$t = (T_2 - T_1)/2$,℃或K。

例:某站在测试加热炉效率时,进炉原油流速为60m³/h,原油进炉温度为40℃,出炉温度为65℃(原油密度ρ=870kg/m³),求加热炉热负荷是多少?

解:根据已知条件:$G = Q\rho = 60 \times 870 = 52200$ (kg/h),$T_1 = 40℃$,$T_2 = 65℃$

求出介质比热容C。据比热容计算公式:

$$C = \frac{1}{\sqrt{\rho}}(1.687 + 3.39 \times 10^{-3} t)$$

$$= \frac{1}{\sqrt{0.87}} \left(1.687 + 3.39 \times 10^{-3} \times \frac{65+40}{2} \right) = 2.14 [kJ/(kg \cdot K)]$$

求热负荷 Q。据热负荷计算公式：
$$Q = G \cdot C(T_2 - T_1) = 52200 \times 2.14 \times 25 = 2792700 (kJ/h)$$

⑤加热炉热效率计算公式：
$$\eta = \frac{GC(T_1 - T_2)}{BQ_L} \times 100\% \tag{3-58}$$

式中　η——加热炉热效率，%；
　　　B——燃料耗量，kg/h；
　　　Q_L——燃料低发热值，kJ/kg 或 kJ/m³。

（2）用反平衡法计算加热炉热效率
①理论空气量计算公式：

气体燃料　$V_0 = 0.0476 \left[0.5\varphi_{CO} + 0.5\varphi_{H_2} + 1.5\varphi_{H_2S} + \sum \left(m + \frac{n}{4} \right) \cdot \varphi_{C_mH_n} - \varphi_{O_2} \right]$

$$\tag{3-59}$$

液体燃料　$V_0 = 0.0889\varphi_C + 0.265\varphi_H - 0.0333(\varphi_O - \varphi_S)$ $\tag{3-60}$

式中　　　　　V_0——气、液燃料所需理论空气量，m³/h；
φ_{CO}、φ_{H_2S}、φ_{O_2}、$\varphi_{C_mH_n}$、φ_{H_2}——天然气中各可燃物成分及氧的体积分数；
　　　φ_C、φ_H、φ_O、φ_S——燃料油中各可燃物成分及氧的体积分数。

②空气过剩系数计算公式

$$\alpha = \frac{21}{21 - 79 \dfrac{\varphi_{O_2} - (0.5\varphi_{CO} + 0.5\varphi_{H_2O} + 2\varphi_{CH_4})}{100 - (\varphi_{RO_2} + \varphi_{O_2} + \varphi_{CO} + \varphi_{H_2} + \varphi_{CH_4})}} \tag{3-61}$$

式中　　　　　　　　α——空气过剩系数；
φ_{CO}、φ_{H_2}、φ_{CH_4}、φ_{RO_2}、φ_{O_2}——烟气中可燃成分之原子气体及氧的体积分数。

③排烟处烟气容积流量计算公式：
$$V_y = \alpha V_0 + l \tag{3-62}$$

式中　V_y——烟气容积流量，m³/h；
　　　V_0——气、液燃料所需理论空气流量，m³/h。

④反平衡法测加热炉热效率的公式：

a. 排烟热损失 q_2

加热炉排出的烟气温度很高，运行中一般在 200℃ 左右，以前使用的箱式火管炉其温升能达到 260℃ 以上，因而带走的热量很多，排烟温度越高过剩空气系数越大，排烟热损失也越大。这是加热炉的一项主要热损失。

排烟热损失 q_2 可以理解为烟气相当于每千克燃料带走的热量与燃料的低发热值之比。核算排烟热损失 q_2 时，可以通过烟气温度与过剩空气系数关系图来查得。注意过剩空气系数，需要经过计算才可以使用。在加热炉实际操作中，常利用烟道气成分分析结果来计算过剩空气系数，计算公式如下：

$$\alpha = \frac{100 - \varphi_{CO_2} - \varphi_{O_2}}{100 - \varphi_{CO_2} - 4.76\varphi_{O_2}} \tag{3-63}$$

式中　α——过剩空气系数；
　　　φ_{CO_2}、φ_{O_2}——分别是二氧化碳和氧气在空气中的体积分数。

通过过剩空气系数的计算，与测试过程中录取的烟气温度，在给出图表中查出排烟热损失 q_2 的值。因为排烟热损失 q_2 还与其他因素有关，如燃料的物性、天气的变化及季节的湿差等。排烟热损失 q_2 的计算公式：

$$q_2 = (3.5\alpha + 0.5) \times \frac{t_{出} - t_{进}}{100} \tag{3-64}$$

例：在测试加热炉效率时，由烟气成分分析所知：烟气中含氧5%，含二氧化碳11%，求过剩空气系数是多少？

解：将数值代入下面公式中

$$\alpha = \frac{100 - \varphi_{CO_2} - \varphi_{O_2}}{100 - \varphi_{CO_2} - 4.76\varphi_{O_2}} = \frac{100 - 11 - 5}{100 - 11 - 4.76 \times 5} = 1.29$$

α = 1.29，即为所求过剩空气系数。

例：通过对某加热炉实测，得出这样的数据：排烟温度 $t_{出}$ = 180℃，大气温度 $t_{进}$ = 25℃，排烟处过剩空气系数 α = 1.4，求此时的排烟热损失 q_2 的值是多少？

解：根据公式：

$$q_2 = (3.5\alpha + 0.5) \times \frac{t_{出} - t_{进}}{100} = 5.4 \times \frac{180 - 25}{100} = 8.37\%$$

答：此时的排烟热损失为8.37%。

b. 化学未完全燃料损失 q_3

燃料在炉膛内燃烧，出现燃烧不完全的现象是客观的，这是因为燃料本身的物化性能还不能十分的稳定。燃烧时，供给的空气不足，烟气与空气混合的不好，或者炉膛内温度过低，燃烧器性能不好，"三门一板"调节不当等原因，使一部分可燃气体没有燃烧，没有放出应有的热量就被排出炉外，造成热量损失。但是在实际运行与操作中，针对出现的问题进行切实可行的措施，一般情况下，只要供风适当，混合良好，保持设备在完好的状态下运行，这项损失是很小的。

化学未完全燃料损失 q_3 的计算公式：

$$q_3 = 3.2\alpha\varphi_{CO} \tag{3-65}$$

化学未完全燃烧损失 q_3 还可以通过下式来进行计算：

$$q_3 = \frac{V_Y}{Q_L} \times (3020\varphi_{CO} + 2580\varphi_{H_2} + 8560\varphi_{CH_4}) \tag{3-66}$$

式中　V_Y——烟气容积流量，m³/h；
　　　Q_L——燃料低发值。

例：通过对某加热炉运行中的热工实测，得出这样数据：排烟处空气过剩系数 α = 1.35，排烟一氧化碳含量 φ_{CO} = 0.03%，问该炉化学未完全燃烧损失 q_3 为多少？

解：据公式：

$$q_3 = 3.2\alpha\varphi_{CO} = 3.2 \times 1.35 \times 0.03 = 0.13\%$$

答：该炉化学未完全燃烧热损失为0.13%。

c. 机械未完全燃料热损失 q_4：也称固体未完全燃烧热损失，指的是以煤作为燃料的炉子,在油田上一般不使用,因此在计算热效率时可以省去。

d. 炉体散热损失 q_5

由于炉内的温度很高,与外界存在着温差,所以总会有一部分热量通过炉墙和炉体保温层的表面,散失到周围的空气中去,造成热量损失。这项热损失与加热炉的结构、使用的保温材料、散热面积及表面温度等因素有关。炉壁散热损失 q_5 的计算,因炉子的结构、温差等各不相同,在测试中一般可假定或估算火筒炉、水套炉等间热式加热炉的炉壁散热损失在3%左右,管式炉等直热式加热炉的炉体散热损失在4%左右。

热效率的计算公式为:

$$\eta = [1 - (q_2 + q_3 + q_4 + q_5)] \times 100\% \qquad (3-67)$$

式中 q_2 ——排烟热损失,%;

q_3 ——化学未完全燃烧热损失,%;

q_4 ——机械未完全燃烧热损失,%;

q_5 ——炉体散热损失,%。

(3) 提高加热炉效率的措施

①合理控制过剩空气量

在调整加热炉运行时,既要达到燃料完全燃烧,又要控制排烟量最小。过剩空气系数每降低0.2,则可提高热效率1.3%左右,所以过剩空气系数必须合理选择。一般控制在1.1~1.3之间比较合适,为此,风源要充足,风门要控制合理。燃烧器的进风量要进行调整。炉子烧小火时要控制烟囱挡板。对于全封闭式高效节能炉,调整燃料增加或减小时,必须调整燃烧器上的各段进风量,以达到完全燃烧。

②提高炉管的传热系数

注意烟道清灰,烟管要清焦,定期清理炉体沉砂,酸洗水垢,特别是烟管处要洗干净,保持传热系数的高水平,在炉内加抗垢剂,在冷水补水管道上加磁力除垢器,防止结垢。炉体水位要控制合理,一般在1/2~2/3之间,过低不安全易造成炉内汽化,过高会降低炉效,炉体要尽量减少失水量,认真检查炉体各密封有关渗漏,从烟气上判断炉管是否漏失,水套炉加水补水要采用软化处理后的水,保证水质合格。

③搞好炉体炉门保温

减少一切不必要的热损失。炉体密封要完好,炉体保温达到要求,特别是后烟箱,烟室易漏风气部位要密封完好。炉体上的防爆门、观火孔、看点火孔,要有专用材料密封,防止热量散失。

④加强维护保养,保证燃烧状态最佳

为保持良好的燃烧状态,火嘴要维护保养好,保证喷油、雾化最好。燃气气道经常清理,保持燃气畅通不节流。根据系统需要的温度,燃烧油枪雾化片孔径、燃油、燃气压力要调整合理。燃气要保证不含油滴和水,火焰呈淡蓝色。燃油火焰呈橘黄色。定期清理燃烧器,处理油、气道的结焦,保证油气燃烧效果。

⑤勤检查,勤观察,勤调整

加热炉运行过程中,应经常检查运行状况,经常根据变化情况进行调整,当炉膛颜色明亮,说明温度高,燃烧完全,当炉膛颜色暗红或发黑,说明燃烧不良应进行调节。控制好排烟温度,太高太低都不好,太高带走热量,使炉效降低,太低由于有水蒸气的存在,易在烟气中形成酸性气体而腐蚀烟囱。观察排烟情况，排烟颜色太浓，说明空气不足或燃烧不良，仍调整到有一点浅灰色为最好。

⑥加强测试

要定期组织人员进行测定加热炉效率，对测得结果认真分析，及时调整、改造，使加热炉经常在良好的高效率技术状态下运行。

2. 加热炉热负荷参数的确定

单位时间炉内介质吸收有效热量的能力叫热负荷，单位为 kW。

加热炉设计图纸或铭牌上标注的热负荷叫额定热负荷。根据实际运行参数用热平衡公式计算求得的热负荷叫运行热负荷。运行热负荷一般应不大于额定热负荷。对于某一台尺寸结构已确定的加热炉，若被加热介质为原油、天然气或其混合物时，运行参数若与设计参数不一致时，运行负荷将变化。例如，一台额定热负荷为 800kW 的火筒式间接加热炉，其设计流量为 60t/h，若所加热原油的黏度在 50℃时为 40mPa·s，其温升可为 25℃，此时运行热负荷约为 800kW；若所加热原油的黏度在 50℃时为 120mPa·s，其温升可为 20℃，此时运行热负荷约为 630kW。

输油站、联合站使用的加热设备，有外输加热炉、脱水加热炉、干线加热炉及站内采暖用的热水加热炉、锅炉等。

选择加热炉时，要保证所选设备运行安全可靠，炉效率高，操作方便，工艺技术先进。要根据工艺设置所需要的热负荷，确定加热炉台数。

(1) 站内脱水加热炉热负荷的计算

站内脱水加热炉热负荷包括 $Q_水$ 和 $Q_油$ 两部分，即：$Q_脱 = Q_水 + Q_油$ (3-68)

其中 $Q_水$ 与 $Q_油$ 根据液量中含水率不同可以分别计算：

①$Q_水$ 的计算：

$$Q_水 = G_混 C_水 (T_出 - T_进) B \quad (3-69)$$

式中 $Q_水$——加热液量中含水的热负荷，kJ/h；

$G_混$——油水混合物的总液量，kg/h；

$C_水$——油中含水的比热容，$C_水$ 近似取 4.1868kJ/(kg·K)；

$T_出$——加热炉出口温度，一般取 328~338K；

$T_进$——油水混合物进炉温度，一般取 308~313K；

B——含水率，%。

②$Q_油$ 计算：

$$Q_油 = G_混 C_油 (1-B)(T_出 - T_进) \quad (3-70)$$

式中 $C_油$——原油的比热容，kJ/(kg·K)；

$Q_油$——加热原油所需要的热负荷。

(2) 原油外输加热炉的热负荷：

$$Q_输 = GC(T_出 - T_进) \quad (3-71)$$

式中 $Q_输$——外输原油所需的热负荷，kJ/h；

C——输送油品的比热容，kJ/(kg·K)；

G——输送油品的质量流量，kg/h；

$T_出$、$T_进$——油品出、进加热炉温度，K。

例：某站外输原油为 $200 \times 10^4 t/a$，原油从 40℃ 加热到 70℃，求所需的热量是多少 kJ/h。[$C_{油} = 1.88 kJ/(kg \cdot K)$]

已知：$C_{油} = 1.88 kJ/(kg \cdot K)$，$G = 200 \times 10^4 t/a = 228311 kg/h$，$T_{出} = 70 + 273 = 343K$，$T_{进} = 40 + 273 = 313K$。求：$Q_{输}$

解：由式

$$Q_{输} = GC(T_{出} - T_{进})$$
$$= 228311 \times 1.88 \times (343 - 313)$$
$$= 1.29 \times 10^7 (kJ/h)$$

即：所需的热量是 $1.29 \times 10^7 kJ/h$。

(3) 确定加热炉台数

例：如上例所述，现备有规格为 $418 \times 10^4 kJ/h$ 的加热炉，问需几台？

$$\eta = \frac{Q}{Q_1} = \frac{1.29 \times 10^7}{4.18 \times 10^6} = 3.08(台) \approx 4 台 \tag{3-72}$$

即需要4台。

确定加热炉台数时，从经济合理的角度来考虑，应使所选用的台数既保证在加热炉热负荷能够满足生产需求的条件下，能有一台停炉检修，又能做到在热负荷增大的情况下满足供热的要求。

3. 流量和流速参数的确定

单位时间内通过加热炉内被加热介质的量叫流量，单位一般为 t/h 或 m^3/h。在正常运行条件下，通过加热炉的量叫额定流量。而加热炉能安全可靠地运行的最小量叫最小流量。对于某一台结构已确定的加热炉来讲，若流量大于额定流量，则会使压力降增加；如果流量小于最小流量，则会影响传热效果，或使管式炉管内介质偏流，造成炉管局部结焦或烧坏等现象。所以在选用加热炉时，应使流量值的变化控制在额定流量和最小流量之间。

流体在炉管内的流速越低，则边界层越厚，传热系数越小，管壁温度越高，介质在管内停留的时间越长。其结果是越容易结焦，炉管越容易损坏。但流速过高又增加管内压力降，增加了管路系统的动力消耗。

4. 压力参数的确定

管式加热炉只有炉管承受设计内压力，故管式加热炉的压力一般指管程压力；火筒式直接加热炉仅火筒承受外压力，壳程承受内压力；而火筒式间接加热炉的壳程、管程均承受工艺设计所需压力。壳程的压力等级为：常压、0.25MPa、0.4MPa、0.6MPa。其中 0.6MPa 仅适用于火筒式直接加热炉。管程压力等级为：1.6MPa、2.5MPa、4.0MPa、6.4MPa、10.0MPa、16.0MPa、20.0MPa、25.0MPa、32.0MPa。

5. 压力降的确定

压力降是被加热介质通过加热炉所造成的压力损失。压力降的大小与炉管内径、介质流量、炉管当量长度以及被加热介质黏度有关。管式加热炉和火筒式间接加热炉允许压力降为 0.1~0.25 MPa，而火筒式直接加热炉的压力降一般则小于 0.05MPa。加热炉铭牌或设计图纸上标注的压力降数值是指该炉在设计条件下通过额定流量时的压力降。当运行条件变化时压力降数值应重新核算。输油管道采用大管径、多管程炉管的目的是为了减少炉内阻力。加热炉压力降是判断炉管是否结焦的一个主要指标，如果在油品流速不变的情况下，压力降增大，说明加热炉管内有结焦现象。

6. 温度参数的确定

加热炉的温度指标主要有被加热介质进出口温度、炉膛温度和排烟温度。加热原油及井产物时一般由40℃加热到70℃左右。加热炉炉膛温度值一般为750~850℃；而排烟温度则为160~250℃左右。

7. 过剩空气系数

过剩空气系数太小，使燃烧不完全，浪费燃料，过剩空气系数太大，进炉空气太多，炉膛温度下降，降低传热效果，且增加烟道气所带走的热损失，同时还会加速炉管的氧化剥皮。一般情况下，燃料燃烧的过剩空气系数，以辐射室为1.1~1.3，烟道中为1.2~1.3为宜，如果烟道不严密，其过剩空气系数还要稍高一些。

（四）加热炉的运行操作

1. 水套炉操作规程

（1）点炉前的准备工作

①检查水套炉人孔是否严密，防爆门、观火孔完好，点火孔玻璃片完好，附属零件装置是否齐全，各处无渗漏。

②检查水套炉墙是否正常，炉内应无其他杂物，前后烟箱炉体是否严密，炉膛烟道应无障碍物。打开烟道挡板，根据燃烧量，调节好风门开度。

③检查防爆门，防爆铁皮应完好。

④检查炉管、弯头有无鼓包变形，吊架紧固件应牢固。

⑤检查各种仪表应齐全好用，投用熄火、停机报警装置。

⑥检查并启动鼓风机，使炉内通风5~10min。

⑦检查炉出入口管道、气管道、给冷水管道，燃油管道是否畅通。

⑧启动燃油泵及电加热器，使燃油进行循环。

⑨检查油枪是否结焦、堵塞，雾化片槽有无杂物，雾化片孔径是否合适。

⑩检查并调整炉水位至2/3的位置。

⑪准备好点火用的火柴、点火钩及破布等。

⑫风机、燃油泵、循环泵、排水泵及电加热器等附属设备应处于良好备用状态。

⑬调整燃烧器的三道合风，放置于适当的位置上。

（2）点炉升温和运行

①通风结束后，待风量稳定，炉膛内没有正压后打开点火孔，用点火钩上的油布试一下点火孔是否向外吹风。

②将油布点燃，侧身把点火钩从点火孔送入炉膛，同时慢慢打开燃油阀（或燃气阀）将火点燃。

③待炉膛内着火后，迅速启动鼓风机通风给氧。炉内燃烧稳定后，安上点火孔盖。

④待炉燃烧旺盛后，调节风道挡板，炉前燃烧器合风，使油或气能充分燃烧，调整到燃油呈橘黄色火焰，燃气呈淡蓝色火焰，烟囱不冒烟的状态。

⑤炉膛升温不得太快，避免各部受热不均匀。水套炉初次升温，从冷却起到温度升到工作温度时间不少于12h，以后升温从冷却起不少于2~3h，从热炉起不少于1~2h。

⑥调整燃烧器、燃油压力、燃气量，保证炉出口温度满足要求，并保持炉温平稳运行。

(3) 正常停炉
①正常停炉时,提前 4~5h 缓慢降低炉温。
②逐渐减少燃料油或天然气的供给量,使炉温缓慢降低。
③打开炉前燃油回流阀门,关闭火嘴燃油阀或天然气阀。
④待炉内无明火,稳定后,停掉鼓风机和燃油加热器。
⑤关闭烟道挡板,关死燃烧器上的三道调整合风,以免冷空气进入炉膛。
⑥将燃油油枪及喷嘴取出,调整给水量,保证炉水位稳定。
⑦当炉出口水温降至50℃时,可以停循环泵,关闭炉出入口阀。
⑧如果冬季长期停炉,应将炉内存水放净,以防冻坏炉体。
(4) 紧急停炉
①当水套炉发生炉管爆炸、炉房着火、水套炉给水系统发生故障、燃油系统停运、鼓风机发生机械停机故障,或无备用的情况下停电时,应当进行紧急停炉。
②如水套炉房失火,应立即关闭燃油、燃气的控制总阀。若燃油,先关闭燃油泵和电加热器,然后根据情况灭火。
③如果循环泵突然停电,首先关闭炉前燃油(气)阀门,把火停下来,然后调大通风量使炉降温,防止炉汽化。
④若炉管或炉某部发生泄漏,首先关闭炉出入口阀门,切断漏液来源,然后加大通风量,把炉温降下来。
(5) 停炉操作
①接到停炉命令后,应逐渐关小燃料油(气)阀门,缓慢降温,同时调整燃烧器风门,使火焰由大变小,炉膛温度由高到低。
②当炉膛内温度降至200℃左右时,关闭火嘴。同时关闭所有风门、烟道挡板,缓慢降温。
③当炉膛温度降到100℃左右时,打开所有通风孔道及烟道挡板,加速炉内的通风和冷却。
④当炉膛温度降至80℃时,停运循环泵,关闭炉出入口阀门。
(6) 倒炉操作
①按点炉前准备工作,做好备用炉点火的一切准备。
②按规定对备用炉进行点火升温。
③当备用炉的温度达到工作温度时,开大炉出入口阀门,进行水循环。
④当备用炉运行正常后,慢慢关小运行炉的火嘴,按正常停炉操作停掉运行炉。
(7) 水套炉技术要求
①火嘴、防爆门、烟道挡板应灵活好用,符合设计要求。
②点炉前检查要仔细认真,发现有问题要及时处理。
③第一次点火,炉膛吹扫不少于5min,第二次吹扫炉膛应不少于10min。
④点火时人要站在燃烧器侧面,防止打呛烧伤人,火把不准使用汽油。
⑤压力表、温度计、安全阀必须经校验合格,并都在检定期内。
⑥燃油时,油压应控制在1.8~2.8MPa,电加热器油温应控制在85~100℃之间。
⑦点火时要缓慢打开天然气或燃料油阀,防止回火。
⑧经常观察温度和压力变化情况,发现温度异常时及时调节。
⑨燃气压力一般要调整到0.07~0.1MPa为宜。

⑩发现液位低于1/2时，应及时补水。
⑪要求用小火烘炉4~5h，方可调火焰，升高炉温。
⑫当炉内流动介质是油时，待炉温降至80℃以下才能停运循环泵，关闭炉出入口。
⑬长时间停炉应做好防冻防凝工作。
⑭一年清扫一次炉膛和烟管处的堆积物，洗炉一次，防止局部过热，严重烧变形。
2. 直接式加热炉的操作
（1）点火前的检查与准备
①加热炉炉体
a. 检查炉管检修后的强度情况，检查炉膛内耐火砖墙及衬里是否有裂纹或脱落现象，火墙有无变形或其他异常情况，并作好记录。
b. 烟道挡板开关灵活，开启指示器位置正确，打开烟道挡板，进行通风，确保炉内无易燃气体，无漏失。
c. 检查燃油喷嘴各调节部分动作灵活。
d. 检查烟道挡板及各个门孔是否灵活，严密好用。
e. 炉体各部件如吹灰器、防爆门、调风器、管卡等各部件齐全灵活好用。检查人孔、看火孔、防爆门是否关闭。
f. 检查工艺流程管道是否畅通和有无渗漏的地方。
g. 检查各密封部位是否可靠、各紧固体是否松动。法兰、阀门、流量计等齐全可靠好用，各紧固件无松动。
h. 炉膛应清扫干净，不得有杂物。检查消除炉子周围的易燃易爆物。
②阀组
按加热炉整体流程检查各条管路是否畅通，各阀门是否灵活好用，开半圈后立即关上，紧急放空阀应关闭。检查蒸汽、水、风等管路系统阀门是否严密。
③风机机组
盘车，将转子转动2~3圈，看是否转动均匀，有无卡紧现象和异常声响。测量电机绝缘电阻符合要求。
④检查燃料系统
a. 取下齿轮油泵轴安全罩，盘车。将转子转动2~3圈，看是否转动均匀，有无卡紧现象和异常声响。测量电机绝缘电阻符合要求。
b. 检查燃料油是否充足，燃料油温度是否达到要求，燃料油温度控制在指标之内，并注意燃料的脱水。
c. 检查燃料油气管道、过滤器、预热器、燃料油泵是否畅通好用，正确设定燃气调节阀后压力，有无渗漏现象。
d. 导通燃料油气流程，打开燃油进口阀灌泵，打开放空阀，排净气体见油后，关闭放空阀。
⑤消防器材
加热炉消防器材要齐全、好用、灵活。
⑥仪表盘
依次检查各测量参数仪表是否齐全好用。检查各种压力表、温度计、热电偶和测量控

制仪表等是否齐全完好。

⑦导通原油流程

各个系统经检查无问题，方可进油进行站内循环。缓慢打开加热炉进出口阀门，观察进出炉压力，压差在 0.1~0.2MPa 范围内。

⑧启动鼓风机机组和齿轮泵机组，投用各参数测量仪表。

(2) 点火操作

①烟道挡板的开度应为 1/3~1/2。

②所有燃料油和控制阀门应全部关闭。

③接到准备点火的通知后，向炉膛吹蒸汽 10~15min，把可能残留的燃料气赶走，直至烟囱冒白烟，停止吹气然后点火。

④一次风门全关，二次风门稍开。

⑤按下点火按钮点火。

(3) 正常运行

①操作人员应掌握巡回检查路线及检查点，按"看、摸、听、闻"四字作业法进行检查，发现故障。

②根据输油排量的变化增减燃火嘴数，调节火焰，以控制合理的出炉温度和定时观察记录加热炉的温度、压力等各项参数。

③在运行期间，操作人员每小时进行巡回检查一次，按巡回检查路线逐点检查。并认真作好记录，各种报表、记录必须用仿宋字如实填写，然后将记录结果向运行调度汇报。

④经常检查炉膛燃烧情况，保证燃烧良好。

⑤检查每个燃烧器的燃烧情况，火焰好坏，火嘴是否偏斜、回火、灭火，火焰是否燎管等现象，发现故障，迅速查明原因，及时排除。

⑥观察和调整火焰状态，检查炉体、炉管是否震动等。

⑦检查控制系统是否可靠，各元件是否正常，执行机构动作是否灵活。

(4) 停炉操作

①由运行调度提前 6~8h 通知岗位，严格按照先降温、后停炉的顺序进行。先逐个减少单个喷油嘴的燃油气量，直至全部熄灭。

②提前 2~3h 逐渐关小燃料油气阀，降温至 200~300℃。

③停炉过程中，应保持燃料油温度和压力的稳定。燃料油用量较少时，打开循环阀门，必须注意火嘴前的燃料油压力不能过低。

④关闭燃料油气阀，熄灭火嘴，调节回油阀。

⑤按照顺序关闭二次风门和一次风门。

⑥短时间停炉，可继续保持燃料油循环，以备重新点炉。

⑦停炉后立即关闭烟道挡板和风门、看火孔等所有门孔，以防因急剧冷却而损坏炉体结构。

⑧停炉后，炉管内应继续有油流通过，使炉膛降至正常温度。

⑨在停炉过程中，派专人观察炉管压力变化。

⑩如加热炉长期停用，根据需要，对原油系统和燃料油系统进行扫线，以防冻凝。

3. 加热炉运行参数调整

加热炉是油气生产和集输过程中给原油升温提供热能的设备，原油在温升过程要吸收热量，加热炉内的燃料燃烧要放出热量，为使原油的温度提高到合理的参数要求，燃料也在不断地消耗，为了加热炉能够安全运行，燃料能够有效地利用，最大可能地达到热量平衡。除了选择高效率的加热炉以外，根据工艺设计和有关规范规定的要求以及生产实际的需要，在保证设备运行安全的前提下，对运行参数进行合理的调节是必要的。

（1）调节"三门一板"，严格控制空气过剩系数

"三门一板"即油门、风门、气门和烟道挡板，在以天然气为燃料介质时，就是燃料气控制阀门、风门（也有二次风门）和烟道挡板。

①空气过剩系数的调节

加热炉在运行中，经常调节的因素就是燃料用量和过剩空气量。欲使燃料完全燃烧，必须在操作中，供给加热炉足够而合适的空气量，这个量的供给，比燃料燃烧时理论空气量的需求要大。如果实际入炉空气量与理论空气量之比叫做空气过剩系数，那么这个系数的值就大于1。实际上也确实这样，否则燃料就不能完全燃烧。人们在生产实践中总结出气体燃料较容易与空气混合均匀时，过剩空气系数较小（1.1～1.2）；液体燃料不易与空气混合时，过剩空气系数较高（1.2～1.3）。所以输油站内加热炉使用液体燃料时，提高燃烧油的雾化效果，一个目的是为了燃料能完全燃烧，运行安全，再有就是保证燃料与空气充分混合，以降低空气过剩系数。

空气过剩系数是影响加热炉性能、热效率的一项重要指标。系数太小，空气量供应不足，燃料不能完全燃烧，加热炉效率降低。系数太大，入炉空气量过多，相对降低了炉膛温度和烟气的辐射能力，影响传热效果。同时也增加烟气排出量，使烟气从烟囱带出去的热损失增加，炉子的热效率降低。经测定，过剩空气系数每增加0.1，热效率降低1.5%左右，因此加热炉在运行中，要根据燃料的种类不同，合理控制入炉空气量，保持空气过剩系数在一个合理的范围是非常重要的。

②烟道挡板的调节

"三门一板"的调节，能够决定燃料燃烧的好坏，供风量是否合适等重要因素。对于烟道挡板一般不做经常性调节，而用和风门配合调节炉膛负压及含氧量，只有当风门达不到理想的状态时，才调节烟道挡板，烟道挡板的调节在1/3～2/3之间。

③风门调节

炉子负压调节，一般将风门开到1/2，应通过烟道挡板控制对流室入口负压为 -19.62～$-39.42Pa$。达不到这个参数要求时，如果负压大，燃烧不好，说明进风小，应调大风门，增大进风量；如果负压小，烟气氧含量大，说明进风多，应关小风门，减小进风量，始终保持加热炉的运行参数在规定的范围之内。

使用蒸汽雾化火嘴的加热炉，在负荷变化时用调节油量、油压、汽压、风量和风压等方法来操作。油是一种液体燃料，但它的燃烧确是在气态下进行的，具有一定压力和温度的燃料油，通过喷嘴被雾化成细小的油滴进入炉膛，吸收炉膛热量，表面汽化成为油蒸气，然后与通过调风器（风门）送入的空气混合，当油气混合物升高到着火温度时，开始着火燃烧，直至烧尽。可见要保证燃料油完全燃烧，需要有良好的雾化质量和合理的配风这些基本条件，而这些基本条件的取得来自于燃烧器性能本身和操作中的合理调节。运行中

的参数变化调节有技术规范的应严格遵守。

④燃油调节

对于燃油压力，矿场上多采用燃油泵供油，压力较稳定，只是在负荷变化时做相应的调整，但这个调整的范围不是很大。蒸汽压力来自于锅炉，蒸汽压力的调节靠供蒸汽流量、压力的手轮来实现，一般蒸汽雾化火嘴所需的油压和蒸汽压力不低于0.4MPa。在调节过程中蒸汽压力要大于油压0.1MPa，雾化蒸汽量的控制必须得当，汽量过小时，雾化不良，燃料燃烧不完全，火焰尖端发软，呈暗红色；汽量过多时，火焰发白，虽然雾化良好，但易缩火，破坏正常操作，影响加热炉的热效率，经验认为，火焰呈橘黄色为佳。

采用机械雾化燃烧器的加热炉，欲使燃料完全燃烧，它的雾化质量取决于燃料油压的稳定、燃烧器的性能、燃料油的物性，这种火焰在正常运行时，很少调节，只是在负荷变化时，才对燃料量及风门配风做一些调整。

⑤燃气调节

采用气体做燃料加热炉，在油田矿场上较为普遍，燃料来源较为方便，但供气压力受某些因素的影响，不是十分稳定，特别是到了冬季，供气管道还需排放管内凝结的轻烃和水，给加热炉的正常运行带来很多不便。因此在使用天然气作燃料时，要注意气压的变化和合理的配风。在调节过程中，观察火嘴的燃烧情况，烟囱冒黑烟时，要及时调节气门和风门，使燃料完全燃烧。正常燃烧的情况下火焰颜色呈蓝白色，烟囱排烟呈现浅灰色最好。

(2) 加热炉出口温度的调节

①炉出口温度偏高，原因是入炉介质流量降低，入炉介质温度升高，或燃料量不平稳增加，并联运行的炉子出现偏流等。调节的方法主要是根据情况减少燃料量，降低炉膛温度，同时调整好入炉介质流量及温度，查明入炉原油温度升高原因，使出炉油温下降，使炉出口温度达到工艺要求。

②炉出口温度偏低，原因是入炉介质流量增加，入炉介质温度降低或燃料量减少，并联运行的炉子出现偏流等。调节的方法主要是根据情况，增加燃料量，使炉膛温度升高，调整好入炉介质流量及温度，查明入炉原油温度下降原因，使出炉油温上升，使炉出口温度达到工艺要求。

③炉出口温度上下波动的调节。

在入炉原油流量、温度、燃料用量平稳的情况下，出现炉出口温度上下波动的现象，一般是燃烧方面的问题。在这种情况下，应对燃烧系统进行检查，根据检查中出现的问题进行调节，达到燃烧正常，炉出口温度平稳。

对于间热式水套炉，要控制好水套炉液位在$1/2 \sim 2/3$处，太高水位得不到循环，原油得不到良好的加热，热效率也会降低；水位太低则运行不安全。水温控制合理，一般以$80 \sim 85℃$为宜。

(3) 加热炉运行燃烧的调整

①加热炉正常运行时燃烧的调整

a. 加热炉正常运行时，燃烧室的火焰在后观火孔处看应均匀分布，颜色为橘黄色，并发亮。

b. 在加热炉正常运行时，当负荷变化时，应及时调整油量和风量，保护加热炉燃烧稳定。增加炉负荷时应先加风，后加油，减小炉负荷时应减油，后减风。

c. 当加热炉负荷变化较大时，可采用改变雾化片孔径的方式进行调整。当加热炉负荷变化较小时，则可相应对燃油进油、回油压力进行调整。禁止关小油嘴来油，以节流的方式调整炉负荷。

d. 燃料正常燃烧，燃油时应具有光亮的橘黄色火焰，燃气时应具有淡蓝色火焰，均匀地充满燃烧室内，起燃点应在距油嘴头不远的地方，火焰中不应有明显的"雪花"现象，烟囱冒出的烟气颜色很淡，看去几乎无烟。

e. 在油嘴点火时，应先开启油嘴油门，再开大燃烧器风门。点燃后检查燃烧情况，发现雾化不良漏油等异常情况应及时处理。

f. 在运行中，应经常注意观察排烟温度的变化，当排烟温度较正常温度升高10%或突然上升10℃以上时，应查明原因，采取措施。

g. 在巡回检查中应做到一细、二看、三无。一细，燃料油雾化细。二看，常看火焰，常看烟色。三无，烟囱无黑烟，火焰无黑头，油嘴无焦渣。

②加热炉燃烧不稳定调节

a. 供油过大或过小，调节火嘴的供油量，使之稳定。

b. 供风配比不合理，调节燃烧器的内置风、一次风和二次风，使燃烧稳定。

c. 提高燃料油的温度，调高燃油温度的给定值。

d. 提高燃油、燃气的质量，检查是否油气中有水或水蒸气，提前处理。

e. 对于全封闭式加热炉，调节油枪伸入燃烧器的长度，过大或过小都影响雾化燃烧效果。

f. 更换调整雾化片孔径，检查旋转油槽是否堵塞。

g. 系统燃料油、气压力不稳定，应设置稳压阀进行稳压。

③在运行中发现燃烧不正常，从以下方面检查并进行调整

a. 燃油油压和油温是否正常。

b. 燃气压力是否有变化。

c. 油嘴有无漏油和结焦，雾化片旋转槽是否堵塞。

d. 雾化是否正常，燃烧器应无结焦、烧损现象。

e. 油嘴和燃烧器的位置是否合适。

(4) 加热炉炉膛温度调节

①升温调节

增加燃烧火嘴的给油、给气量，同时调节燃烧器的雾化风及烟道挡板的开度，使炉膛内形成负压。多个火嘴的可增加火嘴运行个数，同时调节烟道挡板的开度，控制炉膛负压在规定的范围内(30~50Pa)，若是全封闭高效节能炉，应调整炉膛为微正压。

②降温调节

减少燃烧火嘴的给油、给气量，同时调节燃烧器的雾化风及烟道挡板的开度，控制炉膛负压在30~50Pa，多个火嘴的可减少火嘴运行个数，并调节烟道挡板的开度，控制炉膛负压在30~50Pa内。

要求：升温时不准超负荷运行，升降温时排烟温度在规定范围内。

(5) 运行加热炉膛负压的调节

①炉膛负压增大的调节

炉膛负压增大，原因是燃料量波动，入炉量减少，或大气温度下降，也可能是燃烧器

部分有堵塞，造成负压增加，进风量增多，烟囱带走的热量也多，此时应关小烟道挡板，因燃料量减少使负压增大时，应恢复燃料量正常供给。

②炉膛负压降低的调节

炉膛负压降低，可能是入炉燃油增多，或大气温度上升，也可能是炉膛或烟道积灰过多，炉体及烟道漏风严重，应定期清扫烟道积灰和进行炉体堵漏，并开大烟道挡板进行调节。

（6）加热炉常用自动调节方法

加热炉测控水平的高低，不仅影响加热炉热效率，而且也标志着一个装置技术水平的高低。炉出口温度、炉膛温度、炉膛压力、空气用量和进料流量等都是调节对象。加热炉自动调节方法主要有单回路调节和串级调节。单回路调节反应速度慢，滞后大，调节过程长，能引起炉出口温度波动大。为了克服反应慢，滞后过程长的缺点，并且有一定超前调节作用，常采用串级调节系统来控制炉出口温度。串级调节有炉出口温度与燃料流量串级调节，炉出口温度与燃料压力串级调节，炉出口温度与炉膛温度串级调节等。

4. 判断加热炉燃烧好坏的依据

（1）根据仪表指示判断

加热炉出口温度应在规定温度的±5℃范围内。在规定范围内为正常，发生温度超范围波动则为不正常。

（2）根据加热炉声音判断

加热炉正常运行时，由于燃料进入炉膛有一定的压力，被鼓入炉内的空气具有一定的速度头，即使是负压炉由于炉膛负压吸入的空气也具有一定的速度头，因此燃烧时会产生一定的声响。响声一直均匀不变，是炉正常运行；当响声突然停止，是加热炉熄灭，或是停电或燃料中断等原因造成；当响声无规则，时高时低，是燃烧器调节不当，进炉介质变化或燃烧量变化等原因造成。

（3）根据加热炉火焰判断

火焰燃烧应达到短火焰、齐火苗、火焰明亮、燃烧完全。燃油时火焰是橘黄色，烧气时火焰呈淡蓝色，烟囱看不见冒烟。凡不符合这些标准时为不正常现象。

火焰燃烧不正常现象有以下几种：

①对燃气炉：

a. 火焰燃烧不完全，火焰四散，颜色呈暗红色或冒烟。原因是空气量过少。

b. 火焰狭长无力，呈黄色。原因是空气量不足。

c. 火焰短，颜色发紫，火嘴和炉膛明亮。原因是空气量过多。

d. 火焰偏斜，火舌喷到炉膛某一侧，另一侧火焰很少，造成炉膛火焰分布不均。原因是某些喷孔堵塞，喷气不均所致。

②对燃油炉：

a. 火焰紊乱，燃烧不完全，火焰根部呈深黑色，炉膛回火或冒烟。原因是燃油量和空气量配比不当，空气量过小，雾化不良。

b. 火焰发白，焰面不稳，有跳动偏离现象。原因是空气量过多。

c. 火焰乱飘，燃烧无力，颜色为黑红色，甚至冒烟。原因是空气量过少造成的未完全燃烧所致。

d. 火焰不成形，雾化炬不规则。原因是火嘴喷口结焦或雾化片旋道堵塞所致。

(4) 根据加热炉烟囱冒烟情况判断

一般情况下,应以眼睛看不见加热炉烟囱上冒烟正常。

①烟囱冒黑烟:燃料和空气配比不当,燃料过多,燃烧不完全。

②烟囱间断冒小股黑烟:空气量不足,燃料雾化不好,燃烧不完全。

③烟囱冒黄烟:操作乱,调节不好,熄火再点火时发生。

④烟囱冒大股黑烟:给风机入口堵塞,空气量严重不足,燃烧不完全,火嘴喷口结焦,雾化不好或燃料突增所致。

(五)加热炉常见故障及处理方法

1. 加热炉凝管事故处理

(1) 压力挤压法

先全开出口阀门,后逐步开大进口阀门,慢慢升压将凝管顶挤畅通。值得注意的是,顶挤压力不超过炉管的最大工作压力。该方法优点是操作简单易行,但只适于加热炉初凝时使用。

(2) 小火烘炉法

先全开出口阀门并适当关小进口阀门,后用小火烘炉,再以适当的压力顶挤相辅。在小火烘炉时,如果进口温度和压力急剧上升,应立即停炉(它说明炉外管道严重凝管)。该方法对加热炉严重凝管效果较好,但因使用的是明火,在油气区操作应注意安全。

(3) 自然解凝法

先停炉切断进出口来液,然后使进出口两端敞口,利用环境温度解凝。它适用于大气温度温暖且允许停炉时间较长的情况下使用。

2. 加热炉炉管漏油(漏气)着火事故处理

(1) 停炉

关闭事故燃料油(气)阀门;改流程,打开旁通阀;关闭事故炉进油(气)出油(气)阀门。

(2) 灭火

用干粉灭火机或蒸汽灭火;待火熄后通风、扫线。

(3) 诊断

查清穿孔位置;分析故障原因。

(4) 修复

炉管受损程度轻一般采用焊接修补,焊接应在炉膛降温后进行,焊接用焊条应与炉管材质强度相匹配;炉管大面积穿孔或管壁腐蚀严重必须更换新配件,安装新配件时应注意保持喷嘴与炉管距离,防止管道受热不均匀而导致爆裂,且花墙修砌应合理、畅通无阻。

(5) 点炉

修复完毕,按规程投运,注意炉温在设计范围内运行,防止炉温太低、燃烧不充分而使炉管受酸基腐蚀;防止炉温过高而加速炉管氧化。对燃料为油的加热炉,还应防止出油阀门太小而使油偏流、汽化造成爆炸。

3. 加热炉回火事故处理

(1) 炉火控制

回火较轻时,一般采用调整燃料油(气)阀门,控制炉火;回火严重时应立即熄灭炉火。

(2) 事故诊断

根据具体回火情况,查清回火原因。通常的回火原因包括油(气)风比不合理、烟道挡板开启位置不合理、燃油（气）压力不合理、火嘴堵塞或损坏、炉膛结焦等。

（3）故障排除

①调节油（气）风比：以调节至不脱火、不回火，且火焰呈红中带蓝为佳。

②调节烟道挡板。

③调节燃料油（气）压力：不仅要保证压力平稳，而且要使压力满足加热炉工作压力需要。因压力过大易产生不完全燃烧而回火，压力过小影响雾化效果而回火。

④检查火嘴：如火嘴堵塞则清理畅通；如火嘴损坏则更换新火嘴。

⑤检查炉膛：如结焦较轻时则清理干净；如结焦严重则更换新炉膛。

（4）点炉

重新点炉，按规程投运。

4. 加热炉冒白烟事故处理

加热炉冒白烟是由于燃料中含水分超标，具体操作措施：

（1）检查并排除炉前分液器内的液体。

（2）检查并排除炉前分液器到加热炉管道内的液体。

（3）打开炉前放空阀，吹扫燃气管道。

5. 加热炉冒黑烟事故处理

（1）燃料气中重组分增多或分离不彻底

①检查进气压力并调节到规定范围。

②检查并排除炉前分液器内的液体。

③检查并排除炉前分液器到加热炉管道内的液体。

④打开炉前放空阀，吹扫燃气管道。

（2）检查燃料是否燃烧不充分，供氧不足；检查燃气调风阀、电器转化阀、连杆机构及自动薄膜调节阀是否灵活；通风口控制叶片控制在一定的范围内。

（3）检查并清洗炉内积炭。

6. 加热炉爆炸回火的原因及防止

加热炉在点火时或运行过程中，有时会产生轰隆隆的爆炸声，具有火焰，或高温烟气从炉膛内喷出，这种现象称为加热炉的爆炸回火。

爆炸回火的原因有以下三种：

（1）炉膛内存有一定量的燃料气，点火前未吹扫干净，点火时，气体体积急剧膨胀，来不及从烟囱排出，使火焰或烟气从炉膛内喷出，发生爆炸回火，有时甚至防爆门动作。

（2）燃油炉燃烧器雾化不好或操作不当，使过量的燃料油喷入炉膛，燃烧后产生过量的可燃气体，不能正常燃烧，也排不出去，发生爆炸回火。

（3）加热炉超负荷运行，进入炉膛里的燃料过多，产生过量的烟气排不出去，变为正压操作，发生爆炸回火。

要保证加热炉正常运行，防止爆炸着火，主要做到以下几点：

（1）加热炉点炉前，要严格按点火操作要求进行，仔细检查供气（或供油）阀门是否渗漏，炉膛内有无可燃气体或燃料油，并先对炉膛通风吹扫符合规定后，再点火操作。

（2）要合理操作，防止将过量的燃料气或燃料油喷入炉膛。定期清理燃烧器，处理喷孔堵塞或结焦。

(3) 减小燃料用量，避免加热炉超负荷运行。

7. 加热炉"打呛"故障处理

加热炉突然发生正压，炉膛烟气和火从各孔、门喷出，严重时防爆门动作，这种现象称加热炉"打呛"。

原因：①燃料油雾化不好，燃烧不完全。②火嘴灭火后继续喷油，未及时处理。③烟道挡板开度小。④炉超负荷运行，烟气排不出去。⑤炉膛内残存可燃气体，点火前未吹扫干净。

处理方法：①打呛现象一旦发生，应立即关闭燃料油（气）阀门。②清除炉内积存的可燃物。③开大烟道挡板。④加大送风量吹扫炉膛，时间在10min以上。⑤吹扫完毕，将烟道挡板调到原位置。⑥按点火程序重新点火。

8. 出口油温突然上升

原因：①停泵或排量突然下降。②进出口阀门闸板脱落。③燃料油阀门突然开度过大。④炉内发生偏流。

处理方法：①启泵加大排量。②修理阀门。③减少火焰处理。④关小未发生偏流的加热炉出口阀门或将偏流的加热炉压火或停炉。

9. 炉管烧穿

下列情况会出现炉管烧穿事故：

(1) 输量过低出现炉管内原油偏流或停流。

(2) 燃料油直接喷在炉管上燃烧。

(3) 部分火焰很长，直接烧到炉管。

(4) 炉管材质不好又长期受高温氧化、低温腐蚀或气流冲刷的影响。

(5) 花格墙修砌不合理，使局部炉管长期过热。

轻微烧穿时（指降低油压后现象消除）应及时停炉，切换。严重烧穿时，须紧急停炉，吹入消防蒸汽或化学药剂灭火（不可用水灭火），关进出炉阀门并同时打开紧急放空阀。关闭炉体上所有孔门。共用一个烟道挡板。邻近未发生事故的炉子要熄火，继续通油。若火势蔓延已无法切断事故炉油源时，立即倒全越站流程，同时打开所有运行炉的紧急放空阀。

10. 爆管

下列原因将产生加热炉爆管事故：

(1) 停炉后过早关进出炉阀门（包括进炉预热的燃料油管道阀门）。

(2) 炉内出现"气阻"现象。

(3) 停炉后用压缩空气扫线。

上述原因都将使炉管超压而爆破，并随之出现大量跑油，引起火灾。爆管处理应根据具体情况，参照炉管严重烧穿的措施进行。

三、新型加热炉

近年来，随着油田集输事业的快速发展，新技术、新工艺、新设备不断引进，使得新设备更新加快，一些新设备逐渐取代了旧设备。油田部分单位也更新采用了新型加热炉，下面介绍几种常用的新型加热炉。

(一) 超导热管式加热炉

超导热管加热炉（超导炉）是一种间接式火筒加热炉，是自动化程度非常高的智能型加热炉。它以油、气为燃料,具有热效率高、热能损失小、安全可靠、体积小、安装方便、节约能源和实现了自动控制。

超导热管加热炉适用于石油、化工行业的液体物料加热和输送。

以 YFCDL 型超导热管加热炉为例进行阐述。

1. YFCDL 型超导热管加热炉型号表示意义

YF—厂家名(裕丰);CDL——超导炉。

2. YFCDL 型超导热管加热炉的性能概述

(1) YFCDL 超导热管加热炉属于常压加热炉(压力不超过 0.09MPa)。其核心技术是介质导热管,它具有工作温度低,传热率高,安全、耐高温等特点。

(2) YFCDL 超导热管加热炉采用椭圆管、内外管中心传递热量等多项先进技术,整个装置全部参与了热量的交换。所以,热效率高,热能损失小,使排烟温度降至150℃左右,热效率大于90%。(原油进口温度 20~40℃,出口温度 65~90℃)

(3) 超导管设置在炉膛中段,超导管内装有超导液,当加热到 30~40℃时超导液就可汽化,每根超导管可释放近 4kW 的热量。超导管在炉膛内成扇形排列,一半在炉膛内,一半设置在炉内。椭圆管设置在炉膛后烟室的前端,其内部流动的是炉体内的水。设计成椭圆型的管子,一是为了提高气流的通过性,二是增加其内部水的受热面积。

3. YFCDL 型超导热管加热炉的工作原理

燃烧器喷出的火焰将超导热管加热,超导管再将热量释放到炉内中的水,沸腾的水所释放的水蒸气对油盘管内的油进行加热,水蒸气遇冷(油盘管)凝结成水滴落回水中,从而完成整个加热过程。

4. 超导热管加热炉的结构组成

超导热管加热炉的结构主要分为三部分,即炉体、燃烧机、自动控制系统,如图3-24所示。

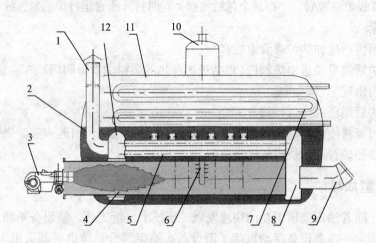

图 3-24 超导热管加热炉结构示意图

1—烟筒;2—超导液;3—燃烧器;4—火筒;5—烟管;6—超导热管;7—油盘管;8—后烟管;
9—防爆阀;10—大气连通及常压调节装置;11—水蒸气;12—前烟箱

(1) 炉体主要部位的作用

①超导管

超导管是一种传热性极好的人工构件。内装超导液,它具有工作温度低,传热效率高,耐高温的特点。其制作过程是:将铜管内部抽真空后,将其内部填充以高效导热介质。超导管设置在炉膛中段,超导管内有超导液(特点是沸点低、挥发),当加热到30~40℃时,超导液就可汽化,每根超导管可释放近4kW的热量。其在炉膛内成扇型排列,一半在炉膛内,一半设置在锅炉内。

②燃烧器

将燃料燃烧,变为热能,加热管内的原油。

③水位计

水位计安装在炉体前侧,超导热管加热炉一般选用双色水位计,通过水位计,能够观察到锅筒内的水位。(注意:a. 双侧水位计水位应显示一致;b. 水位计水位应保持在1/2~2/3之间;c. 水位计应定期清洗,确保显示清晰。)

④安全阀

它是将炉内压力控制在允许范围内的安全保护装置。当炉内压力超过规定值时,安全阀能自动开启,排除蒸汽,使压力下降,防止炉发生超压爆炸事故。

⑤防爆阀

其作用是当炉内发生爆炸时,先将防爆门炸开,降低炉内气体压力,保护炉膛不致破坏。

防爆门只能在爆炸不严重时对超导管起保护作用。

⑥排气阀

排气阀是锅筒与外部空间的通道,超导炉上水和排污时应该开排气阀。

⑦人孔

超导炉在检修作业时,可以打开人孔,检查超导炉内部运行情况。

⑧烟囱

起通风和排烟作用。

(2) 燃烧机

①燃烧机的工作原理

从储油罐送来的燃料油,通过油泵加压至规定的压力,通过高压油管送至喷嘴以雾状喷出,与风门进入的空气混合,经点火变压器放电产生的电火花而燃烧。

②燃烧机的特点

SYQ重油、油气两用燃烧机采用最新设计的PLC-0824燃烧机操作系统,采用美国ATWEL公司生产的FLASH单片微型计算机控制。

燃烧机将燃烧器、风机、点火、火焰监测、风门调节等各部件集为一体,实现了机电一体、智能控制的全自动程序。

燃烧机具有以下特点:

a. 燃油雾化好,耗能少、噪声低。

该型燃烧机采用离心式喷雾化燃油,当喷油压力≥0.8MPa(重油温度达到130℃,原油温度达到80℃以上)均能获得满意的雾化效果,由于它不需要雾化介质,所以耗能少,噪音低。

b. 油、空气配合好，火焰稳定，燃烧效率高，对环境污染小。

燃烧机采用旋转和直流配风，使燃油与助燃空气充分混合，同时旋流风造成高温烟气的回流，大大地提高了火焰的稳定性，因而燃烧完全，且排烟干净，对环境的污染小，烟气排放符合世界上最严格的空气管理标准。

c. 安全可靠，全自动控制。

燃烧机配有手动和自动两种操作程序，实现了供风、点火、喷油、燃烧、停机、再启动等全自动程序控制，完全满足加热炉的工艺要求，当其中任一程序发生故障时，即能自动保护。

d. 安装方便。

每台燃烧机均配有固定法兰，只需将法兰固定在炉子上，将燃烧头置于炉膛火口内的准确位置，接通电源、控制电路和进油管即可投入运行。

e. 结构紧凑，制造精良。

所有部件集为一体，结构紧凑，整机及零部件的制造均能达到国家标准。

f. 维修方便。

燃烧机设计中已考虑到例行检修的需要，控制器配有故障显示系统，能快速准确地显示出燃烧机出现故障的部位。对易损零件可轻易拆卸、清洁、修理和更换。

③喷油嘴

喷油嘴是燃烧机最关键的部位，它的工作好坏直接影响燃烧机的运行情况，SYQ-Z燃烧机采用高压离心雾化式喷嘴，这种喷嘴在燃油压力≥0.8MPa时就能得到良好的雾化，随着喷油压力的提高，雾化质量也不断改善，同时喷油量增加，反之喷油压力降低，雾化质量降低，喷油量减少。

喷油嘴由喷嘴外壳、紫铜垫、雾化片、旋流槽、压紧螺塞、滤油网、大紫铜垫组成，喷油嘴外壳的内平面是密封面，任何轻微的划痕和碰伤均会引起燃油的滴漏，应注意保护。小紫铜垫是密封雾化片的，应装在喷嘴头前端内和雾化片的中间，切勿装反，雾化片装配时要将小孔面对外。旋流槽是保证燃油雾化质量、雾化锥角和喷油量的关键，应保证其尺寸的准确和槽内的干净，任何损坏、变形和污垢都会严重影响喷油嘴以及燃烧机的正常工作，装配时要将槽面对准雾化片的旋涡内平面，切勿反装，同时应定期清洗和更换。压紧螺塞应紧压在旋流槽上。滤油网用来过滤燃油防止杂质进入喷油嘴，它应由100目的滤网制成，并要保持滤油网的清洁和完整（SYQ100N以上的燃烧机油枪上不配过滤网，在进油管路上加过滤器就可）。大紫铜垫用来密封油嘴与油嘴座平面防止漏油。

④燃烧头结构

燃烧头由外壳和火焰筒组成，油枪雾化后的油雾喷入燃烧筒内与空气均匀混合，通过点火器点火、燃烧的全过程均在燃烧筒内完成，再从燃烧头出口喷入炉膛内的是纯净的火焰。燃烧头使用时间长后难免有少量油焦，应定期清洗。

⑤燃烧机安装及操作规程

a. 安装、检查：

（a）将燃烧机与炉体火口面固定好。

（b）正确连接三相AC 380V和N零线，另应安装安全保护地线。

（c）连接好进油管，为了确保安全点火，点火器应使用天然气或液化气进行二次点火，且进气管路应安装气体减压装置。

（d）启动燃烧机，检查风机、油泵、电加热器运转方向是否正常，控制器仪表显示是否正常。

b. 开机操作规程：

燃烧机配有手动、自动两套系统，开机时可先用手动程序试机，其程序为：

（a）按（停止）键将系统复位。

（b）按（自动/手动）键选定手动指示灯亮。

（c）按（油泵）键、油泵指示灯亮（注：此键是连接电加热器，如果管道上未配电加热器，此按键程序可不要）。

（d）将电加热器设定120℃，待指示灯灭后将电磁阀前软管内凉油放干净。

（e）关闭风门，按风机键启动风机，待风机运转平稳后，再打开风门，吹扫炉腔1min（注：如果配有电动风门的燃烧机，其控制器显示备B亮，此时风门为关闭，显示备A亮，此时风门开）。

（f）点火：先关闭风门，打开气瓶阀门，按（点火）键，从燃烧机观火孔观察点火是否正常，如果点火不着，应速按点火键关闭点火系统，并打开风机风门进行吹扫，再检查气瓶是否有气，点火器是否点火。检查完后，再按程序进行点火（配有电动风门的燃烧机，按点火键时备B亮，备A灭，点火指示灯亮）。

（g）点火正常后，按（主阀）键，此时电磁阀打开，燃烧机着火，同时打开手动风门，调至所需位置，燃烧机正常燃烧后，此时监测指示灯亮，10s后点火器关闭其指示灯灭，在主阀工作正常10s后，再按（副阀）键，并同时调大风门使之燃烧正常（配有电动风门的燃烧器，按主阀键时备A亮，自动风门打开，按副阀键时，风门会自动调整开度）。

（h）运行正常后，按（自动/手动）键转自动，此时自动指示灯亮，燃烧机转入自动保护状态。

c. 燃烧机自动运行程序：

（a）按（停止）键使系统复位。

（b）关闭风门，按"启动"开关，风机自动启动，待风机运行平稳后，将风门设置半开度，系统进入自动吹扫炉腔60s。

（c）炉腔吹扫完后，风机会自动关闭，延时30s，系统进入自动点火，点火5s后燃油主阀自动打开，风机同时自动启动，燃烧机着火燃烧。在主阀运行5s后，点火系统自动关闭。主阀运行正常15s后，副阀会自动打开，此时应将风门调至相应的位置（配有电动风门的燃烧机在点火时，风机不会停机，风门自动复位，显示备B亮。着火后，风门自动打开，显示备A亮）。燃烧机在正常运行中系统进入保护状态，如果运行中出现故障，系统会自动锁停，同时在控制器面上显示故障位置，供用户快速查找故障原因。

d. 故障诊断显示

（a）控制器上显示0时，证明燃烧机无故障运转正常或待机。

（b）显示1时证明火焰监测器在没有点火前已经有监测信号，应检查光敏管是否短路或调整检测信号。这时可调整控制箱下部PT1可调电阻，首先逆时钟调节至监测指示灯刚好亮，再顺时钟微调使监测指示灯刚好熄灭就停止调整。

（c）显示 2 时证明主阀开启后未被点燃，此时点火系统还未关闭，未着火原因可能是配风过大，供油不畅或油嘴堵塞，同时应观察燃烧器是否正常着火，如着火而监测指示灯不发光，则应检查光敏管安装位置是否正常或清洗光敏管上污尘。在手动状态下着火后可调整控制板上 RT1 可调电位器，调至监测指示灯发光即可。如果逆时针方向调整电位器监测指示灯不亮，此时应检查光敏管是否良好或更换光敏管。光敏管良好在无光检测时，电阻无限大，大于 $2M\Omega$，亮阻小于 $10k\Omega$。

（d）显示 3 时证明关闭点火系统后主阀熄火，可能是风机配风过大或火焰脱离燃烧器后熄火，此时应关闭系统，调小风门，进行重新点火，同时应检查油压是否正常。

（e）显示 4 时证明是风机电机过流，应检查风机电机过流保护器，先打开控制箱盖按下 JR 29 红色复位开关，检查风机电机过流保护器和三相电源及电机连接线是否正常。检查电机是否正常。检查 B16 油泵接触器 13 和 14 接线端，按下接触器时应良好导通。

（f）显示 5 时证明是油泵电机过流，应检查油泵电机过流保护器，按下 JR29 红色复位开关，检查风机电机过流保护器和三相电源及电机联接线。检查油泵电机是否正常，如电加热器并入油泵系统，应检查电加热器是否正常。检查 B16 油泵接触器 13 和 14 接线端，按下接触器时，应良好导通。

（g）显示 6 时是副阀自动关闭，证明系统工作正常，此时是加热负载的压力、温度、水位等出现超下限信号而自动关闭或二段火开关设定在 1 位。如果加热量加大时二段火开关应转换至 2 位，燃烧机才能进入全功率运行。

（h）显示 7 时证明系统工作正常，主、副阀全部关闭，系统在待机运行，当在 0 和 7 闪烁时，表明低于上限继续待机运行，当负载压力、水位、温度等低于下限时，系统将自动开启，燃重油、原油的燃烧机须保持点火用燃气长期正常供给。

e. 燃烧机操作面板按键说明

（a）"停止"键——又称复位键，按下此键后，燃烧器停止。

（b）"确认"键——在自动情况下。按此键燃烧器自动运行，在手动情况下，此键不起任何作用。

（c）"油泵"键——用来控制油泵的开启和关闭，在手动时按此键，指示灯亮时为开启，再按一下指示灯灭时为关闭。

（d）"加热"键——用来控制电加热器、进油座和油咀座的电加热棒。

（e）"点火"键——在手动时按此键点火变压器开始点火，同时开启点火电磁阀。

（f）"风机"键——用来控制燃烧机上的自带风机，在手动时按此键，指示灯亮时为开启，再按一下指示灯灭时为关闭。

（g）"主阀"键——用来控制燃烧机上的燃油电磁阀。

（h）"副阀"键——用来控制燃烧机上的燃油电磁阀副阀。

（i）"功能"键——用来控制燃烧机的手动和自动的转换，按停止键后按此键，手动指示灯亮时，燃烧机在手动程序待机，自动指示灯亮时，燃烧机在自动程序待机。

注：燃烧机在自动待机情况下，只有"停止"和"确认"键起作用，其他键是不起作用的。

f. 燃烧机常见故障及故障排除（表 3-21）

表 3-21 燃烧机常见故障及故障排除表

故障类型	可能的原因	排除方法
1. 燃烧器不启动	1. 电源线无电压或电压过低； 2. 光敏电阻短路； 3. 控制电路有问题	1. 检查原因并排除； 2. 更换； 3. 检查或更换
2. 火焰不良、有火星	1. 油压太低； 2. 燃烧空气过大； 3. 喷嘴磨损或堵塞； 4. 油温太低	1. 提高油压； 2. 调整电动风门，使风门关小； 3. 更换或清洗； 4. 提高油温
3. 燃烧器喷油，但点火系统不点火	1. 点火电路损坏； 2. 点火变压器损坏无火花； 3. 点火变压器导线松动； 4. 点火电磁阀不启动； 5. 点火气源无气； 6. 点火线路对机壳放电，电极间无火花或火花小； 7. 点火油嘴不雾化或损坏	1. 检查整个电路并修理； 2. 更换变压器； 3. 拧紧或更换导线； 4. 检查线路是否良好，如烧坏需更换之； 5. 加气； 6. 检查放电原因并修复，如脏污引起，清洁脏污； 7. 清洗油嘴或更换
4. 喷油嘴不喷油	1. 电磁阀烧坏； 2. 油温过低，油过不去； 3. 电加热器烧坏； 4. 电磁阀电路故障； 5. 油压过低	1. 更换； 2. 检查油泵前油温，开启回油使油循环； 3. 更换或修复； 4. 检查并排除； 5. 提高油压
5. 炉膛温度上不去	1. 燃烧器太小，炉膛太大； 2. 供风太多； 3. 排烟太快； 4. 油嘴堵塞或太小	1. 换大型号燃烧器或增大油压提高喷油量； 2. 关小风门； 3. 关小排烟门，降低炉膛负压； 4. 清洗或更换
6. 燃烧冒烟	1. 空气不够； 2. 油量过大； 3. 油温太低	1. 开大风门，增加风量； 2. 降低油压或更换油嘴； 3. 提高油温
7. 炉口结焦	1. 炉口过小； 2. 火焰筒安装不同心； 3. 火口内有障碍物	1. 按安装要求更改； 2. 装正，使之同心； 3. 清除障碍物
8. 火焰筒内结焦	1. 风压过低； 2. 风中含粉尘； 3. 油雾过粗	1. 提高风压，清洁火焰筒进气通道； 2. 清洁风机进风口； 3. 提高油温油压

5. 超导炉操作规程

（1）点炉前的检查工作

①检查炉管、燃烧道、防爆门、看火孔等无变形和其他异常情况，防爆门开关灵活。

②检查密封部位无泄漏、紧固件无松动、焊接处无外观缺陷、烟囱绷绳紧固无倾斜。

③检查确认燃料油工艺流程、上水流程、外输加热流程、排污流程畅通。

④检查电气系统完好、水位计照明良好。

⑤检查燃料油泵、电加热器等设备完好。
⑥检查燃烧器安装牢固。
（2）点炉前的准备工作
①导通上水流程，向炉内应加入软化水，水量应在液位计显示的中间位置为最佳，检查两液位计显示一致。
②导通燃料油循环加热流程，控制油温在70℃左右。
③导通油管进出口阀，确保油流畅通。
④准备好点炉用具。
（3）点炉操作
①按停止键。
②按自动/手动切换键，选定手动指示灯亮。
③按油泵键，油泵指示灯亮。
④打开燃料油进加热器阀门。
⑤按油泵键，对加热器内原油加热至设定温度（120~150℃）。
⑥打开放油阀对火嘴连接软管处死油放空。
⑦按风机键（备B亮，风门关闭），风机启动（备A亮，风门开启）。
⑧待风机吹扫1min后，打开气瓶阀门，按点火键，点火指示灯亮，燃气点燃。
⑨观察燃气点燃后按主阀键，燃料油引燃。
⑩按自动/手动切换键转至自动状态，燃烧器正常工作。
（4）运行调节和检查
①调节合适油风比例，使燃料油雾化良好，烟囱冒烟正常。
②控制超导炉工作压力应小于0.09MPa。
③控制燃烧器燃料油压力（1.0 MPa≥燃料油压力≥0.6 MPa）。
④控制超导热管加热炉正常工作温度（出口温度≤90℃）。
⑤观察炉内温度、排烟温度（≤150℃），进出油温度，当与正常值偏离较大时，应及时处理，并做好记录。
⑥定时观察水位，当水位低于规定水位线时，应及时补充软化水，避免烟管干烧。
⑦观察水位时，若发现液位计内有油污，应及时关闭燃烧器，查明原因，及时排查解决。
⑧炉上的压力表、安全阀应定期校验，每年两次，确保超导热管加热炉正常运转。
⑨常打开排污阀，以排除燃烧系统中的污垢，排空后要立刻关闭。
（5）停炉操作
①关闭燃料油阀门，熄灭火嘴。
②风机继续吹扫一分钟，按停止键关闭燃烧器。
③保持炉管内油流继续流动。
（6）超导热管加热炉长期停用期间，应排净炉内软化水，并用压缩空气吹干，在炉内充入0.05MPa的空气用来缓解炉内部腐蚀。
（二）真空相变管式加热炉
真空相变管式加热炉采用真空超导热原理吸收热量，利用相变实现热交换，该产品具有耐高温、传热效率高、使用寿命长、无压、安全可靠等特点。

因为传统的水套加热炉存在水容量大、升温慢、外型尺寸大、钢材耗量大、成本高、火筒作为燃烧室燃烧条件差、烟风阻力较大等缺点,所以目前多采用了真空相变管式加热炉,以替代传统的水套加热炉。

1. 结构特点

真空相变管式加热炉主要由列管屏蔽鼠笼式加热器、壳体、烟囱、炉膛、管板、防爆门、支架、耐火保温层和配套燃烧器等构成,如图3-25所示。列管采取穿心管结构,在内管和套管之间形成密封的空腔,内管与内管之间用弯头连通,套管与套管横向间用屏蔽板满焊相连,在套管的两端用管板焊接在一起,短屏蔽板与管板之间形成烟气出口,这样列管、管板、弯头组成了形似鼠笼式列管屏蔽加热器。在列管屏蔽加热器中,加热元件为列管,列管的结构为穿心管结构,内管穿过套管,内管与套管之间形成密闭的环形空间,列管上的套管为装有超导介质的真空超导热管,内管为走被加热介质的无缝钢管。它是一种航天热管技术,综合了传统水套加热炉和管式加热炉优点的油田专用加热炉。它结合了真空和超导两项技术,其热载体选用了低温沸腾的超导液(沸点为620℃),加上真空降低沸点的作用,使超导液在46℃左右沸腾,大大提高了相变换热效率。

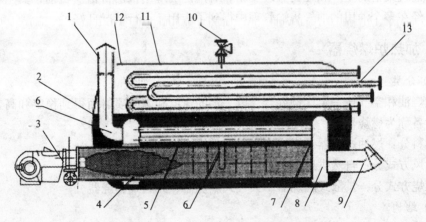

图3-25 真空超导管式加热炉结构示意图

1—烟筒;2—超导液;3—燃烧器;4—火筒;5—烟管;6—次换热管;7—油盘管;8—后烟管;9—防爆阀;10—真空安全阀;11—工质蒸汽;12—前烟管;13—油盘管(水或气盘管)

2. 工作原理

燃烧器将燃料充分燃烧,热量经加热炉火筒及烟管传递给炉壳内中间介质水,水受热沸腾由液相变为气相蒸发,水蒸气逐步充满炉体的气相空间,由于盘管内被加热介质及管壁温度远低于蒸汽温度,从而使蒸汽在盘管外壁冷凝,并把热量传递给盘管内的介质。冷凝后的水在重力作用下落回水空间。如此循环往复,实现了相变换热过程。

(1)利用类似管式炉的传热工艺,燃料在列管屏蔽鼠笼式加热器的内膛炉膛内燃烧,直接给真空超导管加热,达到传热快、传热效率高的目的。

(2)利用航天科技中真空超导管的超常高效传热技术,大大提高吸热效率。以超导管内工质(超导液)吸收燃料燃烧产生的辐射热,使工质汽化后再冷凝放热,对被加热介质进行加热,使其受热均匀,加热管不会产生局部过热,达到类似水套炉间接换热目的。

(3)利用科学的烟气回程设计,增加烟气与超导热管的接触面积和停留时间,增加烟气的传热效率和折返流程,有效降低排烟温度。

3. 工作特点

(1) 高效、节能、经济。由于采用领先的真空和超导技术,加上合理的结构设计,大大提高了真空超导管式加热炉的换热速度和换热面积,实现了高达85%的热效率,与同功率的水套炉相比,可节省燃料20%以上,并且保持了被加热介质吸热均匀的特点。在全封闭状态下运行,水一次性加入,基本不需要补水,热阻小,热损失小。

(2) 运行安全可靠。真空相变管式加热炉的超导液为不可燃液体,没有燃烧爆炸危险,而且超导液对金属没有腐蚀作用。走液管加热均匀,无局部过热,安全可靠。可以在微负压的状态下运行,不存在承压。

(3) 方便生产管理。现场使用过程中,在液体流量和天然气量相对稳定时,将加热炉调节正常后无需管理。加热炉内超导液处于密封状态下工作,没有消耗损失,无需添加,而且性能稳定。超导液在零下50℃亦不会冻结,无需像水套炉一样停炉后放水。

综上所述,真空相变管式加热炉具有体积小、升温快、热效率高、安全可靠、管理方便的优势。可以很好地取代传统水套炉进行油田地面集输系统油气水及其混合物的加热,适合油田油气集输的生产和经营管理要求,有广泛的应用推广价值。目前,真空相变管式加热炉已经在多个油田的油气集输管理中得到了应用,运行情况良好。

四、加热炉燃烧器

(一) 分类

把燃烧油和空气按一定比例混合,以一定的速度和方向喷射而得到稳定和高效的燃烧火炬的设备称为燃烧器。

以燃料分:燃油燃烧器、燃气燃烧器。

以通风方式分:自然供风燃烧器、鼓风式燃烧器、无焰式燃烧器。

以燃烧方式分:扩散式燃烧器、大气式燃烧器、无焰式燃烧器。

(二) 结构

(1) 扩散式燃烧器:主要包括配风套筒、调风板、燃气分流器等三部分。它适用于小型负压燃烧炉。其工作原理是:燃气进入燃气分离器后,经燃气分流器前端小孔喷入炉膛,与从进风接口筒吸入、经配风套筒供给的空气边混合边燃烧。

(2) 无焰式燃烧器:主要由调风板、引射管、可燃物分流器、燃烧道等组成。它适用于较低负荷的负压加热炉。其工作原理是:燃烧器从燃气喷嘴进入引射管,由于喉管的收缩和扩张而产生速度后从喷口喷出。燃气燃烧所需的空气依靠燃气喷出时产生的动能,通过引射管吸入,燃气和空气经过充分混合,由喷口进入燃烧道进行燃烧。

(三) 常用燃烧器及技术要求

输油系统常用油燃烧器有 B 型比例调节燃烧器、旋杯式燃烧器、机械雾化燃烧器、蒸汽雾化燃烧器等。现就这几种燃烧器的雾化机理、性能、使用要求、优缺点加以介绍,以便工作中掌握。

1. 常用燃烧器

(1) B 型比例调节燃烧器

B 型比例调节燃烧器由外壳、托座、风嘴、油嘴、油管轴及刻有不同深度 V 形槽的旋塞芯等组成。

B型燃烧器利用鼓风机把全部或大部分燃烧所需的空气加压并作为雾化剂输入喷嘴进行三级雾化。所谓三级雾化就是燃油在喷出油嘴之前三次与雾化空气相遇,利用高速(80~100m/s)雾化空气的动能冲击燃油使它雾化。

一级雾化:由风管送入喷嘴的雾化空气通过油嘴上的切线小孔,使雾化空气形成旋转涡流。由旋塞芯V形油槽流出的燃油,从前方的直孔出来后就与高速旋转的空气涡流相遇。这时,雾化剂对燃油流作用一个剪切力,使燃油局部形成汽穴现象,而使油雾化。急速旋转的涡流的个别部位,气流速度增高而形成负压,油气蒸发出来形成气泡的现象称为汽穴现象。汽穴现象可加速油流分裂。

二级雾化:当一级雾化空气带着油雾从油嘴喷出后,又与风嘴喷出的旋转涡流相遇,形成第二次雾化。

三级雾化:经两级雾化后的油雾——空气混合物流出喷嘴后,即与由外壳喷出的直流风相遇,这股直流风和油雾——空气混合气流也有一定的交叉角,在冲击力和摩擦力作用下形成三级雾化。

燃油通过B型燃烧器雾化后,向炉膛内喷出的雾化炬为旋转的圆锥型,雾化炬沿逆时针方向旋转。低压空气雾化中影响雾化作用的主要因素有:雾化剂与燃油的速度差,油嘴喷出油流与雾化气流间的相互流向和交角、雾化剂密度、燃油温度和表面张力、雾化剂与燃油接触和作用的时间与面积、雾化剂与燃油的重量比等等。

(2)旋杯式燃烧器

旋杯式燃烧器由带有叶轮和转杯的轴承及主轴后端小皮带轮所组成。燃烧器配装的电动机轴上也带有皮带轮。燃烧器主轴上的小皮带轮与电动机轴上的皮带轮之间由三角皮带相连,组成动力传动系统。电动机转动,带动燃烧器主轴旋转。主轴转速为500~5000r/min。其结构如图3-26所示。

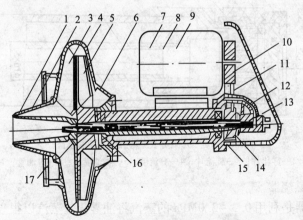

图3-26 旋杯式燃烧器结构示意图

1—旋杯;2—一次风嘴;3—导风室;4—风机;5—风机叶轮;6—进风室;7—空心轴;
8—外壳;9—电动机;10—电动机皮带轮;11—皮带;12—进油体;13—中心给油管;
14—旋杯皮带轮;15、16—密封垫;17—连杆

燃料油由油泵送入进油体,并通过进油管喷入高速旋转的转杯内,在转杯离心力的作用下,油在转杯内形成一层紧贴于杯壁的油膜,油膜离开杯口时成细粒状切向飞出,形成

初步雾化；另一方面，因叶轮高速旋转所产生较高风压、风速的一次风，在导风嘴导流片作用下，使初级雾化的油粒在风嘴口受到与转杯方向相反的高速一次风的摩擦冲击，进一步使油粒细化，并且与空气强烈混合呈一定锥状的油雾喷入炉膛。燃烧时火焰中心形成一个回流区，稳定油雾的燃烧。旋杯式燃烧器的性能特点是：

①负荷调节比大。燃油器的最大喷油量与最小喷油量之比称为负荷调节比。负荷调节比大能减少停炉的次数，延长炉子的寿命。

②对油质要求不高，重油、渣油、轻油等均可使用。

③操作方便，供油系统压力低，可用低压泵或高压油箱输送燃油，并且便于风油比例调节和点火自动控制等。

④选择不同角度导流片的一次风嘴，可调节火焰长短、粗细。

⑤燃油经较大的喷油孔喷至转杯，要求燃油黏度在 8°E 左右，一般情况下，重油、原油需加温到 60~80℃，渣油需加温到 100~120℃。

⑥噪音比机械雾化大，比蒸汽雾化小。

（3）机械雾化燃烧器

机械雾化燃烧器又称为压力雾化燃烧器，它又可分为简单压力式和回油式二种。在长输管道加热炉上主要使用回油式压力雾化燃烧器。现以回油式压力雾化燃烧器为例，说明其工作原理、结构等。

该燃烧器由燃油管送来具有一定压力（0.3~3.0MPa）的燃油，经分盘导入雾化片，雾化片上有缘线槽、旋涡室和喷孔。由于燃料油具有一定的压力，因此，在沿雾化片切线进入旋涡室时，便开始转化为动能。燃油在旋涡室作圆周运动后，由喷孔射出，并产生径向分压（离心力），由于该力超过了液体表面的张力，同时在空气的作用下促使油膜在喷孔边缘破裂，形成极细的油雾颗粒，同时形成一个空心的圆锥型雾化炬。其结构如图 3-27 所示。

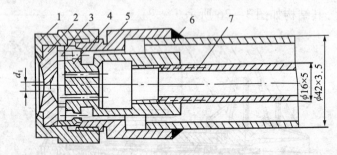

图 3-27 机械雾化燃烧器结构示意图
1—螺帽；2—雾化片；3—旋流片；4—分流嘴；5—喷油嘴座；6—进油管；7—回油管

（4）蒸汽雾化燃烧器

蒸汽雾化燃烧器是利用 0.3~3.0MPa 的蒸汽将油雾化。蒸汽以很高的速度从燃烧器喷出，使油滴粉碎成细小颗粒。早期的蒸汽喷嘴如图 3-28 所示，油从中心管 1 流出，套管 2 接蒸汽。油管的位置可用手轮前后调节，从而改变蒸汽出口截面积。这种喷嘴结构简单，制造容易，对油的黏度和过滤要求也不高。

燃油锅炉上也有采用 Y 型蒸汽雾化燃烧器的，其结构如图 3-29 所示。在 Y 型燃烧器中，蒸汽通过内管 6 流入汽孔 8，油从外管 5 流入油孔 7，然后在混合孔 9 内油和蒸汽相会雾化，喷入炉膛。

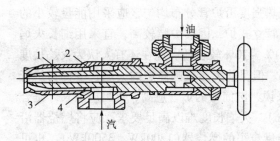
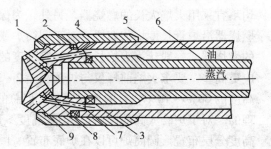

图3-28 蒸汽雾化燃烧器结构示意图
1—油管；2—蒸汽套管；3—定位螺丝；4—定位爪

图3-29 Y型蒸汽雾化燃烧器结构示意图
1—油嘴头；2、3—垫圈；4—螺帽；5—外管；
6—内管；7—油孔；8—汽孔；9—混合孔

2. 燃烧器的技术要求

加热炉的燃烧设备是由燃烧器和炉膛(亦称燃烧室)组成。燃烧器的作用是把燃油和空气按一定比例，以一定速度和方向喷出，以得到稳定和高效率的燃烧。炉膛是供燃油燃烧的空间，它的作用是使燃油燃烧放出热量，并将热量传递给布置在炉膛四周的辐射段炉管，使烟气在离开炉膛时得到应有的冷却。那么燃烧器燃烧时必须满足以下要求：

(1) 燃烧器应与燃料特点相适应。

一般长距离输油管道考虑燃料来源的方便，经常直接取管道输送介质原油作为燃料，所以应选择适合原油为燃料的燃烧器。而靠近油田的首站或途径气田的中间站可能取天然气或油田拌生气作为燃料，以降低输油成本，这时可选气体燃烧器，但如果气体来源并不能长期保证，可选油－气联合燃烧器，以便气源中断时改烧管道内的介质原油。有的输油末站靠近炼油厂，可能有大量渣油、重油、炼厂气可以使用，一般选用性能较广的油－气联合燃烧器为好。应该选用雾化效果好的蒸汽雾化油喷嘴。

(2) 燃烧器应满足工艺生产要求。

首先，燃烧器的能量(发热量)应满足输油热负荷的要求。确定燃烧器数量时，其总能量应比管式炉所需燃料供热量多20%～25%，以便在个别燃烧器停运检修时，仍能保证加热炉的操作负荷不致下降。其次，输油管道管式炉的炉管内，通常都是容易结焦或变质的原油或导热油，设计和布置燃烧器的一个重要原则就是保证炉管不致局部过热。这就要求燃烧器的火焰形状稳定而不飘动，火焰不舐管。布置燃烧器时，应使火焰不过分靠近炉管。管式炉的炉管表面热强度是否均匀，直接影响炉子操作周期和炉管寿命。因此设计和布置燃烧器的另一个要求就是要力求使炉管表面热强度均匀。这就要求根据不同的炉型和工艺条件，采用不同的燃烧器，并进行合理布置。此外，管式炉操作周期一般都较长。其所用的燃烧器也应是能长周期运转的。燃烧器的油喷嘴和燃料气喷嘴均应能在不停炉的情况下拆下维修，并能方便地安装。

(3) 燃烧器应与炉型配合。

管式炉的炉型与燃烧器是密切相关的。不同的炉型要求不同的燃烧器与之配合。反之一种燃烧器也只适用于一种或几种炉型。如果燃烧器与炉型不匹配，就会使炉子结构不合理，甚至难以满足工艺要求。

圆筒炉、立式炉、斜顶炉和方箱炉，由于炉膛较大，一般采用圆柱型火焰的燃烧器，集中布置在炉底或侧墙上。但立式炉炉膛高度不高，斜顶炉和方箱炉炉膛深度有限，因此均不宜采用火焰太长的燃烧器。另外，为保证热强度沿炉管分布均匀，应采用能量较小的燃烧器沿炉管长度均匀布置。对于圆筒炉或立管立式炉，因其炉膛较高，宜采用细长火焰的燃烧器。一般认为火焰长度为炉管高度的60%~70%较合适。现在还有人认为火焰长度应更高些，要求火焰前峰仅与炉顶相差2~3m。但目前大多数圆筒炉的火焰长度仍为炉管高度的60%~70%，有的还要短些。但总的来说，圆筒炉的炉管愈高，火焰应愈长才是合理的。对于炉管太高的圆筒炉（炉管高度>16m），火焰长度难以满足要求，应将燃烧器沿高度分层布置。圆筒炉可以在炉底布置一圈能量较小的燃烧器（1200kW、3500kW），也可在炉底中心布置三个甚至一个大能量燃烧器。

采用附墙火焰的立式炉和阶梯炉等需要用扁平火焰的燃烧器。而无焰炉则采用板式或辐射墙式无焰燃烧器。由于此种炉型要求烧烧器均匀地或按一定要求分区布置在大面积的辐射墙上，因此燃烧器的数量必然很多，而每个燃烧器的能量则很小。

大型化的管式炉，需要用大能量的燃烧器，以减少燃烧器的数量，便于操作维护和自动控制。

（4）燃料和空气得到充分混合，在燃烧过程中使气体不完全燃烧损失，固体不完全燃烧损失应尽量低。

（5）燃烧连续、稳定和安全，燃烧器在运行中不应发生结焦、灭火、爆燃（打呛）等现象。

（6）调节幅度大，能适应调节设备负荷的需要。运行中调节机构灵活可靠，操作简便。

（7）结构简单、运行可靠、能耗低、价格便宜、易于维修，并易实现燃烧过程的自动控制。

（8）燃烧器应满足节能和环保要求。

燃烧器是管式炉的供能设备，它当然应该满足节约能源的要求。这就要求燃烧器尽可能地减少自身能耗，并在尽可能少的过剩空气量下达到完全燃烧。燃烧器也是污染源，燃烧产生的SO_2和NO_2会污染大气，SO_2还会造成炉子低温部位的腐蚀。为了满足环境保护方面的要求，除采用低氧燃烧外，还应控制空气预热温度和燃烧温度。国外管式炉已开始采用分段燃烧的低NO_2燃烧器。另外，燃烧器还应降低噪声，以减少噪声污染。

第三节　储油罐

一、储油罐的分类

储存原油及其产品的容器称为油罐。目前，国内外油罐种类越来越多，容量越来越大，各种油罐大致可分为以下几类。

（一）按使用材质分类

1. 非金属油罐

凡是用非金属材料作为建罐主要材料的油罐均为非金属罐，常见的有砖砌油罐、钢筋混凝土油罐等，这类油罐大多数建于地下或半地下，多用于储存原油和重油。

（1）非金属油罐的优点为钢材耗量小，便于就地取材；较隐蔽，原油蒸发损失小；耐腐蚀性能比金属罐强。

（2）非金属油罐的缺点为易发生渗漏，不适于储存轻质原油；抗拉性能差，当罐底发生不均匀沉陷时，罐底及罐壁易发生裂纹，修复很困难；投资大，施工周期长，清理罐底沉积物困难。

2. 金属油罐

金属罐一般为钢质油罐，常用的有立式圆柱形和卧式圆柱形金属罐。这种油罐大都建在地上。金属罐具有安全可靠、不易渗漏、施工方便、施工期短、投资少、适宜于储存各类油品等优点。但耗用钢材量大，一般不宜建造在地下洞穴等潮湿条件下。

（二）按结构形式分类

1. 立式圆柱形油罐

立式圆柱形金属油罐按其顶盖形式可分为四种类型。

（1）锥顶油罐

油罐顶盖呈锥体形，一般锥度为 1/20～1/40。根据油罐直径的大小，顶盖有不同的承重形式。这类罐一般承受压力为 2.0～-0.25kPa。

①自承荷重的锥顶油罐。罐顶用 2.5mm 厚的钢板焊接成圆锥形的薄壳，其重量直接由锥顶传向罐壁，由罐壁传至地基。

②桁架式锥顶油罐。顶盖重量由顶板下桁架来承担，并经罐壁传向地基。其结构形式如图 3-30 所示。

③梁柱式锥顶油罐。顶盖的重量由设在罐内的梁柱来承担，经梁柱、罐壁传递给基础。

（2）悬链式无力矩顶油罐

油罐的顶盖是用 2.5mm 厚的薄板，由中心立柱和罐壁支承成悬链曲线状。中心柱立于焊在罐底中心的导向套管中。这种悬链曲线状的顶板只受拉力，不出现弯曲力矩，故称为无力矩顶油罐。油罐储油时，由于温度变化或收发油而引起油罐内气体空间压力变化时，罐顶随之升降一定距离，以调节气体空间体积，降低原油的蒸发损失。但由于顶盖上、下移动，容易产生疲劳破坏，且罐顶挠度最大部位易存积雨水，若清理不及时，往往造成较严重的腐蚀。其结构形式如图 3-31 所示。

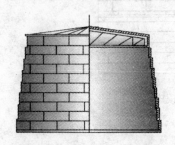   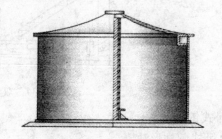

图 3-30　桁架式锥顶油罐　　　　　图 3-31　无力矩顶油管

（3）拱顶油罐

拱顶油罐的顶是薄壳钢结构，呈圆拱形。顶盖本身就是承重结构，具有较大的刚性，能承受较高的内压，最大可达 0.01MPa，有利于降低油品的损耗。罐内无桁架和支柱，结构简单，节省钢材，便于备料和施工，应用广泛。拱顶油罐承压能力较高，正压为 2.0kPa，负压为 0.5kPa。拱顶型式有两种：一种是横截面为圆弧拱，实际上其为球壳的一部分，故也称为球顶罐；另一种是横截面由三个圆弧组成。中间圆弧大，两端圆弧小，故称为准球顶。这两种结构的罐如图3-32所示。

（4）浮顶油罐

油田矿场原油库和长输管道首末站，原油周转频繁，为了尽量消除油罐中的气体空间，减少油品的蒸发损耗，近年来较多地采用了浮顶油罐。这种油罐的顶盖浮在油面上，并随着油面的变化上下浮动，故称为浮顶油罐，浮顶与油面基本上不存在气体空间，油品不蒸发，故基本上消除了大小呼吸损耗。与同容积固定顶油罐相比较，蒸发损耗明显下降，收效显著。建造浮顶油罐比拱顶油罐耗费钢材多，投资大。但在收发作业频繁的站库等装置，采用浮顶油罐仍然是经济合理的。浮顶油罐具有减少大小呼吸损耗、降低火灾危险、降低油罐腐蚀的优点。

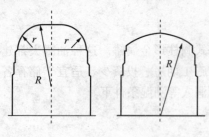

图3-32 球顶、准球顶

浮顶油罐按其浮顶结构可分为两种，即浮船式和双盘式，如图3-33和图3-34所示。

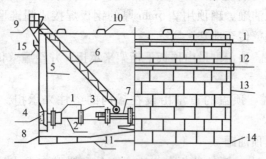

图3-33 浮船式浮顶罐

1—浮舱（浮船）；2—单盘板；3—浮船支柱；4—密封装置；5—量油导向管；6—浮梯；7—浮梯轨道；
8—折叠排水管；9—罐顶平台；10—泡沫消防；11—抗风圈；12—加强圈；13—罐壁；
14—罐底；15—盘梯

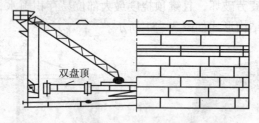

图3-34 双盘式浮顶罐

2. 卧式钢罐

（1）卧式圆柱形油罐

它由圆柱形罐身和两个端盖组成。端盖一般分平盖和蝶形盖两种，少数采用锥形盖。在油田使用较多，站库的燃料油罐、缓冲罐，加油站的轻油储罐，小型轻烃储罐采用卧式油罐。

（2）滴形卧式罐

它是根据水滴形状建造的卧式罐。

（3）椭圆形卧式油罐

油罐的横截面为椭圆形，端盖有平盖、蝶形和椭圆形三种。

3. 双曲率油罐

一般指滴形罐和球形罐。球形罐如球状,如图3-35所示,多用于储存液化气。滴形罐成水滴形状,如图3-36所示,多用于储存轻质油。

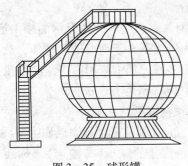

图3-35 球形罐

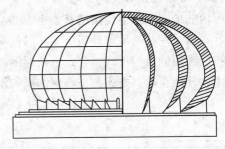

图3-36 滴形罐

二、金属油罐

(一) 结构特点

1. 油罐基础

建造钢罐地基的土壤,要求地质情况均匀,密实性好,土耐压根据油罐高度确定,一般不小于$10\sim18t/m^3$,休止角(土壤自然堆放的坍塌度)不小于30°,地下水位低于基槽底面30cm。若满足不了上述条件的土壤,应作特殊条件处理,以防发生不均匀沉陷或基础破坏。油罐基础最下面是素土层,往上是灰土层、砂垫层和沥青砂层。基础的直径一般比油罐的外径大144~200cm。

油罐装油后,基础将发生下沉。随地基土壤孔隙比的不同,油罐的沉陷量也不同,严重时,下沉量可达数十厘米,甚至更多。因此$5000m^3$以上油罐必须做好与管道的弹性连接,以免油罐下沉时扯断管道。砂质土的沉陷较快,一般在油罐的试水阶段基础沉陷就可达到稳定。油罐注水试验应持续72h,要求基础均匀沉降,沉降量应不超过50mm,72h后如发现基础仍有明显沉降,就应延长注水试验时间。

2. 底板

油罐的底板直接座落在沥青砂层基础上。立式圆柱形油罐装油时,液柱压力和本身的重量均经底板直接传给地基,底板只受简单轻微的压力。底板的强度,一般不作主要考虑因素。但是底板的外表面与基础接触容易受潮,底板的内表面又经常接触油料中沉积的水分和杂质,所以底板容易受到腐蚀。再加之底板不易检查和修理,所以,尽管它不受力,考虑到底板的腐蚀、焊接和地基不平产生弯曲等因素,油罐底板常采用4~8mm厚的钢板,钢板厚不得小于4mm。对于底板的边缘,由于和壁板连接,受力比中间底板大且复杂,因而边缘底板厚度一般大于中间底板。容积不超过$3000m^3$的油罐,边板取4~6mm,容积为$5000\sim50000m^3$的油罐,边板厚度取8~12mm。

3. 罐壁

罐壁是油罐的主要受力部件。罐壁的厚度与油罐的高度、直径和油品的密度成正比,一般是按静水柱压头分布来考虑,下部钢板厚,向上逐渐减薄。考虑到油罐的稳定和材料的强度、焊接强度等因素,其最小厚度不小于4mm。我国现行设计采用的罐壁顶圈板厚度是根据油罐的容积确定的容积不大于3000m³的油罐采用4~5mm,容积为5000~10000m³的油罐采用5~7mm,容积为10000~50000m³的油罐采用8~10mm,罐壁底圈的厚度最大。为保证壁板和罐顶以及和罐底板的焊接质量,常在顶部设角钢加强环。

(二) 常用的几种金属油罐

国内陆地输油管道使用的基本上都是立式圆柱形钢油罐。立式圆柱形钢油罐由底板、壁板、顶板及一些油罐附件组成。其罐壁部分的外形为母线垂直于地面的圆柱体,故而得名。按照罐顶的结构形式,立式圆柱形钢油罐又分成很多种,其中应用最广泛的是拱顶油罐和内、外浮顶罐。立式圆柱形钢油罐的设计容量从100m³到几十万m³。

1. 立式圆柱形拱顶油罐

输油管道上应用的立式圆柱形拱顶钢罐如图3-37所示。拱顶罐的顶盖是单圆弧的球顶(球缺形),球缺半径一般取油罐直径的0.8~1.2倍。所以,也叫球顶罐。拱顶本身是承重构件,有较大的刚性,能承受较高的内压,有利于降低油品蒸发损耗。一般的拱顶油罐可承受2kPa压力,最大可至10kPa。拱顶顶板厚度为4~6mm。最大经济容积一般为10000 m³,容积过大则拱顶矢高较大,单位容积的用钢量反而比其他类型的油罐多,而且不能

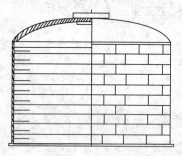

图3-37 5000m³立式圆柱形拱顶

储油的拱顶部分过大会增加油品的蒸发损耗,故不推荐建造超过10000 m³的拱顶油罐。我国拱顶油罐规格如表3-22所示。

球形拱顶的截面呈单圆弧拱,它由罐顶中心板、扇形顶板和加强环组成。为防止在拱角处产生很大的压力而破坏油罐,装油高度只能达到加强环处,拱顶内部不易装油。

表3-22 我国拱顶罐规格

序号	公称容量/m³	油罐底层外径/mm	油罐底板直径/mm	罐壁高度/mm	总高度/mm	油罐总重/kg
1	100	5340	5410	5516	5979	6235
2	200	6540	6620	6874	7436	6697
3	300	7758	7830	7074	7920	9681
4	500	8992	9063	8815	9794	14797
5	700	10272	10343	9415	10533	18316
6	1000	11592	11680	10585	11847	26508
7	2000	15797	15881	11375	13105	45102
8	3000	18602	18700	12308	14408	60215
9	5000	22748	22860	13648	16249	98370
10	10000	30166	30290	14078	17364	186550
11	20000	40608	40720	15608	20029	331094

在金属罐中,立式圆柱形油罐具有建造容易,施工速度快,在同样容积下材料最省,且罐壁高度的大部分仅受环向拉力等优点,因此应用比较广泛。

2. 锥顶罐

输油管道上使用的锥顶油罐采用大容积平锥顶梁柱式钢油罐,其结构如图3-38所

示。油罐顶盖和一般木结构屋相似,是由顶板椽檩和立柱等构件组成,如图3-39所示。顶盖锥度由中心柱、内外立柱和壁板支承角钢之间相互交叉构成,目的在于排除雨水。一般,顶盖取1/20~1/40的锥度。

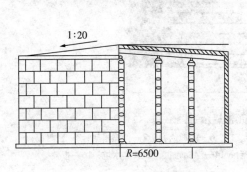

图3-38 梁柱式锥顶罐结构图

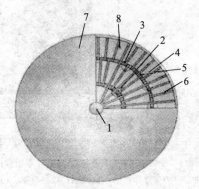

图3-39 油罐顶盖结构示意图
1—中心立柱;2—内立柱;3—外立柱;4—罐壁;
5—内外檩;6—椽;7—顶板;8—底板

3.(外)浮顶油罐

输油管道的首末泵站由于储存量大,收发油作业频繁,为了减少油品蒸发损耗,降低火灾危险,现广泛使用钢浮顶油罐。这种油罐顶盖浮在油面上,随罐内油位升降,由于浮顶与油面间几乎不存在气体空间,因而可以极大地减少油品蒸发损耗同时还可以减少油气对大气的污染,减少发生火灾的危险性。尽管建造浮顶油罐所用的钢材和投资都比拱顶油罐多,但可以从降低的油品损耗中得到抵偿。所以,浮顶油罐被广泛用来储存原油、汽油等易挥发油品。国内输油管道多采用5000m^3、10000m^3、20000m^3、50000m^3、100000m^3、150000m^3等容积的浮顶油罐。其主要数据见表3-23。

表3-23 我国浮顶油罐规格

序号	公称容量/m^3	油罐底板直径/mm	油罐内径/mm	罐壁高度/mm	油罐总重/kg
1	1000	12100	12000	9520	36817
2	2000	14600	14500	12690	54770
3	3000	16620	16500	14270	74050
4	5000	22120	22000	14270	123360
5	10000	28640	28500	15850	199027
6	20000	40640	40500	15850	327200
7	30000	46140	46000	19350	508084
8	50000	60160	60000	19350	898684
9	100000	80286	80000	21800	1950500

(1)浮顶油罐结构

外浮顶油罐浮顶的上方是完全敞口的。浮顶结构有单盘和双盘两种形式。容积10000~200000m^3的油罐采用单盘式浮顶。单盘式浮顶的外圈是双层,浮盘中心部分则是单层钢板。双浮盘顶为上下两层的圆形浮舱。所有浮舱,不论是单盘或双盘,都要用径向隔板分成若干个互不连通的隔舱，以防个别隔舱渗漏造成浮顶下沉。图3-40为单盘式外浮顶油罐示意图。

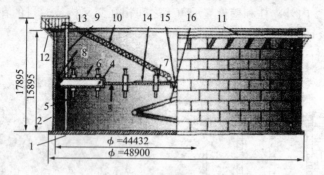

图3-40　单盘式外浮顶油罐示意图
1—底板；2—罐壁；3—浮船单盘；4—浮船船舱；5—浮船支柱；6—船舱人孔；7—伸缩吊架；8—密封板；
9—量油管；10—浮梯；11—抗风圈；12—盘梯；13—罐顶平台；14—浮梯轨道；15—集水坑；16—折叠排水管

浮顶下面有许多支柱，当液面下降到距罐底一定高度时，支柱将浮盘支承住，不使浮盘落到罐底上，以利对浮盘和罐底进行检修。一般支柱高度为1800mm。浮盘中心稍呈凹形，向中心坡度一般不小于15%。下雨时，浮顶上积聚的雨水便于汇集到浮顶中间，通过浮顶下面的可随浮顶升降和伸缩的排水折管排至罐外。而底板的坡度则是为了使油面上的油气汇集于单盘边沿，以利从透气阀排出。另外，油罐顶部装有防风圈和加强圈，以增强罐壁强度。油罐上壁的顶端还有供操作人员走向罐顶的活动扶梯。浮顶升降时，扶梯能沿罐顶上的专设扶梯导轨滑动。

为保证浮顶能随液面的升降上下移动，在浮顶与周围罐壁间应留有200~300mm间隙。在浮顶间隙处，浮顶外缘装有密封装置以防原油蒸气从这个间隙中逸出。

油罐容积较大时，为了节省钢材，在保证有足够浮力的条件下，浮顶一般为单层浮顶，其周边上也做成双层浮舱，除中间部分为单层钢板外，其余设施与双层浮顶相同。

（2）密封装置分类

浮顶罐在结构上一般差别不是很大，其主要区别在密封装置上。而浮顶油罐使用效果的好坏很大程度上取决于密封装置的可靠性及严密性。密封装置分类见图3-41。

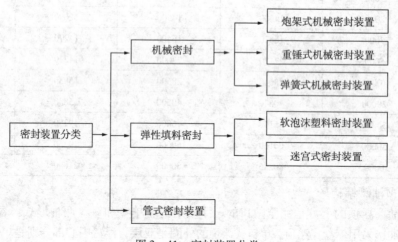

图3-41　密封装置分类

(3) 浮顶罐的优缺点

①原油蒸发损失小。由于浮船浮在油面上，气体空间不大，减小了原油的蒸发。温度升高，油气集于单盘下面的空间，温度降低时又可凝结到原油中。同时，这部分油气又起到绝缘冷却作用，防止油气继续蒸发，大大降低了原油蒸发损耗。

②油罐容积的利用率高。在原油充到接近油罐包边角钢时，罐的浮顶密封装置有一部分可伸到罐壁外面去。浮顶随液面降到最低位置时，由于自动通气阀的开启，液面还可以继续降到出油口的位置。因此，油罐容积的有效利用率比一般油罐高。

③火灾危险性小。浮顶直接接触油面，顶下无空气空间存在，基本消除了大小呼吸损耗。由于油的顶上聚积油气较少，且浮顶又是一个密封的整体，因而，发生火灾的危险性较小。

浮顶油罐的缺点是消耗钢材比较多，结构比较复杂，造价高，施工周期长。

4. 内浮顶油罐

内浮顶油罐是在固定顶油罐和浮顶油罐的基础上发展起来的。在罐体外形结构与拱顶油罐大体相同。与浮顶油罐相比它多了一个固定顶，这种油罐既有固定顶盖，又有内浮顶。对改善原油的储存条件，特别是对防止雨水杂质进入油罐和减缓密封圈的老化有利。内浮顶油罐兼有固定顶油罐和浮顶油罐的优点：它和浮顶油罐一样，可以减少油品的蒸发损耗，由于油品在固定顶和内浮顶的双重保护下，蒸发损耗比浮顶油罐还要小，与固定顶油罐相比，可以减少蒸发损耗 90% 左右；内浮顶油罐因有固定顶保护有效阻挡了雨、雪、风沙对油品的污染，不需要做专门的排水折管，更有利于保证储油质量，特别是在雪载荷或风沙比较严重的地区，敞口浮顶罐难以正常工作，内浮顶油罐克服了这种缺点。

内浮顶罐是在拱顶罐中加设内浮盘构成的，浮盘的结构和作用与外浮顶罐相同，如图 3-42 所示。内浮顶可以用钢板或铝板制成，也可以采用玻璃纤维增强聚酯及环氧物、硬泡沫塑料或各种复合材料制造。浮顶可做成隔式仓、浮船仓和浮盘式等。浮顶密封一般采用弹性材料密封圈。为了导走浮顶上积聚的静电，应在浮顶与罐体之间设置静电导

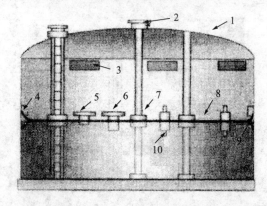

图 3-42　内浮顶油罐示意图
1—罐顶；2—罐顶通气孔；3—罐壁通气孔；4—密封装置；
5—单盘人孔；6—自动通气孔；7—罐顶立柱；8—内浮顶；
9—导向板；10—浮盘立柱

出装置，要求所用的静电导线不但挠曲性能良好，而且应使连接接头牢靠，导电性能良好。为了及时排出内浮顶与固定顶之间的油气，防止油气在这里积聚到爆炸极限，应在罐壁上部和固定顶开有足够数量的通气孔，使浮顶上部空间形成气体对流，有良好的通风条件。

三、金属储油罐附件

金属油罐附件是金属油罐的重要组成部分。为了保证油罐的安全，以及正常储油和进行各项操作，油罐必须配置完善的附件。除了一部分通用附件之外还配置一些专用附件，

以满足安全与生产的需要。

（一）一般附件

1. 扶梯与栏杆

扶梯是专供操作人员上罐检尺计量、测量、取样巡检、维护而设置的。栏杆则作为扶梯和罐顶的护栏，以便工人安全操作。浮顶罐设有转动扶梯，它的一端吊挂在罐顶平台上，另一端可随着浮顶升降而沿着浮顶上的轨道移动。

2. 人孔

如图3-43所示，人孔设在罐壁最下层的圈板上，直径600mm，是清洗维修油罐时供操作人员进出油罐而设置的。检修时，人孔也可用于通风。立式油罐3000m^3以下的设一个人孔，立式油罐3000m^3以上的设两个人孔，人孔的安装位置与进出口管道相隔不大于90°，如果设两个人孔时应在透光孔的对面；设两个人孔时，两个孔相隔至少要90°以上。工作人员可通过浮船人孔进入船舱或通过单盘人孔进入罐内。

3. 透光孔

如图3-44所示，透光孔设在罐顶上，用于油罐安装和清扫罐底泥砂杂质时采光及通风。在检修时用作采光通风；非检修时一律上紧螺栓，保持严密，防止原油蒸发。透光孔直径为500mm，数量与人孔相同。当罐顶只有一个透光孔时，应位于进出口管道上方的罐顶上；设两个透光孔时，一个透光孔应设罐顶平台附近，透光孔的外缘应距罐壁800~1000mm。

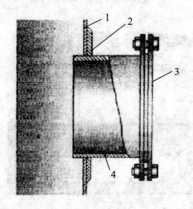

图3-43 人孔
1—罐壁；2—人孔加强板；3—人孔盖；
4—人孔接合管

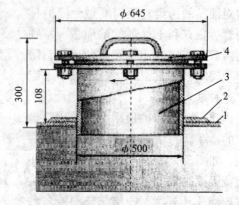

图3-44 透光孔
1—油罐顶板；2—加强板；3—接合管；
4—透光孔盖

4. 量油孔

如图3-45所示，罐顶设有量油孔，是为检尺、测温、取样所设，安装在罐顶平台附近，直径为150mm，一般安装在油罐扶梯口附近及远离油罐进出口的地方。每个油罐只装一个量油孔，量油孔平时应关闭，计量和取样时轻轻打开。为防止量油孔盖关闭时因碰撞而产生火花，盖下密封槽嵌有耐油橡胶、塑料及铅铝等软金属。对于浮顶罐，量油孔不仅用于量油，同时也对浮顶起导向作用。

5. 放水管

放水管如图3-46所示。放水管是专门为排除罐内积水和清除罐底污油残渣而设的。常见放水管有固定和集污式两种。根据油罐容积大小确定放水管的直径，一般为50~

100mm。带集污坑的放水管装在油罐底部。平时用来脱水，清罐时，罐底污泥经集污坑排出罐外。固定式放水管出口中心一般距油罐底板300mm，进口中心与油罐底板的垂直距离为20~50mm。放水时，打开放水管上的阀门，油罐底水在罐内原油压力作用下从放水管排出。放水管在罐外一侧装有阀门，为了防止阀门不严或损坏，通常安装两道阀门。冬天还要做好阀门与排水管的伴热保温，以防冻凝或冻裂。对于浮顶罐，除正常的放水管外，在浮顶上还设有紧急排水管。当浮顶上部积存雨水过多，放水管来不及排出，积存雨水超过一定高度时，可从紧急放水管排入罐内，以免浮船沉没。

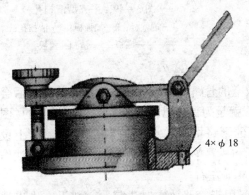 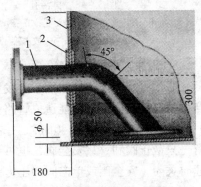

图3-45 量油孔　　　　　　　　　图3-46 固定式放水管
　　　　　　　　　　　　　　　1—放水管；2—加强板；3—罐壁

6. 进出油短管

油田集油站的储油罐一般采用定型的进油立管，进油管道是从油罐的上部进入罐内，以有利于排除油中的气体。油库的原油储罐进出口管道常为一根，根据收发作业要求有时也为两根。出口管道应当装在最下层的圈板上，中间距底板为0.3~0.5m，以防止沉积在罐底的污水和泥砂随油进入泵内，破坏油品的质量，造成油泵的较大磨损。进出管径大于 DN80 的均在罐壁上装有加强板。油库的储油罐容量较大，进出口管径较大，应对称布置。防止油罐基础下沉时拉坏罐壁和管道。

如图3-47所示，进出油短管在罐底圈板上，外侧与进出油管道上的罐根阀相连，内侧大多设成呈45°角坡口朝上形式，以利导出静电。

7. 排污孔与平齐型清扫孔

排污孔是由直径为600mm的钢管对分制成的，见图3-48，设在油罐底板的下面，伸出罐外一端有排污孔法兰盖，法兰盖上附设放水管。平时可以从放水管排出底水，清洗油罐时还可以清扫出污泥。

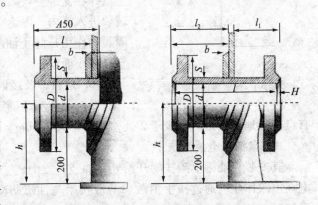

图3-47 进出油短管

油罐常见清扫孔形式为平齐型清扫孔，见图3-49。它是为定期清除油田原油储罐罐底沉积物而设置的。其结构是一个上边带圆角的矩形孔，孔高、孔宽均大于1200mm，底边与罐底平齐。

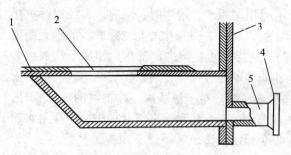

图 3-48 排污孔
1—油罐底板；2—排污孔；3—罐壁；
4—排污孔法兰；5—放水管

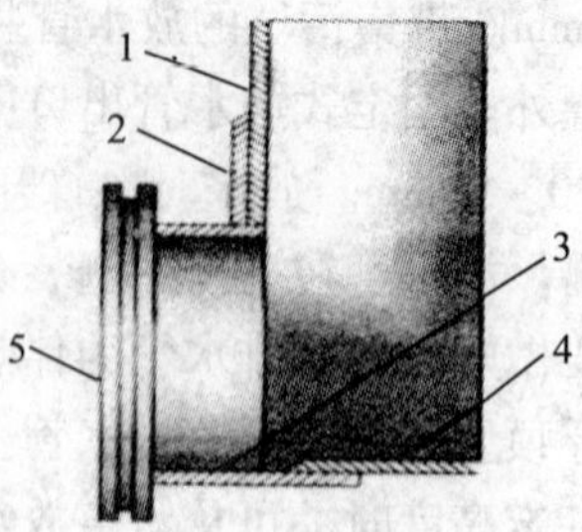

图 3-49 平齐型清扫孔
1—罐壁板；2—加强板；3—清扫孔；
4—底板；5—清扫孔盖板

8. 胀油管或泄压短管

胀油管起泄压作用，用于收发油作业后不放空的管路。由于管道内原油受热膨胀后会产生很高的压力而有可能造成管路泄漏，胀油管就是为保证管路和阀门安全而设置的（图3-50）。其直径一般为40mm，一端与油罐附近的管路相连，另一端与罐顶相连，管上设有一只截止阀和一只安全阀，也可设一只截止阀和一只单向阀。平时截止阀常开，收油作业时关闭，安全阀或单向阀的压力一般控制在1MPa左右。

进气支管专门用于管路放空时进气，一般设在进出油管道阀门外侧，直径为40mm，亦可设在泵前过滤器上。进气支管上设球阀，管路放空后应及时关闭。

9. 消防泡沫室

消防泡沫室又称泡沫发生器，地上和半地下储油罐均有安装，是固定在油罐上灭火时喷射泡沫的消防装置。其一端和泡沫管道相连，另一端带有法兰焊在罐壁最上一圈板上。油罐着火时，灭火药液从消防管道高速送入泡沫发生器，在流经空气入口处吸入空气形成泡沫，并冲破隔离玻璃进入罐内，隔绝空气，窒息火焰，从而达到灭火目的。隔膜的作用是防止油品蒸气漏失。泡沫箱的数量根据油罐容量大小而定。

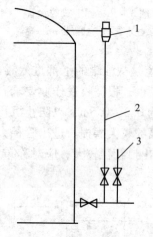

图 3-50 胀油管和进气支管
1—安全阀；2—胀油管；3—进气支管

10. 避雷针及接地线

根据设计规范确定和设置避雷针等避雷设置。油罐应有良好接地，接地点不少于2处，间距不大于30m，其接地电阻不大于10Ω。

11. 盘梯静电消散扶手

其安装在油罐上罐扶梯开始处。加装一段1m左右的镀锌钢管或不锈钢管，将人体静电在上罐作业前通过扶手消散。消散扶手与油罐防静电防雷电接地装置连成一个完整的系统。

（二）专用附件

油罐上必须安装一些专用附件，以便于做好油品的收发和储存，保证油罐安全运行。

1. 机械呼吸阀

机械呼吸阀的作用是保持油罐气体空间正负压力在一定范围内，以减少蒸气损耗，保证油罐的安全运行。油罐在装油和发油时，罐内气体空间发生变化。当油罐大量装油时，空气与油品蒸气混合气体经机械呼吸阀排出罐外。当油罐大量发油时，空气又经机械呼吸阀吸入罐内。油品在罐内静止储存过程中，因温度和气压的变化而使油罐发生小呼吸时，也是通过呼吸阀排气和吸气的。

机械呼吸阀安装在油罐顶上，是由压力阀、真空阀、导向杆和铜丝网等组成，其结构如图3-51所示。当罐内气体空间的压力超过油罐设计压力时，压力阀被罐内气体顶开，气体从罐内排出，使罐内压力不再上升。当罐内气体空间压力低于设计的允许真空压力时，大气压力顶开真空阀盘，向罐内补入空气，使压力不再下降，以免油罐抽瘪。因此机械呼吸阀又叫压力真空阀。

由于机械式呼吸阀可维持油罐内气体空间一定的微正压，故在一定程度上可减少油品的蒸发损耗，同时对油罐起安全保护作用。机械式呼吸阀的大小根据油罐收发油的排量而定。使用中必须检查和维修，否则会产生堵塞而不起作用。

2. 液压安全阀

（1）液压安全阀的作用

液压安全阀的结构如图3-52所示。液压安全阀的作用是当机械呼吸阀因锈蚀或冻结而不能动作时，通过液压安全阀的作用，使油罐正常呼吸，保证油罐的安全。液压安全阀的压力和真空度值一般都比机械呼吸阀高出10%。在正常情况下，它是不动作的，在机械呼吸阀因阀盘锈蚀或卡住而发生故障或油罐收发作业出现罐内超压或真空度过大时，它将起到油罐安全密封和防止油罐损坏的作用。它与机械呼吸阀并列在罐顶中央同一高度，利用环形空间液面差压保持油罐有良好的密封状态。但在使用中常出现"喷油"现象，污染罐顶，且加油和换油较麻烦。

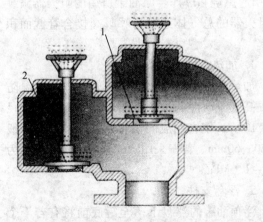

图3-51 机械呼吸阀
1—压力阀；2—真空阀

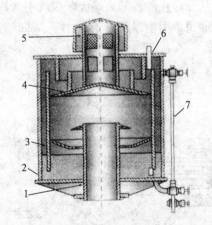

图3-52 液压安全阀
1—连接短管；2—盛液槽；3—悬式隔板；4—罩盖；
5—带铜网的通风短管；6—装液管；7—液面指示器

为了保证液压安全阀在各种温度下都能工作，阀内应装有沸点高、不易挥发、凝固点低的液体作为液封，如变压器油、轻柴油等。

（2）液压安全阀工作原理

液压安全阀的工作原理如图3-53所示。当罐内压力增高时，罐内的气体通过中心管的内环空间把油封挤入外环空间；若压力继续升高，内环油面和中间隔板下缘相平时，罐内气体通过隔板下缘逸入大气，使罐内气体压力不再上升[图3-53(a)]。相反，当罐内出现负压时，外环空间的油封将被大气压入内环空间，外环液面达中间隔板的下缘时，空气进入罐内，使罐内压力不再下降[图3-53(b)]。中间隔板下部做成锯齿形，可使油封流动均匀，而使液压阀动作稳定[图3-53(c)]。

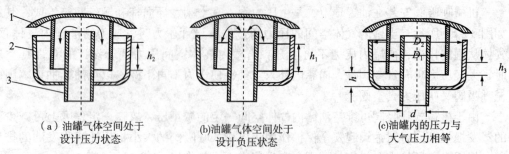

(a)油罐气体空间处于设计压力状态　　(b)油罐气体空间处于设计负压状态　　(c)油罐内的压力与大气压力相等

图3-53　液压阀动作图解
1—悬式隔板；2—盛液槽；3—连接管

液压安全阀上有特别的金属杆，用来测量阀体内封液的多少，罩子上有调节螺栓用来调节内部的浸油深度。液压安全阀内封液被罐内气体吹出后，必须及时补充，否则油气外溢，增加罐区危险。

3. 阻火器

阻火器安装在机械呼吸阀和液压安全阀下面。它是一个装有铜、铝或其他高热容、导热良好的金属皱纹网箱体，如图3-54所示。

阻火器的作用是当有火焰通过防火器时，金属皱纹网吸收燃烧气体的热量，使火焰熄灭，从而防止外界的火焰经呼吸阀引入罐内，引起燃烧和爆炸。原油罐所用的阻火器皱纹板间通道截面当量距离不应小于2mm，整个阻火器的总气体通道与呼吸阀接合管截面积相当。

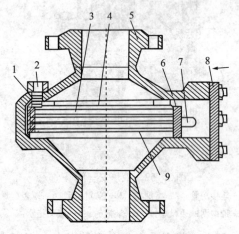

图3-54　阻火器结构示意图
1—密封螺帽；2—小方头紧固螺帽；3—铜丝网；
4—铸铝压板；5—壳体；6—铸铝防火匣；
7—手柄；8—盖板；9—软垫

4. 加热盘管

加热盘管是给高黏度、高凝点原油加温防凝提高其流动性的设备。加热器一般为用直径50~100mm钢管制成的盘管，其距离罐底一般为20~60mm。普遍采用蒸气加温，蒸气压力为0.3~1.0MPa。

5. 浮盘支柱

浮顶油罐的浮盘下落至罐底前将有若干个支柱支承，支柱高度为0.9~1.8m左右，以使浮盘与罐底有空间，方便进行检修、清洗或检定。

6. 中央排水管与紧急排水口

中央排水管也称排水折管，是安装在外浮顶油罐上的专用附件。它装于浮顶中央下边，为直径100mm的几段钢管，通过活动接头相连起来，可随浮顶的升降而伸直和折曲。通过它把积存在浮盘上的雨水和融化的积雪及时排走，以防浮顶积水沉没。根据油罐直径大小，每个罐可设 1~3 根排水折管，也可用直径 100mm、管长 10~12m 的带钢丝的橡胶管做中央排水管，使用较果较好。

如果排水折管失灵，积存于浮顶上的雨水还可通过浮顶上的紧急排水口流入罐内，从而防止浮顶过载而沉没。

7. 通气短管

通气短管常装在罐顶中央，呈"T"形，为防止雨水和杂质进入，通气口常朝下开，使油罐直接和大气相通，为油罐进行收发油作业时的呼吸通道。通气管口径一般和进出油管的直径相同，通气管截面上装有铜丝网或其他金属网封口。平时要保证通气短管的畅通。

四、金属油罐储油的损耗

石油及其产品是多种碳氢化合物的混合物，其中的轻组分具有很强的挥发性。在石油的开采、炼制、储运及销售过程中，由于受到工艺技术及设备的限制，不可避免地会有一部分较轻的液态组分汽化逸入大气，造成不可回收的损失，这种现象称为油品的蒸发损耗。

调查资料表明，油品蒸发损耗的累计数量是十分惊人的。据报道，在美国从井场经炼制加工到成品销售的全部过程中，油品损耗的数量约占原油产量的 3%；前苏联石油化学工业部所属企业的调查表明，炼厂中的油品损耗量约占原油加工量的 2.47%，其中纯损耗的 70% 发生于原油罐、调合罐和成品油罐的蒸发损耗。我国也曾对国内主要油田进行过测试，结果表明：从井口开始到矿场原油库为止，矿场油品损耗量约占采油量的 2%（如果包括长输管道运输、炼厂炼制、油品销售环节，损耗量将更大），其中发生于井、站、库的蒸发损耗约占总损耗量的 32%。从上述一系列测试数据不难看出，油品蒸发损耗的数量确实是相当可观的。若以总损耗率为 3% 估算，全世界每年散失于大气中的油品约有 1 亿多吨，几乎相当于我国一年的原油产量。我国年产原油约 1.5 亿吨，按损耗 3% 计算，一年损耗 450 万吨，相当于蒸发了一个中型油田的产量。

油品损耗有漏失、混油和蒸发三种形式。

（一）蒸发损耗

1. 油品蒸发损耗的发生过程

（1）油品蒸发现象

密闭油罐中，开始罐内油蒸气浓度很低，蒸发较快，当罐内空间油气浓度到一定值时，液面上的油气分子中互相发生碰撞，凝结成大的分子团，跌落回液面。开始气体空间液体分子数很少，发生碰撞的几率少，在同一时间内，从液相逸入气相的分子数大于从气相返回液相的分子数时，宏观上则表现为液体的蒸发，当容器中蒸气分子的数量逐渐增多，蒸气分子对器壁的碰撞次数也增多，液面上的压力也增大，返回液面的蒸气分子数目也增加，当逸出的液体分子数等于返回液面的分子数时二者处于动态平衡，则宏观上既没有液体的蒸发，也没有蒸气的凝结，这种状态称为平衡状态，或称饱和状态。如果容器是敞口的，蒸发现象将延续到液体全部蒸发殆尽为止。

蒸发只能发生在气、液直接接触的相界面上。如果液体没有同气体直接接触的自由表面，蒸发也就不复存在了。在存在液体自由表面的情况下，因为任何温度下分子的运动速度都是不均衡的，总会有一些动能较大的分子逸入气相，因而蒸发可以在任何温度下进行。

（2）蒸发速度的影响因素

①液体的温度越高，蒸发速度越大；

②液体的自由表面越大，蒸发速度越大；

③气相中液体蒸气浓度越高，蒸发速度越低；

④在其他条件相同的情况下，液面上混合气的压强越高，蒸发速度越小；

⑤液体的相对密度越小，蒸发速度越大。

（3）罐装油品蒸发损耗的形式

①油罐气体空间自然通风损耗

如果罐顶不严密、有孔眼（如透光孔、量油孔等），且孔眼不在一个高度上，因气体密度不同将发生流动。新鲜空气从上部孔眼进入罐内，罐内空气与油品蒸气混合气体（它比罐外空气的密度大）将从下部孔眼逸出。在外界有风的情况下，由于容器周围压力分布不均匀，迎风面压力高，背风面压力低，自然通风损耗将更加严重。

造成油罐发生自然通风现象的原因还有：油罐破损，顶板腐蚀穿孔，冬季怕发生冻结现象而取下呼吸阀的阀盘，液压阀未装油封或油封油不足，量油口、透光孔打开，消防系统泡沫室玻璃破损等原因。因此，对于一般容器来说，只要加强管理，及时维修，提高设备完好率，自然通风损耗是完全可以避免。

②静止储存油品时油罐的"小呼吸"损耗

油罐未进行收发油作业时，油面处于静止状态，油品蒸气充满油罐气体空间。日出之后，随着大气温度升高和太阳辐射强度增加，罐内气体空间和油面温度上升，气体空间的混合气体积膨胀而且油品加剧蒸发，从而使混合气体的压力增加。当罐内压力增加到呼吸阀的控制压力时，呼吸阀的压力阀盘打开，油蒸气随着混合气呼出罐外。午后，随着大气温度降低和太阳辐射强度减弱，罐内气体空间和油面温度下降，气体空间的混合气体积收缩，甚至伴有部分油气冷凝，因此气体空间压力降低。当罐内压力低至呼吸阀的控制真空度时，呼吸阀的真空阀盘打开，吸入空气。此时虽然没有油气逸入大气，但由于吸入的空气冲淡了气体空间的油气浓度，促使油品加速蒸发使气体空间的油气浓度迅速回升。新蒸发出来的油气又将随着次日的呼出逸入大气。这种在油罐静止储油时，由于罐内气体空间温度和油气浓度的昼夜变化而引起的损耗称为油罐的静止储存损耗，又称油罐的"小呼吸"损耗。

"小呼吸"损耗的呼气过程多发生在每天日出后的 $1\sim2h$ 至正午前后。吸气过程多发生在每天日落前后的一段时间内，这段时间正是气体空间温度急剧下降的阶段，此后至次日日出前，尽管气体空间温度仍在不断下降，但由于吸入空气后油品加速蒸发，油气分压的增长抵削了温度降低的影响，因而油罐很少再吸气。一般来说，每天的呼气持续时间比吸气的持续时间长。除此之外，当大气压力发生变化时，罐内外气体的压力差也随着发生变化，如果内外压差等于呼吸阀的控制压力时，也会使压力阀盘打开而呼出混合气体。由此而产生的油品损耗也属于静止储存损耗。但由于昼夜间大气压力变化不大，比起温度变化而造成的损耗小得多，因而在实际计算中很少考虑它的影响。

小呼吸蒸发损失量与油罐存油量、空容量、罐内允许承受蒸气压力以及温度的变化有着密切关系。温差大，蒸发损失就大，温差小，蒸发损失就小，空容量大，蒸发损失就大，空容量小，蒸发损失就小。

③收发油品时油罐的"大呼吸"损耗

油罐收油时，随着油面上升，气体空间的混合气受到压缩，压力不断升高，当罐内混合气的压力升到呼吸阀的控制压力时，压力阀盘打开，呼吸阀自动开启排气，呼出混合气体。油罐发油时，随着油面下降，气体空间压力降低，当气体空间压力降至呼吸阀的控制真空度时，真空阀盘打开，吸入空气。吸入的空气冲淡了罐内混合气的浓度，加速油品的蒸发，因而发油结束后，罐内气体空间压力迅速上升，直至打开压力阀盘，呼出混合气。这种在油品收发作业中由于液面高度变化而造成的油品损耗称为"大呼吸"损耗。其中，油罐收油过程中发生的损耗称为收油损耗，发油后由于吸入的空气被饱和而引起的呼出称为回逆呼出。

油品长期静止储存时，小呼吸损耗将成为主要的蒸发损耗形式。长输管道首、末站的油罐，因油面变化频繁，一般采用浮顶罐。中间输油站的油罐，多为输油缓冲或泄压之用。正常情况下，液位变化不大，一般采用拱顶罐。总之，由液面变化引起的罐内压力变化从而引起的蒸发损耗叫大呼吸损耗；由温度的变化引起罐内气体的膨胀或收缩从而引起压力变化而引起的损耗主要为小呼吸损耗。

（二）降低油品蒸发损耗的措施

降低油品的蒸发损耗可从以下几方面入手：

1. 降低油罐储油时罐内的温差

小呼吸损耗的大小不是取决于温度的高低而是取决于温度的变化幅度。温度变化愈大，呼吸量也就愈大。由此可见降低罐内温度变化幅度对减少油品小呼吸损耗具有决定性的意义。

（1）淋水降温

地上明罐，阳光辐射热的80%是通过油罐顶部导入罐体。在炎热季节给罐顶淋水，可降低罐内温度，缩小温差，减少小呼吸量，降低损耗。夏季的白天温升阶段，不间断地对罐顶淋水，在罐顶形成均匀的流动水膜，沿罐壁流下。流水带走顶板和壁板吸收的太阳辐射热，可以有效地降低罐内气体空间白天最高温度及其昼夜温差，也能降低油面温度及其昼夜温度变化幅度。

淋水降温是一项行之有效、简单易行的降耗措施，但淋水降耗要增设一定的设备，每天要消耗大量的水（一个 $5000m^3$ 油罐，每天大约需 100t 水），而且淋水会使罐体油漆遭到破坏，加速罐体钢板腐蚀。如果排水不好，还会影响到罐的基础。这些在设计时都要综合加以考虑。进行淋水操作时要恰当掌握淋水的起止时间。一般来说，日出后就要开始淋水，以便赶在呼气之前。淋水应不间断地进行，否则反而会造成气体空间温度猛烈升降，不但不能起到降低损耗的作用，甚至可能增加损耗。如果淋水结束过早，罐内气体空间压力和温度仍有可能回升而再出现呼气。淋水结束过晚，也会加速罐内气体的温降增大呼吸损耗。一般要根据当地气温，在气温开始下降不久就要停止淋水。淋水方法适用于水源充足，油品长期储存，以小呼吸为主要损耗的地面钢油罐。淋水对降低大呼吸损耗无明显效果。

(2) 正确选用油罐涂料

油罐涂料不仅起防腐作用,还能影响油罐对太阳辐射热的吸收能力。注意选用能反射光线,特别是能反射热效应大的红光及红外线的涂料,将有助于降低罐内温度及其变化,从而减少油品损耗。试验表明,白色涂料对降低油品损耗最有利,铝粉漆次之,灰色涂料再次之,黑色涂料最差。不同颜色对阳光辐射热能接受程度差别很大。颜色越深接受热量越强,蒸发损耗越大。油罐涂层应定期重刷,以保护罐体不被腐蚀,并保持良好的反射阳光性能。

(3) 对油罐采取绝热措施

①罐顶加装隔热层 在距罐顶高 80~90mm 处加装 20~30mm 厚隔热层,如图 3-55 所示。

据北纬 50℃ 某地在 100m³、2000m³、5000m³ 三个油罐试验结果,24h 内,加装隔热层与未加装隔热层比较,可降低损耗 35.4% 到 51%,如表 3-24 所示。

表 3-24 加隔热层与未加隔热层损耗比较

油罐容量	100m³ 油罐			2000m³ 油罐			5000m³ 油罐		
	无隔热层	有隔热层	降低/%	无隔热层	有隔热层	降低/%	无隔热层	有隔热层	降低/%
损失量/kg	1.95	1.26	35.4	40.8	20.4	50	81.7	40.1	51

②安装反射隔热板

反射隔热板是由隔热材料制成的,可以做成多种型式。这里所介绍的反射隔热板是由两层内外都涂了白色涂料的石棉水泥波纹板组装而成的,如图 3-56 所示。当反射隔热板被安装在罐顶或悬吊在罐壁外侧时,在两层石棉水泥板之间形成第一空气夹层,在石棉水泥板与油罐之间形成第二空气夹层。由于这些空气夹层的存在以及白色涂料对阳光辐射的反射作用,这种反射隔热板具有良好的隔热效果,从而降低了气体空间的温度及其变化幅度。

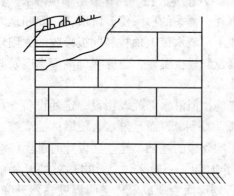

图 3-55 罐顶加装隔热层

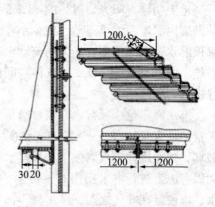

图 3-56 双层石棉水泥板反射隔热

考虑到油的比热容比较大,阳光辐射热对油温变化的影响不敏感,通常只在罐顶和上半部罐壁外侧装设隔热板。

③筑防护墙

在罐体周围筑防护墙,减少阳光辐射面积,可降低损耗 40%。

④种植树木，利用树阴遮凉

采用此措施，要首先考虑防火要求。在油罐区防火墙外围、桶装油储存区、小油罐群围堤外，在不影响安全警戒，不妨碍消防道路畅通和消防灭火操作、不破坏给排水设施的前提下，种植阔叶乔木利用树荫遮蔽，改变罐区的小气候，减弱阳光辐射，降低油罐外表温度，也可减少蒸发损耗。

⑤建造非金属油罐和山洞库、窑洞库、覆土隐蔽库、水封石洞库

非金属油罐或覆土油罐本身就具有良好的隔热性能，同地面钢油罐比较，一般能减少小呼吸损耗90%以上。据我国几个山洞库和水封石洞库提供的资料，洞内常年温差有的在5℃以内，有的接近恒温，几乎克服了小呼吸，从而也大大降低了蒸发损失。

2. 提高油罐承压能力

适当提高油罐承压能力，不仅能完全消除小呼吸损耗，而且能在一定程度上降低大呼吸损耗。提高油罐承压能力，一般从改进油罐结构设计入手，以便在提高油罐承压能力的同时，尽量减少钢材耗量。

3. 消除油面上的气体空间

消除油面上的气体空间实际上就消除了蒸发现象赖以存在的自由表面，这样不仅可以消除油罐的小呼吸损耗，还能基本上消除大呼吸损耗。消除油面上的气体空间可采用以下方法：采用浮顶罐、内浮顶罐、凝胶浮盖。因为浮盘随油面上升或下降，可以极大地减少油蒸发的自由表面和气体空间体积。在各油田得到广泛的采用。除此之外，采用覆盖层，使其覆盖在油面上，隔绝空气，消除蒸发自由表面，但覆盖物应具有流动性能好、化学性能稳定，使用寿命长，投资少、使用方便等特点。

4. 使用可变气体空间的油罐

如浮顶罐等。

5. 安装呼吸阀挡板

为减少油面蒸发损耗，可在呼吸阀下面装一块挡板。由于发油作业或降温过程油罐吸入空气所引起的强制对流是影响气体空间油气运移的重要因素，因此当油罐处中液位或高液位储油时，吸入的空气流有可能直接冲击油面上部的大浓度层，从而削弱大浓度层对油品蒸发的抑制作用，加速油品蒸发。装呼吸阀挡板的目的就是改变吸入空气在气体空间的运动方向，避免对油面上大浓度层的直接冲击，使吸入的空气在油罐气体空间顶部沿径向分散，然后平稳的向下推移。这样不仅可以减少发油后的回逆呼出，而且可以降低下次呼气的油气浓度。

6. 收集和回收油蒸气

将同种油品油罐相连，减少压力波动；安装还原吸收器；修建集气罐。采用先进的密闭工艺流程及原油稳定可以使原油损耗率降至0.5%以下，同时也可以使轻烃的排放量控制到大气排放的标准。目前各油田已建成的油站开式流程很多，油气损耗量较大。对沉降罐进行常压密闭抽气，回收油罐顶部气体，并保证大罐不被损坏，也是回收资源，降低油田集输损耗的一种有效措施。

7. 加强管理改进操作措施

（1）及时调进油品，保持所有油罐都在较高装满程度下储存油品，以减少油罐气体空间体积。如果及时调进有困难时，分散于几个油罐的同类油品应集中储存，尽量减少中液

位储存。因为此时呼气量大于高液位储存，呼气浓度高于低液位储存而接近高液位储存，从整个罐组来看，对降低蒸发损耗最不利。

（2）减少库内输转。用于自流发放的高架罐最好由铁路罐车直接进油，以减少由储罐对高架罐的输转。如果条件允许，最好取消缓冲罐、高架罐、放空罐等中间容器。

（3）适时收发。由于油罐收、发作业时间长，油罐气体空间的温度受外界的影响在作业过程中会有明显变化，应尽可能选择合适的收发油时间，将有利于降低大呼吸损耗。如果收油过程正是温度迅速上升的时候，则罐内气体不断膨胀，油面蒸发加快，小呼吸损耗伴随大呼吸损耗同时发生，从罐内逸出的气体量将显著地大于同时间的进油量，加大了蒸发损耗。如果在降温的时候收油，气体因降温而收缩，再加之蒸气分子凝结加快，从罐内排出的气体量将少于进油量，损耗将减少。显然，傍晚到午夜温降较快时间收油，油罐的大呼吸损耗将较小。

（4）恰当掌握收发油速度。收油时要尽可能加大泵流量，既可提高工作效率减少作业时间，还可因油品在收油过程中来不及大量蒸发而减小呼吸损耗。发油作业相反，如果发油进行得慢一些，使油面蒸发的时间长，气体空间中的油品蒸气浓度不致下降太大，这样可减少发油终了出现的回逆呼出损耗（即油品蒸气逐步饱和气体空间出现的损耗）。收油作业开始时，如果罐内气体空间的油品蒸气浓度较大，收油时大呼吸损耗将增加，反之，损耗将减小。油罐气体空间被油品蒸气逐步饱和的过程是比较慢的，所以，在条件允许的情况下，争取在发油不太久以后就接着收油，使排出罐外的混合气体中油品蒸气的浓度较低，大呼吸损耗就较小。收油时应尽量一次连续收油，不要间断地分几次收油，否则会因油品的不断蒸发而使大呼吸损耗增加。

（5）定期检查油罐的密封状况，特别是机械呼吸阀、液压安全阀、消防泡沫室、量油口或自动计量装置等。油罐、油泵、管道、阀门、鹤管、灌油嘴等做到不渗不漏不跑气。油罐呼吸阀正负压适度，呼吸正常，活门操作装置等保证有效。

（6）如采用人工检尺计量，应尽可能在罐内外压差最小的清晨或傍晚吸气结束后量油。此时打开量油口盖吸气量最少，呼出气体的油气浓度较低。

五、金属油罐的操作和维护保养

油罐的操作包括收油、储油和发油、油罐内油品的计量以及油品的加热脱水等。合理地使用和正确地操作维护保养油罐，直接关系到能否长期、安全地输油和减少油品的损耗。

（一）油罐的正常操作

要正确使用油罐，就必须熟悉和掌握油罐及其附件的结构、原理和性能。其中主要包括油罐本体构造、实际最大储油量、油罐的直径、最大储油高度、油罐的承压能力和呼吸阀的规格、数量以及加热的方法等。

1. 操作前的准备

（1）油罐区的管道必须有流程图，阀门有编号。油罐操作人员必须熟悉管道流程和各阀门的用途及油品性质，明确罐区安全防火注意事项。

（2）检查油罐和加热器的进出口阀门是否完好，排污阀、脱水阀是否关闭，各孔门及管道连接处是否紧固不漏。

(3) 检查各种呼吸阀和透气阀是否灵活好用，液压安全阀的油位是否在规定高度。浮顶油罐的导向装置是否牢固，密封装置是否严密完好，浮梯是否在轨道上，检查孔是否完好不渗漏。

(4) 油位高于加热盘管的凝油罐，进油前必须采取措施使原油熔化方可进油。

(5) 油罐 20m 内或防火墙内应无杂草、油污、杂物等。

2. 油罐的操作

(1) 油罐必须在安全高度范围内使用。

油罐的安全上限 $H_s = h - (h_1 + h_2 + C)$

油罐的安全下限 $H_x = h - h_3 + C$

式中 h——量油孔顶面距罐底高度；

h_1——量油孔顶面距罐壁顶面高度；

h_2——泡沫箱进罐孔最低位置距罐顶高度；

h_3——量油孔距出油管的顶面高度；

C——考虑进出油速影响的常数，一般取 $C = 20 \sim 30 cm$。

鉴于油罐的实际技术状况和具体操作条件，使用部门有的还规定了自己的油罐高度。

(2) 经常检查安全阀和呼吸阀。收发油前要对所用油罐的安全阀、呼吸阀进行检查，保证其灵活好用，对于液压安全阀应按罐的承压能力大小装入相应高度的油封液体。尤其在冬季气温低于 0℃ 时，要按时检查机械呼吸阀阀盘是否冻结失灵，液压安全阀油封液体的下部和边缘透气阀是否因存水冻结，使其处于良好状态。每班均应检查油罐排污口、排水口，防止冻结。油罐上的量油孔和人孔要经常盖好。

(3) 罐底排水。为保证油品的质量，要及时进行罐底排水。油罐脱水要有专人负责。对裸露在外、保温不良的罐底排空阀门，冬季要做好妥善的保温，以防冻裂跑油。

(4) 加热油品。使用油罐加热油品时，不能将油品加热到过高的温度。原油罐一般为 50℃，金属罐一般不高于 75℃，最低温度不低于原油凝固点以上 3℃。

若罐底部用蒸汽管加热，送汽一定要缓慢。先打开蒸汽出口阀，然后逐渐打开进口阀，防止蒸汽盘管产生水击破裂和油品局部迅速受热而爆溅。对长期停用有凝油的罐，加热应采取立式加热器，从上向下进行加热的措施，待原油熔化后，再使用卧式蒸汽盘管加热，防止因局部加热膨胀而鼓罐。

(5) 浮顶罐的检查。对于浮顶罐，在使用前应细致检查浮梯是否在轨道上，导向架有无卡阻，密封装置是否好用，顶部人孔是否封闭，透气阀有无堵塞等。在使用过程中应将浮顶支柱调整到最低位置。对罐顶的积雪、积水和污油，要及时清理，保证浮顶正常浮动。对浮顶中央集水坑要经常检查，防止因内折叠排水管转动部分失灵，顶破集水坑漏油。对每个浮舱定期检查，防止腐蚀、破裂漏油。

(6) 油罐的防雷电。在正常使用油罐中还应注意油罐的防雷电问题。防雷电装置每周检查一次，要保证避雷针稳固牢靠，罐底接地线的接地电阻应及时测定，春秋各测一次，保证不大于 10Ω，否则应及时采取措施降低接地电阻。

(7) 油罐区阀门必须保持灵活好用。呼吸阀、阻火器要齐全好用。

(8) 收发油时，要准确测定罐内油位，防止溢罐和抽空。动态作业罐必须 1~2h 检尺一次，静态罐每班检尺一次。检尺时尽量在静止状态下进行。操作人员上罐前应手扶接地金属，释放身上积累的静电。量油尺的重锤必须采用在碰撞时不发生火花的金属。量油必须在量油孔内进行。打雷时，禁止5人以上同时上罐，防止罐顶强度不够，发生危险。

（9）收发油过程要掌握好流速，装油初速不得超过1m/s（包括空罐时进出油短管浸没前的进油）。进油速度过快，易产生静电事故。进油过慢，在冬季易造成冻凝管道事故。发油速度过快，在大宗发油时易使油罐发生低压失稳（吸瘪）事故。

（10）为避免含硫沉积物的自燃，当清洗含硫油罐（如液化石油气槽车、原油罐）时，对取出的污物应保持潮湿状态，必要时可加水浇湿，并及时移到非禁火区埋入地下。

（11）工作人员进入油罐内工作，必须保持罐内通风良好和准备好防护用具，并在罐外设有专人监护。

（二）油罐的维护保养

油罐的维护保养主要是做好油罐的防腐保温，油罐及其附件的检修和清除罐内沉积物等工作。

（1）金属油罐使用一定时期后，应进行防腐情况的检查，并对罐外壁涂刷防腐漆，对罐底和罐顶的内壁要利用清罐的机会，进行除锈防腐。对于用铁皮保温的油罐，保温的铁皮要定期刷漆防腐，并保证无破损脱落。罐壁、罐底板定期进行测厚，一旦发现超过腐蚀裕度则应进行修理。

（2）油罐的梯子、罐顶及罐顶操作台等，要经常检查强度，发现破损应尽快处理，防止因强度不足而导致人身事故。

（3）油罐的进出口阀门、油罐下部的排空阀、人孔法兰、放水阀以及有关的连接部件，都应定期检查维护，确保完好、不漏。加热器若有损坏和泄漏，应及时处理。

（4）油罐和附件（如阀门、量油孔、呼吸阀、液压阀、阻火器、防雷、防静电装置、泡沫灭火发生器等）必须保证完好，按时检查并作好记录。

（5）金属油罐应定期清洗，一般规定每5~7年清罐一次。清除油罐底部积存的水、泥砂、沥青质、蜡等杂质，并结合清罐对油罐进行必要的检查、检修、标定等工作。

（6）浮顶罐密封板及橡胶板与罐壁应贴合紧密，缺损的应及时更换。

（7）油罐必须按照技术规范进行设计。竣工后要经过有关部门验收，安全消防设施必须完好，方能交工投产。新油罐投产前，必须充满水试验其牢固性和渗漏情况，试验时间不得少于72h，并观察基础下沉情况（气温在0℃以上可做此项试验）。

（8）油罐区必须设置防火堤（墙），并保证其完好。单个油罐的围堤容积应是罐容积的100%，并加高0.2m；两个油罐的围堤容积应是罐总容积的2/3，3个油罐以上的围堤容积应是罐总容积的50%。罐区管道高于地面0.5m时，要安装人行过桥。

（9）油罐区下水道必须设水封井，水封井的进水管必须伸入水封。流出管口必须高于进口管0.3m，隔油状况要良好。下水要保持畅通，积油要及时清理。

（10）油罐呼吸阀、阻火器的设计，必须适应油罐输出输入油量的呼吸量需要，使用时，必须安装齐全。量油孔和经常开动的人孔，要衬上铅或铝，以防打出火花。

（11）油罐区禁止装设非防爆型电气设备。油罐上不得架设电线。高压架空线距油罐壁最近点应不小于电杆高度的1.5倍。

（12）油罐与油罐之间和油罐壁之间，必须有一定的安全距离。一般情况下，油罐壁与油罐壁之间的安全距离，应大于最大油罐的一个直径，油罐组与油罐组之间的安全距离大于50m以上。

（13）油罐区或单独油罐应有防洪排涝措施。

（14）因罐内沉积物过多，罐体或加热器破损，必须动火检修的油罐，须停止使用，进行清罐处理。清罐前应排净罐内的油品，充入热水或蒸汽洗涤罐内的剩余油品，然后打开人孔、透光孔、呼吸阀等进行自然通风，并经检查证实油品蒸气已低于最大允许浓度后（一般按汽油蒸气最大允许浓度0.3mg/L），方可允许进入清罐。必要时还可用强制通风的办法来降低和排除罐内油品蒸气。需要补焊的油罐，一定要将罐内油污清理干净，在没有油品蒸气的情况下，经检查确定后方可动火。

清理罐内剩余油品时，应注意尽量不用蒸汽喷嘴喷射蒸汽来刷洗油罐，或采用从上向下喷淋的办法清除罐内油品，因这些办法有可能由于高速喷射和两相混和搅拌而产生静电，引起油品蒸气爆炸。若必须使用时，须采取相应的接地措施。

油罐在使用中会出现各种不同的故障，在维护和检修过程中应根据具体情况，制定具体措施，慎重地进行处理，以保证检修工作安全顺利地进行。

(三) 常见的故障原因及处理方法

1. 溢罐

（1）原因：未及时倒罐；中间站停泵没及时导流程；未及时掌握来油量的变化；加热温度过高使罐底积水沸腾；液位计失灵。

（2）处理方法：停止进油；联系中间站调整输油量；停止加热，降低罐温；修理液位计。

2. 跑油、漏水

（1）原因：阀门或管道冻裂；密封垫损坏；罐体腐蚀穿孔；加热盘管泄漏。

（2）处理方法：立即倒罐；中间站导压力越站流程或提高输油量；清罐检测、修理。

3. 抽瘪

（1）原因：呼吸阀或安全阀冻凝或锈死；防火器堵死；呼吸阀或防火器流通口径过小。

（2）处理方法：停止排油；中间站倒压力越站流程；合理选择呼吸阀和防火器，并留有适当裕量。

4. 鼓包

（1）原因：机械呼吸阀或液压安全阀冻凝或锈死；防火器堵死；罐内上部存油冻凝下部加热。

（2）处理方法：停止进油；中间站倒压力越站流程；从上向下加热凝油。

六、金属油罐的防腐

在油气储运系统中，储存是一个重要环节。目前大多采用钢质储罐，也有少量的混凝土、玻璃钢非金属储罐。钢质储罐在运行当中，经常遭受内、外环境介质的腐蚀。内腐蚀主要为内部储存介质（油、气、水）、罐内积水（油品中分离水）及罐内空间部分的凝结水汽的腐蚀作用；外部腐蚀则为大气腐蚀、土壤腐蚀、杂散电流干扰腐蚀及保温层结构吸水后的腐蚀影响等。

通常对于储罐系统的腐蚀控制采用的措施为：

(1) 新建罐：覆盖层；阴极保护。
(2) 已建罐：加双底，涂敷防腐层及阴极保护；涂敷衬里；阴极保护。

防腐层加阴极保护是对储罐防腐蚀的最为经济合理的方法，国内石油、石化及民航等系统均在储水罐或储油罐上推广应用。

（一）腐蚀的危害

金属储罐的腐蚀造成的主要后果有：油品的损失；污染环境；维修费用高；土壤净化费高；环保处罚严重等。

（二）内壁腐蚀

储罐的内腐蚀与储存介质的种类、性质、成分、温度、更换的频率等因素有关。无论储存的是液体，还是气体，都有两个腐蚀环境，一是气相，二是液相。对于储存原油的钢罐，其液相又分为两层，一是油层，二是底部的沉积水层。通常原油罐中介质的腐蚀主要来自油中所含的油田伴生水。油田水的水质很复杂，其中影响腐蚀的成分有三大类杂质：①溶解气体，如 H_2S、CO_2 及 O_2 等。②溶解盐，其含量可高达几万至几十万 mg/L；按所含盐的种类可分为氯化钙、硫酸钠和碳酸氢钠型等。③有机杂质，如油污、污泥，它们是微生物滋生的条件，淤泥中最常见的有硫酸盐还原菌（SRB）的腐蚀。

通常罐底部和顶部率先发生局部腐蚀穿孔，罐的中段罐壁部分与原油接触，腐蚀不太强烈。因此，对上述各部位的防腐蚀方法也要区别对待。

1. 罐顶及罐壁上部的气相段

这个部位不直接与油品接触，属气相腐蚀，属电化学腐蚀。因为干燥的气体不易与钢发生直接的化学腐蚀反应，而是通过凝结水膜，在有害气体的作用下（如 SO_2、H_2S、CO_2、O_2 等）形成了腐蚀原电池的条件。油罐内部的气相腐蚀因素有 O_2、H_2S、温度、pH 值等，由于凝结水膜很薄，O_2 的扩散容易，因而耗氧型腐蚀在多数情况下起主导作用。操作条件及气相环境温度的变化，罐顶的结构形式不同，对腐蚀的影响不同，防蚀的方法也不同。

对于气相环境，金属腐蚀速度与气体中的 O_2、H_2S、CO_2 和 H_2O 的含量成正相关关系。腐蚀形态既有均匀腐蚀，也有局部腐蚀。

当原油溶解有 H_2S 时，若罐顶凝结水膜被 H_2S 和空气的混合气体所饱和，则冷凝水膜的腐蚀性更强。据国外文献介绍，储存"酸性"原油的锥顶储罐罐顶腐蚀穿孔前的寿命为 2~12 年，腐蚀速率为 0.5~3mm/a。

2. 罐壁中部液相腐蚀

在竖向罐壁的中部，罐壁直接和油品接触。因油品中的水多沉积在底部，所以，这个部位的腐蚀程度最轻。其腐蚀形态是油品的化学腐蚀和油品中所含电解质的电化学腐蚀。液相腐蚀因素主要有：液相介质的腐蚀性、温度、含氧量。在这一部位应注意气、液界面和油、水界面的腐蚀，通常是氧浓差电池的腐蚀。

3. 罐壁下部和罐底内壁的腐蚀

该部位是储罐内腐蚀的重点，其表现形式为电化学腐蚀。液相介质为油品储存、输转期间所携带的水分及由气相水蒸气的凝结水下沉的水分。有时罐顶穿孔漏进雨水，天长日久，日积月累，当不能及时排放时，就会在罐的底部积蓄一层水，少则 200~300mm，多则可达 800mm。由于这部分含油污水的矿化度较高，含 Cl^- 高或含有大量的硫酸盐还原菌，溶有 H_2S、CO_2 等有害物质，使得罐底部介质的腐蚀性很强。当采用加热盘管时，温度的因素及盘管支架焊接时形成的电偶因素都将加剧它的腐蚀。特别应注意的是罐底底板内表面上大面积分布的均匀腐蚀和点蚀，以及罐壁下部油、水界面上浓差电池所造成的腐蚀。

据国内外使用经验表明，钢质储罐若原油中不含有 H_2S，一般寿命为 10~15 年；含有 H_2S 时寿命为 3~5 年，腐蚀破坏首先在罐底发生穿孔，罐底平均腐蚀速度为 0.5~1.5mm/a。

（三）外壁腐蚀

油罐的外壁处于三种环境状态，故有大气腐蚀、保温层水浸后的腐蚀和土壤腐蚀三种形态。

1. 大气腐蚀

对于不带保温层的钢质容器，直接暴露在大气中，遭受着大气腐蚀。把大气分为海洋大气、工业大气、城市大气和农村大气几种。

随着工业发展，大气污染日趋严重，世界性的酸雨威胁着储罐。从 20 世纪 80 年代的统计可看出，我国的酸雨已不容乐观。

2. 土壤腐蚀

储罐的腐蚀与防护重点在于储罐的外部底板。其腐蚀原因主要有以下几种：

（1）土壤的腐蚀性

绝大多数的储罐基础是以砂层和沥青砂为主要构造，罐底板坐落在沥青砂面上。由于罐中满载和空载交替，冬季和夏季温度及地下水的影响，使得沥青砂层上出现裂缝，致使地下水上升，接近罐的底板造成腐蚀。当油罐温度较高时，使得底板周围地下水蒸发，造成盐分浓度增加，提高了它的腐蚀性。表 3-25 给出了土壤环境变化与腐蚀程度的关系，可供分析问题时参考。

表 3-25 土壤环境变化与腐蚀程度

土壤条件变化	阳极反应	阴极反应	电阻率	腐蚀程度（局部腐蚀）
含水量增加	加快	抑制	减小	达到最大
透气性增加	抑制	加快	增大	达到最大
可溶性盐增加	加快	部分抑制	减小	一般会增大
pH 值降低，总酸度增加	加快	加快	减小	增大
H_2S 含量增加	加快	加快	减小	增大
硫酸盐还原菌存在	加快	加快	稍有变化	增大
电阻率增加	无直接关系	无直接关系	增大	减小

（2）氧浓差电池作用

在罐底，氧浓差主要表现在罐底板与砂基础接触不良，如满载和空载比较，空载时接触不良；罐周和罐中心部位的透气性差别，也会引起氧浓差电池，这时中心部位成为阳极而被腐蚀。

（3）杂散电流腐蚀

罐区是地中电流较为复杂的区域。当站内管网有阴极保护而罐未受保护时，则可能形成杂散电流干扰影响;周围有电焊机施工、电气化铁路、直流用电设备,都可能产生杂散电流。对于由电焊、电机车引起的杂散电流,用瞬间变化的电位可以很容易判断;而由阴极保护稳定干扰源产生的杂散电流往往不易被发现,需要进行专门的检测。

(4)接地板引起的电偶腐蚀

为避雷和消除静电,按规范要求,油罐须接地。但当接地材料和罐底板的材质不同时就会形成电偶,造成腐蚀。

(5)水的影响

罐的排水、消防喷水、罐底板穿孔漏水等都会加速底板腐蚀;当有温度作用时,更会加强水的腐蚀作用。

(6)混凝土的影响

有的罐底板坐落在混凝土的圈梁上,若混凝土中的钢筋露在外面直接与底板接触,因混凝土中钢筋电位比罐底电位高,因此二者之间会形成腐蚀原电池,加速腐蚀。因混凝土的 pH 值高,罐底板处 pH 值低,有时还可把这种现象称之为 pH 差电池。

3. 保温材料水解的腐蚀影响

一般情况下,原油或重质油储罐都有外保温层。保温材料多为聚氨酯硬质泡沫、蛭石、岩棉等。通常保温层外面有防护铁皮保护,通过保温钉固定。这种结构遭受日晒雨淋之后可能造成保温钉处的电偶腐蚀,穿孔进水。一旦保温层中有了水,就成了常说的穿"湿棉袄",长期会对罐壁造成腐蚀。

通过调查发现,聚氨酯泡沫的水浸液 pH 值在 5 左右,蛭石和岩棉的水浸液的 pH 值为 6.4,均属酸性,所以腐蚀性较强。

在潮湿的前提下,焊接的保温钉处,因保温钉和罐壁的材质、表面条件不同也形成了电偶腐蚀。保温层一旦进水,如下雨时,雨水进入保温层,顺罐壁下流,在罐壁的下部形成一个水线;当雨停之后,在水线处形成氧浓差电池。打开保温层之后,会发现在罐壁上有一个明显的腐蚀环带。

(四)防护措施

1. 覆盖层

通过采用覆盖层把罐体与外界环境隔离是最为普通的防腐蚀措施。对于覆盖层的基本要求为:与存储产品接触不变质,高的绝缘电阻,耐潮和抗渗透,与金属表面粘结良好,抗冲击,抗阴极剥离,易修补,耐老化性能好,耐储存温度,耐候性好。

当选定覆盖层后,应根据选定的覆盖层种类进行表面处理,按规定的施工条件进行精心施工,并对每一过程进行检查和测试。完成后要依据技术标准,采用检漏仪和目测方式进行检查,检查出的缺陷,均应修补。

对于采用保温层的罐外壁覆盖,在保温层下应有一层用于防蚀的覆盖层,如无机富锌漆,保温层外是防护层。

(1)非金属覆盖层

储罐的外壁覆盖层和大型钢结构一样,应用时要考虑大气环境的因素。主要有:气温的变化,阳光的照射,紫外线的老化,雨露等空气中湿度的影响,风沙的吹打。可供钢质储罐外壁选用的非金属覆盖层有:红丹或云铁底漆、锌铝粉或云铁醇酸面漆,氯磺化聚乙烯涂料,锌、铝金属覆盖层,橡胶类涂料。

储罐的内壁防蚀用覆盖层应能耐所储存的介质腐蚀的能力。对于有防静电要求的成品油储罐,所选用的涂料应是导静电类型的,其电阻率为 $10^8\Omega \cdot cm$。

按储存物质来选择内覆盖层可参照表 3-26。一般原油储罐内壁 1.5m 以下均应涂敷。

表 3-26　适用于储罐内壁的非金属覆盖层材料

储罐类型	适用的覆盖层材料
原油、天然气	环氧漆、环氧煤沥青、无机锌涂料、玻璃鳞涂片
成品油	各类导静电材料
淡水、污水	环氧漆、环氧煤沥青、水泥砂浆

(2) 金属覆盖层

国内外大量的实践证明,在钢铁构筑物上喷涂一层金属(如铝、锌),并加以封闭处理,在各种大气和水腐蚀环境中,具有优异的防护性能,使用寿命长达 20~30 年,甚至 50 年。

美国焊接协会 1953 年和 1954 年进行的喷锌、喷铝的挂片试验,1974 年公布试验结果表明,经喷铝、喷锌的试样在海洋大气及工业大气下 19 年不腐蚀。美国海军进行了 10.5 年的试验,证明喷铝、喷锌可以保护钢构筑物在海洋大气及潮差区不受腐蚀。另外,英国钢铁公司进行了 5 年暴露试验,法国地铁公司进行了 10 年暴露试验,均证明喷涂金属覆盖层可以有效防止钢体的腐蚀。

我国应用喷涂金属覆盖层较早的有:1952 年淮南电厂的 264 座 35kV 输电铁塔喷锌;1964 年,我国原子反应堆外围设备载孔板的高支架部分的钢构件喷铝加涂敷层,在含 SO_2 气体的介质中使用,温度 200℃,均获得令人满意的效果。20 世纪 70 年代后,工程应用越来越多。

常用的金属覆盖层,主要是锌和铝。近十几年来也有喷涂合金及陶瓷材料的。除用于防腐蚀目的外,还用于提高金属部件的强度、硬度、提高耐磨性。

◆热喷锌(按 GB/T 9793—1997)

喷涂表面应进行喷砂处理;喷射的磨料必须清洁有棱角;喷砂后,基体表面应达到粗糙度 40~80μm,且应干燥、无灰尘、无油污、无氧化皮、无锈迹。喷涂用锌至少应与 GB/T 470—2008 中 Zn99.99 一致,含锌量为 99.99%;在某些情况下也可用 Zn99.95,含锌量为 99.95%。一般锌层厚度为 80~160μm。只要能保证喷涂层的质量,喷涂方法和操作方式可不作要求,但供给喷枪的空气必须清洁和干燥。喷涂层最后要作封闭处理,以提高防蚀性能。封闭材料必须具备下列条件:能与锌层相容;在所处环境中,有耐蚀性;具有较低的黏度,易渗入到锌层中去。

一般用于抗大气腐蚀的喷涂层可用一定浓度的碳酸盐、磷酸盐、铬酸盐或锶盐水溶液作封闭材料,喷洒或涂刷于封闭表面,自然干燥后便封闭了锌层的孔隙。在工业大气、海洋大气及化工介质中,推荐采用乙烯树脂类、氯化橡胶烃、聚氨酯类或环氧树脂类等底、面配套的封闭涂料。

对于喷涂层的性能要求必检项目有三项:

① 外观:均匀,不允许起皮、鼓泡、大熔滴、裂纹、掉块及其他缺陷。
② 厚度:用磁性测厚法测试,符合要求。

③ 切格试验：方格内的锌层不得与基体剥离。

◆ 热喷铝（按 GB/T 9795—1988）

喷涂前的工序和喷锌一致。喷涂用铝的材料至少应达到 GB/T 3190—2008 中 1060 铝的要求，含铝量为 99.5% 以上。涂铝层厚度一般为 $80\sim160\mu m$。其他性能检查、封闭处理和喷涂锌要求一致。

原东北输油局于 20 世纪 80 年代末，在原油储罐的特殊腐蚀部位，主要在罐壁与底板交接的焊缝处，采用了热喷铝技术。设计要求从底角焊缝沿罐内壁板、底板方向 200mm，外壁也同样 200mm，各喷涂 $300\mu m$ 厚的铝层。经过多次喷涂达到设计厚度，最后涂刷环氧煤沥青或其他材料做封闭处理，经使用效果明显。

◆ 锌、铝复合层

该种结构的特点是先喷锌后喷铝，因为锌与钢的附着力大（锌与钢的附着力为 $5\sim6N/mm^2$，铝与钢的附着力为 $2\sim3N/mm^2$，铝与锌的结合力为 $5.9N/mm^2$），在防蚀性能上，充分发挥锌的牺牲阳极功能和铝的易氧化功能，减小了覆盖层的腐蚀速率。最外层采用两道氯磺化聚乙烯面漆封闭，从而极大地延长复合层的寿命，经使用证明效果很好。

具体工艺是：

第一步，表面喷砂除锈，达到 Sa3 级标准，表面呈均匀的金属本色。

第二步，用干燥、洁净的压缩空气吹扫干净。

第三步，喷涂锌层 $50\mu m$。

第四步，喷涂铝层 $100\mu m$。

第五步，刷两道氯磺化聚乙烯面漆涂料封闭。

与有机涂料相比，锌、铝复合层一次投资成本约高出 40%。但由于延长了使用寿命，减少了频繁维修的费用，按 20 年计可减少 2~3 个大修周期的费用，经济效益十分显著。

2. 阴极保护技术

（1）内壁阴极保护

由于内壁的底部有一层积水层，罐底板内侧及部分罐身圈板采用阴极保护在技术上是可行的。从安全的角度考虑，以采用牺牲阳极保护为佳。保护的范围是罐壁下部 1m、罐底板全部。因为含油污水的腐蚀性较强，所以对于原油储罐内壁阴极保护的电流密度需取 $120mA/m^2$。

对于阳极品种的选择，考虑到温度影响，不宜选用锌阳极；考虑到安全因素，不宜选用镁阳极，一般多选用铝合金牺牲阳极。按 GB/T 4948—2002，不同成分的阳极应进行适应介质的筛选试验。

（2）罐底板外壁阴极保护

储罐底板坐落在沥青砂基础上，时间长了沥青砂层产生裂纹，使得地下水上升造成底板腐蚀。这种腐蚀由土壤环境和储罐运行条件所决定。对于这种情况，行之有效的防蚀方法就是阴极保护。

对于底板外壁阴极保护来说，重要的参数是保护电流密度。大量的资料证明，保护电流密度为 $10mA/m^2$ 是可取的。对于新罐，这一指标可能偏高，不过到后期就适中了。在有些条件下，$5mA/m^2$ 是个合适的指标。通常保护电流密度的选取应通过馈电试验来确定。

对罐底外壁阴极保护的注意事项有：

① 电绝缘。应将被保护的罐和与之相连的所有管道进行电绝缘，可采用埋地型绝缘接头。

② 电连续性。所有被保护的储罐及相连接的管道应具备电连续性，凡是采用法兰连接的均应焊接跨接导线。

③ 接地极改造。所有与被保护储罐相连接的防雷、防静电接地极，均应改造成锌材料。

☞**复习思考题：**

1. 简述离心泵运行过程中发生的主要能量损失。
2. 简述离心泵特性曲线及其特点。
3. 简述离心泵效率测定方法及其如何测定。
4. 离心泵工作参数是如何调节的？
5. 如何提高离心泵和加热炉的效率？
6. 螺杆泵的主要性能参数包括哪些？
7. 如何判断电动机是否运行正常？
8. 如何判断加热炉燃烧断好坏？
9. 降低油品蒸发损耗低措施有哪些？
10. 简述腐蚀的危害及储罐对腐蚀控制的措施。
11. 对罐底外壁进行阴极保护的注意事项是什么？

第四章 原油净化处理

原油净化处理是石油天然气上游产业链中的重要一环。石油由地层流至井口，并沿集油管、输油管流动时，常形成气液两相。为满足油井产物计量、矿场加工、商品原油外输的质量要求，满足原油储存和输送需要，必须将汽液两相分开，将液相中的原油和伴生水分开，并脱出和回收原油中易挥发的轻组分，成为通常所说的净化原油、净化天然气和净化油田采出水。典型的全封闭油、气、水处理过程如图4-1所示。

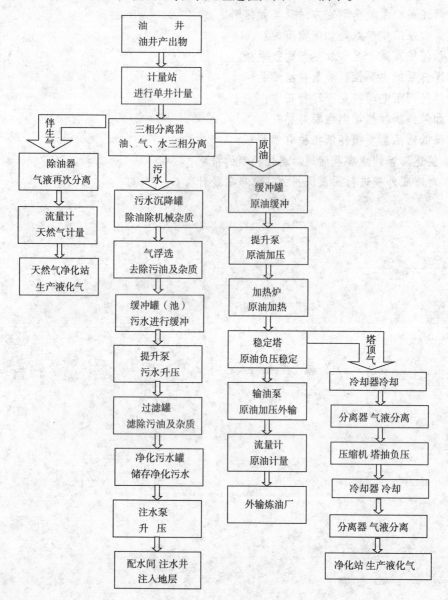

图4-1 典型的全密闭油、气、水处理过程方框图

第一节　原油净化工艺

原油净化处理主要是油气分离工艺、原油脱水工艺和原油稳定工艺的组合。

一、油气分离工艺

油气分离工艺都采用多级分离，一般采用二级、三级、四级。二级分离大多用于原油密度高，气油比低和自喷压力低的油田；三级分离大多用于原油密度中等，中、高气油比和中等井口压力油田(图4-2)；四级分离大多用于原油密度低，高气油比和高自喷压力的油田，也用于需要外输高压天然气或用高压天然气保持油层压力的油田。

从理论上讲，分离级数越多，原油中收益率越高，但过多增加分离级数，原油收益率会逐级减少，投资上升，经济效益下降，生产实践证明，气油比高的油田采用三级分离，气油比低的油田采用二级分离，经济效益较好。

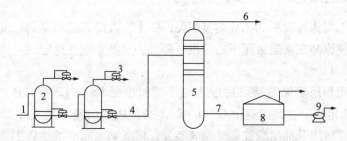

图4-2　三级油气分离流程示意图
1—来自井口油气混合物；2—油气分离器；3—平衡器；4—未稳定原油；5—稳定塔；6—闪蒸气；
7—稳定原油；8—储罐；9—泵

二、原油脱水工艺

原油脱水工艺方式根据油田生产实际和原油物性特点等，通过技术经济对比确定。

原油脱水的主流工艺，是热化学脱水和电化学脱水。一般讲，应优先采用热化学沉降脱水，若仍达不到原油含水率规定，再采用电化学脱水。采用热化学脱水时，对轻、中质原油应采用压力沉降罐。含水量高、含砂量大于0.5%、气油比小于4.5m^3/t的重质原油可采用大罐沉降脱水。图4-3井口加药、管道破乳、大罐沉降脱水工艺流程图。图4-4热化学、电化学脱水工艺流程示意图。

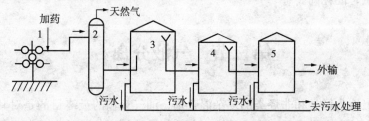

图4-3　井口加药、管道破乳、大罐沉降脱水工艺流程图
1—井口采油树；2—分离器；3——级沉降罐；4—二级沉降罐；5—好油罐

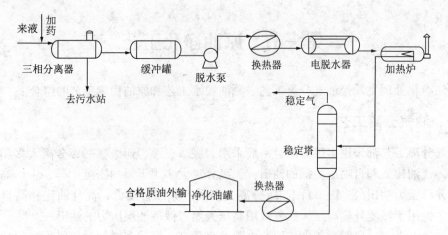

图4-4 热化学、电化学脱水工艺流程示意图

三、原油稳定工艺

为了降低油气集输过程中的原油蒸发损耗，一个有效的方法就是将原油中挥发性强的轻烃脱除出来，使原油在常温常压下的蒸汽压降低，这就是原油稳定。

（一）微正压闪蒸稳定

未稳定原油先和稳定原油换热后进入加热炉加热至 100～120℃，压力为 0.1～0.15 MPa，进入原油稳定塔，在此闪蒸出 C_5 以下烃组分，塔顶闪蒸气经空冷器冷却至 40℃ 左右进入缓冲罐，然后用泵抽出送往轻烃回收装置。塔底稳定原油换热后用泵外输。

（二）负压闪蒸稳定

负压闪蒸稳定是利用负压螺杆压缩机将稳定塔内抽吸呈负压状态，原油中的 C_5 以下轻烃闪蒸出来，达到稳定的目的。其原理流程是：原油自分离器出来进入加热炉加热至 60～80℃，进入原油稳定塔，由于塔内微负压，压力为 -0.01～-0.03 MPa，在此闪蒸出 C_5 以下烃组分，塔顶闪蒸气经冷凝器冷却至 40℃ 左右进入负压螺杆压缩机，稳定气抽出送往轻烃回收装置。塔底稳定原油用泵外输。

（三）分馏稳定

分馏稳定就是将原油加热到180℃，压力一般为 0.15～0.2MPa，让原油中的轻组分蒸发的更加彻底，闪蒸汽从塔顶出来后经过冷却器冷凝后，进入回流罐，在用泵抽出一部分打入塔顶作回流，将由于温度高带入塔顶的 C_6 以上的重组分再压回塔内。该流程稳定深度深，流程复杂，能耗高。

第二节 气液分离

油气田采出液为烃类和非烃类的复杂混合物，油气集输的最终目的是对其进行净化和加工，要分离出符合商品质量要求的原油、天然气及油气田的其他产品。因此，对采出液净化和加工的过程，实质就是对各种物料分离的过程。

一、相平衡分离特性

在一定温度、压力条件下，组成一定的物系，当气液两相接触时，相间将发生物质交换，直至各相的性质（如温度、压力和气、液相组成等）不再变化为止。达到这种状态时，称该物系处于气液相平衡状态。气液相平衡时，气液两相的组成通常互异，常利用这种平衡组成的差异实施各种分离过程。油气分离即为相平衡分离的例子，油气混合物进入分离器内并停留一段时间，使挥发性强的轻组分与挥发性弱的重组分分别呈气态和液态流出分离器，实施轻、重烃类组分的分离。

（一）相平衡的概念

一元或任何固定组成的多元物系，在一定温度、压力下，将以一定的状态存在。物系内或为液态，或为气态，或为气液两相。油井产出液，若为气液两相，则在某一已知条件下达到相平衡时各相的数量、组成、性质等都属气液相平衡研究的范畴。

1. 系统

自然界是个整体，物质永远处于运动变化中，物质间互相有着不可分割的联系。为了研究的方便，常把一部分物质从其周围环境中孤立出来加以研究。所谓系统就是被想象从周围环境中孤立出来的一个物体或一组互相作用的物体。在空间里有固定的空间边界，可代表所研究物质的物质体。

2. 相

相是指系统中的一部分，在空间里边缘分明。相与相之间由分界面隔开，可以用机械的方法把它们分开。每一相具有相同的物理性质和化学性质。因此，相就是系统中具有相同物理性质和化学性质的各均匀部分的总和。一相内部的性质可以一致，可以连续变化，但不是突变。系统可以由一个或几个相组成，在相与相的界面上，性质的数值发生突变，或者说性质的连续性中断。

3. 组分

系统中每一个可以单独分离出来的，并在隔离状态下长时间存在的化学均匀物质，称为系统的组分。

4. 相平衡

把一定温度的液体，例如液氨，放入最初为真空的密闭容器中进行蒸发，这时，液相中动能较大的分子不断通过液面进入气相空间，同时气相中分子也能够撞击液面重新凝结返回液相。随着蒸发到气相中去的分子数目的不断增加，蒸气的压力不断增大，从气相返回液相的分子数量也不断增加。经过一定时间后，必定会达到这样一种状态，即单位时间内由液面蒸发到气相的分子数等于由气相向液面上凝结的分子数，气液两相的数量不再变化，两相的温度相等，其他状态参数如压力等亦不随时间变化。此时，气液两相达到平衡，称为相平衡状态。显然，这是一种动态平衡。从宏观来看，体系的各种性质不再发生变化，但是微观的分子运动仍在继续，分子在液面上进进出出十分频繁。油气分离即为相平衡分离的例子，油气混合物进入分离器内并停留一段时间，使挥发性强的轻组分与挥发性弱的重组分分别呈气态和液态流出分离器，实施轻、重烃类组分的分离。

物质达到气液两相平衡时的气相压力，称为该液体的饱和蒸气压。液体的饱和蒸气压可认为是表示液体蒸发能力的一个物理量，在一定温度下，饱和蒸气压大的物质，其挥发能力也大。

5. 泡点

泡点是指在一定压力下，溶液开始沸腾时的温度。在此温度下液相开始汽化，出现平衡的气液两相。

6. 露点

露点是指在一定压力下，具有一定组成的气态混合物因冷却而开始凝结的温度。在此温度下，气相中开始出现液滴，出现平衡的气液两相。

（二）原油和天然气的相特性

油气田采出液为烃类和非烃类的复杂混合物，在油气田地面对这些混合物集中的同时，需要对其进行各种净化和加工，分离出符合商品质量要求的原油、天然气及油气田的其他产品。因而，对油井混合物进行加工处理的过程，实质上绝大多数为各种物料的分离过程，特别是气液分离占很大份额。

原油和天然气都是碳氢化合物的混合物。天然气是由相对分子质量较小的组分所组成，在常温常压下是气态。原油是由相对分子质量较大的组分所组成，在常温常压下是液态。在油层条件下，天然气溶解在原油中。油气混合物从地层沿井身流动的过程中，随着压力的降低，天然气不断地从原油中分离出来。当油气混合物到达井口时，根据其组成和压力、温度条件，形成了一定比例的油、气共存的混合物。为了加工、储存和较长距离输送的便利以及降低损耗，有必要把呈混合状态的原油和天然气分开，这通常称为油气分离。

不同油田的油气在组成上有很大差异。同一油田，不同油层的油气也会有相当大的差别。同一油藏的不同油井，甚至不同开采阶段，油气组成也有变化。但同一口油井，或同一油藏，在一定的时期内，可以认为它们产物的组成是均一的。所以，从井口不断流出的油气混合物，可作为有固定组成的多元液体及其蒸气系统来研究。

任何组成的单元或多元液体及其蒸气系统，在一定温度和压力条件下，将以一定状态存在。系统或为液相或为气相，或是气液两相处于平衡而共存。要了解油气混合物系统在不同条件下，到底是什么状态，性质如何，应首先研究相的特性。为了简化讨论，先不考虑混合物系统中的杂质，又由于气相中只有烷烃族化合物存在，所以，都按烷烃来研究。液相中的其他烃族，则作为相应的烷族烃看待。

1. 一元系统的相特性

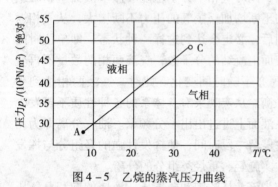

图 4-5 乙烷的蒸汽压力曲线

所谓一元系统，是指系统只有一种纯化合物所构成，这是最简单的情况。例如，纯液体与其蒸气所构成的气液平衡体系，就是一元系统。纯化合物的蒸气压力曲线能充分地说明一元系统的相特性。如图 4-5 所示的乙烷蒸汽压力曲线 AC，在曲线 AC 左方的条件下，系统全部是液相，右方全部是气相，只有压力和温度条件符合曲线上的任一点时，气液两相才能处于平衡，同时共存。也就是说，假若保持某个温度不变，液体和蒸气只有在一定压力下才能共存，该压力即为该温度下的饱和蒸气压。蒸气压力曲线就是在不同温度时平衡压力值各点的连线，它是表示蒸气压力随温度变化的关系曲线。

由图 4-5 还可看出，蒸气压随温度的升高而增大，蒸气的密度也增大，液体的密度减小。当温度和压力逐渐接近 C 点时，气液两相分界消失，无从区别，两相系统变为单相系统。此 C 点称为乙烷的临界点，此时的温度 $T_c = 32.2℃$，称为乙烷的临界温度，它是乙烷可能液化的最高温度。相应于此温度时的压力 $p_c = 48.3 \times 10^5 N/m^2$，称为乙烷的临界压力。无论高于此临界温度或临界压力，气液两相都不能共存。纯化合物的蒸气压曲线和临界温度、临界压力等物理性质，对研究相态十分重要。

2. 二元及多元系统的相特性

由两个组分组成的系统叫做二元系统。组分是在不同相里能独立发生变化的成分。根据相律，对于二元混合物，当相数为 1 时（即只存在气相或液相），其自由度为 3，即温度、压力及组成可独立改变；当相数为 2 时（即气、液两相并存），其自由度为 2，即温度、压力及组成中，只能独立改变其中的两个。因此研究二元混合物的气液平衡现象，可进一步区分为：研究组成一定时，温度与压力的变化关系；压力一定时，组成与温度的变化关系以及温度一定时，压力与组成关系。

(1) 恒组成

对于某些二元混合物的临界点，既不是液相所能存在的最高温度点，也不是气相所能存在的最高压力点，这与纯化合物不同。对于纯化合物，这三个点重合，所以对于二元系统，在高于临界温度和压力下，两相仍能同时存在。因而，对一元系统超过临界温度（或压力）就不能有两相共存的压力（或温度）的概念，不能适用于二元系统。

(2) 恒压和恒温

二元理想溶液气液两相平衡时，压力、温度与气相组成的定量关系，①溶液的沸点不是定值，而有一定温度范围；②溶液的沸点，随易挥发组分的增加而降低，易挥发组分浓度趋于 1 时，溶液的沸点趋于易挥发组分的沸点；③相同组成下，溶液开始沸腾（泡点）的温度与蒸气开始冷凝的温度（露点）不等；④溶液部分汽化或蒸气部分冷凝时，气液相的组成与溶液的初始组成不同，易挥发组分总是浓集于气相，可利用这一性质对物料进行分离。

(3) 挥发度和相对挥发度

液体汽化倾向的大小可以用挥发度来衡量，纯液体的挥发度通常用它的饱和蒸气压来表示。

溶液中两组分挥发度之比，称为相对挥发度。在理想溶液中，相对挥发度为相同温度下纯组分 A 和纯组分 B 的饱和蒸气压之比。压力对相对挥发度有较大的影响，压力越高，平衡气、液相组成之间的差别越小，相对挥发度越小，分离变得较为困难。因此，精馏操作的压力越高，分离效果越差。

(4) 多元系统的相特性

两种以上纯化合物构成的物系称为多元物系。多元物系的相特性与二元物系极为相似，它具有二元物系的全部相特性，但多组分混合物的临界压力更高、包络线所围面积更大。

当压力在临界压力和临界冷凝压力之间并保持不变，物系温度变化时，可出现等压反常冷凝和汽化现象。反常汽化和反常冷凝是二元和多元物系相特性不同于一元物系的另一特点。这种反常现象只在临界点的右侧(等温反常冷凝和汽化)或上方(等压反常冷凝和汽化)才可能发生。

(三) 压力和温度对平衡的影响

油气分离是油气集输工程中的重要环节之一，它包括两部分：

一是使油气混合物形成一定比例和组成的液相和气相，即平衡分离；

二是把形成的液相和气相用机械的方法分开，即机械分离。

两者中的任何一种都可称为油气分离，二者统一起来也称油气分离。在规定条件下，确定已知系统中每个平衡相的组成数量时，只知道平衡相中各组成的分子所占的比例及其在两相内的比例关系式，还不能满足计算的要求，还必须求出气、液两相在平衡系统中所占的比例，这就要借助于平衡计算来解决。从相特性和平衡量的计算中看出，气液两相平衡时，影响气、液相数量比例的因素有：分离压力、温度和液相的组成。而一口井所产的油气混合物的组成是无法改变的，因此，我们着重讨论压力和温度对平衡量的影响。

1. 压力对平衡量的影响

一定组成的混合物，在恒定温度下，压力对平衡液体量及各组分平衡液体量的影响，总的趋势是随着压力的增高，平衡液体量增加。若按不同的组分来分析，则并不是每个组分的平衡液体量都随压力的增加而增加，而且增加的速度也不同。在低压区，所有组分的平衡液体量都随压力的增加而增加。其中，甲烷的凝析量增加的最多，其他组分凝析量的增加则随相对分子质量的增加而减小；到中压区，平衡液体量的增长趋于平缓，比丁烷重的组分其曲线上出现了峰值，说明在恒定温度下，液体回收量达到了最大值；当压力再增加时，由于发生逆向蒸发，液体回收量下降，压力超过 $70 \times 10^5 N/m^2$ 时，除甲烷、乙烷的液体量仍有增加外，其他组分都有明显减小的趋势。从最后获得液体量考虑，甲烷和乙烷终究要从液相中逸出，所以，我们研究的压力范围经常在 $70 \times 10^5 N/m^2$ 以下，特别是在 $(40 \sim 50) \times 10^5 N/m^2$ 以下。

2. 温度对平衡量的影响

一定组成的油气混合物，在恒定压力下，温度对总平衡液体量和各组分的平衡液体量的影响，无论总的还是各组分的平衡液体量都随着温度的降低而增加，组分的相对分子质量越小，增加的越快。0℃以下，特别是 -10℃ 以下，总平衡液体量的增加，主要是由于甲烷、乙烷和丙烷的作用。所以，在过低的温度下进行分离作业，将影响最后收获的原油量。按获得最多原油量的原则，油气最佳分离温度一般为原油凝固点以上 5℃。

(四) 气液分离的方式和条件

从油井生产出来的、处于一定压力和温度下的油气混合物，在集输过程中，最后必定要使其成为常温、常压下的液体和气体，也就是把油井产出的油气混合物分离为常态的原油和天然气。由前所述，在不同的平衡条件下分离，最后将获得不同数量和质量的原油和天然气。因此，有必要研究采用什么分离工艺，来达到获得较多的原油和天然气的目的。

1. 分离方式

正确地利用油井产出的油气混合物的温度和压力条件，获得最高的原油收获量。控制油气分离的方式，基本上可分为下列三种：一次平衡分离、连续分离和级次分离。

（1）一次平衡分离：系统中，在气液两相一直保持接触的条件下，逐渐降低压力，无论压力变化快慢，两相总保持平衡，气体逐渐从液体中逸出。最后降到常压时，一次把气液两相分开，这种分离方法称为一次平衡分离。

（2）连续分离：系统压力降低的过程中，在不扰动液体的条件下，随时将逸出的平衡气排出，压力降到常压，平衡气也排净，最后只剩下分离所得的液体，这种分离方法称为连续分离。

（3）级次分离：在系统中保持气液两相接触，降低其压力，当压力降到某一数值时，把逸出的平衡气排出；压力再继续降低到另一较低的数值时，又把这一段降压过程中逸出的平衡气排出，如此反复，直到系统降到常压为止，这种分离方法称为级次分离。每排气一次称为一级分离，排几次气，称为几次分离。

生产实践中，连续分离很难做到，故只能在一次平衡分离和级次分离中选择。原油最后总要储存在油罐中，所以，进行一次平衡分离，就是油气混合物直接进入常压油罐中，而级次分离的其他各级分离则通过油气分离器来完成。油井产出的油气混合物直接进入油罐时，将会产生很大的冲击力。所以，经常不让油气混合物直接进罐，而先进一个低压油气分离器，把大部分气体排出，在分离器压力下，溶解在原油中的一小部分天然气随原油进入罐内。这种分离作业，实际上已不是一次平衡分离，而是二级分离作业了。由一个油气分离器和一个油罐组成的是二级分离，由两个油气分离器和一个油罐组成的是三级分离，但习惯上不把储罐计入多级分离的级数内，因而在集输过程中所经过的分离器数即为分离级数，如图4-6为二级分离流程。

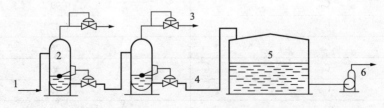

图4-6 二级分离流程
1—油气混合物；2—分离器；3—平衡气；4—混合液；5—储罐；6—泵

2. 分离效果

分离效果主要用最终液体收获量和液体密度来衡量。液体收获量越多、密度越小，分离效果越好。用表4-1所列组成的油气混合物，在49℃下进行不同级数和压力的分离，计算获得的液体量及其密度，计算结果见表4-2。

表4-1中，方案Ⅰ是一次分离；方案Ⅱ、Ⅲ、Ⅳ均为二级分离，但第一级分离控制的压力不同，分别为 4.4×10^5 Pa、11×10^5 Pa 和 34×10^5 Pa；方案Ⅴ为三级分离，第一、二级控制的压力分别为 34×10^5 和 4.4×10^5 Pa。由表看出，后几种级次分离最后获得的总液体量比一次平衡分别提高了7.3%、8.5%、7.8%和9.1%；最后油罐中原油的密度分别降低了0.8%、0.9%、0.7%和1.1%。方案Ⅴ三级分离与方案Ⅱ二级分离比较，由于又增加了一级 34.0×10^5 Pa，则获得的液体量又提高了1.63%，密度却降低了0.34%。由此可知，增加级数，对所获得原油的数量和质量都有提高；同样的级数，分离器控制不同的压力，则对原油的数量和质量也都有明显的影响。

表4–1 不同分离方案的分离效果比较

分离方式		I	II	III	IV	V
分离级数		1	2	2	2	3
分离压力(绝对)p/ $10^5 N/m^2$	第一级	1.00	4.40	11.00	34.00	34.00
	第二级		1.00	1.00	1.00	4.40
	第三级					1.00
液体的质量分数		0.8323	0.8934	0.9031	0.8972	0.9080
液相15℃时的密度/(kg/m³)		900.00	893.00	892.00	894.00	890.00
气体的质量分数	第一级	0.1677	0.1003	0.0794	0.0596	0.0596
	第二级		0.0063	0.0175	0.0432	0.0213
	第三级					0.0111
气体的相对密度	第一级	0.9760	0.7730	0.7000	0.6370	0.6370
	第二级		1.2900	1.3750	1.2650	0.8970
	第三级					1.5400
总油气比/(Nm³/t)		158.0	119.4	108.0	110.0	106.0

表4–2 某油井油气混合物组成

组 分	质量分数/%
C_1	5.29
C_2	0.99
C_3	1.37
C_4	1.26
C_5	0.96
C_6	1.91
C_{7+}	88.12
共计	100

级次分离能获得较多的液体量,这可由系统的分离机理来解释。

对于包括有不同组分的多元系统,在压力降低的过程中,液相中运动速度较高的轻组分,撞击那些速度低的重组分,前者损失了原来使其进入气相的能量而仍留在液相中,后者获得了能量而进入了气相,这种现象一般称为携带效应,液相中轻组分越多,撞击重组分的机会越多,进入气相的重组分也就越多。所以,在一定的压力、温度条件下,由于携带效应,在多元系统中既有部分相对分子质量较大的重组分处于气相中,也有部分相对分子质量较小的轻组分处于液相中。另外,液相中的分子并不永远是液态,气相中的分子也并不永远是气态,两相的分子都有从一相进入另一相的趋势。当各种相对分子质量得分子从一相进入另一相的趋势正好相等时,多元系统处于平衡状态。

平衡系统压力较高时,分子之间的间距小,吸引力大,分子在气相中存在困难,尤其重组分进入气相更困难,所以气相部分较少,其中重组分所占的比例更少。如果在较高的压力下,把已分离成气相的气体排出,减少系统中高速运动的分子,当压力进一步降低时，就减少了液相中轻组分分子撞击重组分分子的机会，使重组分分子不易跑到气相中，降低了携带效应，因而能获得较多的液体量。分离的级数越多，气体排出的越及时，携带效应就越少，获得的液体量就越多。

综上所述，连续分离所获得的液体量最多；把气相一直保持到最后的一次平衡分离所获得的液体量最少；级次分离居中。

3. 压力对分离过程的影响

从压力对平衡量的影响及分离机理的讨论可看出，对同一级数的级次分离，因为分离压力的不同，将影响最后的液体收获量。由表 4-1 的数据可看到，同是二级分离，当压力为 11×10^5 Pa 时，液体的收获量最多。压力对液体收获量的影响，对一定组成的油气混合物进行二级分离，当第一级分离压力为 42×10^5 Pa(绝对)时，最后的液体收获量最大。这是因为第一级分离压力低于 42×10^5 Pa(绝对)时，压力越低，第一级分离所得的液体量越少，当然，进入油罐中的液体量也就越少；当压力超过 42×10^5 Pa(绝对)时，经第一级分离所得液体量的增加主要是甲烷、乙烷和丙烷等轻组分，这些组分在油罐中进行二级分离时，不但本身大部分将逸出，而且还会引起携带效应，把一部分较重的组分也带出液相，相应的减少了液体的收获量。所以，一级分离压力为 42×10^5 Pa(绝对)时，液体收获量最大。同样采用二级分离，因油气混合物组分的不同，最优的第一级分离压力也不同。一般说来，混合物中轻组分越多，分离压力高，才能获得较好的分离效果。

4. 分离级数和压力的选择

综上所述，采用级次分离时，级数越多，分离效果越好。但过多增加分离级数，原油收获量的增加越来越少，相反分离设备的投资和经营费用上升。因此，分离级数也不能太多，油田采用的分离级数一般都推荐 2~4 级，很少超过 4 级。

选择分离级数还应考虑油气物性和井口压力。当原油密度较高、油气比低和自喷井压力低 $(0.7 \times 10^5 \sim 5.5 \times 10^5$ Pa$)$ 时，宜采用二级分离；三级分离大多用于中等密度原油、中到高油气比和中等井口压力 $(7 \times 10^5 \sim 35 \times 10^5$ Pa$)$ 的油田；当井口压力高于 35×10^5 Pa、原油密度低和高油气比时，可考虑采用四级分离。

二、油气分离器

平衡分离，只能使油气混合物形成一定比例和组成的气相、液相，但不能把它们截然分开。所以，在原油生产过程中，要借助于机械分离的方法，把平衡分离得到的油、气两相真正分开。用来进行油气混合物的相分离，以得到规定组分和质量的、便于集输和预处理的原油和伴生气的机械设备，称为油气分离器。它是油田使用最多、最重要的设备之一。

(一) 分离器的类型

油气分离器，按其外形主要有两种形式，即立式和卧式分离器。此外，还有偶尔使用的球形和卧式双筒体分离器等。

按分离器的功能可分为油气两相分离器、油气水三相分离器、计量分离器和生产分离器；从高气液比流体中分离夹带油滴的涤气器；用于分离从高压降为低压时，液体及其释放气体的闪蒸罐；用于高气液比管道分离气体和游离液体的分液器等。

按其工作压力可分为真空 (<0.1 MPa)、低压 (<1.5 MPa)、中压 ($1.5\sim6$ MPa) 和高

压(>6MPa)分离器等；按其工作温度可分为常温和低温分离器。

按实现气液分离所利用的能量可分为重力式、离心式和混合式等。还有某些具有特定功能的分离器，如用于集气系统和气液两相流管道，既能气液分离又抑制气液瞬时流量间歇性急剧变化的段塞流捕集器，新近开发的气液圆柱形旋流分离器等。因油田生产进入高含水时期，为提高分离效率，多采用油气水三相高效分离器。

1. 卧式分离器

如图4-7所示，进入卧式分离器的流体经入口分流器后，油、气流向和流速突然改变，使油气得以初步分离。经入口分流器初步分离后的原油在重力作用下流入分离器的集液区。集液区需要有一定体积，使原油流出分离器前在集液区内有足够的停留时间，以便被原油携带的气泡有足够时间上升至液面并进入气相。同时集液区也提供缓冲容积，均衡进出分离器原油流量的波动。集液区原油流经分离器全长后，经由液面控制器控制的出油阀流出分离器。为获得最大气液界面面积和良好的气液分离效果，常将气液界面控制在0.5倍容器直径处。

来自入口分流器的气体水平地通过液面上方的重力沉降区，被气流携带的油滴在该区内靠重力沉降至集液区。未沉降至液面的、粒径更小的油滴随气体流经捕雾器，在捕雾器内聚结、合并成大油滴，在重力作用下流入集液区。脱除油滴的气体经压力控制阀流入集气管道。分离器工作压力由装在气体出口管道上的控制阀控制，液位由液体排出管上的控制阀控制。

除图4-7所示的单筒卧式分离器外，还有双筒式和底部带立式集液部的卧式分离器。双筒卧式分离器由上下两个筒体组成，上筒体为气体重力沉降部分，下筒体为集液部分，下筒体的大小由需要的液体缓冲能力确定。与单筒相比，双筒体分离器可减小每个筒体的直径。带立式集液部的卧式分离器见图4-8，常用于三相分离，如天然气、凝析油和乙二醇溶液的分离。

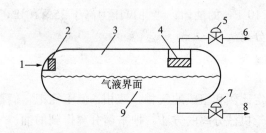

图4-7 卧式分离器原理图
1—油气混合物入口；2—入口分流器；3—重力沉降区；
4—捕雾器；5—压力控制阀；6—气体出口；
7—液位控制阀；8—油出口；9—集液区

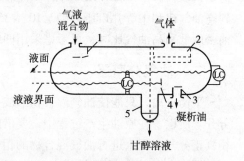

图4-8 带立式集液部的卧式分离器原理图
1—入口挡板；2—捕雾器；3—破涡板；
4—溢流板；5—立式筒体

2. 立式分离器

图4-9为立式分离器原理图。立式分离器工作原理和卧式相同，但分离器内气体携带油滴的沉降方向与气流方向相反，液体内夹带气泡的上浮方向和液体的流动方向相反。

3. 球形分离器

如图4-10所示，球形分离器的主要优点是价格较便宜。如果油井产量比较低，而且稳定，最好选用这种分离器。它便于运移、安装和清理，结构紧凑。其缺点是气液分离空间受到限制，液体的缓冲能力也有一定的局限，液面较难控制。

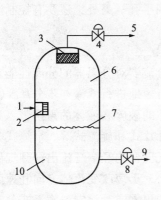 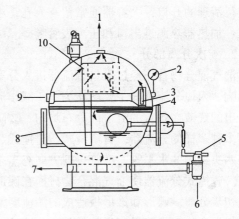

图4-9　立式分离器原理图
1—油气混合物入口；2—入口分流器；
3—捕雾器；4—压力控制阀；5—气体出口；
6—重力沉降区；7—气液界面；8—液位控制阀；
9—油出口；10—集液区

图4-10　球形油气分离器
1—天然气出口；2—压力表；3—离心式反向入口；
4—反向挡板；5—液面控制机构；6—原油出口；
7—排污口；8—液位指示器；9—油气混合物出口；
10—除雾器

4. 卧式与立式比较

在立式分离器重力沉降和集液区内，分散相运动方向与连续相运动方向相反，而在卧式分离器中两者相互垂直。显然，卧式分离器的气液机械分离性能优于立式。在卧式分离器中，气液界面面积较大，有利于分离器内气液达到相平衡。因而，无论是平衡分离还是机械分离，卧式分离器均优于立式，即在相同气液处理量下，卧式分离器尺寸较小、制造成本较低。同时，卧式分离器有较大的集液区体积，适合处理发泡原油和伴生气的分离以及油气水三相分离。来液流量变化时，卧式分离器的液位变化较小，缓冲能力较强，能向下游设备提供较稳定的流量。卧式分离器还有易于安装、检查、保养，易于制成橇装装置等优点。

立式分离器适合于处理含固体杂质较多的油气混合物，可以在底部设置排污口定期排污。卧式分离器在处理含固体杂质较多的油气混合物时，由于固相杂质有 $45°\sim60°$ 的休止角，在分离器底部沿长度方向常需设置若干个排污口。立式分离器占地面积小，这对海洋采油、采气至关重要。由于高度限制，公路运输橇装立式分离器时也不如卧式分离器方便。

总之，对于普通油气分离，特别是可能存在乳状液、泡沫或用于高气油比油气混合物时，卧式分离器较经济，目前油田采油厂为提高油气分离效果，多采用高效分离器，即卧式分离器；但在气油比很高和气体流量较小时（如涤气器），常采用立式分离器。

（二）分离器的结构原理

1. 主体容器部分

主体容器是分离器的最基本部件，它所承受的压力决定了分离器的工作压力，它的尺寸决定了分离器的处理能力。

主体容器是由具有蝶形头盖的圆筒制成的，除了大直径以外，多用管材制成圆筒，其强度计算和压力容器一样。容器上连接有油气混合物的入口管、天然气排出口、原油排出管、排污管和安全阀等。分离器经常会有机械杂质和石蜡的沉积，需及时清扫，因而要有能进行清理的开口，大容器通常留有人孔，小容器则采用手孔。另外，还要有控制液面的接口、加热器热源进出口和压力表管嘴等。

2. 初次分离部分

油气混合物首先经过入口分流器进入分离器，入口分流器对分离器的分离性能有着重要影响。入口分流器的主要功能为：①减小流体动量，有效地进行气液初步分离；②尽量使分出的气液在各自的流道内分布均匀；③防止分出液体的破碎和液体的再携带。人们设计过多种多样的分流器，有窄缝式、碰撞式、稳流式、叶片式和旋流式等。窄缝式分流管为一两头封闭的水平管，沿管长度方向有多条窄缝，油气混合物经窄缝流出得到气液初步分离。碰撞式分流器使油气混合物碰撞在碟形或锥形板上，迅速改变流体方向和速度，使油气初步分离。碟形和锥形板造成的湍流度要小于平板和角钢式分流器。旋流式分流器依靠油气混合物自身能量产生旋转运动，由离心力使油气分离，如立式分离器的切向入口。旋流式适合于气油比大的油气混合物，入口流速应达到6m/s以上，并可减少原油发泡。稳流式分流器的油气混合物进入接收室底部，油气经溢流板上方进入疏流室，含气原油经开有许多小孔的疏流板时，气泡（油滴）表面积增大，易于破裂（被疏流板润湿表面聚结）而进入气相（下淌至集液区）。

立式分离器的入口管一般装在分离器高度2/3处，也就是稍高于最高液面处，这是为了保证气体有一定的上升距离，同时还要给液体留有一定的容积，以保证它在分离器中有足够的停留时间。而卧式分离器进口管一般装在一端蝶形头盖的上半部，入口处也设置碰撞分离部件，以改变油气混合物的流动方向，降低气体流速，使大量液体降落到盛液段。

3. 主要分离部分

指主体容器本身，它的作用是在气体流速大大降低后，利用沉降分离把直径$100\mu m$以上的油滴最大限度地从气体中分离出来。在立式分离器中，为使气体流速降低，减少紊流影响，满足气体上升和液体沉降两方面要求，分离器本身要有足够大的直径和高度，一般不必再加设其他构件。在卧式分离器中，为了改变气体的紊流状态，要在主要分离部分加设导流板。导流板的形状各种各样，但原理都相同：当含有油滴的气体通过时，导流板表面湿润，以吸引细小的油滴，使其在表面聚结；另外，气流通过导流板时，使其紊流减小，更有利于油滴的沉降；再者，由于加设了导流板，使油滴重力沉降距离变小，油滴迅速在板上聚结，最后沉降到集液段。

4. 气体除雾部分

主要是利用碰撞原理和离心原理，把初次分离和沉降分离后仍留在气体中的细小油滴除去。要求这种部件在满足分离要求的前提下，结构要简单，气体通过时的压降要小。

除雾器的类型很多，折板式除雾器、丝网除雾器和填料式除雾器、叶片式除雾器等。

（1）折板式除雾器

如图4-11所示，折板式除雾器是利用碰撞、聚结分离的原理。携带油滴的气体进入一组间距很小、流道曲折的板组，气体被迫绕流。由于气流方向的改变和液滴的惯性，使油滴碰到经常润湿的板组结构表面上，与表面上的液膜聚结成较大液滴，靠重力沉降至集液部分。板组内气体流通面积不断地改变，在面积小的流道中，雾滴随气流提高了速度，获得产生惯性力的能量。气流在除雾器中不断改变方向，反复改变速度，造成雾滴与结构表面的碰撞、聚结机会，从气流中分离出油滴。

折板式捕集器可水平或垂直安装，由捕雾器分出的液体汇集后通过降液管进入分离器的集液部分。板组的厚度常为 150~300mm，板间距 7~37mm，由碳钢、不锈钢、聚氯乙烯或聚丙烯制成，压降为 75~200mmH$_2$O。

折板式捕集器的优点是价格低廉，不易被蜡、固体杂质堵塞，适用于处理较脏的气体。但应在分离器合适位置设置手孔，定期用蒸汽清洗捕雾器的流道，保持捕雾器的分离性能。

（2）丝网式捕雾器

如图 4-12 所示的丝网捕雾器，由直径为 0.05~0.5mm（一般为 0.28mm）的碳钢、不锈钢、蒙乃尔合金、铝、镍或塑料丝编织并叠成厚 100~150mm 的网垫，空隙率达 97% 以上，比表面积（单位体积网垫的金属丝表面积）约为 3.5cm^2/cm^3，网垫密度 160~200kg/m^3。丝网捕雾器靠油滴惯性碰撞、丝网直接拦截和油雾的布朗运动捕集油滴，正常工作时通过捕雾器的压降约为 25mm 水柱。为提高捕雾效率，截获更小粒径的油滴，可用更细的金属丝或塑料丝加密原有的网垫，构成粗细丝组合式网垫。丝网式捕雾器的价格低廉、捕雾效率高，但不适合处理含蜡高、固体杂质多的气体，否则容易堵塞捕雾器。

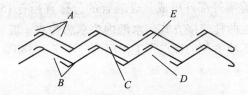

图 4-11　折板式捕集器

A—碰撞；B—改变流向；C—改变流速；
D—油滴凝聚；E—液体捕集槽

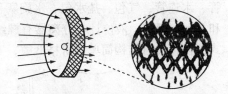

图 4-12　丝网式捕集器

（3）填料式捕雾器

如图 4-13 所示，用随机堆放的填料（鲍尔环、拉西环等）作为捕集器，捕集气流中的油滴，但使用不太广泛。

（4）叶片式除雾器

叶片式除雾器结构如图 4-14 所示，立式分离器的气体出口管一般设置在蝶形头盖的中部或圆筒的最上部，因而除雾器可直接安在分离器内气体出口处。同样，卧式分离器的除雾器也设置在气体出口处。

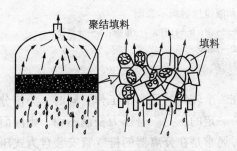

图 4-13　填料式捕集器

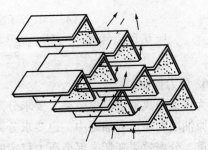

图 4-14　叶片式捕集器

5. 液面控制机构

为了使分离器有稳定的气相和液相空间，保证分离效果，必须对液面进行调节并控制在一定的位置上，液面控制不灵，超高时将使液体跑到气体空间，甚至跑到气管道而堵塞管路；液面过低，将引起出油管串气，严重时输油泵抽空。所以，液面自动进行调节控制是分离器正常工作的必要条件，否则分离器无法正常工作。

根据油气的分离形式和操作压力的要求，选用不同的液面控制机构，通常有以下几种：①浮子控制机械动作的阀；②浮子控制传动器操作的阀；③置换式控制操作薄膜头阀。

多年来，我国油田生产的分离器，普遍采用如图 4-15 所示的浮子连杆机构带动液位控制阀控制液位，取得了较好效果。

正常工作时，球形的空心浮子漂浮在分离器的液面上，当分离器液面发生变化时，浮子在垂直方向发生相应位移，并带动转轴 2，转轴 2 与杠杆 3 相连接，通过拉杆带动杠杆 6，并通过转轴 5 控制出油管上液位控制阀，从而改变出油阀的开启度。当液面降低时，出油阀关小，外输油量减少；相反，当液面上升时，出油阀开大，外输油量增大，故使分离器液面控制在一定的位置上。

分离器除有浮子连杆机构调节液面外，还必须安装液位计，方便巡回检查调节。分离器上的液位计一般用玻璃管式液位计。玻璃管式液位计的结构由气连管、气旋塞、玻璃管、水连管、气包、盐水包、水旋塞和放水旋塞等部件组成。玻璃管的公称直径有 15mm 和 20mm 两种。液位计与分离器有螺纹和法兰两种连接方式。水泡内要求为盐水。玻璃管式液位计具有结构简单，价格低廉，安装和拆换方便的优点，工作压力应小于 1.3MPa。

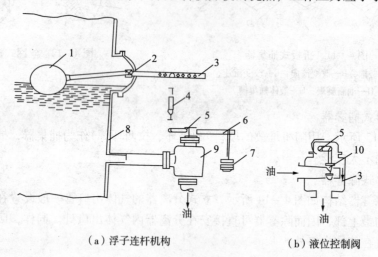

（a）浮子连杆机构　　　　　　（b）液位控制阀

图 4-15　浮子连杆机构和液位控制阀示意图
1—浮子；2—连杆；3—杠杆；4—花篮螺丝；5—转轴；6—杠杆；7—重锤；8—分离器；
9—出油阀；10—阀芯

6. 压力控制

为保证分离器的分离效果，要求分离器应在一个较优的压力下工作，同时，为使分离出的原油顺利地流入油罐中，也要求分离器保持一定的压力。若压力控制不稳，则液面波动严重，分离效果变坏。保持压力稳定的方法，通常是在分离器的排气管安装自力式压力调节阀。当分离器内压力过高时，压力通过传压管作用于薄膜上部，薄膜下移带动阀杆，使阀门开启度增大，分离器内的气体大量流出，压力下降；当分离器压力降低时，薄膜上部的压力也变低，在弹簧的作用下薄膜恢复原位并带动阀杆，使阀门开放度关小，气体流出量减少，分离器压力回升。如此自动调节，使分离器的压力始终控制在一定的范围内。

7. 加热器

为了使分离器盛液部分的油气能充分自然分离，以及分离器停运时高凝固点原油不冻结，常在容器下部装有加热盘管。加热盘管的作用是维持原油的温度，而不要求提高它的温度。

8. 防涡器

由于液面过低及排出流体的虹吸作用，分离器排液（排气）口可能产生液体（或气体）漩涡，在排液口带入气体、在排气口带入液体，使分离效果恶化，如图 4-16 所示。为防止漩涡产生，一方面应使分离器保持一定高度的液位，另一方面在排液口和排气口设置防涡器。

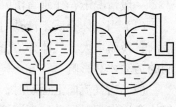

图 4-16 排液口漩涡

我国现行规范对油气分离器最低液位的推荐值不小于排液口直径的 3 倍，且不得小于 0.2m。防涡器有多种形式，如图 4-17 所示为两种液体防涡器和一种气体防涡器。

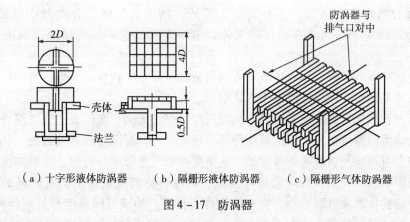

（a）十字形液体防涡器　　（b）隔栅形液体防涡器　　（c）隔栅形气体防涡器

图 4-17 防涡器

9. 防波板

对较长的卧式分离器需安装防波板。防波板是安装于气液界面处垂直于流体流动方向的垂直挡板，阻止液面波浪的传播。

10. 消泡板

分离器处理发泡原油时常在气液界面处积聚气泡层，使气泡通过一系列倾斜平行板（或管子）可使气泡聚结、破灭。

（三）分离器的分离机理

1. 沉降分离

沉降分离是在初次分离气体流速降低之后，依靠油滴和气体的密度差使油滴从气体中沉降下来。油滴能分离并沉降下来的必要条件是油滴的沉降速度应大于气体把油滴携带出分离器的速度，因此，液滴沉降速度的大小将直接决定沉降分离的效果。

在重力分离段内，气体中的液滴在重力作用下沉降，并随着液滴下降速度的加大，受到摩擦阻力也逐步增大。当气体介质的反作用力与液滴的重力相平衡时，液滴就以等速下沉。为了进行有效的油气分离，必须研究液滴在气体介质中的沉降规律。为了研究的方便，假设：

（1）液滴是圆形的，在分离过程中，这些液滴既不粉碎，也不聚集成大液滴；

（2）分离器内气体运动状态稳定，空间任一点的气体速度始终固定不变，与时间无关；

（3）液滴的运动是自由的，液滴之间互不影响。

一般情况下，作垂直沉降运动的液滴大致分以下三种情况：

（1）当气体介质不流动时，推动液滴运动的力仅仅是重力。因此，液滴沉降的速度随液滴直径而增大，气体介质密度、黏度的减少而增加。实际上，气体介质黏度只对微小液滴的运动才有影响。

（2）当气流向上运动时，气体介质与液滴都在运动，但方向相反。如果只考虑液滴对气体介质作相对运动，当液滴在分离器内沉降时，液滴相对于分离器壁的速度即为液滴的沉降速度。

（3）当气流向下流动时，液滴只向下沉降。

液滴在分离器中的运动主要是第二种情况。具有一定沉降速度的液滴，能否在分离器中沉降分离出来，还取决于分离器的型式、结构和气体在分离器中的流动情况。分离器的型式决定了气流的方向，在气体流量一定的情况下，气体流速取决于分离器直径。

对于立式分离器来说，因气体流动方向与液滴沉降方向相反，显然，液滴能够沉降下来的必要条件是液滴的沉降速度大于气体流速。

应当指出，液滴沉降速度与立式分离器沉降段高度无关。实际上，油气混合物进入分离器后，液滴沉降速度由零到等速沉降需要一定的时间。若沉降段高度过短，气体流速分布就不均匀，有可能使液滴来不及达到等速沉降就被气流带出分离器，故沉降段高度对分离质量是有影响的。当然，沉降段高度太高，对改善分离质量也不会有明显的效果。再者，对于一定性质的油气混合物，在规定操作条件下，油滴沉降速度与其直径而成正比。若要分离出的油滴直径越小，则沉降速度就越慢，要求通过分离器的气体流速也就越小，这就必须加大分离器的尺寸。从经济观点考虑，一般要求沉降分离分出的油滴直径大于$100\mu m$，至于直径更小的油滴，由除雾器捕获则更为合理。

2. 碰撞分离

由前所述，各种类型的除雾器都是利用碰撞原理去掉初次分离和沉降分离后仍留在气体中的细小油滴。带有油雾的气流进入除雾器，并在其中被迫绕流时，由于油雾的密度比气体大，惯性大，因而在碰撞结构表面后，其中一部分油雾不能随气流改变其运动方向，故被润湿的结构表面吸附；另一部分带有油雾的气流碰到结构表面后突然改变方向，降低了流速，使油雾从气流中分离出来，也被吸附在结构表面上。由于碰撞和无数次地改变流向和速度，使吸附在结构表面上的油雾在表面张力的作用下，逐渐变成油滴并积聚起来，然后靠重力从结构表面沉降到盛液段。

3. 离心分离

当液体改变流向时，密度较大的液滴具有较大的惯性，就会与器壁相撞，使液滴从气流中分离出来，这就是离心分离的原理。它主要用来分离大量液体和直径大的液滴，即主要适用于初分离段。

三、三相分离器

油井产出的油气混合物中，常常含有大量的水。水或是游离状态，或是与油形成乳状液。如果为游离水，就需要用三相分离器，不但将液体从气体中分离出来，而且还要将油与水分离开来。现在多数采油厂主要以高效三相分离器为主。

(一) 工作原理

三相分离器也有立式和卧式之分，各自的优缺点、适用场合与气液两相分离器相同。如图 4-18 所示的卧式三相分离器，油气水混合物进入分离器后，入口分流器将混合物初步分成气液两相，液相引至油水界面以下进入集液区。在该区内，依靠油水密度差使油水分层，底部为分出的水层，上部为原油和含有分散水珠的原油乳状液层。油和乳状液从堰板上方流至油室，经由液位控制的出油阀排出。水从堰板下游的出水阀排出，由油水界面控制排水阀开度，使界面保持一定高度。分流器分出的气体水平地通过重力沉降区，经除雾后流出分离器。分离器压力由安装在气体管道上的控制阀控制。分离器的液位，依据气液分离需要，可 $(0.5 \sim 0.75) D$ 间，常采用 $0.5 D$。

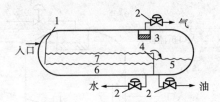

图 4-18 卧式三相分离器
1—分流器；2—控制阀；3—捕雾阀；
4—堰板；5—油；6—污水；7—油水乳状液

图 4-19 表示立式三相分离器原理图。设在油水界面下方的配液管使油水混合物在容器整个截面上分布均匀。自配液管流出的油水混合物在水层内经过水洗，使部分游离水合并在水层内。原油向上流动中，原油内携带的水珠向下沉降；水向下流动时，水内油滴向上浮升，使油水分层。原油内释放的气泡上浮至上方的气体空间，该空间有平衡管与入口分流器分出的气体汇合，经除雾后流出分离器。

(二) 破乳与除砂

1. 聚结板破乳

在三相分离器的集液区可安装若干聚结板(波纹板)，促使油包水型乳化液内水珠粒径增大、迅速沉降至油水界面。聚结板的使用可使分离器的油水处理量增大，或在一定油水处理量下减小分离器外形尺寸。但聚结板间的流道易被砂、蜡、腐蚀产物等固体杂质堵塞。

2. 三相分离器除砂

在油气水三相分离器底部会沉积砂、水垢、铁锈、油泥等固体杂质，如不及时清除将减小容器的有效容积、阻塞流道、加速细菌繁殖和腐蚀、干扰液位控制，还影响阀、计量仪表、泵的正常工作。对立式分离器可在器身内部安装锥底，锥底与水平面的夹角为 $45° \sim 60°$，以利于固体杂质的排放。锥底与分离器外壳间的空间应和分离器气体空间用平衡管相连，改善锥底受力情况。卧式三相分离器底部沿长度方向设若干排污口、除砂管汇和挡砂槽或挡砂盘，用带压水经除砂喷管高速喷射沉积物使其流化后，从排污口排出。除砂管汇内水的压力至少比容器操作压力高 $0.2MPa$，喷射流速不小于 $6m/s$。挡砂槽或挡砂盘的作用是防止沉积物堵塞排污口。

(三) 三相分离器油水界面控制

卧式和立式三相分离器有三种原理相同的油水界面控制方式，如图4-20和图4-21所示。图中第一种方法用界面浮子控制排水阀开度，使油水界面保持在一定高度范围内。由于分离器内没有隔板，故容器的有效容积大、制造简便、容易清除容器内积存的砂和油泥。缺点是：若水位控制器或排水阀失灵，原油可能进入排水管道；若油面下降，气体可能进入出油管道，为此在出油管的端部可装T形入口；若油水界面间存在较厚的原油乳状液，则油水界面的控制很困难；此外，原油发泡会影响气液界面计量的指示值。

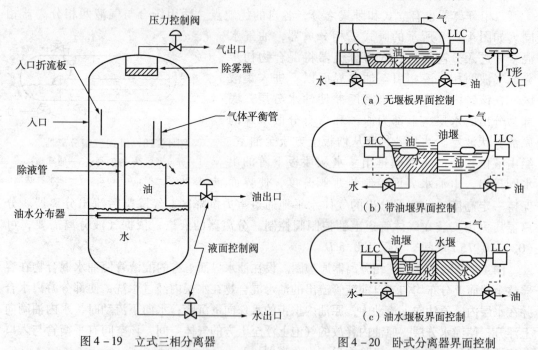

图4-19 立式三相分离器

图4-20 卧式分离器界面控制

第二种控制方法是用油堰控制气液界面，全部原油在排出容器前必须上升至油堰高度，所以分离器流出原油的质量较好。缺点是油室占一定容积，使分离器油水分离的有效容积减少，影响分离效果；由于存在油室和隔板，不但制造费用增加，也不易清除容器和油室内的积砂和油泥；与第一种控制方法相同，油水界面用加重浮子控制，不适应油水间存在乳状液的工况。

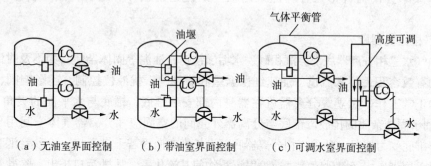

图4-21 立式分离器界面控制

第三种控制方法是在容器内设油堰和水堰，控制进入油室和水室的液面，用油室和水室的气液界面浮子控制各自的排出阀，由于气液密度差大，浮子能有效地控制油位和水位。该法最大优点是，当油水间存在乳化油层时不影响分离的正常工作。缺点同第二种控制方法。

在油室两侧的液体构成连通器，油堰高度确定了油气界面的位置，油堰和水堰的高差确定了油水界面的位置，如图4-22所示。当原油瞬时流量增大时，越过油堰的油膜增厚，加大了油水堰板的高差使油层的高度增加。油室应有足够深度，防止原油通过油室下方流入油室的右侧，进而流入水室。相反，水瞬时流量增大时油层变薄，会有较多水从油层流入油室。为减小这种波动，油堰和水堰应有足够的宽度和水平度。

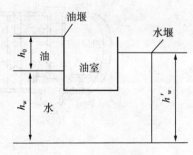

图4-22 油水界面控制

在油田生产中，广泛采用第二、第三种控制方法，当油水密度差较大、容易分层、油水界面清晰时可使用第二控制方法，否则使用第三种控制方法。

（四）典型高效三相分离器

河南油田采用的是高效三相分离器，具有以下高效点：

一是采用来液旋流预脱气技术。针对三相分离过程中气-液分离与油-水分离的差异，采用来液旋流预脱气技术，实行气-液快速分离，增大三相分离器有效液相容积，可使油-水分离的液相容积由原来的50%左右提高到了95%以上，同时具有稳定流态，消泡吸能作用。该技术对处理高油气比原油、易起泡原油的油气分离非常有效，提高设备效率。

二是水洗技术。采用活性水强化水洗破乳技术，加快油水分离速度，解决三相分离过程中的关键问题——乳化液破乳。提高设备分离效率。优点：①快速分离出游离水，有利于原油中较小水滴的沉降分离；②强化破乳；③分离出砂子、机杂等沉降类物质，减少乳化中间层的形成及稳定性，有利于脱水。

三是油水分离模式转化把"原油脱水"变为"水中除油"，使二者在速度、质量和效果上大不相同，从根本上解决了原油脱水速度慢的问题。水作为连续相，油滴作为分散相，在特定温度下，由于水的黏度要远小于原油的黏度，所以油滴在水中的上浮速度要远大于水滴在油中的沉降速度，"水中除油"的效率要远大于"原油脱水"的效率。

四是调节油水相停留时间：根据油水分离对质量的要求，通过调节导水管高度而改变界面的高度，从而调节油水相的不同停留时间。

1. HNS-Ⅱ型高效三相分离器结构

HNS-Ⅱ型高效三相分离器由容器筒体、容器封头、混合液进口、一次气液分离包、导流板、二次气液分离包、天然气出口流量计、天然气出口调节阀、捕雾器、进液管、防冲板、布液板、加热盘管、油室、水室、隔板、水室进水管、油室液位浮球、水室液位浮球、油出口流量计、油出口调节阀、水出口流量计、水出口调节阀、排沙口、排污口、人孔、油水界面调节器、液位计、安全阀、压力表、微机自动控制系统等组成，如图4-23所示。

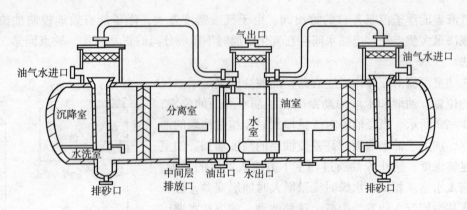

图4-23 HNS-Ⅱ型高效三相分离器结构示意图

HNS-Ⅱ型高效三相分离器主要参数：

设备规格：$\phi 3000\text{mm} \times 14600\text{mm}$

操作压力：0.30~0.40MPa

设计处理液量：10000m³/d

出口原油含水：≤0.5%

出口污水含油：≤1000mg/L

2. HNS-Ⅱ型高效三相分离器工作原理

油气水混合液经容器两端切线进口进入一次气液分离包后，在离心力的作用下，气液先行分离，气体通过捕雾器除油后，再经二次气液分离包，除去大于$10\mu m$粒径的液滴后，从气出口排出。液体经进口分气包脱气后进入水洗室，在水洗室中油水混合液发生碰撞、摩擦等降低界面膜的水洗过程，分离出了大部分的游离水，没有分离的混合液经分配器布液和波纹板破乳整流后进入沉降室，并在沉降室进行最终的油水沉降分离，分离后的油、水分别进入油、水室，并经油出口和水出口排出容器。主要分离过程包括离心分离过程、重力沉降分离过程和碰撞黏滞分离过程。

（1）离心分离过程

油气水混合液经切线进口进入一次气液分离包后，由于压力突然降低，流速必然加快，当液体改变流向时，密度大的液体具有较大惯性，在导流板的作用下，产生了离心力，液体沿器壁向下，密度小的气体在中心向上，这就是离心分离的原理。

（2）重力沉降分离过程

根据油、气、水的密度差利用重力沉降的原理进行分离。三相分离器集液管，汇集液体通过底部布液板，将油水混合液均布于容器底部的水中，由于密度差的关系，原油迅速浮向水面，这就是重力分离"水洗油"的过程，原油通过隔板翻向油室，水则经过管道通向水室。

（3）碰撞黏滞分离过程

当气体遇到障碍，改变流向和速度，气体携带的液滴不断在障碍处聚结，由于液滴表面张力作用，液滴油膜集结成大液滴，靠重力沉降下来。

3. 运行参数的控制

运行过程中主要控制的参数有容器压力和油、水室液面。

(1) 压力控制

将容器顶部的压力,通过压力传感器(一次仪表)传输给调节器(电脑微机),微机通过与给定值比较运算后,输出相应的电信号,给气动调节阀上的电/气转换器,使调节阀相应动作,控制出气量的大小,保持容器压力的稳定。

(2) 液面控制

将浮在油水室液面上的浮球位移状况,通过传感器(一次仪表)传输给调节器(电脑微机),微机通过与给定值比较运算后,输出相应的电信号,给气动调节阀上的电/气转换器,使调节阀相应动作,控制出油、水量的大小,保持容器内油、水液位的稳定。

四、分离器的操作与维护

(一) 分离器的操作

1. 分离器启运前的准备

(1) 检查液面调节机构:浮漂、连杆、平衡锤、出油阀门、油气进出口阀门、压力表阀门、液位计阀门是否灵活好用。

(2) 向分离器液面计盐水包里加入适量盐水。

(3) 检查压力表、温度计、安全阀是否完好。

(4) 检查安全阀定压是否按规定设置,关闭分离器排污阀门和放空阀门。

(5) 打开热水循环伴热阀门。

(6) 打开分离器气出口阀门,控制分离器压力在 0.1~0.2MPa。

(7) 观察分离器和密封部位有无渗漏现象,若有渗漏及时处理。

(8) 若分离器在冬季启动,应检查加热系统,提前半小时通入蒸汽或热水循环。

2. 分离器进油操作

(1) 关闭分离器出油阀门。

(2) 缓慢打开分离器进油阀门,听进油声音是否正常。

(3) 观察分离器压力和液位变化情况,及时用气出口调节压力,防止分离器憋压,安全阀动作跑油。

(4) 检查液位计,各阀门灵活好用,不渗不漏。当分离器液位达到玻璃管的 1/2 时,平衡杆应水平,打开分离器油出口阀门,气出口阀门压力调节至正常,液位在 1/3~2/3 之间。

(5) 检查来油温度是否正常,要高于凝固点 5~8℃。

(6) 当分离器运行平稳正常后,逐渐增加进油量,调整平稳。

(7) 确认分离器运行正常后,做好运行记录(运行时间、压力、温度、液面等数据)。

3. 停运分离器操作

(1) 关闭天然气阀门,用手抬平衡杆,保证用天然气把液面压至最低。

(2) 观察分离器压力控制在正常范围内。当液面低于液位计后,打开分离器事故旁通阀,关闭分离器进出口油阀门。

(3) 打开室外放空阀门,放掉分离器内压力。

(4) 冬季停运分离器时,热水循环伴热不能停。

(5) 做好停运分离器的各项记录。

4. 分离器切换操作

（1）按启动前的准备工作检查欲投分离器。

（2）按启动分离器的操作规程，启动欲投分离器。

（3）将欲停分离器进油量逐渐减少，按照停运分离器操作规程停运欲停分离器。

（4）操作完毕后，逐渐调节运行分离器压力和液面，使其正常生产。

（二）分离器的安全技术要求

（1）分离器的安全阀必须每年校检一次。

（2）液面调节机构要灵活好用，平衡杆随液面变化而上下移动。液面在1/2时，平衡杆正好处于水平状态。

（3）分离器液面要保持在液位计的1/3~2/3之间，高了气管道带油，低了油管道中进气。

（4）分离器压力控制要在规定范围内，压力过高增加来油回压，压力太低气管道易进油。

（5）冬季生产要注意来油温度、液位计、加热系统循环、安全阀、压力表的工作情况。

（6）经常检查紧急放空阀管道是否畅通。

（7）每2h活动连杆带动的阀门，以防卡死。

（三）分离器的维护保养

油气分离器在正常运行时必须注意以下问题，加强检查和保养。

（1）分离器的调节机构要定期检查和校正，保证其灵敏可靠，灵活好用，分离器的液面平稳，保证分离器平衡杆的波动与液面波动相符。

（2）定期更换压力表，保证压力表在正常工作状态，防止压力不准，造成憋压跑油或分离器工作不正常。

（3）要经常检查人孔、阀门、法兰以及分离器壳体，管道有无渗漏、损坏的地方，要及时处理。

（4）要对损坏的壳体进行修复，保证保温良好，经常检查采暖管道，保证分离器内有一个相对稳定的温度。

（5）要定期向液位计盐包中加入盐水，保证液面清洁、准确。

第三节　原油脱水

一、原油中水的危害

从油井生产出来的油气混合物中经常含有大量的水和泥砂等机械杂质，原油和水在油层内运动时，常携带并溶解大量的盐类，如氯化物（氯化钾、氯化钠、氯化镁、氯化钙）、硫酸盐、碳酸盐等。在油田开采初期，原油中含水很少或基本上不含水，这些盐类主要以固体结晶形式悬浮于原油中。进入中、高含水开采期时，则主要溶解于水中。原油中含水、含盐、含泥砂等杂质会给原油的集输和炼制带来很多危害，主要是：

(1) 增大了液流的体积流量,降低了设备和管路的有效利用率。

(2) 增加了输送过程中的动力消耗。

由于输液量增加,油水混合物密度增大,而且水还常以微粒水珠存在于原油中,形成高黏度的乳状液,使输油离心泵工作性能变坏,泵效降低,动力消耗急剧增大。

(3) 增加了升温过程中的燃料消耗。

原油集输过程中,为满足工艺技术要求,常对原油加热升温。由于原油含水后输液量增加,而且水的比热容约为原油比热容的2倍,故在含水原油升温过程中燃料的消耗也将随原油含水量的增加而急剧增大,其中相当一部分热能白白地消耗于水的加热升温,造成燃料的极大浪费。

(4) 引起金属管路和设备的结垢与腐蚀。

当含水原油中碳酸盐含量较高时,会在管路、设备和加热炉的内壁上形成盐垢,减小管路流道面积,降低加热炉的热效率。结垢严重时甚至能堵塞加热炉受热管的流道,造成加热炉爆炸,酿成火灾事故。另外,原油中所含的泥砂等固体杂质会使泵、管路和其他设备产生激烈的机械磨损。

(5) 影响原油炼制工作的正常进行。

炼油厂加工原油的第一个过程是常压蒸馏,原油要被加热到350℃左右。因为水的相对分子质量仅为18,而原油常压蒸馏时汽化部分的平均相对分子质量为200~250,单位质量的水汽化后的体积比同质量原油汽化后形成的体积大十多倍。这样,原油含水不仅会加大塔内气体线速度,影响原油加工规模,严重时还会出现冲塔现象,直接影响蒸馏产品的质量。若原油含水不均匀,还将引起塔内压力的突然升高,甚至造成超压爆炸事故。

由于上述种种原因,必须在油田上及时地对含水、含盐、含机械杂质的原油进行净化处理,使之成为合格的商品原油出矿。表4-3为出矿原油的质量合格标准。

表4-3 出矿原油的质量合格标准

项 目	原油类别		
	石蜡基	中间基	环烷基
含水量(质量分数)/% 不大于	0.5	1.0	2.0
饱和蒸气压/kPa	在储存温度下低于油田当地大气压		

二、原油乳状液

原油与水是互不相溶(或微量互溶)的液体,其物理、化学性质均有较大差异。原油中所含的水分,有的在常温下用静止沉降法短时间内就能从油中分离出来,这类水称为游离水;然而,生产中的原油与水并非简单地混合,而是处于具有相当稳定的乳化液状态,很难用沉降法从油中分离出来,这类水称乳化水,它与原油的混合物称油水乳状液,或原油乳状液。脱除游离水后,乳化水在原油内的含量大体和原油密度成正比,密度愈大,乳化水含量愈高,乳化水需要用专门的措施才能够从原油中分离出来。

乳状液是一个多相体系,其中至少有一种液体以极小的微滴分散于另一种液体中,这种分散物系称为乳状液。乳状液具有一定的稳定性,即它的存在状态不会在一瞬间自发破坏(分离成层)的性质。原油和水构成的乳状液主要有两种类型:一种是水以极微小的颗粒分散于原油中，称为"油包水"型乳状液，用符号 W/O 表示，此时水是内相或称分散相，油是外相或称分散介质，因外相液体是相互连接的，故又称连续相；另一种是油以极微小颗粒分散于水中，称为"水包油"型乳状液，用符号 O/W 表示，此时油是内相，水是外相。此外，还有多重乳状液，即油包水包油型、水包油包水型等，分别以 O/W/O 和 W/O/W 表示。聚合物驱采油常产生 O/W/O 型复合乳状液。

除油田开采的高含水期外，世界上各油田所遇到的原油乳状液绝大多数属于油包水型乳状液，在普通显微镜下可观察到内相液滴的存在，如图 4-24 所示。W/O 型乳状液的内相水滴粒径一般在 0.2~50μm 范围内，也称粗乳状液。由图看出，乳状液内相颗粒粒径大小不等，分布也很紊乱。还有一种乳状液其分散相粒径范围为 0.01~0.2μm，又称细乳状液。除此之外，油包水乳状液还可细分为致密乳状液和疏松乳状液。疏松乳状液的水滴粒径较大，乳状液不太稳定，依靠重力较易使油水分离；而致密乳状液分

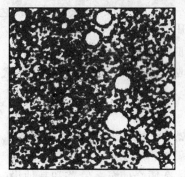

图 4-24　油包水型乳状液

散相粒径很小，很稳定，油水分离难度较大。

（一）原油乳状液的形成

1. 乳状液形成的条件

单纯的两种互不相溶的液体经剧烈搅拌后形成乳状液，但搅拌停止后，内相微粒在外相液体分子热运动的撞击下发生不断改变方向的无规则运动（布朗运动），使内相颗粒相互碰撞、合并，乳状液的生成条件自发破坏，很快两种液体就分层了。如果系统中存在或加入第二种物质，能使乳状液有很强的稳定性，这种物质称为乳化剂。乳化剂是一种表面活性物质（能使溶液表面张力降低的物质），它能被吸附在油水界面上，在内相微粒表面上形成一层"膜"。该膜可使油水界面的表面张力下降，并具有一定的弹性和机械强度，阻止液滴在碰撞中聚结沉降。

表面活性剂吸附在油水界面上形成吸附层，使油水界面的界面张力下降，乳状液的稳定性得到一定程度的增加。若表面活性剂吸附层具有凝胶状结构，有较高的机械强度，在分散相液滴周围形成坚固的薄膜，阻止内相液滴在碰撞中聚结沉降，使乳状液变得更为稳定，这种表面活性剂适合于作为乳化剂。降低界面张力和形成坚固的保护薄膜是使乳状液稳定的两个重要因素，而后者更为重要。因此，形成稳定的乳状液必须具备下列三个条件：

（1）系统中存在有两种以上互不相溶（或微量相溶）的液体；

（2）要有强烈的搅拌，使一种液体破碎成微小的液滴分散于另一液体中；

（3）要有乳化剂存在，使微小液滴能稳定地存在于另一种液体中。

2. 乳化剂的类型

原油的乳化剂对形成原油稳定乳状液有十分重要的作用，原油的天然乳化剂由下列四种类型的物质所组成：

（1）分散在油相中的固体粉末，主要是黏土、岩石粉、结晶石蜡等。其颗粒直径小于 2μm，且被吸附在油水界面上与胶质、沥青质等形成表面膜，使乳状液稳定。

（2）分散在原油中的胶质、沥青质，这些物质的相对分子质量都比较大，一般地讲，沥青质的相对分子质量要比胶质大一些。沥青质的相对分子质量大约为 900~3500 左右，

胶质相对分子质量大约为 570~1000 左右。至于沥青质和胶质在原油中的含量，随原油产地的不同，差异很大。

（3）溶解在原油中的物质，这类物质有环烷酸等。

（4）溶解在水中的物质，如某些盐类和某些高极性的表面活性物质。

以上 4 种就是我们通常所说的原油天然气乳化剂。

当油、气、水三相混合物由井底沿井筒油管举升到井口，经过油嘴的节流以及集油管道、阀件、离心式油泵等的强烈搅拌，使水滴充分破碎成极小的颗粒，并为原油中存在的环烷酸、胶质、沥青质、石蜡、黏土和砂粒等油包水型乳化剂所稳定，均匀地分散在原油中，从而形成稳定的油包水型乳状液。乳化剂聚结在内相颗粒界面形成了比较牢固的界面保护膜，也称乳化膜，稳定的原油乳状液中大多数的水滴直径小于 50μm。

（二）原油乳状液的性质

1. 分散度

分散相在连续相中的分散程度称为分散度。分散度用内相颗粒平均直径的倒数表示。此外，也常用内相颗粒平均直径或内相颗粒总表面积与总体积的比值，即比表面积表示。

按分散度的大小不仅可区别乳状液、胶体溶液和真溶液，而且乳状液分散度的大小还直接影响到它的其他性质。因而，分散度是乳状液的重要性质之一。

2. 黏度

影响乳状液黏度的因素很多，主要有：①外相黏度；②内相的体积浓度；③温度；④乳状液的分散度；⑤乳化剂及界面膜的性质；⑥内相颗粒表面带电强弱等。此外，有的文献认为，内相黏度对乳状液的黏度也有一定影响。

原油黏度愈大，生成 W/O 型乳状液后其黏度也愈大。乳状液黏度与温度的关系同原油类似，随温度的升高而降低。

原油乳状液黏度随含水率的变化却呈现较为复杂的关系。含水率较低时，乳状液的黏度随含水率的增加而缓慢上升；含水率较高时，黏度迅速上升；当含水率超过某一数值（约为 65%~75%）时，黏度又迅速下降，此时 W/O 型乳状液转相为 O/W 型或 W/O/W 型乳状液。此后，随含水率的进一步增加，油水混合物的黏度变化不大。

3. 密度

原油含水、含盐后，其密度显著增大。

4. 电学性质

原油乳状液的电导率取决于其含水率和水颗粒的分散度，在很大程度上还取决于水中的含盐、含酸、含碱量、温度。

5. 乳状液稳定性和老化

原油乳状液的稳定性是指乳状液不被破坏，抗油水分层的能力的性质。影响乳状液稳定性的主要因素有：乳状液的分散度和原油黏度、乳化剂的类型和保护膜的性质、内相颗粒表面带电、乳状液温度和水的 pH 值等。

（1）分散度和原油黏度

若油水混合物内有足够的乳化剂，并受到充分搅拌，则形成内相颗粒小、分散度高的原油乳状液。水滴愈小，布朗运动愈强烈，就能克服重力影响不下沉，而保持稳定。此外，原油黏度愈大，水滴愈不易下沉，原油乳状波也就愈稳定。

(2) 乳化剂的类型和保护膜的性质

原油中存在的天然乳化剂也可分为三类，它们对乳状液的稳定性有很大的影响。

第一类乳化剂是低分子有机物，如脂肪酸、环烷酸和某些低分子胶质。这类物质有较强的表面活性，易在内相颗粒界面形成界面膜。但由于相对分子质量低，界面保护膜强度不高，故乳状液的稳定性较低。

第二类是高分子有机物，如沥青、沥青质等。它们在内相颗粒界面形成较厚的、黏性和弹性较高的凝胶状界面膜，机械强度很高，使乳状液有较高的稳定性。

第三类是黏土、砂粒和高熔点石蜡（$C_{70} \sim C_{80}$）等固体乳化剂。由这类乳化剂构成的界面膜的机械强度很高，因而乳状液的稳定性也很高。由蜡晶粒作为固体乳化剂构成的乳化液，会因温度增高时蜡晶粒的溶解而使乳状液稳定性下降。

(3) 温度

乳状液温度对其稳定性有很大影响，随温度的增高，乳状液稳定性下降。这是因为温度高时，①乳状液的主要乳化剂——沥青质、胶质、石蜡等在原油中的溶解度增加，减弱了由这些乳化剂构成的内相颗粒界面膜的机械强度，使水滴易于在互相碰撞时合并下沉；②内相颗粒体积膨胀，使界面膜变薄，机械强度减弱；③加剧了内相颗粒的布朗运动，增加了互相碰撞合并成大颗粒的机率；④油水体积膨胀系数不同，原油体积膨胀系数较大，使水和油的密度差增大，水滴易于在油相中下沉；⑤降低了原油的黏度，水滴易于沉降。

由上述可知，对原油乳状液加热，能使乳状液稳定性降低，有利于原油脱水。但加热需要消耗燃料，加热还使原油蒸气压增高，增加集输过程中的原油蒸发损耗。因而，在原油脱水过程中，一般不希望把加热作为主要的脱水手段。在达到脱水要求的前提下，应尽可能对乳状液少加热或不加热。

(三) 降低原油乳化的措施

在油田开发过程中，要完全避免原油乳状液的形成是困难的。但采取措施减轻乳化程度却是可能的。到目前为止，在油田地面工程和油气集输管理过程中，研究出以下措施。

1. 合理布局脱水流程

(1) 在油田地面工程规划中，只要生产规模适宜，原油脱水装置应尽量靠近油井方向，以便在原油乳状液未经过多的集输过程的搅拌和未经"老化"的情况下将水脱出。

(2) 在集油管道的设计和建设中，应正确采用集油流程，合理选择出油管道、集油干线的管径、走向、铺设方式、保温结构等，使油气水混合物在流动过程中温降小、压降小，管壁不结蜡，油水乳状液乳化程度增加幅度小。

2. 前端加入破乳剂

化学破乳剂不仅可以对原油乳状液进行破乳脱水，而且可以抑制未经乳化的原油与水经搅拌而引起的乳化。故倾向于在油井井口、计量站，甚至向油井井底添加化学破乳剂，用以防止和减轻原油乳状液的乳化程度。

3. 正确选用增压设备

当油井油压过低时，为了扩大集油半径往往在原油脱水装置前要增设接转站，在选用接转站输油泵时，应尽量选用对原油乳化液搅拌不甚激烈的泵。如选用离心泵，应尽量选择低转数、排量和扬程都恰当的泵，以免因扬程过高而使泵的出口阀节流严重，或因排量过大而在泵的进出口打循环。因为这样都会增加原油乳状液受搅拌的次数及激烈程度。

三、化学破乳剂

（一）化学破乳剂的类型及作用

1. 化学破乳剂类型

破乳剂常按分子结构、相对分子质量大小、镶嵌方式、聚合段数、起始剂具有活泼氢官能团的数量、溶解性能、化合物类别等进行分类。

按分子结构可把化学破乳剂分为离子型和非离子型两大类。当破乳剂溶于水时，凡能电离生成离子的，称为离子型破乳剂；凡在水溶液中不能电离的，称非离子型破乳剂。离子型破乳剂按其在水溶液中具有表面活性作用的离子电性，还可分为阴离子、阳离子和两性离子等类别。早期使用的烷基磺酸钠、烷基苯磺酸钠等属于对原油脱水效果较好的阴离子型破乳剂，价格低廉，但用量大，约1000mg/L，脱水效果不稳定。

非离子型化学破乳剂是以环氧乙烷、环氧丙烷等基本有机合成原料为基础，在具有活泼氢起始剂引发下、有催化剂存在时，按照一定程序聚合而成。原料配比、操作条件、相对分子质量大小等参数，都可以在合成时人为控制。相对分子质量都在1000~10000之间，具有较高的活性和较好的脱水效果。

与离子型相比，非离子型化学破乳剂有如下优点：①用量少。剂量约为20~50 mg/L；②不产生沉淀。一般不会同油水混合物中的盐类和酸类起化学反应，不在管路和设备内产生沉淀；③脱出水中含油少。非离子型化学破乳剂仅破坏W/O型乳状液，破乳时一般不生成O/W型乳状液，脱出的水清澈，水中含油少；④脱水成本低。虽然非离子型破乳剂的单价较高，但用量仅为离子型破乳剂的几十分之一，故使原油脱水成本降低。由于非离子型破乳剂的上述优点，在原油脱水中已取代阴离子型破乳剂，起着极为重要的作用。

根据溶解性能，非离子型破乳剂可分为水溶性、油溶性和部分溶解于水、部分溶解于油三类。①水溶性破乳剂，可根据需要配制成任意浓度的水溶液。②油溶性破乳剂的特点是不会被脱出水带走，且随着水的不断脱出，原油中破乳剂的浓度逐渐提高，有利于净化原油水含率的继续下降。油溶性破乳剂的相对分子质量较水溶性大，净化油的能力比水溶性高，但有时脱出水含油率稍高。③部分溶于水、部分溶于油的破乳剂能增加使用的灵活性。

各种破乳剂有不同的脱水性能，任一种破乳剂很难同时具有破乳剂的四种作用。为取长补短，可将两种或两种以上的破乳剂以一定比例混合构成新的破乳剂，其脱水效果可能高于任何一种破乳剂单独使用时的效果。这种现象称为破乳剂的协同效应或复配效应。复配效应为寻找脱水效果更好的化学破乳剂开辟了新的途径。

2. 化学破乳剂作用

由于原油、油层水及所含天然乳化剂组成的复杂性，对油水界面上发生的物理化学过程的研究又极其困难，因而对化学破乳剂的破乳过程和破乳机理仍处于研究之中，但破乳剂和乳化剂都是表面活性物质，两者的作用却截然相反。现将各种原油破乳剂的破乳机理归纳如下。

（1）表面活性作用

破乳剂都具有高效能的表面活性物质，较乳化剂有更高的活性，能迅速地穿过乳状液外相分散到油水界面上，替换或中和乳化剂，降低乳化水滴的界面张力和界面膜强度，从而使乳状液微粒内相的水突破界面膜进入外相，达到油水分离。

（2）反相乳化作用

原油乳状液是在原油中憎水的乳化剂作用下形成的，俗称 W/O 型乳状液，如环烷酸、沥青质等。采用亲水型的破乳剂可以将乳状液转化为 O/W 型乳状液，借乳化过程的转换以及 O/W 型乳状液的不稳定性而使油水分离。当破乳剂促使油包水转相形成水包油型乳状液时，此时水在外面很容易碰撞聚集成大水滴沉降出来。

（3）"润湿"和"渗透"作用

破乳剂可以溶解吸附在油水界面的胶质、沥青质、固体粉末等天然乳化剂；防止天然乳化剂构成的界面膜阻碍水滴聚结。如黏土、硫化铁、钻井泥浆等固体颗粒具有亲水性，破乳剂能把这些固体乳化剂从油水界面拉入水滴内；沥青质和高熔点蜡晶等具有亲油性，破乳剂能让其离开油水界面进入原油内。这样，有利于水滴碰撞时的合并，达到水滴下沉的目的。

（4）反离子作用

由于原油乳状液中呈分散相的水滴总是带负电荷，并在自己的表面上吸附了一部分正离子，使分散相往往带有正电，因为所带电荷相同，分散相的水滴之间互相排斥，水滴难于合并。如果在原油中加入离子型的破乳剂，符号相反的离子被吸附在水滴表面上并将正电荷中和，使水滴间的静电斥力减弱，破坏受同性电保护的界面膜，使水滴合并从油中沉降下来。尽管破乳剂的破乳机理尚不完善，但从长期实践中归纳出两点结论：①破乳剂的相对分子质量大于天然乳化剂的相对分子质量才能有效破乳；②若把破乳剂用作油水混合物的乳化剂，则生成反相乳状液，即 O/W 型乳状液。

（二）影响破乳效果的因素

1. 破乳的必要条件

（1）优选破乳剂

由于原油本身是一个碳氢化合物的复杂混合物，原油乳状液中起乳化剂作用的物质种类和特性也是复杂的，在通常情况下又是完全未知的。什么样的化学破乳剂对某种原油乳状液破乳有效，目前是通过室内筛选试验和工业试验找出对症下药的化学破乳剂。

（2）均匀混合

原油乳状液小水珠的粒径大小不一，数量繁多，分布杂乱无章。要让数量有限的化学破乳剂都能接触到所有原油乳状液的油水界面，必须让化学破乳剂与原油乳状液进行激烈地搅拌混合，使二者充分接触。否则，接触不到化学破乳剂的原油乳状液滴的稳定性难以消失，更谈不上破乳脱水。激烈搅拌还有利于破乳后的水珠相互接触合并，使其粒径变大迅速自原油中脱出。

（3）有足够的分离空间和时间

经过充分接触混合、实现了化学破乳以后，应在一定容积的沉降设备中进行沉降分离，使油水依靠密度差分离成层。由于油水的密度差较小，分离速度较慢，故需要有足够的沉降分离的空间和时间来保证分离效果。

2. 原油脱水对破乳剂的要求

（1）表面活性强

化学破乳剂的表面活性应比原油中天然乳化剂的活性大得多，有的文献认为大 100～

1000倍，使化学破乳剂能迅速占据油水界面，降低乳化水滴的界面张力和界面膜的强度。这不仅可以破坏已经形成的原油乳状液，还可以防止油水混合物的进一步乳化，起到降低油水混合物黏度和加速油水分离的作用。

（2）润湿能力好

化学破乳剂对原油中的固体乳化剂应有较好的润湿能力，以便吸附在固体粉末上，把砂、黏土等粉尘拉入水相，把石蜡晶粒拉入油相，破坏固体粉末界面膜的作用，使油水分离。

（3）絮凝和聚结能力强

吸附在水滴界面上的破乳剂，应对邻近水滴具较大的吸引力，使水滴聚集，这一过程称为絮凝。絮凝能力强，就能增加水滴碰撞和聚结的几率。絮凝在一起的水滴应能迅速合并成大水滴从油相中沉降分出，即破乳剂还应有较强的聚结能力。

（4）低温破乳好

在较低温度下就能使原油乳状液破乳，破乳后原油中残存的水量少，脱出水中的含油量少，做到油净、水清。

（5）易溶

易溶于乳状液的其中一相，即为油溶性或水溶性破乳剂。

（6）成本低，用量少

（7）无腐蚀无毒

不引起管道和设备的腐蚀，并无毒害等副作用。对金属管路和设备不产生强烈的腐蚀和结垢，破乳剂对人体应无毒、无害，不易燃、不易爆。

（8）通用

破乳剂应有一定的通用性，即原油乳状液性质改变时仍能保持较高的脱水效果。一种化学破乳剂要完全满足上述要求往往是极为困难的。为取长补短，可将两种或两种以上的破乳剂以一定比例混合构成一种新的破乳剂，其脱水效果可能高于任何一种单独使用时的效果。这种现象称为破乳剂的协同效应或复配效应。复配效应为寻找脱水效果更好的化学破乳剂开辟了新的途径。

3. 影响破乳剂效果的因素

破乳脱水效果的好坏除与破乳剂选择的是否合适有关外，还受下列因素的影响。

（1）浓度

破乳剂的浓度并非越大越好，它有一个最佳的浓度范围。一般加剂量不超过其临界浓度，破乳剂的最佳加量应由室内和现场试验来决定。

（2）温度

破乳剂的稀释温度有一个合理界限，温度过低，稀释困难；温度过高，会引起破乳剂变质或降低效能。例如，对含有聚氧乙烯基的破乳剂，稀释温度不能超过其浊点，超过就会降低脱水效果。破乳剂的稀释温度随品种的不同而异。

（3）pH值

pH值也影响破乳剂的破乳脱水效果。主要原因是由天然乳化剂形成的W/O型乳状液的稳定性与pH值有关。天然乳化剂与酸性水相接触，生成的W/O型乳状液的界面膜十分坚固，而与碱性水相接触，生成的W/O型乳状液界面膜的坚固程度会大大降低。这样，对同样的外加破乳剂，遇到不同pH值的乳状液，其破乳效果就会不同。

（三）破乳剂的应用

1. 筛选破乳剂

（1）对新进的破乳剂每桶都要进行编号，根据编号顺序依次取样少许，进行脱水率做样化验。

（2）取足够量的没有加任何药剂的含水原油，用蒸馏法做出含水。

（3）用已知含水的原油和所取破乳剂样，做脱水率试验。

（4）在室内恒温水浴中做脱水效果，此时的加药比为1/10000。

（5）根据15min、30min、45min脱出的水量和已知原油的含水量分别计算出15min、30min、45min时的脱水率。

（6）45min时的脱水率在80%以上的破乳剂为合格。

（7）把合格的破乳剂桶取出放在一侧，不合格的破乳剂桶放在另一侧。

2. 配制破乳剂

（1）把经过筛选合格的破乳剂桶运到室内，用齿轮加药泵打到高位的储药罐中。

（2）在两个分别为$1m^3$的混合药罐中分别加入$1m^3$清水。

（3）用手动加药法或电磁阀控制的自动加药法，把储药罐内20kg的破乳剂加入混合药罐中。

（4）利用搅拌装置，使破乳剂在清水中充分混合均匀。

3. 破乳剂的加入

破乳剂的加入方式应操作方便、连续均匀、浓度配制准确，并有计量设施。水溶性破乳剂的配制浓度宜稀释到1%~10%，其溶液温度宜为35~45℃。配液罐宜采用封闭容器。油溶性破乳剂可采用计量柱塞泵将破乳剂直接加入乳化原油管道中。

根据乳化理论，为了使破乳剂充分发挥破乳作用，破乳剂必须与每一水滴的油水界面接触。由于弥散随着时间的延长而增加，对油井来液注入破乳剂越早，弥散效果就越好。同时，合理的较高处理温度可以建立起分子活性，有助于破乳剂的弥散。多年来的经验表明，每种破乳剂都有一个最佳温度效应点，高于或低于一定的温度，破乳剂几乎不能发挥应有的作用。因此在来液进脱水器之前已经加热达到脱水温度时，则仅考虑进脱水器前破乳剂的有效混合时间；对来液在脱水器内进行加热的情况，必须考虑加热升温的时间，同时考虑破乳剂的混合时间。因此加药点的位置应根据不同的加热方式，以满足破乳剂充分混合弥散来确定。

破乳剂的加入位置在满足发挥药剂效能的前提条件，还要考虑管理方便，可选择在井口、计量站、集中处理站等集输流程各个环节加入。从发挥药剂效能来说，在油井井口加入最好，这样可以从根本上抑制W/O型乳状液的生成，可以充分利用管道破乳的作用，效果较好。但管理环节和管理点增加较多，管理不便。在计量站或接转站加药可起破乳降黏作用，在集中处理站加入只能起破乳作用。

在集输流程中何种环节加入破乳剂应根据原油性质条件、加热方式、工艺流程和生产管理的需要确定，最大限度地提高破乳剂的脱水效果。

四、常用原油脱水方法

对原油乳状液进行脱水的过程也是破坏原油乳状液的稳定、促使油水分离的过程。原油乳状液虽因乳化剂的作用而趋于稳定，给油水分离造成一定困难，但是，它仍然是热力学不稳定体系。如前所述，原油乳化时，其界面面积会大大增加，违背了自由能趋于最低这一热力学规律，其稳定只不过是由于乳化剂所形成的界面膜的存在，暂时阻止了内相水滴的合并沉降。因此，原油脱水的关键是破坏油水界面膜，促使水滴合并、沉降。

从对乳状液的形成、性质、稳定的讨论可以看出，要破坏原油乳状液，促使油水分离必须从以下三个方面入手：

（1）降低或削弱油水界面膜的强度；
（2）增加水滴碰撞的机会，加快水滴聚合的速度；
（3）加大油水密度差，降低外相原油的黏度，增加水滴的沉降速度。

根据以上原理，不同脱水方法和各种设备的组合运用就产生了不同的脱水工艺。

（一）热化学沉降脱水

原油热化学脱水是将含水原油加热到一定的温度，并在原油中加入适量的原油破乳剂。这种药剂能够吸附在油水界面膜上，降低油水界面薄膜的表面张力，从而破坏乳状液的稳定性，改变乳状液的类型，以达到油水分离的目的。

原油热沉降脱水法是使用最早、应用最广泛的脱水方法。目前，它多被用作其他脱水方法的辅助手段。特别在处理"三高原油"时，更是如此。

1. 热沉降脱水的原理

原油乳状液虽因乳化剂的存在而趋于稳定，但它仍是热力学不稳定体系。只要设法降低或削弱油水界面膜的强度，增加水滴的碰撞机会，增大油水密度差，降低外相的黏度等，即可破坏其稳定性。加热是破坏原油乳状液稳定的方法之一。其作用是：

（1）削弱油水界面膜的强度

原油中的主要乳化剂是沥青、胶质、石蜡等。随着温度的升高，这些物质在油中的溶解度增大，使其亲油性能大大增加，几乎全部溶解于油中，从而脱离油水界面，达到降低水滴保护膜机械强度的目的。

温度低时，高分子的石蜡要发生结晶，结晶的石蜡晶体吸附在油水界面膜上，增加了界面膜的机械强度。原油温度的提高，避免了石蜡的结晶，消除了这一脱水过程的不利因素。随着温度的升高，水滴的体积将发生膨胀，使油水界面膜受到胀力的作用，这将降低界面膜的机械强度。在水滴膨胀时，界面膜容易破裂，有利于水滴的合并。

温度的提高，向系统输入了能量，使分子的布朗运动加剧，增加了水滴间的碰撞次数和碰撞力，从而加速了油水界面膜的破坏。

（2）增大油水密度差

实践证明，在温度为 $0 \sim 50℃$ 的范围内，原油和水的膨胀系数是不同的，原油的密度随温度的变化要比水变化的快。因而，加热增大了油水的密度差。计算表明，在同样温升的情况下，油水密度差的变化可增加20%。

在液滴的沉降过程中，液滴的沉降速度与油水的密度差成正比。加热增加了油水密度差，也就加快了水滴的沉降速度。

（3）降低原油的黏度

原油黏度随温度的升高而降低，特别是乳化原油的黏度随温度的变化更明显，原油含水量越高，黏度随温度的变化越大，在较低的温度范围内，曲线变化较陡，黏度变化较快；而温度较高时，曲线变化则较为平缓，黏度变化的幅度下降。原油黏度的降低，减少了水滴在沉降过程中的摩擦阻力，加快了水滴在原油中的沉降速度。有利于破乳剂分散到油水界面上去，进一步提高化学破乳剂的作用效果。

由上所述，加热有利于原油乳状液的油水分离。单从破乳角度来说，加热温度越高，越有利于原油破乳脱水。但温度太高，不仅要耗费大量的燃料，而且会造成原油轻质馏分的蒸发损耗。同时，从密度差和黏度的变化规律来看，温度过高，效果并不明显。因此，原油脱水温度一般控制在 80~160℃ 范围内，而油田生产实践中大多控制在 60~110℃。加热的方法很多，但归纳起来可分为直接加热和间接加热两大类。

2. 沉降分离的规律

沉降分离是原油脱水最基础的过程。原油脱水所有工艺参数的制定，都以有利于沉降分离为标准。沉降分离是指脱除以游离状态存在的水和破乳后的水。

在沉降分离的分析中，都引用斯托克斯定律。这不仅是因为该定律深刻地描述了沉降分离的基本规律，而且在生产上也有重要的指导意义。该定律的数学表达式为

$$\omega = \frac{d^2(\rho_w - \rho_1)}{18v_1 P_1} g \qquad (4-1)$$

式中　ω——水滴的沉降速度，m/s；
　　　d——水滴的直径，m；
　　　v_1——操作温度下外相油的黏度，m^2/s；
　　　ρ_w——操作温度下水的密度，kg/m^3；
　　　ρ_1——操作温度下油的密度，kg/m^3；
　　　g——重力加速度，m/s^2。

由上式可知，沉降速度与原油中水滴直径的平方成正比，与油、水的密度差成正比，与外相原油的黏度成反比。根据斯托克斯公式，定性分析我国各油田原油脱水的难易程度以及与生产的实际情况相比较是基本相符的。例如，从斯托克斯公式分析原油的加热沉降脱水原理是十分明显的。又如一些黏度小、密度小的原油脱水就比重质、高黏原油脱水容易得多。

3. 热化学沉降脱水器

我国各油田采用的热化学沉降脱水器有多种结构类型，图 4-25 是热化学脱水器的一种典型结构类型。

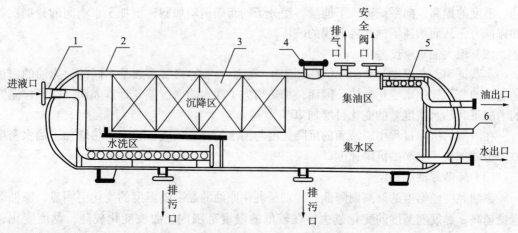

图 4-25　热化学脱水器结构示意图
1—进液装置；2—壳体；3—沉降装置；4—人孔口；5—油出口装置；6—放水看窗

脱水器的两端为椭圆封头的卧式圆筒形压力容器，被支承于双鞍式支座之上，主要有缓冲区、油水分离沉降区、集油区和集水区等。含水原油由设备进液口进入设备并引至设备中心底部缓冲区，设置缓冲区有两种作用：一是能使低含水原油达到水洗的目的，脱出原油中的游离水。二是能减小进液时的搅拌，使进入油水分离沉降区的液体相对平稳。

油水分离沉降区内设置几组沉降器，沉降器由倾角为60°或45°的平行钢板组合而成。设计间距一般为150mm或200mm（根据油品性质确定）。低含水原油通过沉降器时，呈层流状态，同时缩短油上浮、水下沉的沉降距离和时间，有利于油水的分离、沉降和聚集。经沉降器聚集分离后的油水分别进入设备后部的油区和水区，油水的出口装置均采用汇管收集形式，以避免产生局部涡流，减小液面的波动对出口液流质量的影响。

4. 原油脱水沉降罐

(1) 沉降罐结构

图4-26是一种适合于基本不含天然气的常压立式沉降罐。该装置大多采用具有水封装置的沉降罐，这种沉降罐可自动调节油水界面，以保持沉降脱水的平衡和稳定。加入破乳剂的油水混合物由入口管经配液管中心汇管和多条辐射状配液管流入沉降罐底部的水层内。为了提高油、水的分离效果，含水原油应在水层顶面以下的一定深度沿进液管进入沉降罐，降低了水滴的沉降高度，又因水比原油的黏度小，故水的沉降速度将加快。这就是所谓的"水洗"作用。在一定的条件下，游离水滴在到达原油底层以前就在油层分离出来了。由于部分水量从原油中分出，从油水界面向上流动的原油流速减慢，为原油中较小粒径水滴的沉降创造了有利条件。当原油上升到沉降罐上部液面时，其含水率大为减少。经沉降分离后的原油由中心集油槽排出沉降罐。罐内污水经虹吸管排出。沉降罐的水洗段约占1/3罐内液高，沉降段占2/3液高。定期清理罐底积存的污泥时，由管10排空罐内液体。配液管是沿长度方向在管底部钻有若干小孔的多孔管，沿罐中心向罐壁方向开孔，孔径逐渐增大，使流出的油水混合物沿罐截面分布均匀。配液管离罐底高度约0.5~0.6m。在罐底部还有一条污水回掺管道将部分排出污水回掺至罐的入口管内，以增加管道内的水含率和加快水滴的聚结速度。

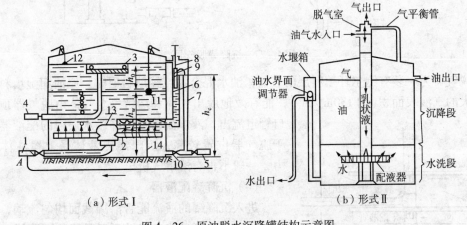

图4-26 原油脱水沉降罐结构示意图

1—油水混合物入口；2—辐射状配液管；3—中心集油槽；4—出油管；5—排水管；6—虹吸上行管；
7—虹吸下行管；8—液力阀杆；9—液力阀柱塞；10—排空管；11、12—油水界面和油面浮子；
13—配液管中心汇管；14—配液管支架

(2) 沉降罐油水界面

沉降罐内主要依靠水洗段的水洗作用和沉降作用使油水分离。有些含水原油，水洗脱水的效果较为明显，操作时应在罐内保持较高的水层。另一些含水原油沉降脱水效果较为明显，则应适当增加油层高度。油层和水层的高度，即罐内油水界面的位置由装在虹吸管顶端的液力阀调节。把液力阀柱塞向上提升时，减小了污水流经柱塞和虹吸上行管间隙处的阻力损失，将使水层高度减小、油层高度增加。因而调节液力阀柱塞位置，就能在较大范围内调节罐内油水界面位置，从而得到较好的沉降脱水效果。我国常用堰板控制油水界面位置，堰板结构简单、故障率低、受操作人员欢迎。

(3) 沉降罐脱气器

沉降罐内存在气泡将严重干扰水滴沉降，气泡不仅与水滴沉降方向相反而且还会吸附水滴使沉降罐工作恶化，因而沉降脱水前，脱除原油夹带的气体和减少溶解气对沉降罐工作质量的影响极为重要。根据含气量的多少可有两种选择，如图 4-27 所示。气量较大时可在沉降罐旁设置垂直竖管，油气水混合物由竖管顶部进入，在脱气器内分出气体后油水混合物经竖管流入沉降罐配液器内。气量较小时，可在中心降液管顶部安装脱气器。脱气器分出的气体和沉降罐内的气体一并纳入油田低压天然气管系，这样既提高沉降罐性能，又避免油气水混合物对罐的冲击。

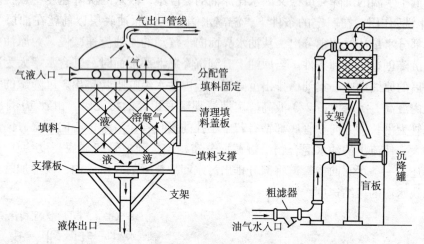

图 4-27 沉降罐脱气器

脱气器为一装有鲍尔环填料层的容器，油水混合物流经填料层时，原油润湿填料后产生很大的气液表面积(约 $130m^2/m^3$)，能有效地脱出气体和溶解气。气体由脱气器顶部出口管道流出，液体流入在沉降罐水层内的配液器。由于脱气器位置较高，沉降罐内液体受上覆液体的压力，一般不再有溶解气析出。

(4) 沉降罐配液器

进入沉降罐的液流能否沿罐截面均匀流动，减少短流、湍流、循环流和流动死区是影响沉降罐工作质量的关键因素。各制造商有各自的配液技术，液流经配液器造涡系统均匀地进入沉降罐，如图 4-28 所示。

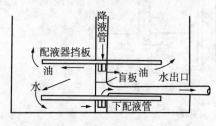

图 4-28 旋涡配液器

（二）原油电脱水

对许多含水原油，特别是重质、高黏原油，利用热化学脱水方法尚不能达到商品原油含水率的规定时，常使用电脱水。电脱水常作为原油乳状液脱水工艺的最后环节，在油田和炼油厂获得广泛使用。

1. 电脱水器的结构

图4-29为我国油田常用的一种卧式电脱水器。含水原油由管4进入脱水器内油水界面以下的分配头（或多孔配液管）。由分配头流出的含水原油经水洗除去游离水后，自下而上沿水平截面均匀地经过电场空间。在高压电场下，从原油中分出的水滴沉降至脱水器底部，经放水排空口排出。净化原油经脱水器顶部管道由净化油口排出。在油层和水层间，通常有50～100mm厚的油水共存段。脱水器内水位的高低，可通过液位管进行观察。

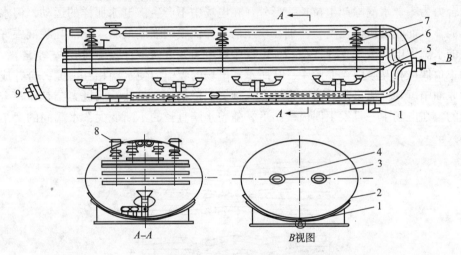

图4-29 卧式电脱水器结构示意图
1—放水排空口；2—壳体；3—净化油出口；4—含水油进口；5—进液分配头；6—电机；
7—悬挂绝缘子；8—进线绝缘棒安装孔；9—人孔

在脱水器内由悬挂绝缘子吊在壳体上的水平电极一般呈偶数，根据对原油乳状液脱水效果的要求可以有二层、四层等多种形式。使用多层电极时，相间的电极以导线相连，两组电极的间距自下而上逐渐减小，电场强度自下而上逐渐增大，以适应原油含水率逐渐减小对脱水电场强度的要求。电极的矩形框架由圆钢或管子制成，框架上铺有用16～18号镀锌铁丝制成的丝网，网格间距一般为60～80mm。每层电极都分为若干段以连接板和螺栓相连，便于安装和检修。

2. 电脱水原理

将原油乳状液置于高压直流或交流电场中，由于电场对水滴的作用，削弱了水滴界面膜的强度，促进水滴的碰撞，使水滴聚结成粒径较大的水滴，从原油中沉降分离出来。水滴在电场中聚结的方式主要有三种。

（1）电泳聚结

把原油乳状液置于通电的2个平行电极中，水滴将向同自身所带电荷电性相反的电极运动，带正电荷的水滴向负电极运动，带负电荷的水滴向正电极运动，这种现象称为电泳。由原油乳状液的性质可知，原油中各种粒径水滴的界面上都带有同性电荷，故在通直流电的平行电极中乳状液的全部水滴将向相同的方向运动。

在电泳过程中，水滴受原油的阻力产生拉长变形，并使界面膜机械强度削弱。同时，因水滴大小不等，所带电量不同，运动时所受阻力各异，各水滴在电场中运动速度不同。水滴发生碰撞，使削弱的界面膜破裂，水滴合并、增大，从原油中沉降分出。未发生碰撞合并或碰撞合并后还不足以沉降的水滴将运动至与水滴极性相反的电极区附近。由于水滴在电极区附近密集，增加了水滴碰撞合并的机率，使原油中大量小水滴主要在电极区附近分出。电泳过程中水滴的碰撞、合并称为电泳聚结。

（2）偶极聚结

在高压直流或交流电场中，原油乳状液中水滴受电场的极化和静电感应，使水滴两端带上不同极性的电荷，即形成诱导偶极。因为水滴两端同时受正负电极的吸引，在水滴上作用的合力为零。水滴除产生拉长变形外，在电场中不产生像电泳那样的运动，但水滴的变形削弱了界面膜的机械强度，特别在水滴两端界面膜的强度最弱。原油乳状液中许多两端带电的水滴像电偶极子一样，在外加电场中以电力线方向呈直线排列形成"水链"，相邻水滴的正负偶极相互吸引，如图4-30所示。电场的吸引力使水滴相互碰撞，合并成大水滴，从原油中沉降分离出来。这种聚结方式称为偶极聚结。显然，偶极聚结是在整个电场中进行的。在电场中一旦发生偶极聚结后，随着水滴直径的不断变大，水滴间的聚结力将越来越大。

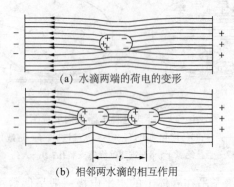

图4-30 电场中水滴的偶极聚结

（3）振荡聚结

水滴中常带有酸、碱、盐的各种离子。在工频交流电场中，电场方向每秒改变50次，水滴内各种正负离子不断地做周期性的往复运动，使水滴两端的电荷极性发生相应的变化。离子的往复运动使水滴界面膜不断地受到冲击，使其机械强度降低、甚至破裂，水滴聚结沉降。这一过程称为振荡聚结。显然水滴愈大，离子对界面膜的冲击作用愈大，振荡聚结的效果愈好。

对原油乳状液在电场中破乳过程的观察表明，在交流电场中破乳作用是在整个电场范围内进行的，这说明在交流电场内水滴以偶极聚结和振荡聚结为主。直流电场的破乳聚结主要在电极附近的有限区域内进行，故直流电场以电泳聚结为主，偶极聚结为辅。

由上面阐述的脱水原理不难看出，电法脱水只适宜于油包水型乳状液。因为原油的导电率很小，油包水型乳状液通过电脱水器极间空间时，电极间电流很小，能建立起脱水所需的电场强度。带有酸、碱、盐等电解质的水是良导体，当水包油型乳状液通过电极间空间时,极间电压下降,电流猛增,即产生电击穿现象,无法建立电极间必要的电场强度。同样,用电法脱水处理含水率较高的油包水型乳状液时,亦易产生电击穿,使脱水器的操作不稳定。因此,在处理中、高含水率原油乳状液时,一般先经沉降预脱水,使含水率降低后再进入电脱水器进行脱水。

3. 电脱水器的电场

脱水器电场基本上有交流、直流和交直流三种形式。

交流电场如图4-31所示,变压器将220V或380V电源电压升至所需的脱水电压,变压器次级线圈一端接地,另一端与下层隔栅式电极相连,上层电极接地。两电极间距一般为100~150mm,在两电极间形成高压交流电场。乳状液由水层进入,经水洗原油含水率降低后进入交流电场进一步脱水,脱水后的净化原油经上层电极流出脱水器。由于极间交流电场强度 E 随时间而变,不能维持稳定而较高的电场强度,因而对粒径小($<5\mu m$)、含水率低的乳状液的脱水效果较差,即净化原油的水含率较高。

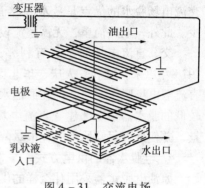

图4-31 交流电场

直流电场如图4-32(a)所示,用二极管或整流器将变压器次级线圈的交流电压变为直流电压分别接至间距约为150~200mm的两个电极上。在阳极上得到交流电前半周期电压,阴极得到后半周期电压,两极间为直流电场,同时两电极间、下层电极和水层间具有弱交流电分量。经水洗后的乳状液在弱交流电场内脱出粒径较大的水滴,水含率约为2%~3%的乳状液进入直流电场,进一步脱水后流出脱水器。

若电极周围介质完全绝缘,电极没有电荷流失,则电极应保持峰值电压,极间有最大电场强度。但原油内的某些水滴和电极接触,电极释放部分电荷使水滴带电,电极电压下降,如图4-32(b)虚线所示。水含量愈高,电极电压下降愈快。尽管如此,与交流电场相比,直流电场内能保持稳定而较高的电场强度,因而脱水效果优于交流电场。此外,还可采用多块电极,相间电极相互连接,这种脱水器称双极性脱水器,如图4-32(c)所示。

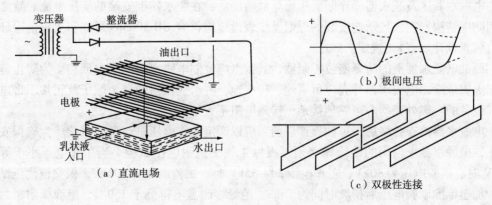

图4-32 直流电场

对原油乳状液在电场中破乳过程的观察和表4-4对比参数中看出，在交流电场中，原油乳状液的脱水以偶极聚结和振荡聚结为主。这两种聚结的脱水效果和原油水含率有关，水含率较高时脱水效果较好，不适宜处理含水率较低的原油，即经交流脱水后净化油含水率较高，约为直流电脱水的3~5倍。其次，在交流电的一个周期内只有两个瞬间使电场强度达到最大值，故处理效率和处理量较低。再次，交流电场中水滴容易排列成许多水链使电场发生短路，操作不够稳定，单位原油乳状液的耗电量约为直流电的140%左右。交流电场脱水的优点是：水滴界面膜受到的振荡力较大，使脱出水清澈，水中含油率较少。此外，电路简单，无需整流设备。直流电场脱水的优缺点恰好与交流电相反。

交、直流电场脱水各有利弊，若能两者结合，取长补短，将使原油脱水效果更好。1978年以来，胜利、大庆、华北、中原等油田在原有脱水设备的基础上先后试验成功了交直流双电场脱水工艺，即在原油水含率较高的脱水器中下部建立交流电场，在原油水含率较低的脱水器中上部建立直流电场。实践说明，这种双电场脱水法能提高净化原油的质量，并使处理每吨原油的耗电量降低。

4. 电脱水器的供电方式

原油电脱水器采用什么样的供电方式是首先要考虑的主要问题。交流电场脱水设备简单，投资少，轻质原油的脱水可以考虑采用。直流电场脱水实验表明，一般情况下比交流脱水具有更好的脱水效果。交直流双重电场脱水一般可以用较低的能量消耗获得较好的脱水效果。根据油品性质和实践经验，应本着技术先进、经济合理和安全适用的原则，选用供电方式。实践经验表明，原油电脱水的供电方式，应优先采用交直流双重电场。

正确的选择供电设备和供电设备的技术参数，是保证脱水器安全正常运行的关键问题之一。根据国内各油田目前的实际情况，电脱水器的供电装置一般应由调压、变压、整流三部分组成。

（1）调压部分可采用具有电流闭环调节系统的可控硅自动调压装置，亦可采用恒流源供电装置。

（2）变压部分可采用单相50kV·A或100kV·A的升压变压器，阻抗电压为10%~20%，一次电压380V，二次电压的选择应结合选用的电场强度和电极的布置统一考虑。

（3）由于电脱水器在运行中会产生较高的过电压，所以整流部分的高压整流硅堆的设计应具有足够的电压储备系数和电流储备系数。

电脱水器区及脱水器操作间属于爆炸危险场所，在脱水器上安装的变压整流装置必须采用防爆结构，在该场所内安装的照明及仪表设施应符合GB 50058《爆炸和火灾危险环境电力装置设计规范》之规定。

原油电脱水器上的防爆液位控制器，其接点应控制电脱水器的送电回路。为防止静电引起火灾危险，电脱水器外壳应可靠地进行接地，脱水变压器的接地端子及正常不带电的电气设备的金属外壳均应可靠地接地，接地电阻不大于10Ω。

电脱水器检查合格后，进油投产以前，应以额定工作电压进行送电试验。为确保安全生产，电脱水器上使用的绝缘棒必须逐根做工频交流耐电压试验。当工作电压小于等于20kV时，试验电压为80kV；工作电压20~35kV时，试验电压为100kV。做交流耐压试验时，加至标准试验电压后持续时间为1min。绝缘棒耐温不得低于150℃，绝缘棒耐密封试验压力应为1.0MPa。

交、直流电脱水效果对比如表4-4所示。

表4-4 交、直流电脱水效果对比

供电方式	处理量/(m^3/h)	压力/10^5Pa	温度/℃	初级电压/V	初级电流/A	破乳剂型号	用量/(mg/L)	原油含水	净化油含水	脱出水色或含油率/%
交流	82	2.0	61	250	16.0	DQ	27	38	0.20	较清
交流	100	2.0	61	240	18.0	DQ	34	37	0.21	较清
交流	110	2.0	63	235	18.5	DQ	29	38	0.62	淡黄
直流	120	2.0	63	185	14.5	DQ	15	38	0.14	淡黄
直流	110	2.0	63	150	14	DQ	12	37	0.03	淡黄
直流	124	2.1	64	180	17	DQ	20	38	0.15	0.375
直流	114	2.0	60	110	11	DQ	20	38	0.06	0.15

五、电脱水器的操作与维护

（一）电脱水器操作参数与技术指标

1. 操作参数

电脱水器的设计技术参数应以实验数据为依据。如果没有实验数据，有关设计参数的确定只能根据原油物性依靠实践经验或有关规范确定。

（1）操作温度

温度是电脱水的主要工艺参数之一。对原油乳状液加热，能使乳状液稳定性降低，有利于原油脱水。但是加热需要消耗燃料，加热使原油乳状液平均体积电导率增加，增加了电脱水过程中的电耗，加热使水滴的电分散加剧，加热还使原油蒸气压增高，增加原油集输过程中的原油蒸发损耗。

目前，尚无综合的定量测试方法或计算方法来确定电脱水的最佳脱水温度。但是，通过实践，我们知道原油的黏温性与原油电脱水的效果有密切关系，当原油的运动黏度在$50mm^2/s$以下进行电脱水时，各种原油基本上均可获得很好的脱水效果。因此电脱水操作温度的确定，以原油的运动黏度低于$50mm^2/s$为条件。各油田现用的原油电脱水器的操作温度为40～85℃，重质原油需要电脱水的温度有较大幅度的提高。如渤西陆上终端油田电脱水器操作温度分别为65℃和70℃，埕北油田B平台的稠油电脱水温度为129℃，而绥中36-1油田A区的稠油电脱水的温度高达130℃。

电脱水器的设计温度不应高于150℃，这个温度是电脱水器内所使用的聚四氟乙烯绝缘挂板和绝缘棒所能耐热的最高温度。

总之，应本着节能的原则，在达到脱水质量要求的前提下，尽可能地对原油乳状液少加热或不加热。原油脱水的后续工序是原油稳定，若根据稳定工艺要求需提高原油温度时，也可相应提高脱水温度，做到"一热多用"。

（2）操作压力

电脱水器的操作压力对电脱水过程的诸因素没有直接影响。当操作压力低于操作温度下原油饱和蒸气压时，电脱水器内将产生气体而影响操作，因此操作压力应比操作温度下的原油饱和蒸气压高0.15MPa。电脱水器的操作压力常受集输系统压力的制约，电脱水器的操作压力应能满足整个工艺流程的需要。如渤西终端电脱水器的操作压力为0.65MPa，此压力的确定是从整个流程考虑的，目的是充分利用上游能量，使电脱水器内的原油靠压力能自动流入稳定塔而不必增加动力设备。电脱水器的设计压力一般为0.4、0.6、1.0MPa三个等级。

(3) 供电方式

电脱水器中电极的电压、电场强度、供电方式、电极面积和电极个数需针对具体的油品进行试验方能确定。电脱水器通常使用的电压范围为10~35kV。强电场部分的电场强度设计值一般为0.8~2.0kV/cm；弱电场部分的电场强度设计值为0.3~0.5kV/cm。值得提出的是，当电场强度过高时，易产生"电分散"。多数情况下，当电场强度过高大于4.8kV/cm时，将发生电分散。

电脱水器供电方式应优先考虑采用双电场脱水工艺。因交、直流电场脱水各有利弊，为了能将二者结合，取长补短，可在原油含水率较高的脱水器中下部建立交流电场，在原油含水率较低的脱水器中上部建立直流电场。实践证明，这种双电场脱水法能提高净化原油的质量，并使处理每吨原油的耗电量降为原直流电脱水的1/2以下。

(4) 处理能力

电脱水器的处理能力，应由原油乳状液处理的难易程度、其在电脱水器内的停留时间和电脱水器容积来确定。原油在电脱水段内的停留时间应该适当，停留时间不能小于水滴从油层中沉降下来所需的沉降时间，但也不能太大，因为电分散的存在使增加原油乳状液在电场中的停留时间不会改善脱水效果，反而会造成设备尺寸过大，增大设备投资和占地面积。所以原油在电脱水段内的停留时间应根据原油乳状液处理的难易程度，通过实验确定。

若没有实验数据，原油在电脱水器内停留时间，轻质、中质原油一般为30~40min，重质原油不宜超过60min。

2. 技术指标

(1) 原油含水指标

通过各油田对原油电脱水工艺的生产实践总结出来的一致结论认为，电脱水器处理含水原油的含水率在30%以下时，均可以平稳运行，产品质量符合要求。因此，原油电脱水工艺适宜于处理含水率小于30%的原油。

电脱水后原油的水含量标准，应根据原油的性质有不同范围的要求，按轻质原油、中质原油、重质原油分等级如下：

①轻质原油的脱水原油，其水含量指标(质量分数)应小于或等于0.5%；

②中质原油的脱水原油，其水含量指标(质量分数)应小于或等于1.0%；

③重质原油的脱水原油，其水含量指标(质量分数)应小于或等于2.0%。

从电脱水器脱出的污水中油含量(质量分数)一般不大于0.5%，输往污水处理站的污水中油含量不应超过1000mg/L。

(2) 操作技术要求

①电脱水器正常工作后，含水油进电脱水器处理后的质量标准是净化油含水量小于0.5%，污水含油量小于100mg/L。

②采用电压自动调节控制的电脱水变压器，当电脱水器电场建立起来以后，尽量避免

低压运行,以限制脱水变压器的过电压峰值。

③空载送电时,脱水器内无油污、天然气,经有关部门鉴定后,达到送电条件方可送电。

④脱水器检修动火时,首先打动火报告,经有关部门同意,然后采取妥善措施动火。

⑤安全阀要备齐,其工作压力要符合操作压力,定期检查。保证灵活好用,安全阀定压为 0.4MPa,压力在 0.35MPa 时要报警。

⑥电脱水器正常工作时出口压力控制在 0.2~0.28MPa 范围内,最高操作压力小于 0.3MPa。

⑦出口压力波动误差小于 0.01MPa,压力低于 0.1MPa 时不得送电。

⑧发现脱水器外部渗漏,顶部电路设备短路起火时,要立即切断电源,采取紧急措施并汇报。

⑨室内要备齐各种灭火器。

⑩脱水器正常运行时要勤检查,勤调整,勤分析,做到排量、压力、加药、温度、水位平稳。

⑪脱水器在下列情况下不准送电:进油后未放气或有气时;关闭进出口阀门时;压力在 0.1MPa 以下时;顶部有人或安全阀未关时。

⑫脱水器停产时,未将主电路盘上大小熔断器拔掉,脱水器顶部不准上人。

⑬打开安全阀不做接地线放电,不准拆高压线。

⑭脱水器跳闸后,连续送电不准超过 2 次。若送电超过 2 次,仍送不上电,必须对绝缘棒、熔断器、变压器、高压硅整流器及电极故障进行检查。排除故障后方可再次送电。

(二)电脱水器的操作与维护

1. 投运前的准备

(1)系统各部件是否齐全完好。

(2)各阀门开关灵活可靠,开启度处在生产规定的范围内。

(3)检查脱水器各种仪表,安全阀应灵活好用。脱水器及系统试压合格,达到规定范围。

(4)检查各种电器设备、变压器、整流硅堆、可控硅调压装置,安全门必须认真检查并有记录,达到投产要求。

(5)可控硅调压装置上的主回路熔断器,必须符合要求。

(6)检查变压器接线是否正确,变压器油位应在 1/2 以上。

(7)检查绝缘棒和接地电阻,接地电阻应不大于 10Ω。

(8)电脱水器内要清扫干净,特别是铁丝、电焊渣及器壁上的尖角毛刺要清除干净。

(9)检查测量电极间距离、电极与器壁间的距离、高压引线和电极间距离应符合技术要求。

(10)检查放空阀完好,脱水器顶部确认无人后关闭梯子。

2. 空载投运和进油操作

(1)空载投运

①已运行过的电脱水器空载送电试验时,必须用蒸汽吹洗干净。

②打开脱水器人孔，在人孔 1m 处设观察点。
③检查电路和电器设备确无问题时，装上熔断器，合闸刀。
④按启动按钮空载送电，从人孔处观察电路和脱水器内有无异常声音、局部尖端放电现象。发现尖端放电或局部放电，应进行调整。
⑤当空气潮湿时，空载应调为低压。
⑥空载送电时，电压指示为正常值，电流指示为零或接近于零。
⑦电脱水器空载送电最好在夜间进行，以便观察放电位置。

（2）进油操作

①空载送电确认无问题后封闭人孔，检查流程和附件。
②打开脱水器顶部大放气阀，向脱水器内进净化油或含水油，进油时要慢且稳。
③当油进到脱水器容积的 3/4 时，关闭顶部大放气阀，打开小放气阀，放空排气，直到排净全部气体。
④进满油后，关闭顶部小放气阀进行试压，试验压力为 $0.4\sim0.6\mathrm{MPa}$。检查人孔、绝缘棒、法兰、阀门等处应无渗漏。
⑤打开脱水器出口阀门，控制脱水器压力为 $0.2\sim0.28\mathrm{MPa}$。
⑥关闭梯门，装上熔断器，合闸刀。
⑦按启动按钮送电试运，送电后注意观察电流和电压变化。
⑧电脱水器正常工作后，电流小于 50A，电压为 370V 左右。
⑨电脱水器运行中操作应做到"三勤，五平稳"。
⑩控制电脱水器水位，当油水界面稳定后，逐步打开放水阀和看窗，及时放水。
⑪注意检查脱水器出口温度应在 $60\sim65℃$ 之间。
⑫检查脱水器出口含水效果，应小于 0.5%，发现问题及时分析处理。

3. 停运和检修操作

（1）电脱水器的停运操作

①停电脱水器前，提前半小时停运电脱炉。
②按停止按钮，拉开刀闸，打开梯门。
③拔掉脱水器主要电路上的大小熔断器，并挂上"勿送电"的牌子。
④打开电脱水器旁通阀门，关闭电脱水器进出油阀门。
⑤若长时间停运，应在入口加循环水，微开出口，将电脱水器内的油量置换出去，然后打开排污阀和顶部放气阀把水放掉。

（2）电脱水器检修

①检修时重点检查电器部位的电极、悬挂绝缘棒、供电系统是否正常。
②清洗极板，清除电脱水器内沉积物。
③检修要挂"检修不准送电"标牌，并设监护人。
④检修后要在安全部门协助下进行探伤，符合质量要求方可按投产步骤进行投产。

4. 运行中的平稳操作

（1）流量平稳

脱水器流量在正常情况下变化是很小的，流量的波动主要发生在倒泵或倒罐的时候。这时应控制好启动泵与停运泵的出口阀门，注意回压和流量的变化情况，做到压力波动不超过 0.05MPa，流量波动不超过 $2m^3/h$，脱水器在水位不正常需要调整放水时，也要对出油阀门进行控制，避免脱水排量、压力变化过大。如果因为站内库存过多（含水油），需要加大电脱水处理量，操作工人应与其他岗位相互配合，在保证电场平稳的基础上，缓慢提高处理量，一般每提高 $5\sim10m^3/h$ 排量时，应间隔一段时间观察电场的变化，然后再继续提高排量，直到达到生产要求为止。

（2）水位平稳

脱水器的油、水界面是不能直接看到的，目前主要靠安装在中部的三个液面管检查水位的波动范围。在人工操作的条件下，要做到水位控制平稳，必须具备"三勤"，掌握脱水器处理量与放水量的关系，放水量与放水阀控制开度的关系，在实践中摸索控制水位平稳的操作规律。调整放水量时，放水阀的开关不应过急，每调半圈或 1 圈稳定 $5\sim10min$ 后再调，以免引起电场波动。

（3）加药平稳操作

为了稳定脱水电场，提高脱水质量，在电脱水过程中需要加入一定量的破乳剂。其加药比的大小对脱水效果有较明显的影响，因此在脱水过程中加药比一定要平稳，做到：

①破乳剂的稀释浓度要恒定、准确。

②勤检查加药流程和加药泵的工作情况，防止渗漏。

③保证药剂的加入温度在 $50\sim60℃$ 之间，以使药剂与原油混合均匀。

④根据脱水处理量的变化，调解加药泵的排量，以保证合理的加药比。

5. 脱水器的保养维护

电脱水器维护保养分为三级进行。一级保养每季度一次，二级保养每年一次，三级保养每两年一次。

（1）一级保养的内容及要求

①擦洗变压器高压引线瓷瓶一次；

② 擦洗硅整流器引线瓷瓶一次；

③ 清洗脱水绝缘棒一次；

④对脱水压力调节、油水界面调节系统调校一次。

（2）二级保养内容及要求

①脱水器控制柜重新进行调试。调整截止电流值准确无误，检验移相环节、稳流环节、截止环节性能是否可靠，插件板完好无损。

②清洗变压器、硅整流器，其内绝缘油放出过滤后进行耐压值实验，达到耐压要求；整流器内硅管进行性能测试达到可靠。

③清洗脱水器。检查脱水器内部接线端子是否可靠，拆下绝缘套管、悬垂绝缘子和绝缘棒，进行 12×10^4V 耐压实验，达到可靠。

④清洗电极板。检查电极板损坏情况及时修补，检查平整极板，极板不平度小于 10mm，极板不水平度小于 10mm，极板间距误差小于 3mm。

⑤重新调安全阀，达到灵敏，重新检验标定油水界面指示调节仪，达到灵活好用，线性好。

⑥利用万用表或摇表检查电脱水器接地性能及硅整流器、变压器绝缘性能，满足原设计要求。

(3) 三级保养的内容及要求

①进行二级保养的全部内容。

②更换脱水器控制柜内的两块插件板。

③更换脱水变压器、硅整流器内变压器油。

④更换脱水器内绝缘套管、悬垂绝缘子及绝缘棒。

⑤根据情况更换硅整流器内硅管，保证使用性能。

⑥脱水器进、出油管道、排污管道进行吹扫，达到流程畅通。

⑦脱水器内极板进行维修平整达到一级保养要求，严格防止局部尖端放电。

⑧安全阀、调节阀、油水界面探头重新进行调试，工作平稳可靠。

⑨控制柜上电流、电压表进行校正，更换调整电位器。

6. 脱水器常见故障判断处理

(1) 电场波动

①现象：脱水器电压表指针突然上下摆动，从脱水器内连续发生"啪啪"放电声。

②原因：操作不平稳，水位过高，油温过低，原油含水变化。有老化油或回收落地油进站。

③处理：平稳操作，加强放水，提高脱水器温度，查明含水变化原因，加大破乳剂用量或浓度。

④预防：

a. 操作要做到三勤：勤检查、勤分析、勤调查，严格控制脱水器水位。

b. 对沉降放水罐要定时巡回检查，严禁把底部水打入脱水器内。

c. 处理长期存放的乳化原油或落地油时，首先用一台脱水器处理，逐渐加大排量，无问题后，方可逐个投产进行电脱水。

d. 对加热炉要经常检查火嘴的喷射和燃烧情况，如不正常要及时拆卸检查，防止喷嘴结焦堵塞。

e. 发现脱水器电场波动时，一定要及时处理。

(2) 电场破坏

①现象：脱水器电流急剧上升，电压迅速下降，关闭脱水器进出口阀门静止送电时，电压不稳定。

②原因：水位升高或排量增加过快，高含水油进入电脱水器内，集中来老化油或回收的落地油。

③处理：加大放水量，关小油出口阀门，加大破乳剂浓度和用量，提高脱水温度。

(3) 绝缘棒击穿

①现象：电流突然上升，电压下降到接近零的程度，严重时脱水器送不上电。

②原因：安装时绝缘棒台阶处有裂痕，被高压击穿，高压绝缘棒表面闪络造成，绝缘棒上附着水分。

③处理：停运电脱水器，更换绝缘棒，防止水位过高，降低顶部净化油含水，使用材质好的聚四氟乙烯绝缘棒。

④预防：

a. 操作平稳，防止因水位过高等变化引起高电流将绝缘棒击穿。

b. 提高脱水质量，降低顶部净化油含水，以防止因顶部含水高，在绝缘棒下部产生高压闪络。

c. 在脱水器检修过程中，要清洗绝缘表面的污物。

d. 在绝缘棒的上部套管瓷瓶中可以灌入变压器油、沥青等绝缘材料，防止雨天或空气潮湿时，在绝缘棒表面附着水分。

e. 选用绝缘性能强、机械强度高、表面光滑、憎水的绝缘材料做绝缘棒。在绝缘棒的外形上加以改进，避免附着物引起表面高压闪络。

（4）电极损坏

①现象：脱水器电流突然升高，电压归零，送不上电，检查绝缘棒与外部电路均无损坏。

②原因：乳化油中含水高，水滴在电极间形成水链，引起放电电极丝局部腐蚀，被高压打断落到下层，形成高压短路。

③处理：操作平稳，避免流量过大、水位过高、温度过低引起严重放电；选择耐腐蚀、强度高、导电好、不易熔解的金属材料做电极丝，把电极丝绕成网状结构。

④预防：

a. 操作平稳，避免因流量变化过大、水位过高、温度过低等引起严重放电的现象。

b. 电极安装要水平，如极间距离差异过大要进行调整，一般要求极间距离误差不超过10mm，在缠绕电极极丝时要尽量拉紧拉直。

c. 选择耐腐蚀、强度高、导电好、不易熔解的金属材料做电极极丝，把电极缠绕成网状结构，这样即便局部电极极丝腐蚀烧断，也不会脱落造成高压短路。

第四节　原油稳定

脱水处理后的净化原油内，含有大量在常温常压下为气态的溶解气（$C_1 \sim C_4$），使原油蒸气压很高，在储运过程中，大量油蒸气排入大气，既浪费能源又污染环境，因而各国对商品原油的蒸气压有严格规定。使净化原油内的溶解天然气组分汽化，与原油分离，较彻底地脱除原油内蒸气压高的溶解天然气组分，降低常温常压下原油蒸气压的过程称原油稳定。原油稳定通常是原油矿场加工的最后工序，经稳定后的原油成为合格的商品原油。

一、原油稳定概述

（一）原油稳定的目的

所谓原油稳定，就是通过一系列措施，比较完全地从原油中脱出所含的 $C_1 \sim C_4$ 等挥发性强的轻烃，降低原油的挥发性和饱和蒸气压，使原油保持稳定，以减少原油在集输和储运过程中的蒸汽损耗。原油稳定是油气分离的继续，是降低原油蒸发损耗的重要措施之一。

根据进行稳定过程的温度和压力，原油稳定的过程可分为表面稳定和深度稳定。原油的表面稳定是在分离器内进行的，原油的深度稳定是在稳定塔内实现的。

20世纪70年代以前，我国油田大多采用开式流程，集输过程中原油进常压罐缓冲、用泵增压，经脱水处理后的原油直接输至矿场油库的常压罐储存。由于常压罐上游油气分离设备的压力高于大气压,原油内溶有大量沸点低、蒸气压高、挥发性强的组分 $C_1 \sim C_4$。当原油进入矿场储罐、压力降为常压时,由于压力的降低原油产生闪蒸损耗。因而,矿场储罐除存在进出油损耗(俗称大呼吸)和储存损耗(俗称小呼吸)外,还存在原油闪蒸损耗。

为降低油气资源浪费、保护环境,20 世纪 70 年代后我国油田陆续改造为闭式流程,并于 80 年代相继建设了一批原油稳定装置,从净化原油内分出挥发性极强的天然气组分 $C_1 \sim C_4$,使原油蒸气压降低。经流程密闭、原油稳定后,油田的油气蒸发损耗由 1.5% ~ 2% 降低为 0.29% 以下,即为有稳定装置的全密闭集输流程。在原油稳定装置内得到的稳定原油进入矿场油库储罐,从未稳定原油内分出的气态挥发性组分 $C_1 \sim C_4$ 和携带的部分 C_5 和 C_5 以上的烃类送气体加工厂,加工成液体石油产品,同时长距离输油管道将旁接罐操作方式改为泵到泵方式操作的密闭输送,以降低输油损失。

原油稳定目的可概括为:

第一是降低损耗。降低原油蒸气压,满足原油储存、管输、铁路、公路和水运的安全,节约能源。

第二是安全环保。某些酸性原油内溶有 H_2S 气体和挥发性硫化物,国外常限定原油内最大 H_2S 含量在 $(10 \sim 60)$ mg/kg 范围以下,稳定过程中从原油内分出 C_2 和 C_3 的同时也分出 H_2S,使原油内 H_2S 含量降低。原油内偶尔还含有氡气,具有放射性,在原油稳定过程内也会进入气相。因而从原油内分出对人类有害的溶解杂质气体,安全环保是原油稳定的另一目的。

截至目前,我国所产酸性原油占原油总产量的比例较少,在现行规范内将原油稳定的目的阐述为"降低原油蒸发损耗、合理利用油气资源、保护环境、提高原油在储运过程中的安全性"。

显然,在井口至原油稳定装置间任何中间环节的流程必须密闭,稳定装置才能发挥作用。全封闭的油气集输流程如图 4-33 所示。有资料表明,若流程不密闭即使原油稳定装置运行良好,油田油气损耗率仍可高达 1.3% 左右。

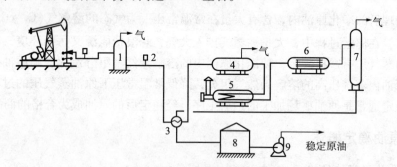

图 4-33 全密闭油气集输流程
1—计量分离器;2—加药泵;3—换热器;4—三相分离器;5—加热炉;
6—电脱水器;7—原油稳定器;8—油罐;9—外输泵

(二) 原油稳定的要求

原油稳定过程中使原油蒸气压降低的程度称为稳定深度,蒸气压降低愈多、稳定深度愈高。由于国情和油田产品的市场需求不同,各国要从原油内分出的挥发性组分和对稳定后原油蒸气压的要求也有差别。我国原油稳定的重点是从原油内分出 $C_1 \sim C_4$,稳定后在最高储存温度下规定的原油蒸气压"不宜大于当地大气压的0.7倍",约为0.07MPa。当用常压容器(铁路、公路、水运)运输原油时,稳定原油的蒸气压容许进一步降低。在以减小油气蒸发损失和追求最大利润为目的时,则要求从原油内分出 $C_1 \sim C_3$ 以及部分 C_4,把 C_5^+ 尽量留在原油内。此时,要求稳定原油的雷特蒸气压为 $0.069 \sim 0.083$MPa,相当于38℃下原油真实蒸气压为 $0.09 \sim 0.103$MPa。一般认为,对原油作稳定处理时,C_6 的拔出率不应大于原油中 C_6 质量含量的5%。稳定处理后的原油在最高储存温度下,饱和蒸气压不大于 1×10^5Pa,一般不超过 0.7×10^5Pa。

我国把降低油气损耗作为原油稳定主要目的,当油田内部原油蒸发损耗率已低于0.2%时,不宜再进行原油稳定处理。原油稳定主要分出溶解的 $C_1 \sim C_4$ 组分,若净化原油内 $C_1 \sim C_4$ 质量分数低于0.5%时,一般也不必进行稳定处理。

二、原油稳定的方法

原油稳定的实质是将原油的组分进行简单的分离,目前所用的原油稳定方法都属于蒸馏分离法。蒸馏分离法是分离均相液态溶液的最常用的方法,当气液两相处于平衡状态时,原油中挥发性强的组分在气相中的浓度高于该组分在液相中的浓度,即挥发性强的组分有在气相中浓集的趋势,而挥发性弱的组分有在液相中浓集的趋势。如果把气相从平衡体系中引走,剩下的液态原油中由于挥发性较强组分含量的减少而变得较为稳定,原油中各组分的挥发性或沸点的差异引起相平衡时各组分在气液两相中浓度上的差异,这就是油气分离和各种原油稳定方法共同的理论依据。

(一)蒸馏方式及多级分离稳定

1. 蒸馏方式概述

将一种液体混合物加热,使它全部或部分汽化,并将形成的蒸气部分或全部地冷凝,这样得到的凝液(或没有被汽化的剩余液体),其组成与原始混合物有一定的,甚至相当大的差别,从而使原始物料中有关的组成部分或完全地分离,这种分离的方法在炼制工程中称为蒸馏。蒸馏共有三种方式:闪蒸、简单蒸馏和精馏。

(1)闪蒸

原料以某种方式被加热和/或减压至部分汽化,进入容器空间内,在一定压力、温度下,气液两相迅即分离,得到气液相产物,称之为闪蒸,如图4-34所示。

若在汽化过程中,气液两相有足够的接触时间和接触面积,气液相产物在分离时刻达到了平衡状态,则这种汽化方式称平衡汽化。这样得到的气相产物内含有较多的低沸点轻组分,液相产物内含有较多的高沸点重组分,使轻重组分达到一定程度的分离。

平衡汽化的特点是:气液两相处于相同压力和温度下,并呈平衡状态。所有组分同时存在于气液两相内,每个组分也处于平衡状态,故分离较为粗糙。

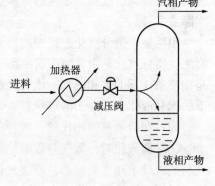

图4-34 闪蒸

实际的闪蒸过程不可能达到真正的平衡汽化,因为随物系愈接近平衡状态,气液相组分的浓度与平衡浓度的差别愈小,传质推动力愈小,传质速度愈慢,因而想要达到气液平衡,要求气液相有无限长的接触时间和无限大的接触面积。然而,在适当的设备和操作条件下,气液两相可以达到接近平衡状态,工程上都近似按平衡汽化处理。

平衡汽化的逆过程是平衡冷凝。冷却气体混合物使其部分冷凝,在气液相密切接触的情况下达到平衡,称为平衡冷凝。平衡冷凝的本质与平衡汽化相同,可使物料内的轻重组分得到粗略分离。

在油气田的管路和设备内,原本单相的流体,随着压力、温度条件的变化,可能产生部分汽化或部分冷凝,产生气液两相;已存在的气液两相,随压力、温度条件的改变,将在新条件下达到新的气液平衡状态。因而,在油气田,平衡汽化和平衡冷凝几乎随处可见。

(2) 简单蒸馏

在汽化过程中,随时将汽化出的气体与液体分离,称为渐次汽化,也称微分汽化。这种方法在简单的釜式蒸馏和实验室蒸馏装置中是经常使用的,它是一种间歇式的蒸馏方法。图4-35为釜式蒸馏示意图。作为原料的液体混合物被放置在蒸馏釜中加热,在一定的压力下被加热到某一温度时,液体开始汽化,生成了微量的蒸气,说得形象化一些,形成了第一个气泡。此时的温度即为该液相的泡点温度,液体混合物到达了泡点状态,生成的气体当即被引出,经冷却后收集到的冷凝液,即为最轻油品。随后,再次升温,依次蒸出不同的组分。随着轻组分不断蒸出,釜内轻组分数量减少,重组分浓度相对增加。温度再升高,蒸出的组分和釜内剩余的油品越来越重,一直蒸到所需要的程度为止。

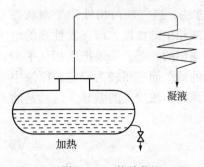

图4-35 简单蒸馏

可以理解,在微分汽化过程中,所产生的一系列微量蒸气其组成是不断变化的。最初得到的蒸气含轻组分最多,温度最低;相继形成的蒸气中轻组分的浓度逐渐降低,而温度逐渐增高。与此同时,残存在液相中的轻组分的浓度也是不断变化的,随着汽化的继续进行而持续地下降。但是在任一瞬间,每生成一次微量的蒸气,其中轻组分的含量总要高于残存液相的轻组分含量。因而借助于微分汽化,能使原料中的轻、重组分得到一定程度的分离。如果汽化一直进行到最后一滴微量的液体,则从理论上说,其组成相当于纯的高沸点组分,其温度也到达最高值。不过这一点并没有什么实际意义。

很明显,微分汽化过程中的每一瞬间,都是微量气体与残存液体的平衡汽化状态。换言之,微分汽化是由无穷多次平衡汽化组成的。微分汽化过程所形成的一系列微量蒸气都是相应条件下的饱和蒸气,或者说都处于露点状态,而一系列的残存液相则都是相应条件下的饱和液体,皆处于泡点状态。

闪蒸和简单蒸馏相比较,两种蒸馏方式各有其下列特点:

①平衡汽化时,蒸气与残液始终处于相平衡状态。渐次汽化时,只有刚生成的微量蒸气与残液处于相平衡状态,渐次汽化是多次微分的平衡汽化所组成。

②同一液体混合物,在相同压力下,采用不同的汽化方法,开始的汽化温度是不相同的,平衡汽化的泡点较渐次汽化的初馏点高。

③同一液体混合物,在相同压力下,采用不同的汽化方法,平衡汽化过程全部汽化时

的温度与原始组成有关，如混合物中轻组分多，则全部汽化所需温度就低些；渐次气化过程全部汽化时的温度与原始组成无关，由于最后是残余的重组分，所以，汽化终了时的温度就是重组分的沸点。

④在一定压力下，温度相同，平衡汽化的汽化率要比渐次汽化大；在同一汽化率时，平衡汽化所需温度比渐次汽化低，这是由于平衡汽化过程轻组分汽化后，并没有从系统分出，还继续被加热，汽化的轻组分就获得更高的能量，具有更高的运动速度，当它们与液相接触，就会撞出那些运动较慢沸点较高的液相分子，把一部分能量传给它们，使这些沸点较高的分子获得足以离开液相的能量汽化出来。因此，在同一温度下，平衡汽化的汽化率要比渐次汽化大一些。换句话说，汽化出相同数量的油品时，平衡汽化所需的温度比渐次汽化所需温度低。

（3）精馏

平衡汽化和渐次汽化能使混合物起到一定的分离作用，但都难以分离得精确。平衡汽化的分离精度不高；渐次汽化虽然在最后可以得到较纯的重组分，但数量很少，又系间歇操作，工业上没有实际意义。生产中为了取得一定纯度的产品必须采用精馏的方法。所谓精馏就是多次运用部分汽化和部分冷凝，即用多次汽化和多次冷凝的方法，使混合液分离为满足要求的纯组分的操作。

①精馏的基本原理

原油的精馏是在分馏塔内完成的，如图4-36所示。加热后的原油进入塔中，在进料段部分汽化产生的气体，自下而上地进入塔的上半部，而一部分冷却成液体的塔顶产品（称为塔顶液相回流）则自塔顶往下与上升的气相物料逆向流动。在塔内设有塔板或填料组成的气、液接触设施，称为接触级，气、液两相在其上密切接触。由于塔顶液相回流是经过冷却后温度较低而轻组分含量很高的物料，因而液相回流在自上而下的流动中，低沸点组分的浓度不断下降，温度则逐渐上升；而气流中的轻组分浓度则自下而上不断升高，温度则逐渐递降。到塔顶时，低沸点组分的浓度就提得很高，可接近于纯的轻组分。因此，精馏塔的上半部作用，就在于将进料中气相部分的轻组分提浓，在塔顶得到合乎要求的产品。精馏塔的这一段就称为精馏段，其中进行的是精馏过程。进料的液相部分与精馏段底部流下来的液体一起自上而下流至塔底，在再沸器中加热，生成一定量的气相回流返回塔底，自下而上流动，气、液两相也在相应的塔板或填料上密切接触。由于塔底气相回流是经过加热汽化的温度较高而轻组分含量很低的物料，气相回流在自下而上的流动过程中，使液流中的低沸点组分逐渐被提出。剩余的液体由塔底流入再沸器，使其中的轻组分进一步汽化，从而得到合格的塔底产品。因此，精馏塔下半

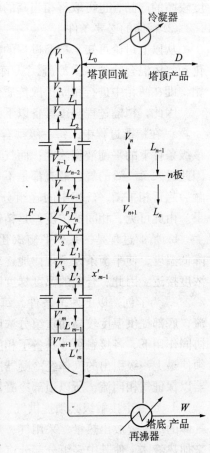

图4-36 精馏塔示意图

部的作用是将进料的液相部分提浓，以保证塔底产品的质量，从而也提高了塔顶产品的回收率。精馏塔的这一段就称为提馏段，从本质上看，提馏段中发生的依然是精馏过程。由于存在液相回流和气相回流，沿着精馏塔整个高度建立了两个梯度：温度梯度，即整个精馏塔，自塔底至塔顶温度逐级下降；浓度梯度，即整个塔内、气、液相物流的轻组分含量自塔底至塔顶逐步升高。这两种梯度在每一个气、液接触级内也有所反映，即相接触的气、液两相，气相温度总是高于液相温度；而液相中轻组分含量总是比同气相相平衡的液相轻组分含量要高一些，这称为相间差别。由于温度差别和相间差别的存在，促使气、液两相之间发生扩散传质现象，即液相中的部分轻组分通过相间界面扩散进入气相，而气相中的部分重组分则通过相间界面而扩散到液相。结果使气相中的轻组分浓度上升，而液相中的轻组分浓度下降。物质在两相间扩散传递的同时，还进行着热量的传递。气相中的物质扩散到液相中去时，将一定的热量传给了液相；液相中部分轻组分扩散进入气相时，也把一部分热量以汽化热的方式带至气相。由于气、液两相传质传热的结果，气、液两相趋于平衡。实际塔板上是不可能达到平衡的，但每经一次接触，气、液相中的轻重组分可得到一定程度的分离。在整个精馏塔若干个接触级的作用下，进行多次部分汽化和部分冷凝，因而，越接近塔顶，气相的轻组分含量越高，而温度越低；越接近塔底，液相的重组分浓度越高，而温度越高。这就使原料中的轻重组分得到了较高程度的分离，即可得到纯度较高的产品，也可取得相当高的收率。

② 精馏的必要条件

从以上讨论可知，精馏过程的实质是在提供回流的条件下，通过液体混合物的多次汽化和气体混合物的多次冷凝，从而使液相中的轻组分转入气相，气相中的重组分进入液相，即在两相中进行相间扩散传质传热，使混合液中各组分有效地分离。

因此，精馏过程必须具备以下条件：

a. 在精馏过程中，每一级都有气、液两个进料。液相回流中的轻组分浓度，应该高于该级条件下的平衡液相浓度；而气相进料的轻组分浓度应低于该条件下的平衡气相浓度。因此进入每一级的气、液流都是不平衡的，于是就造成了传质推动力，使气、液两相经接触后趋近相平衡，气相中的轻组分和液相中的重组分都得到了提浓，达到一定的分离效果。由此可见，相间的浓度差是精馏的第一个前提。

b. 精馏过程是一系列平衡汽化和平衡冷凝的有机结合。这些接触级必须自下而上地降低温度，使平衡条件有规律地逐级变化，形成一个温度梯度，从而使平衡浓度向高产品浓度接近。因此，合理的温度梯度则是精馏的另一个前提。

c. 为了创造以上两个条件，每一级顶部必须提供温度较低轻组分浓度较高的液相回流，底部提供温度较高而重组分浓度较高的气相回流，在顶部液相回流和底部气相回流的协同作用下，各接触级才具备了相间浓度差别和温度梯度，使精馏得以进行。这样，则必须使最上一级引出的气体经冷凝器冷却，返回一部分做液相回流，而在最下一级安装重沸器以保证气相回流，所以顶部冷凝器和底部的再沸器是造成回流的必要条件。

d. 每一个接触级必须提供气、液两相密切接触的设施。因为液体的汽化要吸收热量，气体的冷凝要放出热量，采用气、液两相直接接触的办法，使气体部分冷凝放出的热量用来加热液体，使其中轻组分部分汽化。即通过各接触级在传质的同时发生传热过程，热量自下而上地传递，最后由顶部冷凝器取走，构成了精馏过程独特的传热方式。

工程上利用以上原理制做了精馏塔，图4-36为精馏塔示意图。被分离的原料自塔中部进入塔内，原料进口处的一段叫进料段，进料段以上称为精馏段，以下称为提馏段。塔中装有塔板。塔顶装有冷凝器，将塔顶蒸气冷凝，部分作为回流送回塔顶，部分则做为产品送出。塔底装有再沸器，将来自塔底的液体加热部分汽化，生成的蒸气返回塔底，未汽化的液体则做为塔底产品引出。

2. 多级分离稳定

多级分离实质上是利用若干次减压闪蒸使原油达到一定程度的稳定，其流程如图4-37所示。图中，采用二级分离和一座闪蒸脱气塔使原油稳定。采用多级分离的前提是油气藏能量高、井口有足够的剩余压力，可用于进行原油稳定过程。图中的脱气塔也可由常压分离器代替，加热进分离器的原油，分出更多的轻组分蒸气，使原油达到要求的蒸气压或稳定深度，如图4-38所示，图中常压分离器的作用与加热闪蒸罐相同。多级分离是世界上使用最广、建设费用最低的原油稳定方法。

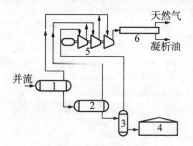

图4-37 多级分离

1——级分离器；2—二级分离器；3—脱气塔；
4—原油储罐；5—压缩机；6—气体处理厂

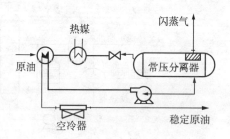

图4-38 末级分离器的加热闪蒸

（二）正压闪蒸稳定法

利用闪蒸原理使原油蒸气压降低，称闪蒸稳定。虽然多级分离和闪蒸稳定都利用闪蒸原理，但术语"闪蒸稳定"不包括多级分离。按闪蒸容器的压力，可将闪蒸分为负压闪蒸和正压闪蒸两类。按容器形状，立式容器常称闪蒸塔、卧式容器称闪蒸罐。闪蒸容器实质上是一种气液分离器，但在结构上侧重考虑使闪蒸尽量接近平衡汽化。

1. 微正压闪蒸

微正压闪蒸原理流程如图4-39所示，微正压闪蒸的闪蒸压力一般为0.103~0.105MPa(绝)，适用于一般原油，其温度在80~95℃就可达到稳定目的。

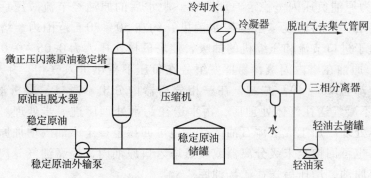

图4-39 微正压闪蒸原理流程图

2. 正压闪蒸

正压闪蒸的原理流程如图4-40所示。塔的操作压力为净化原油经加热炉后的余压，表压一般为0.2MPa左右。为使原油有规定的稳定深度，必须在塔内有相应的汽化率，因而净化原油需经换热器、加热炉升温后进入塔内。塔操作温度与操作压力有关，压力愈高，所需温度和能耗愈高。据估算，汽化率一定时，压力每提高0.01MPa，操作温度约提高4~5℃。因而，常利用脱水后原油的剩余压力作为塔的操作压力，尽量不再增压，此时对应的操作温度范围常在80~120℃之间。塔顶闪蒸气的处理与负压闪蒸类同，若离气体处理厂较近不凝气可直接送往处理厂，否则在塔顶与水冷器间设置压缩机。据大庆和河南油田的经验，净化原油内的水能降低原油轻组分在气相内的分压，能提高汽化率和凝析油的收率。

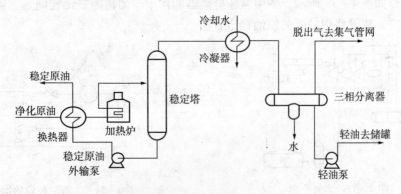

图4-40 正压闪蒸原理流程图

根据平衡汽化原理，对某一种未稳定原油，为达到相似的稳定深度，显然负压闪蒸其进料温度最低，正压闪蒸所需温度最高，若用常压闪蒸，其进料温度亦需高于最高的原油储存温度。油田上应用较为广泛的是负压闪蒸。

液相在闪蒸塔中的缓冲时间一般按10~15min考虑。为了保证气液充分分离，可在闪蒸塔内装设塔板，气相流速一般保持在0.5m/s左右，气体在闪蒸器中的停留时间不小于5s。为了防止上升气相对液相的携带作用，一般在闪蒸塔顶部设置捕雾器，以利于被携带的液滴聚结回收。

（三）负压闪蒸稳定法

1. 负压闪蒸流程

图4-41为原油负压闪蒸稳定原理流程。脱水后的原油经节流减压后呈气液两相状态进入稳定塔，进料温度一般为脱水温度，约在50~70℃范围内，塔顶与压缩机入口相连，由于进口节流和压缩机的抽吸，使塔的操作压力为0.05~0.07MPa，形成负压（真空）。原油在塔内闪蒸，易挥发组分在负压下析出进入气相，并从塔顶流出。气体增压、冷却至20~40℃左右，在三相分离器内分出不凝气、凝析油（或称粗轻油）和污水。不凝气送往气体处理厂，污水送往污水处理厂进一步处理。凝析油可单独输送至气体处理厂加工成液体石油产品；也可回掺至稳定原油内增加原油数量、提高原油质量；也可回掺至末级分离器或闪蒸塔入口原油内，提高油气分离效率。由塔底流出的稳定原油，增压后送往矿场油库。

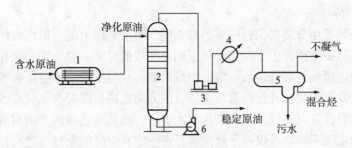

图 4-41 负压闪蒸流程图
1—脱水器；2—稳定塔；3—负压压缩机；4—水冷器；5—三相分离器；6—泵

负压稳定塔的关键参数是操作压力、温度和汽化率。汽化率为气相流量（摩尔流量或质量流量）与进料流量之比，也称气相产品收率或稳定装置的拔出率。汽化率由原油内溶解的 $C_1 \sim C_4$ 的含量和要求的原油蒸气压确定。操作压力和温度确定了原油的汽化率。要达到规定的原油蒸气压，需要的操作压力不仅取决于闪蒸温度，还受压缩机入口所能达到的真空度的制约。目前国内生产的压缩机能达到的入口压力约为 0.06MPa，引进压缩机可达 0.04MPa。压缩机出口压力（约 0.3~0.4MPa）应与油田低压气网的压力匹配，以便纳入同一压力等级的管系。稳定塔操作温度除受原油脱水温度影响外，还应考虑原油外输的要求温度。我国第一套原油稳定装置即为负压稳定装置。

压缩机和冷却器是负压闪蒸稳定装置耗能的主要单元。为在经济上获得较高利益，常用负压闪蒸处理溶解气量少、所需汽化率小的重质原油，以减少压缩机功耗。我国生产的重质原油较多，负压闪蒸稳定装置占已建稳定装置总数的82%左右。

2. 典型负压闪蒸流程

河南油田原油稳定装置是我国成功投运最早的一套原油稳定装置。下面以河南油田原油稳定装置为例，简单介绍负压闪蒸分馏稳定装置主要设备、设施的作用原理。

工艺流程如图 4-42 所示。原油经各联合站密闭脱水处理后输送到原油稳定装置，经计量、加热后进稳定塔，稳定后的原油经塔底泵外输。塔顶部的闪蒸气用负压压缩机抽出并增压，经冷凝器冷凝后进入分离器进行气液的分离，气态烃送往净化站生产液化气，液态烃用泵输至储罐。

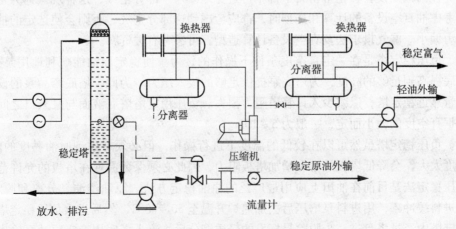

图 4-42 原油稳定装置原理流程图

3. 负压稳定特点

负压稳定法就是使分馏塔保持一定的真空度。由于其压力低,所以在同样温度下轻烃回收的更彻底。另一方面,由于油田外输原油温度较低,而一般分馏塔操作温度较高,使用一般分馏塔稳定原油势必会造成一定的能量浪费,故负压稳定法更适合于油田的原油稳定。近几年该法发展很快,并且向着脱水联合的方向发展,即对含水较高的原油可以通过负压稳定塔从适当位置以侧线方式或塔顶将水引出,而同时达到脱水的目的。负压分馏法与一般的分馏稳定法不同之点仅在于稳定塔是在一定真空度的条件下进行操作,由于这种特殊条件的存在,所以除了和分馏稳定法有共性之外,还具有其自身的特点。

(1) 要保持一定的真空度。在塔顶必须配置强有力的抽真空的设备。在其他条件合理的情况下,尽量加大稳定塔的真空度。为了减少抽真空的设备负荷,应尽量减少塔板压力降。为此,既要想法减少塔板数量,又要降低每一层塔板的阻力。在设计过程中,要尽量选择新型高效塔板并调节塔板结构参数,譬如用网孔板、导向筛板来代替一般的浮阀塔板等。

(2) 蒸气体积大大增加。由于压力低,负压稳定塔内蒸气比体积要比一般常压塔高出几倍至十几倍。如果从塔底进行气提,其用量也常比常压塔大,这些因素都导致负压稳定塔内巨大的蒸气体积流量。尽管由于压力低,蒸气的密度小,液滴较容易沉降(气相携带液滴的能力小)以及由于负压稳定塔的板间距离较大,负压下的塔内允许空塔速度可以比常压高出 2 倍左右,但在同样处理的条件下,还是比常压分馏稳定塔直径大。

(3) 由于空塔速度大,而我们所要处理的原油往往黏度很高,在脱水过程中,又往往加入一些表面活性剂,因而容易发生起泡沫现象,这样会降低分馏效果。负压稳定塔的板间距较大,就是因为考虑了这种因素。为了减少雾沫夹带,在负压稳定塔的汽化段及塔顶,都应适当加大气液分离空间,并应设置破沫网等设施。

(4) 塔顶若有大量气体溢出,会加大塔顶管道和冷凝器的阻力降,致使残压上升,真空度降低,故此应尽量避免不凝气从塔顶抽出。对于有可能冷凝的那部分塔顶产品,最好以侧线的形式导出。此外,要尽量采用塔顶循环回流和中段循环回流,以降低塔顶回流量和内回流量。这样,会大大降低塔内气、液负荷。

(5) 任何减压设备在正常密封下都不可避免地渗入一部分空气,这种现象称为正常漏气。在考虑抽真空设备的计算和选型时,都应考虑到这部分空气,否则会使选定的抽真空设备能力偏小。漏气量求法及真空设备计算造型,可参考有关资料。

(6) 负压稳定塔是在一定真空度条件下操作的,为了使稳定原油能顺利地用泵抽出,须把塔底提高到足够的高度,为塔底泵提供足够的吸入压力。为此,塔底产品泵的设计位置要尽量靠近稳定塔,以减少入口管道阻力损失。负压稳定塔塔底液面与泵入口之间的位差可根据真空度的大小而定,一般为 5~10m。

(7) 负压稳定塔虽然可以在较低的温度下进行操作,但必须考虑到原油黏度的限制。原油黏度太大,会降低塔板效率和增加塔板阻力,因此必须保证黏度在塔板的允许范围之内。负压稳定法是目前在油田上应用最广泛的原油稳定方法。原油经油气分离和脱水后,先进入进料缓冲罐,用进料泵增压后去加热炉升温至 50~60℃,然后送入负压稳定塔。原油在稳定塔内经过塔盘进一步脱除易挥发的轻质馏分后,流入塔底用稳定原油泵输出,塔顶部的闪蒸气用负压压缩机抽出并增压,经冷凝器冷至 20~30℃,进三相分离器进行气态烃、液态烃和水的分离。气态烃送往压气站，液态烃用泵输至储罐。

负压抽气的真空度根据原油性质和原油稳定的深度要求而定，一般为 200~400mmHg。因为从操作上来看，一般稳定原油加热控制在 50~60℃，所以对于一些原油脱水温度较高的站，脱水原油不用再加热即可直接送入负压稳定塔。这样不仅节约热能，而且简化了流程、降低了储油温度。

（四）原油分馏稳定法

1. 分馏稳定流程

分馏稳定法的原理流程如图 4-43 所示。脱水原油进换热器升温后进入稳定塔，原油在塔内部分汽化，汽化部分在塔上部进行精馏。塔顶气相产品内较重组分经水冷后从气体中冷凝分离出来，部分作为塔顶液相回流送回塔内，其余轻油和以组分 C_1~C_4 为主的不凝气分别送往气体处理厂。塔底部分稳定原油经再沸炉加热后作为塔底回流，为塔提供分馏所需的热能并提供气相回流。其余的稳定原油与净化原油换热冷却后输往矿场油库。

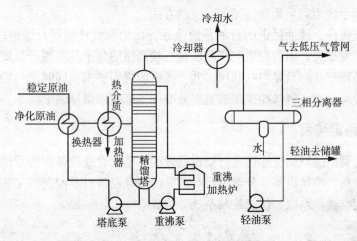

图 4-43 分馏稳定法的原理流程

将未稳定的原油经精馏塔进行分离，塔底出稳定原油，塔顶出轻组分，故该精馏塔称原油稳定塔。用这种方法来处理未稳定原油称为原油分馏稳定法。分馏稳定法分离度高，稳定原油质量好，可以比较完全地脱去 C_1~C_4，便于实现自动控制。分馏塔对物料的分离较为精细，但耗能较多。原油稳定只要求控制原油蒸气压，对塔顶产品组成的要求并不十分严格，为节省原油生产成本，我国推荐用不完全分馏塔对原油进行稳定。如只设提馏段的不完全塔称提馏塔，这种塔没有塔顶回流可节省能耗和设备建设费用。由于提馏塔没有精馏段，对塔顶产品组分很难控制，会有重组分进入塔顶产品，影响塔底稳定原油回收率。也可用只设精馏段的塔控制塔顶产品组分，由于没有提馏段，稳定原油内含有部分轻组分也影响稳定原油蒸气压的准确控制，但塔底温度较低，能节省加热和设备建设费用。

提馏塔的原油进口一般设在塔高的 2/3 处，在进料板以上部分也可设置少数塔板和捕雾器，但没有塔顶液相回流，因而塔顶产品为进料板上的闪蒸气和提馏段向上流动的气体。

2. 分馏稳定塔的特点

分馏原油稳定塔和其他精馏塔基本原理完全相同，但由于其处理物料的组成、流量、塔顶和塔底产品的质量要求等与石油炼制中常见的水分馏塔、轻油分馏塔等不同，故有其自身的特点。

（1）原油稳定塔提馏段的热量提供方式。前面所讨论的精馏塔中，提馏段的热量供应均利用重沸器的形式。对于原油稳定塔，因其处理量大，而且正压操作时塔底温度可达200℃以上，很显然，如果再用重沸器，不仅热源很难找到，而且再沸器必然十分庞大，投资高，也给操作带来困难。因此，原油稳定塔一般不采用重沸器，而采用重沸炉。

（2）原油稳定塔的气液相负荷规律。为了提供精馏的必要条件，须在塔顶加入液相回流，在塔底提供气相回流。这也是为维持塔的热平衡所必须的。原油是复杂混合物，各组分间的性质可以很不相同（如芳香烃和烷烃）。即使是同系物，由于其相对分子质量相差悬殊，分子的汽化潜热也有很大差别。因此，在原油稳定塔中各个截面上的气、液相分子流量不可能是相近的。

（3）塔顶循环回流。原油稳定塔顶产品中，不凝气很多。如果采用冷凝器冷却回流的方法，必然使塔顶冷凝冷却器传热系数降低，传热面积加大。为了避免使用庞大的塔顶冷凝冷却器，实际生产中可采用塔顶循环回流的方法。

（4）无回流操作。原油稳定的目的是脱除原油中的挥发性轻烃，维持较小的蒸气压，以便尽量减少蒸发损失，因而对塔底产品质量有较严格的要求。塔底产品质量是由提馏段保证的。对于塔顶产品，只是回收利用，并无严格的规格要求。同时，一般情况下都采用对回收气加以冷凝分离，将气相携带的重组分冷凝下来并掺回原油中。

三、原油稳定装置

为使原油达到商品原油指标而进行稳定处理的一整套设施设备称为原油稳定装置。它由稳定塔、压缩机、冷换设备、分离设备、产品的储存设备以及配套的工艺管网系统、冷却润滑系统、配电通讯系统、仪表控制系统等构成。

（一）稳定塔

塔是一种用于传质的立式圆筒形容器，在油气加工中常用于蒸馏、抽提、吸收、汽提等物料分离过程。尽管各种塔器的用途不同但结构类同。按塔内部提供的两种物料的传质接触方式不同，塔可分为两大类，即板式塔和填料塔。原油稳定塔选用的是板式塔。

1. 稳定（板式）塔类型

原油稳定塔多选用板式塔。塔内设有若干层塔板，按塔板类型，板式塔分为筛板塔、泡罩塔和浮阀塔三种。

筛板塔是在塔板上钻有许多小直径筛孔，具有这种塔板的塔器称筛板塔。工作时，气体以较高速度通过小孔，与流经塔板的液体相接触，液体不能由筛孔向下滴漏，只能由降液管流至下层塔板。筛板塔的历史迟于泡罩塔20年左右。筛板塔的塔板上钻有许多以一定排列方式布置的小孔，称筛孔，直径约3~8mm，砌板厚为孔径的0.4~0.8倍。筛板塔的结构最简单，造价低，生产能力和塔板效率比泡罩塔高10%~15%，压降低30%。故采用的比较多。

泡罩塔的结构如图4-44所示（只画出顶部两层）。液体流经塔板、溢流堰，沿降液管（圆形或弓形截面）流至下层塔板，塔板上液体的流动面积称工作面积，由溢流堰保持板上有一定厚度的液层。气体由下而上经升气管、折流后由齿形槽喷入液层内，使气液密切接触,达到相间传质传热。泡罩塔是最古老的一种塔板。

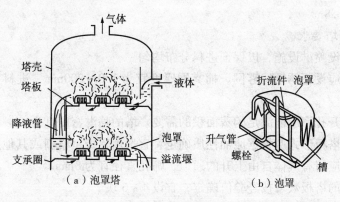

图4-44 泡罩塔

浮阀塔是20世纪中期开发的一种塔器,如图4-45和图4-46所示。塔板上开有正三角形排列的阀孔,阀是浮动的,气流速度大时,阀片开启,速度小时阀关闭。表示两种浮阀,下方的浮阀可防止浮阀因磨损而脱落。阀有轻、重之分,重阀的质量为33g,轻阀25g。重阀需要较高的气体压力才能打开,关闭迅速,阀的泄漏少、效率高。为增加塔的操作弹性,同一层塔板上可布置质量不同的浮阀。

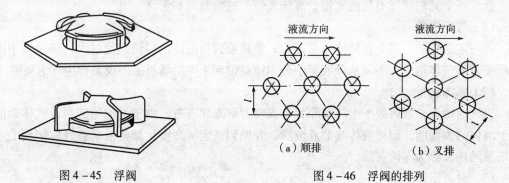

图4-45 浮阀　　　　　　　图4-46 浮阀的排列

2. 原油稳定塔结构原理

（1）稳定塔结构

由塔筒体、塔封头、捕雾器、进油喷头、塔盘、筛孔塔板、气出口、油出口、排污口、浮球液位计、人孔、压力表、安全阀等组成。

（2）原油稳定塔的工作原理

未稳定的原油经加热炉加热至70℃,再经进油管道在塔盘上部由进油喷口进入稳定塔内,原油进塔后经十层塔盘逐级闪蒸,由于闪蒸气体是用压缩机强制从塔顶抽出,所以在塔内形成了0.07~0.1MPa(绝压)的压力。在塔盘上原油和析出的气体有较长的接触时间和面积,从而使气液两相趋于平衡状态,闪蒸气体经捕雾器除去油滴后,从塔顶部流出,稳定原油从塔下部流出,达到减少储存和输送过程中原油损耗的目的。

（3）稳定塔主要参数

设备规格：ϕ3000mm×12mm×21590mm

工作压力：0.07~0.1MPa(绝压)

工作温度：65~80℃

工作液位：6.8m

3. 负压闪蒸塔要求

(1) 进料应设喷淋设施，以保证进料分布均匀。

(2) 气出口应设不锈钢捕雾网。捕雾网厚度宜为100~200mm，进料口距捕雾网不小于塔径。

(3) 塔板的开孔率应能满足闪蒸面积的需要。塔的喷淋密度宜为40~80$m^3/(m^2 \cdot h)$。

(4) 稳定塔塔板形式应根据原油性质确定，宜选用筛板、格栅或其他适用填料。当选用筛板时，塔板应留有气体自由上升的通道，筛孔直径宜为8mm。

(5) 稳定塔的塔板数可按经验值确定，宜设4~6块。

(6) 当自流进大罐时，稳定塔的液面高度应根据油罐的储液高度和自流管道的摩阻确定。直接进泵时，塔底液面高度应满足泵的吸入压头要求，塔底原油的停留时间宜为3~5min。

(7) 为保证负压闪蒸塔的真空度及操作安全，负压部分尽量不设人孔和其他不必要的开口。

4. 板式塔常见的故障

板式塔常见的故障有气泡夹带、雾沫夹带、过量漏液和液泛。

(1) 气泡夹带

在一定结构的塔板上，液体流量过大，使降液管内液体的溢流速度过大，降液管中液体所夹带的气体泡沫来不及从降液管中分离而被带到下一层塔板上的现象称为气泡夹带。

(2) 雾沫夹带

当气速增大，塔板处于泡沫解除状态或喷射解除状态时，由于气泡的破裂或气体动能大于液体的表面能，而把液体吹散成液滴，并抛到一定的高度，某些液滴被气体带到上一层塔板的现象称为雾沫夹带。

(3) 过量漏液

当气体通过塔板的速率较小时，上升的气体通过塔板上开孔的阻力和克服液体表面张力所形成的压降较小，不足以抵消塔板上液层的重力，大量的液体会从塔板上的开孔处往下漏，这种现象叫作漏液。

漏液的发生有两种情况：一种是漏液发生在整个塔截面上，整个截面的漏液基本均匀，且漏液量随着气速的增加很快地减少；另一种是局部漏液，它发生在塔板的局部位置，由于塔板上气液相分布不均匀而引起。

(4) 液泛（淹塔）

液泛又包括两种：夹带液泛和溢流液泛。

当塔板上的液体流量很大、上升气体的速度又很高时，液体被上升的气体夹带到上一层塔板上（雾沫夹带）的量猛增，使相邻的两块塔板间充满了气液混合物，最终使整个塔内空间全部被液体所占据，这种现象称为夹带液泛。

因降液管设计太小，液体的流动阻力过大，或因其他原因使降液管局部区域堵塞而变窄，液体不能正常地通过降液管向下流动，使得液体在塔板上积累而充满整个塔内空间，这种现象称为溢流液泛。

（二）压缩机

用于原油闪蒸稳定的压缩机，主要有离心式压缩机和螺杆式压缩机两种。离心式压缩机无故障运行时间长，单机气体输量大，适用于闪蒸汽量较大场合。但离心式压缩机不容许气体带液，在机组进口上游应有涤气器脱除液体。离心式压缩机组进出口一般设有回流管道和回流阀，防止气体输量过小时发生喘振，压缩机出口气体回流至进口，既浪费电能又使操作复杂化。螺杆式压缩机容许气体带有少量液体，在机组进口上游无需设置涤气器和输送涤气器分出液体的泵，可简化流程和设备。原油稳定大都选用螺杆式压缩机。

1. 螺杆压缩机的分类

螺杆式压缩机一般根据螺杆的数量分为单螺杆式和双螺杆式两种。其中单螺杆式压缩机由一根螺杆和两个星轮组成，也称蜗杆式压缩机。我们通常说的螺杆式压缩机一般指双螺杆式压缩机。随着技术的发展，现在也出现了三螺杆式和单螺杆偏心压缩机。

螺杆压缩机有干式和湿式两种。所谓干式即工作腔中不喷液，压缩气体不会被污染，湿式是指工作腔中喷入润滑油或其他液体借以冷却被压缩气体，改善密封，并可润滑阴、阳转子和轴承，实现自身传动，冉通过高精度的过滤器将压缩气体中的油或其他液体杂质除去以得到较高品质的压缩气体。干式一般用于对气体质量要求极高的场合且气量要求不大，干式螺杆结构复杂，难维护，噪音高，造价高；湿式应用最为广泛，结构简单，易于维护，稳定可靠，在制冷和空气动力工程中常用。

常见的压缩机分类如图4-47所示。

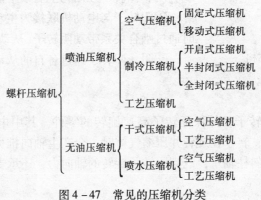

图4-47 常见的压缩机分类

2. 螺杆压缩机结构

螺杆压缩机主要组成部分是转子、机体、轴承、轴封及流量调节装置等，有的在压缩机出口还带有消声器，如图4-48所示。

（1）机壳

一般为剖分式，它由机体（气缸体）、吸气端座、排气端座及两端端盖组成，材料通常采用灰铸铁，是压缩机的主要组成部分。机体是连接各零部件的中心部件，它为各零部件提供正确的装配位置，保证阴、阳转子在气缸内啮合，可靠地进行工作。其端面形状为∞形，这与两个啮合转子的外圆柱面相适应，使转子精确地装入机体内。在机体内壁面设有符合转子转角要求的径向吸气孔口，保证转子在旋转中顺利实现吸气过程。

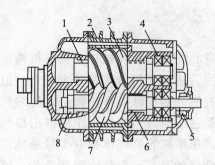
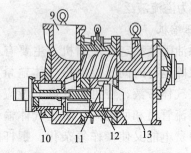

图 4-48 螺杆式制冷压缩机结构

1，6—滑动轴承；2—机体；3—阴转子；4—推力轴承；5—轴封；6—阳转子；7—平衡活塞；8—吸气孔口；9—能量调节用卸载活塞；10—喷油孔；11—卸载滑阀；12—排气口

吸、排气端座是位于机体前后两端的密封连接件，它除作机体的端面密封外，更重要的是提供了阴、阳转子和支承转子的轴承装配位置。

（2）转子

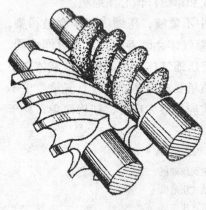

图 4-49 转子结构

转子是螺杆式压缩机的主要部件，常采用整体式结构，将螺杆与轴做成一体，由阴、阳转子组成，如图4-49所示。转子的毛坯常为锻件，一般多采用中碳钢，有特殊要求时也有用40Cr等合金材料。转子齿形是用高精度的专用机床、专用刀具加工而成，是压缩机的关键零件之一。转子型线常为单边非对称摆线——圆弧型线。阴、阳转子在结构上有以下两种方式：

①阳转子与电动机联接为主动转子，传递转矩，同时通过啮合关系带动阴转子（从动转子）旋转。

②阴、阳转子通过各自的从动齿轮与电机带动的主动齿轮啮合，传递转矩。

（3）轴承

轴承是支承阴、阳转子，并保证转子高速旋转的零件。其中电机端一般采用滚柱轴承，起支承作用。其次，转子在旋转并压缩气体时，会产生轴向推力，为了克服这种轴向力，转子的另一端采用斜柱轴承，既克服转子旋转的轴向力，还承受径向力。

（4）轴封

一般采用机械密封结构，装在主动转子靠联轴器的伸出端上，它是由随轴转动的动环与装在轴封盖上的静环以弹力相互摩擦作为径向密封，聚四氟乙烯及耐油橡胶 O 形环作为轴向密封，轴以高于压缩机内部压力的润滑油，保证在密封面上形成稳定的油膜。

（5）流量调节

由滑阀、油缸、油活塞、连接件、复位弹簧、四通换向阀（或四通电磁换向阀）、油管路及能量指示器等组成，它起调节流量的作用。

流量调节是用改变滑阀位置来实现的，而滑阀的位置是由油活塞的位置决定。油活塞的位置则由四通阀控制，可自动或手动完成。滑阀移动时，出口旁通口面积发生改变，从出口返回入口的量也发生变化，从而实现无级调节。

(6) 螺杆压缩机的润滑

螺杆压缩机绝大部分采取喷油式润滑。通过润滑油与介质混合进入压缩机，随着介质的流动对机器进行润滑和密封。其优点如下：

①降低排气温度。

②减少工质泄漏，提高密封效果。

③增强对零部件的润滑，提高零部件寿命。

④对声波有吸收和阻尼作用，可以降低噪声。

⑤冲洗掉机械杂质，减少磨损。

但由于喷油量较大，所以必须增设润滑油系统，压缩机出口也必须增设油气分离器，这将增大机组的体积和复杂性。同时，对于不允许污染的介质则不能采用这种方式。所以，也有部分螺杆压缩机机内是无油润滑。

3. 工作原理

螺杆式（即双螺杆）制冷压缩机具有一对互相啮合、相反旋向的螺旋形齿的转子。其齿面凸起的转子称为阳转子，齿面凹下的转子称为阴转子。随着转子在机体内的旋转运动，使工作容积由于齿的侵入或脱开而不断发生变化，从而周期性地改变转子每对齿槽间的容积，来达到吸气、压缩和排气的目的。

螺杆式压缩机的运转过程从吸气过程开始，然后气体在密封的基元容积中被压缩，最后由排气孔口排出。阴、阳转子和机体之间形成的呈"V"型的一对齿间容积（基元容积）的大小，随转子的旋转而变化，同时，其空间位置也不断移动。

(1) 吸气过程

转子旋转时，阳转子的一个齿连续地脱离阴转子的一个齿槽，齿间容积逐渐扩大，并和吸气孔口连通，气体经吸气孔口进齿间容积，直到齿间容积达到最大值时，与吸气孔口断开，由齿与内壳体共同作用封闭齿间容积，吸气过程结束。值得注意的是，此时阳转子和阴转子的齿间容积彼此并不连通。

(2) 压缩过程

转子继续旋转，在阴、阳转子齿间容积连通之前，阳转子齿间容积中的气体，受阴转子齿的侵入先行压缩；经某一转角后，阴、阳转子齿间容积连通，形成"V"字形的齿间容积对（基元容积），随两转子齿的互相挤入，基元容积被逐渐推移，容积也逐渐缩小，实现气体的压缩过程。压缩过程直到基元容积与排气孔口相连通时为止。

(3) 排气过程

在基元容积与排气孔口连通后，排气过程开始。由于转子旋转时基元容积不断缩小，将压缩后具有一定压力的气体送至排气管。此过程一直延续到该容积达最小值时为止。

随着转子的连续旋转，上述吸气、压缩、排气过程循环进行，各基元容积依次陆续工作，构成了螺杆式制冷压缩机的工作循环。

图 4-50 所示为螺杆压缩机中所指定的一个齿间容积对的工作过程。

从以上过程的分析可知，两转子转向互相迎合的一侧，即凸齿与凹齿彼此迎合嵌入的一侧，气体受压缩并形成较高压力，称为高压力区；相反，螺杆转向彼此相背离的一侧，即凸齿与凹齿彼此脱开的一侧，齿间容积在扩大形成较低压力，称为低压力区。此两区域借助于机壳、转子的接触线而隔开,可以粗略地认为两转子的轴线平面是高、低压力区的分界面。另外,由阴阳转子间啮合线构成的螺旋形通道使得基元容积内的气体边压缩边出吸气端向排气端作螺旋运动。

(a) 吸气过程　　(b) 吸气过程结束,压缩过程开始　　(c) 压缩过程结束,排气过程开始　　(d) 排气过程

图 4-50　螺杆压缩机的工作过程

4. 螺杆式压缩机的特点和应用范围

螺杆式压缩机作为回转式压缩机的一种,在结构上具有离心式压缩机的特点,工作原理上则又属于容积式压缩机的范畴。

(1) 螺杆式压缩机的特点

①可靠性高,零部件少,易损部件少,因而它故障少、运转可靠,寿命长,大修间隔期可达 4~8 万小时。

②机组的运行自动化程度高,可连续无级调节,操作维护方便,操作人员无需经过长时间专业培训,实现无人值守运转。

③无往复运动部件,动平衡特性好,没有不平衡惯性力,振动小,机器可平稳地高速工作,基础要求简单,可实现无基础运转,特别适合用作移动式压缩机,体积小、重量轻、占地面积小及排气脉动低。

④适应性强,具有强制输气的特点,排气量几乎不受排气压力的影响,在宽广的工况范围内能保持较高的效率,在压缩机结构不做任何改动的情况下,适用于多种工况,所以易于定型批量生产。

⑤多相混输,转子齿面间实际上留有间隙,因而能耐液体冲击,可压送含液体的气体、含粉尘气体、易聚合气体等。

⑥具有正排量压缩的特点,即排气量几乎不受排气压力的影响,在小排气量时不发生喘振现象,在宽广的工况范围内,仍可保持较高的效率。

⑦对介质不敏感,可以采用喷油冷却,故在相同的压力比下,排温比活塞式低得多,因此单级压力比高。

(2) 螺杆式压缩机的缺点

①造价高昂,由于螺杆机的转子齿面是一空间曲面,需利用特制刀具,在价格昂贵的专用设备上进行加工,另外对螺旋形转子的空间曲面的加工精度要求高也较高。所以螺杆式压缩机的造价较高。

②不能用于高压场合,由于转子间的啮合线无法实现较好的级间密封以及受到转子刚度和轴承寿命等方面的限制,目前螺杆式压缩机还不能达到较高的终了压力,只适用于低、中压范围,排气压力一般不超过 4.5MPa,高压还是由往复机占主导地位。

③不能用于微型场合,螺杆式压缩机依靠间隙密封气体,目前一般只有容积流量大于 $0.2m^3/min$ 时,螺杆式压缩机才具有优越的性能。

④噪音大,由于介质周期性地高速通过吸、排气孔口,通过缝隙的泄漏等原因,使压

缩机噪声大，需要采取消音减噪措施。

5. 常用排量调节

（1）变转速调节

螺杆式压缩机的排气量和转速成正比关系。因此，改变压缩机的转速就可以达到调节排气量的目的。

该调节方法的主要优点：整个压缩机机组的结构不需要作任何变动，而且在调节工况下，气体在压缩机中的工作过程基本相同。如果不考虑相对泄漏量（喷油机器还有相对击油损失）的变化，压缩机的功率下降是与排气量的减少成正比例的，因此，这种调节方法的经济性较好。通常的调速范围是额定转速的60%~100%。

（2）进、出排气管连通调节

此调节方法只需在排出管道上安装一调节阀，适用于内压力比低的机器。调节阀开度不同时，排气量有所变化，但幅度并不大。

（三）冷换设备

冷换设备是按照一定的传热方式，将热流体的部分热量传递给冷流体的设备，又称热交换器。关于冷换设备的结构原理详见第五章。

四、原油稳定装置操作

（一）开工前的准备

（1）检修的工艺和设备、设施达到设计标准要求，具备投运条件。

（2）电器、计量仪表和控制仪表调试完好，达到投产要求。

（3）检查稳定塔、回流油罐、轻油罐、天然气除油器、集液罐等容器设备，应符合《固定式压力容器安全技术监察规程》的要求，容器内部配件齐全、完好、紧固、清洁。容器内部清洁、干净无异物。

（4）检查安全附件（压力表、安全阀、液位计），达到校验合格，并在有效期内。温度计、紧急放空阀、流量计、调节阀、接地装置等齐全完好，符合有关规范要求。配好饱和盐水，加满盐水包，封闭人孔。

（5）检查塔底泵、轻油内输泵、轻油外输泵、压缩机、冷却水泵等机泵设备，保养完好，处于备用状态。

（6）清理现场，做到工完料净地清，打扫好场地工房卫生。

（7）消防器材按规定配备齐全，通信器材、各种工、用具配齐到位。

（8）各种记录、报表、制度、操作规程齐全。每个岗位应有故障应急处理预案，操作工应经培训合格，持证上岗。

（9）装置启运要有开工领导小组，并且分工明确，信息畅通，以调度令统一开工进度，确保原油集输、原油稳定、轻烃回收、天然气净化处理等各系统的生产，安全有序进行。

（二）装置启运

1. 试压

（1）试压要求

试压严格按试压标准进行，试压作业要办理特殊作业票证审批，升压速度不易过快，严防超压损坏设备。试压时注意做好仪表的保护工作。

(2) 按表4-5对单台容器试压。

表4-5 单台容器试压表

序号	名称	实验压力	实验介质	备注
1	冷-1	0.50 MPa	清水	管程压力
2	冷-2	0.50 MPa	清水	管程压力
3	稳定塔	0.20 MPa	清水	塔顶压力
4	分-3	0.20 MPa	清水	
5	分-4	0.30 MPa	清水	
6	轻油罐4台	0.40 MPa	清水	

(3) 装置系统试压

系统试压主要是工艺管道的试压。在单台容器试压合格的基础上,对主要工艺管道逐条试压。按表4-6进行。

表4-6 主要管道试压表

序号	名称	实验压力	实验介质	备注
1	油进塔线	0.25 MPa	热水	
2	油出塔进泵线	0.25 MPa	热水	
3	稳定油外输线	2.50 MPa	清水	
4	稳定富气线	0.25 MPa	蒸汽	包括冷凝器壳程
5	轻油线	0.50 MPa	清水	

2. 试运、置换

(1) 试运重点是检查工艺流程是否畅通,考察检查机动设备带负荷运转情况,调试仪表控制系统达到灵活好用,同时达到预热管道、容器的目的。

(2) 在装置试压合格的基础上,首先把系统的容器和管网的试压水放净。放水时倒流程改天然气进系统预置换。注意回收水。

(3) 轻油管网试运:将轻油脱水罐的试压水,启运轻油内输泵输至轻油罐,试运轻油回收系统设备和工艺流程,达到试运要求。

(4) 试运时稳定富气系统天然气放空。

(5) 试运在确认设备、工艺流程、仪表控制等都完好,且稳定塔液位平稳30min为合格。汇报请示进油投运。

3. 进油投运

(1) 接到进油令后,在试运流程不变的情况下,首先按停泵操作规程停外输泵,关闭净化污水罐(返输)阀门,关闭进炉(站内循环)阀门,倒流程打开(站外来油)进炉阀门,关闭油直进罐(井排)阀门,向塔内进油替水置换。

(2) 进油半小时后,连续在进塔、塔底泵处取样,分析含水,当含水相同时,倒罐,打开净化油罐进油阀门(站内),关闭污油罐进油阀门(站内)。

(3) 进油4h后,在天然气放空口取样检测,待取样化验天然气含氧量小于2%后,关闭放空阀门。

（4）按螺杆压缩机操作规程，启运压缩机转入负压稳定，待运行正常后，由罐输改为密闭输送。正常生产运行。

（三）正常运行

1. 原油稳定塔安全运行

（1）原油稳定各岗位按规定认真巡检，按照有关资料录取规定，及时取全取准各项资料数据，填写好报表。

（2）按照《事故预想及处理办法》处理操作过程中出现的各种故障。

（3）原油稳定装置容器设备正常运行参数，如表4-7所示。

表4-7 原油稳定装置容器设备正常运行参数表

序号	名称	压力/MPa	温度/℃	液面/%	备注
1	稳定塔	-0.015 ~ -0.03	70 ~ 85	40 ~ 50	塔顶压力
2	分-3	-0.015 ~ -0.03		<40	
3	分-4	0.10 ~ 0.15		<40	
4	轻油罐	0.15 ~ 0.30	<38	0.3 ~ 2.6 米	
5	分-1	0.15 ~ 0.30		<30	
6	分-2	0.15 ~ 0.30		<30	
7	容-1	0.40 ~ 0.50		0	净化空气罐
8	容-2	0.1 ~ 0.25		0	
9	轻油脱水罐	0.1 ~ 0.15	<38	0.1 ~ 1.5 米	

2. 压缩机的安全运行

天然气压缩机是集输生产不可缺少的重要设备之一，它的主要功能是将稳定塔顶抽真空，把抽出的天然气加压，并通过管道外输净化站，生产液化石油气和轻质油，处理后的干气进入外输管道外输给用户。

3. 压缩机运行中的检查

（1）用看、听、摸、闻的方法，经常进行巡回检查，发现问题及时处理和汇报。

（2）检查压缩机进口温度不高于40℃，压力不低于-0.065MPa；出口温度不高于180℃，压力不高于0.3MPa，否则应采取处理措施。

（3）检查润滑油正常系统压力为0.25~0.275MPa，不低于0.2MPa（2bar）；正常油温为30℃~50℃，最高油温不得超过60℃；机油过滤器正常差压为0.03MPa，不得高于0.08MPa，超过时应更换滤芯。

（4）检查冷却水系统，进压在0.2~0.25MPa，来水温度不高于60℃，低流量保护器活门开度适当。

（5）检查各仪表及其电路、管路是否完好；仪表控制盘上各开关、指示灯是否完好，指示是否正确。

（6）检查轴封差压情况，轴封差压表应完好无损，表指针指向负值时，应及时向有关人员汇报。

（7）检查油气分离器的液位是否超限，超限要进行及时排放（排放时先关闭两罐之间的针型阀，再打开排污阀）。

（8）进口干管的排污，要每班进行一次。排放时先关闭进气干管上排污阀Ⅰ，小开排气干管上排污阀Ⅱ，最后小开排液阀上排污阀Ⅲ。排完后，先关闭阀Ⅲ、阀Ⅱ、再开阀Ⅰ。

（9）要注意冲塔，应及时处理由于冲塔而进入管道的原油，严禁油、水和污物进入压缩机内。

（10）检查电器系统，电器系统的各元件应完好，运行电流不高于365A。

（11）检查油泵、主电动机、增速箱等辅助设备，无过热、振动超标、异响等。

（四）装置停运

1. 停产前的准备

（1）装置停运要有领导小组，且分工明确；有停产检修方案；有停产检修安全措施；以调度令统一操作行动，确保原油集输安全有序进行。确保原油稳定、轻烃回收、天然气净化处理等各系统停产过程的安全。

（2）各种检修项目已向施工单位交底，并且做好了人力、物力准备。

（3）联合站已做好了检修人员组织，各种材料已到位。并且做好了原油罐输魏岗的各项准备。（岗位人员配齐并培训合格，制度齐全。外输泵保养、试运完好。）

（4）轻油库存已降到了最低。

（5）净化污水罐备满水，进扫线水的污油罐、外输净化油罐已具备条件。

2. 停运

（1）接调度令后，首先按操作规程停运进塔原油加热炉，按操作规程停运压缩机，先正压稳定。

（2）倒罐输流程，按操作规程启运外输原油泵和加热炉，做好输油计量并逐渐调整输油量、输油温度值。

（3）装置置换退料，将进出塔管道和稳定塔内的原油用热水替出，置换完后，关闭置换流程上的所有阀门。将中间罐及管道内的轻油用清水置换至轻油罐。

（4）蒸汽吹扫，蒸汽吹扫重点是清除附着在容器、管道内的油污。吹扫后，达到管道、容器可动火检修的目的。蒸汽吹扫要保证被吹扫的容器压力保持在0.1MPa，稍开顶部放空头阀门，每两小时底部排污5min，系统连续吹扫36~48h。吹扫时做好污水回收工作，做到污水池不溢流、不冒顶、不外排。吹扫完成后，关闭装置所有容器排污阀门。

（5）通风，停止吹扫12h后，打开装置所有容器人孔，自然通风48h。检测可燃气体浓度小于1%，氧气含量19%，硫化氢气体小于$0.5mg/m^3$。进行用火作业、破土作业、临时用电、高处作业、起重作业、异常温度作业、施工作业、进入受限空间作业、试压作业等特种作业，要办理特种作业票证审批，严格按规定执行。

☞**复习思考题：**

1. 原油净化处理后的指标要求。
2. 分离器的工作原理。
3. 分离器的分离过程。

4. 分离器投产的准备工作和技术要求。
5. 影响原油脱水的主要因素有哪些。
6. 热化学沉降脱水原理。
7. 电脱水器的工作原理。
8. 电脱水器空载投运的技术要求。
9. 破乳剂的作用。
10. 原油稳定的目的与方法。
11. 负压闪蒸原油稳定的工艺原理。
12. 螺杆压缩机的特点。
13. 减少油气损耗的措施。

第五章 天然气净化及储运

从地层中开采出的天然气或油田的伴生气是一种烃类气体的混合物，往往含有固体杂质，以及水、硫化氢和二氧化碳等酸性气体。未经处理的天然气不能使用。固体杂质容易造成设备仪表损坏。水汽不仅减少管线的输送能力和气体热值，而且当水汽形成固体水化物时，还会增加管路压降，严重时堵塞管道。H_2S 或 CO_2 等酸性气体会加速对管线、设备的腐蚀，且对其用作化工原料时会影响产品的质量、污染环境。无论作为燃料或化工原料，天然气中的水汽和 H_2S、CO_2 等杂质组分都必须脱除净化，以满足输送、加工和化工利用的要求。

第一节 天然气净化

一、天然气技术要求

依据《天然气》(GB 17820—1999)，按硫和二氧化碳含量对天然气进行分类，提出了天然气的技术要求，以保证输气管道的安全运行和天然气的安全使用。

本标准适用于气田、油田采出经预处理后通过管道输送的商品天然气。商品天然气应符合现行国家标准《天然气》(GB 17820—1999)中的分类及其技术指标要求。

（一）天然气的技术指标

天然气的技术指标应符合表 5-1 的规定。作为民用燃料的天然气，总硫和硫化氢含量应符合一类气或二类气的技术指标。

表 5-1 天然气的技术指标

项 目	一 类	二 类	三 类
高位发热量/(MJ/m³)	>31.4		
总硫(以硫计)/(mg/m³)	≤100	≤200	≤460
硫化氢/(mg/m³)	≤6	≤20	≤460
二氧化碳(体积分数)/%	≤3.0		
水露点/℃	在天然气交接点的压力和温度条件下，天然气的水露点应比最低环境温度低5℃		

注：
1. 本标准中气体体积的标准参比条件是 101.325kPa，20℃。
2. 本标准实施之前建立的天然气输送管道，在天然气交接点的压力和温度条件下，天然气中应无游离水。无游离水是指天然气经机械分离设备分不出游离水，或在取样处的温度压力条件下，气体的相对湿度小于等于100%。

（二）输送、储存和使用

（1）在天然气交接点的压力和温度条件下，天然气中应不存在液态烃。

(2) 天然气中固体颗粒含量应不影响天然气的输送和利用。

(3) 天然气在输送、储存和使用的过程中，应符合 GB 50183 和 GB 50251 的有关规定。

(三) 安全作用须知

(1) 为充分利用天然气这一矿产资源的自然属性，依照不同要求，结合我国天然气资源的实际，本标准将天然气分为三类。

一、二类气体主要用作民用燃料。世界各国商品天然气中硫化氢控制含量大多为 5～23 mg/m^3。考虑到在城市配气和储存过程中，特别是混配和调值时可能有水分加入，为防止配气系统的腐蚀和保证居民健康，本标准规定一、二类天然气中硫化氢含量分别不大于 6 mg/m^3 和 20 mg/m^3。三类气体主要用作工业原料和燃料。

(2) 规定天然气中硫化氢含量的目的在于控制气体输配系统的腐蚀以及对人体的危害。湿天然气中，当硫化氢含量不大于 6 mg/m^3 对金属材料无腐蚀作用；硫化氢含量不大于 20 mg/m^3 时，对钢材无明显腐蚀或此种腐蚀程度在工程所能接受的范围内。

(3) 不同用途的天然气对其中的总硫含量要求各不相同，作为燃料，这个要求是由所含的硫化物燃烧生成二氧化硫对环境与人体的危害程度确定的，有关标准、规范均有明确的规定。作为燃料，由于加工目的不同所需净化深度各异，对于出矿质量并无统一要求。

(4) 作为民用燃料，天然气应具有可以察觉的臭味，无臭味或臭味不足的天然气应加臭。加臭剂的最小量应符合当天然气泄漏到空气中，达到爆炸下限的 20% 浓度时，应能察觉。加臭剂常用具有明显臭味的硫醇、硫醚或其他含硫化合物配制。

二、天然气净化工艺

(一) 概述

一般说，天然气的净化包括脱水、脱硫脱碳、有用物质回收（如硫磺）、尾气处理等四类工艺。天然气净化在国外被称为天然气处理或调质。

实际上天然气的净化主要是将天然气脱水、脱酸性气体、脱除机械杂质。

从地层中开采出的天然气或油田的伴生气，往往含有砂和混入的铁锈等固体杂质，以及水、硫化物和二氧化碳等有害物质（一般都含有饱和量的水蒸气，有的还含有相当数量的硫化氢和二氧化碳等酸性气体）。固体杂质容易造成设备仪表损坏。天然气中存在水汽，不仅减少了管线的输送能力和气体热值，而且当输送压力和环境条件变化时，还可能引起水蒸气从天然气流中析出，形成液态水、冰或天然气的固体水化物，从而增加管路压降，严重时堵塞管道。当天然气中含有酸性气体时，更会加速 H_2S 或 CO_2 对管线、设备的腐蚀。天然气中酸性气体的存在，对其用作化工原料也是十分不利的，这些气体杂质会使催化剂中毒，影响产品和中间产品的质量，污染环境，并且 CO_2 还影响天然气的热值。因此，无论作为燃料或化工原料，都必须脱除气体中的水汽和 H_2S、CO_2 等杂质组分，以满足输送、加工和化工利用的要求。

油田气含 C_2 以上组分比气井气多，其 C_3、C_4、C_5^+ 是液化气和稳定轻烃的组成部分，必须回收。

对于采用冷凝分离法回收轻烃的装置来说，这些气体杂质的存在对工艺处理的影响更大。由于冷凝分离温度低，对天然气中水蒸气含量的要求也更严格，否则原料气在工艺装置的浅冷、中冷、深冷部分管路中极易形成水化物而堵塞管道。另外，天然气中 CO_2 的含量也须特别注意控制，以避免在装置的中冷、深冷部分出现干冰（CO_2 的冰点为 $-56.6℃$）。

由此可见，从气体中脱除含量比较少的气体杂质，即气体净化是天然气长距离输送或进行轻烃回收前必不可少的环节。只有将天然气中的水蒸气和 H_2S、CO_2 等酸性组分的含量控制在一定的范围内才能保证气体输送或冷凝分离法轻烃回收工艺的实施。为此，在增压站或轻烃回收装置中一般都设置气体净化设施，用以对原料气作前级处理。气体净化设施主要由脱水和脱除 H_2S 和 CO_2 两部分组成，其配置情况应视原料气组成和输送及回收工艺要求而定。

气体净化主要采用以下几种方法：吸附法、吸收法、冷分离法、直接转化法。

1. 吸附法

利用气体在固体表面上积聚的特性，使某些组分吸附在固体吸附剂表面进行脱除。随着气体组分的不同，在固体吸附剂上的吸附能力也有差异，因而可用吸附方法对气体混合物进行净化。吸附是在固体表面力作用下产生的，根据表面力的性质可将吸附过程分为物理吸附和化学吸附两种。

物理吸附主要由范氏引力或色散力引起，具有吸热小的特点。物理吸附是可逆过程，可用改变温度和压力的方法改变平衡方向，达到吸附剂的再生。目前广泛采用的固体吸附法脱除天然气中水分的过程就是物理吸附过程。从天然气中脱除中 CO_2 也可采用这一方法。

化学吸附主要是靠吸附剂表面的剩余价力和吸附质之间的作用使某些组分吸附在固体吸附剂表面的。它类似于化学反应，大多数是不可逆的，吸附剂不能用一般方法再生，故工业上很少采用。

2. 吸收法

天然气净化常用的另一种方法是气体吸收。这是用适当的液体吸收剂处理气体混合物以除去其中的一种或多种组分的操作。在气体吸收中，对吸收后的溶液进行脱吸，使溶剂再生循环使用。

吸收法又可分为物理吸收和化学吸收两种。在吸收过程中，如不伴随有明显的化学反应，可以当作单纯的物理溶解过程，这种吸收称为物理吸收，如用液态烃吸收气态烃，用水吸收 CO_2 等；在吸收过程中，若伴随有明显的化学反应，则称为化学吸收，如用碱液吸收 CO_2 等。

在天然气净化中，用甘醇脱水或用多乙二醇二甲醚脱硫等都是物理吸收过程，而以弱碱性溶液为吸收剂的乙醇胺法或热钾碱法脱硫等均属于化学吸收过程。为了提高脱除效果，有时可兼用这两种方法，如砜胺法脱硫就兼有化学吸收和物理吸收的作用。由于这一方法在脱除酸性气体方面取得了满意的效果，现已成为重要的天然气净化工艺。

3. 冷分离法

由于多组分混合气体中各组分的冷凝温度不同，在冷凝过程中高沸点组分先凝结出来，这样就可以使组分得到一定的分离。冷却温度越低，分离程度就越高。现在气田上采用较多的高压天然气节流膨胀制冷后低温分离脱除天然气中一部分水分的方法就是冷分离法。在油田伴生气脱水中采用膨胀机制冷脱水也是冷分离。这一方法流程简单，成本低廉，特别适用于高压气体。对于要求深度脱水的气体，此法也可作为辅助脱水方法，将天然气中大部分水先行脱除，然后用分子筛法深度脱水。

4. 直接转化法

这一方法是通过某种适当的化学反应，使杂质或者转化成无害的化合物，因而可留在气体内；或者转化成比原杂质易于除去的化合物，达到净化的目的。

(二) 天然气脱水

1. 天然气水合物的生成与防止

(1) 天然气的含水量和水露点

天然气的饱和含水量取决于天然气的温度、压力和气体组成等条件。每立方米天然气所含水汽的克数，称为天然气的绝对湿度(绝对含水量)。一定条件下天然气与液态水达到相平衡时气中的含水量称为天然气的饱和含水量，以 g/Nm³ 为单位。在给定条件下，天然气的相对湿度 ϕ 可按下式计算。

$$\phi = e/e_S \tag{5-1}$$

式中　e——天然气的绝对湿度；

　　　e_S——天然气的饱和水含量。

工业上常用天然气水露点表示天然气饱和含水量。在一定压力下，同天然气饱和含水量 e_S 相对应的温度称为天然气的水露点，简称露点。天然气的露点湿度，是在一定压力下天然气中水蒸气开始冷凝结露的湿度。处于露点状态时，天然气内的水蒸气开始凝析结露、出现微量液态水。在某一压力下，气体露点越低，气体水含量越少。气体的实际温度高于露点温度，气体处于未饱和状态，无液态水析出；低于露点，气体过饱和，有液态水析出。

天然气中的含水量与天然气的温度、压力、组分及酸性气体(H_2S 和 CO_2)等因素有关。天然气中的饱和水汽含量随温度的升高而增加，随压力的增加而减小，随酸性气体及重质烃类含量的增加而增加，而一定量的氮气含量则会使天然气的含水量降低。

(2) 天然气水合物

天然气的饱和水含量随天然气压力升高或温度降低而降低。在一定的温度和压力条件下，天然气中某些气体组分能和液态水形成化合物，也称气体水合物，是由天然气与水分子在高压(>10MPa)和低温(0~10℃)条件下合成的一种固态结晶物质。因其中 80%~90% 的成分是甲烷，故也有人叫天然气水合物为甲烷水合物。

天然气水合物的物理特性：由 46 个水分子将 8 个甲烷分子紧紧包裹而形成的有孔球状物质；外貌类似冰雪，可以像酒精块一样被点燃，故也有人叫它"可燃冰"；呈白色或浅灰色晶体，也可能呈红、桔黄、蓝等；密度接近并稍低于冰的密度；剪切系数、电介常数和热传导率均低于冰；声波传播速度高于含气沉积物和饱和水沉积物。

(3) 天然气水合物形成的条件

①气体处于水汽的过饱和状态或有液态水存在；

②有足够高的压力和足够低的温度；

③在上述条件下，气体压力波动或流向突变(如孔板、弯头等)产生搅动或有晶种(固体腐蚀物、水垢等)存在就促进产生水化物。

水合物临界形成温度是水合物可能存在的最高温度。高于临界温度，不管压力多大，也不会形成水合物。表 5-2 列出了气体生成水合物的临界温度。

表 5-2 气体生成水合物的临界温度

组分	CH_4	C_2H_6	C_3H_8	iC_4H_{10}	nC_4H_{10}	CO_2	H_2S
临界温度/℃	47	14.5	5.5	2.5	1	10	29

(4) 防止水合物形成的方法

①加热：使气体的温度高于形成水合物的临界温度；适用于矿场集气站和配气站。

②降压：在温度不变的情况下，降低天然气的压力；适用于已形成水合物的压力较低的输气管道。

③向气流中加入水合物抑制剂（防冻剂）：目前多采用热力学抑制剂（如甲醇、甘醇类）、氯化钙等，用来改变水溶液或水合物的化学位，从而使水合物形成条件移向更低温度或更高压力范围。

④脱水：脱除天然气中的水分，降低其露点；是防止形成水合物的根本方法。

2. 天然气脱水的方法

从油气井采出及湿法脱碳脱硫后的天然气中一般都含有饱和水蒸气（习惯上称为含水），在外输前通常要将其中的水蒸气脱除至一定的程度（习惯上称为脱水），使其露点或水含量符合管输要求。脱水前原料气的露点与脱水后的干气露点之差成为露点降。露点降即表示天然气脱水深度或效果。

天然气脱水有吸附法、吸收法和冷却法。此外，膜分离法也是一种很有发展前途的方法。

有时采用吸收法、吸附法两种方式相结合的两步脱水法：第一步用溶剂吸收法使天然气达到一定的露点降；第二步用固体吸附法来达到深度脱水的目的。

(1) 吸附法脱水

吸附法脱水是指气体采用固体吸附脱水的方法。被吸附的水蒸气被称为吸附质，吸附水蒸气的固体称为吸附剂。用于气体脱水的吸附过程一般为物理吸附，故可通过改变温度或压力的方法改变平衡方向，达到吸附剂再生的目的。

工作原理：采用内部孔隙很多、内部比表面积很大的固体物质与含水天然气接触，气中的水被吸附于固体物质的空隙。被水饱和了的固体物质经加热再生后供重复使用。

物理吸附：固体和气体间的相互作用并不强，类似于凝缩，被吸附的气体易从固体表面逐出（如升高温度），是一可逆过程。用加热或减压等方法可使吸附质与固体表面分离，使固体恢复吸附能力。

化学吸附：需要活化能，被吸附的气体往往需要在很高的温度下才能逐出，且所释放的气体往往已发生化学变化，是不可逆的。

天然气脱水多为固定床物理吸附。吸附剂再生循环使用。升温脱吸是工业上常用的再生方法。一般吸附剂的再生温度为 175~260℃。

①吸附剂的吸附容量

吸附剂的吸附容量用来表示吸附剂吸附吸附质能力的大小，其单位通常为 kg 吸附质/100kg 吸附剂。吸附容量与吸附质特性、分压、吸附剂特性、比表面积和孔隙度以及吸附温度有关。

②干燥剂的选择

用于天然气脱水的干燥剂必须是多孔性的，具有较大的吸附表面积，对气体中的不同组分具有选择性吸附作用，有较高的吸附传质速率，能简便经济地再生，且使用过程中可保持较高的湿容性，具有良好的化学稳定性、热稳定性、机械强度以及价格便宜等。目前常用的天然气脱水干燥剂有活性氧化铝、硅胶及分子筛等。一些干燥剂的物理性质如表5-3所示。

表5-3 一些干燥剂的物理性质

吸附剂	硅胶	活性氧化铝	硅石球(H1R型硅胶)	分子筛
孔径/10^{-1}mm	10~90	15	20~25	3,4,5,8,10
堆密度/(kg/m³)	720	705~770	640~785	690~750
比热容/[kJ/(kg·K)]	0.921	1.005	1.047	0.963
最低露点/℃	-50~-96	-50~-96	-50~-96	-73~-185
设计吸附容量/%	4~20	11~15	12~15	8~16
再生温度/℃	150~260	175~260	150~230	220~290
吸附热/(kJ/kg)	2980	2890	2790	4190(最大)

a. 活性氧化铝

活性氧化铝是一种极性吸附剂，以部分水合的、多孔的和无定形的 Al_2O_3 为主，并含有少量其他金属化合物（如氧化钠、三氧化二铁），比表面即可达到 $250m^2/g$ 以上。其典型组成见表5-4。

表5-4 典型活性氧化铝组成

组成/% 商品牌号	Al_2O_3	Na_2O	SiO_2	Fe_2O_3	灼烧损失
F-1	92	0.90	<0.10	0.08	6.5
H-151	90	1.40	1.1	0.1	6.0
KA-201	93.6	0.30	0.02	0.02	6.0

由于活性氧化铝的湿容量大，干燥后的气体露点可达-73℃，故常用于水含量高的气体脱水。但是，它在再生时能耗高，而且因其成碱性，可与无机酸发生化学反应，故不宜处理酸性天然气。

b. 硅胶

硅胶是一种晶粒状无定形氧化硅，为透明或乳白色固体，分子式为 $SiO_2 \cdot nH_2O$，它具有较大的孔隙率，其比表面积可达300㎡/g以上。

硅胶为亲水的极性吸附剂，它吸附水蒸气的性能特别好，且具有较高的化学稳定性和热稳定性。但硅胶在吸附水分时会放出大量的吸附热，常易使其粉碎。此外，它的微孔孔径也极不均匀，没有明显的吸附选择性。硅胶的化学组成（干基）见表5-5。

表5-5 硅胶化学组成

组成	SiO_2	Fe_2O_3	Al_2O_3	TiO_2	Na_2O	CaO	ZrO_2	其他
含量/%	99.71	0.03	0.10	0.09	0.02	0.01	0.01	0.03

c. 分子筛

分子筛是以 Al_2O_3 和 SiO_2 为基料的一种人工合成的无机吸附剂,它是具有骨架结构的碱金属或碱土金属的硅铝酸盐晶体。

目前常用的分子筛系人工合成沸石,是强极性吸附剂,对极性的水分子有特别大的亲和力。分子筛热稳定性和化学稳定性高,又具有许多孔径均匀的微孔孔道像排列整齐的空腔,其比表面积在 $800\sim1000m^2/g$,且只允许直径比其孔径小的分子进入微孔,从而使大小及形状不同的分子分开,起到了筛分分子的选择性吸附作用,因而称之为分子筛。

分子筛是干燥气体和液体的优良吸附剂,在脱水过程中,分子筛作为吸附剂的显著优点是:具有很好的选择吸附性;具有高效吸附特性。分子筛的高效吸附性还表现在它的高温脱水性能,在高温下只有分子筛才是有效的脱水剂。

分子筛的缺点:气体压降大、再生时能耗高、操作费用高;设备投资大、价格较高,分子筛一般使用 2~3 年就需更换。

③吸附法脱水工艺流程

采用冷凝分离法回收轻烃的装置由于原料气需要深度制冷(一般原料气制冷温度都在 -70℃以下),因而需要对原料气进行深度脱水。由于采用分子筛作吸附剂的吸附法脱水可以达到比较大的露点降,因而这种方法广泛应用于轻烃回收装置。

目前用于天然气的吸附脱水装置多为固定床吸附塔。为保证装置连续操作,至少需要两个吸附塔,流程中必须包括吸附、再生和冷吹三道工序。工业上经常采用的是双塔或三塔工艺流程。在双塔流程(图 5-1)中,一个塔进行脱水操作,另一个塔进行吸附剂的再生和冷却,两者轮换操作。在三塔流程中,一般是一塔脱水,一塔再生,另一塔冷却。

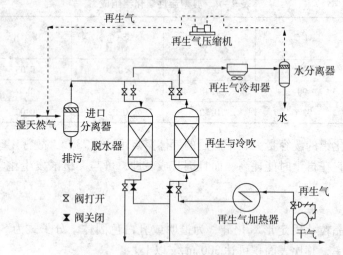

图 5-1 吸附法脱水双塔工艺流程图

图 5-1 为吸附法脱水的典型流程。原料气自上而下流过吸附塔,脱水后的干气去轻烃回收装置。吸附操作进行到一定时间后,即进行吸附再生,再生气可以用于干气或原料气,将气体在加热器内用蒸汽或燃料气直接加热,加热到一定温度后,进入吸附塔再生。当床层出口气体温度升至预定温度后,则再生完成。此时将加热器停用,再生气经旁通入吸附塔,用于冷却再生床层。当床层温度冷却到要求温度时又可开始下一循环的吸附。

吸附操作进塔内气体流速最大,气体从上向下流动,这样可使吸附剂床层稳定,不致动荡。再生时，气体从下向上流动，一方面可以脱除靠近进口端被吸附的物质，并且不使其流过整个床层。另外，可使床层底部干燥剂得到完全再生，因为床层底部是湿原料气吸附干燥过程最后接触的部位，直接影响流出床层的干燥天然气的质量。

④吸附法脱水工艺参数

吸附法脱水工艺主要由吸附操作和再生操作组成，其操作参数应按原料气组成、气体露点要求、吸附工艺特点等予以综合比较确定。

a. 吸附操作

（a）操作温度。为了使吸附剂能保持高湿容量，除分子筛外，其他各种吸附剂操作温度不宜超过38℃，最高不能超过50℃，否则应考虑使用分子筛作吸附剂。但是原料气温度也不能低于其水化物形成温度。

（b）操作压力。压力对干燥剂湿容量影响甚微，因此，吸附操作压力可由轻烃回收工艺系统压力决定，但在操作过程中应注意压力平稳，避免波动。若吸附塔放空过急，床层截面局部气速过高，会引起床层移动和摩擦，甚至吸附剂颗粒会被气流夹带出塔。

（c）吸附剂使用寿命。吸附剂使用寿命决定于原料气性质和吸附操作情况，一般为1~3年。

b. 再生操作

（a）操作周期。在装置处理气量、进口湿气和出口干气露点已经确定后，周期时间主要决定于吸附剂的填装量湿容量。确定吸附脱水操作周期应考虑保证吸附塔有足够的再生和冷却时间。

吸附法脱水装置的操作周期一般分为长周期和短周期两种。长周期操作是在达到转效点时进行吸附塔的切换，周期时间一般为8h，也有采用16或24h。当要求干气露点较低时，对同一吸附塔可采用较短的操作周期。如用分子筛作吸附剂时，当吸附传质段前边线达到0.5~0.6倍床层长度时就结束吸附操作，此时可得到露点达-90℃的干气。在一般的吸附法天然气脱水装置中，吸附塔的切换是按规定的时间由程序控制器自动控制的，这种方法虽然不可能充分利用吸附剂的湿容量，但操作比较简单。最好是在产品干气管线上安装气体露点测定仪，根据出口干气的露点控制吸附塔的切换时间。

（b）再生温度。提高再生温度可提高再生后吸附剂的湿容量，但再生温度过高会缩短吸附剂的有效使用寿命。一般再生温度在175~260℃左右。对分子筛来说，再生温度一般为200~300℃。

（c）再生气流量。一般采用产品干气作为再生气，其流量应足以保证在规定时间内将再生吸附剂提高到规定的温度，并由操作条件确定，一般约为原料气流量的5%~15%。

（d）再生需要的时间。使再生吸附器出口气体温度达到预定的再生温度所需的时间约为总周期时间的65%~75%，床层冷却所占时间为25%~35%。若采用操作周期为8h，对于双塔流程来说，则加热再生吸附床层的时间为5~6h，冷却床层的时间为2~3h。

（e）冷却。为了将再生后的吸附床层冷却到正常操作温度，需要通以冷却气。这时只要将再生气加热器停用，再生气继续通入吸附塔作冷却气用，其流量一般与再生时相同。冷却温度达到50℃左右时再生操作结束，吸附塔转入吸附操作。

(2) 冷却法脱水

根据冷却方式的不同，又分为直接冷却法、加压冷却法、膨胀制冷冷却法和机械制冷冷却法4种。

①直接冷却法

当压力不变时,天然气的水含量(即饱和水蒸气含量)随温度的降低而减少,所以直接冷却降低天然气温度可以减少天然气的含水量。如果气体温度非常高时,采用直接冷却法就非常经济。但是此法效率太低,由于冷却水往往不能达到气体露点要求,故只能作为辅助手段,常常与其他脱水方法结合使用。

②加压冷却法

此法是根据在较高压力下天然气水含量较少的原理,将气体加压使部分水蒸气凝结,并由压缩机出口冷却器后的气液分离器排出。但是,这种方法脱水往往也难以达到气体露点要求,故常常与其他脱水方法结合使用。加压与冷却联合,可提高天然气的脱水效率。但天然气加工中的加压、冷却,并不是以脱水为目的,而是工艺需要。

③膨胀制冷冷却法

该法也称为低温分离法。它是利用焦耳－汤姆逊效应使高压气体膨胀制冷获得低温,从而使气体中一部分水蒸气和烃类冷凝析出,以达到露点控制的目的。当膨胀后的气体温度较低时,开始用注入乙二醇、二甘醇或三甘醇抑制剂的方法,来抑制水合物的形成。

膨胀制冷法即可以从井口高压流物中脱除较多的水,又能比常温分离法分离更多的烃类,故一些高压凝析气井口经常使用。

④机械制冷冷却法

在一些以低压伴生气为原料气的露点控制装置中,一般采用机械制冷(多采用蒸汽压缩制冷)的方法获得低温,使天然气中更多的 C_5^+ 轻油(同时还有水蒸气)冷凝析出,从而达到露点控制、既回收液烃又同时脱水的目的。

(3) 吸收法脱水

吸收法脱水是根据吸收原理,采用一种亲水液体与天然气逆流接触,通过吸收来脱出天然气中的水蒸气。用来脱水的液体成为脱水吸收剂或液体干燥剂。

①甘醇吸收法脱水

溶剂吸收法是目前天然气工业中使用较为普遍的脱水方法,在油气田的天然气和油田伴生气集输工艺中,为保证管输天然气在输送过程中不形成水化物,而需对气体脱水时,广泛采用甘醇吸收法脱水。

a. 甘醇的一般性质

常用的脱水吸收剂是甘醇类化合物,甘醇类化合物的强吸水性是由它的分子结构决定的,甘醇是直链的二元醇,其通用化学式是 $C_nH_{2n}(OH)_2$。二甘醇(DEG)和三甘醇(TEG)的分子结构如下:

$$
\begin{array}{cc}
\text{CH}_2\text{—CH}_2\text{—OH} & \text{CH}_2\text{—O—CH}_2\text{—CH}_2\text{—OH} \\
| & | \\
\text{O} & \\
| & | \\
\text{CH}_2\text{—CH}_2\text{—OH} & \text{CH}_2\text{—O—CH}_2\text{—CH}_2\text{—OH} \\
\text{二甘醇} & \text{三甘醇}
\end{array}
$$

从分子结构看,每个甘醇分子都有两个羟基(OH)。羟基在结构上与水相似,因而可与水分子形成氢键类似于水分子与水分子之间的氢键，氢键的特点是能和电负性较大的原子相连，包括同一分子或另一分子中电负性较大的原子，从而使水缔合：$xH_2O=(H_2O)x$，所以甘醇与水能够完全互溶，并表现出很强的吸水性。这样，高浓度甘醇水溶液就可以将天然气中的水萃取出来形成甘醇稀溶液，使天然气中水汽量大幅度下降。

一般说来，用作天然气脱水吸收剂的物质应对天然气有高的脱水深度，对化学反应和热作用稳定，容易再生，蒸气压低，黏度小，对天然气和烃类液体的溶解度小，对设备无腐蚀等性质，同时还应价廉易得。甘醇溶液能较好地满足这些要求。低分子甘醇能与水互溶，在一般输气管线的热力条件下，甘醇通常都能把天然气脱水至不饱和状态。用于天然气脱水的甘醇有一甘醇（乙二醇）、二甘醇、三甘醇（TEG）、四甘醇等。乙二醇只作为注入输气管线的防冻剂用。

现在国内外普遍使用三甘醇，以下称TEG。这是因为在初期甘醇法大多使用二甘醇，由于再生温度的限制，其贫液浓度一般为95%左右；露点降约为25~30℃。20世纪50年代开始，由于三甘醇再生贫液浓度可达98%~99%，露点降通常为33~47℃，甚至更高，因而三甘醇逐渐代替二甘醇作为吸收剂。三甘醇溶液具有热稳定性好、易于再生、吸湿性很高、蒸气压低、携带损失量小、运行可靠、达到的露点降大、浓溶液不会固化、天然气中的酸性组分在其中的溶解度大等优点，因而在国内外得到了广泛的应用。表5-6为几种甘醇性质的对比。

表5-6 几种甘醇性质对比

	一甘醇（乙二醇）	二甘醇（DEG）	三甘醇（TEG）
裂解温度/℃	165	164	206
*贫甘醇浓度（质量分数）/%	96.0	97.1	98.7
平衡水露点/℃	2.7	2.7	-7.7
蒸气压(25℃)/psi	<0.1	<0.01	<0.01
表面张力(25℃)/(dynes/cm)	48	44	45
闪点/℃	118	138	163

*平衡浓度是指在裂解温度和1个大气压下所得的浓度。

b. 三甘醇（TEG）法的特点

三甘醇（TEG）法是最主要的天然气脱水方法，它具有以下优点：

(a) 沸点较高（285.5℃），比二甘醇（244.8℃）约高40℃，可在较高的温度下再生，即使在常压下再生贫液浓度也可达98.5%~98.7%以上，因而露点降比二甘醇多8~22℃左右。

(b) 蒸气压较低。27℃时，仅为二甘醇的20%，因而携带损耗小。

(c) 热力学性质稳定。理论热分解温度（206.7℃）约比二甘醇（164.4℃）高40℃。

(d) 脱水操作费用比二甘醇法低。

②甘醇吸收法的脱水工艺流程

三甘醇脱水的工艺流程如图5-2所示，此工艺流程由高压吸收和低压再生两部分组成。吸收部分降低气体内的水含量和露点。再生部分释放甘醇吸收的水分，提浓甘醇溶液，使甘醇循环使用。

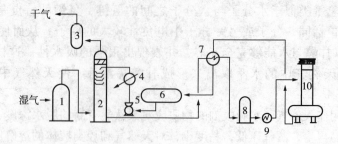

图 5-2 三甘醇脱水工艺流程
1—分离器；2—吸水塔；3—雾液分离器；4—冷却器；5—甘醇循环泵；
6—甘醇储罐；7—贫/富甘醇溶液换热器；8—闪蒸罐；9—过滤器；10—再生塔

a. 甘醇高压吸收

含水天然气（湿气）先进入进口分离器，以除去气体中携带的液体和固体杂质，然后进入吸收塔。在吸收塔内原料气自下而上流经各塔板，与自塔顶向下流的贫甘醇液逆流接触。甘醇液吸收天然气中的水汽。经脱水后的天然气（干气）从塔顶流出。吸收了水分的甘醇富液自塔底流出，与再生后的贫甘醇液换热后，再经闪蒸、过滤后进入再生塔。

在吸收塔内，气体和液态以逆流接触吸收的方式实现传热和传质的过程，保证了塔顶出口的天然气的脱水程度，也使甘醇贫液在达到塔底的含水量达到最大值，从而充分利用了甘醇的脱水能力。流程中设置的闪蒸罐可使部分溶解到富甘醇溶液中的烃类气体在闪蒸罐中分出，以减少再生塔中烃蒸气量。富甘醇在再生塔中提浓和冷却后，流入甘醇储罐内，然后由泵打入吸收塔循环使用。

b. 甘醇低压再生

甘醇富液（吸水后水含量较多的甘醇溶液）在吸收再生塔内由上向下流动，被重沸器内产生的向上流动的热蒸汽加热，蒸出水和少量甘醇。甘醇富液沿塔身向下流动，温度逐步升高，浓度逐步提高，在重沸器内进一步受热成为甘醇贫液。甘醇贫液经储罐缓冲、与甘醇富液换热降温，并经泵增压后返回吸收塔循环使用。

③提高甘醇贫液浓度的方法

三甘醇脱水工艺的塔各种流程，其吸收部分大致相同，所不同的是甘醇富液的再生方法。由于贫甘醇的浓度直接影响装置的脱水效率，因而，多年来三甘醇脱水工艺的改进都以提高甘醇贫液浓度，增大露点降为目的。20世纪40年代末，多采用常压再生方法，即只靠加热方式来提浓三甘醇。因为三甘醇的加热温度受到热降解的限制，此法只能将三甘醇贫液提浓到98.5%左右，相应的露点降为35℃左右。为了提高三甘醇贫液浓度，目前常用的再生方法有三种：

a. 减压再生：减压再生是降低再生塔的操作压力，在相同重沸温度下以提高甘醇溶液的浓度。此法可将三甘醇提浓至99.2%或更高。但减压系统比较复杂，限制了该方法的应用。

b. 气体汽提：气体汽提是将甘醇溶液同热的汽提气接触，以降低溶液表面的水蒸气分压，使甘醇溶液得以提浓到99.995%，干气露点可低降到-73.3℃。此法是现行三甘醇脱水装置中应用较多的再生方法。但汽提气与蒸出的水汽一起排至大气，因含大量水汽而点不着火，不能燃烧会产生污染，也增加了生产费用，对此需有相应的措施。典型流程如图5-3所示。

c. 共沸再生：共沸再生是20世纪70年代发展起来的，该法采用的共沸剂应具有不溶于水和甘醇,与水能形成低沸点共沸物,无毒、蒸发损失小等性质,共沸剂最常用的是异辛烷。共沸剂与三甘醇溶液中的残留水形成低沸点共沸物汽化,从再生塔顶流出,经冷凝冷却后,进入共沸物分离器,分去水后,共沸剂用泵再打回重沸器。该法可将甘醇溶液提浓至99.99%,干气露点可低达-73℃。共沸剂在闭路中循环,损失量很小。此法无大气污染问题,节省了有用的汽提气,增加的仅是共沸剂汽化所需的热量和共沸剂分离器及循环泵。共沸再生流程如图5-4所示。

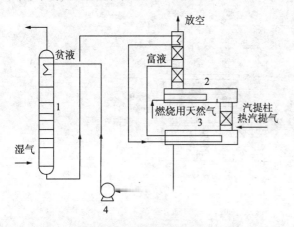
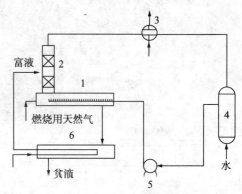

图5-3 汽提再生流程
1—脱水吸收塔;2—再生釜;3—换热罐;
4—三甘醇循环泵

图5-4 共沸再生流程
1—重沸分离器;2—再生塔;3—冷却器;
4—共沸物分离器;5—循环泵;6—换热罐

(4)膜分离法

①概述

膜分离法是利用气体混合物各组分在压差作用下通过高分子膜时发生的扩散或渗透,由于不同气体有不同的溶解度和扩散系数,气体通过膜具有不同的移动速度,从而达到混合物分离的方法。当天然气流过膜表面时,其中的水蒸气、硫化氢和二氧化碳等组分因易于透过膜的组分而被脱除掉,其余不易透过膜的组分(称为渗余气)则主要为甲烷、乙烷、氮气等,如图5-5所示。

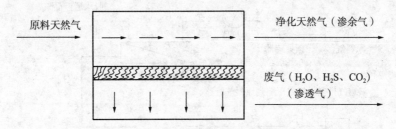

图5-5 天然气膜法净化示意图

②膜法脱水的工艺流程

a. 膜分离器的构型

膜法天然气脱水的核心部件是中空纤维膜分离器。膜分离器因其所应用的范围不同而构型有所不同。用于天然气脱水的膜分离器其构型如图5-6所示。

图5-6中的分离器芯件是用数万根中空纤维环氧树脂绕注成束而置于耐压碳钢壳体

内的,待处理的原料气从分离器的壳程导入膜分离器的高压侧中,气体在相应侧分压差的驱动下,渗透通过膜壁而进入纤维的管程——低压渗透侧。原料气沿纤维外侧纵轴上流动,源源不断地透过膜壁,干燥后的气体由与进气口相对的分离器另一端的出口排出分离器,由于原料气中的水含量在该温度压力下处理饱和,渗透侧的水在浓缩后极易呈液态析出,所以没有反吹气,利用干燥后的天然气或氮气进入反吹,以便将水汽带出膜分离器而维持分离性能的稳定性。

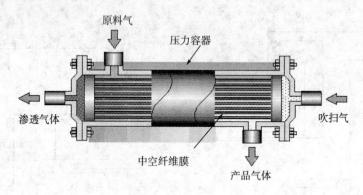

图 5-6 膜分离器

b. 膜法脱水的工艺流程

膜法天然气脱水的流程与其他膜系统的流程基本相似,可分为预处理和膜分离两部分,但反吹气来源不同而又略有区别,见图 5-7 和图 5-8。

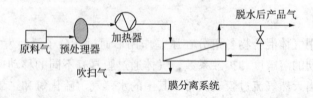

图 5-7 产品气吹扫式膜干燥系统示意图

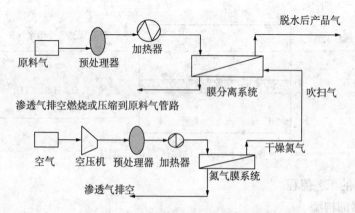

图 5-8 氮气吹扫式膜干燥系统示意图

虽然反吹气(Sweep gas)来源不同,但基本流程是相同的。预处理的目的是脱除天然气中夹带过多的固体粒子及液态水和烃类,然后经一加热器将原料气的温度提升10℃以上,加热后的原料气进入膜分离器再进行分离，尽管温度提升后原料气处于水汽不饱和状态，且渗透侧的压力降低而使渗透侧的露点温度提高，但由于水的渗透速率相对太大（$H_2O/CH_4=500\sim1000$），水在渗透侧大量富而会形成液态水，因此，采用一定比例（原料气流量的2%～5%）干燥后的天然气或干燥氮气作为反吹气，将渗透气侧的水带出膜分离系统。

在某些天然气脱水系统中，如果不考虑排除渗透气中比例相对较高的 CO_2 及 H_2S，或上述酸气已处理过，则可将反吹气与渗透气的混合气体重新压缩以进入膜分离系统，这样可使天然气膜分离脱水系统无烃类损失。重新压缩将需要耗能，所以膜的选择越高，需要压缩的气体也就越少，能耗也就越低。

（三）天然气脱酸性气体

对于含有相当数量酸气（H_2S、CO_2）和有机硫化合物的天然气，在进入输气管网或进行轻烃回收之前，除了应进行脱水，调整好水、烃露点外，还应脱除其中的酸性气体和有机硫化合物。这些气体杂质存在于天然气中，会增加天然气对金属的腐蚀，污染环境；当利用天然气作化工原料时，还会使催化剂中毒，影响产品和中间产品的质量；商品天然气的降低天然气的 H_2S 含量不应高于 $624mg/m^3$。CO_2 含量过高会影响天然气的热值，在采用膨胀机深度制冷回收轻烃时，会产生冰堵。因此，必须严格控制其含量，常用规定商品天然气热值的方法控制 N_2、CO_2 等不可燃组分的含量。

H_2S 与水可生成硫酸，CO_2 和水能生成碳酸，因而 H_2S 和 CO_2 被称为酸气。含有 H_2S 和硫化物的天然气称为酸性天然气；不含 H_2S 的天然气或仅含 CO_2 的气体都称为"甜气"。我国没有专门术语描述甜气，有时称为脱硫气或净化气。

从天然气脱除酸性气体的方法很多，一般可分为干法和湿法两大类。干法由于脱硫剂一般不能再生，在工业上应用较少。湿法脱硫处理量大，操作连续，适用于高含硫天然气的处理，目前广泛用于天然气和炼厂气的净化，但是普遍存在着动力消耗大、设备体积大、运行费用高、控制条件严格等缺点。湿法脱硫按溶液的吸收和再生方式，又可分为化学吸收法、物理吸收法和直接氧化法三类。同时还有将化学吸收剂和物理吸收剂相混合达到同时具备化学法和物理法优点的目的混合吸收法。常用的酸气净化方法如图5-9所示。

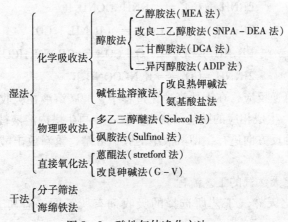

图5-9　酸性气体净化方法

1. 化学吸收法

化学吸收法是以弱碱性溶液为吸收剂，与酸性组分（H_2S 和 CO_2）反应生成化合物。吸收了酸气的富液在高温低压的条件下放出酸气，使溶液再生、恢复吸收酸气的活性，使脱酸过程连续进行。这类方法有代表性的是醇胺法和碱性盐溶液法。下面着重介绍醇胺法气体净化工艺。

(1) 吸收剂

选择吸收剂是吸收操作的主要环节，通常从以下几个方面来考虑选用合适的吸收剂：

①为提高吸收速度，减少吸收剂用量，要求吸收剂对可溶气体的溶解度尽可能大，对其余组分则尽可能小；

②为减少设备费用，尽量不采用腐蚀性介质；

③为减少吸收剂的损失，要求它的蒸气压尽可能低；

④吸收剂的黏度低，比热容小，不易起泡；

⑤价廉易得，尽可能无毒，难燃，且化学性能稳定。

化学吸收法脱硫常见的脱硫剂有一乙醇胺(MEA)、二乙醇胺(DEA)、三乙醇胺(TEA)、二甘醇胺(DGA)、二异丙醇胺(DIPA)、甲基二乙醇胺(MDEA)。每一种化合物至少有一个羟基和一个胺基。羟基起着减少蒸汽压和增加溶解度的作用，而胺基使水溶液显碱性，从而达到吸收天然气中的酸性气体的目的。醇胺溶液吸收酸气实质上就是气相中的 H_2S 与 CO_2 传质进入液相并与醇胺溶液发生反应的过程。

(2) 醇胺法净化天然气

各种烷基醇胺溶液是使用最广泛的吸收剂。

烷基醇胺水溶液吸收 H_2S 和 CO_2 的主要化学反应为：

$$2RNH_2 + H_2S \rightleftharpoons (RNH_3)_2S$$

$$(RNH_3)_2S + H_2S \rightleftharpoons 2RNH_3HS$$

$$2R_2NH + H_2S \rightleftharpoons (R_2NH_2)_2S$$

$$(RNH_2)_2S + H_2S \rightleftharpoons 2R_2NH_2HS$$

$$2RNH_2 + H_2O + CO_2 \rightleftharpoons (RNH_3)_2CO_3$$

$$(RNH_3)_2CO_3 + H_2O + CO_2 \rightleftharpoons 2RNH_3HCO_3$$

$$2RNH_2 + CO_2 \rightleftharpoons RNHCOONH_3R$$

$$2R_2NH + H_2O + CO_2 \rightleftharpoons (R_2NH_2)_2CO_3$$

$$(R_2NH_2)_2CO_3 + H_2O + CO_2 \rightleftharpoons 2R_2NH_2HCO_3$$

$$2R_2NH + CO_2 \rightleftharpoons R_2NCOONH_2R_2$$

上述反应均为可逆反应，在天然气净化过程中，醇胺溶液在吸收塔内的低温高压下吸收 H_2S 和 CO_2 气体，生成相应的胺盐并放出热量；在再生塔内溶液被加热到一定温度，在低压高温下反应向相反方向进行，即溶液中的胺盐分解，重新放出酸气，同时使溶液得到再生。

(3) 醇胺法净化天然气的工艺流程

虽然醇胺法净化天然气工艺所选择的吸收剂有所不同，但其工艺流程基本上是类同的。

图5-10是醇胺脱硫装置的典型工艺流程。

含 H_2S 和 CO_2 的原料气体先经过分离器除去液体和固体后再由吸收塔下部进塔自下而

上流动,同由上向下的醇胺溶液逆流接触,醇胺溶液吸收酸气后,净化天然气由塔顶流出。吸收酸气的富醇胺液由吸收塔底流出,经过闪蒸罐,放出吸收的烃类气体,再经过换热器,溶液温度升至大约82~94℃后进入再生塔上部,沿再生塔向下与蒸汽逆流接触,大部分酸气被解吸,半贫液进入重沸器,在重沸器中被加热到大约107~127℃,酸气进一步解吸,溶液得到较完全再生。再生后的醇胺贫液由再生塔底流出,在换热器中与冷的富液换热并在冷却器中进一步冷却,经过滤器过滤后循环回吸收塔。再生塔顶馏出的酸性气体经过冷凝器和回流罐分出液态水后,酸气送至硫磺回收装置制硫或送至火炬中燃烧。分出的液态水作为回流液由泵送回再生塔。

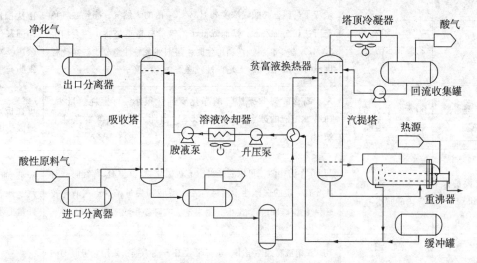

图 5-10 醇胺脱硫装置的典型工艺流程

(4) 醇胺脱酸气系统在运行中常遇到的问题

① 胺溶剂损失和降解

a. 胺溶剂损失

胺溶剂损失大体分三类：正常损失、非正常损失和降解损失。

非正常损失常高于正常损失。降解损失远高于正常损失和非正常损失。

b. 降解

降解指醇胺溶液变质、吸收酸气能力降低的现象,严重降解的吸收溶液需要更新。

醇胺溶液降解主要有热降解、化学降解和氧化降解三类。

② 溶液发泡

溶液发泡导致装置压降波动、处理量和脱酸效率大幅降低,还使溶剂耗量大幅上升。发泡严重时将迫使装置停产。为避免溶液发泡,应定期在室内测定溶液的发泡倾向,并筛选消泡剂种类和用量。装置发生胺液发泡时,添加消泡剂作为应急措施,在查明并排除发泡诱发原因后停注消泡剂。

③ 腐蚀

含酸气的高温胺液具有很强的腐蚀性。操作中应注意：避免胺液浓度过高、采用符合质量要求的补充水、保持过滤器良好工作状态以及防止再生塔温度过高等,特别要防止氧气通过各种途径进入系统。

(5) 几种常见的化学吸收法(见表 5-7)。

表5-7　几种常见的化学吸收法

名称	吸收剂	脱硫特点	备注
一乙醇胺法（MEA法）	15%~25%的一乙醇胺水溶液	操作压力影响小。当酸气含量不超过3%时，用此法比较经济；当超过3%时，由于溶液循环量大费用高。再生耗热高，因而操作费用高。MEA在醇胺中碱性最强，能与酸性气体迅速反应，没有选择性。MEA与CS_2反应不可逆，易造成吸收剂损失和固体产物在溶液中积累，易发泡腐蚀性强	应用广泛在气体脱硫工业中
改良二乙醇胺法（SNPA-DEA法）	40%~50%的二乙醇胺水溶液	适应于高压、高酸气浓度高H_2S/CO_2值的天然气，净化酸气负荷可达0.5mol/mol，从而降低了溶液循环量更经济。蒸发损失较MEA法少，腐蚀性弱再生时，溶剂残余酸性组分少。净化程度没有MEA法高，无选择性，降解变质严重	由法国阿基坦国家石油公司（SNPA）发明
二甘醇胺法（DGA法）	50%~70%的二甘醇胺水溶液	用于高含酸气的天然气的净化腐蚀性很小，再生耗热量少。DGA水溶液的冰点在-40℃以下，因此，可以在寒冷条件下使用	可在极寒冷地区使用
二异丙醇胺法（DIPA法）	25%~35%的二异丙醇胺水溶液	与MEA法相似，可以脱产部分有机硫化物。在CO_2存在时，对H_2S有一定的选择性。腐蚀性小，醇胺损失量，少蒸汽消耗较MEA法少。DIPA黏度大，易发泡，实际操作浓度应低于30%	吸收剂、蒸汽、水、电耗量小经济。
甲基二乙醇胺法（MDEA法）	甲基二乙醇胺水溶液	MDEA溶液腐蚀性很小，选择吸收H_2S能力强，采用它吸收H_2S气体，可以降低溶液循环量，提高酸气质量和减少总酸气量，并且还可以减少装置的投资和操作费用。MDEA较其他胺的水溶液抗污染能力差，易出现溶液发泡、设备堵塞等问题	节能效果显著

2. 物理溶剂吸收法

物理吸收法是采用有机化合物做吸收剂吸收天然气中的酸气。利用吸收剂对硫化物的溶解性脱硫，在脱硫过程中不发生化学反应。此时，溶液的酸气负荷正比于气相中酸气的分压，当富液压力降低时，即放出吸收的酸性气体组分。

物理吸收法的优点是：

①吸收在高压、低温下进行，溶液对酸气有较大的吸收能力。由于溶液的酸气负荷与酸气分压成正比，故适宜于处理高酸气分压的天然气。

②不仅能脱除H_2S和CO_2，还能同时脱除硫醇等有机硫化合物。溶剂性质稳定，发泡性和腐蚀性小。

③某些溶剂对H_2S吸收有一定的选择性，因此可获得较高H_2S浓度的酸气。

④溶剂比热小，加热时能耗小。

物理吸收法不宜用于处理重烃含量高的"湿气"，常用于酸气分压超过350kPa、重烃含量低的天然气净化。在天然气净化工业中，使用较多的物理溶剂法是多乙二醇醚和环丁砜。

（1）多乙二醇醚法净化工艺

气体净化用的多乙二醇醚溶剂有两类，即多乙二醇二甲醚混合物和多乙二醇甲基异丙基醚混合物，其分子式分别为：

$$CH_3—O—(CH_2—CH_2—O—)_nCH_3 \qquad CH_3—O—(CH_2—CH_2—O—\overset{CH_3}{\underset{CH_3}{|}})_nCH$$

多乙二醇二甲醚　　　　　　　　多乙二醇甲基异丙基醚

工业用塞列克素（Selexol）溶剂即为多种多乙二醇二甲醚的混合物。多乙二醇醚溶剂的蒸气压很低，对 H_2S、CO_2 和有机硫化合物有较好的溶解能力，对 H_2S 的溶解有一定的选择性。多乙二醇醚还可溶解水和重烃，因此在天然气工业中可用此类溶剂脱除对 H_2S、CO_2 和有机硫化合物及调节水、烃露点等。

多乙二醇醚法的典型工艺流程包括吸收和再生两部分。原料气从吸收塔下部进塔，与由塔顶进入的多乙二醇醚溶剂逆流接触，脱除酸气、有机硫后，净化气由塔顶流出，吸收了酸气等杂质的多乙二醇醚溶剂富液经水力透平回收能量并降压后，进入高压闪蒸罐，脱除溶解气体。在仅脱除天然气中 CO_2 的过程中，溶液经低压闪蒸（有时尚需进一步经常压和减压闪蒸）后即可达到完全再生。但在脱除天然气中 H_2S 时，为使净化气中 H_2S 含量低于 $6mg/m^3$，溶液尚需进行汽提再生。汽提在再生塔内进行，可用空气、净化天然气、水蒸气或其他惰性气体做汽提气，并根据具体条件选择适当的溶剂再生方式。再生后的贫液用泵送回吸收塔循环使用。

多乙二醇醚法净化工艺的优点是：

①建厂投资和操作费用低。

②可以选择性地脱除 H_2S。

③在高的酸气分压下，有较高的溶液酸气负荷。

④可同时脱除烃、水和有机硫化合物。

⑤溶剂损失小，腐蚀和发泡不严重。

（2）费卢尔（Flour）法脱酸气

Fluor 法使用碳酸丙烯为物理吸收剂，吸收 H_2S 和 CO_2。

这种溶剂的特点：对 CO_2 和其他组分气体的溶解度高，溶解热较低；对天然气主要轻组分 C_1、C_2 的溶解度低；蒸气压低，黏度小；与气体所有组分不发生化学反应；无腐蚀性。

物理溶剂法的流程较为简单，如图 5-11 所示。原料气进吸收塔，脱除酸气后由塔顶流出。吸收酸气后的富溶剂由塔底流出，经多级分离分出酸气后由泵循环进入吸收塔。物理溶

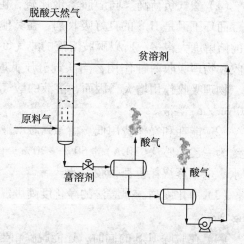

图 5-11　费卢尔（Flour）法脱酸气示意图

剂的吸收温度常低于环境温度，以增加溶剂对酸气的溶解度，减少溶剂的循环量。物理溶剂的损失一般小于 $16mg/m^3$。

H_2S、CO_2、COS、SO_2、CS_2、C_2^+ 和 H_2O 都能在物理溶剂碳酸丙烯内溶解，理论上仅

用碳酸丙烯就能将天然气处理成符合管输要求(酸气和水含量)的天然气。但吸收塔庞大、溶剂循环量过高,经济性很差,并不实用。故天然气中 CO_2 含量小于3%时不使用 Fluor 法,仅用于天然气内 CO_2 含量很高的场合。

3. 物理化学吸收法(砜胺法)

物理化学吸收法也称混合吸收法,是将化学吸收溶剂和物理吸收溶剂相混合,达到同时具备化学法和物理法优点的目的。由于物理吸收溶剂的参与,会使得混合液在高酸气分压下,具有较高的酸气负荷力,由蒸汽压和溶解降解引起的溶解损失也会减少。该法运行灵活,适应性强,可以根据不同的酸气成分处理要求配制不同的吸收剂,发泡趋势小。混合溶剂的价格通常比醇胺溶剂高。

著名的物理化学吸收法为砜胺法。砜胺法采用的吸收溶液包含有化学吸收溶剂和物理吸收溶剂。物理吸收溶剂是环丁砜,化学吸收溶剂可采用任意一种醇胺化合物,但最常用的是二异丙醇胺(DIPA)和甲基二乙醇胺(MDEA)。环丁砜(sulfolane)学名二氧化四氢噻吩,是硫化物(如 H_2S、COS、CS_2)极好的吸收溶剂,对 CO_2、重烃、芳香烃的吸收能力较低,可用于高酸气负荷、但对 CO_2 脱除深度要求不高的天然气的脱酸。

化学溶剂 DIPA 扮演二级脱酸的角色,进一步脱除 H_2S 和 CO_2,使脱酸后的甜气质量满足管输要求。砜胺法净化天然气工艺流程与醇胺法类同,需要有再生汽提塔使 DIPA 和 H_2S、CO_2 的化合物进行逆向化学反应,但所需的再生热比醇胺法小。二者的差别仅仅是使用的吸收溶液不同。

砜胺法吸收溶液由环丁砜、醇胺和水组成。由于二异丙醇胺的腐蚀性最小,不易变质和发泡,因而在砜胺溶液中,多用二异丙醇胺配制。这两者的配比应按总酸气分压决定,工业上应用的溶液组成有五种。

砜胺法的优点是:

(1) 酸气负荷高。同醇胺溶液比较,由于砜胺溶液用环丁砜代替醇胺溶液中一部分水,而环丁砜是 H_2S 的良好吸收剂,在其他条件相同时,H_2S 在环丁砜中的溶解度比在水中的溶解度大得多,所以砜胺溶液的酸气负荷比醇胺溶液高。而且由于砜胺溶液兼有化学吸收和物理吸收两种作用,当酸气分压低时,化学吸收起主导作用,随着酸气分压的升高,物理吸收作用增大,因而,溶液的酸气负荷随酸气分压的升高而成倍增加,最高可达 $120Nm^3/m^3$ 溶液。

(2) 能耗和操作费用低。由于砜胺溶液的酸气负荷高,所以相应的溶液循环量低,一般约为一乙醇胺法(MEA)的 50%~70%。由于溶液比热容也较醇胺溶液低,因此砜胺法的水、电和蒸汽耗量都较胺法低。

(3) 净化度高。砜胺法的净化度高可以达到国内外常用的管输标准,即 H_2S 含量低于 $6mg/Nm^3$。

(4) 在脱除 H_2S 的同时,还能脱除相当数量的有机硫化合物。

(5) 环丁砜化学性质稳定,不易受热分解,蒸气压低,所以溶剂损失量小。

但是,由于烃类气体在砜胺溶液中有更大的溶解度,因此必须合适地选择富液闪蒸的操作条件,以保证酸气中烃类含量不会影响后面的克劳斯硫磺回收装置的操作。此外,因环丁砜是良好的溶剂,会溶解管阀、设备的密封材料,因此对装置各部位的密封应作妥善处理。砜胺溶液的溶剂价格较贵，而且溶液变质产物复活困难，也是这一方法的缺点。

环丁砜和 DIPA 的配比随原料气组成和客户对甜气质量要求可以调整，常用于 H_2S/CO_2 大于 1、对 CO_2 脱除率要求较低的场合。

4. 直接氧化法

以上的脱酸工艺中，在汽提再生塔和闪蒸罐总要排出酸气。这些酸气或者直接排放，或者送火炬灼烧产生 SO_2。酸气排放或灼烧既浪费资源又破坏环境。在催化剂或特殊溶剂参与下，使 H_2S 和 O_2 及 SO_2 和 H_2S 发生化学反应，生成元素硫和水，这就是直接氧化法。直接氧化法也有多种工艺，以下简要介绍几种著名的方法。

直接氧化法常用于天然气脱出酸气的处理，原料气的特点是气体流量小，酸气浓度高。

(1) 克劳斯(Claus)法

克劳斯法分两步进行，第一步使高酸气负荷的气体燃烧产生 SO_2，第二步在催化剂（合成氧化铝）参与下使 H_2S 和 SO_2 反应生成元素硫和水。其反应式为：

$$H_2S + 1.5O_2 \longrightarrow SO_2 + H_2O$$
$$SO_2 + 2H_2S \longrightarrow 3S + 2H_2O$$

优点：脱硫的同时直接生产硫元素，基本上无二次污染；可以选择性地脱除 H_2S 而不脱除 CO_2；操作温度为常温，操作压力高压或常压均可。

缺点：硫容量低，故溶液循环量大、电耗高；脱硫过程中溶液发生的副反应较多，回收的硫磺纯度差。

(2) 蒽醌(Stretford)法

是由英国煤气公司开发，用碳酸钠、钒酸钠和蒽醌二磺酸的混合溶液对酸性天然气进行反应、制硫的过程。蒽醌二磺酸国内称改良 ADA 法。混合溶液与 H_2S 发生以下化学反应：

$$Na_2CO_3 + H_2S \longrightarrow NaHS + NaHCO_3$$
$$4NaVO_3 + 2NaHS + H_2O \longrightarrow Na_2V_4O_9 + 4NaOH + 2S$$
$$Na_2V_4O_9 + 2NaOH + H_2O + 2ADA(氧化态) \longrightarrow 4NaVO_3 + 2ADA(还原态)$$
$$2ADA(还原态) + O_2 \longrightarrow 2ADA(氧化态) + H_2O$$

由上反应式可知，ADA 是载氧体或催化剂，促使 $Na_2V_4O_9$ 和碱发生化学反应，还原为钒酸钠。

蒽醌法在克劳斯装置尾气处理、水煤气和合成气脱硫中得到广泛使用。它的特点是：①脱酸程度高，甜气内 H_2S 含量可低于 $5mg/m^3$；②气体脱酸的同时生产元素硫，对环境基本无污染；③操作条件要求不高，温度为常温，压力可为常压也可为高压；④溶液的硫容量较低($0.2 \sim 0.3g/L$)，循环量大，电耗高；⑤脱硫过程中副反应较多，与克劳斯法相比硫回收率低、纯度差。

(3) 洛卡特(LOCAT)法

由美国空气资源技术公司(AIR Technologies Inc.)开发。使用具有专利的螯合三价铁水溶液将 H_2S 氧化为元素硫，然后再以空气将溶液中螯合的二价铁氧化为三价铁。该法不能脱除 CO_2。洛卡特法的化学反应如下：

$$H_2S + 2Fe^{3+} \longrightarrow 2H^+ + S + 2Fe^{2+}$$
$$0.5O_2 + H_2O + 2Fe^{2+} \longrightarrow 2(OH)^- + 2Fe^{3+}$$

在过程中，发生某些副反应使少量螯合剂降解，并存在于析出的硫内。生成的硫以重力、离心或溶解的方法与溶液分离。

洛卡特法适用于化学或物理吸收法分出的酸气处理。

5. 干法脱硫

工作原理：采用固体进行天然气脱硫，即在固体脱硫剂表面采用上吸附酸性气体或使用酸性气体在其表面上与一些组分进行反应，从而达到脱除的目的。

间歇法：在塔器内装填一定高度的孔隙性固体颗粒，称为固定床。气体通过固定床层时，固体与酸气发生化学反应，反应物截留在床层内，使天然气脱出酸气。当床层为酸气饱和时，该塔器停止使用，再生或更新已饱和的床层，因而需有另一个塔器投入使用，使脱酸工作能连续进行。这种脱硫方法称间歇法。固体床也可为含某种化合物的浆液代替，浆液与酸气发生化学反应脱酸，浆液失去活性后更换新的浆液。工业上常用的海绵铁法、浆料（氧化锌、亚硝酸钠）法和分子筛法都属间歇法，但分子筛不与酸气发生化学反应，其脱酸原理属物理吸附。

间歇法的特点是：

①能较彻底地脱除低至中等含量的 H_2S 及有机硫，脱酸能力与压力基本无关，与 CO_2 一般不发生反应；②与胺法等需再生的工艺相比，投资较低；③需两个以上接触塔，一个工作、另一个更新塔内充填物；④要求进塔原料气洁净，不含液固杂质。

6. 膜分离

用无孔聚合物薄膜分离气体内的某些组分，这种分离方法称膜分离。在膜的一侧为高压原料气，另一侧为低压侧，低压侧压力约为高压侧的10%~20%。气体分子在高压侧吸附，通过薄膜扩散，并在低压侧解吸。由高压侧经薄膜进入低压侧的气体称渗透气，而仍留在高压侧的气体为渗余气。由于气体内各组分的渗透速度不同，使气体组分得到一定程度的分离。

膜由两层组成：①孔性底层，厚约0.2mm；②致密无孔活性层，由聚合物制成的覆盖薄膜，厚约1000Å。渗透速度可由覆盖层或底层控制。这种平面式薄膜的渗透面积太小，工业上常做成两种结构形式以扩大渗透面积，即螺旋卷式和中空纤维式。

螺旋卷式分离器由螺旋卷式分离元件和圆筒形壳体组成。元件包括许多同心圆形原料气流道、分离膜、渗流流道。多层分离膜绕在中央开孔管上，组成分离元件。元件安装在外径100~200mm、长约1.2~1.5m的圆筒压力容器内。原料气由圆筒的侧面引入，渗余气和渗透气分别由圆筒两端引出。圆筒压力容器常并联或串联连接，以满足气体处理量和气体组分的分离要求。

中空纤维分离器的分离材料为中空纤维丝。丝的直径很小，常为300μm，内径为50~100μm，因而其比表面积可达1000m²/m³，由分离控制材料（常为聚酰砜、底层为硅橡胶层）制成。10^4~10^5 根纤维丝的一端密封并安装在容器钢壁上。原料气和渗余气在壳程内流动，而管程内为渗透气。容器典型外形尺寸为直径100~200mm、长3~6m。

根据组分气体在薄膜内扩散速度的快慢，快的组分在渗透气一侧浓集，慢的组分在渗余气一侧浓集。表5-8表示各种气体的相对渗透速度。

表 5-8　各种气体的相对渗透速度

气体	H$_2$	He	H$_2$O	H$_2$S	CO$_2$	O$_2$	Ar	CO	CH$_4$	N$_2$	C$_2$H$_6$
螺旋卷式	100.0	15.0	12.0	10.0	6.0	1.0	—	0.3	0.2	0.18	0.1
中空纤维	快	快	快	中	中	中	慢	慢	慢	慢	—

渗透速度的大小和渗透面积、薄膜两侧压差成正比，比例系数称渗透系数。组分气体的渗透系数差别愈大，愈易分离。例如从炼厂尾气内分出 H$_2$ 较容易，分离 H$_2$S 和 CH$_4$ 较难，需采用多级串联分离或将渗余气循环掺入原料气内。膜分离是近期开发的新技术，从气体处理量小于 $28×10^4 m^3/d$ 的气流中脱除 CO$_2$ 有较好的经济性，脱出的 CO$_2$ 注入地层驱油。目前仅用膜分离尚不能使天然气的酸性组分含量达到管输质量，在膜分离下游需设海绵铁或其他脱酸装置，进一步脱除 H$_2$S，才能达到管输质量标准。

7. 脱硫方法选择原则

在众多的脱硫方法中没有尽善尽美的绝对优越的方法，而是各有其特点和使用范围，在应用时需要根据实际情况进行相应的选择。

（1）当酸气中 H$_2$S 和 CO$_2$ 的含量不高，CO$_2$/H$_2$S≤6 并且同时脱除 H$_2$S 和 CO$_2$ 时，应该考虑采用 MEA 法或混合胺法。

（2）当酸气中 CO$_2$/H$_2$S≥5，且需选择性脱除 H$_2$S 时，应该考虑采用 MDEA 法或其配方溶液法。

酸气中酸性组分分压高、有机硫化物含量高，并且同时脱除 H$_2$S 和 CO$_2$ 时，应采用 Sufinol—D 法。

（4）DGA 法适宜在高寒及沙漠地区采用。

（5）酸气中重烃含量高时，一般采用醇胺法。

第二节　天然气净化设备

一、天然气压缩机

（一）压缩机

1. 定义

用来压缩气体借以提高气体压力和输送气体的机械设备称为压缩机。也有把压缩机称为"压气机"和"气泵"。提升的压力小于 0.2MPa 时，称为鼓风机。提升压力小于 0.02MPa 时称为通风机。

2. 压缩机的分类

（1）按工作原理分类

①容积式压缩机　直接对一可变容积中的气体进行压缩，使该部分气体容积缩小、压力提高。其特点是压缩机具有容积可周期变化的工作腔。

②动力式压缩机　它首先使气体流动速度提高，即增加气体分子的动能；然后使气流速度有序降低，使动能转化为压力能，与此同时气体容积也相应减小。其特点是压缩机具有驱使气体获得流动速度的叶轮。动力式压缩机也称为速度式压缩机。

(2) 按排气压力分类(表5-9)

表5-9 压缩机按排气压力分类表

分类	名称	排气压力(表压)/MPa
真空泵	真空泵	负压
风机	通风机	<0.015
	鼓风机	0.015~0.2
压缩机	低压压缩机	0.2~1.0
	中压压缩机	1.0~10
	高压压缩机	10~100
	超高压压缩机	>100

(3) 按压缩级数分类

①单级压缩机：气体仅通过一次工作腔或叶轮压缩($Z=1$)。

②两级压缩机：气体顺次通过两次工作腔或叶轮压缩($Z=2$)。

③多级压缩机：气体顺次通过多次工作腔或叶轮压缩，相应通过几次便是几级压缩机($Z \geq 3$)。

(4) 按容积流量分类(表5-10)

表5-10 压缩机按容积流量分类表

名称	容积流量/(m³/min)
微型压缩机	<1
小型压缩机	1~10
中型压缩机	10~100
大型压缩机	≥100

(5) 按结构或工作特征的分类(表5-11)

表5-11 压缩机按结构或工作特征分类表

按工作原理	容积式									动力式			
按运动件工作特性	往复式			回转式						离心式	轴流式	旋涡式	喷射式
按运动件结构特征	活塞式	隔膜式	柱塞式	转子式	滑片式	液环式	三角转子	涡旋式	罗茨	双螺杆	单螺杆	叶轮(透平)式			喷射泵

(6) 按机器工作点固定与否分类

按压缩机在工作点是否固定分为：固定式和移动式。

(7) 按介质分类

按压缩机所压缩的介质分为：空气压缩机、氢氮混合气压缩机、天然气压缩机、CO_2压缩机、氨气压缩机等。

3. 压缩机的用途

随着国民经济的飞跃发展，压缩机在工业上应用极为广泛。压缩机因其用途广泛而被称为"通用机械"。根据压缩气体的使用性质不同的特点可分下列几种：

（1）压缩空气作为动力

用于驱动各种风动机械；用于控制仪表及自动化装置；车辆自动、门窗启闭；制药业、酿酒业中的搅拌；喷气织机中的纬纱吹送；中大型柴油机的启动，油井的压裂，"二次法"采油，高压爆破采煤等等，都以不同压力的压缩空气为其动力。

（2）压缩气体用于制冷和气体分离

气体经压缩、冷却、膨胀而液化，用于人工制冷（冷冻冷藏及空气调节等）如氨或氟利昂压缩机。另外在液化的气体若为混合气时，可在分离装置中，将各组分分别地分离出来，得到合格的各种气体。如空气液化分离后能得到的纯氧、纯氮、和纯的氙、氖、氩、氦等稀有气体。

（3）压缩气体用于合成及聚合

在化学工业中，气体压缩至高压，有利合成及聚合。例如氮氢合成氨，氢与二氧化碳合成甲醇、二氧化碳与氨合成尿素等。

（4）压缩气体用于油的加氢精制

石油工业中，用人工方法把氢加热，加压后与油反应，能使碳氢化合物的重组分裂化成碳氢化合物的轻组分，如重油的轻化，润滑油加氢精制等。

（5）气体输送

用于管道输送气体的压缩机，为了克服气体在管道中流动过程中，管道对气体产生的阻力，视管道长短而决定其压力。

（二）天然气压缩机

1. 压缩机使用范围

油（气）田及长输管道气体工业使用的主要压缩机类型是：活塞式、离心式、轴流式和螺杆式压缩机。

活塞式压缩机：用于进气流量约为 $300m^3/min$ 或 $18000m^3/h$ 以下，特别适用于小流量、高压力的场合。通常每级最大压缩比为 3∶1 到 4∶1，天然气压缩机对排气温度有要求，所选压缩机的每级压缩比一般不大于 4∶1。

离心式压缩机用于进气流量约为 $14.16 \sim 6660m^3/min$，或 $849.6 \sim 399600m^3/h$；

轴流式压缩机用于进气流量约为 $1500m^3/min$，或 $90000m^3/h$ 以上。

螺杆式压缩机：螺杆式压缩机分为无油和喷油螺杆式压缩机。喷油螺杆式压缩机最高排出压力可达 5MPa。

2. 压缩机选用原则

高压和超高压压缩时，一般都采用活塞式压缩机。

离心式压缩机具有输气量大而连续，运转平稳，机组外形尺寸小，重量轻，占地面积小，设备的易损部件少，使用期限长，维修工作量小等优点。对于气量较大，且气量波动幅度不大，排气压力为中、低压的情况宜选用离心式压缩机。

流量较小时，选用活塞式压缩机或螺杆式压缩机。

喷油螺杆压缩机由于兼有活塞式和离心式压缩机的许多优点，可调范围宽，操作平稳。

活塞式压缩机采用多台安装，一般为3~4台，以便某机组检修时，不致严重影响装置的生产。离心式压缩机一般不考虑备用。螺杆式压缩机一般也不设备用，选用国外机组时考虑到对机组可靠性的要求，有时也考虑备用机组。

3. 天然气生产对压缩机的要求

（1）气体性质方面的要求

①安全问题

天然气所处压力、温度越高，则可能发生爆炸的范围越大，特别是压力影响显著，随压力的增高，爆炸上限大大增加。因此，所选用的压缩机应有好的密封措施，其他如润滑设备、驱动机的防爆性能及车间的通风、安全、防爆、防雷、防静电、消防设施等，都应十分重视。

②气体性质的变化

在一个装置的生产过程中，气体的组成和性质往往会发生变化。不同的油（气）田所产的气体组成不同。油（气）田开发是动态变化过程，因此，所选机组对气体组成应有较大的适应能力。

③压缩过程中的液化问题

天然气在压缩过程中可能会有液化发生，因此应注意凝液的分离和排除。

④排气温度限制

天然气组成主要是烷烃，因此对排气温度的限制不像石油炼厂气那样严格，但是如果排气温度过高也会出现黑色胶状物，排气温度应在150℃以下。

（2）生产过程连续性对压缩机的要求

油（气）田及长输管道要求压缩机必须不间断地正常运转。为了保证装置的正常稳定生产，必须对压缩机的安全可靠以及运转率提出更高的要求。所选机组应为经过长期运行有实践经验的机组。

（3）装置工艺特点及对压缩机的要求

①适应进气压力的波动

集气系统中天然气压力受地层压力下降、自喷井集油压力的限制以及气量大小的影响，来气压力往往波动，输气压缩机也有类似情况。因此，所选压缩机组的进气压力应允许在一定范围内浮动，以最大限度地利用气源能量，减少集输气系统的动力消耗。

②给出进气温度的变化范围

压缩机的进气温度可能随操作条件或气象条件的变化而变化，故需要给定进气温度的变化范围。

③适应气量不稳定的变化

油（气）田气体装置的生产不同于石油化工生产，绝大部分工艺装置因受油（气）田的开发变化的影响，处理气量处于动态变化过程。从长远看所处理气量不是固定不变的，需要采取机组调节或机组本身带气量调节以适应这种变化。

（4）现场组装方便

油（气）田上的装置多数为中、小型，为了缩短施工周期或便于拆迁，一般要求机组撬装，并希望压缩机组的冷却系统由机组提供，以简化工程。

4. 活塞式压缩机

(1) 工作原理

活塞式压缩机种类繁多，但基本结构大致相同。压缩机主要由机身、曲轴、连杆、活塞、气缸和吸、排气阀、十字头、滑道、活塞杆和填料函等组成。

压缩机运转时，电动机带动曲轴作旋转运动，通过连杆使活塞作往复运动。气缸和活塞共同组成实现气体压缩的工作腔。曲轴旋转一周，活塞在气缸内作往复运动一次，使气体在气缸内完成进气、压缩、排气等过程，由进、排气阀控制气体进入与排出气缸，即完成一个工作循环。

(2) 活塞式压缩机的特点

主要优点（与离心压缩机相比）：

适用压力范围广。可用于低压（包括真空）、中压、高压和超高压。这种机器依靠工作容积变化的原理工作，因而不论其流量大小，都能达到很高的工作压力。

热力效率较高，功率消耗较其他型式压缩机低，其效率高于回转式压缩机和速度式压缩机，大型活塞式压缩机的绝热效率在80%以上。

对介质及排气量的适应性强。可用于较大的排气量范围，在较小排气量下也能保持较高的效率，且排气量受排气压力变化的影响较小。

主要缺点：

结构复杂、易损件较多，维护、检修和安装均较麻烦，使维修工作量大。

由于往复惯性力的限制，转速较低。当需要较大排气量时，其机体庞大、笨重并需大型基础；因此，当排气量较大时，不宜采用活塞式压缩机。

由于排气不连续，造成气流压力脉动，严重时产生气流脉动共振，会造成管网或机件的损坏。

由于以上特点，活塞压缩机主要适用于中、小流量而压力较高的场合。在石油化工厂中，用压缩机输送工艺气体或动力气体。

(3) 活塞式压缩机的种类

活塞式压缩机的压力范围十分广泛，其进气压力从低至真空到排气压力达210MPa以上超高压。当压缩机的排气量在 $3\sim10m^3/min$ 时，气缸的冷却一般采用风冷，活塞杆与曲轴直联，无十字头。当排气量在 $10m^3/min$ 以上时，大多为水冷，有十字头。活塞式压缩机的气缸有单作用和双作用两种。单作用是只有气缸一侧才有进、排气阀，活塞经过一次循环，只能压缩一次气体。双作用则是指气缸的两侧都有进、排气阀，活塞往返运动时，都可以压缩气体。

按气缸中心线的相对位置分为以下几种型式。

①立式压缩机

立式压缩机的气缸中心线和地面垂直。由于活塞环的工作表面不承受活塞的重量，因此气缸和活塞的磨损较小，活塞环的工作条件有所改善，能延长机器的使用年限。立式压缩机的机身形状简单、重量轻，不易变形。往复惯性力垂直作用在基础上，基础的尺寸较小，机器的占地面积小，但是要求厂房高，机体稳定性差，对大、中型结构的压缩机，安装、操作维修都较困难。

②卧式压缩机

卧式压缩机的气缸中心线和地面平行，分单列或双列，且都在曲轴的一侧。由于整个机器都处于操作者的视线范围之内，管理维护方便，曲轴、连杆的安装拆卸都较容易。其主要缺点是惯性力不能平衡,故转速的增加受到限制,导致压缩机驱动机和基础的尺寸及质量大,占地面积大。

③角度式压缩机

角度式压缩机的各气缸中心线彼此成一定的角度,但不等于180°。由于气缸中心线相互位置的不同,又区分为L型、V型、W型、扇型等。该结构装拆气阀、级间冷却器和级间管道设置方便,结构紧凑、动力平衡性较好。多用作小型压缩机。

④对置式压缩机

气缸在曲轴两侧水平布置,相邻的两相对列曲柄错角不等于180°。对置式压缩机分两种:一种为相对两列的气缸中心线不在一直线上,制成3、5、7等奇数列;另一种曲轴两侧相对两列的气缸中心线在一直线上,成偶数列,相对列上的气体作用力可以抵消一部分,用于超高压压缩机。

⑤对称平衡式压缩机

对称平衡压缩机两主轴承之间,相对两列气缸的曲柄错角为180°,惯性力可完全平衡,转速能提高;相对列的活塞力能互相抵消,减少了主轴颈的受力与磨损。多列结构中,每列串联气缸数少,安装方便,产品变型较卧式和立式容易。

(4)活塞式压缩机的型号

国产活塞式压缩机型号由基本型号和辅助型号两部分组成,其间以短划"—"隔开。基本型号表达其结构要素,辅助型号表达其主要性能参数和重大结构差异。

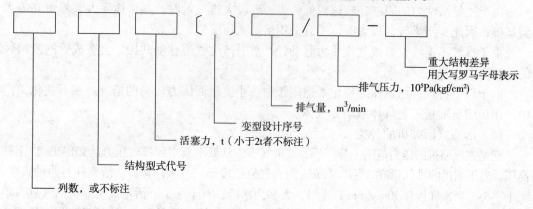

①结构型式的代号

Z——气缸排列为直立式;

P——气缸排列为卧式;

W——气缸排列为W形;

L——气缸排列为L形;

V——气缸排列为V形;

S——扇形;

M——气缸排列为M形(对称平衡);

D——气缸排列为对称放置(对称平衡);

H——气缸排列为对称放置(对称平衡);

X——星型压缩机。

②关于辅助型号说明

辅助型号由排气量和排气压力两项构成,其间隔以斜线"/",分子为排气量,分母为排气压力。

a. 排气量

排气量通常是指单位时间内,压缩机最后一级排出的气体换算到第一级进口状态时的气体体积值。对于增压压缩机和真空压缩机,有时也采用将最后一级排出的气体换算到标准状态下的气体体积值表示。型号中的排气量为公称值。

b. 排气压力

进气压力为常压时,型号中的压力一项仅示出压缩机公称排气压力的表压值。

增压压缩机、循环压缩机和真空压缩机,表示出其公称进、排气压力的表压力值。当进气压力低于大气压时,则以真空度表示,同时其前冠以负号"－",且进、排气压力值之间以范围号"～"或"—"隔开。

举例说明:

P——40/2.5—7 石油气压缩机

P——气缸为卧式排列;

40——换算到标准状态下的排气量,40Nm^3/min;

2.5——进气压力为 2.5kgf/cm^2(0.245MPa)(g);

7——排气压力为 7kgf/cm^2(0.686MPa)(g)。

(5) 工况变化对活塞式压缩机性能的影响

①进气压力改变

当进气压力降低,而排气压力不变时,压缩比升高,使容积系数下降,排气量降低。进气压力降低,进气量减少。如果进气压力降至低于设计值,而排气压力不变时,压缩比和活塞杆负荷就增加。

②排气压力改变

如果进气压力不变,而排气压力增加,则压缩比上升,容积系数减少。反之若排气压力下降,则容积系数增加。对单级压缩机,这种影响较明显,对多级压缩机,则影响较小。排气压力增加后,功率一般都是增加的。

③转速改变

转速提高,排气量会相应增加。转速增加得过多,则功率增加的速度要大大超过排气量增加的速度,不经济。增加转速后排气量将不会成比例的增加。

④改变气缸余隙容积

活塞式压缩机通常配备有辅助室,用以改变气缸的余隙容积,达到控制流量的目的。

⑤单作用与双作用操作

当双作用压缩机由双作用切换到单作用时,排气量减低。如第一级是单作用,则一级压缩比降低,而后几级的压缩比增加,活塞杆负荷也增加。

(6) 压缩机的压缩

若气体经一次压缩即达到排气压力,这样的压缩过程称为单级压缩。

在几个串联气缸中,气体进行几次压缩逐步提高到排气压力,并且气体经每次压缩后,都被引入中间冷却器进行等压冷却,这样的压缩过程称为多级压缩。图 5-12 所示为二级压缩流程图。

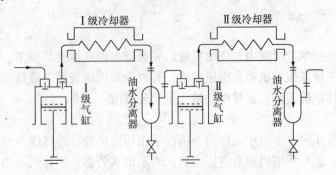

图 5-12 二级压缩流程

(7) 活塞式压缩机的组成

活塞式压缩机主要包括机体、曲柄连杆机构、气缸、活塞、气阀以及填料函等部件。

① 机体组件

机体组件包括机身、中体、机座(曲轴箱)、中间接筒和端接筒等部件。机体内部装有曲轴、连杆、十字头,外部承接气缸、电机及其他附属部件,共同组成整台机器。

立式压缩机的机体一般由三部分组成。在曲轴以下的部分称机座,无十字头的立式压缩机的机座习惯称曲轴箱,中体以下的部分称机身,位于机身与气缸间的部分称中体。有的立式压缩机的中体、机身和机座铸成一体。

② 曲轴

曲拐轴简称曲轴。它主要包括轴颈、曲柄和曲柄销等部分,如图 5-13 所示。曲轴搁置在机身轴承上的部分,称为主轴颈;与连杆连接的部分称为曲柄销;把主轴颈和曲柄销连接起来的部分称为曲柄。曲柄与曲柄销组合在一起称为曲拐。曲拐轴的特点是曲柄销的两段均有曲柄,形成曲拐。为使曲轴不产生过大的挠度,两相邻轴颈之间一般只设一个曲拐。对称平衡型压缩机的曲轴,因两曲拐很近,则可设一对曲拐。

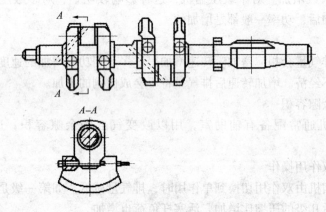

图 5-13 曲轴

③ 连杆

连杆是连接曲轴与十字头(或活塞)的部件。其作用是把曲轴的旋转运动变为十字头

（或活塞）的往复运动，并将动力传递给活塞。连杆包括连杆体、大头和小头三部分件。目前使用广泛的是开式连杆如图5-14所示，连杆大头作成剖分式。

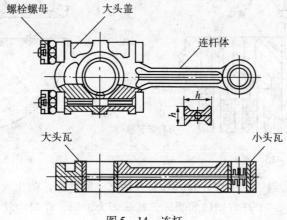

图5-14　连杆

④十字头

十字头是连接摆动的连杆和往复运动的活塞的零件，具有导向和传力作用。

十字头由十字头体、滑板、十字头销等组成，按十字头体与滑板的连接方式，可分为整体式和可拆式。

⑤气缸

气缸由缸体、缸盖和缸座等部分组成。内部设有工作腔、气道、冷却水套、润滑油接管、指示器孔等。气缸的结构形式多种多样，按气缸的冷却方式不同，气缸可分为风冷式和水冷式。按气缸容积的利用情况，气缸分为单作用、双作用和级差式气缸。活塞在气缸中作往复运动时，只有活塞一侧气缸空间是工作容积的气缸为单作用气缸；活塞两侧气缸空间都是工作容积，各自进行压缩工作循环的气缸为双作用气缸；级差式气缸是由不同尺寸的气缸首尾相连组成，由同一根活塞杆带动不同尺寸的活塞。

气缸的润滑，除无十字头的压缩机采用飞溅润滑外，一般都采用压力油润滑。采用压力油润滑时，气缸套上设置注油点（孔），将润滑油接管拧在气缸壁上，并对准缸套上的注油点。

⑥气阀

气阀的作用是控制气缸中气体的吸入和排出。靠气阀两侧的压力差来自动实现及时启闭。图5-15为环状阀结构图。它由阀座、升程限制器、阀片、弹簧及螺栓螺母所组成。吸气阀与排气阀的结构基本相同，只是在组装时阀座与升程限制器互相倒置，吸气阀升程限制器靠近气缸里侧，排气阀则是阀座靠近气缸里侧。此外排气阀所用的弹簧要比吸气阀弹簧力稍大。吸气阀是在阀片两侧压力差的作用下开启，在弹簧力作用下关闭的。排气阀的工作情况也是这样。

⑦活塞组件

活塞组件包括活塞、活塞杆、活塞环等零件。

根据结构形式的不同，活塞可分为筒形活塞、盘形活塞、级差式活塞、组合式活塞及柱塞等几种形式。图5-16是一盘形活塞，适用于有十字头的双作用气缸。材料为灰铸铁或铸铝。

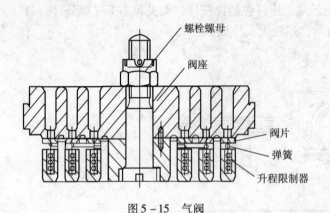
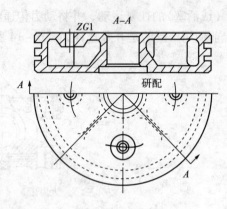

图 5-15 气阀　　　　　　　　　图 5-16 活塞

活塞环的作用是密封气缸工作表面（镜面）与活塞之间缝隙，防止气体从压缩容积的一侧漏入另一侧。活塞环是一个开有切口的圆环，其截面为矩形。在自由状态下，环的外径大于气缸的内径，而内径又小于活塞外径，装入气缸后，活塞环尺寸收缩，仅在切口处留一热膨胀间隙 δ。当环装入气缸后，由于环的弹性，产生预紧压力，使环紧贴在气缸壁上。

⑧填料函

填料函是阻止气缸内压缩介质沿活塞杆表面泄漏的密封装置。通常用一组密封填料来实现密封。对填料的基本要求是密封性能好、耐磨。常用的金属填料有两种：平面填料和锥面填料。

（8）压缩机的润滑、冷却和气量调节

①气缸及填料函的润滑

除无油润滑压缩机外，所有压缩机的气缸、填料函部分及曲轴连杆传动机构部分都应当进行良好的润滑。润滑油在作相对运动的两摩擦表面之间形成油膜，以减少磨损，降低摩擦功耗，洗去磨损形成的金属微粒，带走摩擦热，冷却摩擦表面；此外，活塞环和填料函处的润滑油，还起到帮助密封的作用。小型间歇工作的压缩机，可以用飞溅法来润滑全部运动部件。长期工作的大中型压缩机中，一般都有压力系统输送润滑油，并将气缸、填料函部分的润滑和曲轴连杆传动机构部分的润滑，分为两个系统。气缸和填料函的润滑由注油器提供。应用较普遍的是真空滴油式注油器。

②曲轴-连杆机构的润滑

传动机构压力供油系统，根据油泵的传动方式可分为内传动系统和外传动系统两种。内传动系统的油泵由主轴直接带动，曲轴箱作为循环油箱。外传动系统的油泵由单独的驱动机带动，油路各部分可单独构成一个独立系统。

无论是内传动系统还是外传动系统，油路均是循环的。循环油路上还应设置油冷却器和油过滤器。

润滑油的循环路线，可以有以下几种方案：

第一种油路：油泵→曲轴中心孔→连杆大头→连杆小头→十字头滑道→回入油箱（主轴承靠飞溅润滑）。

第二种油路：油泵→机身主轴承→连杆大头→连杆小头→十字头滑道→回入油箱。

第三种油路：

油泵 $\begin{cases} →十字头上滑板→回入油箱 \\ →十字头下滑板→回入油箱 \\ →机身主轴承→连杆大头→连杆小头→回入油箱 \end{cases}$

③压缩机的冷却

压缩机的气缸和各级排出的气体均需冷却，以降低其温度，提高机器效率，保持润滑油性能，确保机器安全运转。为了分离压缩气体中的油污和水蒸气，最后一级排出的气体也要进行冷却。

冷却系统一般由水源、供水装置(水泵、管路、阀门)及用水设备(气缸、冷却器)等组成。若冷却水循环使用，还应有冷却水塔或水池。冷却水循环系统还应配备压力表、温度计、水压过低保护和信号装置，以及流量计、水位计等。

冷却系统的形式有串联式、并联式和混流式三种。串联系统的冷却水经中间冷却器再按1、2级顺序进入气缸水套，然后排出。并联式冷却系统中，总供水管分出若干支管分别通至每一部分，然后经漏斗汇入总排水管。混流系统是指各级中间冷却器与相应气缸水套组成串联，而各级之间采用并联形式。

④压缩机排气量的调节

活塞式压缩机的排气压力是由背压(排气系统压力)决定的。因此压缩机常附设气量调节系统，使气量的供需协调，这样才能保持压缩机压力稳定，操作和生产稳定。

排气量的调节方法很多，主要有：旁通调节、关闭吸气口调节、压开吸气阀调节、余隙调节、转数调节等。

(9) 天然气压缩机(活塞式)的故障分析与排除

压缩机发生故障的原因往往是复杂的，因此必须经过细心的观察研究，甚至经过多方面的试验和依靠丰富的实践经验，才能判断出故障的真正原因。表5-12只是分析故障和消除故障的一般方法。

表5-12 故障分析和消除的一般方法

序号	故障类型	可能原因	解决方法
1	排气量达不到设计要求	1. 气阀泄漏，特别是低压级气阀泄漏。 2. 填料函泄漏气。 3. 一级气缸余隙容积过大	1. 检查低压级吸气阀，并采取相应的措施。 2. 检查填料的密封情况，采取相应措施。 3. 调整气缸间隙
2	功率消耗超过设计值	1. 气阀阻力太大。 2. 吸气压力过低。 3. 压缩级间内泄漏	1. 检查气阀弹簧力是否恰当，气阀通过面积是否足够。 2. 检查管道和冷却器，如阻力大，应采取相应的措施。 3. 检查吸、排气压力是否正常，各级气体排出温度是否增高，并采取相应措施
3	级间压力超过正常压力	1. 后一级吸、排气阀不好。 2. 第一级吸气压力过高。 3. 前一级冷却器能力不足。 4. 活塞环泄漏引起排出量不足。 5. 本级吸、排气阀不好或装反	1. 检查气阀，更换损坏件。 2. 检查并消除。 3. 检查冷却器。 4. 更换活塞环。 5. 检查气阀

续表

序号	故障类型	可能原因	解决方法
4	级间压力低于正常压力	1. 第一级吸、排气阀不良使排气不足和第一级活塞环泄漏过大。 2. 第一级排出后或第二级吸入前有机会泄漏。 3. 吸入管道阻力太大	1. 检查气阀,更换损坏件,检查活塞环。 2. 检查泄漏并消除。 3. 检查管路,使之畅通
5	排气温度超过正常温度	1. 排气阀泄漏。 2. 吸入温度超过规定值。 3. 冷却器冷却效果不良	1. 检查排气阀,并消除。 2. 检查工艺流程,采取相应措施。 3. 检查冷却器并采取相应的措施
6	运动部件发生异常噪声	1. 连杆螺栓、轴承盖螺栓、十字头螺母松动或断裂。 2. 主轴承连杆轴瓦、十字头滑板等间隙过大。 3. 曲轴与联轴器配合松动	1. 紧固或更换螺栓零部件。 2. 检查并调整间隙。 3. 检查并采取相应的措施
7	气缸内发出异常的声音	1. 气阀有故障。 2. 润滑油太多或气体含水多,产生水击。 3. 异物掉入气缸内。 4. 活塞杆螺母松动。 5. 填料破损	1. 检查气阀并消除。 2. 检查供油量是否合适,检查洗涤器排气阀是否工作正常。 3. 检查并消除。 4. 紧固。 5. 更换
8	气缸发热	1. 气缸润滑油太少或润滑油中断。 2. 由于脏物带进气缸,使气缸内面拉毛	1. 检查气缸润滑油压是否正常,油量是否足够。 2. 检查气缸并采取相应的措施
9	轴承或十字头滑块发热	1. 配合间隙过小。 2. 油压太低或未供油。 3. 润滑油太脏	1. 调整间隙。 2. 检查油泵油路情况。 3. 更换润滑油
10	油泵的油压不够或漏油	1. 吸油管不严密,管内有空气。 2. 油泵漏油。 3. 吸油管堵塞。 4. 润滑油箱内油太少。 5. 润滑油滤器太脏	1. 排出空气。 2. 检查并清楚。 3. 检查并消除。 4. 添加润滑油。 5. 清洗
11	填料漏气	1. 润滑油太脏或由于断油使活塞杆拉毛。 2. 填料装配不良	1. 更换润滑油,消除脏物,修复活塞杆或更换。 2. 重新装配填料
12	气缸不正常振动	1. 支承不对。 2. 填料和活塞杆磨损。 3. 垫片松。 4. 气缸内掉入异物	1. 调整支承间隙。 2. 调换填料和活塞杆。 3. 调整垫片。 4. 清除异物

续表

序号	故障类型	可能原因	解决方法
13	机体不正常振动	1. 各轴承和十字头滑板间隙过大。 2. 气缸振动。 3. 各部件接合不好	1. 调整各部分间隙。 2. 消除气缸振动。 3. 检查并调整
14	管道不正常振动	1. 管卡太松或断裂。 2. 支承刚性不够。 3. 管支架振动大	1. 紧固或换新。 2. 加固。 3. 加固管支架

5. 离心压缩机

离心压缩机是产生压力的机械，可用来压缩和输送化工生产中的多种气体。

（1）工作原理

气体由吸入室进入，通过汽轮机（或电动机）带动压缩机主轴叶轮转动，在离心力作用下，气体被甩到工作轮后面的扩压器中去。而在工作轮中间形成稀薄地带，前面的气体从工作轮中间的进气部分进入叶轮，由于工作轮不断旋转，气体能连续不断地被甩出去，从而保持了压缩机中气体的连续流动。如果一个工作叶轮得到的压力还不够，可通过使多级叶轮串联起来工作的办法来达到出口压力的要求。

（2）离心压缩机的特点

流量大，转速较高，结构紧凑、尺寸小，运转平稳可靠，不污染被压缩的气体，单级压力比不高，效率稍低，稳定工况区较窄，离心压缩机转速高、功率大、无备机。

（3）离心式压缩机的结构

典型离心压缩机 DA120-62 的结构如图 5-17 所示。"DA"代表单吸式离心压缩机；"120"表示吸入流量约 $120m^3/min$；"6"表示共有六级叶轮；"2"表示是该型号的第二次设计产品。

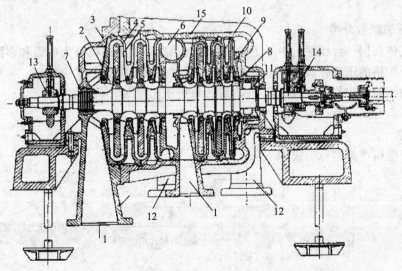

图 5-17 DA120-62 离心压缩机纵剖面结构图

1—1、2 段吸气室；2—叶轮；3—扩压器；4—弯管；5—回流器；6—蜗室；7、8—轴端密封；9—隔板密封；10—轮盖密封；11—平衡盘；12—1、2 段排出管；13—径向轴承；14—径向推力轴承；15—机壳

离心式压缩机本体由转子（主轴、叶轮、联轴器、轴套、平衡盘等）、定子（机壳、隔板、密封、进气室和蜗室等）及轴承等组成。辅助系统包括润滑油系统（油箱、油过滤器、油冷却器、安全阀、单向控制阀、油泵和驱动机、压力表等）、密封油系统（油箱、油过滤器、油冷却器、安全阀、止回阀、油泵及相应的电动机、管路和接头等）及齿轮箱或联轴器、轴向位移安全器和冷却分离器等辅助设备。

（4）离心式压缩机的分类及型号

①离心式压缩机的分类

a. 按轴的型式分类

单轴多级式，一根轴上串联几个叶轮。

双轴四级式，四个叶轮分别悬臂地装在两个小齿轮的两端，旋转靠电机通过大齿轮驱动小齿轮。

b. 按气缸的型式分类

水平剖分式：水平剖分的离心式压缩机有一水平中分面将气缸分为上下两半，在中分面处用螺栓连接。此种结构拆装方便，适用于中、低压力的场合。

垂直剖分式：筒型的离心式压缩机有内、外两层气缸，外气缸为一筒型，两端有端盖。内气缸为水平或垂直剖分，其组装好后再推入外气缸中。此种结构缸体强度高、密封性好、刚性好，但拆装困难，检修不便，适用于高压力或要求密封性好的场合。

c. 按级间冷却形式分类

机外冷却，每段压缩后气体输出机外进入冷却器。

机内冷却，冷却器和机壳铸为一体。

d. 按压力等级分类

分为低压、中压、高压。出口压力分别是：0.245~0.98MPa，0.98~9.8MPa，大于9.8MPa。

e. 按压缩级数分类

根据气体在同一台压缩机中经历的压缩级数，离心式压缩机分为单级和多级两类。单级离心式压缩机的压比较低，为了提高压比，可以采用多级离心式压缩机。一台多级离心式压缩机的压缩级数最多可以达到6~8级，每级压比在1.1~1.5之间。

②国产离心式压缩机的型号

a. 名称

离心压缩机产品名称组成如下：

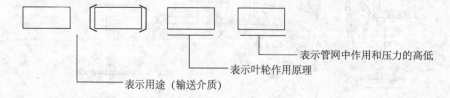

表示管网中作用和压力的高低
表示叶轮作用原理
表示用途（输送介质）

b. 型号

离心压缩机产品型号组成如下：

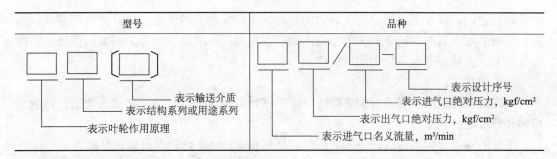

说明：①叶轮作用原理，离心式不表示，轴流式用"Z"表示。
②用途代号输送天然气为 TQ、输送石油炼厂气体为 YQ。
③输送介质为空气的代号未表示，其他介质用汉语拼音字头表示，如氟里昂（F）、氧（Y）等，重复的则采用两位字头表示。
④进气口名义流量系按系列化统一规定。
⑤进气口绝对压力差为 1×10^3 Pa，则未表示。
⑥设计序号用阿拉伯数字"1"、"2"等表示，该型产品有重大修改时则用之。若性能参数、外形尺寸、地基尺寸、易损件没有更改时，则未用此序号。
⑦多缸机组的型号，为便于区分，给出了缸的型号。
⑧产品名称首先按结构型式（系列）代号命名。

③操作性能

离心式压缩机的特性基本上取决于速度而不取决于结构，即排气量的变化与速度成正比，产生的压头与速度的二次方成正比，所需功率与速度的三次方成正比。

操作特性由系统阻力所决定。在选择压缩机之前必须先确定系统的能力和任务。

④离心式压缩机的工况分析

a. 喘振

所谓喘振是指当离心式压缩机的入口流量低于一特定值时压缩机的能量头不足以克服背压而在气道内形成的一种周期性往复振荡现象。如图 5-18 所示为离心式压缩机的特性曲线。若压缩机在设计工况 A 点下工作时，气流方向和叶片流道方向一致，不出现边界层脱离现象，效率达最高值。当流量减小时（工作点向 A_1 移动），气流速度和方向均发生变化，使非工作面上出现脱离现象，当流量减少到临界值（A_1）点时，脱离现象扩展到整个流道，使损失大大增加，压缩机产生的能量头不足以克服背压（排气压力），致使气流倒流，倒流的气体与吸进来的气体混合，流量增大，叶轮又可压送气体。但由于吸入气体量没有变化，流量仍然很小，故又将产生脱离，再次出现倒流现象，如此周而复始。这种气流来回倒流撞击的现象称为"喘振"，它将使压缩机产生强烈的振动和噪声，严重时会损坏叶片甚至整个机组。

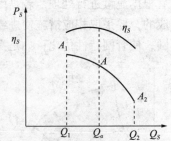

图 5-18 离心式压缩机的特性曲线图

喘振发生的条件：

给定压力下，流量小于最小喘振流量；给定流量下，压力大于最高喘振压力。

喘振的现象：

发生喘振时，机组开始强烈振动，伴随发生异常的吼叫声，而且是周期性地发生；和机壳相连接的出口管道也随之发生较大的振动；进口管道上的压力表指针大幅度摆动；出口止回阀处发生周期性的开和关的撞击声响；主电动机的电流表指针大幅度的摆动；在操作仪表上，流量表等也发生大幅度的摆动。

喘振的危害：

喘振对压缩机的迷宫密封损坏较大。由于密封的损坏，将使润滑油窜入流道，影响冷却器和冷凝器的效率。

严重的喘振很容易造成转子轴向窜动，烧坏止推轴瓦，叶轮有可能被打碎。

极严重时，可使压缩机遭到破坏，会损伤齿轮箱、电动机以及连接压缩机的管道和设备等。

防止压缩机喘振发生的措施：

为了防止当压缩机工况发生变化时发生喘振现象，机组中须采取反喘振措施。即从压缩机出口旁通一部分气流直接进入压缩机的吸入口，加大它的吸入量，从而避免喘振现象的发生。

防止进气压力低、进气温度高和气体相对分子质量减小；防止管网堵塞使管网特性改变；要坚持在开、停车过程中，升、降速度不可太快，并且先升速后升压和先降压后降速；开、关防喘振阀时要平稳缓慢。关防喘振阀时要先低压后高压，开防喘振阀时要先高压后低压。

目前，在离心式压缩机上均采用独立的反喘振系统。系统根据出入口压力、温度计算出当前工况下的入口流量并与系统中的当前工况喘振流量进行比较，从而控制反喘振控制阀的开度。

压缩机喘振发生后的应急措施：

如出现"旋转失速"和"喘振"，首先应立即全部打开防喘振阀，增加压缩机流量，然后根据流量进行处理。若是因进气压力低、进气温度高和气体相对分子质量减小等原因造成的，要采取相应措施使进气气体参数符合设计要求；如是管网堵塞等原因，就要疏通管网，使管网特性优化；如是操作不当引起的，就要严格规范操作。

b. 堵塞工况

所谓堵塞，即叶轮中流量已达最大值，如图 5－18 中的 A_2 点，此时，压缩机流道中某个最小截面处的气流速度达到了最大马赫数（音速），若继续增加能量则全部消耗于流动损失，即流量不可能继续增加的工况。

从堵塞点（最大流量点）到喘振点（最小流量点）这一范围，称为离心式压缩机的稳定工作区。它的大小也是压缩机性能好坏的标志之一。

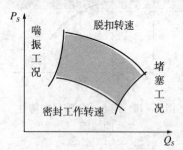

图 5－19 压缩机工况变化时的特性曲线图

由压缩机工况变化时的特性曲线图（图 5－19）可看出，压缩机真正安全的运行区域是由四部分构成的，即脱扣转速、密封工作最低转速、喘振工况、堵塞工况。

c. 临界转速

水平放置的轴都存在一定的临界转速，它是轴本身的一种特性。当轴还没有旋转时，由于重力的作用，轴向下弯曲（虽然弯曲量很小）。弯曲转动过来后，仍然是弯曲的。由于轴在转动，弯曲也不断出现，表现出来就是振动，称为自振。

轴本身和轴上安装的零件，由于制造安装的原因，转子的重心和转动中心不可能在同一中心线上重合，由于中心偏差，转动起来就有一个离心力，此离心力使转子发生振动。振动的次数决定于转子的转速，转动一次就振动一次，所以叫强迫振动。

当自振和强迫振动的频率相等，即当转轴的转速达到某一数值时，轴所受的外力频率与轴的自振频率一致，将发生共振，此时轴的运转便不稳定而发生显著的反复变形。严重时将使轴、轴承、零件甚至于整个机械设备遭到破坏，轴共振时的压缩机转速称为临界转速，常用 n_c 表示。

对一台离心压缩机来说，临界转速不止一个，转速最低的一个叫作第一临界转速。通常临界转速由制造厂确定。在产品样本中，常给出了第一临界转速和第二临界转速，作为运转时的参考。

在第一临界转速以下运转的压缩机，应使工作转速低于临界转速的70%，即 1.3 工作转速≤临界转速。

⑤离心式压缩机的流量调节

a. 改变转速

改变转速的调节方法，是几种调节方法中最省功率的办法，但要受驱动机的限制。用燃气轮机或汽轮机作驱动机时，这种调节方法较适宜。用电动机作驱动机时，由于变速较困难，常不得不采用其他调节方法。

b. 排气管节流

在压缩机排气管上安装调节阀，来改变压缩机出口处的压力，以调节压缩机的流量。这种调节方法不改变压缩机的特性曲线，但要增加功率消耗。

c. 进气管节流

进气管节流后，在转速不变时，离心压缩机的体积流量和压缩比的特性曲线不变。但由于进气压力减少，离心压缩机的质量流量和排气压力将和进气压力成比例地减少。

在压缩机的进气管上装调节阀比排气管节流操作更稳定，调节气量范围更广，同时可以节省功率消耗。用电动机驱动的压缩机一般常用此方法调节气量，对大气量机组可省功率5%~8%。

d. 进气管装导向片

在压缩机的叶轮进口处安装导向片，使气流旋绕以变更流向，可以改变机组的排气压力和输气量。这种方法比进口节流效率高，但结构要复杂一些。多级叶轮的压缩机上，只能在第一级进口前设置导向片。

e. 旁路或放空调节

当生产要求的气量比压缩机排气量小时，将其剩余部分经冷却器返回到压缩机进口的方法叫作旁路调节。空气压缩机则不返回进口而直接放入大气中，所以叫作放空调节。

旁路循环或放空调节使压缩机增加了放空量或循环量，白白地消耗了功率，因此单独采用这种方法的很少。这种方法一般作为反飞动措施使用。即用其他的调节方法使气量减少到喘振点附近,当还需要进一步把气量减少到喘振点以下时,再打开旁路或放空。调节旁路或放空阀的开度,使旁路循环或放空的气量与生产需要的气量之和,比喘振点的流量稍大一些,以避免压缩机进入喘振范围。

⑥离心式压缩机的故障分析与排除(表5-13)

表5-13 离心式压缩机的故障分析与排除

序号	故障现象	故障原因	处理方法
1	压缩机异常振动	1. 对中不好	1. 检查对中情况,必要时重新对中
		2. 管道应力过大	2. 正确固定气体管道,消除管道应力
		3. 联轴器故障	3. 检查联轴节
		4. 联轴节不平衡	4. 拆卸联轴节,检查其不平衡性
		5. 压缩机密封间隙过小	5. 检修或更换密封
		6. 轴承工作不正常	6. 消除油膜涡动对轴承影响
		7. 压缩机喘振或气流不稳定	7. 设法使压缩机运行条件偏离喘振点
		8. 气体带液体或介质侵入	8. 更换密封、排放积水
		9. 叶轮过盈量小,在工作转速下消失	9. 消除叶轮与轴装配过盈小的缺陷
2	压缩机喘振	1. 运行点落入喘振区或离喘振线太近	1. 调整机组各段压比,改变运行工况点
		2. 防喘装置未投自动	2. 防喘装置投自动
		3. 压缩机入口温度过高	3. 调整工艺参数,检查段间冷却器工作情况
		4. 吸入气量不足	4. 打开防喘阀
		5. 级间内泄漏增大	5. 更换级间密封
		6. 防喘振调节器整定值不正确	6. 重新给定整定值
3	压缩机轴位移大波动	1. 负荷变化大,各段压力控制不好,压比变化大	1. 调整工艺参数,稳定运行
		2. 内部密封、平衡盘密封磨损,间隙超差或密封损坏	2. 修理或更换各密封
		3. 齿式联轴器齿面磨损	3. 检查更换联轴器
		4. 压缩机喘振或气流不稳定	4. 消除喘振或旋转分离
		5. 推力盘端面跳动大,止推轴承座变形大	5. 更换止推面,查找轴承座变形原因,予以消除
		6. 轴位移探头零位不正确或探头特性差	6. 重新整定探头零位或更换探头
4	轴承温度升高	1. 测温热电偶元件漂移,接线松动	1. 检查热电偶
		2. 供油温度高,油质不符合要求	2. 调整进油温度或更换补充润滑油
		3. 润滑油压低,油量减少	3. 检查油泵,调整润滑油压力
		4. 轴承损坏或瓦块工作性能差	4. 检查轴承情况,必要时更换
		5. 轴向推力增大或止推轴承组装不当	5. 调整工艺参数,降低轴向推力;必要时检查止推轴承,调整各密封间隙
		6. 轴承间隙太小	6. 修复或更换瓦块

续表

序号	故障现象	故障原因	处理方法
5	油滤器压差高	1. 过滤器滤芯长期未更换，太脏 2. 油中带水 3. 机组开车期间因油温低、黏度大、压差高而将滤芯压扁、变形	1. 更换油滤器滤芯 2. 对油进行油水分离处理 3. 更换油滤器滤芯，提高油温
6	联轴器齿面磨损	1. 中心偏差大，齿面相对位移大 2. 润滑不充分或干磨 3. 油质不清洁	1. 校正中心 2. 检查油量，使润滑油管对准齿的部位 3. 过滤油，使油中最大颗粒 $<25\mu m$
7	联轴器齿面腐蚀	油质差，油中含有机酸或硫化物	更换润滑油
8	联轴器齿面点蚀	轴电流击穿引起	检查转子剩磁情况，防止轴电流发生

6. 螺杆式压缩机

螺杆式压缩机由一对平行、互相啮合的阴、阳螺杆构成，是回转压缩机中应用最广泛的一种。

（1）螺杆式压缩机的分类

螺杆式压缩机一般根据螺杆的数量分为单螺杆式和双螺杆式两种。其中单螺杆式压缩机由一根螺杆和两个星轮组成，也称蜗杆式压缩机。我们通常说的螺杆式压缩机一般指双螺杆式压缩机。随着技术的发展，现在也出现了三螺杆式和单螺杆偏心压缩机。

（2）螺杆压缩机结构

螺杆压缩机主要组成部分是机壳、转子、轴承、轴封及流量调节装置等，有的在压缩机出口还带有消声器。详细内容见第四章压缩机部分。

二、分馏设备

（一）分馏

1. 蒸馏和分馏的概述

所谓蒸馏就是将液态物质加热到沸腾变为蒸气，又将蒸气冷却为液体这两个过程的联合操作。

如果将两种挥发性液体混合物进行蒸馏，在沸腾温度下，其气相与液相达成平衡，出来的蒸气中含有较多量易挥发（低沸点）物质的组分，将此蒸气冷凝成液体，其组成与气相组成等同（即含有较多的易挥发组分），而残留物中却含有较多量的高沸点（难挥发）物质的组分，这就是进行了一次简单的蒸馏。

如果将蒸气凝成的液体重新蒸馏，即又进行一次气液平衡，再度产生的蒸气中，所含的易挥发物质组分又有增高，同样，将此蒸气再经冷凝而得到的液体中，易挥发物质的组成当然更高，这样我们可以利用一连串的有系统的重复蒸馏，最后能得到接近纯组分的两种液体。

应用这样反复多次的简单蒸馏，虽然可以得到接近纯组分的两种液体，但是这样做既浪费时间，且在重复多次蒸馏操作中的损失又很大，设备复杂，所以，通常是利用分馏柱进行多次汽化和冷凝,这就是分馏。

分馏实际上就是利用混合物中各组分的沸点不同(即挥发度不同),借助于分馏柱使液体混合物进行反复多次的汽化与冷凝(相当于多次蒸馏),从而达到分离不同组分的操作过程,这种分离方法叫分馏或精馏。

分馏可使沸点相近的互溶液体混合物得到分离和纯化。它是分离提纯液体有机混合物的沸点相差较小的组分的一种重要方法。

2. 分馏原理

分馏过程分析混合液体开始沸腾时,大量混合物蒸气上升。在充有填料的分馏柱中(或有向内突出的阻隔物),蒸气被部分冷凝,冷凝液滴下落;冷凝液在下落过程中与继续上升的蒸气接触并发生热交换,蒸汽中高沸点组分被冷凝,易挥发(低沸点)组分仍呈蒸气上升,而冷凝液中低沸点组分受热汽化,高沸点组分仍呈液态下降。其结果是上升的蒸汽中易挥发(低沸点)组分增多,而下降的冷凝液中高沸点组分增多。在分馏柱中这样的汽化-冷凝-回流反复进行,就等于进行了多次的气液平衡,即达到了多次蒸馏的效果,最后在分馏柱顶部得到几乎纯净的低沸点组分。这样最终便可将沸点不同的物质分离出来。

蒸馏按操作方式可分为简单蒸馏、平衡蒸馏、精馏及特殊精馏等多种方法。将混合液加入蒸馏釜中,在一定压力下加热溶液使其沸腾,不断地将产生的蒸汽经冷凝后作为顶部馏出液,将不同组成范围的馏出液分导入容器中储存,这就是简单蒸馏(图 5-20),也称微分蒸馏。在简单蒸馏过程中,因蒸出气体中含较多易挥发物,釜内液体的易挥发组分浓度逐渐降低,沸点相应升高,产生的蒸汽中易挥发组分含量亦随之递减。因此,馏出液通常是按不同组成范围分罐收集的,最终将釜液一次排出。所以简单蒸馏是一个不稳定过程。简单蒸馏只能使混合液部分地分离,故只适用于沸点相差较大而分离要求不高的场合,或者作为初步加工,粗略地分离多组分混合液,例如原油或煤油的初馏。

平衡蒸馏又称为一次汽化或闪蒸,是一连续稳定过程,如图 5-21 所示。原料连续进入加热器中,加热至一定温度经节流阀骤然减压到规定压力,部分料液迅速汽化,汽液两相在分离器中分开,得到易挥发组分浓度较高的顶部产品与易挥发组分浓度甚低的底部产品。同样,平衡蒸馏也只能直部分分离作用,用作粗分离。

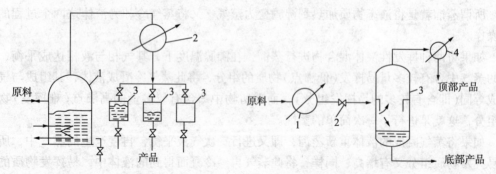

图 5-20 简单蒸馏　　　　　　　　图 5-21 平衡蒸馏
1—蒸馏釜;2—冷凝器;3—容器　　1—加热炉;2—节流阀;3—分离器;4—冷凝器

若将混合液加热至沸腾但只令其部分汽化,则挥发性高的组分,即沸点低的组分(称为易挥发组分或轻组分)在汽相中的浓度比在液相中的浓度要高,而挥发性低的组分,即沸点较高的组分(称为难挥发组分或重组分)在液相中浓度比在汽相中的要高。同理，混合物的蒸汽部分冷凝，则冷凝液中难挥发组分的浓度要比汽相中的高，反之亦然。多次进行部分汽化或部分冷凝以后，最终可以在汽相中得到较纯的易挥发组分，而在液相中得到较纯的难挥发组分。精馏是使液体混合物达到较完善分离的一种蒸馏操作。精馏过程实质上是多次进行平衡蒸馏的过程。

3. 分馏和精馏的区别

分馏或精馏是化工生产中分离互溶液体混合物的典型单元操作，其实质是多级蒸馏，即在一定压力下，利用互溶液体混合物各组分的沸点或饱和蒸汽压不同，使轻组分(沸点较低或饱和蒸汽压较高的组分)汽化，经多次部分液相汽化和部分气相冷凝，使气相中的轻组分和液相中的重组分浓度逐渐升高，从而实现分离。

分馏各产品馏程较宽，各组分间的沸点差异较大，因此，分馏过程是渐次汽化，渐次冷凝的过程，分离过程较粗。

精馏各产品馏程较窄，各组分间的沸点接近，因此，精馏过程是多次汽化，多次冷凝的过程，分离过程较细。

(二) 分馏设备

分馏或精馏都属于气液传质过程，主要设备有：为实现精馏分离的各种塔器、再(或重)沸器、冷凝器、回流罐和输送设备等。

图 5-22 为板式塔和填料塔示意图。

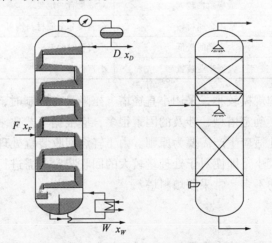

图 5-22 板式塔、填料塔示意图

板式塔内设有若干层塔板，液体由上向下逐级流过塔板，并在各层塔板上形成液层，气体由下向上穿过各层塔板，气液两相在塔内进行逐级接触传热传质。

填料塔内装有各种形式的固体填充物即填料，液体由喷淋装置均匀分布于填料层上，气液在填料的润湿表面上进行接触传热传质。

无论哪一种塔设备，其基本功能都在于提供气、液两相充分接触的机会，使传热、传质两种传递过程能够有效的进行，还要使接触后两相及时分开，互不夹带。

在实际生产中，一个塔的性能不仅与其结构因素有关，还与设计是否合理、使用是否得当、操作范围是否在适宜范围之内等到因素有关。

这两种类型塔的特点是：

(1) 填料塔内部结构简单，小直径的填料塔造价便宜，便于安装。但大直径填料塔比板式塔重量大、造价高、清理检修困难。

(2) 小直径填料塔效率较高，尤其在使用新型填料以后可达到较高的效率，但随着塔径增大，效率下降。板式塔效率较稳定，且塔径增大，效率有所增加。

(3) 填料塔的压降较板式塔小。

(4) 填料塔的空塔速度较板式塔低，且对液相喷淋有一定要求，不如板式塔的气液比适应范围大。

板式塔和填料塔的性能参数比较，如表 5-14 所示。

表 5-14 板式塔和填料塔的性能参数比较

参数 \ 类型	板式塔	填料塔
浓度变化	阶跃式	连续式
压降	较大	小尺寸填料较大；大尺寸填料及规整填料较小
空塔气速	较大	小尺寸填料较小；大尺寸填料及规整填料较大
塔效率	较稳定，效率较高	传统填料低；新型乱堆及规整填料高
持液量	较大	较小
液气比	适应范围较大	对液量有一定要求
材质	常用金属材料	金属及非金属材料均可
造价	大直径时较低	小直径时较低
应用场所	大型工业装置	小直径塔

综上所述，当处理规模较小，采用小直径塔、压降又有限制时，宜用填料塔；当处理量大时，宜用板式塔。确定塔型，涉及的因素很多，应根据工艺要求，经过综合比较，决定取舍，以最大限度地适应生产需要为原则。由于轻烃回收装置处理的油田伴生气从气体中冷凝下来的液烃量较小，即使对于处理量较大的回收装置，需进行精馏分离的物料也不多，因而采用板式塔的不多，常采用填料塔。

三、换热设备

在石油、化工生产中，绝大多数的工艺过程都有加热、冷却和冷凝的过程，这些过程总称为换热过程。换热设备是用于不同温度的流体之间进行各种热量交换的设备，通常称为热交换器或换热器。

换热设备在换热过程中的主要作用是：加热原料、冷却产品、余热回收。

(一) 换热设备的分类

按传热方式可分为：间壁式、混合式和蓄热式等三大类。

按传热种类可分为：无相变传热和有相变传热。无相变传热一般分为：加热器和冷却器。有相变传热一般分为：冷凝器和重沸器；重沸器又分为釜式重沸器、虹吸式重沸器、再沸器、蒸发器、蒸汽发生器、废热锅炉。

按材料分类可分为：金属材料和非金属材料两大类。金属又可分为低合金钢、高合金钢、低温钢和稀有金属等。

1. 混合式换热器

混合式换热器也称直接接触式换热器,这类换热器的主要工作原理是两种介质经接触而相互传递热量,实现传热,接触面积直接影响到传热量。为增加两流体接触面积,充分换热,在设备中常放置填料和栅板,通常采用塔状结构。这类换热器的介质通常是一种是气体,另一种为液体,主要是以塔设备为主体的传热设备,但通常又涉及传质,故很难区分与塔器的关系,通常归口为塔式设备。如采用空气对水直接冷却的冷却塔(凉水塔)为最典型的直接接触式换热器。凉水塔结构如图 5 – 23 所示。

该换热器传热效率高、单位容积传热面积大、设备结构简单、价格便宜等。但仅适用于工艺上允许两种流体混合的场合。

2. 蓄热式换热器

蓄热式换热器也称回热式换热器或蓄能器,结构如图 5 – 24 所示。这类换热器用量极少,原理是通过一种固体物质(如固体填料或多孔性格子砖等)构成的蓄热体,热介质先通过加热固体物质达到一定温度后,冷介质再通过固体物质被加热,使之达到传递热量的目的。其中冷热流体交替地与由固体制成的蓄热体接触,当热流体流过时,热量存储在蓄热体内;而当冷流体流过时,蓄热体则放出热量。如此反复进行,以达到换热的目的。如电站回转式空气预热器、裂解炉等。该换热器结构紧凑、价格便宜、单位体积传热面积大,适用于气 – 气热交换。但也仅适用于工艺上允许两种流体混合的场合。

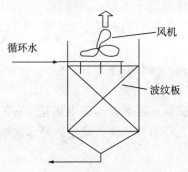

图 5 – 23　冷水塔结构示意图

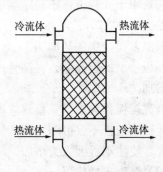

图 5 – 24　蓄热式换热器

3. 间壁式换热器

间壁式换热器也称表面式换热器,利用间壁(固体壁面)进行热量交换,其中冷热流体被一固定壁面隔开,互不接触,热量由热液体通过间壁面传递给冷液体。在石油、化工生产中间壁式换热器应用的最为广泛,形式多种多样,如管壳式换热器、板式换热器等。

(1)管壳式换热器

管壳式换热器由壳体、管束、管板、折流挡板和封头组成。它是把换热管束与管板连接后,再用壳体与管箱包起来,形成两个独立的空间。管内的通道及与其相贯通的管箱称为管程;管外的通道及与其相贯通的部分称为壳程。管束的壁面即为传热面。

管壳式换热器又称为列管式换热器,是最典型的间壁式换热器,历史悠久,占据主导作用。

优点:单位体积设备所能提供的传热面积大,传热效果好,结构坚固,可选用的结构材料范围宽广,操作弹性大,大型装置中普遍采用。

主要分为固定管板式换热器、浮头式换热器、U形管式换热器、填料函式换热器和釜式重沸器。

(2) 固定管板式换热器

封头与壳体用法兰连接,管束两端的管板与壳体是采用焊接的方法连接在一起,具有壳体排列管子多,结构简单、管板有管子支承,比较薄,管子方便更换清洗的优点。但壳程不易机械清洗,可能产生较大的热应力,其结构如图5-25所示。

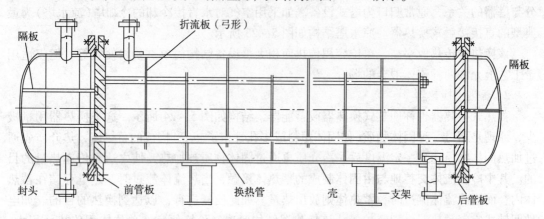

图5-25 固定管板式换热器结构图

它适用于壳程流体不易结垢或容易化学清洗,壳体与管子温差小的场合;当壳体与管子温差大于50℃时,可在壳体上设置膨胀节(低于60~70℃,压力低于0.7MPa),以减小两者因温差而产生的热应力。

隔板:增加管程数,提高管内流体流速。流速增加,传热效率提高;但流动的阻力也同时增加。

折流挡板:为提高壳程流体流速,往往在壳体内安装一定数目与管束相互垂直的折流挡板。折流挡板不仅可防止流体短路、增加流体流速,还迫使流体按规定路径多次错流通过管束,使湍动程度大为增加。

(3) 浮头式换热器

浮头式换热器两端的管板,一端不与壳体相连,该端称浮头。管子受热时,管束连同浮头可以沿轴向自由伸缩,完全消除了温差热应力,其结构如图5-26所示。

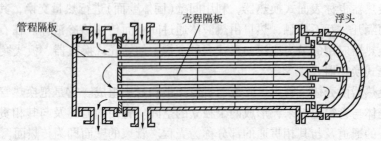

图5-26 浮头式换热器

浮头式换热器的管束可从壳体内抽出,便于清洗。管束的膨胀不受壳体的约束。管壁与壳壁的温差可大于50℃,冷热流体的温度可超过110℃。适用于壳体与管束间温差大且需经常进行管内外清洗的场合。

浮头式换热器的缺点是设备结构复杂，造价高，排管数少，增大了旁路流路，影响了热效率，而且浮头端小盖在操作时无法知道泄漏情况，所以装配时一定要注意密封性能。

浮头式换热器产品特点采用厚壁波纹换热管，传热系数比光管（列管）换热器提高50%~80%。

分类：内导流换热器；外导流换热器；冷凝器。

浮头式换热器的管程分布如图5-27所示。

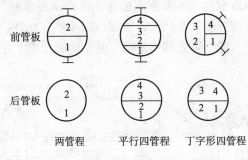

图5-27　浮头式换热器管程分布图

（4）填料函式换热器

填料函式换热器是浮头式换热器的一种改型结构，它把原置于壳程内部的浮头移至体外，用填料函来密封壳程内介质的外泄。因此由原先的静密封改为了动密封，易发生泄漏。

填料函式换热器主要有外壳、管束、管板、封头等部件组成。

在圆筒形外壳内，装入平行管束，管束两端用焊接或胀焊的方法固定在管板上，一块管板与壳体管箱用螺栓紧固在一起，称之为固定管板。另一块管板通过螺栓与管箱连接其与壳体之间通过填料密封与壳体不连接，可以相对壳体在热胀冷缩的作用下自由移动，称之为活动管板。

其结构特点是管板只有一端与壳体固定连接，另一端采用填料函密封。管束可以自由伸缩，不会产生因壳壁与管壁温差而引起的温差应力。

填料函式换热器的优点是结构较浮头式换热器简单，制造方便，耗材少，造价低；管束可从壳体内抽出，管内、管间均能进行清洗，维修方便。其缺点是填料函耐压不高，一般小于4.0MPa。壳程介质可能通过填料函外漏，对易燃、易爆、有毒和贵重的介质不适用。

（5）U形管式换热器

U形管式换热器由管箱、壳体及管束等主要部件组成，因其换热管成U形而得名。其结构特点是只有一个管板，管子两端均固定于同一管板上，中间用分程隔板隔开。

此类换热器的特点是管束可以自由伸缩，不会因管壳之间的温差而产生热应力，热补偿性能好；管程为双管程，流程较长，流速较高，传热性能较好；承压能力强；管束可从壳体内抽出，便于管间检修和清洗，且结构简单，只有一个管板，密封面少，运行可靠，造价低。但管内清洗不便，管束中间部分的管道难以更换，又因最内层管道弯曲半径不能太小，在管板中心部分布管不紧凑，所以管道数不能太多，且管束中心部分存在间隙，使壳程流体易于短路而影响壳程换热，内层换热管一旦发生泄漏，只能堵塞而不能更换，因而报废率较高。此外,为了弥补弯管后管壁的减薄,直管部分需用壁较厚的管道。这就影响了它的使用场合,仅宜用于管壳壁温相差较大,或壳程介质易结垢而管程介质清洁及不易结垢,高温、高压、腐蚀性强的情形。

(6) 釜式重沸器

釜式重沸器的结构如5-28所示。这种换热器的管束可以为浮头式、U形管式和固定管板式结构,所以它具有浮头式、U形管换热器的特点。在结构上与其他换热器不同之处在于壳体上部设置一个蒸发空间,蒸发空间的大小由产气量和所要求的蒸气品质所决定。产气量大、蒸气品质要求高者蒸发空间大,否则可以小些。此种换热器与浮头式、U形管式换热器一样,清洗维修方便,可处理不清洁、易结构的介质,并能承受高温、高压。

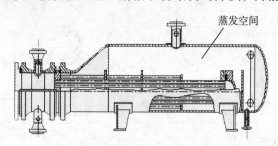

图5-28 釜式重沸器结构示意图

(二) 换热器的清洗

换热器在运行一段时间后,换热器的管侧和壳侧都可能被污染,一旦污染发生,就会使换热器的传热效率降低,流动阻力增大,甚至发生故障或堵塞。因此,换热器被污染到一定程度,就需要进行清洗,以除去热面上的污垢,恢复换热器的性能。

从换热面上清除污垢的方法,根据工作原理分有机械清洗法和化学清洗法两类;根据设备是否运行分在线清洗和非在线清洗。具体应根据清洗的场所、范围、除垢难易程度、垢的性质来决定。凡不溶于酸碱和溶剂的污垢宜采用机械清洗法。化学清洗法适用于形状复杂的换热器的清洗,缺点是对金属多少有些腐蚀作用。

1. 机械清洗技术

机械清洗是靠流体的流动或机械作用提供一种大于污垢黏附力的力而使污垢从换热面上脱落。

机械清洗的方法有两类:

一类是强力清洗法,如喷水清洗、喷汽清洗、喷砂清洗、刮刀或钻头除垢等;另一类是软机械清洗,如钢丝刷清洗和胶球清洗等。下面分别介绍这几类方法:

喷水清洗,是用高压水喷射或机械冲击的除垢方法。采用这种方法时水压一般为20~50MPa。现在也有采用更高压力的50~70MPa。

喷汽清洗,这种清洗器在设计和运行上与喷水清洗器类似,用这种设备将蒸汽喷入换热器的管侧和壳侧,靠冲击力和热量除去污垢。

喷砂清洗,是将筛分的石英砂(一般粒径在3~5mm)用压缩空气(300~350kPa)通过喷枪产生强大的线速度,冲刷换热器的管内壁,清除掉污垢,使管子恢复原有的换热特性。

刮刀或钻头除垢,这种清洗机械只适用于管子或圆筒里面的污垢。在挠性旋转轴的顶端安装除垢的刮刀或钻头,靠压缩空气或电力(也有使用水力或蒸汽的)使刮刀或钻头旋转。

胶球清洗,是用喷丸清洗器进行的。喷丸清洗器是由海绵球和将球推进需清洗的管子内部的流体喷枪组成,球为炮弹形,以半硬质发泡聚氨基脂的海绵体挤压而成,富有弹性。

换热器的污垢种类及常用的机械清洗方法如表5-15所示。

表5-15 污垢种类及常用的机械清洗方法

污垢	典型的换热器	清洗方法
空气中的污染物,如灰尘、细砂等	铝空气冷却器	喷水清洗(200~400kPa)
软沉积物,如泥、疏松的锈、生物层	管壳式换热器、膜式冷却器	喷水清洗(4~15MPa)
蜡、油脂	凝汽器等	喷汽清洗(3MPa)
重有机物、聚合物和焦油	凝汽器	喷水清洗(30~40MPa)或用芳香溶剂预处理
锅炉垢、水垢、火侧	锅炉、省煤器、预热器	喷水(30~70MPa)或汽力冲击技术
换热器的外部沉积物如油漆、锈	所有的	喷湿砂

2. 化学清洗技术

化学清洗就是在流体中加入除垢剂、酸、酶等以减少污垢与换热面的结合力,使之从换热面上剥落。目前采用的化学清洗方法有:

循环法:用泵强制清洗液循环,进行清洗。

浸渍法:将清洗液充满设备,静置一定时间。

浪涌法:将清洗液充满设备,每隔一定时间把清洗液从底部卸出一部分,再将卸出的液体装回设备内以达到搅拌清洗的目的。

在设备清洗前应做好如下准备工作:

了解和检查被清洗设备的种类、型式、几何形状和尺寸;掌握设备的材质及应清洗到的地方;根据实际情况确定清洗剂的种类、清洗液的浓度和用量;妥善安排清洗用的水源、加热清洗液用的热源以及污水的处理和排放;安排清洗地点;进行污垢调查。

不同的污垢应该用不同化学清洗剂,表5-16给出了各种污垢清洗的常用药剂。换热器结构材料与常用除垢剂的相容性如表5-17所示。

表5-16 污染物与化学清洗药剂

污染物	化学清洗剂	说明
氧化铁	防腐蚀氢氟酸、盐酸、柠檬酸、氨基磺酸、乙二胺四乙酸	防腐蚀氢氟酸是取有效的,但如果沉积物中钙的含量过高则不能使用
钙镁垢	防腐蚀盐酸、乙二胺四乙酸	与氧化铁类似
油和轻油脂	①氢氧化钠、含或不含去垢剂的碳酸钠;②溶水乳浊液,如煤油-水	也可用强碱来清除生物;对有色金属系统如用强碱会引起腐蚀,一般用②
重有机沉积物焦油聚合物	氯化溶剂或芳香溶剂加上射流清洗	三氯乙烯和四氯乙烯是不可燃的
焦炭、炭	高锰酸钾的碱溶液或着蒸汽、空气流	除焦蒸汽、空气用于锅炉水冷管壁,控制燃烧可以减少焦炭的生成

表 5-17　换热器结构材料与常用除垢剂的相容性

材料	相容的除垢剂
碳钢	防腐蚀矿物酸或防腐蚀有机酸、有机溶液、强碱或螯合剂
奥氏体钢	防腐蚀氢氟酸、硝酸、硫酸、磷酸、有机酸、螯合剂和无氯有机溶剂
铜、镍及其合金	防腐蚀硫酸或有机酸、有机溶剂
铝	弱酸（如柠檬酸、氨基磺酸）、有机溶剂
铸铁	防腐蚀矿物酸或有机酸、有机溶剂
混凝土	盐酸有腐蚀性，硫酸或有机酸也有轻微的腐蚀性

与机械清洗相比，化学清洗的优点是：

不必拆开设备；能清洗到机械清洗不到的地方；化学清洗均匀一致，微小的间隙均能洗到，而且不会剩下沉积的颗粒，形成新垢的核心；可以避免金属表面的损伤，如机械清洗中的尖角能促进腐蚀并在其附近形成污垢；进行了防锈和钝化处理清洗后可防止生锈；化学清洗可在现场完成，劳动强度比机械清洗小。

3. 在线清洗技术

为了节省停工清洗的劳力和费用，延长运转周期、节约维修费用，现已研究出了各种在线机械清洗和在线化学清洗装置。

在线化学清洗是近几十年来在化学清洗的基础上发展起来的，与化学清洗的最大不同是装置不停止运行。初期这种方法只适用于冷凝器和冷却器中冷却水侧污垢的清除，现在已成功地用于烃加工换热器。

第三节　天然气及凝液储运

一、天然气储运

在我国的能源消费结构中，以煤炭为主（70%），天然气在一次能源消费结构中仅占 2.5% 左右，与世界平均水平（一次能源消费结构中煤炭为 27%，天然气为 23%）相差很大，与西方工业化国家相差更大。随着西气东输管道工程和一些液化天然气项目的投产，我国天然气能源结构的比例将得到进一步提高。天然气资源大都远离能源消耗区，因而其有效利用率很低。鉴于此，天然气的储运就显得尤为重要，而储运方式的选择则决定了其供应与消费的经济性。

天然气在常温常压下以气体形式存在，与石油和煤炭相比，天然气的体积能量密度比较低，因此，经济高效的天然气储运技术是天然气推广应用和提高天然气在能源消费结构中所占比例的关键。目前，天然气的储运方式主要包括管道天然气（PNG）储运、液化天然气（LNG）储运、压缩天然气（CNG）储运、吸附天然气（ANG）储运、天然气水合物（NGH）储运等。

（一）管道天然气（PNG）储运

采用管道输送天然气是一种比较方便的常规天然气输送方法，是陆上进行天然气贸易、运输的主要方式。海上天然气的管道长度受管道安装的维护费用的制约，不能太长。管道输送天然气适用于稳定气源与稳定用户间的长期供气情况，是一种成熟的已得到广泛应用的技术。目前，世界上约占总量75%的天然气采用管道输送，但该方法在运输的灵活性方面不够（一般在管道建成和输气压力确定后，天然气的运输量就确定了）。天然气相对密度低，易散失，采用管道输送安全性高，输送产品质量有保证，经济性好，对环境污染小。目前，在由铁路、公路、水运、航空和管道五大运输方式构成完整的交通运输体系中，管道运输成为当今油气运输的首选方案。所以天然气的输送一般都采用管道输送，天然气管道系统构成如图5－29所示。

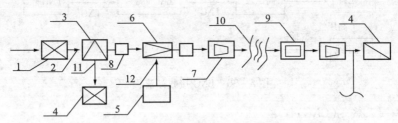

图5－29　天然气管道系统构成
1—输气首站；2—输气干线；3—气体分输站；4—城市门站（末站）；5—气体处理厂；
6—气体接收站；7—增压站；8—截断阀室；9—清管；10—河流穿越；
11—输气支线；12—进气支线

随着天然气消费量的增长，我国天然气管道总长快速增加。但管道输送的缺点是投资大、成本高。对于大量的边远零散气田，特别是井口压力高、总体储量有限气井的开发，敷设管道经济性很差。目前，天然气管道输送采用了一些新技术，如高压输气、高钢级管材的采用、大口径输送、输气管道网络化、高压富气输送工艺、内涂层减阻技术、天然气管道减阻剂（DRA）等。

（二）液化天然气（LNG）储运

天然气的主要组分是甲烷，其临界温度为190.58K，故在常温下，无法依靠加压将其液化，需要采用天然气液化工艺，将天然气最终在温度为112K，压力为0.1MPa左右的条件下，液化为LNG，其密度为标准状态下甲烷的600多倍，并且在液化过程中，天然气中的水、惰性气体、C_5等烃类基本被脱出，因而LNG的组分比管道天然气的组分更稳定，十分有利于输送和储存。

LNG储运方式是利用低温技术将天然气低温冷却液化后，并以液体形式进行储运的一种技术，一般采用丙烷预冷的混合制冷剂液化，这种方式约输送了天然气总产量的25%。LNG液化站一般建在气源充足的气井处，以扩大LNG产量，便于回收投资。LNG工程建设必须满足天然气供给系统的总体要求，其主要功能是LNG的接收、再汽化和输送。LNG接收站是LNG气源与用户管网的连接点，也是LNG工程的主要内容。接收站的主要功能是接收、储存、再汽化。要求最大程度地优化运输，满足客户的需求波动；尽可能降低运行成本，减少损耗。

LNG采用低温储罐槽车经公路运输，到达目的地后，经LNG槽车自增压系统增压，然后进入LNG储罐。储罐中的LNG再经自增压系统压入气化器中气化，经调压计量送入城市管网。LNG液化后的体积远比气体小，在运输方面具有很大的优势。LNG接收站流程如图5-30所示。

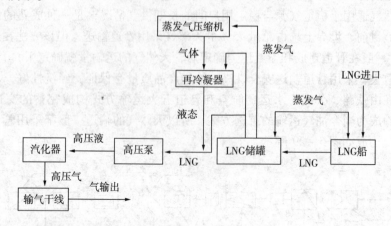

图5-30　LNG接收站流程

（三）压缩天然气（CNG）储运

CNG储运技术是利用气体的可压缩性，将常规天然气进行高度压缩至15～25MPa（在25MPa下，天然气可压缩至原来体积的1/300，大大降低了储存容积），再用高压气瓶组槽车通过公路运输，或将天然气充入一个管束容器（由高级钢管制成）中，将容器固装在运输船上海运，还可以将管束容器制成铁路运输槽车的形式通过铁路运输，在使用地的减压站（输配站）将高压天然气经1～2级减压（1.6MPa左右），然后泵入储罐，或进一步调压进入城市管网。瓶装压缩天然气输配工艺，将压缩天然气技术灵活应用到城市燃气输配系统，解决了超高压天然气系统与城市燃气管网系统的衔接、调压问题。瓶装压缩天然气输配工艺适用于许多中小城镇，特别是远离天然气管网的城镇。与气瓶组相比，管束容器虽然略重，但制作工艺较为简单，相同容积的造价更低，使用安全性及灵活性也好于高压气瓶组。CNG储运适用于零散用户及车用燃气的用气，它具有成本低、效益高、无污染、使用安全便捷的特点，且技术难度低，成熟度高，在我国得到了一定程度的应用。但由于其储气压力高达20MPa以上，对储存容器要求高，具有一定的危险性，而且能量存储密度不大，因此，不具有大规模发展应用的可能性。

（四）吸附（ANG）天然气储运

吸附储存天然气（ANG）技术是在储罐中装入高比表面的天然气专用吸附剂，利用其巨大的内表面积和丰富的微孔结构，在常温、中低压（3.5～6MPa）条件下将天然气吸附储存的技术。当储罐的压力低于外界压力时，气体被吸附在吸附剂固体微孔的表面；当外界的压力低于储罐的压力时，气体从吸附剂固体表面脱附而出供应外界。

ANG储运方式克服了CNG储存压力过高的缺点。决定ANG方法工业应用的技术关键是开发一种专用高效吸附剂和改进储存容器的结构设计。试验证明，吸附存储天然气的有效吸附剂是具有高微孔体积的活性炭。

ANG投资和操作费用比CNG低50%，储存容器无需隔热，储罐形状和材质选择余地大，且具有质轻低压、使用方便和安全可靠等优点，具有一定的发展前景。ANG技术对于储罐材质的要求较低,同时由于其工作压力较低,安全性能较好,投资较低,ANG 技术较为适用于天然气短距离储运及油田零散气的回收,亦可以在较低的生产成本下,灵活的实现对边远地区燃气用户的零散供气及大型燃气用户的燃气调峰。但由于其有效储气密度低、吸附剂寿命有限等,需开发甲烷吸附量高的天然气专用吸附剂,使其在工业方面的应用范围受到了限制。

(五) 天然气水合物(NGH)储运

天然气水合物(NGH)储运是利用天然气水合物的巨大储气能力,将天然气利用一定的工艺制成固态的水合物,然后再把水合物运送到储气站,在储气站气化成天然气供用户使用。

天然气水合物是由水分子形成的孔穴吸附小分子烃类气体而形成的一种笼形结晶化合物,在标准状态下,$1m^3$ 的气体水合物可储存天然气 $150 \sim 200m^3$。实验研究表明:在 $0 \sim 20℃$ 和 $2 \sim 6MPa$ 压力下,在搅拌容器中形成的天然气水合物,可被冷冻和储存在 $-5℃$、$-10℃$、$-18℃$ 的冷库中 10 天。天然气水合物在大气压下保持冻结时仍然是稳定的。

虽然 NGH 的储气比相对比较低,但 NGH 对生产设备的要求不高,生产成本低,储存的条件相对较易实现,在水合物状态下储存天然气的设备不需要承受高压,且 NGH 本身的热导率低,不需特别的绝热措施,储罐可用普通钢材制造,对材料要求不高,而且储存和运输过程中安全性是相对较高的,充分显示了天然气水合物的发展前景。目前,水合物储运天然气技术需要解决的关键技术问题是水合物的大规模快速生成、固化成型、集装和运输过程中的安全问题。

天然气水合物运用轮船运输较为普遍。水合物固化后,根据其特性,可用货车或火车运输;也可以将固化成型的水合物打成浆体的形式,运用现有的管道进行输送。但运输时降低浆体的黏度也是一大问题。

NGH 储运技术是近几年国外研究发展的一项新技术,由于 NGH 储量丰富,应用前景广阔,现已成为能源前沿科学的热点课题。一个单位体积的 NGH 固体中可含有 $100 \sim 300$ 倍体积的天然气气体,以水合物形式来储运天然气具有体积小的优点。同时,NGH 的储存压力比 CNG 和 LNG 低,增加了系统的安全性和可靠性。另外,NGH 储运方式不需要复杂的设备(只需一级冷却装置),工艺流程简化;在水合物状态下储运气体的装置不需要承受压力,采用普通钢材制造即可。

(六) 其他天然气储运方式

除上述天然气储运方式以外,还有液化石油气(LPG)储运、天然气合成油(GTL)储运、以电能的形式输出天然气能源(GTW)、天然气容器储存、天然气在溶剂中储存、地下储气库(UNGS)储气等。

(七) 气体输送工艺的比较

管道天然气(PNG)输送技术成熟,安全性高,经济性好,对环境污染小。但受气源、距离及投资等条件的限制,且越洋运输不易实现,而且输送压力高,运行、维护费用较大、成本高。

压缩天然气(CNG)的生产输送过程技术难度低、成熟度高,具有灵活性强、投资少等特点,且减压站可在使用地附近建立,特别适合于用气量不大、用户距气源及输气干线较远的情况。缺点是 CNG 为常温高压储存,运行费用较大,不适合远距离输送,存在较大的安全隐患。

液化天然气(LNG)输送方式在大规模、长距离、跨海船运方面应用广泛,其储存密度大、压力低、系统的安全性和可靠性比较高,但天然气液化临界压力高、临界温度低、液化成本高、技术难度大,建设初期成本巨大,输配站受安全因素制约,不能在人口稠密地区设立。且LNG由于储存温度低,一旦发生泄漏将很快形成爆炸云团,在生产和储运过程中有很高的危险性。

吸附(ANG)储存天然气降低了储存压力,使用安全方便,投资较低,储存容器无需隔热,材质选择余地大,质轻,低压,具有一定的发展前景。但由于其气体储存密度不大、吸附剂寿命有限等,需开发甲烷吸附量高的天然气专用吸附剂,使其在工业方面的应用范围受到了限制。

天然气水合物(NGH)储存密度高,投资运行费用低,安全性高,具有较大的应用市场和发展潜力,储运技术目前已能够满足工业应用要求,但还不成熟,处于研究发展阶段。日本、挪威等国已经着手进行工业试生产,国内在这方面起步较晚,目前尚无应用NGH技术进行水合物输运的例子。NGH是由水分子构成的空穴吸附气体分子而形成的固体化合物,分解需要吸收大量热能。此外,水合物本身具有绝热效应,NGH即使暴露在大气中,由于NGH的分解受热传导的影响,气体的释放速率慢,被点燃也燃烧缓慢,彻底抑制了由于天然气大量泄漏而可能导致的爆炸事故。天然气水合物储运技术的发展与应用必将带动相关工业的发展,产生巨大的经济效益和社会效益。

二、天然气凝液回收及储运

(一) 天然气凝液(NGL)回收

天然气凝液(NGL—natural gas liquid)是从天然气中回收的且未经稳定处理的 C_2^+ 液体烃类混合物的总称,一般包括乙烷、液化石油气和天然汽油(稳定轻烃)成分,也称混合轻烃。

天然气凝液回收就是回收天然气中乙烷以上的组分,所以天然气凝液中含有乙烷、丙烷、丁烷、戊烷及更重烃类;从天然气中回收凝液的过程称为天然气凝液回收或天然气液回收(NGL回收),我国习惯上称为轻烃回收,实际上轻烃回收和天然气凝液回收都是一回事。轻烃凝液中主要组分是 C_2、C_3、C_4 和 C_5^+。C_2 主要用作化工原料生产乙烯;从天然气回收的 C_2 占 C_2 生产总量的绝大部分份额;乙烯是有机合成产品的基础原料,可生产数百种合成材料,是产量最多、最重要的化工中间产品。C_3 主要用做燃料,其次为化工原料。C_4 主要用于生产乙烯和作为车用汽油的添加剂。C_3+C_4 是液化石油气的主要成分。C_5 主要用于生产汽油,少量用于化工原料。C_5^+ 称为天然汽油,我国称为稳定轻烃,可作为汽油的调和组分和作为生产溶剂油的原料。

1. 天然气凝液回收的目的和意义

从天然气中回收的组分,即天然气凝液(NGL)或称"轻烃或轻油",分馏成各种附加值高的产品,来增加油气田利润。

从天然气中回收凝液的目的有三种:满足天然气管输要求;满足商品天然气的质量(燃烧热值)要求;在某些条件下,需最大限度地追求(经济效益)轻烃凝液的回收量,使天然气成为贫气。

具有降低油气损耗,回收凝液的产品是重要的民用燃料和化工原料;提高资源的综合利用率，可获得显著的经济效益和社会效益；有利于改善天然气的质量，控制管输天然气的烃露点，防止液态烃在输气管道中凝析出来，影响正常输气。

2. 凝液回收的方法

天然气凝液的回收首先要把需要凝析的组分液化，然后与以 C_1 或 C_1+C_2 为主体的气体进行分离。

从天然气中回收轻烃凝液组分经常采用的工艺方法主要有：油吸收法（常温或低温）、吸附法和冷凝分离法等。常温油吸收法能耗高、C_3^+ 收率低，后来发展成低温油吸收法，能耗仍然较高，但目前在炼油厂回收裂解气中 C_2^+ 组分时仍然采用，因为炼油厂热源多，有废热可利用。吸附法因投资多，能耗大，收率低，即使在国外近 20 多年来也无多大发展。国内外近 20 年来已建成的凝液回收，大多采用冷凝法；有用冷剂制冷的，有用气体膨胀制冷的，或者联合应用两种制冷工艺的；目的是获得低温，在一定压力下，使原料气的 C_2^+ 组分冷凝，然后分馏成各种产品。

冷凝回收的工艺过程不外乎下列程序：

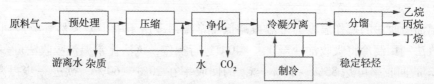

原料气预处理主要用分离器；增压用压缩机，如果原料气本来压力就高，根据回收深度要求也可以不增压；净化是脱去原料气中的水、CO_2（含量特高不脱不行）和 H_2S 等对冷凝回收有影响的物质。可以有吸收法或吸附法。关于预处理、增压、净化在有关章节已经介绍，此处不再介绍。

（1）吸附法

固体吸附法提取天然气液烃的原理类同于天然气干燥，只是因目的不同而采用的吸附剂有别。吸附法利用具有多孔结构的固体吸附剂（如活性氧化铝或活性炭）对烃类组分吸附能力强弱的差异，而使天然气中的重组分与轻组分得以分离，主要用于天然气中回收重烃类，且处理规模较小（小于 $60\times10^4 m^3/d$）及较贫的天然气（液烃含量 $13\sim14 mL/m^3$）。工业上常用于回收天然气液烃的固体吸附剂有硅土、分子筛、活性氧化铝、活性炭等。1kg 的活性炭具有 $106 m^2$ 的有效吸附面积，其吸附能力很强。因此，活性炭就成为工业上提取液烃的重要吸附剂。

活性炭等吸附剂，对天然气组分表现出较强的选择性：只是吸附 C_3^+ 的烃类组分，而对其他较轻的组分不显示明显的吸附能力。这就是提倡采用吸附法提取天然气液烃的主要依据。实践证明，活性炭对丙、丁烷的吸附过程，只需要 $1\sim2 min$ 即可达到饱和吸附。

原料气首先进入分离器分离出液、固杂质后，从分离器顶部流出，并流入吸附器中。天然气中的丙烷、丁烷等重组分被吸附剂所吸附，脱液烃后的天然气经换热后流出装置。

当某吸附器中的填料为重烃所饱和时就停止向该吸附器供气，并通入热的再生气使被吸附的烃类脱吸，将此富含液烃的再生气冷却并导入分离器，使天然气液烃与再生气分离，此过程称为解吸。解吸后的吸附器可重复使用。

吸附法工艺装置简单，投资费用较小；吸附床可再生重复利用，但由于再生的能耗高且吸附床笨重而昂贵、运行成本较高,生产产品单一(液化气和天然汽油),吸附剂的吸附容量等问题没能得到很好解决,吸附装置一般只限于处理 $3\sim50\times10^4 Nm^3/d$ 的小流量天然气或者大流量的贫气(液烃含量低于 $1\sim20 g/Nm^3$),现已很少应用,只有在特定情况下使用,如用于偏远地区控制烃露点。该法始于1918年,由于不能连续操作及产品范围的局限性,致使吸附法始终未在工业上获得广泛应用。

(2) 油吸收法

油吸收法是基于天然气中各组分在吸收油中的溶解度的差异而使轻、重烃组分得以分离的方法。它是利用烃类互溶的特点制定的。相对分子质量和沸点愈接近的两种烃类互溶性愈大,分离愈难;压力愈高、温度愈低,溶解度愈大。利用烃类的互溶特性,在高压、低温下用吸收油(直链烷烃的混合物)吸收天然气内的各种组分,特别是天然气凝液(NGL)组分;吸收了各种组分的富吸收油在低压、高温下与吸收质蒸馏分离,使吸收油得到再生,循环使用。通常采用石脑油、煤油或柴油作吸收油。

按照吸收操作温度的不同,油吸收法往往分为常温油吸收和低温油吸收法(冷油吸收法)两种。

常温油吸收法的操作温度为常温或略低于常温,多用于中小型天然气凝液回收装置;冷油吸收法利用制冷将吸收油冷至 $0\sim-40$℃进行操作,该法比常温油吸收法可多回收 C_2^+ 液烃,C_3 的回收率可达 $85\%\sim90\%$,C_2 的回收率在 $20\%\sim60\%$,欲进一步提高丙烷收率,需要用低相对分子质量吸收油,这将使解吸过程中吸收油损失增加。常用于较大型的气体加工厂。

常温油吸收法是一种传统的从气体中提取液化石油气和天然汽油的重要方法。该法用吸收油在一吸收塔(填料塔或板式塔)中与天然气逆流接触传热传质,由于甲烷、乙烷、液化石油气、天然汽油在吸收油中的溶解度不同,吸收油可吸收大部分丙烷、丁烷和天然汽油,而不吸收甲、乙烷,于是可实现分离;离开吸收塔的液体称为富油,它含有全部被吸收组分,富油经解吸塔加热后解吸,将吸收油与已被吸收了的组分分开,吸收油循环使用,被吸收组分送往分馏设备进行进一步分离。油吸收工艺是烃类气体通过油吸收法进行分离,其实质属于多组分的吸收分离。

冷油吸收法是在常温吸收法的基础上,基于低温有利于吸收的原则,增加冷冻单元将吸收油冷至一定温度进行吸收的工艺,其原理、计算和流程与常温油吸收法是大同小异。

油吸收法的优点是系统压降小,允许采用碳钢钢材,对原料气预处理没有严格要求,单套处理能力大;但是由于油吸收法的工艺流程复杂,投资费用和运行成本高;直至20世纪60年代中期还是天然气分离工艺中使用最多的方法;但随着制冷技术的发展,自1970年以后,油吸收法在新建装置中已很少采用;因而后来逐渐被更加经济有效的冷凝分离法所取代。

(3) 冷凝分离法

冷凝分离法(低温分离法)则是利用原料气中各烃类组分冷凝温度的不同,通过将原料气冷至一定温度,从而将沸点较高的烃类冷凝分离,并经凝液精馏分离成合格产品的方法。其最根本的特点是需要提供较低温位的冷量使原料气降温。低温分离法由于具有较高的轻烃回收率和装置的高适应性而得到广泛的应用,目前居于主流地位。

天然气是混合气体,组分中有低沸点组分,也有高沸点组分,高沸点组分一旦与较低沸点组分混合,并不是在其纯组分沸点温度下能将它冷凝的,其冷凝温度与组成有关。

天然气中含有大量低沸点的甲烷,冷凝分离时主要将丙烷和丁烷等较重的轻烃冷凝下来,大部分的甲烷和乙烷并未冷凝,因此称这种冷凝过程为部分冷凝过程。它通常根据天然气的组成以及要求回收液烃的程度不同,天然气的冷凝分离(或称冷冻分离)工艺有浅冷与深冷分离之分。

所谓浅冷分离一般是指以回收丙烷为主要目的,制冷温度不低于 $-30℃$(一般在 $-15 \sim -25℃$ 左右)的分离工艺;深冷分离则是指以回收乙烷为目的或要求丙烷收率大于 90%,制冷温度达到 $-75 \sim -130℃$(一般在 $-90 \sim -100℃$ 左右)的分离工艺;而中冷温度一般在 $-30 \sim -60℃$,有时也把中冷温度归于深冷部分。浅冷分离常用的制冷工艺有外加制冷循环法、直接膨胀制冷法和混合制冷法、压缩法等。根据所处理气体的组成的不同,丙烷的收率可达到 50%~70%。而深冷工艺主要有复叠式制冷、膨胀制冷和膨胀制冷与冷剂制冷相结合的混合(复合)制冷法,丙烷收率可达 85% 以上。

冷凝分离法最根本的特点是需要提供较低温的冷量,使原料气降温。根据提供冷量的方式不同,可分为以下三种:

①外加制冷循环方法

外加制冷循环方法也就是直接冷凝法。该方法所需冷量由独立设置的制冷循环系统产生的冷量提供,循环可能是单级的,也可能是逐级串联的。冷冻介质可能是氨,也可能是丙、乙烷等,具体选择取决于天然气压力、组分和分离要求等。

②直接膨胀制冷方法

直接膨胀制冷方法即膨胀冷凝法,也就是气体绝热膨胀法,这种方法所需冷量是由原料气或经过分离后的干气通过串入系统中各种型式膨胀制冷元件提供,不单独设置冷冻循环系统。

所谓膨胀制冷元件是指能使通过它的气体降低温度的机械设备,最简单的是节流阀(气田常用针形阀),最常用的是膨胀机(包括一般透平、活塞式膨胀机和新型的热分离机即转动喷嘴膨胀机)。

这种方法工艺流程简单,设备紧凑,启动快,建设投资和运转费用低。制冷过程中最低温度位可以适当调节,因此是目前正在大力发展的方法。

③混合制冷方法

混合制冷方法是前述两种方法的组合,即冷量来自两部分:一部分由直接膨胀制冷提供,不足部分冷量则由外加制冷源提供,因此适应性较大,即使外加制冷循环(一般为丙烷冷冻循环)发生故障,整套装置也能保持在较低收率下继续运转。这种方法的外加制冷循环比第一种方法容量小,流程简单,混合制冷方法的外加制冷循环,主要解决原料气中高沸点的重烃的冷凝,而膨胀制冷可以用到较低温度位,以提高乙烷和丙烷收率。

另外浅冷分离常用的制冷工艺还有压缩法,是利用压缩机对原料气进行压缩,使其压力提高,压缩后的气体经冷却,分离出部分的凝析油。这种方法在能量的消耗上不经济,目前已很少单独使用,一般与其他几种方法联合使用。

(二)天然气凝液(NGL)储运

天然气凝液经稳定切割后得到各种纯度较高的产品,如商品乙烷、丙烷、丁烷、丙丁烷混合物等液化石油气、稳定轻烃,在油气田设计中统称为轻烃。稳定轻烃也叫天然汽油,俗称轻质油,简称轻油。稳定轻烃按蒸气压范围分为两种牌号,其代号分别为Ⅰ号和Ⅱ号。这些产品通过设置相应的储存和分配设施以供销售。

1. 轻烃运输

(1) 运输方式的选择

将轻烃从气体处理厂运送到销售站(或储存站、灌瓶站、化工厂)的方式分为三种:管道输送、铁路槽车运输、汽车槽车运输。

管道运输的一次性投资较大,钢材用量多,但运行安全,管理简单,运行费用低,适用于输量大、距离较近的情况。

铁路槽车与汽车槽车比较,运输能力大、运费较低,与管道路输送相比较为灵活。但是铁路运输的调度和管理比其他方式复杂,受铁路接轨和专用线建设条件的限制,这种运输方式适用于运距长、运输量大的情况。

汽车槽车运输能力小、运费高,但其灵活性较大,适用于运距短、运输量小的情况。目前油气田中多用管道输送和汽车槽车运输。

轻烃的运输方案应根据具体情况,对各种可能采取的运输方式进行技术经济比较后确定。

(2) 管道输送

液态轻烃的管道输送按其工作压力 $p(MPa)$ 一般可分为三级:Ⅰ级管道,$p>4.0$;Ⅱ级管道,$1.6<p\leqslant 4.0$;Ⅲ级管道,$p\leqslant 1.6$。

液态轻烃的管道输送按介质分类有乙烷管道、丙丁烷管道、液化气管道、轻质油管道五大类,最常见的是液化气和轻质油管道。

为防止轻烃在管道中汽化,应对管道敷设的最高翻越点进行压力校核。在气温较低的情况下,应采取保温措施,以防管道冻结;在气温较高的地区应采取保冷措施,以防液态烃温度升高,管道超压造成破坏。

(3) 铁路槽车运输

目前国内专门拉运轻烃的槽车较多。为了加强对铁路槽车的安全管理,所选用的槽车应符合《液化气体铁路槽车技术监察规程》和国家有关轻油罐车的技术规定,以保证安全运行。

铁路运输液化石油气必须使用专门的液化石油气槽车。

运输Ⅰ号稳定轻烃时必须采用与该产品饱和蒸气压相适应的压力槽车,也可用液化气槽车代替。运输Ⅱ号稳定轻烃时可采用现行的汽油槽车或汽油铁槽。

液化气槽车采用"上装上卸"的装卸方式。全部装卸阀件及检测仪表均设在人孔盖里,并用护罩保护。

为防止槽车在装卸过程中因管道破坏而造成事故,在装卸管上装设了紧急切断装置。

为了测量罐内的液位,在人孔盖上设有滑管液位计。测量液面时,将滑管拔出至液、气分界面上,通过排液(气)检测液面高度。

系统中还装有手拉阀,当发生意外时,拉动手柄使油路系统卸压,关闭紧急切断阀。

(4) 汽车槽车运输

目前我国使用的液化气汽车槽车主要有三种型式:固定槽车、半拖式固定槽车和活动槽车。这些槽车多数是专门装运液化气的,也可装运轻质油。

液化气汽车槽车的装卸过程与铁路槽车基本相同,只是汽车槽车采用下装下卸式。而装卸轻油一般采用上装下卸式。

2. 轻烃储存

(1) 储存方法

①油气田液化石油

储存按工艺分界目前有三种:常温压力储存、低温压力储存和低温常压储存。按储存方式又可分为储罐储存、地层储存和固态储存。目前国内常见的方法为常温压力液态储罐储存。

②稳定轻烃

目前多为储罐储存。对于Ⅰ号稳定轻烃产品采用常温压力储罐储存;对于Ⅱ号稳定轻烃产品,可采用常压密闭容器储存,严禁用常压容器充装Ⅰ号稳定轻烃产品。

(2) 储存方式的选择

轻烃储存方式的选择主要取决于储量大小、工艺条件和经济指标。

①常温压力储存

轻烃储存目前国内多采用常温压力储罐储存。常温压力储存的设计压力随气温而变化,并接近或略低于气温下的饱和蒸气压力。

常用的储罐有球罐和卧式罐。储罐形式的选择主要取决于单罐的容积大小和加工条件。当储罐公称容积不小于120m^3时选用球形罐,小于120m^3时选用卧式圆筒罐。

②低温常压储存

低温常压储存是指液化石油气在低温(如丙烷在 -42.7℃)下,其饱和蒸气压力接近常压的情况下的储存方式。此时将液化石油气储存在薄壁容器中,可减少投资和钢材耗量,但是需要制冷设备和耐低温钢材,罐壁需要保温,管理费用较高,通常当单罐储量超过2000t时才考虑使用。

低温常压储罐一般为拱顶盖双层壁的圆筒形钢罐。

低温常压储存是将液化石油气首先冷却至储罐设计温度后进入常压储罐。为防止周围大气通过绝热层传入热量使罐内液化石油气升高温度,必须将这部分热量通过冷却方式带走,以保证低温储存罐正常工作,使罐内温度和压力保持稳定。

③低温压力储存

这种储存方式是根据当地气温情况将液化石油气降到某一适合温度下储存,其储存压力较常温压力储存低。优点是储罐壁薄,使投资少、耗钢量减少,虽然需要制冷设备,但工艺过程比低温常压储存简单,运行可靠,运行费用较少。如丙烷在 +48℃时,饱和蒸气压为1.569MPa,而在0℃时只有0.366MPa。就单个体罐壁而言两者比较,低温压力储存可节省40%左右。据计算,当储存规模在1000t以上时,对于北方地区,制冷系统运行时间较短,常年运行费用少,采用低温压力储存更为经济。

低温压力储存的工作原理与直接冷却式低温常压储存相似,其冷却系统一般用水作冷媒。

(3) 储罐储存的辅助设施

根据工艺要求,储罐应设置接管、附件及检测仪表等。

①储罐的液位计量设施

尽量采用自动控制仪表计量,在仪表室集中观测液面,同时要设置直观液面计。

②轻烃罐切水设施

混合轻油、液化石油气中一般都含有水分。而水在液态碳氢化合物中，随着温度的不同溶解度也不同。温度降低使轻烃中的水分部分沉降下来，如不排除，在罐造成冻结，带入管道中还会冻堵管道。所以储罐应有沉降脱水及排水设施。

③轻烃罐的防晒措施

由于轻烃受热后体积膨胀，使罐内压力升高，必须采取防晒措施。目前国内通常采用的保冷防晒措施有保冷、淋水、埋地、遮阳等几种方法。其中采用较多的是淋水方法。

④储罐之间的平衡管

轻烃系统无压缩机时，罐区内各储罐之间应用气体平衡管连通。有压缩机时，储罐气体空间均与压缩机进口连通，不必另设平衡管。

3. 轻烃计量

轻烃交接计量地点设在供方所在地的站、库、码头等处。如供方暂时不具备上述条件，可在双方临时协商同意的地点进行交接。

轻烃交接计量方式有四种：压力容器液位计量、流量计(标准孔板)计量、铁路罐车计量和称重(外销地衡)计量。液位计量和流量计计量主要需要考虑体积、密度、温度、压力四方面的因素，外销地衡计量主要考虑地衡本身的准确度因素。

轻烃交接计量方式由供方根据需要选择确定，计量器具由供方负责操作，买方监护。计量员(监护员)必须持有省、部级计量主管部门或其授权的计量技术颁发的操作证书。

轻烃交接计量所用的计量器具，必须按国家规定由法定计量技术机构或有关人民政府计量行政部门授权的技术部门进行周期检定，经检定合格后方可使用。无合格证书、超过检定周期、铅封损坏或不合格的计量器具不准使用。

☞ **复习思考题：**

1. 天然气净化采用的主要方法有哪些？
2. 天然气脱水的目的和方法是什么？
3. 天然气脱水工艺如何选择？
4. 天然气脱酸性气体的方法有哪些？
5. 天然气脱硫方法应如何选择？
6. 活塞式天然气压缩机的种类、原理、结构及故障分析。
7. 离心式天然气压缩机的种类、原理、结构及故障分析。
8. 分馏塔是如何进行分类的？
9. 填料塔的分类、结构及特点。
10. 换热设备是如何进行分类的？
11. 换热器清洗的方法有哪些？
12. 天然气的储运方式有哪些？
13. 天然气输送工艺相比较有何特点？
14. 天然气凝液回收的概念、目的及意义。
15. 天然气凝液有哪些回收的方法？
16. 稳定轻烃是如何进行储存和运输的？

第六章 输油管道及计量

管道输送是原油运输的主要方式。一类是油田矿场内部的集输管道；另一类是长距离输送原油的管道，称为长输管道。长输管道由输油站、输油管道及辅助系统设施组成。输油站的基本任务就是提供一定的能量（压能和热能），将原油保质、保量、安全、经济地输送到目的地。

第一节 管道输油工艺

一、等温输送工艺

常温下，低黏、低凝原油一般不需要加热就可以用泵通过管道进行输送。在沿管道输送过程中，原油的温度接近于周围土壤温度，油流与土壤之间很少有热量交换，所以又称等温输送。油品沿管道输送时，只需克服油流与管壁及油流层间的摩擦力。油流在输送过程中所消耗的能量，由管道沿线设置的输油泵站逐段供给。为了保证输油过程平稳、安全输送，输油管道沿线各个输油泵站的能量供给之和必须大于或等于全线管道的能量消耗之和。

（一）离心输油泵的工作特性

在恒定转速下，泵的扬程与排量（$H-Q$）的变化关系称为泵的工作特性。另外，泵的工作特性还应包括功率与排量（$N-Q$）特性和效率与排量（$\eta-Q$）特性。

对固定转速的离心泵机组，可以由实测的几组扬程、排量数据，用最小二乘法回归得到泵机组的特性方程。

$$H = a - bQ^{2-m} \tag{6-1}$$

式中 H——离心泵扬程，m 液柱；

Q——离心泵排量，m^3/s；

a、b——常数；

m——管道流量-压降公式（列宾宗公式）中的指数；在水力光滑区内 $m=0.25$，混合摩擦区中 $m=0.123$。

对于目前长输管道上常用的离心泵机组，在水力光滑区或混合摩擦区计算中，上式的回归结果与实测特性曲线的误差一般小于2%。

（二）泵站的工作特性

输油站的工作任务就是不断地向管道输入一定量的油品，并给油流供应一定的压力能，维持管内油品的流动。故泵站的工作特性就是泵站所输出的流量 Q 和压头 H 间的变化关系。输油站的压力能主要是由离心泵机组提供的，所以泵站的工作特性即是运行泵机组的联合工作特性。当站内只有一台泵机组工作时，则该泵机组的特性曲线即为泵站的特性曲线。由多台泵机组共同工作的泵站工作特性曲线，根据机组的组合情况，由各台泵机组的工作特性曲线串联或并联相加而得。

多台泵机组串联工作时，泵站的特性曲线，由所有串联的各机组的特性曲线串联相加而得，即在同一流量下，将各机组的扬程值叠加；多台泵机组并联工作时，泵站的特性曲线，由所有并联的各机组的特性曲线并联相加而得，即在同一扬程下，将各机组的流量值叠加。当泵站上的泵机组既串联又并联工作时，也应先由各泵机组特性串联和并联相加得到泵站特性曲线，然后在特性曲线上取点，回归出泵站特性方程。

如图6-1所示的四台泵机组的组合方式，其泵站特性曲线可由单泵特性曲线先串联相加后再并联得到，如图6-2(a)所示。其中曲线1为一台泵机组的特性曲线，曲线2是2台泵机组串联后的特性曲线，曲线4是所求的特性曲线。也可以由单泵特性曲线先并联后再串联相加而得，如图6-2(b)所示。其中曲线1为1台泵机组的特性曲线，曲线3是2台泵机组并联后的特性曲线，曲线4是所求的特性曲线。

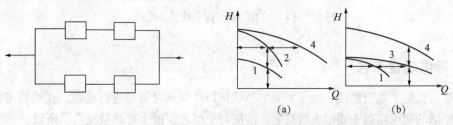

图6-1 离心泵的串并联工作　　　　图6-2 泵站的特性曲线

泵站的工作特性，反映了泵站的扬程与排量之间的相互关系，即泵站的能量供应特性。泵站的排量就是输油管道的流量，泵站的出站压头（等于进站压头与泵站扬程之和减去站内摩阻）就是油品在管内流动过程中克服摩阻损失、位差和保持管道终点剩余压力所需要的能量。输油管道全线各泵站的能量供应之和必然等于全线管道的能量需求。为了保证完成输油任务，泵站的排量必须大于或等于任务流量。

（三）管道的工作特性

管道的工作特性系指管径、管长一定的某管道，输送性质一定的某种油品时，管道压降H随流量Q变化的关系。由管道压力能的计算公式可得下式：

$$H = \beta \frac{\nu^m L}{d^{5-m}} Q^{2-m} + \frac{8\xi}{\pi^2 d^4 g} Q^2 + (Z_z - Z_Q) \tag{6-2}$$

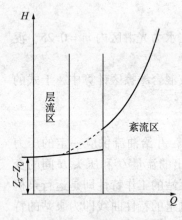

图6-3 管道的特性曲线

由于长距离管道上，局部阻力总是占很少的一部分，上式的第二项可以忽略不计。也可以用曲线来表示，该曲线就称为管道的工作特性曲线。当高程差$\Delta Z = 0$时，管道的特性曲线通过坐标原点。当ΔZ不为0时，纵坐标上的截距即为ΔZ值。当$\Delta Z < 0$时，曲线由低于坐标原点ΔZ处开始。

随着流态变化，各区管道特性曲线的曲率也相应变化，如图6-3所示。实际应用中一般只画出管道实际流量范围的一段曲线，应用它来定性分析管道摩阻的变化情况较为直观、方便。也可用图解法确定泵与管道系统的工作点。

当一条管道的d、L、ΔZ一定，输送一种油品（ν一定）

时，其特性曲线就一定。当 d、L、ΔZ 和 ν 中任一参数发生变化时，管道的特性曲线就发生变化。例如，同一管道，当所输油品黏度不同，或管道阀件节流程度不同时，管道特性曲线的陡度就不同。黏度愈大、节流愈多，管道特性曲线愈陡。不同的管道，管径愈小、管道愈长时，管道特性曲线愈陡。

对于前后管径不同的变径管，其总的管道特性曲线为前后两段管道特性曲线的串联相加，如图 6-4(a) 所示。对于平行管段，其总的管道特性曲线由主、副两管段的特性曲线并联相加，如图 6-4(b) 所示。

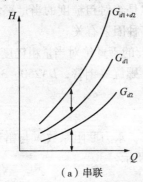
（a）串联

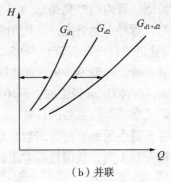
（b）并联

图 6-4 管道特性曲线

（四）输油管道的压能损失

管道输油过程中压力能的消耗主要包括两部分，一是用于克服地形高差所需的位能，对某一确定的输油管道，它是不随输量变化的固定值；二是克服油品在管道中流动过程中的摩擦和撞击产生的能量损失，即摩阻损失。

长输管道的摩阻损失包括两部分，一是油流通过直管段所产生的摩阻损失，简称沿程摩阻损失；二是通过各种阀件和管件所产生的摩阻损失，简称局部摩阻损失。

1. 沿程摩阻损失

（1）达西公式

管道的沿程摩阻 h_1 可由达西公式计算

$$h_1 = \lambda \frac{L}{d} \frac{v^2}{2g} \tag{6-3}$$

式中 L——管道长度，m；
d——管道内径，m；
v——油品的平均流速，m/s；
g——重力加速度，m/s^2；
λ——水力摩阻系数；

水力摩阻系数 λ 随流态不同而不同，理论和实验都证明，λ 是雷诺数 Re 和管壁相对粗糙度 ε 的函数。其中

$$Re = \frac{dv}{\nu} = \frac{4Q}{\pi d \nu} \tag{6-4}$$

式中 ν——油品的运动黏度，m^2/s；
Q——油品在管道中的体积流量，m^3/s。

雷诺数标志着油流中惯性力与黏滞力之比。雷诺数小时，黏滞力起主要作用；雷诺数大时，惯性力损失起主要作用。

相对粗糙度 $$\varepsilon = \frac{2e}{d} \tag{6-5}$$

式中 e——管壁的绝对当量粗糙度，m。

①管壁的绝对当量粗糙度的确定

管壁的绝对粗糙度是指管子内壁凸起高度的统计平均值。由于制管及焊接、安装过程中的多种原因，管内壁难免是凹凸不平的。计算所用的多是绝对粗糙度的当量平均值，其数值与管材、管径、制管方法、使用年限和腐蚀程度等多种因素有关。

《输油管道工程设计规范》(GB 50253—2003)中所推荐的管壁绝对当量粗糙度 e 设计取值为：无缝钢管，$e = 0.06$mm；直缝钢管，$e = 0.054$mm；螺旋缝钢管，$DN250 \sim 350$mm，$e = 0.125$mm；$DN400$mm 以上时，$e = 0.10$mm。

②不同流态的摩阻系数的计算

流体在管道中的流态按雷诺数来划分，在不同流态区，水力摩阻系数 λ 与雷诺数及管壁粗糙度的关系不同，我国目前常用的公式，如表 6-1 所示。

表 6-1 不同流态的划分

流态		划分范围	$\lambda = f(Re, \varepsilon)$
层流		$Re < 2000$	$\lambda = \dfrac{64}{Re}$
紊流	水力光滑区	$3000 < Re < Re_1 = \dfrac{59.5}{\varepsilon^{8/7}}$	$\dfrac{1}{\sqrt{\lambda}} = 1.8\lg Re - 1.53$ $Re < 10^5$ 时 $\lambda = 0.3164 Re^{-0.25}$
	混合摩擦区	$\dfrac{59.5}{\varepsilon^{8/7}} < Re < Re_2 = \dfrac{665 - 765\lg\varepsilon}{\varepsilon}$	$\dfrac{1}{\sqrt{\lambda}} = -2\lg\left(\dfrac{e}{3.7d} + \dfrac{2.51}{Re\sqrt{\lambda}}\right)$ $\lambda = 0.11\left(\dfrac{e}{d} + \dfrac{68}{Re}\right)^{0.25}$
	粗糙区	$Re > Re_2 = \dfrac{665 - 765\lg\varepsilon}{\varepsilon}$	$\lambda = \dfrac{1}{(1.74 - 2\lg\varepsilon)^2}$

当雷诺数在 2000 以内时，流态为层流，液流的质点平行于管道中心轴线运动，水力摩阻系数 λ 与雷诺数 Re 有关，$\lambda = f(Re)$。

流态由层流转为紊流，是一种突变，但发生突变时的雷诺数值，却因受影响流动的因素不同而不同，例如流动通道的形状、油流温差而引起的自然对流等。突变的雷诺数值一般在 2000 到 3000 之间。但对于热重油管道，也有 $Re < 2000$ 时已进入紊流的现象。在该范围内流动状态很不稳定，通常应尽量避免在该区域工作。在该区内，λ 值尚无成熟的计算公式，暂按紊流光滑区计算。

当雷诺数 $Re > 3000$ 时，管内流态处于紊流，紧贴管道内壁的是层流边界层，在该层内流体作层流运动，除了层流边界层以外的流体作紊流运动。层流边界层的厚度随着紊流扰动的剧烈程度不同而发生变化，根据层流边界层的厚度是否能盖住管道内壁粗糙程度，可划分为水力光滑区、混合摩擦区和完全粗糙区。

当层流边界层的厚度是能盖住管道内壁全部粗糙突起时，λ 与 Re 有关，称为水力光滑区。

随着 Re 增大，层流边界层的厚度变薄，一部分粗糙突起伸出在层流边界层之外，油流撞击这些突起，形成旋涡，粗糙度对水力摩阻系数 λ 发生影响，是 Re 和 ε 的函数，$\lambda = f(Re,\varepsilon)$。

当 Re 增大到一定程度时，层流边界层的厚度变得更薄，此时，管壁粗糙突起几乎全部露出在层流边界层之外，油流的惯性损失占主导地位，水力摩阻系数 λ 只决定于粗糙度，该区称为粗糙区或阻力平方区。

紊流的分区，在数值上是以临界雷诺数 Re_1 和 Re_2 为标志来分界的。对于某一管径的管子，其临界雷诺数的数值取决于管壁的绝对当量粗糙度，故当管内油流的雷诺数接近临界值时，合理确定粗糙度数值，成了准确判别流态区和计算 λ 的关键因素，需要谨慎对待。

（2）列宾宗公式

使用达西公式计算沿程摩阻，由于 λ 是 Re 和 ε 的函数，很难分析各参数对摩阻的影响。对达西公式中的各参数进行重新整理，可得到列宾宗公式：

$$h_l = \beta \frac{Q^{2-m}\nu^m}{d^{5-m}}L \tag{6-6}$$

其中

$$\beta = \frac{8A}{4^m \pi^{2-m} g}$$

各流态的 A、m 及 β 值及沿程摩阻计算式，如表 6-2 所示。

表 6-2　不同流态的摩阻计算公式表

流态		A	m	$\beta/[s^2/m]$	h_l/m 油柱
层流		64	1	$\frac{128}{\pi g} = 4.15$	$h_l = 4.15 \frac{Q\nu}{d^4}L$
紊流	水力光滑区	0.3164	0.25	$\frac{8A}{4^m \pi^{2-m} g} = 0.0246$	$h_l = 0.0246 \frac{Q^{1.75}\nu^{0.25}}{d^{4.75}}L$
	混合摩擦区	$10^{0.127\lg\frac{e}{d}-0.627}$	0.123	$\frac{8A}{4^m \pi^{2-m} g} = 0.0802A$	$h_l = 0.0802A \frac{Q^{1.877}\nu^{0.123}}{d^{4.877}}L$ $A = 10^{0.127\lg\frac{e}{d}-0.627}$
	粗糙区	λ	0	$\frac{8\lambda}{\pi^2 g} = 0.0826\lambda$	$h_l = 0.0826\lambda \frac{Q^2}{d^5}L$ $\lambda = 0.11\left(\frac{e}{d}\right)^{0.25}$

表 6-2 中所列各流态区的摩阻计算式，表示了沿程摩阻与流量 Q、黏度 ν、管内径 d、管长 L 间的相互关系。它们的共同点是：随着流量、黏度和管长的增大，沿程摩阻增大；随着管径的增大，沿程摩阻反而减少。但在各流态区，各参数的影响程应是不相同的。随着 Re 的增大，从层流到水力光滑区、混合摩擦区以至粗糙区，式中的 m 值由 1、0.25、0.123 变至 0。所以，可看出随着 Re 的增大，输量、管径对摩阻的影响越来越大。而黏度对摩阻的影响由大到小，直到没有影响。只有管道长度对摩阻的影响在各流态时都一样。

热原油管道上最常见的流态是水力光滑区；轻油管道也多在水力光滑区；输送低黏油

品的较小直径管道可能进入混合摩擦区;热重油管道的流态则以层流居多。

计算实例:

有一条Φ219×6输油管道,输油量为3600t/d,输油温度55℃,管道长度为20km,终点温度45℃,原油的密度为0.85g/m³,黏度为5×10^{-6}m²/s,流态指数$\beta=0.0246$,$m=0.25$;求这条输油管道的阻力损失是多少?

已知　$Q = 3600 \div 0.85 \div 86400 = 0.049 \text{m}^3/\text{s}$

$\nu = 5\times10^{-6}\text{m}^2/\text{s}$

$d = 0.219 - (0.006\times2) = 0.207\text{m}$

$L = 20\text{km} = 20000\text{m}$

$\beta = 0.0246$

$m = 0.25$

求解:代入下面的列宾宗公式进行计算

$$h_l = \beta \frac{Q^{2-m}\nu^m}{d^{5-m}}L$$

$= 206\text{m}$

答:这条输油管道的阻力损失是206m。

2. 局部摩阻损失 h_j 的计算

实际管道都是由直管及管件、阀件等局部装置组成的。当液体流经这些局部装置时,由于流道形状及流动状态的变化,会产生局部摩阻损失。

(1) 局部摩阻损失 h_j 的计算

$$h_j = \xi \frac{v^2}{2g} \tag{6-7}$$

式中　ξ——局部装置的局部阻力系数;

v——流速,一般表示液流通过局部装置以后的断面平均流速,m/s。

管件或阀件的阻力系数由实验测定。紊流状态下各种管件或阀件的 ξ 近似为常数。各种不同的局部装置的局部阻力系数可查关资料。

因此,如果紊流时管道的沿程阻力系数为 λ,则需要根据下式将 ξ_0 换算成相应的 ξ

$$\xi = \xi_0 \frac{\lambda}{0.022} \tag{6-8}$$

当液体以层流状态运动时,局部阻力系数 ξ 随着雷诺数的不同而变化。一般情况下,可根据以下关系确定

$$\xi_层 = \phi\xi_0 \tag{6-9}$$

式中的 ϕ 表示与雷诺数 Re 有关的系数,如表6-3所示。

表6-3　层流水力摩阻修正系数 ϕ 与 Re 的关系

Re	ϕ	Re	ϕ	Re	ϕ	Re	ϕ
2800	1.98	2000	2.83	1200	3.10	400	4.00
2600	2.12	1800	2.88	1000	3.21	200	4.40
2400	2.30	1600	2.95	800	3.35		
2200	2.48	1400	3.04	600	3.53		

(2) 局部阻力的当量长度

如果局部水头损失与某管道的沿程水头损失相等,或局部阻力相当于某管道的沿程阻力,则该管道的长度称为局部阻力的当量长度,用符号 $L_当$ 表示,即

$$h_j = \xi \frac{v^2}{2g} = \lambda \frac{L_当}{D} \frac{v^2}{2g} \tag{6-10}$$

或

$$L_当 = \frac{\xi}{\lambda} D$$

管道系统中的某些设备(如流量计、加热炉、换热器等)可视为局部阻力源。其摩阻损失可查阅产品说明书,或直接向厂家查询。

3. 管道压力能的计算

对管内径 d 和管长 L、地形起伏一定的某管道,当输送一定量的某油品时,由起点到终点的总压降可由下式计算。

$$H = h_f + h_j + (Z_Z - Z_Q) \tag{6-11}$$

式中 Z_Z——管道终点的海拔高度,m;
Z_Q——管道起点的海拔高度,m。

上式表示原油以某一输量 Q 沿内径为 d、管长为 L、高差为 $\Delta Z = Z_Z - Z_Q$ 的某管道输送时管道起点至终点的压降,可用于简单输油管路的水力计算。当管道的局部摩阻与沿程摩阻比很小时,可忽略局部摩阻。

(五) 泵站-管道系统的工作点

在长输管道系统中,泵站和管道组成了一个统一的水力系统,管道所消耗的能量(包括终点所要求的剩余压力)必然等于泵站所提供的能量,二者必然会保持能量供求的平衡关系。管道的流量就是泵站的排量,泵站的总扬程就是管道所需的总压能、泵站-管道系统的工作点是指在压力供需平衡条件下,反映生产实际情况(管道流量)、泵站进站压力、出站压力、泵的扬程等工作参数。

在设计和生产管理工作中,常用泵站特性曲线和管道特性曲线(应包括剩余压力),求二者交点的方法,来确定泵站的排量和进出站的压力。

以全线仅有一座泵站的管道系统为例,如图 6-5 所示,曲线 C 为泵站出站压头随排量的变化关系,G 为管道特性曲线,忽略进站压头,二者的交点称为系统的工作点,即泵站的排量为 Q_A,出站压头为 H_A。

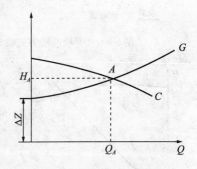

图 6-5 泵站与管道系统的工作点

泵站和管道中任何一方工作情况的变化,例如所输原油物性的改变,或并联运行的泵机组数的变化等,都会破坏系统的能量平衡,而系统必将自动地建立新的平衡关系,以适应这种变化。此时,泵站或管道的特性曲线也发生了改变,系统进入了新的工作点运行,改变了流量。如果要保持原来的流量就需要采取调节措施,改变泵站或管道的特性曲线,恢复管道系统的输送能力。

为了保证输油管道能安全经济地工作。工作点必须在泵特性曲线的最高效率区内,工作压力要在管道强度允许的范围内,工作流量要满足输送任务的要求。

当一条长输管道上有几个泵站时，由这若干个泵站所给出的总扬程，应等于全线管道所需的压头，由于输油方式的不同，泵站－管道系统的工作点具有不同的特点。下面介绍两种输油方式的泵站－管道系统的工作特性。

1. 以"旁接油罐"方式工作的输油系统

以"旁接油罐"方式输油时，如图6－6所示，由上一站来的输油干管与下一站的吸入管道相连，同时在吸入管路上并联着与大气相通的旁接油罐。用油罐调节两站间排量的差额，油罐起缓冲的作用。各泵进口的压力均决定于本站旁接油罐的液面高度及油罐到泵的吸入管道的摩阻。它的特点如下：

（1）各泵站的排量在短时间内可能不相等；

（2）各泵站的进出口压力在短时间内相互没有直接影响。

旁接油罐将长输管道分成了若干个独立的水力系统，即每一个泵站和其供应能量的站间管道构成一个水力系统。该泵站的工作特性曲线与这一站间管道特性曲线的交点即为这一系统的工作点。因为全线各泵站都是为了完成同一个输油任务，且旁接油罐的容量有限，各站间的输量偏差和持续时间受到限制。因此各站的平均输量必须一致：故全线的输量就受输量最小的站间控制。如果各站装置相同的泵机组，为了保持各站都在额定流量范围工作，各站的工作扬程也必须接近。只有各站工作点基本一致，各站均衡地分担全线的能量消耗，才能充分发挥各站的效能，达到全线协调经济地工作。

2. 以"从泵到泵"方式工作的输油系统

"从泵到泵"方式输油时，如图6－7所示，上站来的输油干管直接与下站泵机组的吸入管相连，正常工作时，没有起调节作用的油罐，各站泵机组直接串联工作。各泵站及站间管道的工况相互密切联系，整个管道形成了一个密闭的连续的水力系统，它的特点是：

（1）各站的输油量必然相等；

（2）各站的进出口压力相互直接影响。

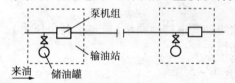

图6－6 旁接油罐方式输油系统

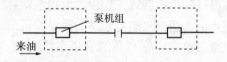

图6－7 从泵到泵方式输油系统

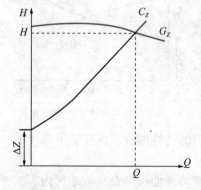

图6－8 "从泵到泵"工作管道的工作点

如前一站所给出的压头大于站间管道所需要的压头，则剩余的压头就加在下一站泵机组的进口上，即为进站（口）压头，而泵机组出口压头则为进口压头与泵机组扬程之和。由于这样一站影响一站，全线形成统一的水力系统，每个泵站的工况（排量与压力）决定于全线总的能量供应与能量消耗。也就是说各站的工况要由全线的总的泵站特性曲线和总的管路特性曲线的交点来确定。

如图6－8所示，在同一坐标系上，将各泵站特性曲线串联叠加，得出总的泵站特性曲线C_Z，并根据站特性曲线与总的管道特性曲线G_Z的交点即为全线的工作点，其横坐标即为全线的工作流量，其纵坐标即为沿线全部泵站所给出的压头总和。

3. 两种输油方式的比较

两种输油方式各有不同：

(1) 在前站的剩余压力的利用上

以"旁接油罐"方式输油时，各站间为一个独立的水力系统，输量波动时，各站间的输油能力不能协调，剩余压力不能被利用。而以"从泵到泵"方式输油，全线为一个统一的水力系统，前站的剩余压力可为下站所利用。

(2) 对自动化要求的程度上

以"旁接油罐"方式输油时，各站间流量在短时间内不相同，可以采取手动调节、操作输油管道。因此，这种流程对管道自动化水平要求不高。

以"从泵到泵"方式输油时，当管道系统出现故障，引起输油工况变化时，就会在管内产生压力波沿管道向上下游传播。如果这种压力波造成管道工作压力超过其允许值(高压或低压)，就需要对管道系统采取相应的可靠的控制和保护措施。如果不能及时采取相应的措施，会对管道和设备造成很大的破坏。所以，这种输油方式对自动化程度要求较高。

(3) 在蒸发损耗方面

以"旁接油罐"方式输油时，旁接油罐与大气相通，产生了油品的蒸发损耗和对环境的污染。而以"从泵到泵"方式输油时，可基本上消除中间站的轻质油蒸发损耗。

由于往复泵和离心泵性能上和构造上的不同，往复泵只能采用"旁接油罐"的方式。离心泵机组可采用"旁接油罐"或"从泵到泵"的输油方式，长距离输油管道的离心泵站大都采用"从泵到泵"方式。

(六) 等温输油管道的工艺计算

1. 基本计算

(1) 计算温度

计算温度是指计算或查找油品密度、黏度等物理参数所根据的温度。在等温输送中，对于埋地管道，一般把管道埋深处的年平均土地温作为计算温度。

$$t = (t_1 + t_2 + t_3 + \cdots + t_{12})/12 \tag{6-12}$$

式中，t_1、t_2、t_3 … t_{12} 分别为 1~12 月份的平均地温(管道埋深处)。

(2) 油品的黏度

油品黏度最好是根据计算温度从实验室测出的黏温关系曲线查找。如果没有这类曲线，则按下列关系式计算。

黏温指数关系式：

$$\nu_t = \nu_l e^{-u(t-t_l)} \tag{6-13}$$

式中　ν_t，ν_l——分别是温度为 t、t_l 时油品的运动黏度，m^2/s；

　　　u——黏温指数。

(3) 油品的密度

一般实验室提供 20℃ 时的密度，计算温度下的密度由下式换算：

$$\rho_t = \rho_{20} - \alpha(t - 20) \tag{6-14}$$

式中　ρ_t——温度 t 时的密度，kg/m^3；

　　　ρ_{20}——温度 20℃ 时的密度，kg/m^3；

α——温度修正系数，kg/($m^3 \cdot$ ℃)，即：温度变化1℃时，油品的密度变化如下：
$$\alpha = 1.825 - 0.001315\rho_{20} \tag{6-15}$$

（4）设计流量

设计任务书中给定的任务输量为每年若干万吨（质量流量 G，10^4t/a），工艺计算时应换算成计算温度下的体积流量 Q（m^3/h 或 m^3/s）。考虑到管道维修及事故等因素，设计时年输油时间按350天计算。

（5）管道的纵断面图

在直角坐标上表示管道长度与沿线高程变化的图形称为管道纵断面图。其横坐标表示管道的实际长度，常用的比例为1:10000到1:100000。纵坐标为线路的海拔高度，常用的比例为1:500~1:1000。实地测量所得的纵断面图是作泵站布置和管道施工图的重要依据。必须注意，纵断面图上的起伏情况与管道的实际地形并不相同。图上的曲折线不是管道的实长，水平线才是实长。

（6）管材及工作压力

为了计算管壁厚度，必须事先确定出管道所用管材的等级、钢管的规格及泵站的出站压力。涉及有关管材的强度极限和屈服极限值可由有关手册查到。

（7）技术经济指标

技术经济指标是进行技术经济计算、确定最优方案所必须的。主要包括垫本建设投资指标和输油成本指标两大类。管道基本建设指标包括线路部分、泵站部分和配套工程三部分。线路投资指标按不同首径、管材和敷设地区给出单位里程的投资（万元/km）。站场投资指标按不同输量、站场类型（首站、中间站、末站）、自动化水平和建设地区给出每座战场的投资（万元/座）。配套工程投资指标则分别给出供电工程和通信工程的线路投资（万元/km）、每座变电站或通信站的投资（万元/座），以及管理机构、生活设施和维修队的投资等，输油成本主要包括大修理、材料、动力、燃料、工资、职工福利、损耗及其他费用。一般说来，线路部分的投资要占总投资的80%左右，而其中管子的投资要占线路部分的45%~50%。

2. 其他计算

（1）管道的水力坡降

管道的水力坡降就是单位长度管道的摩阻损失，可表示为
$$i = \frac{h_l}{L} = \beta \frac{Q^{2-m}\nu^m}{d^{5-m}} \tag{6-16}$$

水力坡降与管道长度无关，只随流量、黏度、管径和流态不同而不同。

对于长距离输油管道，如果水力坡降 i 已知，全线的压头损失可表示为
$$H = iL + \triangle Z \tag{6-17}$$

（2）水力坡降线

在纵断面图上，管道的水力坡降线是管内流体的能量压头（忽略动能压头）沿管道长度的变化曲线，如图6-9所示。

等温输油管道的水力坡降线是斜率为 i 的直线。如果影响水力坡降的因素（流量、黏度、管径）之一发生变化，水力坡降线的斜率就会改变，但仍为直线。

平移水力坡降三角形的斜边，使之左端与 f 点相接，右端与纵断面线交于 e 点，斜线 fe 为该站间的水力坡降线。纵断面线表示管内流体位能的变化，水力坡降线表明了管道沿

线的压力损失情况。管道沿线任一点水力坡降线与纵断面线之间的垂直距离,表示液体流至该点时管内的剩余压头,又称动水压力。

绘制水力坡降线的方法是:在管道纵断面图上,按照纵、横坐标的比例,平行于横坐标画出一段线段 ca,由 c 点,平行于纵坐标,向上划出对应 ca 段管道长度内的摩阻损失 cb,连接如得到水力坡降三角形。ab 直线的斜率为水力坡降 i。再在管道纵断面图的泵站位置上,以高程为起点往上作垂线,按纵坐标的比例,取高为 df 的线段,使 df 的值等于单位为米液柱的泵站出站压头 H_d,即进站压头 H_s 与工作点处的泵站扬程 H_c 之和再减去站内摩阻 h_m 之值。即

$$H_d = H_s + H_c - h_m \tag{6-18}$$

当水力坡降线与纵断面线相交于 e 点时,表示液体到达该点时压能已耗尽。如欲继续往前输送,必须重新升压。显然,沿线管内动水压力的大小除与地形有关外,还决定于水力坡降的大小。当管道的输送工况改变,导致水力坡降变化时,沿线的动水压力也会不同。

(3) 翻越点及长度计算

在线路地形起伏大的情况下,在纵断面图上作水力坡降线时,可能会出现如图 6-10 所示虚线的情况,即按起终点高差计算出起点处压头,并由此作水力坡降线时,在达到终点以前,水力坡降线就与管道纵断面线相交了。这说明按起终点高差计算的起点压头 H 不能将此流量的液流输送到管道终点,因为没有考虑线路中途的高峰的影响。设该高峰 f 处的高程为 Z_f,距起点的距离为 L_f,则将规定流量的液流输送到该高峰处所需的起点压力为

$$H_f = iL_f + Z_f - Z_Q > iL + Z_z - Z_Q = H \tag{6-19}$$

为使液流通过该高峰 f,必须使液流在起点具有比 H 更高的压头 H_f。而在 f 点以后,其与终点的高程差 $(Z_f - Z_z)$ 大于该段管路的摩阻 $i(L - L_f)$,其差值即为 $H' = H_f - H$。说明在规定的输量下,液流不仅可从高峰自流到终点,而且还有剩余能量。线路上的这种高峰就称为翻越点。

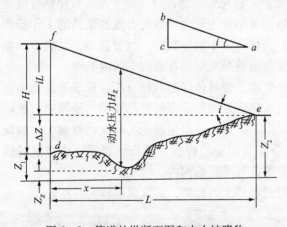

图 6-9 管道的纵断面图和水力坡降物

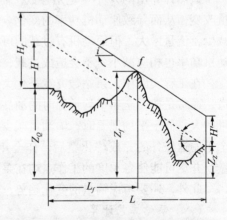

图 6-10 翻越点及计算长度

如果线路上存在翻越点,那么管道输送所需要的起点压力不能按起终点高程差及全长来计算,而应按起点与翻越点的高程差及距离来计算。起点与翻越点之间的距离即称为管道的计算长度。

在地形起伏剧烈的线路上是否有翻越点,可用在纵断面图上作水力坡降线的方法来判

断。在接近末端的纵断面线的上方,按其纵横坐标的比例作一水力坡降线,将此线向下平移,直到与纵断面线相切为止。如水力坡降线在与管道终点相交之前,不与管道纵断面上的任一点相切,即不存在翻越点。反过来,在与终点相交前,水力坡降线与纵断面线的第一个切点就是翻越点。翻越点不一定是管道沿线的最高点,往往是接近末端的某高点。管道上是否出现翻越点,不但与地形起伏有关,而且还取决于水力坡降的大小。水力坡降越小,就越容易出现翻越点。因此,在管道输量逐年增大的情况下,常可能在输送初期有翻越点,而在输量接近满载时,就没有翻越点了。

（七）泵站数的确定及取整

为了将规定输量的油品从起点输送到终点,长距离输油管道消耗的压力常达几万千帕。为了经济、安全地完成输送任务,需要在沿线设置若干个泵站来提供压力能。每个泵站所能提供的压头(以米液柱计算的扬程)决定于泵站的工作特性和排量。这个压头值应该充分利用管子的强度,并在泵机组高效率区的范围内。

根据任务流量,在泵站工作特性曲线上可以得到每个泵站所能提供的扬程为 H_C。

管道全线消耗的压力能为

$$H = iL + \Delta Z + H_t \tag{6-20}$$

全线 N 个泵站提供的总扬程必然与消耗的总能量平衡,于是有

$$N(H_C - h_m) = iL + \Delta Z + H_t \tag{6-21}$$

泵站数

$$N = \frac{H}{H_C - h_m} \tag{6-22}$$

式中 H_C——任务流量下泵站的扬程,m 液柱;

h_m——泵站站内损失,m 液柱;

H——任务流量下管道所需总压头,m 液柱;

H_f——末站剩余压力,m 液柱。

显然计算出的 N 不一定是整数,需要化整。在化整时要注意,由于泵站数化整造成流量改变,从而导致原动机功率的变化。当输油泵站化为较大整数时,输油泵站的工作扬程减少,流量增大,但原动机有过载的可能。当化为较小的整数时,流量减小,泵机组的原动机功率也相应减小,不会造成过载,但要注意使泵机组仍在高效率区内工作。

在工程实践中,泵站数究竟是化大还是化小,要具体问题具体分析。对于等温输油管道,通常是按照全年平均地温时的油品黏度来确定泵站数。当地温高于平均地温时,输油量增大;低于平均地温时,输油量减少。此时,一般均将泵站数化为较大的整数,以确保全年输送任务的完成。化整后,作全年各季度实际输量校核,检查是否能完成规定的输量,并尽可能使各季度的工作点均在泵机组的高效率区范围内。

此外,还要考虑输量的变化趋势,如输量有增大的趋势,站数就取较大的整数。

（八）泵站工艺计算

1. 基本数据和原始资料

（1）输送量(包括沿线分油或加油量);

（2）管道起、终点,分油或加油点,及管道纵断面图;

（3）可供选用的管材规格;

（4）可供选用的泵、原动机型号及性能;

(5) 所输油品的物性;
(6) 沿线气象及地温资料。

2. 计算的基本步骤

(1) 根据经济流速(如表6-4),初选3~4种相邻的管径,按3~4种方案分别计算;

表6-4 长距离原油输送管道的推荐流速

管径/mm	流速/(m/s)	管径/mm	流速/(m/s)
219	1.0	630	1.4
273	1.0	720	1.6
325	1.1	820	1.9
377	1.1	920	2.1
426	1.2	1020	2.3
529	1.3	1220	2.7

(2) 选择泵机组型号及组台方式;
(3) 由泵站工作压力确定管材及管壁厚度、管内径(如表6-5);

表6-5 干线输油管道的工作压力及经济输量范围

干线输油管道			干线输油管道		
管径/mm	工作压力/MPa	输量/(10^6t/a)	管径/mm	工作压力/MPa	输量/(10^6t/a)
219	8.8~9.8	0.7~1.2	630	5.1~5.5	7~13
273	7.4~8.3	1.1~1.8	720	5.6~6.1	11~19
325	6.6~7.4	1.6~2.4	820	5.5~5.9	15~27
377	5.4~6.4	2.2~3.4	1020	5.3~5.9	23~50
426	5.4~6.4	3.2~4.4	1220	5.1~5.5	41~78
529	5.3~6.1	4.0~9.0			

(4) 计算任务流量下的水力坡降,判断翻越点,确定管道计算长度;
(5) 计算全线所需压头,确定泵站数;
(6) 根据技术经济指标,计算基建投资及输油成本等费用;
(7) 综合比较差额净现值和差额内部收益率等指标,并考虑管道的可能发展情况,选出最佳方案;
(8) 按所选方案的管径、泵机组型号及组合、泵站数等,计算工作点参数:流量、泵站扬程、水力坡降;
(9) 在纵断面图上布置泵站;
(10) 泵站及管道系统各种工况的校核和调整。

二、加热输送工艺

我国的原油多为高黏度、高含蜡和高凝点的三高原油。高黏度原油胶质含量大,凝点高,黏度高,黏度随温度按一定的规律变化。高含蜡原油,凝点高,当温度高于析蜡点时,黏度往往较低;当温度接近凝点时,黏度急增。对于上述两类原油,采用通常的等温输送是很困难的，因为在环境温度下，高含蜡原油容易凝固，用一般的管输方法根本不可能输送，高黏度原油虽不凝固，但在管道中流动时，水力摩阻非常大。

易凝和高黏原油的管道输送，常采用加热输送的方法，其目的是：一方面使油温高于其凝固点，防止发生冻结事故；另一方面降低原油的黏度，减少输送时的水力摩阻损失。

（一）加热输送的方法

加热的方法是在管道沿线设置加热站，使用的加热设备有直接式加热炉或间接式加热炉（热媒炉）两种，对站内管道或短管道可以利用电伴热或蒸汽管伴热。

（二）热油输送的特点

在热油沿管道向前输送的过程中，由于油温远远高于管道周围的环境温度，因此油温在管道的径向上与环境温度存在温差，在径向温差的推动下，油流所携带的热量将不断地向管外散失，所以油流在沿管道前进的过程中温度不断地下降，即引起轴向温降。热油输送与等温输送有以下三个方面的不同特点：

（1）在热油的输送过程中有两方面的能量损失：压能损失和热能损失

因此，除了在管道沿线设置加压站提供压力能以外，还需在管道沿线设置加热站给原油提供热能。

（2）热油管道的工艺计算应包括两部分：水力计算和热力计算

水力计算所要解决的问题跟等温输送一样，主要是确定管径的大小和泵站数，解决压能供给和消耗之间的平衡问题，以确保完成规定的输油任务。热力计算所要解决的问题，主要是确定原油的加热温度和加热站数，也就是合理地解决热能供给与散失之间的平衡问题。

摩阻损失与热损失这两方面的损失是互相联系、互相影响的。如果油温高，其黏度就低，因而摩阻损失少，泵站数就少，但加热站数就多。反之，如果油温低，其黏度就高，因而摩阻损失多，泵站数就多，但加热站数就少。这说明水力计算和热力计算相互影响，其中热力因素是决定性的因素，在进行计算分析时，必须先考虑管道沿线的温降情况，以得到合理的泵站和加热站数。

（3）加热输送时的流态选择

加热输送时，管内热油既可以在层流流态下输送，又可以在紊流流态下输送，同样也可以在混合流态下输送。

从控制热损失的角度来考虑，加热输送应在层流流态下输送，因为在层流时散热少。从控制摩阻的观点出发，热油在紊流流态下流动比在层流流态下好，因为紊流流态的水力摩阻系数总是小于层流流态时的水力摩阻系数。所以，热油既可在层流流态下输送，也可在紊流流态下输送，同样也可在混合流态下输送，即管道前段是紊流，后段是层流，因为各有得失。对于高黏度原油，宜在层流或混合流态下输送，这样不但热损失少，而且加热对摩阻下降的影响非常显著，因为层流时，摩阻与黏度的关系是一次方的正比关系，加热后黏度降低，摩阻也就显著地降低。而在紊流流态时，例如在水力光滑区，摩阻与黏度的0.25次幂成正比关系，黏度的降低远远不如层流时显著。

对含蜡高的原油，宜在紊流流态下进行输送，因为流速大，原油不易在管壁上结蜡。

（三）加热输送管道参数的确定

1. 加热输送管道的沿程温降计算

油流在加热站加热到一定温度后进入管道。沿管道不断地向周围介质散热，使油流温度降低。散热量及沿线油温分布受很多因素的影响，如输油量、加热温度、环境条件、管道散热条件等。严格地讲，这些因素是随时间变化的，所以热油管道经常处于热力不稳定状态。工程上将正常运行工况近似为热力、水力稳定工况，在此前提下进行轴向温降计算。设计阶段根据稳态计算结果确定加热站、泵站的数目和位置，即设计加热输送管道是以稳态热力和水力计算为基础的。

(1) 温降计算公式

某两加热站间的一条热油管道，设原油的质量流量为 G，起点油温为 T_R，管道的总传热系数为 K，周围介质温度为 T_0，管道外直径为 D，则距管道起点 L 处的油温可用苏霍夫公式计算：

$$\ln \frac{T_R - T_0}{T_L - T_0} = \frac{K\pi D L}{Gc} \tag{6-23}$$

或

$$T_L = T_0 + (T_R - T_0) e^{-\frac{K\pi D}{Gc}L} \tag{6-24}$$

式中 T_R——管路起点油温，℃；

T_L——距起点 L 处的油温，℃；

T_0——周围介质温度，其中，埋地管道取管中心埋深处自然地温，℃；

D——管道外直径，m；

L——管道加热输送的长度，m；

G——原油质量流量，kg/s；

c——原油平均温度下的比热容，J/(kg·℃)；

K——管道的总传热系数，W/(m²·℃)。

(2) 热油管道沿程温降与影响因素

①加热输送管道的沿程温度分布曲线

由温降公式可以得出加热输送管道的沿程温度分布曲线，如图 6-11 所示。

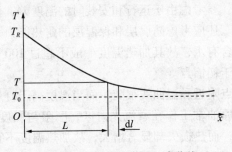

图 6-11 热油管道的温降曲线

从热油管的温降曲线图可以看出：管道沿线的油温变化为一条按指数规律变化的曲线。靠近加热站出口处的管段，油温高，与外界温差大，散热多温降快，温降曲线就陡；而在进站前的管段上，由于油温低温降就慢。

②沿程温降的影响因素

温降公式表明，热油管道沿线的温降与总传热系数、管道周围介质的温度、加热站出口的油温、流量、原油的比热容、管道直径与长度等有关。

管道的总传热系数 K 对温降的影响比较大，K 值增大时，温降将明显加快，因此在热力计算时，要慎重地确定 K 值。如果在两个加热站间的管道上，K 值有明显变化，则应分段计算其温降。

在同样的距离内,管道周围介质温度低、油流的温降越快。例如,在冬季,管道的散热明显要增加,加热站的出站油温也需要提高。

加热站出口的油温不同,油流的温降快慢也不一样。加热温度越高,散热越快,油温会降低得越快。因此,过多地提高加热站出口油温,试图提高管道的末端油温,往往收效不大。常常在出口油温提高 10℃ 后,进站油温却仅升高 2~3℃。

同一条管道,在同一出站温度下,油量越大则油流携带的热量越多,尽管向外散失热量增多,但由于流量加大后得到的热量远大于外散热量,所以油流终点的温度也就越高。相反如要求同样进站温度时,流量越大,上站出站所需油温就比原来低,总的热损耗也就小。这样输油量越大,所耗用的燃料也就越少。

③温度参数的确定

a. 周围介质温度 T_0 确定

对于架空管道,T_0 就是周围大气的温度。对于埋地管道,土壤温度随土壤深度、大气温度等变化,所以 T_0 的确定取决于管道的合理埋深。管道埋得深,T_0 高,热负荷和热损失都将减少,但土方量大,投资增加,而且施工麻烦,维修困难;如果埋得浅,基建投资少,施工容易,维修方便,但 T_0 受大气温度的影响大,特别是冬季,气温低,地温也低,因此热损失和热负荷都将增加,所以要通过技术分析和经济比较,来确定合理埋深。根据现有的经验,埋深超过 1~1.5m,地温受大气的影响就比较小。目前国内的热油管道埋深大都取 2~3 倍管径,或按管顶覆土 1.2~1.5m 考虑(从管顶到地面)。

T_0 是随地区、季节变化的,各加热站间可能不同。设计热油管道时,至少应分别按其最低及最高的月平均温度计算温降及热负荷。T_0 值应从气象资料上取多年实测值的平均值;没有实测值时可由大气温度按理论公式计算 T_0;运行时按实测值核算。

b. 加热站出站油温的选择

在确定加热站油温时,要考虑由于运行和安装时的温度差,而使管道遭受的温度应力是否在强度允许的范围内。还应考虑防腐层和保温层的耐热能力是否适应。

考虑到原油和重油都含有水,故其加热温度一般不超过 100℃。如果原油为加热后进泵,则其加热温度不应高于初馏点。

含蜡原油,往往在凝点附近黏温曲线很陡,而当温度高于凝点 30~40℃ 以上时,黏度随温度的变化较小。含蜡原油常工作在紊流光滑区,摩阻与黏度的 0.25 次方成正比,提高油温对摩阻的影响较小,而热损失却显著增大,故加热温度不宜过高。

对于重油,在 100℃ 以下的范围内,黏温曲线均较陡,提高油温以降低黏度的效果显著。更因为重油管道大都在层流流态下输送,其摩阻与黏度的一次方成正比,提高油温以减少摩阻的效果更显著,故重油的加热温度常较高。

c. 加热站进站油温的选择

加热站的进站油温主要取决于经济比较与运行安全的需要,对凝点较高的含蜡原油,由于在凝点附近时黏温曲线很陡,故其经济进站油温常略高于凝点。设计时要根据技术经济及安全的全面考虑来确定加热管道的进、出站油温。

④温降计算公式的应用

苏霍夫公式在热油管道的设计、生产管理中得到了广泛的应用,设计及运行中可以用于：

当 K、G、D 及加热站进、出口油温 T_Z 和 T_R 已选定时，确定加热站的间距 l_R：

$$l_R = \frac{Gc}{K\pi D}\ln\frac{T_R - T_0}{T_Z - T_0}$$

在加热站间距如一定的情况下，当 K、G、D、T_0 一定时，确定为保持要求的终点温度所必须的加热站的出口温度 T_R：

$$T_R = T_0 + (T_Z - T_0)e^{\frac{K\pi D l_R}{Gc}}$$

在加热站间距 l_R 一定的情况下，当 K、G、D、T_0、T_R 一定时，求终点温度 T_Z：

$$T_Z = T_0 + (T_R - T_G)e^{-\frac{K\pi D}{Gc}l_R}$$

当 K、D、T_0 一定时，在加热站的间距 l_R、加热站最高出口油温 T_R 和允许的最低进站温度 T_Z 已定的情况下，确定热管道的允许最小输量 $G_{\min}$；

$$G_{\min} = \frac{K\pi D l_R}{c\ln\dfrac{T_{R\max} - T_0}{T_{Z\min} - T_0}}$$

式中 $T_{R\max}$——出站油温的允许最高值，℃；

        $T_{Z\min}$——进站油温的允许最低值，℃

热油管道运行时，可反算实际的总传热系数 K，以判断管道的散热及结蜡情况。

$$K = \frac{Gc}{\pi D l_R}\ln\frac{T_R - T_0}{T_Z - T_0}$$

例1：确定起点温度

有一条长30km 的 $\phi 219 \times 6$ 输油管道，输油量为50t/h，油品的热容为2.1kJ/(kg·℃)，管道的总传热系数3.57W/(m²·℃)；平均地温20℃，若要求管道末端温度达到40℃，那么起点的温度需要多少？

已知 $G = 50\text{t/h} = 50000\text{kg/h}$

        $c = 2.1\text{kJ/(kg·℃)}$

        $K = 3.57\text{W/(m}^2\text{·℃)}$

        $T_0 = 20℃$

        $l_R = 30\text{km} = 30000\text{m}$

        $D = 219/1000 = 0.219\text{m}$

        $T_Z = 40℃$

求：T_R

解：将上面已知数据代入下面的公式：

$$T_R = T_0 + (T_Z - T_0)e^{\frac{K\pi D l_R}{Gc}}$$

$T_R = 60.3℃$

答：起点的温度需要60.3℃。

例2：确定终点温度

有一条长40km 的 $\phi 426 \times 7$ 输油管道，输油量为600t/h，油品的热容为2.1kJ/(kg·℃)，管道的总传热系数3.57W/(m²·℃)；平均地温24℃，管道起点温度为64℃，求末端的输油温度？

已知　　$G = 600\text{t/h} = 600000\text{kg/h}$
　　　　$c = 2.1\text{kJ/(kg}\cdot\text{℃)}$
　　　　$K = 3.57\text{W/(m}^2\cdot\text{℃)}$
　　　　$T_0 = 24\text{℃}$
　　　　$l_R = 40\text{km} = 40000\text{m}$
　　　　$D = 426/1000 = 0.426\text{m}$
　　　　$T_R = 64\text{℃}$

求：T_Z

解：将上面已知数据代入下面的公式：

$$T_Z = T_0 + (T_R - T_G) e^{-\frac{K\pi D}{Gc} l_R}$$

$T_Z = 58.4\text{℃}$

答：末端的温度为58.4℃。

⑤热油管道的总传热系数 K

热油管道的总传热系数 K 系指当油流与周围介质的温差为1℃时，单位时间内通过每平方米传热表面所传递的热量。K 越大，表示油流对周围介质的散热越强；反之，K 越小，表示油流对周围介质的散热越弱。在确定热油管道的沿线温降时，K 值是关键参数。

对于无保温层的大直径(500mm以上)管道，可忽略内外径的差值，K 值可近似按下式计算：

$$K = \cfrac{1}{\cfrac{1}{\alpha_1} + \sum \cfrac{\delta_i}{\lambda_i} + \cfrac{1}{\alpha_2}} \tag{6-25}$$

式中　α_1——油流到管内壁的放热系数，$\text{W/(m}^2\cdot\text{℃)}$；
　　　λ_i——(结蜡层、钢管壁、防腐绝缘层等)的导热系数，$\text{W/(m}\cdot\text{℃)}$；
　　　δ_i——第 i 层的厚度，m；
　　　α_2——管道最外层到周围介质的放热系数，$\text{W/(m}^2\cdot\text{℃)}$。

对于有保温层的管道，不能忽略内外径的差异。此时可用单位管长的总传热系数 K_L (表示油流与周围介质的温差为1℃时，单位时间内通过每米管长所传递的热量)来代替 K，即

$$K_L = \cfrac{1}{\cfrac{1}{\alpha_1 \pi d} + \sum \cfrac{1}{2\pi\lambda_i} \ln\cfrac{D_i}{d_i} + \cfrac{1}{\alpha_2 \pi D_W}} \tag{6-26}$$

式中　d——管道内径，m；
　　　D_i——第 i 层的外径，m；
　　　d_i——第 i 层的内径，m；
　　　D_W——最外层的管外径，m；
　　　D——管径，m。如果 $\alpha_1 \geq \alpha_2$，D 取外径；如果 $\alpha_1 \approx \alpha_2$，$D$ 取平均值，即内外直径之和的一半，如果 $\alpha_1 \leq \alpha_2$，D 取内径。

在实际生产中很少采用通过计算方法确定总传热系数 K 的做法。我国输油管道工艺设

计规范指出：在设计埋地热输管道中应采用反算法确定总传热系数。根据运行中热油管道较稳定工况的运行参数，代入温降公式中反算得出 K 值。从大量计算值中总结出 K 值的变化范围。设计时参照稳定的 K 值并适当加大，作为新设计管道的总传热系数。这样既可以照顾投产时加热能力需求较大的要求，又不致使加热炉容量过大。

2. 加热站数及热负荷的计算

(1) 加热站数的计算

确定了加热站的出、进口温度，即加热站间的起、终点温度 T_R 和 T_Z 后，对于埋地管道，可按冬季月平均最低地温，及全线的近似 K 值估算加热站间距 l_R。

加热站站数 n_R 按下式计算并化整

$$n_R = \frac{L}{l_R} \tag{6-27}$$

式中　L——管路总长，m；

　　　l_R——初步计算的加热站间距，m。

显然，这只是初步估算，实际上各站间的 K 值不完全相同。更重要的是，为了便于生产管理，应尽可能使加热站与泵站合并。因此在布置泵站时，加热站的位置要互相调整。在加热站的位置最终确定以后，可按站间的实际长度及具体的 K 值，重新计算各站的进出站温度。

(2) 热负荷的计算

加热站的有效热负荷 q 可根据所要求的进、出站温度 T_Z、T_R 及计算如下。

$$q = Gc(T_R - T_Z) \tag{6-28}$$

式中　q——加热炉有效热负荷，kw；

　　　G——油流的质量流量，kg/s；

　　　c——平均油温下的油品比热容，kJ/(kg·℃)。

加热站的燃料油耗量为

$$g = \frac{q}{3600E\eta_R} \tag{6-29}$$

式中　g——加热用燃料油耗量，kg/h；

　　　η_R——加热系统效率，%；

　　　E——燃料油热值，kJ/kg。

3. 热油管道的水力计算

(1) 热油管道摩阻的计算特点

①热油管道的单位长度上的摩阻(即水力坡降)不是定值。这是因为热油在管道中流动时，沿线的油温不断下降，黏度不断升高，因此水力坡降不断升高。

②必须先进行热力计算，才能进行水力计算。水力计算时要用到原油的黏度值，而原油的黏度值与其温度有关，所以必须先进行热力计算，确定了热油沿线的温度情况才能进行水力计算。

③热油管道的水力计算是以加热站间距作为一个计算单元。因为只有在一个加热站间原油的温度变化才是连续的，从而原油的黏度变化也是连续的。

(2) 计算热油管道摩阻的方法

常用的热油管道的摩阻计算有平均油温计算法和分段油温计算法。

①平均油温计算法

如果加热站间起终点温度下的原油的黏度相差不超过1倍左右，且管道的流态在紊流光滑区，总传热系数基本一致，那么可按起终点平均温度下的原油黏度来计算一个加热站间的摩阻。具体步骤为：

a. 计算加热站间的油流的平均温度 T_{pj}

$$T_{pj} = \frac{1}{3}T_R + \frac{2}{3}T_Z \tag{6-30}$$

式中 T_R、T_Z——管路起、终点的油温，℃；

T_{pj}——平均温度，℃。

b. 由原油黏温曲线查出温度为 T_{pj} 时的原油黏度 ν_{pj}；

c. 计算一个加热站间的摩阻 h_R

$$h_R = \beta \frac{Q^{2-m}\nu_{pj}^m}{d^{5-m}}l_R$$

这是工程上目前常用的简化方法。简化后，由于将站间的油流黏度用一个不变的黏度值代替，加热站间水力坡降线简化为一直线。使热力和水力计算简单，布站方便。当管道流态在紊流光滑区（含蜡原油加热输送时多在此区域），摩阻与黏度的0.25次方成正比，当大口径管道的加热站间温降不很大时，这种简化方法在工程设计上是可行的。

②分段计算法

当油流的黏度相差较大，为得到比较精确的摩阻值，需要分段计算加热站间的摩阻。其步骤为：

a. 按照苏霍夫公式做出加热站间的温降曲线；

b. 将加热站间分成若干小段，分段时应使每小段的温降不超过3~5℃；

c. 计算每一小段的平均温度

$$T_{pj,i} = \frac{T_i + T_{i+1}}{2}, \quad i = 1, \cdots n \tag{6-31}$$

式中，T_i 和 T_{i+1} 分别为每一小段的起点和站点的油温。

d. 计算对应于油温 $T_{pj,i}$ 的黏度 $\nu_{pj,i}$；

e. 按照每一小段的平均黏度 $\nu_{pj,i}$，计算各小段的摩阻；

$$h_i = \beta \frac{Q^{2-m}\nu_{pj,i}^m}{d^{5-m}}l_i$$

f. 计算一个加热站间的摩阻

$$h_R = \sum_{i=1}^{n}\beta \frac{Q^{2-m}\nu_{pj,i}^m}{d^{5-m}}l_i$$

分段计算法比平均油温计算法精确，但计算工作量比较大，可借助于计算机求解。

（四）热油管道泵站的优化设置

在初步确定加热站的基础上进行站间水力计算。计算加热站间管道摩阻及全线所需压头，根据每个泵站所提供的压头，确定全线所需泵站数。如果管道起终点高程差为 ΔZ，沿线有 n 座加热站，第 i 座加热站间管道的摩阻损失为 h_i，则管道全线所需的总扬程为

$$H = \sum_{i=1}^{n}h_i + \Delta Z$$

若按平均油温法计算摩阻，水力坡降视为定值，则布置泵站的方法与等温管相同。对沿线高差起伏大的管道，同样要判断翻越点，确定管道的计算长度，据此计算所需压头，再确定泵站数。

如果已知每座泵站提供的扬程为 H_C，则管道全线所需的泵站数 n_C 为：

$$n_C = \frac{H}{H_C} = \frac{\sum_{i=1}^{n} h_i + \Delta Z}{H_C}$$

同样，n_C 也需要化整。在热油管道上泵站数的化整必须和加热站数的化整一起考虑，应使化整后的泵站工作压力和加热站进出口温度互相协调，都在安全、经济的工作区内。

三、输油管道的运行管理

（一）加热输送管道试运投产

1. 原则

实施加热管道投产，要尽量运用传热学知识，主要是解决两类问题：一是强化传热，二是减弱放热，以最小的投入和最低的能耗去获得最佳的传热和保温效果。加热的目的是保证油流温度高于油品的凝固点，以免凝结，降低油品输送时的黏度，减少流动阻力，以达到安全平稳输送。

2. 试运投产的过程与内容

无法采用冷管启动投产的热油管道，一般都采用预热启动投产。预热的介质都是采用热水，因此需要掌握和解决的问题是：预热时间的确定，热水的供给与排放收集，管道的预热方法，混油头的处理，正常输油管理等。

（1）确定预热时间

热油管道采用预热启动投产，主要是通过预热，在管道周围的土壤建立一定的温度场。保证管道顺利输送热油，建立一定的温度场所需要的时间，就是预热时间。

根据预热启动投产的实例、数据和有关资料介绍，用 1~3m 厚的圆筒形土壤作为保温层，计算地下埋管的总传热系数与实际的情况比较接近。因此可以用 2m 厚的土壤保温层形成稳定温度场所需要的热量，来估计总传热系数值接近稳定时土壤所需的热量。我国各油田分布各地气候差异较大，但大多数油田输油管道埋于地下，且设计埋深和管顶到地面的厚度至少 0.8m 以上，再加上覆盖层，能够使用此方法确定预热时间。

①对于埋地不保温管道预热时间可按下式计算：

$$H_{YT} = \frac{Q_w X + Q_{YS} + Q_S}{Q_r H_r} \tag{6-32}$$

式中 H_{YT}——预热时间，h，

Q_w——最大加热站间管周围土壤厚度等于管顶部埋深的环形土圆筒内的稳定蓄热量，kJ；

X——土壤蓄热量占 Q_w 的百分数（夏季一般取 40%~50%，春冬季可取 60%）；

Q_{YS}——预热过程所用水温升所需的热量，kJ；

Q_S——预热过程散失的热量（一般可取 $0.5Q_w X$），kJ；

H_r——加热设备负荷利用系数（一般取 0.7）；

Q_r——加热炉的热负荷，kJ/h。

另一种方法是按已投产的热油管道预热启动投产的实践来确定投产预热时间。后一种方法只能用在预热进行的过程中确定停止预热和开始投油时间。

②由某些热油管道投油的经验总结指出，热油管道采用预热启动投产时，需具备以下3个条件，即可投油。

条件1：介质（水）输送管道终点的温度高于输送油品的凝固点。

条件2：总传热系数 $K \leqslant 3W/(m^2 \cdot K)$。

条件3：油源充足。投油时输送量不允许低于预热时的输送量，在管道未进入稳定工作状态之前，不允许降低输送量或停输。

(2) 热水的供给与排放收集

对一些较长较粗的热油管道，用热水启动投产时要往管道中输送大量的热水，因而往往使供给排放与收集及加热水成为一个很大的问题。在实施启动方案时，要选择好供、排收集的措施及加热的方法。

供水的水源也要允足，最好是接临时工艺流程经加压、加热后输送暖管，排水要设在管道的终点进罐，经处理后回注或回掺，严禁外排，防止污染环境。

管径小，距离较短的管道。热水预热投产所需水量小，供水和排水较容易解决，如油田内部线中的水，能进下站污水池即可。

(3) 管道的预热方法

管道热水预热的方法有正向预热、反向预热和正向反向同时预热等。

正向预热是从管道的起点往管道中输入热水向终点方向预热。

反向预热是从管道的终点往管道中输入热水向起点方向预热。

正向预热和反向预热都是单向预热，对一些管径较小、距离较短的管道，一般采用单向预热即可达到目的。

正向反向同时预热是从管道起点往管道内输送热水，用热水将管道中已冷却的水排往管道的终点，储存并加热，待正向预热完毕后，将终点储存的已加热的水往管道内输送，替出管道中冷却的水，在起点站储存并加热，这样正反来回替换，达到预热的目的。

采用这种方法要求管道的起点和终点都要有一定的储水能力，输送设备和加热设备每次需要多少和储存多少水，应根据管道的具体情况来确定。一般不应小于相邻两加热站之间管道容积的1.5~2倍，一些管径较小，距离较短的管道，一般采用单向预热就能达到目的。水温的控制考虑到管道防腐层的软化及管道温度过高引起应力变形。一般以40~50℃为宜。

(4) 混油头的处理

采用热水预热存在油水混合段，即在油和水接触的地方有很长一段距离油和水要混合在一起，形成混水油头。解决这个问题的方法是在输入油品前往管道内投球将油水隔开，或是采用污油池进行沉降处理回收，有条件的地方，混油头进入下站污水处理场进行收集，这种措施更好。不管采用哪种方法，都要估算出油头到达的时间，这样便于收回隔离球及流程切换。

混油头到达时间计算公式：

$$t = \frac{L_0}{3600v} \tag{6-33}$$

式中　t——油头到达时间，h；
　　　L_0——起点到终点的距离，m；
　　　v——流速，m/s。

（二）输油管道的运行调节

输油管道在正常输送时，全线基本处于稳定运行状态。各站进、出站压力在允许范围内，各站设备、全线水力效率均应处于相对最佳条件。当有计划地改变输量或因某种故障引起输量变化时，管道的能量供需发生变化。对于装备离心泵的管道系统，输量减小，离心泵的扬程会增加，而管道的摩阻损失会减少；输量增大，变化趋势相反。为了维持管道的稳定运行，就需要对管道系统进行调节。

输油管道的调节是通过改变管道的能量供应或改变管道的能量消耗，使之在给定的输量条件下，达到新的能量供需平衡，保持管道系统不间断、经济地输油。

输油管道的输量变化时，短时间内会在管内引起瞬变流动。瞬变流动过程中输油参数的变化规律、要求的压力保护措施和保护设备请参考有关文献。这里只讨论发生输量变化前后两个稳态工况下管道系统的调节。

1. 改变泵站工作特性

改变泵站特性即是改变总的能量供应，从而实现对输油管道的调节。如图 6–12 所示，当泵站特性由 a 降为 b 时，由于全线提供的总压力减小，管道的输送能力降低，流量从 Q_a 下降为 Q_b，全线需要的总压头从 H_a 降为 H_b。改变泵站工作特性主要有如下几种方法。

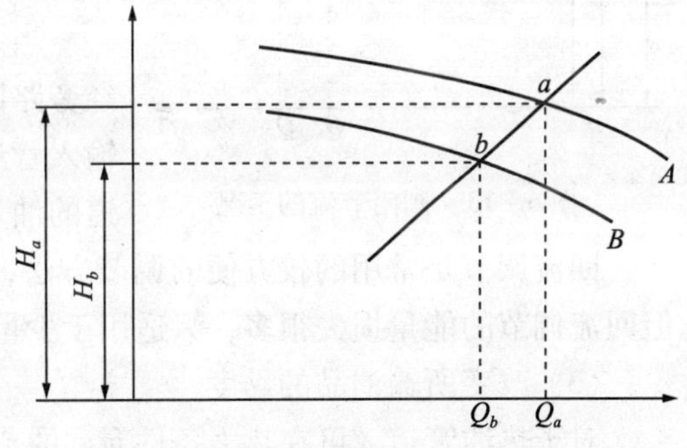

（1）改变运行的泵站数或泵机组数

这种方法可以在较大范围内调整全线的

图 6–12　改变泵站特性对工作点的调节

压力供应，适用于输量波动较大的情况。对于串联泵机组密闭输送的管道，可以调整全线各站运行的泵机组数和大、小泵的组台方式，改变管道输量，实现全线能量供应的调整。

采用并联泵机组的管道系统，可以改变站内运行的泵机组数和全线的泵站数，从而改变通过每台泵的排量和泵站扬程，尽可能使每台泵工作在高效区，并实现全线能量供应的调整。

（2）泵机组调速

泵机组调速可以改变离心泵特性，实现离心泵特性的连续变化，一般适用于输量小范围波动所要求的调节。对于串联泵机组密闭输送的管道系统，全线可仅对一台泵实行调速。对于并联泵机组的管道系统，只需要对运行的部分泵机组进行调速。

（3）换用（切削）离心泵的叶轮直径

改变离心泵的叶轮直径也可以改变泵特性。由于装配叶轮操作复杂，工作量大，一般这种方法仅适用于调整后的输量可维持时间比较长的情况。切削叶轮时需注意离心泵叶轮的允许切削范围。对多级泵，还可通过拆卸离心泵的级数达到调节的目的。

2. 改变管道工作特性

改变管道工作特性即是改变管道总的能量消耗。

(1) 出站前节流

输油管道投产后,管径、管长均为定值,改变管道工作特性只能通过关小干线阀门(多数情况是出站调节阀)的开度,人为增加阀门的局部阻力,从而改变管道总的能量消耗。

如图 6-13 所示,管道调节前的工作点为 a 点。关阀门节流后,由于流动阻力的增加,管内流量变为 Q_b。调节前,管道的总摩阻损失为 H_1,调节后管道的摩阻变为 H,Δh 即为阀门的节流损失。由于节流损失的增加,使管道特性曲线变陡了,致使工作点发生了变化,如图中虚线 B 所示。这种方法称为节流调节。

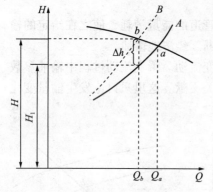

图 6-13 阀门节流的工况

阀门节流调节是简单易行的调节方法,但能耗大。一般情况下,如机组不能调速,前苏联文献认为当调压时间不超过调压后输送时间的 3%~5%,调压幅度不大于一台泵机组扬程的 10%~25% 时,使用节流法调压是合适的。

(2) 采用回流调节

当泵机组采用回流调节时,泵排出的液流一部分经旁路回到泵的进口,使泵机组在功率不变的情况下,输入管道的流量因回流而减少。回流量越大,输入管道的油量减少就越多。

回流调节是常用的较方便的调节方法,可根据泵的出口压头变化调节回流阀的开度,但回流调节的能量损失很多,只适用于少量调节。

(3) 改变所输油品的黏度

对于热油管道,可在热力条件允许的范围内调节加热温度,改变油品的黏度,使管道的摩阻上升或下降。在条件许可的情况下,还可以采取超声波处理、磁场处理、掺稀降粘、掺降黏剂或降凝剂等措施。

3. 输油管道的调节原则

对输油管道进行输量调节,应在完成输送任务的前提下,以全线能耗费用最低为基本原则。

对于密闭输送的管道系统,全线是一个统一的水力系统。管道稳定运行时,应根据沿线各站的能耗单价(如电价)和管道、泵站的承压能力,综合考虑全线泵站和站内泵机组的组合方式,尽量提高低电价泵站的能量供应,减少高电价泵站的能量供应,在优先改变全线泵站能量供应的基础上,使节流损失减为最小。

对于以"旁接油罐"方式工作的长输管道,各站间为独立的水力系统。管道调节主要是各站间的调节。同样是优先改变泵站的能量供应,并使站间节流损失最小。各站间自行调节过程中,应尽量减少旁接油罐液位的变化,维持各站间流量的协调一致。当流量波动较大(大于 1/3 流量)时,应优先考虑改变运行的泵站数,然后再在小范围内对各站参数进行调整。

(三) 输油管道的管理

遵循分工明确、责任清晰、闭环管理的原则,对管道保护工作的主要内容明确如下。

1. 资料管理
（1）技术台账

管道台账每半年更新一次，并根据统计情况，对穿孔频繁、年久腐蚀严重的管道制定检测计划，并及时组织检测、评估，根据检测结果向主管部门提出更换管道建议。

（2）土地征用使用台账

由土地专业部门负责，台账每半年更新一次。

（3）巡线台账

巡线人员在巡线后必须认真详细填写巡线记录，一式二份，并在巡线当日下午下班前填写好，交由主管干部审核上报（留底一份，上报一份）并存档。

各单位输油管道管理人员要及时建立"两图一表"，并每年更新一次。"两图一表"即电子版输油管道流程图、各计量站、联合站、中转站流程图，电子版管道统计表。

（4）需向地方政府备案的资料

主管部门负责在新建管道竣工验收合格之日起 60 日内，将竣工测量图报管道所在地县级以上地方人民政府主管管道保护工作的部门备案；老管道要完善竣工测量图资料后报管道所在地县级以上地方人民政府主管管道保护工作的部门备案；负责将停止运行、封存、报废的管道资料进行分类整理并存档，同时督促指导各矿（大队）落实对管道采取必要的安全防护措施；地方办负责将资料报县级以上地方人民政府主管管道保护工作的部门备案。

生产协调部门负责组织编制输油管道事故应急预案，由地方办部门负责报管道所在地县级人民政府主管管道保护工作的部门备案；

2. 运行管理

运行控制参数确定原则执行《原油管道运行技术规范》（SY/T 5537—2000）及《原油管道输送安全规程》（SY/T 5737—2004）。

（1）管理制度

建立健全输油管道巡护制度，配备专门人员对管道线路进行日常巡护。管道巡护人员发现危害管道安全的情形或者隐患，应当按照规定及时处理和报告。

（2）管理要求及标准

①运行压力

a. 管道运行的最高压力不应超过设计压力。

b. 管道的最低进站压力应满足工况要求。

c. 出站报警压力设定值应低于管道的最高工作压力。

d. 进站报警压力设定值应高于管道的最低工作压力。

e. 管道的压力调节系统的设定值应根据管道的安全要求来确定。

f. 管道的最高工作压力值应根据管道检测、检查情况及时调整。

②运行温度

管道运行的最高温度不应超过设计的最高温度。

③管道输量

a. 热油管道最低输量应按不同季节确定。保证进站温度不低于原油最低进站温度，同时还应满足输油设备的运行要求。

b. 热油管道的停输时间应根据不同季节确定。

c. 热油管道反输时最少总输量应大于管道容量的1.5倍。

④日常管理

a. 工艺管道的更新、改造、大修必须有正式设计图方可施工。

b. 保持管道的防腐保温层完好，不准在防腐保温层上践踏。

c. 各种地面管道2~3年除锈刷漆（调和漆、树脂漆）防腐一次。

d. 管道着色按《油气田地面管线和设备涂色规范》SY/T 0043—2006执行。

e. 主要管道，应在显要位置，用文字和箭头标识管道名称、用途和流向；埋地管道应设置标志桩，并注明该管道的名称、规格、走向等内容。

f. 管道应按系统区（段）划分，指定专人负责检查和维护管理。每年入冬前和开春后，对管道的支架、支墩进行一次彻底检修，保持支墩不下沉、支架不倾斜。管沟内保持清洁、无油污。管网、阀门和管件不渗不漏。绝缘法兰应保持良好的绝缘性。

⑤联合站、计量站站内集输管网的运行管理

a. 原油管网

（a）最高温度控制在防腐沥青软化点以下30~35℃。

（b）伴热，停输时间不超过规定时间时，应采取定期活动管道等防凝措施。

（c）新建管道与5000m^3以上油罐连接，应采取柔性连接。

b. 热力管网

（a）蒸汽主干线在供汽时，应防止水击。

（b）蒸汽管道停汽后，应将管道中的冷凝水排净。

（c）每年夏季应对全站热力管网进行一次检查，根据检查情况对其修补与更新。

c. 消防管网

（a）阀门开关必须灵活。

（b）消防栓配件齐全、完好；冬季应采取防冻措施。

⑥管道的检查与维护

应按《中华人民共和国石油天然气管道保护法》的要求执行。

a. 每2天巡输油管道一次；每周巡停运输油管道一次，健全巡线记录。

b. 输油管道管理单位要对已占压、重点施工地段、穿孔频繁的管道加密巡查及现场监护；每次巡线，做到逐村、逐庄、逐家仔细巡查。重点注意公路两侧、穿越村镇处、人烟稀少处、穿越河流、护坡护桥及裸露处等的巡查。巡线中发现违章建筑、盗窃、取土、爆破、破坏管道及设施等重要问题时，要当场制止并及时汇报调度；对于穿孔泄漏、起拱变形等情况除了及时汇报外，巡线人员要启动应急预案，看护好现场，并采取相应措施减少损失。

c. 管道的巡视检查包括下列内容：

（a）在管道中心线两侧各5m范围内有无挖沟、取土、开山采石、采矿及盖房，建打谷场、饲养场、猪圈及温床等其他构筑物；

（b）在管道中心线两侧各5m范围内有无种植果树（林）及其他根深作物、打桩、堆放石头或砖头及其他影响管道巡线和管道维护的物质。

（c）在管道附属工程、设施（如各类挡土墙、过水路面、护坡等）及线路阀室上有无拆石、拆砖、破坏门窗、任意损坏管道标志桩和告示牌等；

（d）在管道中心线两侧各500m范围内有无进行破土作业及大型工程设施的规范；

（e）管道沿线有无露管。

d. 穿跨越段巡视检查包括下列内容：

（a）巡视检查穿越管段及其附属设施的完好情况，发现损坏应及时恢复，无力恢复的应及时向上级汇报；

（b）对重大的穿越河流管道、洪水期间应定期测水位、收集流量、流速等数据，并随时通报汛情。

（c）定期检查和检测管道埋深、露管、穿越管道保护工程的稳固性及河道变迁等情况；

（d）跨越管段两侧应设立"禁止通行"标志，阻止行人直接在管道上部通行；

（e）定期检查跨越管道支承、固定墩、吊架、拉索和钢质套管腐蚀等情况；

（f）在水下穿越管道安全防护带内有无设置码头、抛锚、炸鱼、挖泥、淘沙、拣石及疏通加深等作业。

⑦干线的清管

a. 按照科学合理的清管周期进行清管。

b. 长期不清管的管道，清管前制定方案，并报主管部门批准。清管作业时严格执行清管操作规程。

⑧管道凝管防护

a. 输油管道的输油量和进站温度不得低于规定的最低输量和最低进站温度。

b. 停输时间不得超过输油允许的停输时间。

c. 输量小，油温低的管道，在运行中发现管道初凝预兆，应立即调整运行参数，防止凝管。

d. 对于发生初凝的管段，应立即采取升压、升温措施，在允许的最大出站压力和最高出站温度下，持续顶挤；如不见效，则进一步制定顶挤方案。

⑨管道维修与抢修

a. 管沟开挖

（a）开挖管沟时，应按《埋地钢质管道沥青防腐层修复技术规范》(SY/T 5918—2011)中相关规定执行。

（b）在狭窄通道或交通便道边缘挖土方时，应设置围栏和安全警告标志，夜间设置红灯示警。

（c）在挖掘地区发现有事先未预料的和不可辨认的设施或物体时，应立即停止作业，并报告上级有关部门处理。

（d）开挖中发现土壤有可能塌方，作业人员应立即撤离，采取安全措施后再进行施工。

（e）在铁道、电杆、电缆等其他建筑物附近施工时，应事先查阅管道技术档案，与有关部门联系，采取措施后方可施工。

b. 管道抢修

（a）管道抢修机具、设备应齐全完好。

（b）在事故现场，应制定保护措施，防止闲杂人员进入事故区，做好守卫并制定防火措施。

（c）现场动火由现场领导审查安全措施，并签发动火票。

（d）在不停输管道上进行抢修前，应查明事故点（段）高程、管道动态压力、流速及管道壁厚。

（e）施焊前，测定焊点周围可燃气体浓度，制定防护措施。

（f）对于突发断裂事故，应立即采取减少泄漏量和防止凝管应急措施。

3. 事故处置程序

管道占压报告内容：管道占压的发生地点（位置）、时间、占压物名称、占压单位、占压物的物主、距管道的距离等；

管道事故（穿孔、泄漏、跑油等）报告内容：发生事故的地点（位置）、时间、事故情况等。

按照管道占压或事故报告处置程序流程进行事故处置。

4. 管道保护相关规章

管道企业应遵守《中华人民共和国石油天然气管道保护法》、《中华人民共和国安全生产法》、《中华人民共和国环境保护法》，建立健全企业相关原油及天然气管道保护管理办法，明确职责分工，落实企业石油天然气管道及其附属设施的保护措施，抑制和消除各类突发事件，迅速、有序处理应急救援工作，降低对环境的破坏和影响，确保石油天然气生产的正常运行。

四、输油管道常见事故与处理

输油管道具有输量大、费用低、安全环保等很多优点，在石油企业中得到了广泛应用。但长输管道具有铺设距离长，埋地敷设，具有隐蔽、单一、野外的特点，运行中容易发生事故。

（一）干线凝管事故

输油管道凝管事故不仅造成管道停输，而且重新启动需采取系列解堵措施，会造成重大的经济损失。

1. 造成凝管事故的原因

主要有以下几种：

（1）管道投产时，地温较低，管道没有充分预热建立起稳定的温度场，过早投油，造成凝管。

（2）管道输量不足，采用正反输交替运行时，未能及时跟踪监测运行参数的变化，没有采取相应措施而导致凝管。

（3）输油量较小，低于管道允许最小流量。

（4）输油温度偏低，末站收油温度接近或低于原油凝固点。

（5）停输时间过长，超过管道允许最长停输时间，造成凝管事故。

（6）长期不清管道，致使管壁结蜡严重。

（7）长期不清管的管道，清管过程中造成凝管事故。例如铁大线复县段 $\phi 529$ 管道通球清管，发出 $DN500$ 清管器后，流速越来越慢，回压越来越高，发生蜡堵，造成 38km 管道凝结。

2. 干线凝管的判断

管道发生凝结时，起点压力会逐渐上升，后来接近输油泵的泵压；输送流量会越来越小，后期趋向于零。而下一站或末站收油温度越来越低，逐步的低于原油的凝固点；收油流量越来越小，后期趋向于零。此时，可判断为管道凝结。

3. 干线凝管的处理

发生凝管事故时，可根据具体情况采取以下两种方法处理：

（1）当管道出现凝管苗头，且处于初凝阶段时，可采用升温加压的方法顶挤，启动所有可以启动的泵和加热炉，在管道允许的最高压力和最高温度下，用升温加压的热油顶挤和置换凝结冷油，若最高允许顶挤压力下管道流量仍继续下降，应在管道下游若干位置开孔泄流。

（2）当管道开孔泄流后，管内输量仍继续下降，管道将进入凝管阶段。对于这种情况，可采用在沿线干管上开孔、分段顶挤方法，排出管内凝油。分段顶挤时在开孔处接水泥车或风压机，顶挤流体可采用低凝固点的油品或其他介质。

4. 干线凝管的预防

（1）严格控制停输时间，使其在管道允许停输时间内。管道改造尽可能放在气温较高的季节，管道停输时间较长时，停输时要进行扫线。

（2）严格控制输油温度，末站收油温度应高于凝固点 3~5℃。

（3）严格控制输油流量，使其在大于管道允许最小输量下运行，具有一定压力，保证油流速度。

另外，为保证管道安全运行，对高含蜡原油可采取定期清蜡的输油方法；对高凝固点、高黏度原油可采取添加降凝剂、降黏剂的输油方法。

（二）管道泄漏跑油

长输管道泄漏跑油，不仅会造成原油的损失，还会造成农田、水域等环境污染，甚至引起火灾，酿成重大伤亡事故。因此，必须做好预防工作，在保证管道施工质量的前提下，搞好管道的阴极保护工作，定期对管道防腐层进行检漏测试，加强管道巡线检查工作，对有损管道的施工、管道的腐蚀、泄漏早发现，早处理。

1. 造成管道泄漏跑油的原因

（1）腐蚀原因

输油管道在内外因共同作用下通常都会有不同程度的腐蚀状况存在。为了防止管道腐蚀，工程上普遍采用输油管道内外壁涂敷防腐涂层及阴极保护进行联合防护腐蚀的方式。随着管道使用年限延长，阴极保护往往因疏于监测管理而失效，管道防腐层也会逐渐老化而失去防护作用。输油管道防腐工序完成后管道下沟回填过程中，防腐层很容易被回填物中尖锐的石块等异物砸伤，从而会使管道腐蚀层存在隐藏的腐蚀缺陷。

（2）制造原因

这类事故多是管道母材本身存在缺陷、螺旋焊缝质量不好引起管道破裂。

（3）施工原因

施工原因造成的泄漏事故主要集中在焊缝上，在施工过程中因夹渣、气孔、咬边等缺陷造成的泄漏事故。

（4）操作原因

操作原因引起的泄漏事故主要包括长输管道投运前试压、扫线中未按规程操作而造成管道憋压和阀门损坏，在扫线过程中没有放净管道或阀门内存水而造成管道或阀门冻裂，在运行过程中没有执行调度命令或有关操作规程造成憋压、超压引起管道或阀门损坏，以及由其他管理不善而引发的事故。

（5）外力原因

外力原因主要包括人为破坏、自然灾害和热应力等其他外力因素。

①人为破坏。如大型机械设备施工中挖坏管道，不法分子打孔盗油、偷盗输油设备等。

②自然灾害。如地震、洪水、山体滑坡、泥石流、雷击等，也会造成管道和输油设备破坏跑油。例如1976年唐山大地震造成秦京线滦河、香河两处管道断裂跑油，8台加热炉损坏全线停输一个半月。

③管道的热应力引起的破坏。

热应力引起的管道破坏主要有以下几种：管道的施工温度与输油温度相差较大，造成管道沿轴向产生热应力，例如夏季施工的管道，在冬季或输送冷油时，因遇冷收缩拉断焊缝及折角处；管道在弯头处约束力较小，从而产生了热变形，弯头内弧向里凹，形成折皱，外弧曲率变大，管壁因拉伸变薄，造成破裂；管道穿越公路、铁路、河流等处的固定不良，容易受热应力的影响造成管道被顶裂。

2. 管道泄漏的判断

管道发生较大的泄漏时，输油管道的起点干压会突然下降，流量增加；管道末端压力下降，流量明显减少。当管道有较小的砂眼、裂缝而泄漏时，泄漏量很小，不足以引起压力、流量的明显变化，主要靠认真的巡线检查发现。

3. 管道泄漏的处理

管道发生泄漏事故，要尽快停输降压，查明泄漏点位置、大小、形状，根据管道损坏、泄漏的具体情况，采取不同的方法处理。常用的方法有如下几种：

（1）采用应急堵漏卡具

根据具体情况可供选择的应急堵漏卡具包括堵漏木塞、堵漏栓、链卡固定堵漏器、堵漏环箍、法兰卡子等几种类型。这种方法属于临时性应急抢修措施，适用于腐蚀穿孔泄漏需突击抢修的管道。

（2）粘接密封堵漏法

粘接密封堵漏法可实现不停输带压抢修。它是利用专用顶压工具或人为外力作用在泄漏缺陷处建立由黏合剂及密封剂构成新的固体密封结构，达到止住泄漏的目的。它要求选用的黏合剂适用范围广、流动性能好、固化速度快。密封剂同时起到密封加强的作用。目前黏合剂已有专门的商品出售，又称堵漏胶或修补剂。

（3）注剂式带压密封法

处理泄漏量大、压力较高的输油管道泄漏事故应选择注剂式带压密封法，它的基本原理是利用人为外力作用将密封注剂强行注射到夹具与泄漏部位外表而形成的密封空腔内，从而迅速弥补各种复杂的泄漏缺陷。由于密封注剂压力远大于泄漏油品的压力，密封注剂在短暂时间内可由塑性体转变为弹性体，形成一个坚硬的、富有弹性的密封结构，国内的密封注剂品种很多，主要分为两大类：一类是热固化密封注剂，一类是非热固化密封注剂。两者主要区别是前者只有在一定温度以上才能由塑性体转变为弹性体。密封注剂的选用应根据泄漏介质的温度及物化性质，可参照生产厂家的使用说明书。这种方法要求合理设计及制作可靠的夹具。

(4) 带压焊接法

当要求管道泄漏部位受力复杂、变形较大，必须保证具有足够强度的地方，必须采用直接动火焊接的方法。需要动火的管道泄漏部位通常可以采用逆向焊接法和引流焊接法两种焊接方法消除管道泄漏。

逆向焊接法是利用焊接过程中焊缝和焊缝附近受热金属均会受到很大的热应力作用规律，发生泄漏裂纹在低温区在压缩应力作用下发生局部收严，在收严的小范围内存在无泄漏区域，进而进行补焊，补焊过程只焊不存在泄漏介质的部分，并且收严一段补焊一段，补焊一段又会收严一段，如此反复直至全部焊合泄漏缺陷为止。采用这种方法要求施焊人员具有熟练操作技术，并能够准确地判断收严的裂纹长度。

引流焊接法是利用金属的可焊性将装闸板阀的引流器焊在泄漏部位上，泄漏油料由引流通道及闸板阀引出施工区域以外，待引流器全部焊牢后关闭闸板阀切断泄漏油料，达到管道堵漏目的。这种方法的关键是制作出符合泄漏部位外部形状的引流器。

实施带压焊接也可以在施工点两端装设临时旁通管道，然后在原管道上对泄漏点两端用盲扳进行封堵再动火焊接的办法。带压焊接法抢修速度快堵漏效果良好，但它要求焊接操作人员熟练程度较高，作业危险程度较大，另外需要现场配置电源。

(5) 更换管段

当管道整段腐蚀严重，或管道破裂较大，无法打补丁时，就要更换管段。更换管段，先要对被更换的管段两端进行密封隔离，切断与油气管道空间的联系。常用方法有，在更换管段两端焊接法兰短节，安装闸阀，用带压开孔机开孔，卸压，除去管内原油，用黄油黏土塞满捣实，隔绝密封，准备好动火安全措施的情况下，用自动割管机或乙炔气割除该管段，更换新管段。也可用带压封堵器隔断被更换管段两端，割除该管段，更换新管段。但带压封堵器设备复杂，需要开阔的场地，费用较高。

4. 管道泄漏跑油的预防

(1) 在管道建设方面

在管道建设上，选用强度高、韧性和可焊性好的优质钢材十分重要。施工中要求在搬运、装卸、焊接、下沟、回填一系列工序中严把质量关，防止管道划痕、压坑、漏焊、对接偏口。特别是钢管出厂前的理化检查、焊接中的质量检查和每道焊缝的超声波或X射线探伤。投产前对管道进行强度和严密性试压。试压值和稳压时间按有关规范进行。

(2) 对管道采取防腐措施

对管道全部投用阴极保护，要求金属外壁有良好的绝缘和防腐涂层，避免管道金属外壁直接与土壤和空气接触。对输送含腐蚀物质的原油和天然气管道内壁也要采取防腐措施。

(3) 对管道特殊管段采取安全防护措施

易受洪水、地震威胁的特殊地段的输油管道，要采用安全防护措施。如采用厚壁管、河流穿越段加穿套管、洪水威胁地段加设护坡、穿越河床部分增加埋深、穿越江河管道的两岸设截断阀门，易受洪水侵袭的大型河流穿越管段敷设备用管道。

（4）对采用密闭输送工艺的输油管道设置管道水击压力超前保护设施

对采用密闭输送工艺的输油管道，应注意水击压力波对管道及设备的危害。对高压管道系统，水击正压波可能使管道超压，造成管道强度破坏。水击负压波可能破坏下游站离心泵的吸入特性，造成负压进泵烧毁机械密封。因此应设置管道水击压力超前保护设施。

（三）憋压事故

憋压是进入管道或容器的流体，只有进路，没有出路，流程不通，压力急剧升高，接近源动力设备的供给压力的现象。当憋压超过管道或容器的强度极限时，就会造成管道或容器破裂、爆炸，流体泄漏。如果是易燃易爆流体，还会引发火灾，造成重大事故。

1. 憋压事故的原因

大多是人为的错误操作，没有严格执行安全操作规程和操作制度，切换流程时没有坚持"先开后关"的原则，错误操作，造成憋压。其次，设备本身故障，也会造成憋压事故。例如自动控制系统误动作、关闭流程等。最后管道凝结，也会造成憋压事故。

2. 憋压事故的判断

管道憋压，起点压力会快速升高，达到输油泵的泵压，流量降为零，输油泵也会发出较大的异响声。如不能及时发现、处理，就会造成重大事故。

3. 管道憋压的处理

发现管道憋压，要立即停泵或改换流程，停止向憋压管道输送有压液体，同时给憋压管道泄压。其后首先考虑管道憋压前，对流程上那些设备进行过操作，是否有误操作。再沿流程对设备逐一检查，找出损坏的设备，查明原因，予以处理，恢复生产。

4. 管道憋压的预防

（1）加强运行管理，科学调度

输油调度是管道的生产指挥系统，根据管道的特点，调度系统要统一指挥，以免造成管道憋压事故。调度人员应熟悉管辖范围内的工艺流程和管道运行情况，能根据管道的输油量、环境条件，确定其输油温度和输油方案；能根据管道运行参数的变化，判断管道运行是否正常，并能够及时采取措施，消除管道的事故隐患。另外调度还应负责制定管道和设备的临界操作条件，如最低输油温度、管道允许的最小输量、管道允许的停输时间、油罐液位等。

（2）加强对操作人员的培训，确保操作人员操作时严格遵守输油管道操作规程。

第二节　管道的腐蚀与防护

一、金属腐蚀与防护基本原理

（一）金属腐蚀与危害

1. 金属腐蚀

金属表面与周围介质发生化学及电化学作用而遭受破坏，叫做金属腐蚀。从热力学的观点来看，除少数的贵金属(如 Au、Pt)外，各种金属都有与周围介质发生作用而转变成离子的倾向，也就是说金属受腐蚀是自然趋势，因此腐蚀现象是普遍存在的。钢铁结构在大气中生锈，轮船外壳在海水中的腐蚀，地下金属管道的穿孔，轧钢及金属热处理时氧化皮的形成等等，都是金属腐蚀的例子。

2. 金属腐蚀的危害与损失

据国外统计，每年由于腐蚀而报废的金属设备和材料约相当于金属年产量的20%～40%，全世界每年因腐蚀而损耗的金属达1亿吨以上。金属腐蚀直接和间接地造成巨大的经济损失，我国石油石化行业腐蚀造成的损失约占产值的6%左右，约700多亿/年；20世纪90年代，我国油田污水回注系统腐蚀造成的损失超4亿元/年。由于金属设备受腐蚀而引起停工停产，大量输送介质渗漏，导致环境污染，有时甚至造成火灾、爆炸等重大事故。

3. 金属腐蚀的破坏形式

通常金属腐蚀总是从金属表面开始，然后或快或慢地往里深入，而且大多数场合下还同时发生外形的变化。因此，在一般情况下，金属是否受腐蚀，常可以用肉眼来判断。金属腐蚀的破坏形式可分为均匀腐蚀和局部腐蚀。

均匀腐蚀是指腐蚀作用均匀地产生在整个金属的表面。假如腐蚀的破坏只局限在一定的区域，而其余的表面几乎没有腐蚀，就称为局部腐蚀。

(1) 应力腐蚀

由残余或外加应力导致的应变和腐蚀联合作用所产生的材料破坏过程称为应力腐蚀。应力腐蚀开裂是埋地管道腐蚀事故的主要破坏形式之一，对生产的危害极大。

(2) 缝隙腐蚀

许多金属构件是由螺钉、铆、焊等方式连接的，在这些连接件或焊接头缺陷处可能出现狭窄的缝隙，其缝宽足以使电解质溶液进入，使缝内金属与缝外金属构成短路原电池，并且在缝内发生强烈的腐蚀，这种局部腐蚀称为缝隙腐蚀。例如在法兰连接面、螺母压紧面、管道锈层下金属表面均可能发生这种腐蚀。

(3) 点腐蚀(孔蚀)

点腐蚀(孔蚀)是指腐蚀集中于金属表面的很小范围内，并深入到金属内部的孔状腐蚀形态。一般是孔径小而深度深。输送油、气、水的钢管埋在土壤中就经常出现小孔腐蚀现象，蚀孔呈斑点状、溃疡状，严重时造成管壁穿孔，使得大量的油、气、水流失，甚至酿成火灾。不锈钢和合金在含有氯离子的溶液中常呈现这种破环形式。

(4) 晶间腐蚀

沿着或紧挨着金属的晶粒边界发生的腐蚀称为晶间腐蚀。这种腐蚀首先在晶粒边界上发生，并沿着边界向纵深处发展。这时，虽然从金属外观看不出有明显的变化，但其机械性能已大为降低了。

(5) 电偶腐蚀

凡具有不同电极电位的金属互相接触，并在一定的介质中所发生的电化学腐蚀即属电偶腐蚀。

(6) 选择性腐蚀

合金中的某一组分由于腐蚀优先地溶解到电解质溶液中去，从而导致另一组分富集于金属表面上。例如，黄铜的脱锌现象即属这类腐蚀。

（7）氢脆

在某些介质中，因腐蚀或其他原因而产生的氢原子可渗入金属内部，使金属变脆，并在应力的作用下发生脆裂。例如，含硫化氢的油、气输送管道及炼油厂设备常发生这种腐蚀。

均匀腐蚀是危险性最小的一类腐蚀，在设计时也比较容易控制。因为知道了材料的腐蚀速度和使用年限，很容易算出材料的腐蚀余度。而局部腐蚀通常要比全面腐蚀危险得多，特别是点腐蚀、晶间腐蚀和应力腐蚀。点腐蚀的破坏集中在个别的小点上，往往会导致管道穿孔。晶间腐蚀是沿晶粒边界向内发展，使晶粒间的结合力显著减小，结果使材料的机械性能剧烈降低，而外观并未发生显著变化，破坏突然发生，故最为危险。

（二）金属腐蚀的类型

金属腐蚀按机理可分为化学腐蚀和电化学腐蚀两大类。

1. 化学腐蚀

化学腐蚀是指金属表面与非电解质直接发生纯化学反应而引起的破坏。它又可以分为两种：

（1）气体腐蚀，一般是指金属在干燥气体中发生的腐蚀，在高温时气体腐蚀速度较快。例如，用氧气切割和焊接管道时在金属表面上产生的氧化皮。

（2）在非电解质溶液中的腐蚀，例如金属在某些有机液体（如苯、汽油）中的腐蚀。

化学腐蚀的特点是：一是在腐蚀过程中没有电流产生，二是腐蚀产物直接生成于发生化学反应的表面区域。

2. 电化学腐蚀

电化学腐蚀是指金属与电解质因发生电化学反应而产生的破坏。电化学腐蚀的特点是：腐蚀过程中有电荷转移，即有电流产生。电化学过程可以分为两个相互独立的阳极过程和阴极过程，其中阳极被腐蚀。

3. 腐蚀原电池

对于金属储罐和管道来说，其周围的湿润土壤和大气，都含有电解质溶液，易于形成腐蚀原电池。就其电极大小而言，可分为微电池和宏电池两种。

（1）微电池

由金属表面上许多微小的电极所组成的腐蚀原电池称为微电池。其形成的原因是多方面的：

①金属化学成分不均匀

一般工业纯的金属中常含有杂质，如碳钢中的 Fe_3C、铸铁中的石墨等，杂质的电位比本体金属高，因此就成为许多微阴极，与电解质溶液接触形成许多短路的微电池。

②金属组织不均匀

有的合金的晶粒及晶界的电位不同。如工业纯铝，其晶粒及晶界间的平均电位差为 0.091V，晶粒是阴极，晶界为阳极。

③金属物理状态不均匀

在机械加工和施工过程中会使金属各部分的变形和应力不均匀，变形和应力大的部位，其负电性增强，常成为腐蚀原电池的阳极而受腐蚀。

④金属表面膜不完整

金属表面膜有孔隙,孔隙处的金属表面电位较低,成为阳极。例如镀锌或无机富锌涂层的针孔中暴露的金属铁即为阳极区,金属管道表面形成的钝化膜不连续,也会发生这类腐蚀。

⑤土壤微结构的差异。

这种情况的腐蚀类似同一金属放在不同电解质溶液中而形成的微电池。

(2) 宏电池

用肉眼能明显看到的由不同电极所组成的腐蚀原电池称为宏电池。常见的有三种情况:

①不同的金属与同一电解质溶液相接触。如轮船的船体是钢,推进器是青铜制成的,铜的电位比钢高,所以在海水中船体受腐蚀。钢管的本体金属和焊缝金属由于成分和受热经历状态不同,两者的电位差有的可达 0.275V,埋入地下后电位低的部分遭受腐蚀。

②同一种金属接触不同的电解质溶液,或电解质溶液的浓度、温度、气体压力、流速等条件不同。地下管道最常见的腐蚀现象就是氧浓差电池,由于在管道的不同部位氧的浓度不同,在贫氧的部位管道的自然电位低,是腐蚀原电池的阳极,其阳极溶解速度明显大于其余表面的阳极溶解速度,故遭受腐蚀。

③不同的金属接触不同的电解质溶液。

(3) 腐蚀原电池的形成条件和作用过程

综上所述,对于地下管道,两种腐蚀原电池的作用是同时存在的。由腐蚀的表面形式看,微电池作用时具有腐蚀坑点较浅、分布均匀的特征,而在宏电池作用下引起的腐蚀则是有较深的斑点、局部溃疡或穿孔的特征,其危害性更大。但不论哪一种腐蚀原电池,其形成的条件都是:

①有电解质溶液与金属相接触;

②金属的不同部位或两种金属间存在电极电位差;

③两极之间互相连通。

腐蚀原电池的作用过程由下述三个环节组成,缺一不可。

阳极过程:金属溶解,以离子形式转入溶液,并把当量电子留在金属上。

电子转移:在电路中电子由阳极流至阴极。

阴极过程:由阳极流过来的电子被溶液中能吸收电子的氧化剂所接受,其本身被还原。应该强调的是,上述金属表面的不同部位或含有杂质的金属上存在局部阴极和阳极,并不是导致电化学腐蚀过程发生的必要条件。金属在溶液中发生的电化学腐蚀,其根本原因是溶液中存在着能使金属氧化成为离子或化合物的氧化剂,它在还原反应中的平衡电位必须高于金属电极氧化反应的平衡电位。

(三) 电化学腐蚀速度

在生产实践中,不仅要了解是否会发生腐蚀,更重要的是要知道金属的腐蚀速度,以便采取相应的防腐蚀措施。

从电化学腐蚀过程可以看出,作为阳极的金属离子溶解得愈多,它失去的愈多,流出的电流量就愈多,腐蚀就愈厉害。金属的腐蚀量可以根据法拉第定律计算:

$$W = \frac{QA}{Fn} = \frac{ItA}{Fn} \qquad (6-34)$$

式中 W——金属腐蚀量，g；

t——时间，s；

Q——在 t 秒内淹过的电量，C(库伦)；

n——金属的价数；

A——金属的相对原子质量；

F——法拉第常数；

I——电流强度，A。

腐蚀速度 $\bar{v}$ 是指单位时间单位面积上损失的质量，单位 $g/m^2 \cdot h$，

$$\bar{v} = \frac{W}{St} = \frac{3600IA}{SFn} \qquad (6-35)$$

式中 S——阳极的金属表面积，m^2。

对于某一金属，A、F 和 n 都是定值，所以可以用电流密度 I/S 的大小来衡量腐蚀速度的大小。凡是能降低腐蚀电流 I 的因素，都能减缓腐蚀。凡是能增加腐蚀电流 I 的因素，都能加快腐蚀。金属管道的腐蚀速度常以 mm/a(毫米/年)为单位，以便于判断腐蚀的严重程度。

二、地下金属管道的腐蚀及防护

(一) 地下金属管道的腐蚀

1. 内壁腐蚀

埋地金属管道内壁腐蚀是介质中的水在内壁生成一层亲水膜并形成原电池所发生的电化学腐蚀，或者是其他有害物质(硫化氢、硫化物、二氧化碳等)直接与金属作用引起的化学腐蚀。特别是在管道弯头、低洼积水处、气液交界面，电化学腐蚀异常强烈，管壁大面积腐蚀减薄或形成一系列腐蚀深坑及沟槽。

2. 外壁腐蚀

电化学腐蚀是金属和外部介质发生电化学作用而引起破坏，其特点是腐蚀过程伴随电流产生。这是埋地金属管道腐蚀的重要机理。对于外壁来说，电化学腐蚀是其主要原因：

(1) 土壤腐蚀。因为土壤是多相物质的复杂混合物，颗粒间充满空气、水和各种盐类，使土壤具有电解质特性。因此，埋地金属管道裸露的金属在土壤中构成了腐蚀电池，它可分为：①微观腐蚀电池：因钢管表面状态的影响所形成的腐蚀电池。如制管缺陷、夹杂等，当这些部位与土壤接触时，由于电极电位差而构成腐蚀电池。②宏观腐蚀电池：因土壤介质差异引起的腐蚀电池。如土壤的含盐量、含氧量、透气性等，它们的浓度对管材/土壤的电极电位值影响很大。

(2) 杂散电流腐蚀。这是散流于大地中电流对管道所产生的腐蚀，又名干扰腐蚀。是一种外界因素引起的电化学腐蚀，由外部电流极性和大小来决定，其腐蚀比一般土壤腐蚀激烈得多。对于绝缘不良的管道，杂散电流可能在绝缘破损的某一点流入管道，然后沿管道流动，在另一绝缘破损点流出，返回杂散电流源，从而引起腐蚀。这些杂散电流源主要由于电气化铁道、电解工厂直流电源、阴极保护设施、交直流高压输电系统接地极所产生。

(3) 细菌腐蚀(微生物腐蚀)。细菌在特定的条件下参与金属的腐蚀过程。埋藏在土壤

中的钢铁管道表面,由于腐蚀,在阴极上有氢产生,如果附在金属表面不成为气体逸出,则它的存在就会造成阴极极化而减缓腐蚀进程,甚至停止进行腐蚀。如果有硫酸盐还原菌活动,恰好利用金属表面的氢把 SO_4^{2-} 还原,促进了阴极反应,使腐蚀速度加快。特别的,有一些细菌是依靠管道防腐涂层的石油沥青作为养料,将沥青"吃掉",从而造成防腐层被破坏而丧失防腐功能。

(4) 大气腐蚀(微生物腐蚀)。管道表面金属置于大气环境中时,其表面通常会形成一层极薄的不易看见的湿气膜(水膜),当这层水膜达到 20～30 个分子厚度时,它就变成电化学腐蚀所需要的电解液膜,大气环境下形成的水膜往往含有水溶性的盐类及溶入的腐蚀性气体(如二氧化碳),导致管道表面发生电化学腐蚀。

影响埋地金属管道腐蚀速度的因素是多方面的,主要决定于土壤的性质。而表征土壤性质指标的各种参数均会对管道金属的腐蚀产生影响,如土壤 pH 值、氧化还原电位、土壤电阻率、含盐种类和数量、含水率、孔隙度,有机质含量、温度、细菌、杂散电流等。而其中 pH 值、土壤电阻率、含盐种类和数量是主要因素。

(二) 地下金属管道的防护

腐蚀破坏的形式很多,而引起腐蚀的原因及影响因素也非常复杂,因此采用的防腐技术也是多种多样。在生产实践中常用的防腐技术有:

(1) 合理选材:根据不同介质及使用条件,选择合适的金属材料;
(2) 电法保护:利用电化学腐蚀原理,将被保护金属管道的阴极进行极化;
(3) 介质处理:去除输送介质中的有害气体,调节介质的 pH 值等;
(4) 添加化学药剂:主要是向输送介质中投加缓蚀剂、杀菌剂、阻垢剂等;
(5) 金属管道内外表面处理:在金属内外表面喷、衬、渗、镀、涂上一层耐蚀性较好的材料,以防止金属腐蚀;
(6) 合理的防腐设计及改进生产工艺流程以减缓金属的腐蚀。

一般情况下,地下金属管道的防腐形式通常有管道内防腐、管道外防腐、管道阴极保护等三种防护措施。其中管道内防腐、管道外防腐主要依据防腐涂层达到防腐的效果,在各种防腐技术中,涂料防腐蚀技术应用最广泛,只要涂料品种配套体系选择恰当,涂料防腐是一种最简便、最有效、最经济的防腐蚀措施。

1. 金属管道的内防腐层防护

为了防止管内腐蚀、降低摩擦阻力、提高输量而涂于管子内壁的薄膜。常用的涂料有胺固化环氧树脂和聚酰胺环氧树脂,涂层厚度为 0.038～0.2mm,为保证涂层与管壁粘接牢固,必须对管内壁进行表面处理。20 世纪 70 年代以来,趋向于管内、外壁涂层选用相同的材料,以便管内、外壁的涂敷同时进行。

防腐涂料是近十几年油田钢质管道内壁腐蚀控制采用的主要材料。先进的内涂敷工艺技术也是实现钢质管道内防腐涂层性能,保证防腐质量的关键所在,以环氧粉末内涂层为例进行说明如下。

环氧粉末涂料具有优良的防腐性、绝缘性和可靠的、耐久的使用寿命。粉末涂料与传统的液体涂料相比,具有涂装工艺简单、低污染、材料利用率高和利于文明生产等优点。管道内粉末涂料的涂敷方法很多,归纳起来主要有真空喷法、水平杆式喷枪涂装法、流化床涂装法和静电喷涂法。目前工业管道上应用最多的是静电喷涂法。

粉末的静电喷涂法主要是利用高压静电感应原理,在喷枪与工件之间形成一较强的静电场,当粉末被压缩空气携带至喷枪时,粉末的微粒捕集了一定电子,带上负的静电荷,在静电和压缩空气的双重作用下,粉末就能均匀地吸附到工件上,经加热固化成坚固光滑的涂膜。

对钢质管道环氧粉末内涂层应为单层一次成膜防腐结构,涂层厚度值大于 $200\mu m$。

2. 金属管道的外防护

埋地金属管道的外防腐层分为普通、加强和特加强三级,应根据土壤腐蚀性和环境因素确定管道采用的防腐级别,在确定涂层种类和等级时,应考虑阴极保护的因素。场、站、库内埋地管道,及穿越铁路、公路、江河、湖泊、人口密集区的管道均采用特加强防腐。

对埋地管道外防腐蚀涂层的要求:涂层的补口、补伤材料应与主体防腐材料有良好的粘接性;具有良好的抗土壤、水、霉菌的腐蚀和施工性能,有良好的电绝缘性,阴极保护联合使用时防腐涂层应具有一定的耐阴极剥离强度的能力,有足够的机械强度,以确保涂层在搬运和土壤压力作用下无损伤。

金属管道的外防护形式目前主要有以下几种:石油沥青防腐层、环氧煤沥青防腐层、聚乙烯胶带防腐层、聚乙烯"夹克"防腐层、泡沫塑料一次成型防腐保温层。

3. 金属管道的阴极保护

使被保护的金属阴极极化,以减少和防止金属腐蚀的方法,叫做阴极保护。阴极保护有牺牲阳极保护和强制阴极保护两种方法;

(1) 牺牲阳极保护

牺牲阳极法阴极保护,如图 6-14(b)所示,在需要保护的金属管道上连接一种电位更负的金属或合金(如锌合金、镁合金),形成一个新的腐蚀原电池。由于管道上原来的腐蚀原电池阳极的电极电位比外加的牺牲阳极的电位要正,整个管道就成为阴极。其保护电流的大小,主要决定于两极金属之间的电位差。

牺牲阳极保护的优点是构造简单,施工、管理方便;不需外加电源,适用于无电源或需要局部保护的地方;对临近的金属结构影响小。其缺点是由于受两个金属之间电极电位差的限制,有效电位差及电流受到限制,用于地下管道保护的最大距离不过几公里,当土壤电阻率较高时,保护距离更短,同时调节电流也困难;另一个缺点是阳极消耗量大,要消耗有色金属。

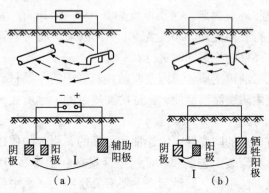

图 6-14 阳极保护原理示意图

作为牺牲阳极材料,必须具有下列条件:
①要有足够的负电位,且很稳定;
②工作中阳极极化要小,溶解均匀,产物易脱落;
③阳极必须有高的电流效率,即实际电容量和理论电容量之比的百分数要大;
④电化当量高,即单位重量的电容量要大;
⑤腐蚀产物无毒,不污染环境;
⑥材料来源广,加工容易,价格便宜。

在土壤环境中常用的阳极材料有镁和镁合金、锌和锌合金;在海洋环境中还有铝合金。这三类牺牲阳极已在世界范围内广泛应用。

(2) 强制阴极保护

强制电流法阴极保护,如图6-14(a)所示,将被保护的金属管道与电源的负极相连,把辅助阳极接到电源的正极,使被保护金属成为阴极。

阴极保护的工作原理如图6-15所示。以外加电流的阴极保护为例,暂不考虑腐蚀电池的回路电阻,则在未通电流保护以前,腐蚀原电池的自然腐蚀电位为E,相应的最大腐蚀电流I_C。通上外加电流后,由电解质流入阴极的电流量增加,由于阴极的进一步极化,其电位将降低。如流入阴极电流为I_D,则其电位降至E',此时由原来的阳极流出的腐蚀电流将由I_C降至I'。I_D与I'的差值就是由辅助阳极流出的外加电流量,为了使金属构筑物得到完全保护,即没有腐蚀电流从其上流出,就需进一步将阴极极化到使总电位降至等于阳极的初始电位E_A^0,此时外加的保护电流为I_P。从图上可以看出,要达到完全保护,外加的保护电流要比原来的腐蚀电流大得多。

显然,保护电流I_P,与最大腐蚀电流I_C的差值决定于腐蚀电池的控制因素。受阴极极化控制时,二者的差值要比受阳极极化时小得多。因此,采用阴极保护的经济效果较好。

①应用的技术条件

被保护的管道必须具有良好的纵向导电的连续性、具有质量良好的覆盖层(防腐层)、管道的两端设置绝缘接头或绝缘法兰。

②阴极保护准则

埋地钢质管道在施加阴极电流的情况下,测

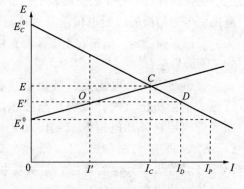

图6-15 阴极保护的极化图解

得管/地电位为-850mV或更负;相对饱和硫酸铜参比电极的管/地电位为-850mV或更负;

最大保护电位的限制应根据覆盖层种类及环境来确定,以不损坏覆盖层的粘接力为准。推荐的最大保护电位如下:

石油沥青   -1.50V
环氧粉末   -2.0V

③对电源设备基本要求:长期不间断供电、可靠性高;输出电压、电流可调;具有抗过载、防雷、抗干扰保护功能。

④辅助设施

a. 测试桩：检测阴极保护参数，应每公里设置一支，并按油气流向排列编号，一般位于管道中心线左侧 1.5m 处。

b. 埋地型参比电极：要求极化小、稳定性好、寿命长：

（3）阴极保护参数

与阴极保护相关的几个参数：自然腐蚀电位、保护电位、保护电流（可以换算成电流密度）。正确选择和控制这些参数是决定保护效果的关键。在实际保护中人们仅把保护电位作为控制参数，因为它受自然腐蚀电位和保护电流所控制，而且在实践中容易操作。

①自然腐蚀电位

无论采用牺牲阳极法还是采用强制电流阴极保护，被保护构筑物的自然腐蚀电位都是一个极为重要的参数。它体现了构筑物本身的活性，决定了阴极保护所需电流的大小，同时又是阴极保护准则中重要的参考点。金属管道在通电保护前本身的对地电位，称管道的自然电位。它随着金属管道的材质、表面状态（绝缘层好坏，管子本身锈蚀情况）以及土壤条件的不同而不同，并且随着季节不同而变化。测量钢管在土壤中的自然电位一般都采用饱和硫酸铜电极，它的数值范围在 $-0.4 \sim 0.7V$ 之间。在大多数土壤中钢管的自然电位为 $-0.55V$ 左右。

②保护电位

按 GB/T 10123—2001 的定义，保护电位为"进入保护电位范围所必须达到的腐蚀电位的临界值"。保护电位是阴极保护的关键参数，它标志了阴极极化的程度，是监视和控制阴极保护效果的重要指标。

为使腐蚀过程停止，金属经阴极极化后所必须达到的电位称为最小保护电位，也就是腐蚀原电池阳极的起始电位。其数值与金属的种类、腐蚀介质的组成、浓度及温度等有关。根据实验测定，碳钢在土壤及海水中的相对于饱和硫酸铜电极（CSE）的最小保护电位为 $-0.85V$ 左右。

管道通入阴极电流后，其负电位提高到一定程度时，由于 H^+ 在阴极上的还原，管道表面会析出氢气，减弱甚至破坏防腐层的黏结力，不同防腐层的析氢电位不同。沥青防腐层在外加电位低于 $-1.20V$（CSE）时开始有氢气析出，当电位达到 $-1.50V$（CSE）时将有大量氢析出。因此，对于沥青防腐层取最大保护电位为 $-1.20V$（CSE）。若采用其他防腐层，最大保护电位值也应经过实验确定。聚乙烯防腐层的最大保护电位可取 $-1.50V$（CSE）。

③保护电流密度

在 GB/T 10123—2001 中，保护电流密度的定义是："从恒定在保护电位范围内某一电位的电极表面上流入或流出的电流密度"。此定义适用于阴极保护和阳极保护，对于阴极保护来说只能是"流入"。保护电流密度与金属性质、介质成分、浓度、温度、表面状态（如管道防腐层的状况）、介质的流动、表面阴极沉积物等因素有关，对于土壤环境而言，有时还受季节因素的影响。

因保护电流密度不是固定不变的数值，所以，一般不用它作为阴极保护的控制参数；只有无法测定电位时，才把保护电流密度作为控制参数。例如在油井套管的保护中，电流密度是一个重要参数，可以作为控制参数用。

表6-6 不同表面状况钢管的最小保护电流密度

钢管表面状况	土壤电阻率/(Ω·m)	电流密度/(mA/m²)
带有沥青、玻璃布防腐层	130~135	0.01~0.1
	30~1.4	0.16
裸管	<3	30~50
	3~10	20~30
	10~50	10~20
	>50	5~10

从表6-6中可以看出,裸管比有防腐层的管道需要的保护电流密度大得多;土壤电阻率愈小,需要的保护电流密度愈大。由于在实际工作中很难测定腐蚀电池的阴、阳极的具体位置和面积大小,故表中所列数据都是按与电解质接触的整个被保护金属表面积计算的。类似的试验数据对于较小的金属构筑物,如油罐的罐底、平台的桩等是适用的;对于沿途土壤电阻率和防腐层质量变化较大的长距离管道,则往往偏差较大。故对于管道的阴极保护,常以最小保护电位和最大保护电位作为衡量标准。

第三节 管道及主要配件

一、管道

（一）分类

管道是油气集输系统的重要组成部分,由管子、阀门、法兰、弯头等附件组成。管道的分类情况如表6-7所示。

表6-7 管道的分类情况

分类依据	管道类型
管道用途	工艺管路、辅助管路
输送介质	油、气、水、蒸汽、酸、碱、盐等管道
设计压力	真空管道:表压 $p<0$MPa;低压管道 0MPa$<p<1.6$MPa;中压管道 1.6MPa$<p<10$MPa;高压管道 10MPa$<p<100$MPa;超高压管道 $p>100$MPa;
输送温度	高低温管道
管材	钢、铸铁、合金钢、有色金属、非金属
制造方法	无缝钢管(热冷轧)、有缝钢管(直焊缝管、螺旋焊管)

（二）管子的规格参数

通常以公称直径和公称压力来区分管子的基本特性。公称直径是一种规定的标准直径,它即不是管子的内径,也不是管子的外径,而是与管子内径相近的整数,如 $DN150$ 表示公称直径为150mm,无缝钢管的规格通常采用"外径×壁厚"来表示;公称压力即工作压力,通常用 PN 来表示,如 $PN1.6$ 表示工作压力为1.6MPa,如表6-8、表6-9所示。

表6-8 常见无缝钢管的规格

公称直径(DN)/mm	外径/mm	壁厚/mm	实际内径/mm	管内净截面积/cm²	每米管长容积/L	每米质量/kg
80	89	4	81	51.53	5.15	8.38
100	103	4	100	78.51	7.85	10.28
100	114	5	104	81.95	8.5	13.44
150	159	4.5	150	176.73	17.67	17.15
150	159	6	147	169.72	16.07	22.64

表6-9 常见螺旋钢管的规格

管径/mm		PN1.6		PN2.5		PN4.0	
公称直径	外径	壁厚/mm	质量/(kg/m)	壁厚/mm	质量/(kg/m)	壁厚/mm	质量/(kg/m)
250	273			6	39.51	7	45.92
300	325			6	47.2	8	62.14
350	377	6	54.89	7	63.37		
400	426	6	62.14	7	72.33		

（三）管子的选用

无缝钢管或螺旋钢管选用标准如表6-10所示。

表6-10 无缝钢管或螺旋钢管选用标准

管材类型		适用于输送	使用条件
钢管	无缝钢管	各种油品、石油气、蒸汽、水、风和浓度98%的硫酸等	温度 -40~475℃、压力≤16MPa
	有缝钢管	水、空气、液碱、润滑油等介质	温度 <75℃、压力 <1.6MPa
	螺旋钢管	管径 >250mm 的大型输油、输气管子	温度 <300℃、压力 1.6~4.0MPa
铸铁管	耐腐蚀性好	多用于埋地的上下水管、也可用于输送腐蚀性较高的碱液或浓酸	可分低压(<0.45MPa)、中压(0.45~0.75MPa)、高压(0.75~1MPa)

二、阀门的选用

阀门是集输流程和设备上不可缺少的配件。在运行中，通过对各种阀门的操作，实现对集输各工作系统的控制和调节。

（一）阀门的分类

1. 按动力分

自动阀门：依靠介质自身的力量进行动作的阀门，如止回阀、减压阀、安全阀、疏水阀等。

驱动阀门：依靠人力、电力、液力、气力等外力进行操纵的阀门，如截止阀、节流阀、闸阀、蝶阀、球阀、旋塞阀等。

2. 按结构特性分

截止型：关闭件沿着阀座中心线移动。

闸门型：关闭件沿着垂直于阀座的中心线移动。

旋塞型：关闭件是柱塞或球，围绕本身的中心线旋转。

旋启型：关闭件围绕座外的一个轴旋转。
蝶型：关闭件是圆盘，围绕阀座内的轴旋转。

3. 按用途分

开断用：用来切断或接通管路介质，如截止阀、闸阀、球阀、旋塞阀等。
调节用：用来调节介质的压力或流量，如减压阀、调节阀等。
分配用：用来改变介质的流向，起分配作用，如三通旋塞、三通截止阀等。
止回用：用来防止介质倒流，如止回阀。
安全用：在介质压力超过规定数值时，降压并排放多余介质，以保证设备安全，如安全阀。
阻气排水用：留存气体，排除凝结水，如疏水阀。

4. 按操纵方法分

手动阀门：借助手轮、手柄、杠杆、链轮、齿轮等，由人力来操纵的阀门。
电动阀门：借助电力来操纵的阀门。
气动阀门：借助压缩空气来操纵的阀门。
液动阀门：借助水、油等液体，传递外力来操纵阀门。

5. 按压力分

真空阀：绝对压力<0.098MPa的阀门。
低压阀：公称压力<1.6MPa的阀门。
中压阀：公称压力2.5~6.4MPa的阀门。
高压阀：公称压力10~80MPa的阀门。
超高压阀：公称压力≥100MPa的阀门。

6. 按介质温度分

普通阀门：适用于介质工作温度-40~450℃的阀门。
高温阀门：适用于450~600℃的阀门。
耐热阀门：适用于600℃以上的阀门。

(二) 阀门的标识

阀门的铭牌上，标有阀门型号、公称直径、公称压力、温度、介质流向、厂名，并在阀体、手轮及法兰外缘上刷有不同颜色的漆。

1. 阀门型号

(1) 阀门产品型号由七个单元组成，如图6-16所示。

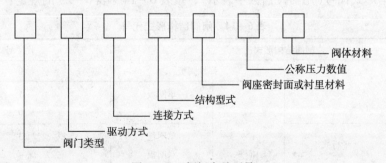

图6-16 阀门产品型号

举例说明：Z944T-10型阀为闸阀，电机驱动，法兰连接，明杆平行式双闸板，密封圈材料为铜，公称压力为1MPa，阀体材料为铸铁（铸铁阀公称压力小于1.6MPa，不注材料代号）。

(2) 类型代号(用汉语拼音字母表示),按表 6-11 的规定。

表 6-11 阀门类型代号表

类型	代号	类型	代号
闸阀	Z	旋塞阀	X
截止阀	J	止回阀和底阀	H
节流阀	L	安全阀	A
球阀	Q	减压阀	Y
蝶阀	D	疏水阀	S
隔膜阀	G	柱塞阀	U

(3) 传动方式代号(用阿拉伯数字表示),按表 6-12 的规定。

表 6-12 传动方式代号

传动方式	代号	传动方式	代号
电磁动	0	伞齿轮	5
电磁-液动	1	气动	6
电-液动	2	液动	7
蜗轮	3	气-液动	8
正齿轮	4	电动	9

(4) 连接形式代号(用阿拉伯数字代号表示),按表 6-13 的规定。

表 6-13 连接形式代号

连接形式	代号	连接形式	代号
内螺纹	1	对夹	7
外螺纹	2	卡箍	8
法兰	4	卡套	9
焊接	6		

(5) 结构形式代号(用阿拉伯数字表示),按表 6-14~表 6-23 的规定:

表 6-14 闸阀结构形式代号

闸阀结构形式			代号
明杆	楔式	弹性闸板	0
		单闸板	1
		双闸板	0
	平行式	单闸板	3
	刚性	双闸板	4
	暗杆楔式	单闸板	5
		双闸板	6
	暗杆平行式	双闸板	8

表 6–15 截止阀和节流阀的结构形式代号

截止阀和节流阀的结构形式		代号
直通式		1
角式		4
直流式(Y型)		5
平衡	直通	6
	角式	7

表 6–16 球阀结构形式代号

球阀结构形式			代号
	直通式		1
浮动	L形	三通式	4
	T形		5
	四通式		6
固定	直通式		7

表 6–17 蝶阀结构形式

蝶阀结构形式	代号
杠杆式	0
垂直板式	1
斜板式	3

注：垂直板三杆式用 Is 表示。

表 6–18 隔膜阀结构形式

隔膜阀结构形式	代号
屋脊式	1
截止式	3
闸板式	7

表 6–19 旋塞阀结构形式

旋塞阀结构形式		代号
填料	直通式	3
	T形三通式	4
	四通式	5
油封	直通式	7
	T形三通式	8

表 6-20 止回阀和底阀结构形式

止回阀和底阀结构形式		代号
升降	直通式	1
	立式	2
旋启	单瓣式	5
	多瓣式	5
	双瓣式	6
	蝶式	7

表 6-21 安全阀结构形式

安全阀结构形式			代号
弹簧	封闭	带散热片 全启式	0
		微启式	1
		全启式	2
	不封闭	带扳手 全启式	4
		带扳手 双弹簧微启式	3
		带扳手 微启式	7
		带扳手 全启式	8
		带控制机构 微启式	5
		带控制机构 全启式	6
	脉冲式		9

表 6-22 减压阀结构形式

减压阀结构形式	代号
薄膜式	1
弹簧薄膜式	2
活塞式	3
波纹管式	4
杠杆式	5

表 6-23 疏水阀结构形式

疏水阀结构形式	代号
浮球式	1
钟形浮子式	5
双金属式	7
脉冲式	8
热动力式	9

(6) 阀座密封面或衬里材料代号用汉语拼音字母表示,按表 6–24 的规定。

表 6–24　阀座密封面或衬里材料

阀座密封面或衬里材料	代号	阀座密封面或衬里材料	代号
铜合金	T	渗氮钢	D
橡胶	X	硬质合金	Y
尼龙塑料	N	衬胶	J
氟塑料	F	衬铅	Q
锡基轴承合金(巴氏合金)	B	搪瓷	C
合金钢	H	渗硼钢	P

(7) 公称压力数值,按《管路法兰　技术条件》(JB 74—1994)的规定。用于电站工业的阀门,当介质最高温度超过 530℃时,按 JB/T 74—1994 第 5 条的规定标注工作压力。

(8) 阀体材料代号(用汉语拼音字母表示),按表 6–25 的规定。

表 6–25　阀体材料代号

阀体材料	代号	阀体材料	代号
灰铸铁	Z	Cr5Mo	I
可锻铸铁	K	ICr18Ni9Ti	P
球墨铸铁	Q	Cr18Ni12Mo2Ti	R
铜及铜合金	T	12CrMoV	V
WCB	C		

2. 公称压力、公称直径

公称压力是为了设计、制造、安装和检修的方便,而人为规定的一种压力,通常指阀门在基准温度下允许的最大工作压力,常用 PN 表示。对标明公称压力的阀门,其工作压力随着介质温度的提高而降低。对碳钢制品而言,当介质温度在 200℃ 以下时,阀门的工作压力等于其公称压力,即阀门的机械强度不受温度的影响。当介质温度高于 200℃ 时,由于其机械强度降低,工作压力低于公称压力,介质温度越高,工作压力愈低。

对于阀门和铸铁管,公称直径就等于其实际内径。而对于工艺设备,公称直径就是设备的内径。公称直径用 DN 表示。各种型式的阀门都以其公称压力,公称直径作为选取的规格。

3. 阀门的手轮和阀体漆色的含义

由于工质的性质、压力和温度不同,阀体和密封面所用的材料是不同的。压力和温度高的介质如采用铸铁等较差材质制成的阀门,不但密封性能差,而且也极不安全。相反,压力和温度较低的工质采用铸钢、合金钢等高级材质制成的阀门,不但没有必要,而且还使费用增加。有腐蚀性的工质,还要采用衬胶和衬铅等防腐措施。

由于在外观上不易看出阀体或密封面的材质,为了便于识别,制造厂在阀门出厂时,用阀体的不同颜色区分阀体的材质,用手轮的不同颜色区分密封面的材质,给安装使用和维护带来方便,如表 6–26、表 6–27、表 6–28 所示。

表6-26 阀体的涂漆颜色与阀体材质

颜色	黑	银粉	银灰	浅天蓝	蓝
阀体材料	灰铸铁	球墨铸铁	碳素钢	耐酸钢或不锈钢	合金钢

表6-27 阀门手轮涂漆颜色与密封圈材料

手轮颜色	红	浅蓝	豆绿	绿	浅紫	同阀体颜色
密封圈材料	青铜与黄铜	耐酸钢或不锈钢	硬质合金	硬橡胶	渗氮钢	直接在阀体上制作密封面

表6-28 连接法兰的外圆表面上涂漆颜色与衬里材料

法兰颜色	红色	黄色	绿色	蓝色	白色
衬里材料	搪瓷	铅锑合金	橡胶	塑料	铅

（三）阀门的选择原则

选择阀门时应考虑管道的直径，介质的性质，以及工况条件、环境因素等条件。

(1) 在集输管道上多选用法兰连接阀门，在 $DN \leqslant 25$ 的管道上才选用丝扣连接阀门。

(2) 外输系统、脱水系统、注水系统、掺水系统、轻烃系统等应选用钢阀；

(3) 在油系统、气系统尽量少用 $\leqslant 1.0 MPa$ 的闸阀或 $\leqslant 1.6 MPa$ 的截止阀，它们的材料为铸铁，不利于安全生产。

(4) 需要流量调节的地方多选用截止阀；需要阀门快速开关的场所应选用球阀或旋塞阀，其他场所尽量选用闸阀。

(5) 输送的是蒸汽或含腐蚀性的介质，应选用不锈钢密封圈。

（四）集输系统常用阀门

1. 闸板阀（简称闸阀）

闸板阀在集输管网中应用最广、数量最多的阀门，它是通过手轮转动使阀体内闸门陌阀杆垂直升降来启闭管路的。其结构如图6-17所示，分为明杆闸阀和暗杆闸阀，明杆闸阀开闭状态易于直观看清，且阀杆螺纹易于润滑。

优点：形体简单、流体阻力小、开启灵活、操作方便、介质流动不受安装方向限制，凭借阀杆升降程度即可判断阀门开启程度。

缺点：安装空间较大、开关慢、密封面易受冲击和磨损、对压力或流量调节能力差。

2. 截止阀

截止阀（包括球形阀、针型阀）是利用阀瓣（球形或锥形封闭件）在阀杆的带动下，沿阀内作升降运动而改变阀盘与阀座间距，起到截止或调节流体的作用，截止阀的构造决定它只准许流体单向流动，即低进高出，阀门不能装反（阀体上部铸有流向标记）。否则流体若从上方进入阀体，则阀门不易打开还会损坏。其结构如图6-18所示。

优点：阀门体积小、开启高度不大、流量便于调节、密封面较严密、易于制造与维修适用于蒸汽管网上，不宜用于放空及真空系统。

缺点：流体流向急剧改变、阻力损失较大、一般是同规格闸阀的5~25倍。

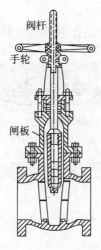

图 6-17　闸板阀

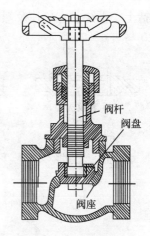

图 6-18　截止阀

3. 单向阀

单向阀(又称止回阀、逆止阀和单流阀)是依靠流体压力、弹簧力或阀瓣自重达到自动开闭通道,并能阻止流体倒流的阀门。通常它安装于泵的出口管道上、锅炉给水管道上或其他不允许流体倒流的管道上,常用的有升降式和旋启式两种。其结构如图6-19所示。

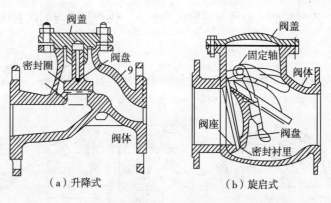

(a)升降式　　　(b)旋启式

图 6-19　单向阀

单向阀因结构不同,安装要求也不相同。升降式因结构简单、体积小、阀盘失灵可能性小,但流体流向急剧改变推起阀盘要消耗能量,故对流体阻力较大,所以升降式单向阀适宜安装在水平或垂直的大口径管道上。旋启式的缺点是摇杆和阀盘连接处的销针容易松脱,使阀门失效。

单向阀在安装时,注意阀体上的箭头指示流向必须与流体流向一致,切记不能装反,否则流体不能通过。

三、主要配件的选用

管路由直管段、曲管(弯头)、大小头、分支管(三通)、阀门等管件组成,这些管件通过管子连接成一个完整的体系。

（一）法兰

法兰包括上、下法兰、垫片及螺栓螺母三部分，上下法兰分别与管道焊接。法兰的分类如图 6-20 与表 6-29 所示。

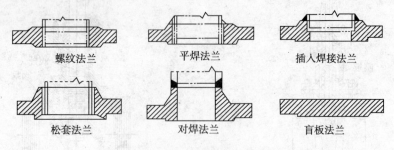

图 6-20 法兰的各种分类

表 6-29 法兰的分类

分类依据	法兰类型
用途	管道法兰、压力容器（设备）法兰
形状	圆形、方形、椭圆形及特殊形状
压力	高压、中压、低压
法兰与管子的连接形式	平焊、套焊、对焊、松焊螺纹法兰及法兰盖（盲板法兰）

法兰的选用：依据标准，根据管道输送的介质、操作压力与温度直接选择。

（二）弯头、大小头与三通

1. 弯头

弯头是管道线路中最多的管件，油气集输中常用的有无缝弯头、冲压弯头和焊接弯头三种。无缝弯头又称冲制弯头，有 45°和 90°弯头两种，如图 6-21 所示。

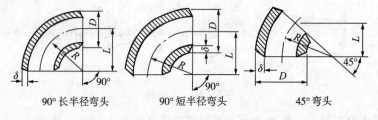

图 6-21 弯头的分类

弯头的曲弯半径 R 根据管道的公称直径 DN 确定，常见的有 $R=1.5DN$ 和 $R=1.0DN$ 两种。选用是根据公称直径、曲弯半径和公称压力直径选择。

2. 大小头

又称变径管，主要用于管子变径时的连接，有同心和偏心两种形式，大部分采用同心大小头，一般采用大头和小头的公称直径的乘积来表示其规格，如图 6-22 所示。

3. 三通

主要用于从主管上接出分管或支管，有等径和不等径两大类。等径三通规格仅注明公称直径 DN 即可；不等径三通规格一般由 DN 主管 $DN1$ × 分管 $DN2$ × 主管 $DN1$ 表示，如 $DN150 \times 100 \times 150$。

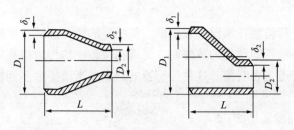

图 6-22 大小头的种类

(三) 管道热应力补偿器

温度变化时，受约束的管道因不能自由地膨胀或冷缩而产生的应力称为热应力，消除管道热应力主要方法有两种：

(1) 自然补偿：在管道建设中，随地貌管道的自然弯曲或人为弯曲，目的就是减少热应力。

(2) 人工补偿：管道中连接 U 形管、波纹管、填料式补偿及金属软管等，目的是人为消减热应力的影响。

第四节 输油管道在线监控系统（泄漏检测技术）

一、输油管道参数监控

输油管道的主要参数有温度、压力、输油量（排量）、原油含水等。依据在线安装的各种检测仪表，通过网络传输、计算机数据处理，实现输油管道沿线输送参数监控与报警，目的是确保输油管道的安全运行。

有关输油参数检测仪表，详见第八章《仪表与控制系统》。

二、管道泄漏检测技术

输油管道一旦发生泄漏事故是严重的环境污染和危险事故，同时也因输送物料的大量泄漏带来重大的经济损失，并导致人员伤亡。如何利用先进的检测手段及时发现泄漏点，并检测出泄漏的位置和泄漏量的大小，及时采取有效措施对管道进行维护与修理，避免或减少泄漏事故的发生，保证管道的安全运行。

(一) 基于硬件的检漏方法

1. 直接观察法

此种方法是依靠有经验的管道工人或经过训练的动物巡查管道，通过看、闻、听或其他方式来判断是否有泄漏发生，这类方法不能对管道进行连续检测，因此发现泄漏的实时性差。

2. 超声波法

当管道出现泄漏时，管道中的流体被扰动，接收机器上的电压将发生明显变化，通过采集若干个泄漏点电压变化量，描绘出泄漏点与电压变化量的关系曲线，依据电压变化计算出管道泄漏的位置。

3. 光纤检漏法

准分布式光纤进行检漏技术已比较成熟。传感器的核心部件由棱镜、光发与光收装置构成。当棱镜底而接触不同种类的液体时，光线在棱镜中的传输损耗不同。根据光探测器接收的光强来确定管道是否泄漏。这种传感器的缺点是当油接触不到棱镜时，就会发生漏检的现象。

4. 放射性示踪剂检漏物法

这种方法是将放射性示踪剂（如碘 131）加到管道内，随输送介质一起流动。遇到管道的泄漏处，放射性示踪剂便会从泄漏处漏到管道外面，并附着于泥土中，示踪剂检漏仪放于管道内部，在输送介质的推动下行走。经过泄漏处时，示踪剂检漏仪便可感受到泄漏到管外的示踪剂的放射性，并记录下来。根据记录，可确定管道的泄漏部位。这种方法对微量泄漏检测的灵敏度很高，但检测操作周期长，不适用于在线实时检测管道运行。

5. 光纤温度传感器检漏

输油管道的泄漏会引起周围环境温度的变化，分布式光纤温度传感器可连续测量沿管道的温度分布情况，当沿管道的温度变化超出设定温度报警界限时，会发出报警信号。由于造价较高、属于事后报警，不适用于在线实时检测管道运行。

（二）基于软件的检漏法

1. 质量平衡检漏法

该方法基于管道流体流动的质量守恒关系，在管道无泄漏的情况下进入管道的流体质量流量应等于流出管道的流体质量流量。当泄漏程度达到一定量时，入口与出口就形成明显的流量差。检测管道多点位的输入和输出流量，或检测管道两端泵站的流量并将信号汇总构成质量流量平衡图像，根据图像的变化特征就可确定泄漏的程度和大致的位置。该方法简单、直观，但对少量泄漏的敏感性差，不能及时发现泄漏，因此该方法需要与其他方法联合使用。

2. 负压波法

当管道发生泄漏时，泄漏处立即产生因流体物质损失而引起的局部液体密度减小，出现瞬时的压力降低，作为减压波源通过管道和流体介质向泄漏点的上下游以一定的速度传播，泄漏时产生的减压波就称为负压波。设置在泄漏点两端的传感器根据压力信号的变化和泄漏产生的负压波传播到上下游的时间差，就可以确定泄漏位置。该方法灵敏准确，无需建立管道的数学模型，原理简单，适用性很强。但它要求泄漏的发生是快速突发性的，对微小缓慢泄漏不是很有效。

3. 压力分布图法

在管道沿线的截断阀处分别设置压力传感器，同时采集各压力传感器的压力信号传回检测中心；检测中心汇总这些信号构成该管道整体压力分布图，根据压梯度特征和拐点位置确定泄漏程度和泄漏位置。由于地理环境和生产的需要，管道铺设工艺结构复杂或由于调泵调阀时操作条件的改变，在无泄漏的情况下也可能出现异常的图像特征而产生误报警现象。

4. 分段试压法

沿管道分段关闭阀门，观测关闭段压力的变化从而判断泄漏的程度和位置。由于检测时需要管道分段停运而影响正常的生产工作且不能及时准确定位检测，检测工作量较大，所以一般不采用。

5. 实时模型法

实时模型法是研究的最多的一种方法,它不仅能探测到较小的泄漏,且定位准确。这种方法的工作原理是由一组几个方程建立一个精确的计算机管道实时模型模拟管道中流体的流动,此模型与实际管道同步执行。定时取管道上的一组实际值,如上下游压力、流量,运用这些测量值,由模型估计管道中流体的压力、流量值,然后将这些估计值与实测量值作比较来检漏。模型采用的方程包括质量平衡、动量平衡、能量平衡和流体状态方程等,它需要很大投资。在管道的出入口和管道沿线安装复杂控制传感系统,测量流量及压力,测点越多越好,检测精度依赖于模型和硬件精度。突出特点是对泄漏的敏感性好,可对泄漏点定位,并对管道进行连续监测,但误报警率较高。

现代泄漏检测技术以软件方法为主,硬件方法为辅的软硬结合方法进行输油管道泄漏检测。结合计算机技术、控制理论、信号处理、模式识别、人工智能等学科的发展促进了以软件为主的输油管道实时泄漏检测技术的发展,如何能够实现实时在线监测与监控,仍将是研究与发展的的方向。

第五节 管道输油计量与输差

油气的计量是石油储运系统数量管理的一项技术基础工作。它贯穿与油气开采、油气水处理与储存、运输和经销全过程。其准确与否,决定于油气的计量方法、计量器具、操作技术等因素。

一、原油的计量方法、分级与器具配备

(一) 原油的计量方法

原油的计量方法与器具如表6-30所示。

表6-30 原油的计量方法与器具

计量方法	计量器具及概要	计量结果
体积法	标准量油尺测油品高度,由油罐容积表查得油品体积;测温盒、测温仪测油品温度;或体积流量计测体积	换算为标准体积
体积重量法	测油品体积、温度、密度	换算为质量
重量法	地衡、电子轨道衡等衡器(磅秤)称重或质量流量计测质量	换算为质量

按原油的状态,又分为动态计量与静态计量,动态计量执行《石油及液体石油产品流量计交接计量规程》(SY/T 5671—93)与《原油天然气和稳定轻烃交接计量站计量器具配备规范》(SY/T 5398—91);静态计量执行,《石油及液体石油产品立式金属罐交接计量规程》(SY 5669—1993)与《石油及液体石油产品铁路罐车交接计量规程》(SY 5670—93)。

对油桶等小型容器可直接采用质量法,用磅称称其质量。

对大型油罐、油轮及铁路油罐车等,因为不能直接称其质量,所以采用体积质量法。

该方法是先测量原油的体积 V、温度 T 和密度 ρ，再考虑到空气的浮力，按式(6-36)计算出在空气中的质量：

$$Q_m = V(\rho - 0.0011)(1 - 含水量\%) \qquad (6-36)$$

质量法和体积质量法都是以质量 kg 或 t 作为计量的核算单位。我国目前仍采用体积质量法。

大型油罐、油轮及铁路油罐车，均有现成的容积表，油罐某一高度的容积均可在油罐容积表中查得。因此，油罐中原油的体积计量实际上是油面高度的测量。

体积法是用仪表直接量出原油的体积，计量单位为升、加仑和桶，其换算关系为：1 桶(英) = 35 英加仑 = 159 升。它是美国、英国、日本和西欧一些国家普遍采用的方法。因为这种方法比较简单，故在国际石油贸易中广泛使用。

（二）原油计量分级

一级计量——油田外输原油的交接计量(商品油计量)；

二级计量——油田内部净化原油或稳定原油的生产计量(分油矿生产原油计量)；

三级计量——油田内部含水原油的原油生产计量(分采油队生产原油计量)。

（三）原油计量器具的配备原则

原油计量器具的配备原则如表 6-31、表 6-32 所示。

表 6-31 流量计计量原油的计量站计量器具配备

序号	计量器具名称	准确度或规格	数量	用途	备注
1	容积式流量计及辅助设备（消气器、过滤器、逆止阀）	不低于 0.2 级	每组最少 3 台（含备用）	测量计量温度与压力下的原油体积	流量计最佳流量为额定流量的 75%~80%
2	工作震动管液体密度计或手工法测定仪	极限误差不超过 ±0.001g/cm³	每组 2 台（含备用）	测定原油的密度	使用手工法测定原油密度时按 GB1884 配备
3	原油含水分析仪或在线仪表	极限误差不超过 ±0.1%	在线每组 2 台（含备用）	测定原油含水	使用手工法测定原油密度时按 GB260 配备
4	玻璃水银温度计或温度变送器	分度值 ≤0.5℃，不低于 0.5 级	1 支或 1 台	测定原油温度	靠近流量计出口安装
5	弹簧式压力表	不低于 1.5 级	2 块	测定原油压力	靠近流量计进出口安装
5	压力变送器	0.5 级	2 台	测定原油压力	靠近流量计进出口安装
6	弹簧式压力表	不低于 1.5 级	1 块	监测过滤器堵塞状况	安装过滤器进口
7	原油管道手工取样器或原油管道自动取样器	按需要选择	2 台	用于手工测定原油密度和含水的取样	手工法按 GB4756 配备、自动取样按 SY5713 配备
8	标准体积管	复现性优于 ±0.02%	1 台	用于在线检定生产流量计	按 GB89109.1 的原则配备
8	标准流量计	复现性优于 ±0.07%	1 台	用于在线检定生产流量计	按 GB89109.1 的原则配备
9	微机或计算器	按需要选择	1 台	用于油量计算	

表6-32 应用立式金属计量罐计量原油的计量站计量器具配备

序号	计量器具名称	准确度或规格	数量	用途	备注
1	立式金属计量罐	容积基本误差不超过±0.2%	按需配置	用对罐进行检尺的方法测量原油体积量	—
2	量油钢卷尺或自动检尺装置	最小分值1mm	1件	测量油罐液面高度	—
3	原油密度测定仪	极限误差不超过0.001g/cm²	1台	测定原油密度	按GB1884规定配置
4	玻璃水银温度计或温度变送器	分度值不大于0.5、0.5级	按GB8927要求配备	测定原油温度	安装位置参照GB8927规定
5	原油取样器	根据需要选择	1台	原油取样用	按照GB4756规定配备
6	能进行程序运算的计算器或满足要求的其他计算器	根据需要选择	1台	油量计算	—

二、石油静态计量

(一) 常用的测量方法

1. 储罐油面高度的测量

(1) 人工检尺测量油位

用带有毫米刻度的钢卷尺测量油罐内的油面高度,在现场称为"检尺"。常用钢卷尺的规格及允许误差如表6-33所示。为了保证钢卷尺垂直和避免弯曲,在钢卷尺的末端装有一个重锤。重锤一般由黄铜制作。

表6-33 常用钢卷尺的规格及允许误差

规格				允许误差/mm		
总长	最小分度/mm	宽度/mm	尺锤重/kg	全长	厘米分度	毫米分度
5	1	10~12	0.5	±3	±0.5	±0.2
10	1	10~12	1	±3	±0.5	±0.2
15	1	10~12		±4	±0.5	±0.2

人工检尺方法有检空高和检实高两种。这两种检尺方法都需在油罐量油孔的固定部位检测。

①检空高,钢卷尺不下到罐底,是通过测量油罐量油孔固定标记到油面的高度来换算油品高度。这种方法一般用于黏度较大的重质油品。为了计量准确,必须在倒罐10min后,待罐内油面平稳时,才能进行检尺量油。检尺前,根据进油时间大致估算罐内油面高度,然后把钢卷尺从量油孔垂直下放直至浸入油面,并按式(6-37)计算出罐出实际油面高度:

$$H = H_g - H_c + H_q \tag{6-37}$$

式中 H——罐内实际油面高度，mm；
H_g——量油孔上某一固定点至罐底的高度，已知数，mm；
H_c——钢卷尺自量油孔固定点下放到罐内的长度，可直接从尺上读出，mm；
H_q——钢卷尺浸入油面的长度，mm。

②检实高，就是在量油孔的测量点，把末端涂有感水膏的钢卷尺徐徐放入，当重锤与罐底一接触时，便迅速将尺垂直向上提起，然后根据原油浸没量油尺所留的痕迹读出油面高度；同时，根据感水膏颜色变化的界面判断水垫层高度，由式（6-38）计算出罐内油面高度：

$$H = H_g - H_s \tag{6-38}$$

式中 H——罐内实际油面高度，mm；
H_g——罐底到油面的高度，mm；
H_s——水垫层高度，mm。

感水膏是一种只"溶"于水而不"溶"于油的带色膏剂，当接触水时，颜色自行退掉，而显示出水垫层高度。

为了确保检尺的准确性，人工检尺时要注意以下几点：

a. 收发油量油时，每次检尺至少重复一遍，读数精确到mm，两次测量结果相差不得超过±1mm；

b. 每次检尺必须在固定测量点处下尺，以保证各次检尺结果相对准确；

c. 对黏度较大的油品，下尺时由于量油尺周围的油面随着尺的下沉而形成凹形，因此，在重锤触及罐底后应稍停一段时间，使靠近量油尺周围的油面恢复水平；

d. 量油尺将要触及油面时，要减缓下尺速度，并且不允许倾斜和摇摆，以免油面波动而影响测量准确性；

e. 读量油尺浸油高度时，必须保持量油尺垂直或倾斜，不许放平。

（2）自动跟踪式液位计

油田站、库罐内油面高度的测量，近年来采用了自动跟踪式液位计。这种液位计不仅能在现场读出液位的高度，而且还能将现场数字信号传送到仪表室或操作室，通过二次仪表将液位数字信号指示出来，实现了原油计量自动化和远距离传送。这对容量大、收发作业频繁的油库，不仅可以改善工人劳动条件，还可以集中管理，提高劳动生产率。

2. 罐内原油温度的测定

测定罐内油温的目的，是为原油计量时密度的换算提供依据。油温测量正确与否，对计算油量影响很大。储油罐内原油温度场的分布，由于受外界热源的影响和本身的对流作用往往是不均匀的。对于装有加热器进行加热保温的油罐，罐内温度场主要受加热器的影响。

测量仪表我国目前主要采用水银温度计。为减少将温度计提出油面后大气温度对其示值的影响，常将温度计置于特制的保温装置内，一般采用棒式全浸水银温度计。

（1）温度计的技术要求

①温度计的玻璃应光洁、透明，不得有裂痕和影响强度的缺陷；刻线应清晰，在标尺范围内不得有影响读数的缺陷。

②液体柱不得中断，上升时不得有显见的停滞或跳跃现象，下降时不得在管壁上留有液滴或挂色。

③温度计还应有以下标志：表示国际实用温标"摄氏度"的符号"℃"，制造厂名或商标，制造年、月、编号，浸没方式和浸没标志等。

④在石油产品中使用的温度计，必须附有检定证书及修正值。

(2) 温度计的使用

①要有足够的感温时间，使感温泡内的水银与被测介质能充分地进行热交换。

②测温时，温度计的感温泡与被测对象的容器壁要有一定的距离，且不可触及器壁。

③读数时，视线要与毛细管内水银柱凸面之最高点相切，使用分度值为 0.5℃ 的温度计，应估读到 0.1℃；使用分度值为 1℃ 的温度计，应估读到 0.2℃，读数顺序是先读小数后读大数。

④为了防止读数时水银柱的高度发生变化，在罐内测量油品温度时，温度计应与保温盒配套使用，以保证读数时感温泡仍浸在被测介质中。

⑤读数时还应检查毛细管中水银柱是否有断裂等现象。

(3) 对测温位置，根据实践和参照国外有关标准，可按表 6-34 选取。

表 6-34　温度计装置、油罐、盛油容器及测温位置

油罐类型		温度测量附属装置	温度计装置	测温位置
立式罐	固定顶罐	罐顶计量	杯盒，充溢盒，热电温度计	液体高 3m 以下，在液高中部测一点；液体高 3~5m，在顶部液面下 1m，液体底部上 1m 处，共测两点，取算术平均值作为液体的温度
				液体高 5m 以上，在顶部液面下 1m，液体中部和底部上 1m 处，共测三点，取算术平均值作为液体的温度。如果其中有一点温度与平均温度相差大于 1℃，则必须在上部和下部液体中点各增测一点，最后以这五点的算术平均值作为液体的温度
	浮顶罐	计量口	杯盒，充溢盒，热电温度计	同上
铁路罐车和汽车罐车	非压力罐	圆顶室口	杯盒，充溢盒，热电温度计	在液高中部测一点
	压力罐	温度计插孔	套管盒，空气夹套，热电温度计	在液高中部测一点
输油管道		温度计插孔	套管盒，空气夹套，热电温度计	插孔以 45°角插到至少为管道内径 1/3 处或距管壁 150mm 处

3. 原油相对密度的测定与换算

一定体积的原油在 20℃ 时的质量与同体积的水在 4℃ 时质量的比值，称为原油的标准

相对密度；通常用符号 d_4^{20} 表示。一定质量的原油，温度不同，体积也不同，因而原油的相对密度也不同。温度升高，原油相对密度减少；温度下降，相对密度增大。所以，在描述原油相对密度时，必须指明相应的温度。

油田站、库及长输管道计算输量时所需的相对密度，都是从油罐中选取少量具有代表性的油品试样，测定其相对密度，用它来代表罐内油品的相对密度。由此看出，输量计算准确与否，很大程度上取决于试样的选取。为了使分析或测定的结果最大限度地接近罐内全部油品的真实情况，最理想的方法是连续地从不同高度上采取原油的试样，但这样的取样器比较复杂，操作也较麻烦。根据大量试验结果，目前广泛采用的试样是由若干个不同位置的单体试样按一定的体积比组成的平均试样。平均试样基本上能够真实地反映出罐内全部原油的物理和化学性质。

（1）采样的方法

油品的取样方法分两种：一种是手工取样法，主要应用于各类容器（如油罐、罐车、油轮等）管道；另一种是自动取样法，主要应用于管道取样，如原油长输管道、炼油生产装置内成品油管道、成品油储运场所的输油管道、油品码头输油管道等。

①手工取样法　详见《手工取样》（GB4576）。

②原油管道自动取样法

目前我国原油及液体石油产品管道取样的方法是手工取样，手工取样存在的缺陷：一是受输油工况影响；二是取样频率小、取样间隔时间长；三是易受人为因素影响等造成样品代表性差，由此而发生的交接计量纠纷日益增多。而管道自动取样器可克服人工取样的缺陷，可自动近乎连续的取样，既避免了因输油工况变化、油质不均等客观因素造成的样品代表性差的问题，又可消除人为因素的影响，使样品更具代表性，减轻操作工人的取样劳动强度，避免了由此造成计量纠纷。

管道自动取样器特点：设计原理新颖、结构简单，可靠性强、取样量准确、不受工况变化及介质黏度，压力之变化影响，既可按时间比例取样，也可按流量比例取样。

工作原理：给取样器送电，启动电机后，油泵开始工作，同时，电磁阀在时间继电器的作用下，按要求动作，使液压油流向改变，控制介质缸内活塞，使活塞运动，从液体输送管道中抽取液体介质，当电磁阀在时间继电器的再次动作之后，液压油再次改变流向，使介质缸中活塞反向运行，在部分介质返回管道，最后的介质由样品排出管排到取样瓶内，完成本次取样。之后电机自动停止运行；间隔一定时间后，电机自动启动，如此反复起停，完成取样功能。电磁阀用时间继电器控制者为时间比例取样，而电磁阀由流量计脉冲信号控制时则为流量比例取样。

（2）密度的测定

用平均试样测定相对密度，测定原油相对密度最常用的仪器是石油密度计。用于测量石油密度的密度计称石油密度计，它是由干管，躯体和压载室三个部分组成。有关密度的测定严格按照《原油和液体石油产品密度实验室测定法（密度计法）》（GB/T 1884—2000）要求进行。

①石油密度计的技术要求

a. 应采用优质玻璃制造，其玻璃必须光洁透明，没有裂痕、气泡和其他妨碍读数的缺陷。

b. 必须附有制造厂名或商标、出厂年月、器号、单位、标准温度、读数方法等标签。

c. 压载室的金属弹丸不得出现明显移动；分度表必须牢固地粘于干管内壁，不应有移动、皱缩、扭曲等现象；标尺刻线均匀清晰，并垂直于密度计轴线。

d. 躯体和干管必须与其本身轴线对称，在液体漂浮时因倾斜产生的两侧示值误差不得大于 0.1 分度。

e. 必须有在有效期内的检定证书。

②密度计的使用

a. 根据所测液体的密度来选密度计，并认清标准温度和分度值等。石油密度计分度值为 $0.005 g/cm^3$。

b. 密度计要仔细清洗干净，当将清洗后的密度计放入液体中时，应只拿干管最高刻线以上部位，同时要注意垂直取放。

c. 装盛液体的容器清洗干净后再慢慢倒入液体，观察无气泡时，再放入密度计，密度计放入后，浸入液体部分不得有气泡。

d. 读数时，密度计不得与容器壁、底以及搅拌器接触，当密度计上标有"弯月面上缘读数"字样时，按弯月面上缘读取数值，密度计上没有标明读数方法时，全部按弯月面下缘读数。

e. 在读取密度计示值后，立即读取油品温度。

4. 原油含水的测定

由于各种原因，采出的原油中含有一定量的水，经过脱水处理后，可将大部分水除掉，但不能全部将水脱干净。计量原油数量时，必须把这部分水从油中扣除。所以，在原油计量中，还必须测定原油中的含水百分数。

(1) 用化验方法测定原油中的含水量。

原油中的含水量通常用水分测定器测定。它是由 500mL 圆底烧瓶，10mL 的接受器和直流冷凝器等组成。

有关含水的测定严格按照《原油水含量的测定蒸馏法》(GB/T 8929—2006) 要求进行。

(2) 用含水自动分析仪连续测定原油中的含水量。

除上述的化验方法外，还可以用含水自动分析仪连续测定原油中的含水量，它是根据原油和水的介电常数差异较大的特性而制成的自动化仪表。

如图 6-23 所示是原油低含水分析仪的工作原理。含水分析仪主要由定量采样泵、蒸发室、冷凝器、计量电容和控制显示仪表等组成。开始分析时，由精度比较高的采样泵（齿轮计量泵）将经过过滤器过滤的原油泵入蒸发室。定量采样泵的作用是实现定量取样，使每次分析时泵入蒸发室的原油体积相同，这相当于化验中的天平称重。蒸发室分上，下两层，下层为用可控硅控制的 240℃ 加热器，油样经加热盘管加热至 240℃ 后，进入上层蒸发室，这时原油中的水分和 240℃ 以下的轻质馏分完全被蒸发（水分在 180℃ 左右即可完全蒸发），其水蒸气和 240℃ 以下的轻质馏分的蒸气进入冷凝器，而无水原油经污油管道排出。在冷凝器里蒸气被循环水冷凝成液体流入计量电容，再用仪表测定电容量的大小，并换算为相应的原油含水量，然后显示出来。电容器下部有一个电磁阀，每分析一个样后就自动放水。整个过程均为自动控制，分析连续进行。

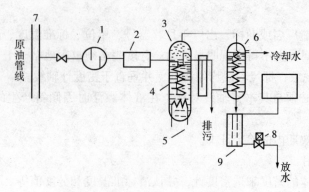

图 6-23 原油含水分析仪工作原理
1—过滤器；2—定量采样泵；3—蒸发室；4—加热盘管；5—恒温加热器；6—冷凝器；
7—控制显示仪表；8—电磁准阀；9—计量电容

(二) 石油及液体石油产品油量计算基本方法

根据《石油计量表》(GB/T 1885—1998)油品油量计算公式为

$$m = V_{20} \times (\rho_{20} - 0.0011) \tag{6-39}$$

式中　m——油品在空气中的质量，kg；
　　　V_{20}——油品的标准体积，m³；
　0.0011——油品空气浮力修正值，kg/m³；
　　　ρ_{20}——油品标准密度，kg/m³。

但实际工作中仍然使用 GB 1885—83 "石油计量换算表"中的公式：

$$m = V_{20} \times \rho_{20} \times F \tag{6-40}$$

式中　m、V_{20}、ρ_{20} 意义同上；
　　　F——空气浮力修正系数。

根据上面两种油量计算公式可知，若求油品在空气中的质量，首先应求出油品的标准密度和容器内油品的标准体积。

1. 标准密度(ρ_{20})的换算方法

从容器内取得油品代表性试样后，在实验室内按《石油和液体石油产品密度测定法(密度计法)》(GB/T 1884—2000)或《原油和液体或固体石油产品　密度或相对密度的测定　毛细管塞比重瓶和带双刻度双毛细比重瓶法》(GB/T 13377—2011)，进行密度测定。将在试验温度下测得的视密度值(ρ_t)，借助于 GB/T 1885—1998 "石油计量表"中的标准密度表(即表 59A 原油标准密度表、表 59B 产品标准密度表、表 59D 润滑油标准密度表)换算成标准密度再进行油品质量计算。

具体查表步骤：

(1) 根据油品种类选择相应油品的标准密度表。

(2) 确定视密度所在标准密度表中的密度区间。

(3) 在视密度栏中，查找已知的视密度值；在温度栏中查找已知的试验温度值。视密度值与试验温度值的交叉数即为油品的标准密度。

(4) 如果已知视密度值介于两个相邻视密度值之间，则可以采用内插法确定标准密度。但温度值不内插，用较接近的温度值查表。

2. 标准体积的换算方法

在计算石油及液体石油产品质量数量时，必须将油品在计量温度下的体积换算成标准体积。油品的标准体积用计量（储存）温度下的体积（V_t）乘以计量温度下的体积修正到标准体积的体积修正系数（V_{cF20}）获得，见公式：

$$V_{20} = V_t \times V_{cF20} \quad (6-41)$$

而体积修正系数是用标准密度和计量温度查"石油计量表"中的体积修正系数表得到的。

具体查表步骤：

（1）根据油品类别选择相应油品的体积修正系数表；

（2）确定标准密度在体积修正系数表中的密度区间；

（3）在标准密度栏中查找已知的标准密度值，在温度栏中找到油品的计量温度值，二者的交叉数即为该油品由计量温度修正到标准温度的体积修正系数。

如果已知标准密度介于标准密度行中两相邻标准密度之间，则应采用内插法进行计算。温度值不用内插法，仅以较接近的温度值查表。

（三）立式金属罐油品交接油量计算

严格按照《石油及液体石油产品　立式金属罐交接计量规程》（SYL 01—1983）进行计算。

计算步骤

（1）根据油罐内液位高度查该油罐容量表，得到此液位高度下的表载体积 V_B。

（2）根据罐底明水高度查该罐容量表，得到罐底明水体积 V_S。

（3）计算装油后油罐受压引起的容积增大值；根据液位高度查静压力容积增大值表，得液位高度下装水的静压力容积增大值 V_{ps}，再乘以油品的相对密度，使其换算到该液位高度下实际油品的静压力容积增大值 V_{Pl}，准确到升。

（1）将罐内液位高度下的表载体积，修正到罐壁平均温度下的实际体积 V_t（L）。

（2）查石油计量表表 60A、60B、60D 体积修正系数 V_{cF20}，计算标准体积 V_{20}，准确至升，V_{cF20} 取小数点后第四位。即 $V_{20} = V_t - V_{cF20}$。

（3）计算油品在空气中的质量，准确至 kg。

有两种方法：

使用空气浮力修正值，即 $m = V_{20} \times (\rho_{20} - 0.0011)$

使用空气浮力修正系数 F，即 $m = V_{20} \times \rho_{20} \times F$

三、石油动态计量

动态计量是相对静态计量而言的，所谓动态计量，是指被测量的原油产品连续不断地通过计量仪器而被其测量数量（体积或质量）的过程。

（一）管道输油油量计算

严格执行《石油及液体石油产品流量计交接计量规程》（SY 5671-1993）。

（二）密度的换算

将石油密度计所测定的油品视密度（ρ_t）与同时测得的温度值（t）查表换算到20℃下的标准密度（ρ_{20}），查表方法与密度和温度尾数的修正方法见 GB/T 1885—1998 表Ⅰ《石油视密度换算表》及说明。

（三）标准体积的计算

将流量计测得在计量温度（t）下的体积换算到标准温度（20℃）下的体积（V_{20}）。其换算公式为：

$$V_{20} = K \times V_t \tag{6-42}$$

式中　V_t——在计量温度（t℃）下的实测体积，其数值为流量计表头计数器的累积数减去前底数；

　　　K——石油体积系数，其值由计量温度（t℃）与油品的标准密度（ρ_{20}）查 GB/T 1885—1998 表ⅡA《石油体积系数表》而得。

（四）质量的计算

油品以空气中质量计算时，应考虑空气浮力的影响，将真空中的质量（M）换算到空气中的质量（m）。

（1）体积计量类型，其油品在空气中质量按下列公式进行计算：

$$m = V_{20} \times (\rho_{20} - 0.0011)$$

式中　m——油品在空气中的质量，kg；

　　　V_{20}——油品的标准体积，m^3；

　　0.0011——油品空气浮力修正值，kg/m^3；

　　　ρ_{20}——油品标准密度，kg/m^3；

但实际工作中仍然使用 GB/T 1885—83"石油计量换算表"中的公式即

$$m = V_{20} \times \rho_{20} \times F$$

式中　m、V_{20}、ρ_{20} 意义同上；

　　　F——空气浮力修正系数。

（2）质量计量类型

在动态条件下测得的油品体积（V_t）与密度（ρ_t），通过质量积算器运算后，直接得出油品在真空中的质量（M），将其换算到空气中质量（m）的计算公式：

$$m = M \times F \tag{6-43}$$

式中　F——空气浮力修正系数。

对长输管道连续计量，其油品密度在某一范围内变化，计算时可以采用固定 F 值。

（3）纯油量的计算

对原油的交接计量，在计算油量时，一般按纯油量计算，将原油中的含水扣除。

$$m_c = m \times (1 - W) \tag{6-44}$$

式中　m_c——原油纯油质量，t；

　　　m——混合原油质量，t；

　　　W——原油试样中水分的质量分数，%。

四、管道输油计量的误差

在原油管输计量交接过程中，造成油品计量误差的主要因素有温度、压力、密度、含水及流量计系数等五个方面，在分析各种误差产生原因的基础上，提出了降低计量误差的措施。

（一）原油管输计量的误差分析

原油管输采用的是动态在线计量，一般有两种方式，一种是流量计配在线液体密度计计量方式，另一种是流量计配玻璃密度浮计的计量方式。无论哪种计量方式，都存在影响油品质量的主要因素有五大方面，即流量计系数、油品密度、原油含水量、油品温度及管道压力。

1. 流量计引起的误差

流量计在出厂或使用之前，必须对流量性能进行测试或检定，以保证产品质量和使用的准确度，因此，就必须建立复现流量单位量值的标准装置，即用标准金属罐装置检定标准体积管，再用标准体积管装置检定标准流量计，从而确定流量计的系数。在这一系列的量值传递过程中，流量计系数要受到众多因素的影响，包括标准金属罐、标准体积管及流量计本身的系统误差，用标准金属罐检定体积管时产生的人工误差，用标准体积管检定流量计的人工误差，以及检定过程中存在的系统误差等，这些都不可避免地最终累加在流量计系数上，使得通过标定得到的流量计系数存在较大的误差。

2. 原油密度引起的误差

原油密度是计算油品重量的一个重要参数，它随原油的主要化学成分比例的变化而变化。由于原油管输是动态连续运行的，虽然油品密度不是一成不变的，但密度测量只能定时抽样化验，再取平均值参与交接油量计算。这样就使得取用的密度数据存在相当大的随机性，对油量计算结果的准确性具有极大影响。以日输油量6000t为例，假定油品密度的波动范围在±1‰，那么仅此一项产生的日计量误差就有6t左右，而实际上原油密度的波动远远不止这一数字，原油密度对交接油量的巨大影响由此可见一斑。

密度计本身具有系统误差，在密度测量操作过程中会产生一系列的人工误差，主要由实验温度差异、操作方法正确与否、数据读取是否规范等因素引起的。

3. 原油含水量引起的误差

原油开采后要经过脱水处理才能投入使用。受脱水流程的影响，原油的含水率也会有变化。与密度测试相同，含水测定也是定点取样，这样的结果本身就存在一定的误差。

原油的含水测定采用的是实验室蒸馏法，所使用的装置包括接收器、天平本身存在系统误差；操作过程中称量试样、读取数据时会产生人工误差；加热过程不规范会出现水分损失或水分馏出不完全；实验仪器不按时清洗会使蒸馏出的水分黏附在仪器内表面无法读取，等等，这些都会直接导致油品计量误差。

4. 油品温度、压力引起的误差

测量石油液体使用的温度计最小分度值为0.2℃，压力表分度值为50kPa，除了系统误差，使用时还会产生测量误差，但相对密度、含水而言，温度压力引起的误差较小。

5. 其他因素引起的误差

在油品计量的整个环节中，只要有一处发生误操作或计算错误，就会造成油品计量结果的误差。如利用《石油换算表》将视密度换算为标准密度时出现错误等。

（二）降低计量交接误差的措施

管输计量虽然存在众多影响计量精度的因素，但在实际工作中，只要对产生的误差进行认真分析，不断克服人为因素，提高计量精确度是完全可以做到的。

1. 按期检定计量器具

用于贸易交接的计量器具必须经国家检定机构强制检定，并出具检定证书，以确保使用的计量器具和设备符合精度条件，确保在检定周期内使用。使用时应按检定证书上的修正值进行修正．这样可以有效地降低由计量器具本身引起的系统误差．

2. 加强技术培训，提高员工素质

计量操作人员必须经过专业技术培训，熟悉计量法律、法规，熟练地掌握油品计量操作技能，并经考试合格后持证上岗。专业的计量操作员能有效地降低操作过程中出现的人工误差。

3. 杜绝违规操作，减少误差

如果不按正确的操作规程进行操作，就会产生较大的误差。尤其是在实验室测定原油密度和含水的过程中，不按规定称样、加热时间不够、加热方法不对等习惯性偏差都会直接导致计量误差的产生。因此，必须要求操作人员增强责任心，严格按章操作，以减少人工误差的产生。

☞复习思考题：

1. 简述泵站的工作特性。
2. 简述输油管道的压能损失。
3. 如何确定和利用管道－泵站的工作点？
4. 简述"旁接油罐"输送工艺。
5. 简述"从泵到泵"输送工艺。
6. 输油管道加热输送的目的是什么？
7. 简述如何利用热油管道沿程温降公式进行工艺计算。
8. 热油管道平均油温计算方法是什么？
9. 输油管道调节的原则是什么？
10. 埋地金属管道的腐蚀形式与防范措施。
11. 管道输油计量方法与分级有几种？
12. 引起管道输差的因素有哪些？

第七章 含油污水处理

第一节 含油污水处理知识

一、含油污水

（一）来源

在石油的生成、运移和储集的过程中，石油的主要天然伴生物是水。在油藏勘探开发初期，通常情况下，原始地层能量可将部分油、气、水液体驱向井底，并举升至地面，以自喷方式开采，称之为一次采油。一次采油采出液含水率很低。但是，如果油藏圈闭良好，边水补充不足，原始地层能量递减很快，一次采油方式难以维持。为获得较高采收率，需向地层补充能量，实施二次采油，二次采油有注水开发和注气开发方式等。

目前全国各油田绝大部分都采用注水开发方式，即注入高压水驱动原油使其从油井中开采出来。但经过一段时间注水后，注入水将随原油被带出，随着油田开发时间的延长，采出原油含水率不断上升。油田原油在外输或外运之前必须将水脱出。脱出的污水中含有原油，因此脱出的水通常称为油田含油污水。含油污水主要来自原油脱水站，其次是联合站内各种原油储罐的罐底污水、将含盐量较高的原油用其他清水洗盐后的污水、洗井液回收水、钻井污水、井下作业压裂酸化返排水及油区周边工业废水等。未经任何处理的含油污水称原水；经过自然除油或混凝沉降除油后的含油污水称为除油后水；经过过滤的含油污水称滤后水；经过处理后的污水达到相应的回注或外排标准称之为净化水。在生产过程中，这些含油污水根据需要或回注油层、回用、外排。如果含油污水不合理处理回注和排放，不仅使油田地面实施不能正常运作，而且会因地层堵塞而带来危害，同时会造成环境污染，影响油田安全生产。

（二）组成

原水中的细小杂质，若按油田污水处理的观点，可分为：

1. 悬浮杂质

通常将分散体微粒较大的一些胶体颗粒和悬浮颗粒统称为悬浮杂质，主要包括下列物质：原油、矿物颗粒（悬浮固体SS）、微生物等。其颗粒直径范围取 $1\sim100\mu m$，因为大于 $100\mu m$ 的固体颗粒在处理过程中很容易被沉降下来。

分散在水中杂质颗粒尺寸可形成悬浮液、乳状液、微乳液、胶体溶液和真溶液5种状态。

（1）采出水中的原油（含油）

①浮油：粒径大于 $100\mu m$，稍加静置即可浮升至水面；

②分散油：粒径为 $10\sim100\mu m$，有足够的静置时间油珠亦可浮升至水面；

③乳化油：粒径为 $0.1\sim10\mu m$，具有一定的稳定性，单纯用静置的方法很难使油水得到分离；

④溶解油：粒径小于 $0.1\mu m$，分散在水中，可见光透过肉眼不可见。

（2）悬浮固体

悬浮固体按粒径大小分为三个基本粒级：泥质（$d<10\mu m$）；粉质（$d=10\sim100\mu m$）；砂质（$d>100\mu m$）。悬浮固体含量低，小粒径悬浮固体所占比例增大，去除率下降。

（3）微生物

采出水中常见的微生物是硫酸还原菌（SRB）$5\sim10\mu m$，腐生菌（TGB）$10\sim30\mu m$ 等。微生物与油田采出水处理关系密切，能引起采出水设备管道的腐蚀和堵塞。

每一种细菌保持一定的形态，如球状（一般直径为 $0.5\sim2.0\mu m$）、杆状（一般长 $1\sim5\mu m$），宽为 $0.5\sim1.0\mu m$）、弧状或螺旋状等形态。

2. 溶解杂质

溶解杂质是指溶解于水中形成真溶液的低分子及离子物质，并含有 H_2S、CO_2 和 O_2 有害气体，如溶解氧、二氧化碳、硫化氢、烃类气体等，其粒径一般为 $(3\sim5)\times10^{-4}\mu m$。溶解在水中的盐类，基本上以阳离子和阴离子的形式存在，其粒径都在 $1\times10^{-3}\mu m$ 以下，主要包括如下离子：Ca^{2+}、Mg^{2+}、K^+、Na^+、Fe^{2+}、Cl^-、HCO_3^- 等，此外还包括环烷酸类等有机溶解物。

3. 有机物

油田采出水中存在的有机物组分繁多，主要有各类石油烃、油田生产过程中投加的人工合成的有机药剂及胶质、沥青质类和石蜡重质油类等，其反映指标为 COD。

处理后污水无论是回注或是排放，上述杂质中有关部分都要求净化达到一定指标。

（三）性质

1. 物理性质

（1）密度：影响采出水密度因素是水中溶解物质的含量、水的温度和水所承受压力。采出水的密度随水温升高而降低，随盐含量的增多而升高。

（2）黏度：是液体分子的摩擦力，液体层间相对运动时阻力大小的指标。黏度受温度、溶解盐含量和压力的影响。温度增高，黏度减小；溶解盐类含量增高，黏度增大。

（3）油水界面张力：两相处的交接处交界面，有气相参与构成的界面称表面，界（表）面两侧由于分子作用力不同而形成界（表）面张力。油水界面张力是衡量采出水乳化程度的重要指标。油水界面张力越大，水中油粒越不易于聚结。反之，油水界面张力越小，则水中油粒越于聚结。采取物理的或化学的方法降低油水界面张力是提高采出水处理效率的重要方法。

2. 化学性质（腐蚀、结垢特性）

（1）各相物质的溶解度

①气体：气体的溶解度 S 与其气体种类、分压 p_n 和水温有关。水中含盐类的数量对气体的溶解度也有影响，一般是含盐量大时，气体的溶解度略有减小。

②溶解液体：某种液体在水中的溶解度与其分子的极性有关。

③溶解固体：固体的溶解度是按给定质量溶剂中所能存在的溶质量确定的。

(2) 酸、碱度(pH 值)

判断腐蚀与结垢趋势的重要原因之一。一般情况下，水的 pH 值越高，结垢的趋势就越大；水的 pH 值越低，结垢趋势减小，腐蚀趋势加大。大多数油田水的 pH 值在 4~8 之间。在腐蚀控制方面更多的要考虑 pH 值。

pH 值对腐蚀的影响主要是由于 pH 值影响金属表面上氧化膜的形成和溶解。

(3) 溶解氧

采出水本身不含 O_2，但由于在含水原油集输、采出水处理过程中没有严格密封设施时，易使空气中氧气进入采出水中，O_2 是强的阴极去极化剂，使阳极的 Fe 离子失去电子变成 Fe^{2+}，Fe^{2+} 与 OH^- 结合成 $Fe(OH)_2$，造成电化学腐蚀连续进行。O_2 与 H_2S、CO_2 的协同作用，使采出水腐蚀速度成倍的增加。

(4) 硫化氢

采出水中的 H_2S，一方面来自油层及伴生气中，另一方面由于微生物的作用，尤其是硫酸盐还原菌(SRB)的代谢过程产生 H_2S 腐蚀。

① H_2S 溶于水发生电离生成 $H^+ + HS^- + S^{2-}$，H^+ 参与阴极反应。

② H_2S 腐蚀的产物为 Fe_xS_y(FeS，Fe_2S_3，Fe_3S_4……)，它的电极电位比碳钢正，所以覆盖在碳钢表面的腐蚀产物，成为腐蚀电池的阴极。

③ H_2S 电离出的 H^+，由于 H_2S 和 HS^- 的存在，不易结合成 H_2，而是向金属内部扩散在其缺陷处富集，H^+ 聚集后易形成 H_2，产生的压力不断增大，使钢材脆化开裂。这就是硫化物的应力开裂(SSC)。

硫化氢腐蚀的破坏类型：H_2S 腐蚀具有明显的点蚀性质，这类腐蚀破坏主要表现为壁厚减薄、蚀坑。

(5) CO_2 腐蚀

① CO_2 和 H_2S 一样溶于水中，电离出 H^+。H^+ 与阳极反应生成的电子在阴极结合，成为阴极去极化剂，促使腐蚀加快。

② 腐蚀速度与 CO_2 含量(分压)有关。溶液中 CO_2 的分压越大腐蚀越快。

③ H_2S 与 CO_2 共存时，CO_2 促进 H_2S 的腐蚀，腐蚀产物主要是 FeS。当 CO_2 与 H_2S 分压之比大于 500 时，腐蚀才以 CO_2 为主，腐蚀产物主要是 $Fe_2(CO_3)_3$。CO_2 对结垢的影响：采出水中含有的侵蚀性 CO_2 会产生腐蚀。

(6) 矿化度(氯离子)

采出水中溶解盐主要是氯化钠，氯离子含量占总离子含量的 50%~60%。由于氯离子体积小，活性很大，它对金属表面形成的保护膜穿透力极强。矿化度与腐蚀速率关系曲线见图 7-1。

实践中发现许多设备的点蚀多来自含 Cl^- 的介质引起的。当 Cl^- 与 O_2 或氧化性金属离子(Fe^{3+})同存时，可加速点蚀的进行。

(7) 微生物

采出水的物理的、化学的性质，以及溶解于水中氧、二氧化碳和硫化氢气体相应性质提供于微生物发育条件。采出水中有的微生物大量繁殖，产生对工程腐蚀、堵塞，致使水质恶化产生二次污染。但有的微生物经人们"驯化"可以采出水中有害物质分解，合成达到水处理的目的。

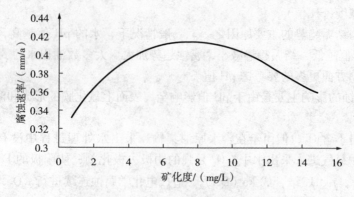

图7-1 矿化度与腐蚀速率关系曲线图

二、水质标准

（一）注水水质要求

注水水质必须根据注入层物性指标进行优选确定。通常要求：①在运行条件下注入水水质稳定，与油层水相混不产生沉淀，不应结垢；②注入水对水处理设备、注水设备和输水管道等注水设施腐蚀性要小；③注入水不得携带大量悬浮物、有机淤泥和油，以防堵塞注水井渗滤端面及渗流孔道；④注入水注入油层后不使黏土矿物产生水化膨胀和悬浊；⑤当采用二种水源进行混合注水时，应首先进行室内试验，证实二种水的配伍性好，对油层无伤害才可注入。

（二）回注水质标准

由于各油田采出水的物理及化学性质差异较大，油田的地层渗透率也不同，因此，对注水水质的要求也不相同。注水水质标准执行《碎屑岩油藏注水水质推荐指标及分析方法》（SY/T 5329—94），如表7-1所示。

表7-1 碎屑岩油藏注水推荐水质主要控制指标

	注入层平均空气渗透率/μm^2	<0.1			0.1~0.6			>0.6		
	标准分级	A1	A2	A3	B1	B2	B3	C1	C2	C3
控制指标	悬浮固体含量/(mg/L)	≤1.0	≤2.0	≤3.0	≤3.0	≤4.0	≤5.0	≤5.0	≤7.0	≤10.0
	悬浮物颗粒直径中值/μm	≤1.0	≤1.5	≤2.0	≤2.0	≤2.5	≤3.0	≤3.0	≤3.5	≤4.0
	含油量/(mg/L)	≤5.0	≤6.0	≤8.0	≤8.0	≤10.0	≤15.0	≤15.0	≤20	≤30
	平均腐蚀率/(mm/a)	<0.076								
	点腐蚀	A1、B1、C1级：试片各面都无点腐蚀；A2、B2、C2级：试片有轻微点腐蚀；A3、B3、C3级：试片有明显点腐蚀。								
	SRB菌/(个/mL)	0	<10	<25	0	<10	<25	0	<10	<25
	铁细菌/(个/mL)	$n \times 10^2$			$n \times 10^3$			$n \times 10^4$		
	腐生菌/(个/mL)	$n \times 10^2$			$n \times 10^3$			$n \times 10^4$		

注：①1<n<10；
②清水水质指标中去掉含油量。

注水水质辅助性指标：除了上述对注水水质的主要控制指标外，SY/T5329—94还对注水水质的辅助性指标做出指导性规定。注水水质辅助性指标主要包括溶解氧、硫化氧、侵蚀性二氧化碳、铁、pH值。

①水质的主要控制指标已达到注水要求，注水又较顺利时，可以不考虑辅助性指标；如果达不到要求，为查其原因可进一步检测辅助性指标。

②溶解氧：水中含溶解氧时可能加剧腐蚀。当腐蚀率不达标时，应首先检测溶解氧浓度。一般情况要求，油层采出水中溶解氧浓度最好小于0.05mg/L，特殊情况下不能超过0.1mg/L。清水中的溶解氧含量要小于0.50mg/L。

③硫化氢：系统中硫化物增加是细菌作用的结果。如果原水中不含硫化物，而发现污水处理和注水系统硫化物含量增加，说明系统细菌增生严重。硫化物含量过高的污水，可引起水中悬浮物增加，通常清水中不应含硫化物，油田污水中硫化物含量应小于2.0mg/L。

④侵蚀性二氧化碳：水中侵蚀性二氧化碳含量等于零时，此水稳定；大于零时，此水可溶解碳酸钙垢，并对注水设施有腐蚀作用；小于零时，有碳酸盐沉淀析出。一般要求侵蚀性二氧化碳含量为 -1.0mg/L ~ 1.0mg/L。

⑤pH值：水的pH值应控制在 7 ± 0.5 为宜。

⑥铁：当水中含亚铁离子时，由于铁细菌作用可将二价铁离子转化为三价铁离子，生成氢氧化铁沉淀，当水中含硫化物(S^{2-})时，可生成FeS沉淀，使水中悬浮物增加。

标准分级及使用说明：

①从油层的地质条件出发，将水质指标按渗透率 $<0.1\mu m^2$、$0.1 \sim 0.6\mu m^2$ 和 $>0.6\mu m^2$ 分为三类。由于目前水处理站的工艺条件和技术水平有差异，对标准的实施有困难，所以又将每类标准分3级要求。

②新建的注水处理站和新投入注水开发的油藏，其注水水质应根据油层的渗透率要求分别执行1级(A1、B1、C1)标准。

③对实际水处理能力已超过原设计处理能力及建站时间较长需要改造的水处理站，根据所注油层渗透率可暂时执行相应的2级或3级标准。

(三) 外排水质标准

油田采油地层和采油工艺较复杂，除了采用注水，注蒸开发外，有的油层边水活跃，不注水或少注水也能开采出含水原油。当注采比小时，采出水多余注入水量，造成该地区采出水无法调配，需要将多采出水外排，在采油后期，进入三次采油，需向地层注入稠化水，而用高矿化度采出水调制稠化水时，水的黏度很难达到预期效果，为此，需要加大稠化剂投加量，造成采油成本增高，因此必须改用淡水调制稠化水。原本平衡注、采比例由此关系受到破坏，需将大量采出水外排到自然水系，但需要按照国家、行业和地方相关标准，将采出水处理合格后方能外排。油田外排水质标准执行《污水综合排放标准》(GB 8978—1996)，如表7-2所示。

(四) 回用水质标准

将油田采出水经二级处理和深度处理后回用于生产系统或生活杂用被称为污水回用。污水回用既可以有效地节约和利用有限的和宝贵的淡水资源，又可以减少污水或废水的排放量，减轻水环境的污染。

表7-2 油田污水综合排放标准(GB 8978—1996)

编号	污染物	单位	一级标准	二级标准	三级标准
1	pH值			6~9	6~9
2	色度(稀释倍数)	mg/L	50	80	—
3	悬浮物	mg/L	70	200	400
4	生化需氧量(BOD_5)	mg/L	20	30	300
5	化学需氧量(COD_{Cr})	mg/L	100	150	500
6	石油类	mg/L	5	10	30
7	动植物油	mg/L	20	20	100
8	挥发酚	mg/L	0.5	0.5	2.0
9	总氰化合物	mg/L	0.5	0.5	1.0
10	硫化物	mg/L	1.0	1.0	2.0
11	氨氮	mg/L	15	25	

注汽锅炉的给水除了控制净化指标和水质稳定指标外,还需控制水质软化指标。因此,需在采出水处理后的水质基础上进行深度处理。水质基本要求:不在蒸汽发生器内发生结垢、腐蚀、积盐等事故;保证热力系统正常运行;生产出的蒸汽、热水注入油井不堵塞岩层,特别是不堵塞喉道部分,注水性质应与岩层性质相适应,保证岩体利于驱油。

《稠油集输及注蒸汽系统设计规范》(SY 0027—94)中给出了注汽锅炉的给水水质条件,如表7-3所示,并同时必须满足所选设备的给水水质要求。

表7-3 稠油集输及注蒸汽系统给水水质条件(SY 0027—94)

序号	项目	单位	数量	备注
1	溶解氧	mg/L	<0.05	—
2	总硬度	mg/L	<0.1	以$CaCO_3$计
3	总铁	mg/L	<0.05	—
4	二氧化硅	mg/L	<50	
5	悬浮物	mg/L	<2	
6	总碱度	mg/L	<2000	—
7	油和脂	mg/L	<2	建议不计溶解油
8	可溶性固体	mg/L	<7000	
9	pH值		7.5—11	

第二节 含油污水处理方法及工艺

一、处理方法

根据作用不同,水质处理包括水质净化处理、水质软化处理、水质生化和氧化处理以及水质稳定处理。

（一）水质净化处理

去除污水中颗粒粒径在 1μm 以上悬浮杂质，常用的是水质净化工艺。根据原理不同可分为沉降分离和过滤或筛除分离。其中沉降分离主要有自然沉降、斜板(管)沉降、混凝沉降、粗粒化、气浮选和旋流分离等装置。过滤或筛除分离主要有滤层过滤，如双滤料过滤装置、核桃壳过滤装置等；表面过滤，如微孔过滤器、滤芯过滤器等装置。

（二）水质软化处理

水质软化处理，在净化处理后进行。指用化学的方法降低或去除水中的钙、镁离子，降低水质的硬度。软化方法通常分为药剂软化、热力软化和离子交换法三种。药剂软化和热力软化通常称为沉淀软化。

1. 药剂软化法

向污水中投加可溶性药剂，如 CaO、Na_2CO_3、NaOH，它们与原水中待去除的 Ca^{2+}、Mg^{2+} 化合沉淀，直到其容积度极限为止。常在各类澄清罐(池)中进行。

2. 热力软化法

即将采出水的温度升高，加温到 200℃后碳酸钙沉淀而得到软化。

3. 离子交换法

采出水中的钙、镁离子与离子交换剂中的钠离子(或氢离子)进行交换，水中钙、镁离子为钠离子所取代，从而获得水质的软化效果。常采用阳离子型的强酸交换树脂或弱酸交换树脂，在各类离子交换装置中进行。

（三）水质生化和氧化处理

在可生化的水中促进接种的细菌生长，这些细菌聚集在膜上或污泥上，通过生物代谢作用捕获采出水中有机物做"食粮"，使水中有机物得到分解形成污泥，然后通过沉淀进行分离。常采用生物滤池或曝气池等方式进行处理。

采出水中可生化性差时，还需提高原水可生化性，如掺入 BOD 含量较高的生活污水或投入必要的营养液，有时还需投加氧化剂分解采出水中的有机物，保证出水 COD、BOD 达标。

（四）水质稳定处理

油田采出水是在绝氧的油层随原油开采出来的，为了防止在输送和处理过程中从空气中溶进氧，常采取天然气密闭方式。然后在处理过程中投加适量的缓蚀剂、阻垢剂、杀菌剂和脱氧剂，防止采出水对金属腐蚀、结垢和微生物产生的危害，从而达到水质稳定的目的。

二、工艺流程

（一）流程组成

工艺流程一般由主流程、辅助流程和水质稳定流程组成。

1. 主流程

主要包括水质净化工艺流程、水质软化工艺流程、水质生化和氧化工艺流程。

2. 辅助流程

主要指从主流程中分离出来的物质，需要进行再一次处理、回收的工艺流程。流程可分为原油回收流程、自用水回收流程、污泥处理流程等。

3. 水质稳定流程

控制采出水对金属腐蚀、结垢和微生物产生的危害，包括隔绝空气中的氧进入系统；或脱除采出水中有害气体的流程，防止不相溶水混合的流程，投加水质稳定剂的流程。

（二）主流程分类

根据对处理后水质不同要求，大致有下列几类主流程。

1. 回用注水水质工艺流程

该流程以去除原水中悬浮杂质，使回注水不堵塞油层为目的。根据沉降分离选用设备不同，分下列流程：

（1）混凝沉降－过滤原理流程

混凝沉降－过滤原理流程如图7－2所示。

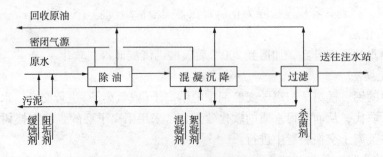

图7－2　混凝沉降－过滤原理流程图

（2）气浮选－过滤原理流程

气浮选－过滤原理流程如图7－3所示。浮选流程处理效率高，设备组装化、自动化程度高，现场预制工作量小。因此，广泛应用于海上采油平台，在陆上油田，尤其是稠油污水处理中也被较多应用。但该流程动力消耗大，维护工作量稍大。

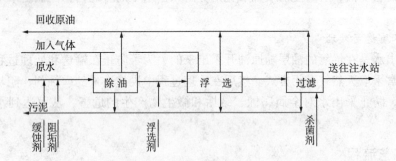

图7－3　气浮选－过滤原理流程图

（3）旋流分离－过滤原理流程

旋流分离－过滤原理流程如图7－4所示。该流程属压力式流程，处理净化效率较高，效果良好，污水在处理流程内停留时间较短，但适应水质、水量波动能力稍低于重力式流程。旋流除油装置可高效去除原水中含油，缩短分离时间，提高处理效率。且流程系统机械化、自动化水平较高。

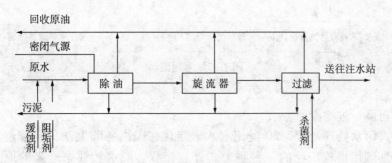

图7-4 旋流除油-过滤原理流程

2. 处理后回用湿蒸汽发生器给水工艺流程

除去水中悬浮杂质，保持水质稳定外，还需将水中溶解杂质的 Ca^{2+}、Mg^{2+} 等产生硬度的离子去除。因此要在以上处理流程基础上进行软化处理，热采锅炉给水软化原理流程图如图7-5所示。

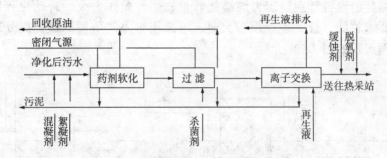

图7-5 热采锅炉给水软化原理流程图

3. 处理后外排工艺流程

流程以去除原水中有机污染物为主的工艺流程，详见图7-6。

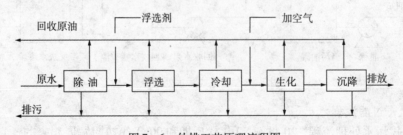

图7-6 外排工艺原理流程图

(三) 常规流程

当原水中油含量在1000mg/L以下，悬浮固体含量在300mg/L左右，经过处理后能达到油层渗透率大于 $0.6\mu m^2$ 碎屑岩油藏注水水质指标，即悬浮固体含量≤5.0mg/L左右，悬浮颗粒粒径中值≤3.0μm，含油量≤15.0mg/L的工艺流程，俗称为常规流程。当注入水需注入中、低渗透率油层或需回用于湿蒸汽发生器给水时，还需在常规处理流程基础上对设计参数进行调整，或进一步进行精细过滤处理或软化处理，如图7-7所示。

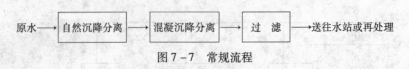

图 7-7 常规流程

(四)典型流程

1. 混凝沉降-过滤流程

即重力式污水处理流程,20 世纪七八十年代在国内各陆上油田较普遍采用,是目前常规污水处理用得较广泛的一种重力式处理流程。脱水转油站送来的原水经自然收油初步沉降后,投加混凝剂进行混凝,再经过缓冲、升压、进行压力过滤,滤后水再加杀菌剂,得到合格的净化水,外输用于回注。滤罐反冲洗排水用回收水泵均匀地加入原水中再进行处理。该流程对含油污水的处理过程是:自然沉降──→混凝沉降──→压力过滤──→杀菌处理──→合格污水外输。该流程对污水的含油量、流量等变化的适应性强,自然除油回收油品好,投加净化剂混凝沉降后净化处理效果好,但当处理规模较大时,需要的设备特别是压力滤罐的数量较多,操作量大,自动化程度较低。当对净化水质要求较低,且处理规模较大时,可采用重力式单阀滤罐提高处理能力。重力式污水处理流程如图 7-8 所示。

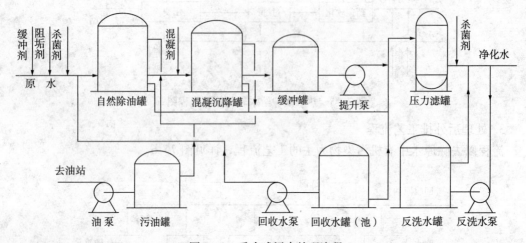

图 7-8 重力式污水处理流程

2. 旋流-过滤流程

即压力式污水处理流程,20 世纪 80 年代后期和 90 年代初期发展起来的,它加强了流程前段除油和后段过滤净化。脱水站送来的原水,若压力较高,可进旋流除油器;若压力适中,可进接收罐除油,若来水压力较低,可通过立式除油罐除油,这样可使系统的压能得到充分利用。为了提高沉降净化效果,在压力沉降之前增加一级聚结(亦称粗粒化),使油珠粒径变大,易于沉降分离。亦或采用旋流除油后直接进入压力过滤罐。根据对净化水质的要求可设置一级过滤和二级过滤净化。压力式污水处理流程处理净化效率高,效果良好,污水在处理流程内的停留时间较短,但适应水质及水量波动能力稍低于重力式流程,该流程系统机械化、自动化程度稍高于重力式流程。旋流除油装置可有效去除原水中含油、聚结分离可使原水中微细油珠聚结变大,缩短分离时间,提高处理效率。该流程系统机械化、自动化水平稍高于重力式流程，现场预制工作量大大降低，且可充分利用原水来水压力，减少系统二次升压。该流程对含油污水的处理过程是：旋流或立式除油罐除油──→聚结除油──→压力沉降除油──→压力过滤──→杀菌处理──→合格污水外输。压力式污水处理流程如图7-9所示。

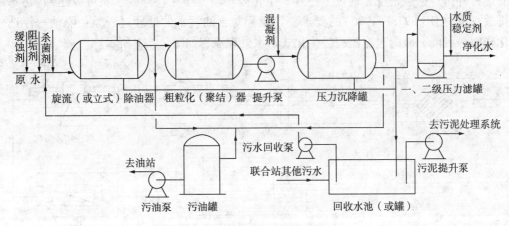

图7-9 压力式污水处理流程图

3. 气浮选-过滤流程

即浮选式污水处理流程，主要是在借鉴20世纪80年代末、90年代初从国外引进污水处理技术的基础上，结合国内各油田生产实际需要而发展起来的。浮选式污水处理工艺流程首端大都采用溶气浮选，再用射流浮选取代混凝沉降设施，后端根据净化水回注要求，可设置一级过滤和精细过滤装置。该流程对含油污水的处理过程是：接收(溶气浮选)除油→射流浮选或诱导浮选→过滤、精滤流程。该流程采用气浮除油方式取代沉降、混凝等除油方式，具有处理效率高，设备组装化、自动化程度高，现场预制工作量小等特点，被广泛应用于海上采油平台与陆上稠油的污水处理系统。其缺点是运行的动力消耗与维护工作量较大。浮选式污水处理流程如图7-10所示。

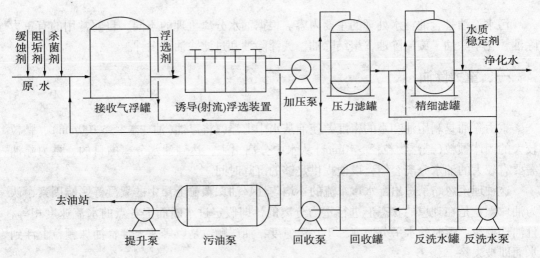

图7-10 浮选式污水处理流程图

4. 生化式污水处理流程

开式生化处理流程是针对部分油田污水采出量较大,不能完全回注,需要部分处理达标排放的实际设计的。含油污水经过平流隔油池除油沉降,再经过溶气气浮池净化,然后进入曝气池、一级和二级生物降解池和沉降池,最后经提升泵提升至滤池进行砂滤或吸附过滤达标外排。一般情况,通过上述开式生化处理流程净化,排放水质可以达到《污水综合排放标准》(GB 8978—1996)的要求。该流程对含油污水的处理过程是:隔油→浮选→生化降解→沉降→吸附过滤流程。生化式污水处理流程如图7-11所示。

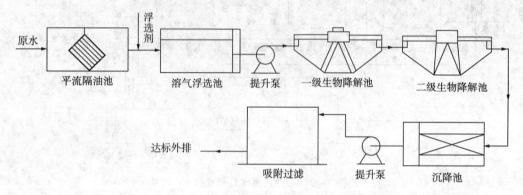

图7-11 生化式污水处理流程图

上述几种流程是目前油田污水处理较常用的流程。实际流程的选用,要根据不同油田污水的具体情况而确定。另外,对于少部分油田污水水温过高,若直接外排,将引起受纳水体生态平衡的破坏,不但造成能量的损失,还会引起环境的破坏。因此,尚需在排放前进行淋水降温处理,通常采用污水余热回收利用的综合处理流程;对于少部分矿化度高的油田污水,有必要进行除盐软化,适当降低含盐量,以免引起受纳水体盐碱化。

第三节　水质净化处理工艺

污水除油是含油污水处理的主要内容。根据油水分离机理的不同,目前常用的有重力除油、化学除油、旋流除油、聚结除油、气浮除油和过滤除油等多种。

一、重力除油

(一) 基本原理

重力除油是利用油和水的密度差使油从水中上浮,将浮油(油珠粒径>100mm)、颗粒较大的固体颗粒(悬浮物粒径>10mm)从水中分离出来,达到油水分离的目的。重力除油需要有较大的油水分离容器,以便提供足够的沉降时间。

这种理论忽略了进出配水口水流的不均匀性、油珠颗粒上浮中的絮凝等影响因素,认为油珠颗粒是在理想的状态下进行重力分离的,即假定过水断面上各点的水流速度相等,且油珠颗粒上浮时的水平分速度等于水流速度;油珠颗粒是以等速上浮;油珠颗粒上浮到水面即被去除。

含油污水在重力分离池中的分离效率为:

$$E = \frac{u}{Q/A} \tag{7-1}$$

式中 E——油珠颗粒的分离效率,%；

u——油珠颗粒的上浮速度,m/s；

Q/A——表面负荷率,%；

Q——处理流量,m³；

A——除油设备水平工作面积,m²。

这里的分离效率是以大于浮升速度 μ 的油珠颗粒去除率来表示的, 也就是除油效率。表面负荷率 Q/A，是一个重要参数, 当除油设备通过的流量 Q 一定时, 加大表面积 A, 可以减小油珠颗粒的上浮速度 u, 这就意味着有更小直径的油珠颗粒被分离出来, 因此加大表面积 A, 可以提高除油效率或增加设备的处理能力。

油珠浮升速度 u 可用斯托克斯公式计算：

$$u = \frac{g}{18\mu}(\rho_w - \rho_o)d_o^2 \tag{7-2}$$

式中 u——油珠颗粒的浮升速度,m/s；

g——重力加速度,m/s²；

μ——污水的动力黏度,Pa·s；

ρ_w——污水的密度,kg/m³；

ρ_o——油的密度,kg/m³；

d_o——油珠颗粒直径,m。

由斯托克斯公式可知, 若污水中的油珠颗粒直径、污水密度、油的密度和水温一定时, 则油珠颗粒的浮升速度亦为定值, 除油效率与油珠颗粒的浮升速度成正比, 与表面负荷率成反比。

（二）常用的重力除油设备

1. 自然除油罐

除油设施一般兼有调储功能, 其油水分离效率不够高, 通常工艺结构采用下向流设置, 如图7-12所示。立式容器上部设收油构件, 中上部设配水构件, 中下部设集水构件, 底部设排污构件。由原油脱水系统排出的含油污水经进水管流入罐内中心筒（混凝除油时为旋流反应筒）, 经配水管流入沉降区。水中粒径较大的油粒在油水相对密度差的作用下首先上浮至油层, 粒径较小的油粒随水向下流动。在此过程中, 一部分小油粒由于自身在静水中上浮速度不同及水流速度梯度的推动, 不断碰撞聚结成大油粒而上浮, 无上浮能力的部分小油粒随水进入集水管, 经出水系统流出除油罐。

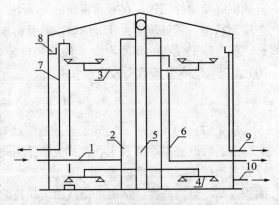

图7-12 自然除油罐结构图
1—进水管；2—中心反应筒；3—配水管；4—集水管；
5—中心柱管；6—出水管；7—溢流管；8—集油槽；
9—出油管；10—排污管

2. 斜板(管)式除油罐

(1)斜板(管)式除油罐的工作原理

考虑立式除油罐存在的缺陷,为了提高除油效率,减少除油罐的容积,常在除油罐内的油水分离区设置如图7-13所示的斜板(斜管),构成斜板(斜管)除油罐。

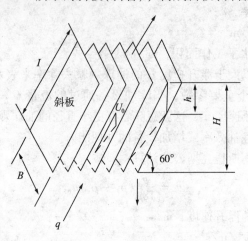

图7-13 斜板沉降原理

斜板(管)除油是目前最常用的高效除油方法之一,它同样属于物理法除油范畴。斜板(管)除油的基本原理是"浅层沉淀",又称"浅池理论",通俗地讲,若将水深为 H 的除油设备分隔为 n 个水深为 H/n 的分离池,而当分离池的长度为原除油分离区长度的 l/n 时,便可处理与原来的分离区同样的水量,并达到完全相同的效果。

为了让浮升到斜板(管)上部的油珠便于流动和排除,把这些浅的分离池倾斜一定角度(通常为 $45°\sim 60°$),就形成了所谓的斜板(管)除油罐。

在斜板(管)除油罐中,含油污水从平行板或管的一端流到另一端,相邻两板(管)间就相当于一个小的沉降罐,含油污水每通过一组斜板(管),就相当于进行了一次分离,与自然沉降除油罐相比,在容积相同的情况下,过水面积增大,流动雷诺数减小,水流易处于层流状态,其处理能力和除油效率都有明显的提高。

假设除油设备的高度为 H,油珠颗粒分离时间为 t,则表面负荷率可表示为 $Q/A = H/t$,将其代入分离效率公式,可得:

$$E = \frac{u}{Q/A} = \frac{u}{H/t} = \frac{ut}{H} \qquad (7-3)$$

从式(7-3)可见,重力除油设备的除油效率是其分离高度的函数,减小除油设备的分离高度,可以提高除油效率。在其他条件相同时,除油设备的分离高度越小,油珠颗粒上浮到表面所需要的时间就越短,因此在油水分离设备中加设斜板,增加分离设备的工作表面积,缩小分离高度,从而可提高油珠颗粒的去除效率。

在理论上,加设斜板不论其角度如何,其去除效率提高的倍数,相当于斜板总水平投影面积比不加斜板的水面面积所增加的倍数。当然,实际效果不可能达到理想的倍数,这是因为存在着斜板的具体布置、进出水流的影响、板间流态的干扰和积油等因素。但是,由于斜板的存在,增大了湿周,缩小了水力半径,因而雷诺数(Re)较小,这就创造了层流条件,水流较平稳,同时弗劳德数(Fr)较大,更有利于油水分离,这就是斜板除油所以成为高效设备的原因。

(2) 立式斜板除油罐结构及工作过程

立式斜板除油罐的结构型式与普通立式除油罐基本相同,其主要区别是在普通除油罐中心反应筒外的分离区一定部位加设了斜板组,如图 7-14 所示。

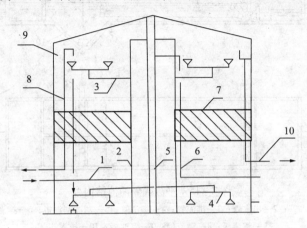

图 7-14 立式斜板除油罐结构图
1—进水管;2—中心反应筒;3—配水管;4—集水管;5—中心柱管;6—出水总管;
7—斜管(板);8—溢流管;9—收油槽;10—排油管;11—排污管

含油污水在进口管处与加入的混凝剂混合后经进水管进入中心反应筒,边旋转边自下而上流动,进一步与混凝剂混合、反应后,经配水管流入分离区,先在上部分离区进行初步的重力分离,较大的油珠先行分离出来,然后污水通过斜管(板)区,油水进一步分离。分离后的污水在下部集水区流入集水管,汇集后的污水由中心柱管上部流出沉降罐;在斜管(板)区分离出的油珠颗粒上浮到水面,进入集油槽后由收油管排出到收油装置。

斜板材质应是在污水中长期浸泡不软化、不变形、耐油、耐腐蚀的材料。常用聚丙烯、聚氯乙烯或玻璃钢制造。斜板常做成瓦楞形或波纹形,以利于排油和排放杂。常用的斜板规格有多种,如板长 1750mm,宽度 750mm,板厚 1.5~1.9mm,每块板有 6 个波,波长 130mm,波高 15~25mm,波峰处的夹角 101°。为安装和检修方便,把斜板拼装成若干个斜板组块,斜板组块排列在除油罐内的钢支架上。

立式斜板除油罐的主要设计参数如下:斜板间距 80~100mm,斜板倾角 45°~60°,斜板水平投影负荷为 $1.5 \times 10^{-4} \sim 2.0 \times 10^{-4} m^3/(s \cdot m^2)$,其他设计数据与普通除油罐基本相同。实践证明,在除油效果相同的条件下,与普通立式除油罐相比,同样大小的除油罐的除油处理能力可提高 1.0~1.5 倍。

3. 隔油池

隔油池也是目前最常用的一种重力除油设施,适用于含泥砂较多的含油污水的处理,按其结构不同,隔油池可分为平流式和斜板(管)式两种。

(1) 平流式隔油池

平流式隔油池的结构如图 7-15 所示。油、水、砂混合物从进水管进入隔油池,经整流板后,分布均匀,流速减慢,大部分泥砂沉降于排泥斗。油水混合物在向前平流的过程中,逐渐分离,到达出水口附近时,底部的污水从溢流墙和阻油板之间进入出水管排出,表面的原油在刮油机的作用下进入集油管。这种隔油池的除油效率不高,通常只能除去粒径大于 150μm 的油滴，适用于处理含油量较少和含泥砂较多的污水。

隔油池分为进水区、分离区、出水区、集油区和排泥区。

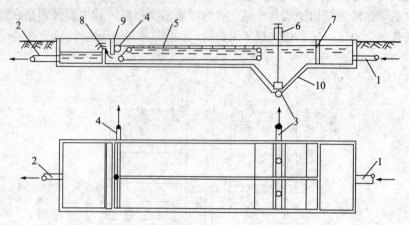

图 7-15　平流式隔油池结构
1—进水管；2—出水管；3—排泥管；4—集油管；5—刮油刮泥机；6—排泥阀；
7—整流板；8—溢流墙；9—阻油板；10—排泥斗

（2）斜板（管）式隔油池

斜板（管）式隔油池的结构如图 7-16 所示。

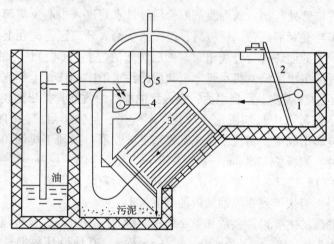

图 7-16　斜板（管）式隔油池结构示意图
1—进水管；2—整流板；3—斜板组；4—出水管；5—回收油池

斜板（管）式隔油池的除油机理是"浅层沉淀"理论，油、水、砂混合物从进水管进入隔油池，经整流板后进入斜板组，在此将其分隔为若干层，使分离表面积增大，深度减少，从而提高了油水分离的效率。因此，在处理量相同的条件下，斜板（管）式隔油池的结构尺寸小，占地面积少，投资小，除油效果好。

（3）平流式斜板隔油池

平流式斜板隔油池是在普通的平流式隔油池中加设斜板组所构成的，如图 7-17 所示。这种隔油池一般是由钢筋混凝土做成的池体，池中波纹斜板成 45°安装。进入的含油污水通过配水堰、布水栅后均匀而缓慢地从上而下的经过斜板区，油、水、泥在斜板进行分离，油珠颗粒沿斜板组的上层板下，向上浮升滑出斜板到水面，通过活动集油管收集到污油罐，再送去脱水；泥砂则沿斜板组的下层斜板面滑向集泥区落到池底，定时排除；分离后的水，从下部分离区进入折向上部的出水槽，然后排除或送去进一步处理，由于高程上布置的原因，污水进入下一步处理工序，往往需要用泵进行提升。

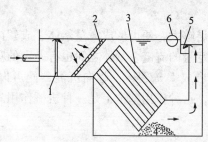

图 7-17 平流式斜板隔油池结构示意图
1—配水堰；2—布水栅；3—斜板；4—集泥区；5—出水槽；6—集油管

二、化学除油（或混凝除油）

重力沉降通常只能除去污水中粒径较大的以游离状态存在的原油，对于污水中以水包油型乳状液形式存在的乳化油，必须通过化学破乳后，使细小的油滴相互聚合成较大的油滴，才能将其除去。这种通过向含油污水中加入一定的化学破乳剂，使乳化液破乳，并使油滴聚合、沉降、分离的方法称为化学除油，也称为混凝除油或絮凝除油。

（一）化学除油常用的药剂

目前，常用于污水除油的药剂有：硫酸铝$[Al_2(SO_4)_3]$、硫酸铁$[Fe_2(SO_4)_3]$、硫酸亚铁$[FeSO_4 \cdot 7H_2O]$、碱式氯化铝、$[Al_n(OH)_mCl_{3n-m}]$等无机混凝剂和一些高分子絮凝剂等。工程上，对这些药剂的要求是：用量少，混凝快，适用范围广，来源丰富，价格便宜，对污水水质无不良影响。

（二）混凝机理

混凝指"凝聚"和"絮凝"过程。一般认为水中胶体失去稳定性，即"脱稳"的过程称为"凝聚"；而脱稳胶体中粒子及微小悬浮物聚集的过程称为"絮凝"。在实际生产应用中很难将"凝聚"和"絮凝"两者截然分开，只是在概念上可以这样理解。

油田含油污水处理中的混凝现象比较复杂，室内试验研究证实，不同的凝聚剂、絮凝剂组合，不同的水质条件，混凝作用机理也有所不同。一般说来，混凝剂对水中胶体颗粒的混凝作用有三种：电性中和、吸附桥架和网捕作用。这三种作用以电性中和为主，取决于混凝剂的种类、投加量、水中胶体粒子的性质、含量和水的pH值等因素。

1. 电性中和

要使胶体颗粒通过布朗运动相互碰撞聚集，就必须消除颗粒表面同性电荷的排斥作用，亦称"排斥能峰"。降低排斥能峰的办法是降低或消除胶体颗粒的ζ电位，即在水中投入电解质便可达此目的。含油污水中胶体颗粒大都带负电荷，故通常投入的电解质——凝聚剂是带正电荷的离子或聚合离子，如Na^+、Ca^{2+}、Al^{3+}等。

2. 吸附桥架

不仅带异性电荷的高分子物质(即絮凝剂)与胶体颗粒具有强烈地吸附作用，不带电的甚至带有与胶粒同性电荷的高分子物质与胶粒也有吸附作用。当高分子链的一端吸附了某一胶粒后，另一端又吸附了另一胶粒，形成"胶粒—高分子—胶粒"的絮体。高分子物质在这里起到了胶粒与胶粒之间相互结合的桥梁作用，故称吸附桥架。起桥架作用的高分子都是线性高分子且需要一定长度，当长度不够时，不能起到颗粒间桥架作用，只能单个吸附胶粒。

3. 网捕作用

当水中投加的混凝剂量足够大，便可形成大量絮体。成絮体的线性高分子物质，不仅具有一定长度，且大都有一定量的支链，絮体之间也有一定的吸附作用。混凝过程中在相对较短的时间内，在水体中形成大量絮体，趋向沉淀，便可以网捕，卷扫水中的胶体颗粒，以致产生净化沉淀分离，这种作用基本上是一种机械作用。

（三）化学除油设备

1. 混凝沉降罐

混凝沉降罐为油田采出水常用的分离装置，目前所采用混凝沉降罐多为旋流絮凝筒（或涡流絮凝器）与竖流式除油罐结合组成混凝沉降罐；还有采用斜板（管）技术提高沉降分离效率，制作成卧式压力混凝沉降罐。

（1）竖流式混凝沉降罐

①竖流式混凝沉降罐的结构

竖流式混凝沉降罐主要由进水管、絮凝筒、配水窗口、伞型集水槽、出水堰箱、出水管、收油槽、污油管、排泥管等组成，如图 7-18 所示。

②竖流式混凝沉降罐的工作原理

混凝沉降罐较重力除油罐又增设了中心反应筒（即絮凝筒），以便药液和污水充分混合和反应，加速油、水悬浮固体的分离速度。混凝除油罐中同时发生重力沉降、凝聚和絮凝作用。含油污水和混凝剂经进水管进入中心反应筒。混凝剂和污水在中心反应筒内以螺

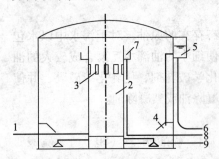

图 7-18 竖流式混凝沉降罐
1—进水管；2—絮凝筒；3—配水窗口；
4—伞型集水槽；5—出水堰箱；6—出水管；
7—收油槽；8—污油管；9—排泥管

旋状上升混合，然后经配水窗口流入分离区。污水中的较大油粒在水的浮力作用下上浮到油层。混凝剂产生大量带正电荷的微粒，与污水中带负电荷的胶体微粒中和，使胶体微粒脱稳而凝聚，这一过程称为凝聚。另外混凝剂还可以产生氢氧化物等海绵状絮凝体，起吸附絮凝作用。当絮凝体吸附的悬浮物大部分为油粒时就上浮；吸附的悬浮物大部分为固体颗粒时就下沉，从而把油粒和其他悬浮物除掉。上面的油层进入集油槽内，经出油管流入回收油罐。污水经集水槽、出水堰箱、出水管流出罐外。有的罐内还有倒 U 形溢流管，防止溢罐。

（2）混凝斜板沉降罐

为提高混凝沉降罐的去除悬浮物效率，有的站在沉降区增加了斜板，强化悬浮固体的分离效果，如图 7-19 所示。

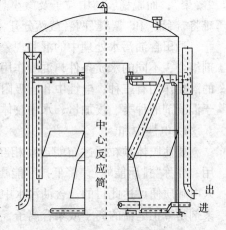

图 7-19 混凝斜板沉降罐结构示意图

(3) 压力混凝沉降罐

压力混凝沉降的原理与重力混凝沉降的基本相同,其显著特点是处理效率高,收油排泥容易,操作管理方便。近几年对压力斜板沉降罐中的聚结材料、混合反应形式、斜板的布置等进行进一步优化。

图7-20为压力式混凝逆流沉降罐工艺结构示意图,该罐为卧式装配。设备首段为组合式混凝反应部分,外侧环空为旋流反应,内侧锥形空间为涡流反应;中段为整流过渡和配液区,中后段为逆流板(管)沉降分离区,后段为集水出流部分。设备中段、中后段上部为浮渣、污油收除内件,中部为配水分离内件,下部为污泥集聚和排除内件。

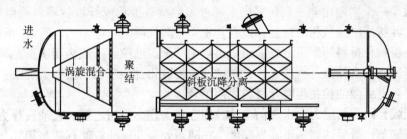

图7-20 压力混凝斜板沉降罐结构图

2. 水质改性混凝沉降技术

作用机理:向含油污水中加入以OH^-为主要成分的pH值调整剂,提供足够多的OH^-,调整水中阴阳离子的分布与成分,使原水由弱酸性或中性变为碱性,一般pH值控制在7.5~10。调整剂在水中发生化学反应,使污水中的化学平衡得到破坏,HCO_3^-不断离解为CO_3^{2-}和H^+,大量的CO_3^{2-}、OH^-与Ca^{2+}、Fe^{3+}、Mg^{2+}生成碳酸钙、氢氧化铁和氢氧化镁等盐垢沉淀,再利用絮凝剂的网捕作用,与系统中的悬浮固体等一同快速沉降,从系统中排出,从而达到净化水的目的。

设备形式与重力混凝沉降罐相同,含油污水在进口管处与加入的混凝剂混合后经进水管进入中心反应器,边旋转边自下而上流动,进一步与混凝剂混合、反应后,经分配器流入分离区,先在上部分离区进行初步的重力分离,较大的油珠先行分离出来,然后污水通过斜板箱,油水进一步分离。分离后的污水在下部集水区流入集水管,汇集后的污水由中心柱管上部流出沉降罐;在斜管(板)区分离出的油珠颗粒上浮到水面,进入集油槽后由收油管排出到收油装置。

为了使得加入的破乳剂与含油污水均匀混合,并有足够的反应时间,应用中常通过简易管式混合器在除油罐的进口管道处加入药剂,其喷嘴流速3~4m/s。也有采用静态叶片涡流形式的管式混合器,混合时间一般为10~20s左右,混合管道流速为1.0~1.5m/s。

三、粗粒化(聚结)除油

(一)粗粒化

所谓粗粒化,就是使含油污水通过一个装有填充物(也叫粗粒化材料)的装置,在污水流经填充物时,使油珠由小变大的过程。经过粗粒化后的污水,其含油量及污油性质并不变化,只是更容易用重力分离法将油除去。粗粒化处理的对象主要是水中的分散油,粗粒化除油是粗粒化及相应的沉降过程的总称。油珠浮升符合斯托克斯公式,对温度一定的特

定污水而言,其动力黏滞系数、污水密度、污油密度和重力加速度都是一定值,可简化为:

$$u = Kd_0^2 \qquad (7-4)$$

由上式可以看出,油珠上浮速度与油珠粒径平方成正比。如果在污水沉降之前设法使油珠粒径增大,则可大大增大油珠上浮速度,进而使污水在沉降罐中向下流速加大,这样便可提高沉降罐效率。有关学者经过大量研究,采用粗粒化法(也称聚结)可达到增大油珠粒径的目的。以上便是粗粒化除油的理论依据。

(二)粗粒化除油机理

粗粒化是一个物理化学过程,采出水通过以粒状、板状或纤维状填料为触媒或介质,改变并加大乳状液中分散相的粒径,改善其重力分离性能的一种工艺。所谓"粗粒化法"除油,就是在粗粒化材料的作用下,油田采出水中的细微油粒聚结成为粗大的油粒,在重力作用下迅速得到油水分离。一般来说,细微油粒粗粒化过程应当包括三个阶段:

(1)附着:细微油粒在粗粒化材料表面附着。

(2)成膜:附着的阻力在于表面与油粒间存在的连续水相之膜,在油粒浮力或流体流动的扰动下变薄,最后达到一个临界厚度,在薄弱处裂开,油粒便直接与粗粒化介质表面接触。

(3)脱落:油粒聚结到一定程度,在流体压差的推动下,当推力大于油水界面张力时,增大的油粒从粗粒化介质表面脱落。

(三)粗粒化材质(聚结板材)的选择

国内各油田目前工业化的粗粒化装置大多是用粒状材料,各种材料性能见表7-4。

表7-4 粗粒化材料物性表

材料名称	润湿角	相对密度	润湿角测定条件
聚丙烯	7°38′	0.91	水温44℃;介质为净化后含油污水;润湿剂为原油
无烟煤	13°18′	1.60	
陶粒	72°42′	1.50	
石英砂	99°30′	2.66	
蛇纹石	72°9′	2.52	

粗粒化材料选择原则为:耐油性能好,不能被油溶解或溶涨;具有一定的机械强度,且不易磨损;不易板结,冲洗方便;一般主张用亲油性材料;尽量采用相对密度大于1的材料;货源充足,加工、运输方便,价格便宜;粒径3~5mm为宜。

对于聚结板材通常可采用聚氯乙烯、聚丙烯塑料、玻璃钢、普通碳钢和不锈钢等。具体选用哪种材质的聚结板,要根据处理水质特性和生产实际需要来确定。一般说来,聚丙烯和玻璃钢塑料聚结板属湿润聚结范畴;纯聚丙烯板材,当吸油接近饱和时纤维周围会产生油水界面引起的分子膜状薄油膜,吸油趋于平衡,影响聚结效果。玻璃钢材质吸油时对油水界面引起的分子膜状薄油膜影响较小,吸油功能可保持良好,但板材加工难度较大。碳钢和不锈钢聚结板材属碰撞聚结范畴,板材表面经过特殊处理后,亲水性能良好。不锈钢板聚结效果优于碳钢板,其运行寿命也大于碳钢板,但不锈钢板造价远高于碳钢板。

(四)粗粒化除油罐

粗粒化除油装置分为两部分,前段为粗粒化装置(一般称粗粒化罐),后段为与其配套的除油装置。粗粒化除油装置有单一分建式及组合式两种。单一的粗粒化装置一般为立式结构，下部配水，中部装填粗粒化材料，上部出水。立式粗粒化罐一般为压力反向流形式，与其配套的除油罐原则上是各种构造形式均可以使用。粗粒化罐结构如图7-21所示，含油污水从粗粒化罐底部进入，反向经粗粒化层以后，进入除油罐进行油水分离，部分粒径较大的油珠经上部出油管流出。

粗粒化罐各部件材质、构造尺寸确定和作用如下：

（1）壳体用普通碳素钢制造，承压力通过流程各部分的阻力进行计算，一般可选0.6MPa。

当含油污水平均腐蚀率为0.125 mm/a 及以下时，内涂环氧树脂漆；含油污水平均腐蚀率大于0.125 mm/a 时，可用玻璃钢衬里或采用其他防腐措施。

（2）进、出水管道一般用低压碳素钢管，管径及承压力通过水力计算得出。

（3）选择粗粒化材料及粒径。国内工业化的材料有无烟煤、陶粒及蛇纹石。粒径大小根据进水含油量及出水含油量决定。总的来说粒径越小除油效果越好，但粗粒化床阻力增大，并且反冲时易被水冲走，所以粒径最小3mm为宜。

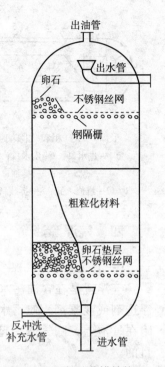

图7-21 粗粒化罐结构示意图

（4）垫层一般用卵石，级配如表7-5所示。

表7-5 垫层级配表

层次	粒径/mm	厚度/mm
下	16~32	100
中	8~16	100
上	4~8	100
总厚		300

（5）罐下部设钢格栅及不锈钢丝网。格栅用以承托垫层和粗粒化层物料，格栅用φ16mm 圆钢或φ21.25×2.75mm 钢管制成。格栅直径用d表示，格栅之间净距用S表示，S比粗粒化材料粒径上限大1~2mm。例如选用无烟煤粒径为3~4mm，则S为5mm即可。不锈钢丝网的设置是为防止粗粒化材料漏料，孔眼要比粗粒化材料粒径下限小。

（6）当选用聚丙烯等相对密度小于1.0的粗粒化材料时，必须设置上部钢格栅，不锈钢丝网及压网卵石。粒径选用16~32mm，厚度一般为0.3m。

组合式粗粒化除油装置一般为卧式，装置首端为配水部分，中部为粗粒化部分，中后部为斜板（管）分离部分，后部为集水部分。粗粒化除油装置工艺结构如图7-22所示。

聚结分离器采用卧式压力聚结方式与斜板（管）除油装置结合除油。原水进入装置首端，通过多喇叭口均匀布水，水流方式横向流经三组斜交错聚结板，使油珠聚结，悬浮物颗粒增大，然后再横向上移，自斜板组上部均布，经斜板分离，油珠上浮集聚，固体悬浮物下沉集聚排除，净化水由斜板下方横向流入集水腔。高效聚结分离器工艺原理如图7-23所示。

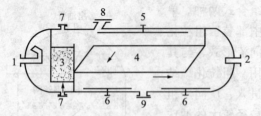 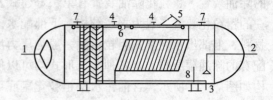

图7-22 粗粒化除油器工艺原理图
1—进水口；2—出水口；3—粗粒化段；
4—蜂窝斜管；5—排油口；6—排污口；
7—维修人孔；8—拆装斜管；9—人孔

图7-23 聚结分离器工艺原理图
1—进水口；2—出水口；3—排污口；
4—污油口；5—进料口；6—蒸气、回水口；
7—安全阀；8—出水挡板

四、气浮除油

（一）气浮除油机理

气浮就是在含油污水中通入空气（或天然气）使水中产生微细气泡，有时还需加入浮选剂或混凝剂，使污水中颗粒为 $0.25 \sim 25 \mu m$ 的乳化油和分散油或水中悬浮颗粒粘附在气泡上，随气体一起上浮到水面并加以回收，从而达到含油污水除油除悬浮物的目的。

带气絮粒由原油珠、悬浮物、气泡和浮选剂四种物质组成。由于气体密度仅仅为水密度的1/775，因而带气絮粒附着的气泡越多，则其视密度就越小，因而易于上浮分离。

由物理学基本概念得知，各种液体都有表面能，其表达式为：

$$W = \sigma \cdot S \tag{7-5}$$

式中　W——表面能，J；
　　　σ——表面张力，N/m；
　　　S——液体表面面积，m^2。

同样界面能也等于界面张力乘界面面积，界面能也有减小至最小的趋势，所以水中油呈圆球形。当把空气通入含有分散油的污水中，形成大量微小气泡，油粒同样具有粘附到气泡上的趋势以减少其界面能。

为使污水中有些亲水性的悬浮物用气浮法分离，则应在水中加入一定量的浮选剂使悬浮物表面变为疏水性物质，使其易于粘附在气泡上去除。浮选剂是由极性-非极性分子组成，为表面活性物质，例如含油污水中的环烷酸及脂肪酸都可起浮选剂作用。有时水中乳化油含量较高时，气浮之前还需加混凝剂进行破乳，使水中油呈分散油状态以便于气泡粘附易于用气浮法分离。

（二）气浮的分类

按产生气泡的方式不同，常用的有溶气气浮、布气气浮和电气浮三种类型。

1. 溶气气浮

溶气气浮是使空气在一定压力下溶于含油污水中，并达到饱和状态，然后再突然减压，使溶于水中的空气以微小气泡的形式从水中逸出。溶气气浮形成的气泡直径在 $80\mu m$ 左右，气泡与污水的接触时间可以控制，溶气气浮在处理含油污水时能收到良好效果。

根据气泡从水中析出时所处的压力,溶气气浮又可分为加压溶气气浮和溶气真空气浮两种类型。加压溶气气浮是使空气在加压条件下溶于水中,在常压条件下析出。溶气真空气浮是空气在加压或常压条件下溶于水中,在负压条件下析出。

2. 布气气浮

布气气浮是利用机械剪切力将混合于水中的空气粉碎成细小气泡的一种气浮分离方法。按气泡生成的方法,布气气浮又可分为水泵吸入管吸气气浮、射流气浮和叶轮气浮等。

3. 电气浮

电气浮是把含有电解质的污水作为被电解的介质,在污水中通入电流,利用通电过程的氧化还原反应使水被电解形成微小气泡,进而利用气泡上浮作用完成气浮分离。这种方法不仅能使污水中的微小颗粒和乳化油得到净化,而且对水中的一些金属离子和有机物也有净化作用。

(三)气浮除油(除悬浮物)装置

1. 溶解气浮选除油装置

溶解气浮选除油装置工艺流程如图7-24所示。该装置使气体在压力状态下溶于水中,再将溶气水引入浮选器首端或底部,待压力降低后,溶入水中的气体便释放出来,使被处理水中的油珠和悬浮物吸附在气泡上,上浮聚集被去除。

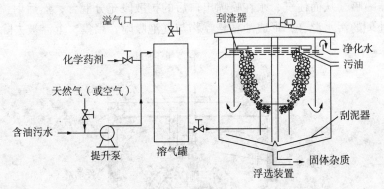

图7-24 溶解气浮选除油装置工艺流程示意图

工作时,首先在加压、加药的条件下,在溶气罐中将气体溶于含油污水中;再将溶于气体的含油污水引入浮选装置的底部,随着体积增大,压力降低,溶入水中的气体便释放出来;随着气泡在水中的上浮,将油珠和悬浮物吸附并携带至浮选装置表面,通过排油口排出;除油后的污水从浮选装置底部经隔板,从位于浮选装置顶部的净化水出口排出。

2. 分散气浮除油装置

(1)旋转型浮选装置

该装置机械转子旋转在气液界面上产生了一个液体漩涡,漩涡气液界面随着转速升高可扩展到分离室底部以上。在漩涡中心的气腔中,压力低于大气压,这就引起分离室上部气相空间的蒸汽下移,通过转子与水相混合形成气水混合体。而后在转子的旋转推动下向周边扩散,形成与油、悬浮物混合、碰撞、吸附、聚集,上浮被去除的循环过程。图7-25表示了分散气浮选装置的横截面图。

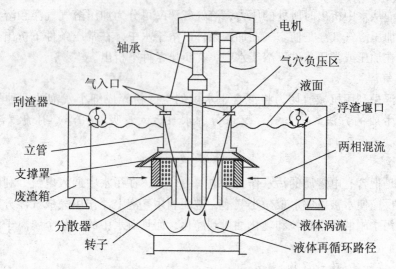

图 7-25 分散气浮选分散装置图

(2) 喷射型浮选装置

该装置每个浮选单元均设置一个喷射器，利用泵将净化水打入浮选单元的喷射器，如图 7-26 所示，在喷射器内的喷嘴局部产生低气压，这就引起气浮单元上部气相空间的气体流向喷射器喷嘴，从而使气、水在喷嘴出口后的扩散段充分混合，然后射流入浮选单元中下部与被处理的污水混合，形成油、悬浮物与气泡吸附、聚集，上浮被去除。

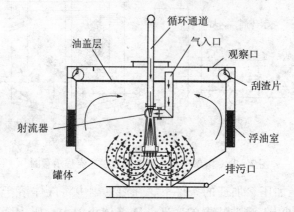

图 7-26 分散气浮选分散装置图

(3) 双级气浮选曝气机

该装置工作原理是污水通过加药反应器后，进入浮选机，与气泡水混合，絮体附着在小气泡上，通过设置在浮选机腔中的斜板与水分离，上浮到浮选机的表面，被自动刮渣机刮走，浮选机底部沉淀物由底部的泥斗通过水压及排泥阀排走。出水通过特殊设计的流道，溢流出浮选机。根据实际曝气量大小需要，进行设备配置。具有曝气机曝气量大而充分、不需空压机及溶气罐、气泡小而密集、动力消耗小、不会堵塞等优点。其多级机械搅拌反应装置分置三个不同的反应速度的反应器，分别加入化学药剂，通过设计控制各反应室的混合接触时间，以达到最优化的混凝效果。该反应装置与浮选沉淀机为一体化组合设计，药剂反应彻底，其有效使用大大提高了气浮机的分离效率。

五、旋流除油

（一）旋流除油机理

旋流除油是依靠离心分离原理，即含油污水沿切向进入旋流分离器，与液体在其内部产生高速旋转，高速旋转的物体能产生离心力。含悬浮物（或分散油）的水在高速旋转时，由于颗粒和水的质量不同，因此受到的离心力大小也不同，质量大的被甩到外围，质量小的则留在内围，通过不同的出口分别导引出来，从而回收了水中的悬浮颗粒（或分散油），并净化了水质。

1. 离心力和介质阻力

由旋流管中心向器壁辐射的力为离心力。球形液滴所受的离心力可按下式计算：

$$F_1 = \frac{\pi d^3 (\rho_w - \rho_o) v_t^2}{6gr} \tag{7-6}$$

式中 d——液滴直径，cm；
ρ_o——分散相密度，kg/cm³；
ρ_w——连续相密度，kg/cm³；
v_t^2/r——离心加速度，cm/s²。
r——旋转半径，cm；
v_t——切向速度，cm/s；
g——重力加速度，cm/s²；

按斯托克斯公式求得的介质阻力为：

$$F_2 = 3\pi \mu_w d v_r \tag{7-7}$$

式中 μ_w——连续相的运动黏度，N·s/cm²；
v_r——液滴的径向速度，cm/s。

忽略重力不计，当离心力 F_1 和介质阻力 F_2 相等时，油滴的径向速度为：

$$v_r = \frac{d^2(\rho_w - \rho_o) v_t^2}{18\mu_w r} \tag{7-8}$$

油滴在重力场内的升浮速度：

$$v_g = \frac{d^2(\rho_w - \rho_o)}{18\mu_w g} \tag{7-9}$$

比较上述两式得出：

$$K_c = \frac{v_r}{v_g} = \frac{v_t^2}{gr} \tag{7-10}$$

式中 K_c 是离心加速度和重力加速度的比值，称为分离因素，统计计算表明，水力旋流器的分离因素在 500~2000 之间。

2. 油滴直径

由式 $v_r = \dfrac{d^2(\rho_w - \rho_o) v_t^2}{18\mu_w r}$ 得出：$d = \dfrac{1}{v_t}\sqrt{\dfrac{18\mu_w r v_r}{\rho_w - \rho_o}}$

因 $v_r = \dfrac{4Q_{in}}{\pi Q_{in}^2}$ $v_r = \dfrac{r}{t}$

$$d = \frac{\pi Q_{in}^2 r}{4 Q_{in}} \sqrt{\frac{18\mu_w}{(\rho_w - \rho_o) t}} \tag{7-11}$$

式中 Q_{in}——旋流管的进口流量，m³/s；

D_{in}——旋流管进口当量直径，m；

t——液体在旋流管内的停留时间，s。

油滴直径对分离效率有很大影响，研究旋流器进出口水样中油滴直径的分布可用以评价旋流器的分离效果。

需指出的是，上式中的唯一条件是在旋流管内油滴尺寸及数量的分布是固定的，但在液-液分离体系中，上述情况是变化的。采样分析的样品和实际也会产生一定差异。可以采取的措施是在流程设计中尽量增加油滴的聚集，减少泵、阀对油滴的剪切。

3. 流量

随着流量增加，离心力也相应增加，对一个特定的旋流器来说，在保证分离效率的前提下，有一个最小流量和最大流量的工作范围。流量过小则由于离心力不足影响油滴的聚集，流量过大油芯容易变得不稳定，另外，由于进出口压差过大会对油滴产生剪切。

4. 密度

两种液体的密度差越大则分离效率越高。

（二）旋流除油器

液-液旋流分离由固-液(气)分离发展而来，但是具有更大的难度，原因是液-液之间密度差太小，产生的分离力量太小；剪切力使油滴不是聚结而是进一步破碎。在对液-液旋流分离进一步研究得到：

（1）应产生非常强烈的旋流，使分散相有足够的径向迁移；

（2）旋流器直径要小，并有足够大的长径比；

（3）油芯附近的液流层必须稳定，避免油、水两相的重混；

（4）旋流器应具有很小的圆锥角，导流口能使液流产生好的旋转，旋转轴与旋流器几何轴线重合。

影响旋流器除油效果的因素，主要有旋流器的结构尺寸、操作条件、油和水的性质等。其中，水的相对密度大、液体温度高、油滴尺寸大，除油效果好；油的相对密度大、黏度高、表面活性剂含量高，除油效果差。增大操作压力，可提高旋流器的处理量，便于调节，在设计范围内对除油效果影响不大。

用于污水除油的旋流除油器结构如图7-27所示。多管水力旋流器由进水腔、管板、旋流管、花板、出水腔和支座等部分组成。

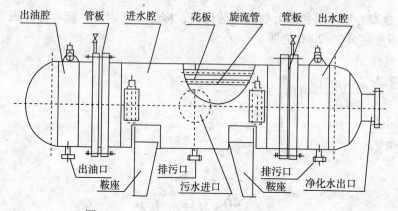

图7-27 多管污水除油水力旋流结构示意图

其中旋流管由入口段、收缩段、分离段和出口直管段四个回转体顺序连接而成，如图7-28所示。这四段又被称为：涡旋腔室段、大锥段、小锥段、尾直管段。

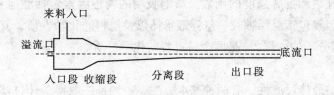

图7-28 旋流管结构示意图

在入口段有一个或多个切向入口，用以输入待分离的液体混合物。入口段的顶面上有一个溢流出口，用以排出较轻的组分。出口段的尾部是底流出口，用于排出较重的组分。

水力旋流器的优点：
(1) 体积小，占地面积小；
(2) 重量轻，不到常规设备重量的1/5；
(3) 橇块化设计灵活；
(4) 可靠性高，要求的配套设备少，无运动部件，维护简便；
(5) 流量调节范围宽，安装方向不受限制，不受平台运动的影响；
(6) 除油效率高，一般达到85%，最高95%~99%。
(7) 工艺流程简单，可取消大量的管道和昂贵的沉降装置。

水力旋流器存在的一些不足之处：适用于油水密度差大于$50kg/m^3$的采出水处理除油工艺；能耗较大；当采出水中含砂量较大时不宜采用水力旋流器。

六、过滤除油

含油污水经除油设备处理后，还存在一定数量的固体悬浮杂质，需过滤作进一步处理。过滤是指污水流经颗粒介质或表层层面，油和杂质就被留在这些介质的孔隙里或表面，从而使水得到进一步净化的过程。过滤不仅能滤除水中的油、悬浮物和胶体物质，而且还可以除去细菌、藻类、病毒、铁和锰的氧化物、放射性颗粒等其他多种物质。分为颗粒层过滤和表面过滤，前者是常规工艺，后者属深度净化。

（一）过滤除油机理

过滤除油是指将含油污水通过一定厚度且多孔的粒状物质的过滤床，这些粒状物滤床，通常是由石英砂、无烟煤、核桃壳、磁铁矿砂、金刚砂等组成，并由垫层支承。通过物理、化学作用，使杂质被截留在这些介质的孔隙里和介质上，从而使水得到进一步净化。悬浮液流经颗粒介质或表层层面进行固液（或液液）分离的过程称作过滤。由罐体、滤料层、承托层、配水系统、排水系统、搅拌系统和为满足过滤、反冲洗要求而设置的管道、阀门系统组成。

在含油污水处理的诸多环节中，过滤往往作为最后一道把关的环节。选择合适的滤料是实现过滤除油的基础。从过滤性质来说，一般可以分为物理作用和化学作用。过滤机理可分为：吸附、絮凝、沉淀和截留等几个方面。

1. 吸附

滤池功能之一是把悬浮颗粒吸附到滤料颗粒表面。吸附性能是滤料颗粒尺寸、絮体颗粒尺寸以及吸附性质和抗剪强度的函数。影响吸附的物理因素包括滤池和悬浮液的性质。影响吸附的化学因素包括悬浮颗粒、悬浮液水体以及滤料的化学性质，其中电化学性质和范德华力（颗粒间分子的内聚力）是两个最重要的化学性质。

2. 絮凝

为了得到水的最佳过滤性，有两种基本方法。一种是按取得最佳过滤性而不是为产生最易沉淀的絮凝体，来确定混凝剂的最初投药量。另一种是在沉淀后的水进入滤池时，向其投加作为助滤剂的二次混凝剂。

3. 沉降

小于孔隙空间的颗粒的过滤去除，同一个布满着极大数目浅盘的水池中的沉淀作用是类似的。

4. 截留

截留也可以说成筛滤，这是最简单的过滤。它几乎全部发生在滤层的表面上，也就是水进入到滤床的孔隙之处。滤料截留的颗粒远比滤料的粒间空隙为小，截留的过程就不能用滤除作用来说明了。悬浮于水中的微粒必须首先被送到贴近滤料颗粒的表面，然后才能被滤料截留。前者称为输送过程，后者称为附着过程。吸附和絮凝结绒是附着机理的主体。

（二）过滤罐的过滤过程

1. 澄清过程

滤料截除悬浮颗粒的能力是随着过滤时间的进展和滤层深度而变化的。

特征：随着过滤的进展，单位滤层厚度的含污能力逐步趋于饱和；滤层的去除浊度能力是随滤方向逐层转移的，当全部滤层失去除浊能力时，滤后水就出现超过标准的浊度；对于任何不同性质的滤前水，总有一部分杂质粒子不能被滤层截除。

2. 水头损失的增长过程

（1）滤料粒径越大，水头损失绝对值的增长率越小；

（2）对截留形式相同的滤层，水头损失与滤速成正比；

（3）滤速越大，初期损失越大，但悬浮物穿透到滤层的深度大；

（4）均匀悬浮物等浓度等速过滤时，在过滤的前阶段，水头损失是成比例地增长的，但在后阶段将急剧上升。

（三）滤料与垫层

1. 滤料

目前，常用于含油污水过滤除油的材料有石英砂、无烟煤、核桃壳、石榴石、磁铁矿砂、金刚砂、铝矾土、陶粒、活性炭、聚苯乙烯球粒、聚氯乙烯球粒等。

（1）滤料的性能

凡满足下列要求的固体颗粒，都可以作为滤料。

① 有足够的机械强度；

②具有足够的化学稳定性；

③能就地取材，货源充足，价格合理；

④具有一定的颗粒级配和适当的孔隙度;
⑤外形接近于球状,表面比较粗糙而有棱角。

常用滤料的性能参数如表7-6所示。

表7-6 常用滤料的性能参数

滤料名称	密度/(g/cm³)	堆密度/(g/cm³)	破碎率/%	磨损率/%	含泥量/%
石英砂	2.55~2.65	1.6~1.65	<0.7	<0.3	<1
无烟煤	1.4~1.6	0.75~0.95	<0.3	<1	<1
磁铁矿	4.4	2.8	≤1.5	<0.5	<2.5
核桃壳	1.3~1.4	0.65~0.8	≤3	<3~5	<0.3
瓷砂	2.3~2.5	1.6~1.8	≤3	<2	<1
陶粒	1.9~2.0	0.85~0.9	≤2	<6	<1
金刚砂	4.3~4.5	2.6~2.8	<2.5	<4	<1

(2)滤料颗粒级配

天然滤料是各种不同粒径滤料的混合体,因此要用粒径分布来表示滤料的粒径大小情况。

表示滤料的粒径分布方法有:中位粒径法、有效粒径法和平均粒径法。

滤料的粒度表示粒径的大小,级配表示粒径的均匀程度。选择滤料时,既要考虑粒度,又要考虑级配。

在滤料的技术规格中,级配通常以不均匀系数 K_{80} 表示,其表达式为:

$$K_{80} = \frac{d_{80}}{d_{10}} \tag{7-12}$$

式中 K_{80}——滤料粒径不均匀系数;
d_{10}——通过10%滤料的筛孔直径,mm;
d_{80}——通过80%滤料的筛孔直径,mm。

K_{80} 越接近于1,即滤料越均匀,过滤的条件越佳。这是因为滤罐经反冲洗后,产生分层化,最细的颗粒在顶层,如果 K_{80} 较大,常常造成表层的迅速堵塞,影响了整个滤罐的截污能力。

滤料级配的表示方法是规定最大、最小两种粒径和 K_{80}。常见滤料的级配要求见表7-7。

表7-7 单层及双层滤料级配要求

类别		滤料组成			滤速/(m/h)	强制滤速/(m/h)
		粒径/mm	K_{80}	厚度/mm		
单层石英砂		$d_{max}=1.2, d_{min}=0.6$	2.0	700	8~12	10~24
双层滤料	石英砂	$d_{max}=1.2, d_{min}=0.6$	2.0	400~500	12~16	14~18
	无烟煤	$d_{max}=1.8, d_{min}=0.8$	2.0	400~500	12~16	14~18

(3)滤料孔隙率

滤料层的孔隙率是指某一体积滤层中空隙的体积与其总体积(即滤料颗粒的体积与滤

粒间空隙体积的和)的比值。

滤料层孔隙率与滤料颗粒形状、均匀程度以及压实程度等有关。均匀颗粒和不规则形状的滤料，孔隙率大。常用的石英砂滤料的孔隙度在 0.42 左右，无烟煤滤料的孔隙度大约在 0.5~0.6 之间。

(4) 滤料形状

球状度 ψ 的定义是：具有与颗粒同体积的球体(直径 d_0)的表面积 A_0 与颗粒(直径 d)的实际表面积 A 之比。滤料形状影响滤层中水头损失和滤层孔隙率。颗粒离开圆球状越远，即颗粒越是棱角化(ψ 值越小)，则单位体积滤层的表面积越大，滤料的吸附起着主要的作用，则表面积大就意味着过滤效率高。另一方面，滤料的孔隙率与表面积成反比，即孔隙率越大，单位体积滤层的表面积越小。滤料颗粒的球度 ψ 及孔隙率 ε 如表 7-8 所示。

表 7-8 滤料颗粒球状度 ψ 及孔隙率

序 号	形状描述	球状度 ψ	孔隙率 ε
1	圆球形	1.0	0.38
2	圆 形	0.98	0.38
3	已磨蚀的	0.94	0.39
4	较锐利的	0.81	0.40
5	有尖角的	0.78	0.43

(5) 滤层规格

滤层的规格包括滤层的材料、粒度和厚度三者的规定。滤层的厚度可以理解为矾花所穿透的深度和一个保护厚度的和。一般情况下穿透深度约为 400mm，相应的保护厚约为 200~300mm，滤层总厚度应为 600~700mm。单层滤料的滤层按 600~700mm 厚度考虑，是从控制穿透深度的角度得来的，可以作为选用滤料粒度时的参考。

双层滤料中煤和砂粒度选择的合适与否是关键问题。根据煤、砂相对密度差，选配适当的粒径级配，可形成良好的上粗下细的分层状态。实际上，各地使用的级配规格并不完全相同，可根据具体情况决定。

三层滤料是双层滤料概念发展的结果。其粒径级配原则基本上同于双层滤料，即根据三种滤料相对密度的不同，选配适当的粒径比以防滤层混杂。

2. 垫层

为了防止滤料从配水系统中流失，并保证反冲洗过程中的均匀布水，滤料层底部往往需加一层垫层。垫层也称为承托层，由一定级配的卵石组成，敷设于滤料层和配水系统之间。一般采用天然卵石，其粒径和厚度取决于反冲洗的强度，反冲洗强度越大，要求卵石的粒径和厚度越大。其只是配合管式大阻力配水系统使用，但在油田污水处理中小阻力配水系统中也广泛采用。其作用有两个：一是防止过滤时滤料从配水系统中流失；二是冲洗过程中保证均匀布水。承托层自上而下分为四层，规格如表 7-9 所示。在油田污水处理中，小阻力配水系统采用的垫层也参见表 7-9。

表7-9 承托层规格

层次（自上而下）	粒径/mm	厚度/mm
1	2~4	100
2	4~8	100
3	8~16	150
4	16~32	

（四）过滤罐的配水、排水系统

1. 滤罐配水系统

其作用是能均匀地分配反冲洗水和均匀地收集滤后水，按配水系统水头损失分为以下三种：

（1）大阻力配水系统，开孔比 $\alpha = 0.20\% \sim 0.25\%$，水头损失一般大于3m，采用穿孔管。

（2）中阻力配水系统，开孔比 $\alpha = 0.60\% \sim 0.80\%$，水头损失在 $0.5 \sim 3m$。

（3）小阻力配水系统，开孔比 $\alpha = 1.0\% \sim 1.5\%$，水头损失小于0.5m，采用穿孔滤板、滤砖和滤头等。

对于大阻力配水系统，穿孔管式优点是有较成熟的运行经验，配水均匀，制作简单；缺点是采出水易腐蚀很快将孔眼冲蚀扩大。筛管式：无需设置承托层，不易漏滤料且更利于配水均匀；但筛管造价高且施工有一定难度。滤头式：优点是更换维修比较方便，无需设承托层，但布水均匀性稍差。对于中阻力配水系统，滤头筛管式：充分利用头盖的空间，不另设隔断设施，但滤头的更换、维修比较困难。二次配水式：一是滤头更换方便；二是设置长柄滤头即可气洗，不需另设配气系统。小阻力配水系统主要有两种型式：滤头式配水系统和格栅式小阻力配水系统。滤头式配水系统由配水腔（即滤罐筒体的头盖空间）和滤头组成，反冲水进入配水腔后均匀地分配进入隔板上滤头，然后从滤头缝隙将反冲水送入承托层、滤料层完成配水。格栅式小阻力配水系统常用在重力式无阀滤罐或单阀滤罐中。

2. 排水系统

排水系统的作用是在滤罐反冲洗过程中能将反冲洗水均匀地汇集排除，达到将从滤料上冲下来的悬浮杂质随水流排除，同时还不能造成滤料的流失。现场通常采用压力排水系统。

由于压力排水系统在反冲洗中很容易受压力、流量的波动而产生滤料流失现象，近年来采用了在出水口上加设筛管的办法来防止滤料流失，有一定的效果。

（五）滤罐的结构和类型

在油田污水处理系统中，压力过滤罐被广泛采用。压力过滤罐和重力式滤池不同，它采用的是密闭式圆柱形钢制容器，内部装有滤料及进水和排水系统，罐外设置各种必要的管道和阀门等。压力过滤罐分为立式和卧式，直径一般都不超过3m。卧式过滤罐由于过滤断面不均匀，远没有立式过滤罐应用广泛。压力过滤罐上部布水一般采用多点喇叭口上向布水，下部配水一般采用大阻力配水方式。其主要目的是去除水中的原油和悬浮固体，其外壳为碟形头盖的钢制圆柱体装置，一般在 $0.6 \sim 1.0MPa$ 压力下工作。

1. 滤罐的结构

压力滤罐的种类很多，油田污水处理采用最多的是下向流压力式石英砂过滤罐和下向流压力式核桃壳过滤罐，如图 7-29、图 7-30 所示。其结构主要由罐体、滤料层、承托层、配水系统、排水系统、搅拌系统和为满足过滤、反冲洗要求而设置的管道、阀门系统组成。

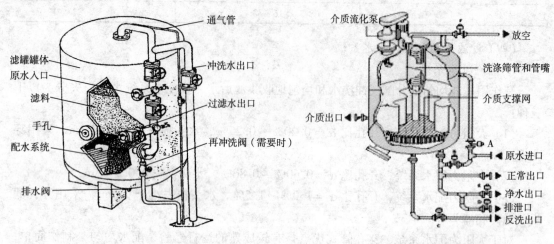

图 7-29　石英砂滤罐结构图　　　　图 7-30　核桃壳滤罐结构图

2. 滤罐的分类

滤罐的种类很多，根据作用能量的不同，可分为压力式和重力式两大类；根据其滤料的不同，可分为单滤料、双滤料和多滤料三种；根据过滤速度快慢不同，可分为慢滤、快滤、高速过滤和超速过滤等。

①从水流方向上分类有：下向流、上向流、双向流和辐射流滤罐。

②从不同的滤料和滤料组合上分类有：单层滤料、双层滤料、三层滤料以及混合滤料滤罐。

③从药剂投加量和投注点的不同上分类有：沉淀后水过滤和（接触）凝聚过滤罐。

④从阀门配置上分类有：四阀滤罐、三阀滤罐。

⑤从冲洗配水方式上分类有：小阻力、中阻力和大阻力滤罐等。

⑥从反冲洗方式上分类有：水冲洗、气水冲洗、表面冲洗和机械搅拌冲洗滤罐。

⑦从承受压力状态分类有：重力式滤罐、压力式滤罐。

以下是几种常见过滤罐的简要介绍：

(1) 压力式滤罐

①压力式滤罐的基本结构

压力式滤罐是密闭式的圆柱形钢制容器，在一定压力下工作，适用于大阻力配水系统的污水过滤。主要由进水管、配水室、配水支管、滤料层、卵石垫层、素混凝土承托层、阻力圈、集水支管、集水总管和出水管所组成。

目前常用的立式压力滤罐的结构如图 7-31 所示。

②压力滤罐工作过程

经初步除油后的污水从进水喇叭口进入滤罐内，自上而下通过滤料层，乳化油和悬浮物被吸附在滤料的表面，或被截留在滤料的孔隙中，从而达到污水净化的目的。过滤后的净化水通过配水支管和总管流出滤罐。

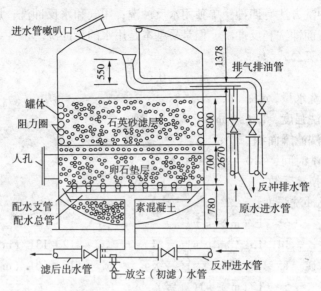

图 7-31　立式压力滤罐结构示意图

滤罐工作一定时间后，滤层吸附和截留的悬浮杂质和乳化油逐渐达到饱和，滤料将失去过滤能力，造成过滤后的水质达不到质量要求，滤罐的压力损失增加。为使滤层恢复工作能力，必须定期对滤料进行反冲洗。反冲洗过程与过滤过程相反，将滤后的水从滤罐底部引入，自下而上依次通过配水系统、承托层、滤料层，最后通过反冲排水管送回立式除油罐。为保证反冲洗的效果，要根据不同滤料的最佳膨胀率来确定反冲洗的强度和时间等参数。

③压力过滤罐的技术参数

a. 过滤层的厚度一般为 700～800mm。

b. 常用的滤料有石英砂、无烟煤、钛铁矿砂、磁铁矿砂、金刚砂、果核、核桃壳、聚苯乙烯球粒、聚氯乙烯球粒等。

c. 石英砂滤料粒径一般采用 0.5～1.2mm，滤速为 8～12m/h 甚至更大。

d. 压力过滤罐的进、出水管上都装有压力表，两表的压力差值即过滤时的水头损失。压力过滤罐的允许水头损失值一般可达 5～10m。此水头损失包括配水系统及承托层等水头损失在内。当过滤水头损失达到最大允许水头损失时，过滤应终止，经过反冲洗使滤层重新工作。

e. 过滤不但能去除水中的悬浮物和胶体物质，而且还可以去除细菌、藻类、病毒、油类、铁和锰的氧化物、放射性颗粒、在预处理中加入的化学药品、重金属以及很多其他物质。

④反冲洗强度及时间

反冲洗时，滤罐每平方米面积每秒通过的水量叫反冲洗强度，单位为 $L/(s \cdot m^2)$。通常反冲洗强度为 12～15$L/(s \cdot m^2)$；反冲洗时间随滤层污染程度的增加而增加，通常滤罐反冲洗的时间为 10～15min，最好的反冲洗操作是分 2 次以上完成。

滤罐反冲洗必须达到两个要求：将粘附在滤料颗粒上的污物剥落下来；将剥落和沉积下来的污泥从滤罐中排出。

压力滤罐的冲洗方法有四种：单独用水反冲洗；用气和水反冲洗；用机械翻洗和水反冲洗；用水进行表面冲洗和反冲洗。但是最基本是用水的反冲洗。

反冲洗水量计算公式为：

$$Q = 0.06qft \tag{7-13}$$

式中　Q——反冲洗水量，m^3；

　　　q——反冲洗强度，$L/(s \cdot m^2)$；

　　　f——反冲洗滤罐面积，m^2；

　　　t——反冲洗时间，（10~15min）；

　　0.06——单位换算系数。

常用过滤器反冲洗强度：

核桃壳　　　　　　6~7L/($m^2 \cdot s$)

石英砂　　　　　　14~15L/($m^2 \cdot s$)（一级）　　　12~13L/($m^2 \cdot s$)（二级）

石英砂+磁铁矿　　15~16L/($m^2 \cdot s$)（一级）　　　15~16L/($m^2 \cdot s$)（二级）

改性纤维球　　　　5~6L/($m^2 \cdot s$)（二级）

⑤反冲洗水工艺流程

反冲洗泵反冲洗工艺流程如图7-32所示。高位水箱反冲洗工艺流程如图7-33所示。

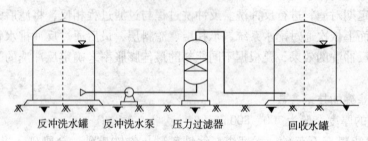

图7-32　反冲洗工艺流程图

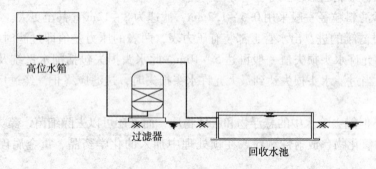

图7-33　高位水箱反冲洗工艺流程图

(2) 重力式滤罐

重力式滤罐与大气相通，在大气压力下工作，污水靠自身重力通过过滤层。这种滤罐适用于小阻力配水系统的污水过滤。目前常用的有重力式无阀滤罐和重力式单阀滤罐。

①重力式无阀滤罐

重力式无阀滤罐的结构如图7-34所示。

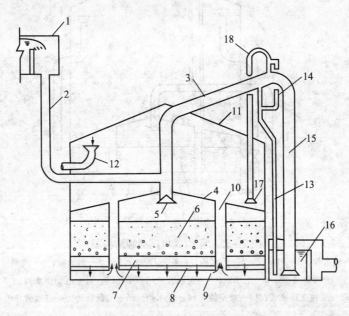

图7-34 重力式无阀滤罐结构图
1—进水分配槽；2—进水管；3—虹吸上升管；4—顶盖；5—挡板；6—滤料；7—承托层；
8—配水系统；9—底部空间；10—连通渠；11—反冲洗水箱；12—出水管；13—虹吸辅助管；
14—抽气管；15—虹吸下行管；16—水封井；17—虹吸破坏斗；18—虹吸破坏管

重力式无阀污水过滤系统，是靠水力控制实现污水过滤和自动反冲的。正常工作时，含油污水由进水分配槽经进水管进入滤罐内，自上而下依次通过滤料层、承托层，到达底部空间；通过底部空间进入连通渠，上升至反冲洗水箱，最后经出水管排出罐外。

重力式无阀滤罐的反冲洗是依靠虹吸现象进行的。在滤罐运行过程中，随着滤料层吸附乳化油和悬浮杂质的增加，其通过能力减弱，阻力增大，虹吸上升管的水位升高；当水位到达虹吸辅助管的顶端时，水从该管流出，并通过抽气管将虹吸上升管的空气抽走，形成虹吸；反冲洗水箱中的水在位差的作用下，通过连通渠自下而上，依次通过配水系统、承托层、滤料层，实现对滤料的反冲洗；当反冲洗水箱中的液位下降到虹吸破坏斗的位置时，空气由此进入，虹吸被破坏，反冲洗结束，恢复正常工作至下次反冲洗开始，依次循环。

② 重力式单阀滤罐

重力式单阀滤罐一般用于高渗透油田采出水处理，设计参数宜符合下列要求：滤速5~8m/h，校核滤速不超过10m/h；过滤周期12~24h；反冲洗时间4~8min；反冲洗强度15~20L/(s·m^2)。其结构如图7-35所示。

从图7-35中可知，整个单阀滤罐分成上、下两部分。上部是反冲洗水箱，下部是过滤部分。这种滤罐的进水管上装有控制阀，出水管上没有阀，故称为单阀滤罐。

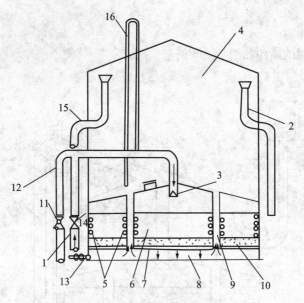

图7-35 重力式单阀滤罐结构图
1—进水管；2—出水管；3—进水挡板；4—反冲洗水箱；5—阻力圈；6—滤料层；
7—配水系统；8—集水室；9—连通管；10—承托层；11—电动排水阀；
12—反冲洗排水管；13—放空管；14—进水阀；15—溢流管；16—虹吸破坏管

正常工作时，含油污水由进水管经进水挡板均匀地进入滤罐内，自上而下通过滤料层、承托层、配水系统，到达集水室；通过集水室，进入连通渠，上升至反冲洗水箱，最后经出水管排出罐外。

对滤罐进行反冲洗时，打开反冲洗排水管上的电动排水阀，反冲洗水箱中的水通过连通管自下而上依次通过集水室、配水系统、承托层、滤料层，实现对滤料的反冲洗。工程上，通过将反冲洗系统的压力损失设计为小于进水的压力损失，反冲洗排水阀打开，便实现反冲洗。在反冲洗时，一般不关闭进水管上的进水阀。这样，只要配置快速作用的反冲洗排水阀，如蝶阀、电动阀等，就可以快速实现反冲洗与正常工作的切换。

（六）表面过滤（或精细过滤）

1. 作用及原理

以上滤层过滤能够去除很小的胶体颗粒，使悬浮物含量达到1mg/L左右，但每毫升水中仍有几十万个粒径约为 $1\sim5\mu m$ 的颗粒存在，这些颗粒是经过滤料层过滤不能去除的。悬浮杂质的颗粒是造成油层堵塞的主要物质。表面过滤可以去除这些微细颗粒。表面过滤是通过微孔过滤材料将水中悬浮杂质颗粒粒径大于孔隙孔径的杂质截留。精细过滤多采用表面过滤。用的最多的是金属膜精细过滤器和有机膜（改性聚四氟乙烯）过滤器。

2. 烧结滤芯过滤器

（1）塑料滤芯

这种微孔滤芯的规格有10多种，其外径 $24\sim150mm$，相应的内径 $8mm\sim120mm$，长度大多数为 $500\sim1000mm$，每根滤芯的有效过滤面积 $0.039\sim0.30m^2$，单台过滤器过滤面积 $0.5\sim100m^2$。

（2）陶瓷滤芯

陶瓷烧结滤芯的微孔孔径一般小于 2.5μm，孔隙率为 47%~52%，其构造形式有多种。陶瓷烧结滤芯过滤器的外壳材料及构造有多种形式，用铝合金材料制成的过滤器，宜用陶瓷烧结滤芯作为滤元，可以由单支或多支滤芯组成。陶瓷烧结滤芯因截流悬浮物增多而出水量减小时，可停止运行将滤芯卸出，用水砂纸磨去已堵塞的表层并清洗干净，仍可继续使用。当滤芯的壁厚减薄到 2~3mm 时，滤出液将不合格，需更换滤芯。

3. 纤维缠绕滤芯过滤器

（1）纤维缠绕滤芯

有效除去液体中的悬浮物、微粒、铁锈等；可承受较高的过滤压力；过滤精度为 0.8~100μm；独特的深层网孔结构使滤芯有较高的滤渣负荷能力；滤芯可以用多种材质制成，以适应各种液体的过滤需要。常用有两种纤维缠绕滤芯，一种是聚丙烯纤维－聚丙烯骨架滤芯，最高使用温度为 60℃；另一种是脱脂棉纤维－不锈钢骨架滤芯，最高使用温度为 120℃。

（2）纤维缠绕滤芯过滤器

纤维滤芯过滤器有不锈钢外壳、有机玻璃外壳和碳钢外壳三种。所用密封圈多为橡胶制成，紧固件一般为 1Cr18Ni9Ti 材质。

在选用纤维滤芯过滤器时应注意，有机玻璃纤维滤芯过滤器运行压力 ≤0.2MPa，温度 ≤50℃，不适用于有机溶剂类，设备在运输、安装、使用过程中避免撞击，以免损坏；不锈钢纤维滤芯过滤器一般运行压力 ≤0.3MPa。在选用滤器时总流量要大于实际所需流量约 1 倍，可使滤芯寿命提高 3~4 倍。

（七）微过滤

微过滤是一种精密过滤技术，其孔径范围一般为 0.1~10μm，介于常规过滤和超滤之间。微过滤所用的微孔滤膜的孔结构类属筛型，所截留的微粒直径为 0.1~10μm，如病毒、细菌、胶体等，操作压力一般小于 0.3MPa。

微过滤所用的滤膜是由天然或合成高分子材料所形成。它具有形态较整齐的多孔结构，孔径分布均匀。过滤时近似过筛的机理，使所有大直径的粒子全部拦截在滤膜表面上。压力的波动不会影响它的过滤效果。由于过滤只限于表面，因此便于观察、分析和研究截留物。膜过滤的介质薄，颗粒容纳量小，因此在使用时宜设置预过滤装置。

微过滤的特性：微孔均匀，过滤精度高；孔隙率高，流速快；微孔滤膜薄，吸附少；无介质脱落；颗粒容纳量小，易堵塞。

微过滤器分为管式过滤器和折叠式过滤器。管式过滤器是在多孔管外依次包裹聚丙烯网布和微孔滤膜，外面用预过滤介质缠绕，把两端密封，就成管式过滤器的滤芯，配以外壳构成过滤器，其过滤面积较小，体积较大。折叠式过滤器由滤芯和壳体组成，滤芯由聚丙烯多孔管、聚丙烯网布、聚丙烯支承网、微孔滤膜、聚丙烯多孔保护网、端盖、O 形密封圈等构成。折叠式过滤器体积小，过滤面积大，适合于大容量的过滤。它是工业用水处理中可以用于处理工序中的设备。

第四节　水质稳定处理工艺

由于含油污水的特性，其对油田地面工程会产生腐蚀、结垢以及微生物等危害，但引发的因素和影响条件都不是单一的,而是相互关联,相互促进的,因此防范的技术也多种多样,必须做好系统工程密闭、脱气工程、调节 pH 值、系统清洗、添加水质稳定剂、水质及防腐蚀的监测、腐蚀控制等,从而达到水质稳定的目的。

一、系统工程密闭

污水中溶解氧的存在,是加剧设备与管道腐蚀的重要因素。在高矿化度污水的处理系统中,即使很低的溶解氧含量,也会引起严重的腐蚀。当污水中同时存在二氧化碳、硫化氢和溶解氧时,腐蚀更加严重。减少污水中氧的含量,是降低腐蚀的重要措施。

(一)密闭隔氧

密闭隔氧就是采取一定措施,隔绝氧与污水的接触,从而减少污水中氧的含量。在含油污水处理过程中,常用的有天然气密闭隔氧、薄膜气囊密闭隔氧和浮床式密闭隔氧等。

1. 天然气密闭隔氧

(1)调压方式选择

所谓天然气密闭是指污水处理站各种重力式常压钢罐罐顶密封,再通入一定压力的天然气并设排气口,随着液位的上、下波动天然气进入或排出,从而防止空气进入系统。

目前调压系统有两类,一类是气源充足时用调压阀调压,二类是用低压气柜调压。

利用调压阀调压大体上有三种:

①单罐调压。在进入每座水处理构筑物或缓冲罐的天然气管道上设调压阀,利用罐顶呼吸阀排气,即单罐调压单管排气。

②统一调压。对污水站所有需要密闭的罐集中设置调压系统统一调压。

③与原油稳定合用同一调压系统。当含油污水站与原油稳定大罐抽气系统相距较近时,可合用一套天然气调压系统。

常见密闭调压方式对比如表 7 - 10 所示。

表 7 - 10 常见密闭调压方式比较表

调压方式		优缺点	选用条件
调压阀调压系统	单罐调压、单管排气	设备仪表较少,天然气管径较小,冬季呼吸阀易冻,可靠性差,各罐调节空间不能补偿,耗气量大,在罐顶放气不大安全	仅一、两座罐时
	统一调压	设备简单、操作管理方便,排气调压时,向大气放天然气	气源能力满足调压补气时
	与原油稳定合用同一调压系统	节省一套调压设备,管理集中,对原油稳定大罐抽气有一定影响	与气源稳定站合建时
低压气柜调压系统		不向大气排天然气,节约天然气,仪表控制系统简单,气柜施工困难,造价高	无天然气或天然气气源不足时

(2)调压阀调压系统

调压阀调压的天然气密闭系统流程如图 7 - 36 所示。该系统适用于天然气气源补给能力较充足的情况。

这种流程可实现单罐调压,即在进入每座污水储罐的天然气管道上设补气调压阀,根据需要进行单罐补气，利用罐顶呼吸阀排气调压。也可以实现统一调压，即对污水站所有需要密闭的设备集中设置补气调压系统，通常采用自力式调压器补气，气动或电动组合单元仪表控制薄膜调节阀排气。

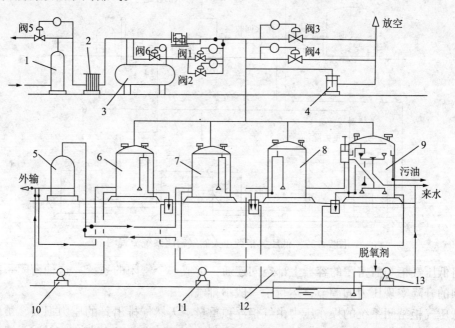

图 7-36　调压阀调压天然气密闭系统流程图
1—分离器；2—过滤器；3—储气罐；4—水封罐；5—压力滤罐；6—反冲洗水罐；7—回收水罐；
8—缓冲罐；9—除油罐；10—反冲洗水泵；11—污水外输泵；12—污泥浓缩池；13—污水回收泵

合理确定密闭系统的补气压力、最大补气量、排气压力、最大排气量和补气或排气最大压降等参数，是保证密闭系统正常有效工作的前提。

补气压力是指调压系统开始补气时的最低压力，其大小由被密闭设备的承压能力和调压器的性能确定。自力式调压器的补气压力一般为 0.8~1.0kPa(80~100mm 水柱)；组合单元仪表控制薄膜阀调压系统的补气压力一般为 0.6~0.8kPa。补气压力不得低于污水罐下限压力。目前污水处理站所用钢罐都是由标准拱顶罐改制而成，其下限压力为 -0.5kPa(-50mm 水柱)，否则会将钢罐压扁，该罐的最大正压不准超过 2kPa。

补气量是指单位时间内进入被密闭容器的气体量，其值由被密闭容器在单位时间内液面下降所形成的空间决定。设计时按最大的情况计算，因此也称为最大补气量。

排气压力是指调压系统开始排气时的压力。排气压力可参照补气压力的原则进行，为了不使补气和排气互相干扰，不致出现频繁补气及排气现象，则应尽量使补气压力和排气压力拉开一定的距离，并确定排气压力为 1.5kPa。

最大排气量产生于加压泵或外输水泵因故停运，而原水仍进入污水站时。

有了最大补气量、最大排气量及压降可参照天然气管道经济流速进行气管道设计，一般流速可取 10m/s 左右。

(3) 储气柜调压系统

低压气柜调压系统设计主要是确定最大补气量和系统工作压力，以便确定气柜的容积和压力。

低压气柜调压的天然气密闭系统流程如图7-37所示。该系统适用于天然气气源补给能力不足的情况。

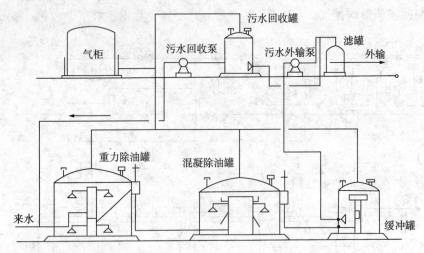

图7-37 低压气柜调压天然气密闭系统流程图

将低压气柜与需密闭的容器上部空间连通，形成一个密闭的系统。这种密闭系统靠气柜浮顶的升降实现压力的调节，运行中一般不排气。

低压气柜密闭系统的操作压力由气柜浮顶重量、天然气排出管的压力损失、被密闭容器的承压能力等参数确定，一般不超过2kPa。气柜的有效容积应能保证在补气量最大的情况下有足够的天然气供给。

（4）密闭隔氧安全措施

密闭罐顶部的透光孔要用法兰密闭，取消通气管，除油罐设有出水水箱时，箱顶要封闭，但出水堰上部空间要与罐连通。密闭罐设有溢流管时，应设水封。水封高度应大于罐内天然气最大压力，一般为2kPa。

调压阀调压系统自动保护，天然气上、下限压力报警，当下限压力降至0.2kPa时声光报警并联锁停运从密闭罐抽吸的水泵。低压气柜调压系统可根据气柜钟罩位置设保护设施，如钟罩下降到一定位置报警进行补气。

（5）运行注意事项

在北方地区注意密闭气管道防冻问题，与采暖管道同沟，尽量不设U形弯以免积水阻碍气流动；在气管道低处设放空阀并注意放空。

低压气柜投产前按《金属焊接结构湿式气柜施工及验收规范》（HG J212）要求进行严格检查验收。

各种水罐凡设溢流管的，应一律用水封进行隔断，水封高度应大于排气压力，一般为2kPa（200mm水柱）。水封应设在罐的阀组间内并设有水位计及灌水管，以便检查水封高度及水封高度不足时灌水用。以上措施目的在于防止万一因水封高度不够、自控仪表又失灵时，天然气溢出而引起事故。

2. 浮床式密闭隔氧

（1）基本原理

基本型浮床式水罐密闭隔氧装置，是采用两层具有长期防水性能的防水布制成条状密闭口袋，在口袋内充填低密度浮板，并在水罐内液面上形成一个连续覆盖整个水面的圆形浮床。浮床边缘预留适量过盈量，并采用柔性材料搭接密封，使水面与空气全部隔绝。浮床随罐内水面的升降而同步波动，保证水中的溶解氧含量不再上升，从而达到在水罐中隔氧的目的。

（2）选材要求与构成

浮床浮于水面，防水布除要求具有良好的防水性能外，针对油田污水水质特点，还必须具有良好的耐油溶胀、耐酸、耐碱腐蚀特性和抗老化、耐温性能。浮床的使用寿命长短很大程度上取决于防水布的综合性能指标。浮板除要求低密度外，还必须具有高强度和良好的耐腐蚀性能。径向支架和圆周定形管，不仅具有质量轻巧，而且具有高强度，耐腐蚀性能。

水罐浮床式密闭隔氧装置的局部截面如图7-38所示。

3. 薄膜囊式隔氧

薄膜隔氧装置示意图见图7-39，其基本原理就是在水罐内安装一个具有隔氧作用的高分子密闭隔氧膜，使水和大气隔开，阻止氧的溶入，从而达到密闭隔氧的目的。隔氧膜自罐壁中下部周边生根紧固。隔氧膜形成的圆柱体直径略小于罐直径，在隔氧膜圆柱体和罐壁之间的环形空间内充入清水水封。膜顶设浮动引线，引入控制柜。为防止停产检修时损坏隔膜，在罐壁周边生根高度下适当位置设置由角钢和圆钢焊制而成的隔膜支承网格。

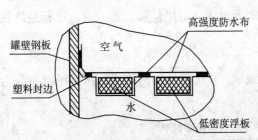

图7-38　浮床式密闭隔氧装置局部截面示意图　　图7-39　薄膜囊式隔氧装置示意图

主要特点是：没有能源消耗；无损耗件和耗能介质；无易燃易爆材质和介质，运行安全平稳；设备简易，无需专人管理，可实现自动化操作；隔氧性能好，运行费用低；对隔氧膜要求严格，即隔氧膜必须具有良好的防水性、抗酸、碱、盐腐蚀，良好的韧性，较高的机械强度和均匀的加工厚度，耐油溶胀、耐温、抗老化，经济实用。

（二）除氧剂除氧

目前，在油田污水处理的过程中，在采取一定的隔氧措施的同时，往往还向污水中加入一定的除氧剂，利用除氧剂与水中溶解氧的氧化反应，减少污水中氧的含量。油田污水处理中常用的除氧剂多为亚硫酸盐，如亚硫酸钠（Na_2SO_3）、亚硫酸氢钠（$NaHSO_3$）、亚硫酸氢铵（NH_4HSO_3）、二氧化硫（SO_2）等。

二、缓蚀剂与阻垢剂

（一）缓蚀剂定义和类型

1. 缓蚀剂定义

凡是在腐蚀介质中添加少量物质就能防止或减缓金属的腐蚀，这类物质就称为缓蚀剂。

2. 缓蚀剂类型

（1）氧化型缓蚀剂

氧化型缓蚀剂的缓蚀机理是使金属表面生成一层致密且与金属表面牢固结合的氧化膜或以金属离子生成难溶的盐，从而阻止金属离子进入溶液，抑制腐蚀。如铬酸盐（$NaCrO_2$、$K_2Cr_2O_7$）、亚硝酸盐（$NaNO_2$）等。

（2）沉淀型缓蚀剂

沉淀型缓蚀剂的缓蚀机理是缓蚀剂与腐蚀环境中的某些组分反应，生成致密的沉淀膜或生成新的聚合物，覆盖在金属的表面，这种膜的电阻率大，抑制了金属的腐蚀。沉淀型缓蚀剂又有阴极抑制型和混合抑制型之分。如辛炔醇、磷酸盐、羟基喹啉等。

（3）吸附型缓蚀剂

吸附型缓蚀剂均为有机化合物，又称为有机缓蚀剂。其缓蚀机理是缓蚀剂分子一般都有极性基团和非极性基团，加入腐蚀介质中的极性基团吸附在金属表面上，非极性基团则向外定向排列，形成憎水膜，使金属与腐蚀介质隔开，从而起到防腐作用。如烷基胺（RNH_2）、烷基氯化吡啶、咪唑啉衍生物等。

（二）缓蚀剂选择

1. 污水处理缓蚀剂的选择

确定腐蚀原因；进行室内评价；现场实验确定缓蚀剂用量和加药方式；进行经济技术指标比较。

2. 油田污水处理系统常用缓蚀剂

用于污水处理系统的缓蚀剂都是有机缓蚀剂，作为缓蚀剂的物质，按其组成可分为有机和无机两大类，见表 7-11。

表 7-11　油田污水处理常用缓蚀剂

无机类	有机类
铬酸盐、重铬酸盐	羟基喹啉类
硝酸盐、亚硝酸盐	烷基胺（RNH_2）类
磷酸盐、亚磷酸盐	烷基氨化砒啶类
硅酸盐	咪唑啉衍生物
钼酸盐	有机硫化物　杂环化合物

目前，在油田污水处理中应用效果比较好的缓蚀剂有含氮的有机化合物、脂肪胺及其盐类、酰胺及咪唑啉类等。

（三）结垢和阻垢剂

1. 结垢及其危害

结垢是油田生产系统中遇到的严重问题之一，结垢可发生在生产系统的多个部位或环节，如采油、集输、油气处理、污水处理及注水系统。水垢的形成主要取决于其中盐类是否过饱和以及盐类结晶的生长过程。影响结垢的主要因素是水的成分和类型。如油田污水含有较高浓度的碳酸盐、硫酸盐、氯化物，具有形成碳酸钙、硫酸钙等垢的基本化学条件，只要环境条件发生改变（如温度、系统压力、溶解气体），打破了原来水中的离子平衡，就会形成水垢。

油田污水处理系统形成的水垢，除了碳酸钙、硫酸钙、硫酸钡等无机化合物以外，还有有机质（污油、细菌及其代谢产物、有机残渣等）和腐蚀产物（$FeCO_3$、FeS、Fe_2O_3、$Fe(OH)_3$）及黏土等。生产中所形成的堵塞物实质上是由水垢、有机质和腐蚀产物组成的混合物。

油田生产系统结垢是经常发生的事，特别是污水输送管道、污水处理设备和注水设备、管道结垢严重，使管道有效直径减小，表面状况恶化，摩阻增大，能耗增加，结垢还会影响正常生产，增加生产成本，甚至被迫停产。

2. 常见垢分类、组成

油田生产系统常见垢有碳酸盐垢、硫酸盐垢和铁化合物垢等，其主要组成如下：

(1) 碳酸盐垢

以 $CaCO_3$、$MgCO_3$ 为主。

(2) 硫酸盐垢

以 $CaSO_4 \cdot 2H_2O$、$CaSO_4$、$BaSO_4$ 为主。

(3) 铁化合物垢

主要是腐蚀产物：$FeCO_3$、FeS、$Fe(OH)_3$、Fe_2O_3。

3. 水垢的鉴别

鉴别垢样组成的方法，无论在实验室或在现场进行，一般步骤大致一样，不同之处是在实验室可以进行定量分析，而在现场仅可进行定性分析。通常情况下，可根据以下方法初步判断垢的组成：

(1) 用磁铁检查水垢样品的磁性，若磁性强，说明含有大量 Fe_3O_4；若磁性弱，就表明垢中 Fe_3O_4 很少。

(2) 在样品中放入 15% 的盐酸溶液，如反应剧烈有大量气泡产生，就证明是碳酸钙水垢。若样品不反应，也不产生气泡，则证明是硫酸盐水垢。如反应强烈，并有硫化氢恶臭味，就证明有硫化亚铁存在。

(3) 把样品放入淡水中，如果溶解说明有氯化钠垢。

(4) 把样品放入溶剂中，如果溶剂颜色变深，就说明垢中有烃类物质存在。

(5) 用放大镜辨认硫酸盐晶体和硅酸盐颗粒。

(6) 根据水的颜色辨别，如"黑水"是有硫化亚铁存在，"红水"是有氧化铁存在。

4. 结垢原因

(1) 不相容论

两种化学组分不同的水（油田产出水和浅层清水）相混，因为离子的组分或浓度有较大的差异，就会发生结垢现象。

(2) 热力学条件变化论

在油田生产过程中，当压力、温度、pH 值、流速和溶解离子含量发生改变时，就会增加结垢趋势。如污水管道的变径处、拐弯处、阀门处较容易结垢。

(3) 吸附论

结垢可分为三个阶段：垢的析出、垢的长大和垢的沉积。垢具有晶体结构，设备、管道具有粗糙表面时,成垢离子就会吸附在表面上,并以其为结晶中心,不断长大,沉积成致密的垢。也可以把腐蚀产物、细菌作为结晶中心形成垢。

5. 化学防垢

目前,常用于油田污水处理中的阻垢剂有:

(1) 无机磷酸盐类

主要有磷酸三钠(Na_3PO_4)、焦磷酸四钠($Na_4P_2O_7$)、三聚磷酸钠($Na_5P_3O_{10}$)和六偏磷酸钠$[(NaPO_3)_6]$。这类阻垢剂的价格低,防$CaCO_3$垢较有效,但易水解产生正磷酸盐,可与钙离子反应生成不溶解的磷酸钙,随着水温的提高,水解速度加快,使用最高温度为80℃。

(2) 有机磷酸及其盐类

主要有氨基三甲叉磷酸(ATMP)、乙二胺四亚甲基磷酸(EDTMP)、羟基亚乙基二磷酸钠(HEDP)等。这类阻垢剂不易水解,用量较低,防垢效果较好,使用温度可达100℃以上,与其他污水处理药剂混合使用时,配伍性较好,是较广泛应用的阻垢剂类型。

(3) 聚合物类

主要有聚丙烯酸(PAA)、聚丙烯酰胺(PMA)、聚马来酸酐(HPMA)等,其中聚马来酸酐防止$CaSO_4$、$BaSO_4$垢效果较好。

(4) 复配型复合物

将几种特点不同、且相互间不发生反应、无抵消作用的阻垢剂按一定比例混合在一起,组成复合阻垢剂,可发挥各自的特点,提高适用范围的阻垢效果。

6. 微生物及其控制

(1) 污水处理系统常见的细菌及其危害

油田采出液温度一般在25~65℃,含有大量的有机物质,含氧低,为细菌特别是厌氧菌的繁殖生长提供了有利条件。在众多的细菌中,对油田生产造成危害的主要有硫酸盐还原菌(SRB)、腐生菌(TGB)、铁细菌等。

①硫酸盐还原菌(SRB)

在厌氧条件下能将硫酸盐还原成硫化物的细菌叫硫酸盐还原菌。硫酸盐还原菌生长繁殖的pH值范围很广,一般为5.5~9.0之间,最适宜pH值为6.5~7.5。生长繁殖温度因种类而异,分中温型与高温型两种,中温型的生长繁殖温度范围在20~40℃之间,高于45℃停止生长,高温型的生长温度为55~60℃。硫酸盐还原菌在油田污水处理系统中的生存部位很广,易生存于水流较慢的地方或死水区,主要部位有污水管道的滞流点(弯头、阀门)、污水罐罐壁及底部、过滤器滤料中等。SRB的生长繁殖对油田造成的危害主要表现在引起设备腐蚀,堵塞地层及使油品加工性能变坏。硫酸盐还原菌在厌氧条件下将水中的硫酸盐还原成硫化氢,从而对污水管道及处理设备产生腐蚀,产生的腐蚀产物硫化亚铁(FeS)使水质变差,增加污水处理难度,同时硫酸盐还原菌及硫化亚铁随水注入地层,会引起地层堵塞。因此有效控制硫酸盐还原菌十分必要。

②腐生菌(TGB)

腐生菌的种类繁多,当腐生菌的总数量大于10^5个/mL时,必须采取杀菌措施。腐生菌通常存在于敞开的水罐(池)中,漂浮的黏状物质附着在罐(池)的周边,它们颜色可能是白、黄、褐或黑色,如果有藻类存在,也可看到绿色的黏状物。这些黏状物还存在于供水井中、吸附在管壁上、含水油罐的油水界面处，严重时会引起过滤器、注水井堵塞，附着在管壁、设备上的黏液会产生浓差电池，造成设备腐蚀。另外，附着在壁上的黏液为硫酸盐还原菌提供局部厌氧环境，引起腐蚀，并使杀菌剂难以杀死其中的细菌。

③铁细菌

铁细菌在代谢过程中，产生大量的高铁，这种不溶性铁化合物排出菌体后就沉淀下来，并在细菌周围形成大量棕色黏泥，从而引起管道和油井堵塞。铁细菌产生的氢氧化铁可以在管壁上形成铁瘤，铁瘤与铁细菌代谢形成的黏液附着于管壁，形成浓差电池，引起腐蚀。与腐生菌一样，铁细菌也为SRB生长提供适宜的生长环境，并阻止杀菌剂与细菌的接触。

(2) 杀菌剂种类和杀菌机理

①杀菌剂种类

按杀菌剂的化学成分可分为无机杀菌剂和有机杀菌剂两大类。无机杀菌剂有：氯、臭氧、次氯酸钠等。有机杀菌剂有：季铵盐、有机氯类、二硫氰基甲烷、戊二醛等。按杀菌机理分为氧化性杀菌剂和非氧化性杀菌剂。氯、次氯酸钠等属于氧化性杀菌剂，季铵盐、戊二醛属于非氧化性杀菌剂。

②杀菌机理

杀菌剂的杀菌机理可分为以下三种：渗透杀伤或分解菌体内电解质；抑制细菌的新陈代谢过程，如抑制蛋白质合成；氧化络合细菌细胞内的生化过程。

③杀菌剂的选择与投加

a. 杀菌剂的选择

根据不同的水质及细菌的种类，特别是pH值，因为当pH值较高时，不宜用氯气等氧化性杀菌剂。而季铵盐类杀菌剂pH值越高越好。当水中含Fe^{2+}和H_2S时，不宜使用氧化性杀菌剂，因为不仅增加氧化性杀菌剂用量，而且影响污水处理的水质。

杀菌剂要与其他水处理剂配伍，不能与其他水处理剂反应相互抵销其效果。

杀菌剂要具有良好的溶解性，加入杀菌剂后不至于影响水质，即不能增加水中的胶体颗粒数，杀菌剂能均匀溶解于水中，且清澈透明。

同一个污水处理系统应间隔选用不同种类的杀菌剂，以免细菌产生抗药性，确保杀菌剂的效果。

杀菌剂最好是高效低毒，易降解，无环境污染。

b. 杀菌剂的投加

(a) 加药方法与加药点

杀菌剂可采用连续投加；也可采用间歇冲击投加，其中，突击投加主要用于杀灭大量细菌，连续投加主要用于控制细菌数量的增加；还可采用两者相互结合的办法。加药点一般设在污水处理系统的远端，为确保注水水质，一般也在污水处理的滤后或注水泵进口处设加药点。

(b) 加药量

有效浓度、加药周期、加药量和加药时间，根据室内评价和现场细菌分析而定，以后通过现场实践进行调整。

(c) 细菌数量监控

污水处理系统加入杀菌剂后,要定期取样,按常规方法进行细菌计数,随时调整加药方式和加药浓度,确保杀菌剂的杀菌效果。

三、其他水处理药剂

(一) 混凝剂

1. 混凝剂的定义、性能

能使水中固体悬浮物形成絮凝物而下沉的物质叫混凝剂。混凝剂应具有两个作用:一是中和固体悬浮颗粒表面负电荷;另一个是使失去负电荷的固体悬浮颗粒迅速聚结下沉。起前一个作用的化学药剂为凝聚剂,起后一个作用的化学药剂为絮凝剂。

(1) 凝聚剂

凝聚剂主要为无机阳离子聚合物,这些无机盐及其聚合物都可发生水解作用,产生多核羟桥络离子,中和水中固体悬浮颗粒表面的负电荷。

(2) 絮凝剂

絮凝剂主要是有机非离子型和阴离子型的水溶性聚合物。有机高分子助凝剂都是线性聚合物,具有巨大的线性分子结构,每个分子上有多个链节,可以通过吸附作用而桥接在水中的固体颗粒表面,使它们聚结在一起而迅速下沉。

2. 混凝净化注意事项

(1) 最佳浓度

当凝聚剂和絮凝剂实际用量大于或小于最佳浓度时,都不能达到很好的混凝效果。所以在现场应用前,必须在实验室进行筛选评价实验,找出最佳浓度,作为现场加药量的参考。

(2) 加药顺序

在投加混凝剂时,要注意加药顺序。首先加凝聚剂,解除固体悬浮颗粒表面的负电荷,再加絮凝剂。有机阳离子型聚合物兼有凝聚剂和絮凝剂的双重作用,因此可单独作混凝剂。

混凝剂是污水处理常用的水质净化剂,其他水质净化剂还有浮选剂和反向破乳剂,这里就不一一介绍了。

(二) 除氧剂

除氧剂是指能还原水中的溶解氧的一类化学剂,去除溶解氧可以抑制氧引起的腐蚀。

油田污水处理系统采用的除氧剂多为亚硫酸盐(Na_2SO_3、NH_4HSO_3、SO_2)。这些除氧剂的除氧机理是利用水中的溶解氧,把 SO_3^{2-} 氧化成 SO_4^{2-},从而把溶解氧除去。

在使用除氧剂之前,应注意以下几点:

(1) 亚硫酸盐除氧剂具有强腐蚀性和毒性,除氧剂的储运和投加过程必须采用相应的安全措施。

(2) 亚硫酸盐除氧剂增加了系统中的 SO_4^{2-},使硫酸盐结垢的趋势增加,应采用或加强相应的防垢措施。

(3) 投加时应把除氧剂的加药点同与其配伍性差的水处理剂的加药点设置在不同位

置，以尽量提高除氧效果。

（4）加除氧剂前要检测污水溶解氧的含量，根据化学反应式求出理论加药量，在理论加药量基础上加上富余量就是实际的投加量。

四、含油污水处理操作

（一）除油罐操作

1. 除油罐投运

（1）打开罐底及收油槽内的采暖伴热管道阀门。

（2）关闭罐出口阀，排污阀和出、入口连通阀。

（3）打开罐入口阀门，缓慢向罐内进液。

（4）进液量达到1/2时，停止进液，观察罐体及基础下沉情况。

（5）继续进液，待液位升到设计高度时，打开出口阀门，并检查阀件、罐体、基础等部位是否正常。

（6）取出口样检查水质情况。

2. 除油罐停运放空

（1）将罐顶的污油全部收回。

（2）打开罐出入口旁通阀，关闭罐进出口阀门。

（3）拆掉罐顶的呼吸阀。

（4）打开排污阀门，放净罐内液体。

（5）有罐底排污反冲设施的，要反复反冲几次排污，然后放净罐内液体。

（6）关闭加热循环阀门。

（7）打开入孔，通风良好后进入清除罐内污泥，检查罐内壁防腐情况。

3. 除油罐收油

（1）开大采暖伴热阀门开度，加大热水循环量，提高罐内、收油槽处温度。

（2）控制除油罐出口阀门，减少出液量，提高罐内液位，使罐顶污油能够进入集油槽内，打开除油罐收油阀门。

（3）用热水置换收油管道，使管内凝油熔化，不堵塞管道。

（4）打开收油罐的入口阀门进行收油。

（5）当收油罐液位到2/3时，启动收油泵，向系统内打油。

（6）检查污油收净后，停收油泵，关收油罐入口阀。关闭除油罐收油阀，调整除油罐出口阀，使罐内液位至正常液位，投入正常运行。

（7）检查所有工艺流程是否正确。

4. 除油罐操作注意事项

（1）投运时严禁罐溢流。

（2）放水时排污要缓慢，与站内有关岗位联系，防止跑水。

（3）收油时，除油罐液位以高出收油槽2~5cm为宜。

（4）收油过程中，要与生产岗位密切配合，防止除油罐溢流，收油罐冒油。

（5）收油前要对收油管道用热水冲洗10~30min。

（6）除油罐进液含油要小于5000mg/L，出水含油要小于100mg/L，其污水在分离区的流速为 0.5~1mm/s，停留时间约为 3~4h。

（7）除油罐出水悬浮物含量要小于 30mg/L。

（8）除油罐要定期进行清洗，一般每年至少要清污 1 次。

（9）对油罐的梯子和罐顶的腐蚀程度每半年进行 1 次检查，防止伤人。

（10）一般每季要测试 1 次接地电阻，雨季每月测试 1 次。除油罐接地电阻要小于 10Ω。

（11）一般每 8h 对罐内的污泥进行反冲排污 1 次。

（二）压力过滤罐操作

1. 压力过滤罐投运

（1）关闭过滤罐进出口阀门及反冲洗阀门，打开排污阀门。

（2）打开过滤罐旁通阀门，启动加压泵对管道进行扫线冲洗。

（3）打开过滤罐滤前、滤后阀门，关闭滤罐旁通阀门、排污阀门，向滤罐进水。

（4）过滤罐进水满后，停加压泵，关闭滤前、滤后阀门。

（5）打开反冲洗出、入口阀门，启动反冲洗泵，对滤罐进行反冲洗。

（6）反冲完毕后，打开过滤罐进口阀门，下部排污阀门，启动加压泵进行初滤，待排污排出的水质合格后，打开滤罐出口阀门，关闭排污阀门，投入正常生产。

（7）每 2h 检查一次过滤前后的水质情况，记录过滤罐前后压差，发现超标及时处理。

2. 压力过滤罐停运放空

（1）停运加压泵，关闭过滤罐进出口阀门，打开反冲洗进出口阀门。

（2）启动反冲洗泵对过滤罐进行反冲洗。待滤罐上部没有污油后，停止反冲洗泵，关闭反冲出、入口阀门。

（3）打开过滤罐上排气阀，打开过滤罐下排污阀，对过滤罐进行放液。

（4）待液体排净后，关闭上排气阀和下排污阀。

3. 反冲洗压力过滤罐

（1）准备工作

①储备反冲洗水源，达到满足反冲洗用水量。

②降低反冲洗回收水罐（或池）的液位。

③准备 100mL 取样管两支。

④按离心泵启动前准备工作要求，检查反冲洗水泵。

（2）操作步骤

①关闭压力过滤罐过滤进水阀门和出水阀门。

②打开压力过滤罐排污阀和压力过滤罐顶部排气阀，排污 3~5min，然后关闭排污阀和排气阀。

③打开压力过滤罐反冲洗出水阀门。

④打开压力过滤罐反冲洗进水阀门。

⑤启动反冲洗水泵。

⑥反冲洗过程中对反冲洗进水和出水取样观察。

⑦反冲洗完毕后，停运反冲洗水泵。

⑧关闭压力过滤罐反冲洗进水阀门和出水阀门。

⑨打开压力过滤罐排污阀。
⑩打开压力过滤罐过滤进水阀门，3~5min 后，打开压力过滤罐过滤出水阀门，关闭排污阀门。打开压力过滤罐顶部排气阀，排完滤罐内空气之后关闭。

4. 压力滤罐操作注意事项

（1）反冲洗水泵启动和停运按离心泵启动和停运操作要求进行。

（2）反冲洗前要彻底排污，形成冲击空间。

（3）反冲洗强度控制在过滤罐设计范围之内，一般为 $12\sim15L/(s\cdot m^2)$。

（4）停运某压力过滤罐时，要观察其他运行的压力过滤罐的压力变化，及时调整加压泵排量，避免压力过滤罐超压。

（5）控制反冲洗排量应由反冲洗水泵出口阀门或压力过滤罐反冲洗进水阀门控制，不得由反冲洗出水阀门控制。

（6）压力过滤罐反冲洗时间 10~15min，其间进行取样对比，当进出水质一致时，方能停止反冲洗。

（7）反冲洗过程中要密切注意反冲洗储水罐和反冲洗回水回收罐的液位，防止抽空和溢罐。

（8）反冲洗完后，在过滤运行时，先排掉初滤水，并排空过滤罐内的空气。

（9）过滤生产时，出入口压差要小于 0.05MPa。

（10）过滤前污水含油应小于 100mg/L。

（三）压力过滤罐滤后水不合格原因

1. 反冲洗周期长

压力过滤罐在过滤过程中，在滤层沉积和截留有许多机械杂质。随着时间的延长，有两种情况产生，一是在滤料表面形成致密的滤层，阻碍水的通过，使污水量降低达不到水处理量的要求；二是沉积和截留物在压力作用下下移，沿集水管到后续流程中失去或部分失去过滤作用，造成滤后水质不合格。

2. 反冲洗强度小或反冲洗时间短

压力过滤罐反冲洗强度小时，不能有足够的冲洗流量，滤层膨胀率过小，不能带出沉积或截留的沉积物，滤料冲洗不干净。即使反冲洗强度合适，而反冲洗时间短时也不能完全将滤料冲洗干净，造成滤后水质达不到要求。

3. 滤层结垢或油污染

滤层结垢主要是铁垢和钙垢，结垢之后使滤料颗粒直径增加，或者形成大的团块，降低滤层有效过滤面积，使滤后的水质不合格。

4. 来水含油量高

油田污水水温一般在40℃以上，当滤罐进水含油量太高时，滤料在油污染的同时，相当一部分原油会随滤后水流出，造成滤后水质不合格。

5. 滤料流失量太多

压力滤罐滤料流失的原因有两方面，一是格栅损坏之后，滤料全部被水冲走，这方面的危害最大，有时连垫层也会被冲走，整个滤罐变成一个空容器，更谈不上过滤了，滤后水质完全不合格。二是滤罐反冲洗时的滤料流失，而又不能及时补充，随着时间的延长，滤料流失量过大，达不到有效过滤，致使滤后水质不合格。

第五节 污水污油回收和含油污泥处理

一、污水回收

(一) 污水回收流程

污水回收流程如图7-40所示。污水处理站内站外各种污水自流或借助余压进入回收水池(罐)，废水在回收水池中停留一定时间，较大的泥砂颗粒沉入池底，然后用回收水泵将池中的污水抽送到污水处理流程首端，再进行除油沉降分离处理，从而达到回收的目的。池内的污油一般和污水一起被泵抽走，而池底的沉积物定时输送到污泥处理系统。

污水回收系统的主要设施是回收水池(罐)、回收水泵和相应的管道系统。

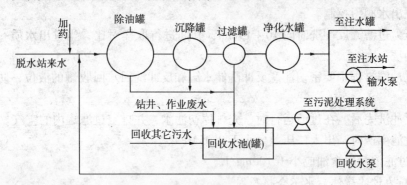

图7-40 污水回收流程图

(二) 污水回收池工艺结构

污水回收池(罐)形式，常根据污水站采用的处理工艺流程而定。一般情况，对于压力式滤罐来说，常采用地面式的立式钢罐作为回收水罐；对于重力式滤池来说，一般常采用地下式或半地下式的回收水池，其平面形状为矩形。回收水池的设计水深，一般为2~3m，沉泥高度为0.5~1.0m，保护高为0.3~0.5m，长宽比为1.5~2.5。

回收水池的结构，根据所在位置的工程地质和气候条件来确定，可采用砖混结构。

回收水池的位置，在含油污水处理站平面布置时，应尽量靠近滤池和回收水泵房，同时应考虑各构筑物之间有足够的防火安全距离的要求。

(三) 污水回收泵

回收水泵的作用，就是用于把回收水池中的污水和污油及时地抽送到除油罐的进水管中，使污水污油在除油罐中再次进行油水分离。一般选两台泵，其中一台备用。回收水泵常选用单级离心式污水泵或清水泵。

水泵的扬程，由需要提升的几何高度和管道水头损失及一定的自由水头之和来确定。

回收水泵的安装位置有两种情况。一种是装在主厂房的水泵间内，另一种是和收油泵一起单设一个污水污油回收泵房。

回收水泵的吸水管道、出水管道以及管道上的阀件、管件的选择和计算，与普通的管道计算相似。

二、污油回收

(一) 污油回收流程

污油回收也是整个含油污水处理工艺流程的组成部分。概括的说，它包括油水分离装置分离出的污油收集、保温储存、加压输送三个部分。常用的流程如图7-41所示。

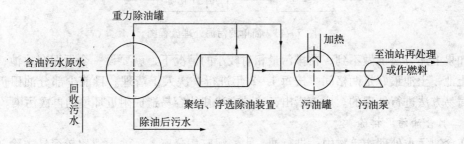

图7-41 污油回收流程图

(二) 油水分离设备

油田污水处理系统常用的油水分离和收油设备，有平流式隔油池、立式除油罐、斜板除油罐、粗粒化除油罐、浮选池、综合式除油装置等。

(三) 储油设备

储油设备一般是一个油罐(池)。

按有关防火规范规定，容积大于$200m^3$的储油罐，应设消防设施，如罐上装泡沫产生器，罐周围设防火堤、消火栓等。

(四) 输送设备

污油输送设备主要是油泵和输油管道系统以及有关计量仪表。油泵一般选用2台，其中1台备用。

油泵的扬程，按输送的管道长度及高程，根据系统的具体布置，进行水力计算确定。输油管道的直径，简便的方法是按输送流量和经济流速近似计算确定。

污油回收系统的管道，应做伴热保温，并进行防腐绝缘处理。由于收油是间断运行的，对除油设备排油管及污油泵吸油管道应设有清管设施，防止积存在管道内的污油凝固，使油泵启动不致发生困难。

三、含油污泥处理

(一) 污泥处理工艺

污泥处理的工艺流程取决于污泥的性质及其组分，如有的油田污泥含油量高，就需要首先进行除油，而有的油田污泥含盐量高，就需要增加水洗过程，一般的处理工艺流程如图7-42所示。

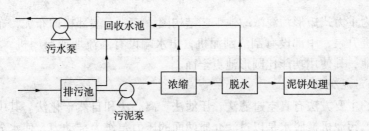

图7-42 污泥处理流程原理图

对于蒸发量较大的地区，还可采用比较简单的不完全处理流程。这就是污泥经浓缩以后，送到污泥干化场，进行蒸发脱水，如图7-43所示。

图 7-43 简单的污泥处理流程图

如果上述方法也做不到，在排污量相对较小的情况下，就要设一个污泥存放池，可以做成土池，土池最好是两格间，按每 1~3 年进行一次人工清理。目前少部分油田仍是按这种简易方法进行处理的。应该指出，这种方法往往容易造成附近环境的再次污染。

（二）含油污泥排除

在含油污水处理构筑物中，进行油、水、泥三相分离，污油上浮比较容易去除，污泥下沉到罐（池）底如不及时排除，日积月累会失去流动性，就难以排出，而且会影响出水水质。

除油罐的排泥，一般有三种方式：一是穿孔管排泥，二是水力排泥，三是人工排泥。

对于滤池（罐）而言，回收水池内应设集泥坑，以便及时排泥。

污水处理构筑物中的污泥，在设计其排出和处理设施时，污泥的含水率可按 98%~95% 计。每一种污水处理构筑物的个数或间隔数，都不应少于 2 个。

（三）含油污泥浓缩

图 7-44 为重力式圆形污泥浓缩池工艺结构图，该池为中心环状稳流布泥，设中心传动刮泥机，浓缩污泥被刮入池中心底部汇流进入集泥池，再经污泥提升泵升压进入下道工序，污水和浮渣被溢流进污水池经提升泵升压进入污水处理流程首端。

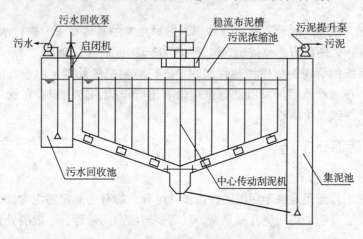

图 7-44 重力式圆形污泥浓缩池工艺结构图

图 7-45 为重力式矩形污泥浓缩池工艺结构图，该池近端部横向布泥，布泥端设有扰动机械和污泥提升泵，中部设有刮渣刮泥机，出水端设有溢流堰或启闭机、污水提升泵、浮渣槽和集渣池，其使用功能比圆形池更全面。

（四）含油污泥脱水

污泥脱水的主要方法有真空过滤法、压滤法、离心法和自然干化法。其中前三种采用的是机械脱水。污泥机械脱水是以过滤介质两面的压力差作为推动力，使水分强制通过过滤介质，固体颗粒被截留在介质上，形成滤饼，从而达到脱水的目的。对于真空过滤法，其压差是通过在过滤介质的一面造成负压而产生；对于压滤法，压差产生于在过滤介质一面加压;对于离心法,压差是以离心力作为推动力。

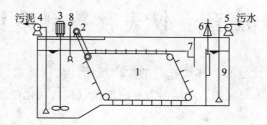

图 7-45　重力式矩形污泥浓缩池工艺结构图
1—污泥浓缩池;2—刮渣刮泥机;3—污泥搅动机械;4—污泥提升泵 5—污水提升泵;
6—溢流堰或启闭机;7—除渣槽;8—配泥管;9—污水池

(五) 含油污泥泥饼处置

1. 燃烧、焚烧

对于含油量高、发热量大的含油污泥干化泥饼,可作为燃料,同燃油或燃煤混配使用;对于含油量一般,发热量不足够高的泥饼,为避免二次污染,通常采用焚烧方式处置。焚烧前,应将含油污泥初步干燥,常用的污泥焚烧设备有回转炉、立式焚烧炉等。焚烧余烬应进行掩埋或无害化处理。

2. 掩埋、用作辅料

对于固体悬浮物含量很高,含油量较小的污泥,可通过投加增强剂调配后作为油田井站路路基辅料应用,这样既可避免二次污染,也可节省部分路基原料,技术经济效益显著。

对部分发热量较低、固体物含量不够高,泥质含量稍高的含油污泥泥饼,经初步干化后,应进行深度掩埋,防止发生二次污染。

☞复习思考题:

1. 含油污水回注的水质要求有哪些?
2. 简述含油污水处理方法分类及其特点。
3. 常用的污水除油方法的分类及其特点。
4. 简述斯托克斯公式的物理意义。
5. 简述含油污水的混凝除油机理。
6. 简述气泡按产生气泡的方式不同的分类。
7. 简述滤料的粒径分布和滤料级配方法。
8. 简述水质稳定的目的。
9. 如何处理好滤后不合格的水质?
10. 常见的垢类和菌类有哪些?如何防止?

第八章 仪表及控制系统

集输站库厂区是危险度高、连续作业的生产场所,往往要求控制参数准确,平稳持续。单靠人工控制是无法完成的,现场需大量应用仪表及自动化控制系统。

第一节 常用工用具

一、测量工具

(一)游标卡尺

游标卡尺是一种测量长度的主要工具。结构由尺身、尺框、深度尺、游标组成,如图8-1所示。游标卡尺一般分为10分度、20分度、50分度三种。10分度的游标卡尺可精度到0.1mm,20分度的游标卡尺可0.05mm,50分度的游标卡尺可精度到0.02mm。

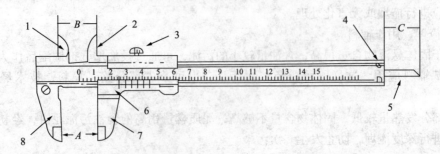

图8-1 游标卡尺结构示意图
1—尺身内卡测头;2—游标内卡测头;3—止动螺钉;4—深度尺的参考面;
5—深度尺;6—游标;7—游标外卡测头;8—尺身外卡测头 使用A部分测量外径;
使用B部分测量内径;使用C部分测量深度

1. 使用前的检查

使用前检查游标卡尺是否干净、无油污;检查卡尺两个测量面和测量道口是否平直无损;把两个测量爪贴合游标和主尺,看是否对准零位;移动尺框,检查是否活动自如,不应过紧或有松动;检查固定螺钉是否好用;检查深度尺零点是否和主尺零点一致。

2. 使用方法

用左手拿零件,右手拿游标卡尺,测量时两个量抓刚好接触到零件表面;测量零件外径尺寸时,卡尺两侧两面的连线应垂直被测量物的表面;两爪与测量件正确接触后,用固定螺钉把卡尺固定住;取下游标卡尺,整数可在零线左边的主尺刻度读出来。而小数部分,则要在游标对准的刻度线上读数;为了保证测量准确性,可用同样方法再量一次,取平均值;测量完后,打开固定螺钉,把游标卡尺复位,用固定螺钉固定好;把游标卡尺擦洗干净,放入带有海绵缓冲垫的盒内保存好。

3. 高度游标卡尺

(1)组成

高度游标卡尺常用来在平台上测量工作的高度或进行划线。它由主尺、副尺、测量爪、划线爪、固定螺钉和底座等组成,如图8-2所示。

(2)使用方法

测量时,被测工件的尺寸是根据副尺与主尺刻度的相对位置来确定数值。与副尺零线相对应的主尺位置,可解决工件的整数部分,小数部分则由副尺上的刻度来解决。高度游标卡尺的测量范围有0~200mm、0~300mm、0~500mm、0~1000mm几种,其游标分度值有0.1mm、0.05mm、0.02mm。

4. 深度游标卡尺

(1)组成

深度游标卡尺又叫深度尺,主要用途是测量孔的深度、槽的深度和台阶的高度等。它由主尺、副尺(游标)、底座和固定螺钉组成,如图8-3所示。

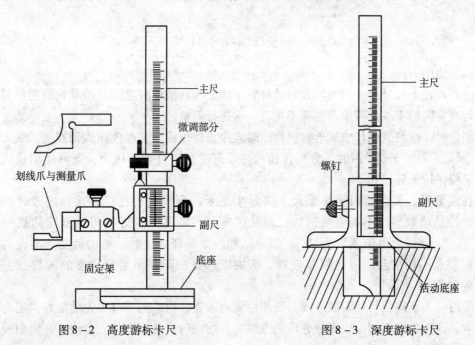

图8-2 高度游标卡尺　　　　　　　图8-3 深度游标卡尺

(2)使用方法

测量时,将卡尺紧贴工作表面,再将主尺插到底部,然后即可从游标尺上读出测量尺寸;或者直接读数不方便时,先旋紧紧固螺钉,取出后再读尺寸。

(二)千分尺

千分尺(又叫螺旋测微器)是比游标卡尺更精密的测量长度的工具,测量长度可以准确到0.01mm,测量范围为几个厘米。

1. 外径千分尺

(1)结构

外径千分尺的构造如图8-4所示。小砧的固定刻度固定在框架上、旋钮、微调旋钮和可动刻度、测微螺杆连在一起,通过精密螺纹套在固定刻度上。是依据螺旋放大的原理制成的,即螺杆在螺母中旋转一周,螺杆便沿着旋转轴线方向前进或后退一个螺距的距离。因此,沿轴线方向移动的微小距离,就能用圆周上的读数表示出来。外径千分尺的精密螺纹的螺距是 0.5mm，可动刻度有 50 个等分刻度，可动刻度旋转一周，测微螺杆可前进或后退 0.5mm，因此旋转每个小分度，相当于测微螺杆前进或后退这 0.5/50 = 0.01mm。可见，可动刻度每一小分度表示 0.01mm，所以可准确到 0.01mm。由于还能再估读一位，可读到毫米的千分位，故名千分尺。

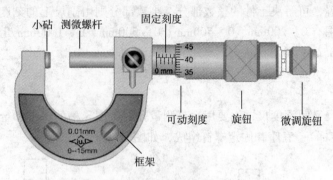

图 8-4　外径千分尺

（2）使用方法

使用外径千分尺前，应先将校对量杆置于测砧和测微螺杆之间，检查它的固定套管中心线与微分筒的零线是否重合，如不重合，应进行调整。

测量时，在测微螺杆快靠近被测物体时应停止使用旋钮，而改用微调旋钮，测力装置棘轮空转，发出"轧轧"声时，方可读出尺寸。避免产生过大的压力，既可使测量结果精确，又能保护千分尺。

在读数时，要注意固定刻度尺上表示半毫米的刻线是否已经露出。读数时，千分位有一位估读数字，不能随便扔掉，即使固定刻度的零点正好与可动刻度的某一刻度线对齐，千分位上也应读取为"0"。当小砧和测微螺杆并拢时，可动刻度的零点与固定刻度的零点不相重合，将出现零误差，应加以修正，即在最后测长度的读数上去掉零误差的数值。

使用时，不得强行转动微分筒，要使用测力装置，切忌把千分尺先固定好再用力向工件上卡。这样会损坏测量表面或弄弯测微螺杆。用完后，要擦净放入盒内，并定期检查校验，以保证精度。

2. 内径千分尺

内径千分尺是用来测量内径尺寸的，它分为普通式（如图 8-5 所示）和杠杆式（如图 8-6 所示）两种。

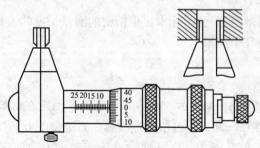

图 8-5　普通式内径千分尺

普通内径千分尺用于测量小孔。它的刻线方向与外径千分尺和杠杆式内径千分尺相反,当微分筒顺时针旋转时,微分筒连左面的卡脚一起向左移动,测距越来越大。

(1) 结构

杠杆式内径千分尺用于测量较大的孔径。它由两部分组成,一是尺头部分,二是加长杆。其分格原理和螺杆螺距与外径千分尺相同。螺杆的最大行程是13mm。为了增加测量范围,可在尺头上旋入加长杆。成套的内径千分尺,加长杆可测量1500mm甚至更大的尺寸。

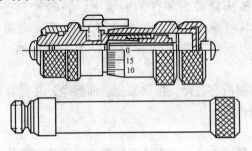

图8-6 杠杆式内径千分尺

(2) 使用方法

在使用内径千分尺时,首先要进行检验。其方法可用外径千分尺测量,看其测得的数字是否与内径千分尺的标准尺寸相符合。不符合,应松开紧固螺母,进行调整。成组的内径千分尺都配有一个标准卡规,用以调整和校验尺头部分的零位。用加长杆时,接头必须旋紧,否则将影响测量的准确度。测量时,一只手扶住固定端,另一只手旋转微分筒,并作上下左右摆动,这样才能得到比较准确尺寸。

3. 深度千分尺

深度千分尺(如图8-7所示)使用前,将底座放在精确的平面上进行校验,调整方法与外径千分尺相同。使用方法是使底座贴紧工件,旋动棘轮,使测轴接触工件的测量表面,即可得到准确尺寸。

(三) 百分表

百分表用于测量工件的各种几何形状误差和相互位置的正确性,并可借助于量块对零件的尺寸进行比较测量。其优点是准确、可靠、方便、迅速。

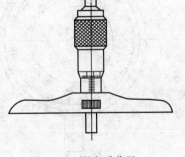

图8-7 深度千分尺

1. 范围误差

百分表的测量范围0~3mm、0~5mm和0~10mm三种。分度值为0.01mm。百分表的示值误差如表8-1所示。

表8-1 百分表的示值误差

μm

测量范围/mm	任意0.1mm误差	任意0.5mm误差	任意1mm误差	任意2mm误差	示值总误差
0~3	5	8	10	12	14
0~5					16
0~10					18

2. 结构及使用

常见百分表的构造如图8-8所示。量杆的下端有测量头。测量时，当测量头触及零件的被测表面后，量杆能上下移动。量杆每移动1mm，主指针即转动1整圈。在表盘上把全圆周分成100等份。

因此，每等份为0.01mm，即主指针每摆动1格时，量杆移动0.01mm。所以，百分表的测量精度为0.01mm。在使用时，可将百分表装在表架上，把零件放在平板上，使百分表的测量头压到被测零件的表面上，再转动刻度盘，使主指针对准零位，然后移动百分表，就可测出零件的直线度或平行度。将需要测量的轴装在V形架上，使百分表的测量头压到被测零件表面上，用手转动轴，就可测出轴的径向圆跳动。

百分表不用时，应解除所有负荷，用软布把表面擦净，并在容易生锈的表面上涂一层工业凡士林，然后装入匣内。

3. 内径百分表

内径百分表是测量孔径的工具，常用来测量圆柱形内孔和深孔的尺寸及其几何形状的正确性。内径百分表经一次调整后可测量基本尺寸相同的若干个孔而中途不需要调整，尤其在大批量生产中，应用十分方便。

（1）组成

内径百分表由表头和表架两部分组成。其外观如图8-9所示。

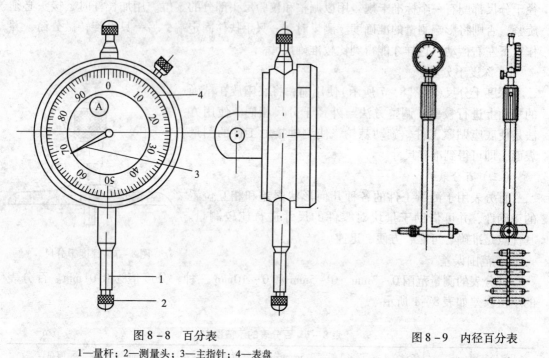

图8-8 百分表
1—量杆；2—测量头；3—主指针；4—表盘

图8-9 内径百分表

（2）范围

根据测孔深度的不同，内径百分表分为Ⅰ型和Ⅱ型两种。其测量范围、活动测头工作行程和测孔深度如表8-2所示。

表 8-2 内径百分表的技术规格（GB/T 8122—2004）　　　　　mm

分度值	测量范围	活动测量头的工作行程	活动测量头的预压量	手柄下部长度 H
0.01	6 至 10	≥0.6	0.1	≥40
	10 至 18	≥0.8		
	18 至 35	≥1.0		
	35 至 50	≥1.2		
	50 至 100			
	100 至 160	≥1.6		
	160 至 250			
	250 至 450			
0.001	6 至 10	≥0.6	0.05	
	18 至 35	≥0.8		
	35 至 50			
	50 至 100			
	100 至 160			
	160 至 250			
	250 至 450			

注：以活动测头压缩 0.1mm 时作为活动测头工作行程的起点。

内径百分表的分度值为 0.01mm，其示值总误差如表 8-3 所示。

表 8-3 内径百分表的精度要求

分度值	测量范围 l	最大允许误差	相邻误差	定中心误差	重复性误差
mm		μm			
0.01	$6 \leqslant l \leqslant 10$	±12	5	3	3
	$10 < l \leqslant 18$				
	$18 < l \leqslant 50$	±15			
	$50 < l \leqslant 450$	±18	6		
0.001	$6 \leqslant l \leqslant 10$	±5	2	2	2
	$10 \leqslant l \leqslant 18$				
	$18 \leqslant l \leqslant 50$	±6	3		
	$50 \leqslant l \leqslant 450$	±7		2.5	

注1：允许误差、相邻误差、定中心误差、重复性误差值为温度在 20℃ 时的规定值。
　2：用浮动零位时，示值误差值不应大于允许误差"±"符号后面对应的规定值。

(3) 使用方法

测量前，根据被测量的尺寸选取对应的测头，装在表架上，然后利用标准环或外径千分尺来调整内径百分表的零位。调整内径百分表零位时，先按几次活动测头，试一下表，再将表稍作摆动，找出最小值（即表针拐点）。然后，转动百分表的刻度盘，使零线与拐点相重合，再将表摆动几次，检查一下零位。零位对好后，从标准环内取出百分表。

测量时,操作方法与对零位相同。读数时,表针的指示数值就是被测孔径与标准环孔径的差值。如果指针正好指在零位,说明被测孔径与标准环孔径的尺寸相同。表针顺时针方向离开零位,表示被测孔径小于标准环的孔径;如果表针逆时针方向离开零位,表示被测孔径大于标准环的孔径。

使用内径百分表时,应注意不要让测头触及工件,以免损伤表内零件;被测表面应擦干净,以保证测量;内径百分表应避免受潮及粘染油污和灰尘,使用后应小心地安放在匣内。

二、用具

(一)铸铁平尺

铸铁平尺(通称平尺)用于检验工件的直线度和平面度。检验的方法有光隙法、直线偏差法和斑法(即涂色法)。

1. 常用的铸铁平尺

有Ⅰ字、Ⅱ字形平尺和桥形平尺两种。Ⅰ字、Ⅱ字形平尺用于检验狭长导轨平面的直线度。亦可作为过桥来检验两导轨平面的平行度;桥形平尺不仅可检查狭长导轨平面的直线度,而且可作为刮削狭长导轨面时涂色研点的基准研具。各种铸铁平尺的规格尺寸如表8-4所示。

表8-4 铸铁平尺的规格尺寸(JB/T 7977—1999)　　　　　　　mm

规 格	Ⅰ字形和Ⅱ字形平尺				桥 形 平 尺			
	L	B	C(不小于)	H(不小于)	L	B	C(不小于)	H(不小于)
400	400	30	8	75	—	—	—	—
500	500	30	8	75	—	—	—	—
630	630	35	10	80	—	—	—	—
800	800	35	10	80	—	—	—	—
1000	1000	40	12	100	1000	50	16	180
1250	1250	40	12	100	1250	50	16	180
1600	1600*	45	14	150	1600	60	24	300
2000	2000*	45	14	150	2000	80	26	350
2500	2500*	50	16	200	2500	90	32	400
3000	3000*	55	20	250	3000	100	32	400
4000	4000*	60	20	280	4000	100	38	500
5000	—	—	—	—	5000	110	40	550
6300	—	—	—	—	6300	120	50	600

注:平尺长度为带*号的尺寸时,建议制成Ⅱ字截面的结构。

2. 使用保养

铸铁平尺使用前,应把工作面和被测量面清洗干净,不得有锈蚀、斑痕及其他缺陷存在,否则将直接影响测量精度和"拉毛"平尺及导轨表面。使用时,应根据不同要求选用相应精度等级的铸铁平尺。

（二）水平仪

水平仪是一种常用的精度不高的、检验平面对水平或垂直位置倾斜度的平面测量仪器。主要用于检查机械设备工作台面，导轨面的平面度和直线度、机件相应位置的垂直度和平行度以及设备安装的相对水平位置和垂直位置。常用的水平仪有条式和框式两种，如图8-10所示。

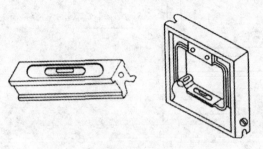

图8-10 条式水平仪和框式水平仪

1. 条式水平仪

利用液体流动和液面水平的原理，以水准泡直接显示角位移，测量相对于水平位置微小斜角的一种条形通用角度测量器具。由V形的工作底面和与工作底面平行的水准器（即气泡）两部分组成，如图8-11所示。

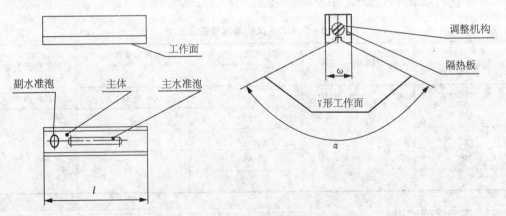

图8-11 条式水平仪的型式示意图
注：水平仪工作面中间部位允许带有空刀槽。

当水平仪的底平面准确地处于水平位置时，水准器的气泡正好处于中间位置；被测平面稍有倾斜，水准器听气泡就向高的一方移动，在水准器的刻度上可读出两端高低相差值。分度值为0.02mm/m的水平仪，即表示气泡每移动一格时，被测长度为1m的两端上，高低相差0.02mm。

2. 框式水平仪

利用液体流动利液面水平的原理，以水准泡直接显示角位移，测量相对于水平和铅垂位置微小倾斜角度的一种正方形通用角度测量器具。每个侧面都可以作为工作面，各侧面都保持精确的直角关系，且有纵向横向两个水准器，如图8-12所示。

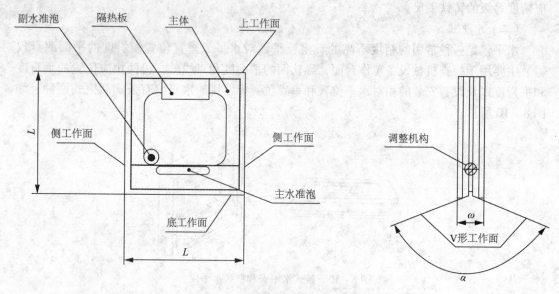

图 8-12 框式水平仪的型式示意图

注 1：水平仪工作面中间部位允许带有空刀槽。
2：水平仪至少在底工作面与一侧工作面上附有 V 形工作面。

3. 水平仪的基本参数及尺寸

水平仪的基本参数及尺寸如表 8-5 所示。

表 8-5 水平仪的基本参数及尺寸

规格/mm	分度值/(mm/m)	工作面长度 L	工作面宽度 ω	V 形工作面夹角 α
		mm		
100	0.02, 0.05, 0.10	100	≥30	120~140
150		150	≥35	
200		200		
250		250	≥40	
300		300		

4. 水平仪的使用

测量前，将被测表面与水平仪工作表面擦干净，以免测量不准或损坏工作表面。

测量机床导轨的水平度时，一般将水平仪在起端位置时的读数作为零点，然后依次移动水平仪，记下每一位置的读数。根据水准器中的气泡移动方向与水平仪的移动方向来评定被检查导轨面的倾斜方向。如方向一致，一般正值，它表示导轨平面向上倾斜；如方向相反，则读为负值，表示导轨平面向下倾斜。

为了准确起见，找水平时，可在被测量面上旋转 180°，再测量一次，利用两次读数的结果进行计算而得出测量的数据，具体计算方法如表 8-6 所示。

5. 水平仪使用的注意事项

（1）使用水平仪时，被测物测量表面上必须清洁。对于测量面长度为 200mm、分度值为 0.02mm/m 的水平仪，如果其测量面上沾有直径为 2μm 尘粒，则可能产生的最大示值误差为 1/2 分度。

表 8-6 水平仪测量数据的计算方法

项目	水平仪读数			
	例1	例2	例3	例4
第一次测量	0	0	x_2	x_1
第二次测量（转180°）后	0	x_2	x_2（方向与x_1相反）	x_2（方向与x_1相同）
a-被测表面水平仪偏差 b-水平仪误差	$A = b = 0$	$A = l/2x_2$ $B = l/2x_2$ $A = B$	$A = x_1 - x_2/2$ $B = x_1 + x_2/2$	$A = x_1 + x_2/2$ $B = x_1 - x_2/2$

（2）水平仪在测量时应避免温度的影响。水准器中液体受温度影响后将使气泡长度改变，若温度变化 2~3℃ 时，水准器气泡的长度将变化 1 个分度。为减小温度的影响，测量时由气泡两端读数，取平均值作为测量结果。

（3）读水平仪示值时，应在垂直于水准器的位置上进行。

（4）测量间应检查水平仪的零位是否正确，必须在水准器内的气泡完全稳定时方可读数。

三、锉削工具

用锉刀从工件上锉去多余的部分，这种操作称为锉削。锉削是钳工工作的主要操作之一，而且是一种精加工方法。

用锉刀可以锉削工件的外表面、曲面、内外圆角、沟槽、孔和各种复杂表面；也可以在錾、锯、剪之后锉去一定的加工余量，使试件具有图纸上所要求的尺寸、形状和表面粗糙度；还可以在装配中修整零件；特别是它可以完成机械加工所不能完成的和没有必要采用机械加工的局部加工。

锉削分粗、精两种。锉削后表面的粗糙度主要决定于锉齿的粗细；加工表面的形状则决定于锉刀断面的形状和锉刀运动的形式。锉削时，要根据所要求的形状和加工精度以及锉削时留的余量来选用各种不同的锉刀。

（一）锉刀

锉刀是锉削的主要工具，用碳素工具钢制成，并经过淬火和回火处理。

1. 构造

锉刀是一种切削刀具，它由锉身和锉柄组成。锉身部分制有锉齿，用于切削。锉刀的构造如图 8-13 所示。

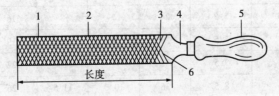

图 8-13 锉刀的结构
1—锉齿；2—锉刀面；3—底齿纹；4—锉柄；5—手把；6—面齿纹

2. 类别和代号

常用锉刀类别和代号如表8-7所示(摘自 GB 5809—86)。

表8-7 锉刀的类别和代号

类别	代号
钳工锉	Q
锯锉	J
整形锉	Z
异形锉	Y
钟表整形锉	B
特殊整形锉	T
木锉	M

锉刀的形状和尺寸各种锉刀的横截面形状如图8-14所示。

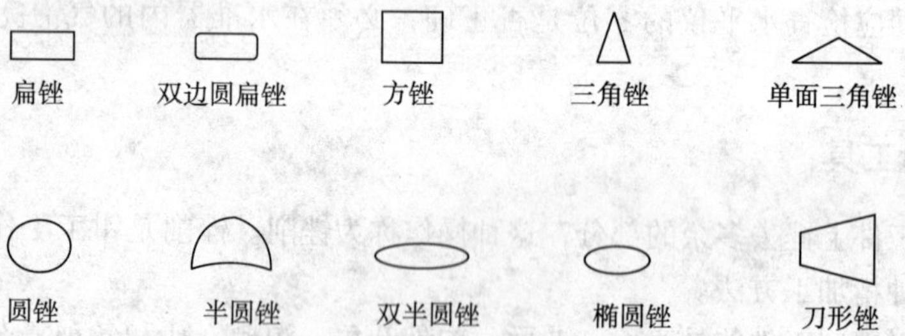

扁锉　　双边圆扁锉　　方锉　　三角锉　　单面三角锉

圆锉　　半圆锉　　双半圆锉　　椭圆锉　　刀形锉

图8-14 锉刀的横截面形

常用锉刀的基本尺寸如表8-8、表8-9、表8-10所示。

表8-8 钳工锉的基本尺寸　　　　　　　　　　mm

规格	扁锉(尖头、齐头)		半圆锉			三角锉	方锉	圆锉
				薄型	厚型			
L	b	δ	b	δ	δ	b	b	d
100	12	2.5(3.0)	12	3.5	4	8	3.5	3.5
125	14	3.0(3.5)	14	4	4.5	9.5	4.5	4.5
150	16	3.5(4.0)	16	4.5	5	11	5.5	5.5
200	20	4.5(5.0)	20	5.5	6.5	13	7	7
250	24	5.5	24	7	8	16	9	9
300	28	6.5	28	8	9	19	11.0	11
350	32	7.5	32	9	10	22	14	14
400	36	8.5	36	10.0	11.5	26	18	18
450	40	9.5	—	—	—	—	22	—

注：表中 L 为锉刀长度，b 为锉刀宽度，δ 为锉刀厚度，d 为锉刀直径，表8-11、表8-12同此。

表 8-9 整形锉的基本尺寸   mm

规格	扁锉(尖头、齐头)		半圆锉		三角锉		方锉	圆锉	单面三角锉		刀形锉			双半圆锉		椭圆锉		圆边扁锉		菱形锉	
L	b	δ	b	δ	b	δ	b	d	b	δ	b	δ	δ_0	b	δ	b	δ	b	δ	b	δ
100	2.8	0.6	2.9	0.9	1.9	1.2	1.4	3.4	1	3	0.9	0.3	2.6	1	1.8	1.2	2.8	0.6	3	1
120	3.4	0.8	3.3	1.2	2.4	1.6	1.9	3.8	1.2	3.4	1.1	0.4	3.2	1.2	2.2	1.5	3.4	0.8	4	1.3
140	5.4	1.2	5.2	1.7	3.6	2.6	2.9	5.5	1.9	5.4	1.7	0.6	5	1.8	3.4	2.4	5.4	1.2	5.2	2.1
160	7.3	1.6	6.9	2.4	4.8	3.4	3.9	7.1	2.3	7.9	2.3	0.8	6.3	2.3	4.4	3.4	7.3	1.6	6.8	2.7
180	9.2	2	8.5	2.9	6	4.2	4.9	8.7	3.4	8.7	3	1	7.8	3.4	5.4	4.3	9.2	2.1	8.6	3.5

注:δ_0——锉刀厚度

表 8-10 异形锉的基本尺寸   mm

规格	齐头扁锉		尖头扁锉		半圆锉		三角锉		方锉	圆锉	单面三角锉		刀形锉			双半圆锉		椭圆锉	
L	b	δ	b	δ	b	δ	b	δ	b	d	b	δ	b	δ	δ_0	b	δ	b	δ
170	5.4	1.2	5.2	1.1	4.9	1.6	3.2	2.4	3	5.2	1.9	5	1.6	0.6	4.7	1.6	3.3	3.2	

3. 选择

锉刀除具有各种截面形状以外,还分为三个等级:粗锉、中锉、细锉。锉削时,选择哪一种形状的锉刀决定于加工表面的形状,如表 8-11 所示;选择哪一级的锉刀则决定于工件的加工余量、精度和材料的性质,如表 8-12 所示。

粗锉刀用于锉软金属、加工余量大、精度等级低和表面质量要求不高的工件。

细锉刀用于和粗锉刀相反的场合。

表 8-11 按加工表面形状选择锉刀

锉刀类别	加工表面形状
扁锉	锉平面、外圆面、凸弧面
方锉	锉方孔、长方孔、窄平面
圆锉	锉圆孔、半径较小的凹弧面、椭圆面
半圆锉	锉凹弧面、平面
三角锉	锉内角、三角孔、平面
刀锉	锉内角、窄槽、楔形槽、锉方孔、三角孔、长方孔内的平面
椭圆锉	锉内外凹面、椭圆孔、边圆角和凹圆角
菱形锉	锉齿轮轮齿、链轮
圆肚锉	锉削厚层金属用(是最粗的锉刀)

表 8-12 按加工质量选择锉刀

锉刀	适用场合		
	加工余量/mm	尺寸精度/mm	表面粗糙度/μm
粗锉	0.5~1	0.2~0.5	50~25
中锉	0.1~0.5	0.04~0.2	12.5
绝锉	0.05~0.2	0.01 或更高	6.3~3.2

4. 锉刀的使用规则

（1）新锉刀要先就一面使用，只有在该面磨钝后，或必须用锐利的锉齿加工时才用另一面。

（2）有硬皮或砂粒的铸件、锻件，要用砂轮磨掉后才可以用半锋利的锉刀或旧锉刀锉削。

（3）细锉刀不允许锉软金属。

（4）使用新锉用力不宜过大，以免折断。

（5）锉削时要经常用钢丝刷清除锉齿上的切屑。

（6）使用后的锉刀不可重叠，或者和其他工具堆放在一起。

（7）不得用手摸刚锉过的表面，以免再锉时打滑。

（8）锉刀要避免沸水、沾油或其他脏物。

（二）锉削方法

1. 锉平面

锉平面是锉削中最基本的操作，为了易于锉平，常采用以下几种锉法：

（1）普通锉法：锉刀的运动方向是单方向的，并且要沿工件的横向表面进行锉削。

（2）交叉锉法：锉刀的运动方向是交叉的，因此工件的锉面上能显示出高低不平的阴影（痕迹），这样容易检查锉出的平面。当平面还没有锉平时，常采用交叉锉法来找平。

（3）顺向锉法：它一般用在交叉锉法之后，主要是把锉纹锉顺，起锉光的作用。

2. 锉曲面

（1）锉圆柱面（或凸弧面）：锉圆柱面时，锉刀要同时完成两种运动，前进运动和锉刀绕圆弧面中心转动。两手的运动轨迹近似于两条渐开线。

如果是将方形零件锉成圆柱形，应先锉棱，使之变成八角形、十六角形，然后再用上述方法锉成圆柱形。

（2）锉圆孔（或凹弧面）：锉圆孔时，锉刀要同时完前进、向左、向右成三种运动，只作前进运动或只有向左移动都锉不好圆孔，只有同时完成前进运动、左移运动和绕锉刀中心线的转动，才能锉好圆孔。

3. 确定锉削顺序的原则

（1）选择工件所有锉削面中最大的平面先锉，达到规定的平面度要求后作为其他平面锉削时的测量基准。

（2）先锉平行面达到规定的平面度、平行度要求后，再锉与其相关的垂直面，以便于控制尺寸和精度要求。

（3）平面与曲面连接时，应先锉平面后再锉曲面，以便于圆滑连接。

（4）锉削时产生废品的原因和预防方法如表 8 – 13 所示。

表 8 – 13 锉削时产生废品的原因和预防方法

废品形式	原因	预防方法
工件夹坏	1. 虎钳将精加上过的表面夹出凹痕来； 2. 夹件紧力太大，把空心件夹扁	1. 夹紧精加工工件应加护口片； 2. 夹紧不要太大，夹薄管最好用两块弧形木垫； 3. 夹持薄而大的工件要用辅助工具

续表

废品形式	原因	预防方法
平面中凸	1. 操作技术不熟练，锉刀摇摆； 2. 使用再生锉刀时用了凹面锉刀	1. 掌握正确的锉削姿势，采用交叉锉法 2. 选用锉刀时要检查锉刀的锉面，弯的锉刀、凹面锉刀不能用
工件形状不正确	1. 划线不对； 2. 没掌握锉刀每锉一次所锉的厚度，锉出尺寸界限	1. 根据图样正确划线； 2. 对每锉一次的锉削量要心中有数，锉削时思想要集中，并经常测量
表面不光洁	1. 锉刀粗细选择不当； 2. 粗锉时锉痕太深； 3. 锉屑嵌在锉纹中未清除	1. 合理选用锉刀； 2. 锉削时应始终注意表面的光洁程度，避免出现深痕； 3. 锉削垂直面时应选用光边锉刀，如没有光边锉刀则用普通锉刀改制； 4. 注意不要打滑
锉掉了不应锉的部位	1. 没选用光边锉刀； 2. 锉刀打滑把邻近平面挫伤	选择合适的锉刀

（三）锉削质量的检查

在精加工的时候，必须经常对锉削质量加以检查，检查方法有以下几种：

1. 检查直线度和平面度误差的方法

（1）用尺以透光法检查。

（2）在检验平台上用涂色法检查。

2. 检查平行度误差和尺寸精度

可用卡钳和游标卡尺检查。检查时，必须在全长不同位置多检查几处。

（1）检套垂直度误差用90°角尺以透光法进行检查。

（2）检查角度误差用万能角度尺和角度样板以透光法进行检查。

（3）检查表面质量可用目测法进行检查。检查时，被加工表面不应有明显的擦伤和痕迹。

四、转速表

（一）分类

转速表也称转速计量仪器，可以有3种分类方法，使用者可根据操作条件选用。

按原理分类的有离心式、定时式、磁式、电工和频闪式等。

按结构分类的有机械式、磁电式、电频式和机械频闪式等。机械式转速表包括离心式、定时式、摩擦式、振动式、液压式、气动式等多种，它们的结构特点主要是都带有机械变换器。磁电式转速表包括磁式和电式两种，结构特点是都带有电动机换能器。频闪式转速表包括电频闪式和机械频闪式两种、结构特点是不与被测物接触，是根据频闪测速的原理制成。

按使用方法分类，可分为固定式和便携式两种。固定式转速表是装在机器设备上测量转速，便携式转速表是随时携带测量转速。

(二) 使用

1. 测速表盘的读数方法

在有的表盘上可以看到标注有 1∶2、1∶5 等符号，这就是转速表系数。如果没有这样标注说明，则它们的转速表系数 1∶1，也就是说表盘指示就是实际的转速，只要看好转速挡的位置，对照表盘指示就可以读出转速来。挡位和转速系数是很重要的。使用转速表时要认真操作，以免把表打坏。计数的方法：轴的转速等于表盘指示转速值乘以转速系数。如指针在表盘上指示值是 1000r/min，转速表系数 1∶2，轴转速就应是 $1000 \times 1/2 = 500$r/min。

2. 转速表附件用途

有些转速表除本身结构外，还带有一些附件装在表盒内，盒内有线速度圆盘、大橡皮接头、小橡皮接头、钢三角接头、长接杆、表油等。速度圆盘：圆盘周长 10cm，不同型号转速表可查有关说明使用；大橡皮接头：把大橡皮接头装在转速表轴上，使用时橡皮的锥形应接在合适的圆锥内，接触要可靠，以免使用时丢转；小橡皮接头：装在转速表轴上，使用时小橡皮锥形紧接在合适的旋转体内，以保证测速时接触可靠，不丢转；钢三角接头：是装在较软的旋转轴顶眼尖内来测量转速；长接杆：测量较深的旋转轴接杆。

3. 频闪式转速表

频闪式转速表特点是不与被测轴接触，使用时较安全，比离心式转速表先进，频闪式转速表按结构可分为机械式频闪测速仪和电频闪式测速仪两种。

以电频闪式转速仪为例简述其结构。电频闪式测速仪是由闪光灯、计数器等部分组成，其原理是基于频闪效应原理，所谓频闪效应就是物像在人的视野中消失后能保留一定时间的视觉印象，即视后效。视后效的持续时间，在物体平均溶光度条件下约为 1/15 ~ 1/20s 的范围内。加果来自被视察物体的视刺激信号是一个接一个断断续续的，而每次都少于 1/20s，则视觉就来不及消失，从而给人以连贯的假象。人们根据频闪效应原理制造出的 SSC-1 型数字式闪光测速仪，这种仪器是用单结晶体管作为可变频率振荡器，当频率可变的脉冲信号经斯密特电路整形后，一路送计数器计数，另一路送 60 分频去触发闪光灯闪光。闪光灯一闪一闪的光照旋转圆盘，并在圆盘上做记号，当圆盘转速与闪光频率相等或成倍数关系时，圆盘上的记号即呈现停留不动状态。若闪光频率已知，可根据圆盘上按一定顺序排列的记号数及图像停留二次数测量圆盘转速。

4. 转速计量单位的换算

$1r/min = 0.01667r/s = 0.1047rad/s$

$1r/s = 60r/min = 6.2831rad/s$

$1rad/s = 9.5495r/min = 0.1591r/s$

（三）HY-441 转速测试仪

HY-441 数字转速表是非接触型的手持式转速测试仪器。使用时，只要在被测旋转物体上贴一块反射片，将仪器射出的红光对准反射片即可进行测量，既方便又安全。可以对电动机等各种旋转机械的转速进行精密测量，是工业测量中的必备仪器。

1. 主要技术参数

测量范围：50 ~ 3000r/min；

测量方法：非接触反射式，红色光源；

测量距离：约 50～150mm；
结果显示：5 位液晶数字；
测量时间：1s，能自动更新（在 50～60r/min 范围内为 2s）；
记忆保留时间：约 5min；
电源：5 号电池 3 节；
工作温度：0～40℃。
外形尺寸：长 165mm×宽 59mm×高 42mm；
质量：约 210g。

2. 部件名称及功能

（1）电源开关。按下此开关，电源接通，可以进行测量。

（2）显示器。有 5 位液晶数字显示测量结果，其单位为转/分（r/min）。出现"B"标志时，应更换电池。

（3）接收状态指示器。该红色发光管点亮时，表示仪器接收到从反射片射回来的光信号，仪器即显示测量结果。

（4）测量部件。内部有光发射和接收装置。

（5）记忆读出开关。在关机状态，按下该开关时，显示器上会出现机内寄存的最后一次的测量值。

（6）电池盒盖。按箭头方向推开电池盒盖，即可更换电池。

3. 测量方法

（1）打开电池盖，按正确极性装入电池。

（2）剪一块约 12mm×12mm 的反射片贴在被测的旋转轴等零件上，注意与旋转体非反射面圆周宽度之比应不少于 1∶1。如被贴处有水、油污等应预先擦去。如果该零件本身具有光亮的表面（如有电镀层等），那么转速表投射红光时，必须斜向对准该零件面，或者在贴反射片之前先将零件表面涂黑。

（3）按下电源开关，使仪器发射的红光对准反射片位置。调整仪器角度及距离，使测量器上部的信号接收指示灯点亮，即可以从显示器读出测量结果。

（4）使用记忆读出开关。当测量时，如直接读数有困难，可按如下方法进行：
按上述步骤进行测量，在仪器处于正常测试状态时松开电源开关。仪器会自动将最后一次测到的数据储存起来。此时将仪器移到方便读数的位置，按下记忆读数开关，即可从显示器上读到刚才的测量数据。注意每次按电源开关后上次记忆的数据即自动清除。

（5）当显示器上出现"B"标志时，说明电池将耗尽，应更换电池。

（6）仪器长期不用，应取出电池，以防电池漏液损坏仪器。

五、兆欧表

兆欧表俗称摇表，是用来测量被测设备的绝缘电阻和高值电阻的仪表，它由一个手摇发电机、表头和三个接线柱（即 L：线路端、E：接地端、G：屏蔽端）组成。

1. 使用

（1）根据电动机额定电压等级，选择合适的兆欧表。如兆欧表工作电压低则不能保证电气设备的安全。若采用过高电压的兆欧表，则有使被测试设备绝缘击穿的可能。如电动机额定电压380V，则兆欧表规格应选用500V为宜。

（2）校表：测量前应将兆欧表进行一次开路和短路试验，检查兆欧表是否良好。将两连接线开路，摇动手柄，指针应指在"∞"处，再把两连接线短接一下，指针应指在"0"处，符合上述条件者即良好，否则不能使用。

（3）被测设备与线路断开，对于大电容设备还要进行放电。

（4）兆欧表有三个测量端子，一般测量时，只用两个测量端，L和E，L为线路端子，应接在电动机绕组的线上，E为接地端子，应接被测的"地"上。G为屏蔽端子，接屏蔽线的，只有在测量电缆对地绝缘时，才用此端子。这里应特别指出，测电阻时，必须在电气设备及导线绝缘条件下才能进行。

（5）测量时，兆欧表应放置水平，并保证其稳定，表身不能抖动，并远离磁场的设备，应将手摇发电机摇到额定转速，并等指针不再转动（时间为1min左右）再进行读数。

（6）测试电动机的绝缘电阻值，在工作温度下（一般取75℃，热态）其阻值应大于下式测试后的计算值。

$$R = \frac{U}{1000} + \frac{P}{100} \tag{8-1}$$

式中　R——电动机绕组工作下的绝缘电阻，$M\Omega$；

　　　U——电动机绕组的额定电压，V；

　　　P——电动机额定功率，kW。

选择兆欧表规格如表8-14所示。

表8-14　兆欧表规格选择

电动机额定电压/V	兆欧表规格
<500	500V
500~3000	1000V
>3000	2500V

在工作温度下，绕组电压应大于表8-15所示的值。

表8-15　不同电压和温度下的绕组绝缘电阻值

绕组电压/V	6000			500以下			36以下		
绕组温度/℃	20	45	75	20	45	75	20	45	75
交（流）电动机定子绕组/MΩ	25	15	6	3	1.5	0.5	0.15	0.1	0.05
（直流）电动机中枢绕组/MΩ	—	—	—	3	1.5	0.5	0.15	0.1	0.05

（7）被测试点与兆欧表连接后，摇动指针到零或接近零，要立即停止摇动测量，停下之后进行详细检查。

（8）拆线放电。读数完毕，一边慢摇，一边拆线，然后将被测设备放电。放电方法是将测量时使用的地线从兆欧表上取下来与被测设备短接一下即可。

2. 注意事项

（1）禁止在雷电时或高压设备附近测绝缘电阻，只能在设备不带电，也没有感应电的情况下测量。

（2）摇测过程中，被测设备上不能有人工作。

（3）兆欧表线不能绞在一起，要分开。

（4）兆欧表未停止转动之前或被测设备未放电之前，严禁用手触及。拆线时，也不要触及引线的金属部分。

（5）测量结束时，对于大电容设备要放电。

（6）定期校验其准确度。

六、万用表

万用表又叫多用表、三用表、复用表，是一种多功能、多量程的测量仪表，一般万用表可测量直流电流、直流电压、交流电压、电阻和音频电平等，有的还可以测交流电流、电容量、电感量及半导体的一些参数。

（一）组成

万用表由表头、测量电路及转换开关等三个主要部分组成。

1. 表头

它是一只高灵敏度的磁电式直流电流表，万用表的主要性能指标基本上取决于表头的性能。表头的灵敏度是指表头指针满刻度偏转时流过表头的直流电流值，这个值越小，表头的灵敏度愈高。测电压时的内阻越大，其性能就越好。表头上有四条刻度线，它们的功能如下：第一条（从上到下）标有 R 或 Ω，指示的是电阻值，转换开关在欧姆挡时，即读此条刻度线。第二条标有∽和 VA，指示的是交、直流电压和直流电流值，当转换开关在交、直流电压或直流电流挡，量程在除交流 10V 以外的其他位置时，即读此条刻度线。第三条标有 10V，指示的是 10V 的交流电压值，当转换开关在交、直流电压挡，量程在交流 10V 时，即读此条刻度线。第四条标有 dB，指示的是音频电平。

2. 测量线路

测量线路是用来把各种被测量转换到适合表头测量的微小直流电流的电路，它由电阻、半导体元件及电池组成。

它能将各种不同的被测量（如电流、电压、电阻等）、不同的量程，经过一系列的处理（如整流、分流、分压等）统一变成一定量限的微小直流电流送入表头进行测量。

3. 转换开关

其作用是用来选择各种不同的测量线路，以满足不同种类和不同量程的测量要求。转换开关一般有两个，分别标有不同的挡位和量程。

（二）使用方法

（1）熟悉表盘上各符号的意义及各个旋钮和选择开关的主要作用。

（2）进行机械调零。

（3）根据被测量的种类及大小，选择转换开关的挡位及量程，找出对应的刻度线。

（4）选择表笔插孔的位置。

（5）测量电压：测量电压（或电流）时要选择好量程，如果用小量程去测量大电压，则会有烧表的危险；如果用大量程去测量小电压，那么指针偏转太小，无法读数。量程的选择应尽量使指针偏转到满刻度的 2/3 左右。如果事先不清楚被测电压的大小时，应先选择最高量程挡，然后逐渐减小到合适的量程。

①交流电压的测量：将万用表的一个转换开关置于交、直流电压挡，另一个转换开关置于交流电压的合适量程上，万用表两表笔和被测电路或负载并联即可。

②直流电压的测量：将万用表的一个转换开关置于交、直流电压挡，另一个转换开关置于直流电压的合适量程上，且"＋"表笔（红表笔）接到高电位处，"－"表笔（黑表笔）接到低电位处，即让电流从"＋"表笔流入，从"－"表笔流出。若表笔接反，表头指针会反方向偏转，容易撞弯指针。

（6）测电流：测量直流电流时，将万用表的一个转换开关置于直流电流挡，另一个转换开关置于 $50\mu A$ 到 $500mA$ 的合适量程上，电流的量程选择和读数方法与电压一样。测量时必须先断开电路，然后按照电流从"＋"到"－"的方向，将万用表串联到被测电路中，即电流从红表笔流入，从黑表笔流出。如果误将万用表与负载并联，则因表头的内阻很小，会造成短路烧毁仪表。其读数方法如下：

实际值 = 指示值×量程/满偏

（7）测喇叭、耳机、动圈式话筒：用 $R\times 1\Omega$ 挡，任一表笔接一端，另一表笔点触另一端，正常时会发出清脆响量的"哒"声。如果不响，则是线圈断了，如果响声小而尖，则是有擦圈问题，也不能用。

（8）测电阻：重要的是要选好量程，当指针指示于 1/3～2/3 满量程时测量精度最高，读数最准确。要注意的是，在用 $R\times 10k$ 电阻挡测兆欧级的大阻值电阻时，不可将手指捏在电阻两端，这样人体电阻会使测量结果偏小。

（三）注意事项

1. 正确使用接线柱

红色表笔的进线应接到万用表的红色接线柱上或标有"＋"号的插孔内，黑色表笔的进线应接到万用表的黑色接线柱上或标有"－"号的插孔内。测量直流时应用红表笔接正极、黑表笔接负极，这样可以避免因为极性接反而烧坏表头或打弯指针。使用欧姆挡测量电阻时，因使用表内的电池，其红表笔是接电池的负极、黑表笔接电池的正极。这一点在测试晶体二极管和三极管时更要注意。有的万用表还有专用的欧姆挡接线柱，或专用的交、直流 2500V 的接线柱或大电流接线柱等。它们的另一公用柱都用黑色接线柱。测电流时，表应和电路串联；测电压时，表应和电路并联。

2. 正确选择挡位

万用表挡位包括测量种类的选择和量程的选择，挡位选择错了，就有可能烧坏万用表。例如测电压时，将挡位错放在欧姆挡或电流挡。有的万用表面板上有两个挡位旋钮，一个选择测量种类，另一个选择测量量程。使用时，应先选择测量种类，后选择测量量程；若不清楚所测值的量程，应先选用较大大量程，后选用较小的量程。另外，为了使测量结果准确，量程的选择应使读数在标度尺的一定刻度范围内，例如，在测量电流和电压时，应使指针的偏转在满刻度偏转的 1/2 以上；测量电阻时，应使被测电阻尽量接近标度尺的中心等。

若用万用表欧姆挡测试晶体管参数时，不要用 $R\times 1$ 挡，此挡电流过大；或 $R\times 10k$

挡，此挡电压过高，以免损坏晶体管。

万用表在使用完毕后，应把转换开关旋至"OFF"挡或交流电压的最高挡，这样，可以防止下次测量时，由于粗心而将表烧坏。

3. 调零

为了测量准确，在测量之前要看万用表的指针是否指在零位上，如不指零，应调整表盖上的机械零位调节器，使之指零。在测量电阻之前，还要进行欧姆调零。欧姆调零是将转换开关旋至相应的电阻挡上，将两表笔短接，然后调节调零旋钮，使指针指零。每次换欧姆挡都要重复这一步骤。欧姆调零时间要短，以减少电池的消耗。如果调不到零位，则说明电池电压已经太低，不能再用了，应更换新电池。

4. 读数

万用表的标度盘上有多条标度尺，它们分别在测量不同对象时使用。例如，标有"DC"或"－"的标度尺是测量直流时用；标有"AC"或"～"的标度尺是测量交流时用；标有"Ω"的标度尺是测量电阻用的等等。读数时，表要放平，目光应与表面垂直。

5. 安全要求

(1) 测量电阻时，严禁被测电阻在带电的情况下测量；

(2) 测量高压电时，要使用符合电压等级的表笔，握表笔的手不要触到金属触针上；

(3) 测量电阻时应戴上绝缘手套；

(4) 测量电压和电流时，不要带电旋转转换开关的旋钮。

第二节 自动化仪表

自动化仪表是工业企业实现自动化的必要手段和技术工具，任何一个工业控制系统都必然应用到自动化仪表控制单元，各种控制方案和算法都必须借助自动化工具才能实现。

一、基本知识

(一) 常用术语

自动化仪表：对被测变量、被控变量进行测量控制的仪表装置和仪表系统的总称。

测量：以确定量值为目的的一组操作。

控制：为达到规定的目标，在系统上或系统内的有目的的活动。

现场：工程项目施工的场所。

就地仪表：安装在现场控制室外的仪表，一般在被测对象和被控对象附近。

测量仪表：用以确定被测变量的量值或量的特性、状态的仪表。

传感器：接受输入变量的信息，并按一定规律将其转换为同种或别种性质输出变量的装置。

转换器：接受一种形式的信号并按一定规律转换为另一种信号形式输出的装置。

变送器：输出为标准化信号的传感器。

显示仪表：显示被测量值的仪表。

控制仪表：用以对被控变量进行控制的仪表。

执行器：在控制系统中通过其机构动作直接改变被控变量的装置。

测量元件/传感元件：测量链中的一次元件，它将输入变量转换成宜于测量的信号。

取源部件：在被测对象上为安装连接测量元件所设置的专用管件、引出口和连接阀门等元件。

测量点：对被测变量进行测量的具体位置，即测量元件和取源部件现场安装位置。

测温点：温度测量点。

取压点：压力测量点。

系统：由若干相互联系和相互作用的要素组成的具有特定功能的整体。

控制系统：通过精密制导或操纵若干变量以达到既定状态的系统。仪表控制系统由仪表设备装置、仪表管道、仪表动力和辅助设施等硬件，以及相关的软件所构成。

（二）分类

由于自控仪表种类繁多，分类方法也较多，现分别按生产过程信息形成、按自控仪表的组成、按生产过程的功能类别划分如下：

1. 按生产过程信息形成划分

（1）测量仪表

利用声、光、电、磁、热辐射来实现工艺参数测量的仪表，是信息获得的工具，如：传感器、变送器等。主要基本量有温度、压力、流量、物位、分析等。

（2）显示仪表

显示被测参数数据信息的工具。按显示方式可分为指示仪、记录仪、信号报警器；按显示类别可分为模拟式显示、数字式显示和字符图形显示三大类。

（3）控制仪表

信息处理的工具。如调节器、计算器、信号选择器、信号处理器、顺序控制器、批量控制器、输入输出装置等。

（4）执行器

是直接改变生产变量信息执行的工具。执行器由执行机构和调节机构两部分组成，执行机构接受控制信号，并将信号转换成位移以驱动调节机构，按工作原理可分为气动执行机构、电动执行机构和液动执行机构三大类。

2. 按自控仪表的组成划分

这是一种常见的分类方法。可分为基地式仪表、单元组合式仪表、组装式电子综合控制装置、集中控制计算机系统、集散控制系统（DCS）和现场总线系统。

（1）基地式仪表

是一种多功能的仪表，它把调节器及其他附属装置（如指示、记录、报警、累计等部件）都装在一起，有的甚至把测量元件也装在一起，安装在工艺生产的现场，如温度调节器、流量调节器、压力调节器。

（2）单元组合仪表

按照自动测量和控制系统中各组成部分的功能和现场使用要求，将整套仪表划分成若干个具有独立作用的单元，各单元之间采用统一标准信号联系，利用这些通用的单元，进行各种组合构成的测量或控制系统。单元组合仪表分为电动单元组合仪表、气动单元组合仪表、液动单元组合仪表。

①电动单元组合仪表：最初是 DDZ - Ⅰ型仪表，用电子管为放大元件，采用 0～10mA 直流电流作为统一标准信号，由于体积庞大笨重、耗电量大、防爆性能差等，不久就被 DDZ - Ⅱ型仪表所取代。DDZ - Ⅱ型仪表用晶体管作为放大元件，仍采用 0～10mA 直流作为统一标准信号，但在结构原理、性能和品种等方面都有较大的改进。由于其调节器的种类和功能不够全，与计算机联用的兼容性差，防爆等级低等缺点，因此 DDZ - Ⅲ型仪表应运而生。

②气动单元组合仪表：在工业生产中广泛使用，特别在易燃、高温、高压场合中常用，它具有安全、防爆、价廉、可靠、耐腐蚀、易维修等特点，但它的传递速度较慢、滞后较大。气动单元组合仪表按测量、控制、显示、操作等功能划分成若干单元，组合成各种测量和控制系统，各单元之间的联系采用统一标准信号 0.02～0.1MPa，气源压力为 0.14MPa，气动单元仪表必须配备气源装置及相应供气系统，与电源相比，运行维修量大。气动仪表可通过气/电转换器或电/气转换器与电动仪表或控制计算机相连，但不便于直接采用 CRT 显示及数据的储存及处理。

③液动单元组合仪表：结构简单、紧凑、工作安全可靠，但相互间没有统一的传递信号，附加装置较多，使用不便，因此使用场合不多。

（三）主要性能指标

在工程上仪表性能指标通常用精确度（又称精度）、变差、灵敏度来描述。

1. 精确度

仪表精确度简称精度，简而言之就是仪表测量值接近真值的准确程度，通常用相对百分误差表示。

$$\delta = \frac{\Delta x}{标尺上限 - 标尺下限} \times 100\% \qquad (8-2)$$

式中　　　δ——测量过程中相对百分误差；

标尺上限 - 标尺下限——仪表测量范围；

　　　　　Δx——绝对误差，是被测参数测量值 x_1 和被测参数标准值 x_0 之差。

2. 变差

变差是指仪表被测变量多次从不同方向达到同一数值时，仪表相对同一数值指示值中一个值取为 A_1，另一个取为 A_2，两者相减取绝对值，其中最大的误差绝对值称之为 x_{max}，变差大小取最大绝对误差与仪表标尺范围之比的百分比：

$$\delta = \frac{\Delta x_{max}}{标尺上限 - 标尺下限} \times 100\% \qquad (8-3)$$

式中　$\Delta x_{max} = |A_1 - A_2|$

3. 灵敏度

灵敏度是指仪表对被测参数变化的灵敏程度，或者说是对被测的量变化的反映能力，是在稳态下，输出变化增量对输入变化 $s = \frac{\Delta L}{\Delta x}$ 值。 $\qquad (8-4)$

式中　S——仪表灵敏度；

ΔL——仪表输出变化增量；
Δx——仪表输入变化增量。

4. 稳定性

在规定工作条件内，仪表某些性能随时间保持不变的能力称为稳定性(度)。仪表稳定性是生产十分关心的一个性能指标。由于集输系统使用仪表的环境相对比较恶劣，被测量的介质温度、压力变化也相对比较大，在这种环境中投入仪表使用，仪表的某些部件随时间保持不变的能力会降低，仪表的稳定性会下降。通常用仪表零漂移来衡量仪表的稳定性。仪表稳定性的好坏直接关系到仪表的使用范围，有时直接影响化工生产，仪表稳定性不好造成的影响往往比仪表精度下降对化工生产的影响还要大。

5. 可靠性

仪表可靠性是生产所追求的另一重要性能指标。仪表可靠性高则仪表维护量小，仪表可靠性差，仪表维护量就大。对于集输系统测量与过程控制仪表，大部分安装在工艺管道、各类塔、釜、罐上，而且化工生产的连续性，多数有毒、易燃易爆的环境，这些恶劣条件给仪表维护增加了很多困难，一是考虑化工生产安全，二是关系到仪表维护人员人身安全，所以使用测量与过程控制仪表要求维护量越小越好，亦即要求仪表可靠性尽可能地高。

随着仪表更新换代，特别是微电子技术引入仪表制造行业，使仪表可靠性大大提高。仪表生产厂商对这个性能指标也越来越重视，通常用平均无故障时间 MTBF 来描述仪表的可靠性。

（四）仪表位号的表示方法

1. 仪表位号的组成

在测量、控制系统中，构成一个回路的每一个仪表都有自己的仪表位号，仪表位号由字母代号和回路编号两部分组成。第一个字母表示被测变量，后继字母表示仪表的功能；回路编号可以按装置或工段(区域)进行编制，一般用三至五位数字表示，可以分为四部分：

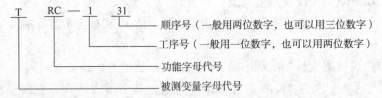

2. 被测变量和仪表功能的字母代号

表 8-16 列出了被测变量和仪表功能的字母代号。

表 8-16 变量和功能代号表

字母	第一位字母		后继字母		
	被测变量	修饰词	读出功能	输出功能	修饰词
A	分析		报警		
B	烧嘴、火焰		供选用	供选用	供选用
C	电导率			控制	

续表

字母	第一位字母		后继字母		
	被测变量	修饰词	读出功能	输出功能	修饰词
D	密度	差			
E	电压		测量元件		
F	流量	比(分数)			
G	供选用				
H	手动				高
I	电流				
J	功率	扫描			
K	时间、程序	变化速率		操作器	
L	物位		灯		低
M	水分或湿度	瞬动			中
N	供选用		供选用	供选用	供选用
O	供选用		节流孔		
P	压力		连接点		
Q	数量	积算、累计			
R	核辐射		记录		
S	速度、频率	安全		开关、联锁	
T	温度			传送	
U	多变量		多功能	多功能	多功能
V	振动、机械监视			阀、风门	
W	重量、力		套管		
X	未分类	X轴	未分类	未分类	未分类
Y	事件、状态	Y轴		计算器、转换器	
Z	位置、尺寸	Z轴		驱动器	

二、测量仪表

(一) 温度测量

由于原油具有凝点高的特点,在储存和输送过程中,温度是一个重要指标。在原油外输首站,必须加热到一定温度,才能在原油输送过程中,保证温度在凝点以上,预防管道凝管事故。

1. 基本概念

温度是表征物体冷热程度的物理量。温度只能通过物体随温度变化的某些特性来间接测量,而用来量度物体温度数值的标尺叫温标。它规定了温度的读数起点(零点)和测量温度的基本单位。目前国际上用得较多的温标有华氏温标、摄氏温标、热力学温标和国际实用温标。

华氏温标(°F):在标准大气压下,冰的熔点为32度,水的沸点为212度,中间划分

180等份；

摄氏温标(℃)：在标准大气压下，冰的熔点为0度，水的沸点为100度，中间划分100等份；

热力学温标(K)：又称开尔文温标或称绝对温标，它规定分子运动停止时的温度为绝对零度；

国际实用温标：是一个国际协议性温标，它与热力学温标相接近，而且复现精度高，使用方便。

摄氏温度值 t 和华氏温度值 t_F 有如下关系：

$$t = \frac{5}{9}(t_F - 32) \text{℃} \tag{8-5}$$

温度测量仪表按测温方式可分为接触式和非接触式两大类。

接触式：比较简单、可靠，测量精度较高；但因测温元件与被测介质需要进行充分的热交换，并需要一定的时间才能达到热平衡，所以存在测温的延迟现象，同时受耐高温材料的限制，不能应用于很高的温度测量。常见为水银温度计和酒精温度计。

非接触式：通过热辐射原理来测量温度的，测温元件不需与被测介质接触，测温范围广，不受测温上限的限制，也不会破坏被测物体的温度场，反应速度一般也比较快；但受到物体的发射率、测量距离、烟尘和水气等外界因素的影响，其测量误差较大。

2. 热电阻

热电阻是最常用的一种温度测量器。它的主要特点是测量精度高，性能稳定。其中铂热电阻的测量精确度是最高的，它不仅广泛应用于工业测温，而且被制成标准的基准仪。热电阻测温是基于金属导体的电阻值随温度的增加而增加这一特性来进行温度测量的。

热电阻大都由纯金属材料制成，目前应用最多的是铂和铜（Cu50、Pt50、Pt100、Pt1000等），此外，现在已开始采用镍、锰和铑等材料制造热电阻。

（1）铂热电阻的温度特性在 0~850℃ 范围内：

$$R_t = R_0(1 + At + B^2 t) \tag{8-6}$$

在 -200~0℃ 范围内：

$$R_t = R_0[1 + At + B^2 t + C(t - 100)t^3] \tag{8-7}$$

A、B、C 的系数各为：

$$A = 3.90802 \times 10^{-3} \text{℃}^{-1}$$

$$B = -5.802 \times 10^{-5} \text{℃}^{-2}$$

$$C = -4.2735 \times 10^{-12} \text{℃}^{-4}$$

（2）铜热电阻的温度特性在 -50-150℃ 范围内：

$$R_t = R_0(1 + At + Bt^2 + Ct^3) \tag{8-8}$$

$A = 4.28899 \times 10^{-3} \text{℃}^{-1}$，$B = -2.133 \times 10^{-7} \text{℃}^{-2}$，$C = 1.233 \times 10^{-9} \text{℃}^{-3}$

从热电阻的测温原理可知，被测温度的变化是直接通过热电阻阻值的变化来测量的，因此，热电阻体的引出线等各种导线电阻的变化会给温度测量带来影响。为消除引线电阻的影响，一般采用三线制或四线制。常见的各种热电阻如图8-15所示。

铠装热电阻是由感温元件、引线、绝缘材料、不锈钢套管组合而成的坚实体。

端面热电阻：感温元件由特殊处理的电阻丝材料绕制，紧贴在温度计端面。它与一般轴向热电阻相比，能更正确和快速地反映被测端面的实际温度，适用于测量轴瓦和其他机件的端面温度。

图 8-15 常见热电阻

隔爆型热电阻：通过特殊结构的接线盒，把其外壳内部爆炸性混合气体因受到火花或电弧等影响而发生的爆炸局限在接线盒内，生产现场不会引起爆炸。

防腐热电阻：采用新型防腐材料，外包覆聚四氟乙烯，适合于石油化工各种腐蚀性介质中测温。是氯碱行业的专用测温仪表。

插座式热电阻：采用接插件形式，安装方便。适用于测量 -200~+450℃范围内液体、气体及固体表面测温。

使用中必须注意以下两点：

（1）热电阻和显示仪表的分度号必须一致；

（2）为了消除连接导线电阻变化的影响，须采用三线制接法。

显示仪表包括转换电路（变送器）、显示单元等。

3. 热电偶

将两种不同材料的导体或半导体 A 和 B 焊接起来，构成一个闭合回路。当导体 A 和 B 的两个执着点 1 和 2 之间存在温差时，两者之间便产生电动势，因而在回路中形成一定大小的电流，这种现象称为热电效应。热电偶就是利用这一效应来工作的。如图 8-16 所示，热电偶的一端将 A、B 两种导体焊在一起，置于温度为 t 的被测介质中称为自由端，放在温度为 t_0 的恒定温度下。当工作端的被测介质温度发生变化时，热电势随之发生变化，将热电势送入显示仪表进行指示或记录，或送入微机进行处理，即可获得温度值。

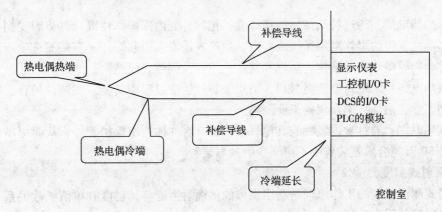

图 8-16 热电偶现场示意图

热电偶两端的热电势差可以用下式表示：

$$E_t = e_{AB}(t) - e_{AB}(t_0) \qquad (8-9)$$

式中 E_t ——热电偶的热电势，V；

$e_{AB}(t)$ ——温度为 t 时工作端的热电势；

$e_{AB}(t_0)$ ——温度为 t_0 时自由端的热电势。

当自由端温度 t_0 恒定时，热电势只与工作端的温度有关，即 $E_t = f(t)$。

常用热电偶可分为标准热电偶和非标准热电偶两大类。标准热电偶是指国家标准规定了其热电势与温度的关系、允许误差，并有统一的标准分度表的热电偶，它有与其配套的显示仪表可供选用。非标准化热电偶在使用范围或数量级上均不及标准化热电偶，一般也没有统一的分度表，主要用于某些特殊场合的测量。

我国从 1988 年 1 月 1 日起，热电偶和热电阻全部按 *IEC* 国际标准生产，并指定 S、B、E、K、R、J、T 七种标准化热电偶为我国统一设计型热电偶。

为了保证热电偶可靠、稳定地工作，对结构要求：

（1）组成热电偶的两个热电极的焊接必须牢固；

（2）两个热电极彼此之间应很好地绝缘，以防短路；

（3）补偿导线与热电偶自由端的连接要方便可靠；

（4）保护套管应能保证热电极与有害介质充分隔离。

普通型热电偶：常用热电偶感温元件。特点是装配简单，更换方便；压簧式感温元件，抗振性能好；测温范围大；机械强度高，耐压性能好。其结构如图 8-17 所示。

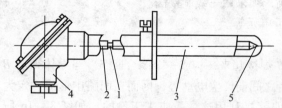

图 8-17 普通热电偶结构图

1—热电极；2—绝缘管；
3—保护管；4—接线盒；5—测量端

铠装热电偶：是由感温元件、引线、绝缘材料、不锈钢套管组合而成的坚实体。特点是热响应时间少，减小动态误差；可弯曲安装使用；测量范围大；机械强度高，耐压性能好。

微细铠装热电偶：适用于狭小且须弯曲场所的温度测量与控制。是化工化纤、制药等行业不可缺少的测量温度装置。

隔爆型热电偶：通过特殊结构的接线盒，把其外壳内部爆炸性混合气体因受到火花或电弧等影响而发生的爆炸局限在接线盒内，生产现场不会引起爆炸。直接测量生产现场存在碳氢化合物等爆炸物的液体、蒸汽和气体介质以及固体表面温度。

防腐热电偶：采用新型防腐材料，适用于各种生产过程中高温、腐蚀性场合，广泛应用于石油工业、冶炼玻璃及陶瓷工业测温。

吹气热电偶：通过吹进氮气或其他气体，将有害气体送出保护管外，从而提高热电偶寿命。是 30 万吨合成氨装置中不可缺少的测温装置。

4. 辐射式温度测量仪

辐射式测温仪表的工作原理是利用黑体的热辐射强度与其温度有单值函数关系，因此测量黑体的辐射强度就可知其温度值。采用这种测量方法，测量元件不与被测介质接触，而通过热辐射作用实现测温。它不仅可以测量运动中的物体温度，而且还可以通过扫描方法测量物体表面的温度分布。由于辐射法测温只能测得亮度或辐射温度，为了求得真实温度值，还必须根据被测对象的黑体对测量值进行修正。辐射式以及比色式、光电式高温计都属于这种类型。

（二）压力测量

垂直均匀地作用于单位面积上的力称为压力，又称压强。压力测量仪表是用来测量气体或液体压力的工业自动化仪表，又称压力表或压力计。

压力表所测压力包括绝对压力、大气压力、正压力（习惯上称表压）、负压（习惯上称真空）和差压。工程技术上所测量的多为表压。压力的国际单位为帕，其他单位还有工程大气压、巴、毫米水柱、毫米汞柱等。

压力是工业生产中的重要参数，在某些工业生产过程中，压力还直接影响产品的质量和生产效率。此外，在一定的条件下，测量压力还可间接得出温度、流量和液位等参数。

1. 常用压力计

压力测量原理可分为液柱式、弹性式、电阻式、电容式、电感式和振频式等等。压力计测量压力范围可以从超真空如 133×10^{-13} Pa 直到超高压 280MPa。压力计从结构上可分为实验室型和工业应用型。压力计的品种繁多。因此根据被测压力对象很好地选用压力计就显得十分重要。

（1）量程的选择

根据被测压力的大小确定仪表量程。对于弹性式压力表，在测稳定压力时，最大压力值应不超过满量程的 3/4；测波动压力时，最大压力值应不超过满量程的 2/3，最低测量压力值应不低于全量程的 1/3。

（2）精度选择

根据生产允许的最大测量误差，以经济、实惠的原则确定仪表的精度级。一般工业用压力表 1.5 级或 2.5 级已足够，科研或精密测量用 0.5 级或 0.35 级的精密压力计或标准压力表。

（3）使用环境及介质性能的考虑环境条件恶劣，如高温、腐蚀、潮湿、振动等，被测介质的性能，如温度的高低、腐蚀性、易结晶、易燃、易爆等等，以此来确定压力表的种类和型号。

（4）压力表外形尺寸的选择

现场就地指示的压力表一般表面直径为 φ100mm。在标准较高或照明条件差的场合用表面直径为 φ200～φ250mm 的，盘装压力表直径为 φ150mm，或用矩形压力表。

液压式压力测量仪表常称为液柱式压力计，它是以一定高度的液柱所产生的压力，与被测压力相平衡的原理测量压力的。大多是一根直的或弯成 U 形的玻璃管，其中充以工作液体。常用的工作液体为蒸馏水、水银和酒精。因玻璃管强度不高，并受读数限制，因此所测压力一般不超过 0.3MPa。

它的特点是：液柱式压力计灵敏度高，因此主要用作实验室中的低压基准仪表，以校验工作用压力测量仪表。由于工作液体的重度在环境温度、重力加速度改变时会发生变化，对测量的结果常需要进行温度和重力加速度等方面的修正。

弹性式压力测量仪表是利用各种不同形状的弹性元件，在压力下产生变形的原理制成的压力测量仪表。弹性式压力测量仪表按采用的弹性元件不同，可分为弹簧管压力表、膜片压力表、膜盒压力表和波纹管压力表等；按功能不同分为指示式压力表、电接点压力表和远传压力表等。这类仪表的特点是结构简单，结实耐用，测量范围宽，是压力测量仪表中应用最多的一种。

负荷式压力测量仪表常称为负荷式压力计，它是直接按压力的定义制作的，常见的有活塞式压力计、浮球式压力计和钟罩式压力计。由于活塞和砝码均可精确加工和测量，因此这类压力计的误差很小，主要作为压力基准仪表使用，测量范围从数十帕至2500MPa。

电测式压力测量仪表是利用金属或半导体的物理特性，直接将压力转换为电压、电流信号或频率信号输出，或是通过电阻应变片等，将弹性体的形变转换为电压、电流信号输出。代表性产品有压电式、振频式、电容式和应变式等压力传感器所构成的电测式压力测量仪表。精确度可达0.02级，测量范围从数10Pa至700MPa不等。

压阻式压力传感器是利用半导体材料硅在受压后，电阻率改变与所受压力有一定关系的原理制做的。用集成电路工艺在单晶硅膜片的特定晶向上扩散一组等值应变电阻，将电阻接成电桥形式。当压力发生变化时，单晶硅产生应变，应变使电阻值发生与被测压力成比例的变化，电桥失去平衡，输出一电压信号至显示仪表显示。

电接点压力表是用于测量对铜和铜合金不起腐蚀作用的气体、液体介质的正负压力，并在压力达到预定值时发出信号，接通控制电路，达到自动控制的报警的目的。

磁助电接点压力表广泛应用于石油、化工、冶金、电站等工业部门或机电设备配套中测量无爆炸危险的各种流体介质的压力。通常，磁助电接点压力表经与相应的电气器件（如继电器及接触器等）配套使用，即可对被测（控）压力系统实现自动控制和发信（报警）的目的。

2. 普通压力表

常用的压力表是弹性式压力仪表，以弹性元件受压后，产生的弹性形变作为测量基础。根据测压范围的不同，所用的弹性元件也不一样。测量微压和低压时，多用波纹管和波纹膜片；而单圈弹簧管和多圈弹簧管的测压范围很广，可作高、中、低压以及真空度的测量。

单圈弹簧管压力仪表主要由测量元件和放大机构组成，如图8-18所示。

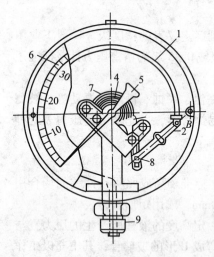

图8-18 普通压力表
1—弹簧管；2—拉杆；3—扇形齿轮；
4—中心齿轮；5—指针；6—面板；
7—游丝；8—调整螺钉；9—接头

测量元件—弹簧管1，是一根弯成270℃圆弧的椭圆形截面的金属管子，管子的自由端B封闭，管子的另一端固定在接头上。通入被测压力P后，由于椭圆形截面在压力P的作用下，将趋向圆形，弯成圆弧形的弹簧管随之产生向外挺直的扩张变形，从而使弹簧管的自由端B产生位移。但这个位移量较小，因此，必须通过放大机构才能指示出来。

具体动作过程：被测压力P由接头9通入，迫使弹簧管1的自由端B向右上方扩张，自由端B的弹性形变位移，通过拉杆2使扇形齿轮3作逆时针偏转，在面板6的刻度标尺上指示出被测压力P的数值。由于自由端的位移与被测压力之间具有比例关系，因此弹簧管压力表的刻度尺是线性的。

游丝7用来克服因扇形齿轮和中心齿轮间的间隙而产生的仪表变差，改变调整螺钉8的位置，可以实现量程的调整。

常见故障及处理方法如表8-17所示。

表8-17 压力表常见故障及处理方法

故障现象	可能原因或处理方法
1. 压力表无指示	1. 弹簧管破裂或被； 2. 表内机械传动机构失灵或卡住； 3. 漏气导致无法建立压力
2. 指针走动呆滞	1. 指针碰玻璃或表盘； 2. 中心齿轮轴弯曲或摩擦轴孔
3. 指针跳动	1. 表头内机械传动部分配合不好，间隙中有异物； 2. 齿轮和轴变形； 3. 弹簧管自由端拉杆活动受阻； 4. 游丝外端与零件相碰； 5. 连杆与扇形齿轮间的活动螺丝不灵活
4. 指针不回零	1. 游丝力矩不足； 2. 指针松动； 3. 零点未校正； 4. 调试时超压，弹簧管永久变形； 5. 机芯固定位置不当
5. 指示超差	1. 弹簧管渗漏； 2. 传动机构阻力大； 3. 游丝力矩不足，位置不对； 4. 传动机构间隙大

3. 电接点压力表

在生产过程中，常需要把压力控制在某一范围内。因为当压力超过某一规定范围时，就会破坏正常工艺条件，甚至可以发生爆炸等危险。利用带有电接点的压力表可以很简便地在压力偏离给定值时发出声光信号，以便提醒操作人员注意，并可通过中间继电器构成联锁回路，发出停机信号。

该仪表的测量系统由弹簧管、接杆和齿轮传动机构、示值部件组成。被测介质的压力作用于弹簧管，使其自由端产生位移，由拉杆传至齿轮传动机构予以放大，并转换成指针的转动，在刻度盘上指示出被测值。

仪表的上、下限设定针上各安装了一只感应开关，当压力从零上升并达到下限值时，下限信号针进入下限感应开关的缝隙中，使感应开关改变电气状态，发出超下限位式信号。当压力继续上升时，下限信号针留在缝隙中，信号保持。当压力到达上限值时，上限信号针由指针带离上限感应器的缝隙，使上限感应开关改变电气状态，发出超上限信号。当压力继续上升，信号保持。当压力回落到上限值，上限信号针便插入上限感应器的缝隙，上限感应器又回复原来电气状态，撤消超上限位式信号。当压力下降至下限值，指针将下限信号针带离下限感应器的缝隙，使下限感应开关回复原来状态，撤消超下限位式信号。当位式信号与防爆栅及外设备、电路、执行器适当配合,便能在爆炸环境中直接测量、控制压力所需的范围内,或发出报警信号或停机动作,从而实现自动控制。

4. 压力变送器

需要在控制室内显示压力的仪表,一般选用压力变送器或压力传感器。对于爆炸危险场所,常选用气动压力变送器、防爆型电动Ⅰ型或Ⅱ型压力变送器;对于微压力的测量,可采用微差压变送器;对黏稠、易堵、易结晶和腐蚀强的测量介质,宜选用带法兰的膜片式压力变送器;在大气腐蚀场所及强腐蚀性等介质测量中,还可选用1151系列或820系列压力变送器。

一般意义上的压力变送器主要由测压元件传感器(也称作压力传感器)、测量电路和过程连接件三部分组成。它能将测压元件传感器感受到的气体、液体等物理压力参数转变成标准的电信号(如4~20mA DC等),以供给指示报警仪、记录仪、调节器等二次仪表进行测量、指示和过程调节。

工作原理:当压力信号作用于传感器时,压力传感器将压力信号转换成电信号,经差分放大和输出放大器放大,最后经V/A电压电流转换成与被测介质(液体)的液位压力成线性对应关系的4~20mA标准电流输出信号。

电容式压力变送器测量部分敏感部件采用全焊接结构,电子线路部分采用波峰焊接和接插件安装方式,整体结构坚固、耐用,故障甚少。对绝大多数使用者来说,如发现敏感部件出现故障,一般无法自行修复,应与生产厂家联系更换其整体部件。

变送器测量部分产生的故障,都会引起变送器无输出或输出不正常,因此应首先检查变送器的测量敏感部件。拆下法兰,检查敏感部件隔离膜片有无变形、破损和漏油现象发生。拆下补偿板,不取出敏感部件,检查插针对壳体的绝缘电阻,在电压不超过100V的情况下,绝缘电阻不应小于100MΩ。接通电路和气路,当压力信号为量程上限值时,关闭气源,输出电压和读数值应稳定不动。如果输出电压下降,则说明变送器有泄漏,可用肥皂水检查出泄漏部位。

变送器电路部分的检查:接通电源,在给定输入压力信号后,检查变送器输出端电压信号的状态。若无输出电压,应首先检查电源电压是否正常;是否符合供电要求;电源与变送器及负载设备之间有无接线错误。如果变送器接线端子上无电压或极性接反可造成变送器无电压信号输出。排除上述原因,则应进一步检查放大器板线路中元件有无损坏问题;线路板接插件有无接触不良现象,可采取对照正常仪表的测量电压与故障仪表对应的测量电压相比较的方法,确定故障点,必要的情况下可更换有故障的放大器板。在对流量型变送器检查时,对J型放大器板应特别要注意采取防静电措施。

接通电源,在给定输入压力信号后,若变送器输出过高(大于10VDC),或输出过低(小于2.0VDC),且改变输入压力信号和调整零点、量程螺钉时输出均无反应。对于这类故障,除检查变送器测量部分敏感部件有无异常外,应检查变送器放大器板上"振荡控制电路部分"工作正常与否。高频变压器T1-T2之间正常峰值电压应为25~35V;频率约为32kHz。其次检查放大器板上各运算放大器的工作状况;各部分的元器件有无损坏问题等。此类故障需要更换放大器板。变送器在线路设计和工艺装配质量上要求都十分严格,在实际使用中对出现的线路故障,经检查确认后最好与生产厂家联系更换其故障线路板,以确保仪表长期工作的稳定性和可靠性。

现场故障检查：施工现场出现的故障，绝大多数是由于压力传感器使用和安装方法不当引起的，归纳起来有几个方面。

(1) 一次元件(孔板、远传测量接头等)堵塞或安装形式不对，取压点不合理。

(2) 引压管泄漏或堵塞，充液管里有残存气体或充气管里有残存液体，变送器过程法兰中存有沉积物，形成测量死区。

(3) 变送器接线不正确，电源电压过高或过低，指示表头与仪表接线端子连接处接触不良。

(4) 没有严格按照技术要求安装，安装方式和现场环境不符合技术要求。

以上压力传感器及变送器出现的故障都会引起变送器输出不正常或测量不准确，但经过细心检查，严格按照技术要求使用和安装，及时采取有效措施，问题都可以排除，对不能处理的故障，应将变送器送到实验室或生产厂家做进一步检查。

(三) 物位测量

物位测量仪表是测量液态和粉粒状材料的液面和装载高度的工业自动化仪表。测量块状、颗粒状和粉料等固体物料堆积高度，或表面位置的仪表称为料位计；测量罐、塔和槽等容器内液体高度，或液面位置的仪表称为液位计，又称液面计；测量容器中两种互不溶解液体或固体与液体相界面位置的仪表称为相界面计。

物位测量仪表的种类很多，常用的有直读式液位计、差压式物位仪表、浮力式液位计、电容式物位仪表、声波式物位仪表和核辐射物位仪表。此外，还有电触点式、翻板式和机械叶轮探测式等物位测量仪表。

1. 浮力式液位计

浮力式液位计是根据液位变化时，漂浮在液体表面的浮子随之同步移动的原理工作的。也可将浮筒的一部分浸入液体中，并使之不能自由漂浮，则其所受的浮力将随液位或相界面位置而变化，测出此浮力变化即可测出液位。这一移动距离通过机构传出或变成气信号或电信号，即可测出液位。

浮力式液位计有两种。一种是维持浮力不变的液位计，称为恒浮力式液位计，如浮球、浮标式等，常用于污水罐或注水净化水罐；一种是在测量过程中浮力发生变化的，叫做变浮力式液位计，如沉筒式液位计等，常用于压力容器内轻油液位的检测。浮力式液位计结构简单，造价低，维持方便，因此在工业生产中应用广泛。

恒浮力式液位计是利用浮子本身的重量和所受的浮力均为定值，使浮子始终漂浮在液面上，并随液面的变化而变化的原理来测量液位的。需要在罐顶开孔，并使用滑轮和标尺进行显示，如图 8-19 所示。由于原油黏度大，上部温度低结壳后易导致浮球粘连，使其无法跟随液面而变化，故不采用。

变浮力式液位计(浮筒式液位计)的测量元件是沉漫在液体中的浮筒。它随液位变化而产生浮力的变化，去推动气动或电动元件，发出信号给显示仪表，以指示被测液面值，也可作液面报警和控制。当液位发生变化

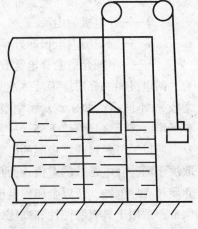

图 8-19 恒浮力式液位计

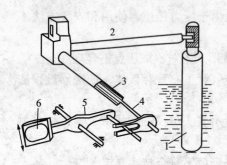

图 8-20 浮筒式液位计
1—浮筒；2—杠杆；3—扭力管；
4—心轴；5—推板；6—霍尔片

时，浮筒(又称沉筒)1 本身的重力与所受的浮力的不平衡力，经杠杆 2 传至扭力管 3，而扭力管产生转角弹性变形。由心轴 4 传出，经推板 5 传到霍尔片 6，转换成霍尔电势，经功率放大后转换成统一的标准电信号输出，以远传给显示仪表进行液位显示、记录和控制，如图 8-20 所示。

2. 差压式物位计

差压式物位仪表是假定物料的密度为恒定值，容器中液体或固体物料堆积的高度与它在某测试点所产生的压力成正比，因而可用测压的方法来测量物位。测量压力可用压力表、压力传感器和压力变送器等。

差压式液位计的特点是：

测量元件在容器中几乎不占空间，只需在容器壁上开一个或两个孔即可；

测量元件只有一、两根导压管，结构简单，安装方使，便于操作维护，工作可靠；

采用法兰式差差变送器可以解决高黏度、易凝固、易结晶、腐蚀性、含有悬浮物介质的液位测量问题；

差压式液位计通用性强，可以用来测量液位，也可用来测量压力和流量等参数。

遇到含有杂质、结晶、凝聚或易自聚的被测介质，用普通的差压变送器可能引起连接管道的堵塞，此时需要采用法兰式差压变送器。

当差压变送器与容器之间安装隔离罐时，需要进行零点迁移。

3. 电容式物位计

电容式物位仪表的工作原理是把物位的变化，变换成相应电容量的变化，然后测量此电容量的变化从而得到物位变化的。它是一根金属棒插入盛液容器内，金属棒作为电容的一个极，容器壁作为电容的另一极。电容量为

$$C = \frac{2\pi\varepsilon L}{\ln D/d} \qquad (8-10)$$

式中 L——两极板相互遮盖部分的长度；

D——外电极的内径；

d——圆筒型内电极的外径；

ε——中间介质的介电常数。

两电极间的介质即为液体及其上面的气体。由于液体的介电常数 ε_1 和液面上的介电常数 ε_2 不同，比如 $\varepsilon_1 > \varepsilon_2$，则当液位升高时，两电极间总的介电常数值随之加大因而电容量增大。反之当液位下降，ε 值减小，电容量也减小。

所以，可通过两电极间的电容量的变化来测量液位的高低。电容液位计的灵敏度主要取决于两种介电常数的差值，而且，只有 ε_1 和 ε_2 的恒定才能保证液位测量准确，因被测介质具有导电性，所以金属棒电极都有绝缘层覆盖。电容液位计体积小，容易实现远传和调节，适用于具有腐蚀性和高压的介质的液位测量。

4. 浮球液位计

浮球液位计的原理是利用水的浮力，使中空的金属球漂浮在液面上，金属浮球跟随液

面的高低移动,通过连杆转化为外部轴的角位移,利用角位移传感器生成 4~20mA 标准信号。

5. 其他物位计

直读式液位计是将指示液位用的玻璃管或特制的玻璃板接于被测容器,根据连通管原理,从玻璃管或玻璃板上的刻度读出液位的高度。直读式液位计结构简单、直观,但易破损,内表面沾污,造成读数困难,只能就地读数,不能远传。

声波式物位仪表一般分为利用声波阻断原理和利用声波反射原理两类。声波阻断式物位仪表在物位升高而阻断从发射换能器到接收换能器的声束时,接受换能器接受到的声能会产生突变,并发出突变的开关信号;声波反射物位仪表是根据声波从发射换能器到液面或料面,再从这一表面反射回到接收换能器的时间间隔,来测出物位的。此类仪表精度高、反应快,但成本高、维护维修困难,都用于要求测量精度较高的场合。

核辐射液位计是通过放射源发出射线,穿过被测物料后由探测器接收。当物位改变时,由于被测物料的吸收剂量改变,而使探测器接受到的辐射强度改变,再转换为电信号的变化,经放大后送给显示仪表连续显示物位。核辐射物位仪表的特点是:射线能穿透很厚的壁以实现不接触测量,因而可用于高压、高温和有毒的密封容器的液位或料位测量,且不受周围电磁场、烟气和灰尘等影响,但此类仪表成本高,使用维护不方便,射线对人体危害性大,使用时须注意保护。

(四)流量测量

在石油生产中,为使各种生产过程能正常进行,对某些设备(如泵、鼓风机、压缩机等)来说,根据流量测量结果可以直接判断它们运行是否正常,潜力是否充分发挥,为了对生产过程的经济效果进行考核、分析,也需要流量提供必要的依据。

流量测量仪表是用来测量管道或明沟中的液体、气体或蒸汽等流体流量的工业自动化仪表,又称流量计。

流量是指单位时间内流经管道有效截面的流体数量,流体数量用体积表示者称为体积流量,单位为立方米/时、升/时等;流体数量用质量表示者称为质量流量,单位为吨/时、千克/时等。流量可利用各种物理现象来间接测量,所以流量测量仪表种类繁多。按测量方法分,流量计有差压式、变面积式、容积式、速度式和电磁式等。

1. 差压流量计

差压流量计是应用非常广泛的一类流量测量仪表,约占流量测量仪表总数的70%。它由节流装置和差压计两部分组成,充满圆管的流体流经节流件(如孔板)时,流束在孔板处形成局部收缩,由于流速增加、静压力降低而在孔板前后产生压差,这一压差与流量的平方成正比。它是基于流体流动的节流原理,利用流体流经节流装置时产生的压差力与其流量有关而实现流量测量的。特点是:方法简单,仪表(指敏感元件)无可动部件,工作可靠,寿命长,量程比约为3:1,管道内径在 50~1200mm 范围内均能使用,几乎可测各种工况下的单相流体流量。不足之处是对小口径管道(小于60mm)的流量测量有困难,压损较大,仪表刻度为非线性,测量精度不很高。

测量压差的仪表有应变、电容和振弦式等差压变送器,以及双波纹管差压计等类型。这类仪表调试方便,且已规范化。只要将节流装置与差压计配套就可用于测量流体的流量。

按产生差压的作用原理分类：节流式；动压头式；水力阻力式；离心式；动压增益式；射流式。

按结构形式分类：标准孔板；标准喷嘴；经典文丘里管；文丘里喷嘴；锥形入口孔板；1/4 圆孔板；圆缺孔板；偏心孔板；楔形孔板；整体（内藏）孔板；线性孔板；环形孔板；道尔管；罗洛斯管；弯管；可换孔板节流装置；临界流节流装置。

按用途分类：标准节流装置；低雷诺数节流装置；脏污流节流装置；低压损节流装置；小管径节流装置；宽范围度节流装置；临界流节流装置。

2. 变面积式流量计

变面积式流量计的主要形式是转（浮）子流量计，是由锥形玻璃管和浮子组成，浮子能在垂直安装的锥形玻璃管内上下移动。被测流体自下向上流过管壁与浮子之间环隙时，托起浮子向上，这时管与浮子之间的环隙面积增大，直到浮子两边压差所形成的力与浮子重力相等时，浮子便处在一个平衡位置。

流量变化时浮子两边压差所形成的力也随之变化，使浮子又在一个新的位置上重新平衡，浮子浮起的高度即为流量计的读数。

3. 容积式流量计

容积式流量计主要用来测量不含固体杂质的液体，如油类、冷凝液、树脂和液态食品等黏稠流体的流量。对于高黏度介质的流量，其他流量计很难测量，而容积式流量计却能精确测量，精度可达 ±0.2%。所以原油计量使用容积式流量计进行，常用的容积式流量计有椭圆齿轮流量计、腰轮（罗茨）流量计。

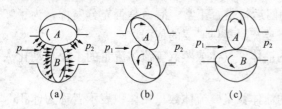

图 8-21 容积式流量计动作过程

椭圆齿轮流量计的测量部分是由两个互相啮合的椭圆形齿轮、轴和壳体（它与椭圆形齿轮构成计量室）等组成。其测量原理如图 8-21 所示。当被测流体流过椭圆齿轮流量计时，它将带动椭圆齿轮旋转，椭圆齿轮每旋转一周，就有一定数量的流体流过仪表。只要用传动及累积机构记录椭圆齿轮的转数，就能知道被测流体流过仪表的总量。

当流体流过齿轮流量计时，因克服仪表阻力必将引起压力损失而形成压力差 $\Delta p = p_1 - p_2$，p_1 为入口压力，p_2 为出口压力。在此 Δp 的作用下，图中的椭圆齿轮 A 将受到一个合力矩的作用，使它绕轴作顺时针转动，而此时椭圆齿轮 B 所受到的合力矩为零。但因两个椭圆齿轮是紧密啮合的。故椭圆齿轮 A 将带动 B 绕轴作逆时针转动，并将 A 与壳体之间月牙形容积内的介质排至出口。显然，此时 A 为主动轮，B 为从动轮。当转至图所示的中间位置时。齿轮 A 与 B 均为主动轮。当再继续转至图（c）所示位置时，A 轮上的合力矩降为零，而作用在 B 轮上的合力矩增至最大，使它继续向逆时针方向转动。从而也将 B 齿轮与壳体间月牙形容积内的介质排至出口。显然这时 B 为主动轮，A 为从动轮，这与图中（a）所示的情况刚好相反。齿轮 A 和齿轮 B 就这样反复循环，相互交替地由一个带动另一个转动，将被测介质以月牙形容积为单位，一次一次地由进口排至出口。椭圆齿轮每转一周所排出的被测介质最为月牙形容积的四倍，因而从齿轮的转数便可以计算出排出介质的数量。

$$V = 2\pi n(R^2 - ab)\delta \tag{8-11}$$

式中 n——椭圆齿轮的旋转次数；

　　R——壳体容室的半径；

　　a,b——椭圆齿轮的长半轴和短半轴；

　　δ——椭圆齿轮的厚度。

双转子流量计，属于目前国际上最新一代容积式流量计，也称为螺杆流量计，是用于管道中液体流量的测量和控制的精密仪表。

双转子流量计是一对特殊齿型的螺旋转子直接啮合，无相对滑动，不需要同步齿轮。靠进、出口处较小的压差推动转子旋转。同一时刻，每一个转子在同一横截面上受到流体的旋转力矩虽然不一样，但两个转子分别在所有横截面上受到旋转力矩的合力矩是相等的。因此两个转子各自作等速、等转矩旋转，排量均衡无脉动。螺旋转子每转一周可输出8倍空腔的容积，因此，转子的转数与流体的累积流量成正比，转子的转速与流体的瞬时流量成正比。转子的转数通过磁性联轴器传到表头计数器，显示出流过流量计（流过管道）的流量。

根据其特点，在集输系统中，往往用作原油的计量，配合含水、密度等数据，可以计算出原油质量。

4. 涡轮流量计

涡轮流量计由传感器和显示仪表组成，传感器主要由磁电感应转换器和涡轮组成。流体流过传感器时，先经过前导流件，再推动铁磁材料制成的涡轮旋转。旋转的涡轮切割固壳体上的磁电感应转换器的磁力线，磁路中的磁阻便发生周期性的变化，从而感应出交流电信号。

信号的频率与被测流体的体积流量成正比，传感器的输出信号经前置放大器放大后输至显示仪表，进行流量指示和积算。涡轮转速信号还可用光电效应、霍耳效应等转换器检出。

主要特点：

高精确度，液体 $\pm 0.25\% R(\pm 0.15\% R)$；

重复性好，短期重复性可达 $0.05\% \sim 0.2\%$；

输出脉冲频率信号，适于总量计量及与计算机连接，无零点漂移，抗干扰能力强；

可获得很高的频率信号（$3 \sim 4kHz$），信号分辨力强；

范围度宽，中大口径可达40:1，小口径为6:1或5:1；

结构紧凑轻巧，安装维护方便，流通能力大；

适用高压测量，仪表表体上不必开孔，易制成高压型仪表；

专用型传感器类型多，可根据用户特殊需要设计为各类专用型传感器，例如低温型、双向型、井下型、混砂专用型等；

可制成插入型，适用于大口径测量，压力损失小，价格低，可不断流取出，安装维护方便；

难以长期保持校准特性，需要定期校验；

一般不适用于较高黏度介质（高黏度型除外），随着黏度的增大，流量计测量下线值提高，范围度缩小，线性度变差；

流体物性(密度、黏度)对仪表特性有较大影响。气体流量计易受密度影响,而液体流量计对黏度变化反应敏感;

对被测介质的清洁度要求较高,限制了其适用领域,一般应用于集输污水计量和天然气计量。

5. 电磁流量计

电磁流量计是 20 世纪 50 ~ 60 年代随着电子技术的发展而迅速发展起来的新型流量测量仪表。电磁流量计是根据法拉第电磁感应定律制成的,电磁流量计用来测量导电液体体积流量的仪表。由于其独特的优点,电磁流量计目前已广泛地被应用于工业过程中各种导电液体的流量测量,如各种酸、碱、盐等腐蚀性介质;在结构上,电磁流量计由电磁流量传感器和转换器两部分组成。传感器安装在工业过程管道上,它的作用是将流进管道内的液体体积流量值线性地变换成感生电势信号,并通过传输线将此信号送到转换器。转换器安装在离传感器不太远的地方,它将传感器送来的流量信号进行放大,并转换成流量信号成正比的标准电信号输出,以进行显示,累积和调节控制。

(1) 电磁流量计的基本原理

根据法拉第电磁感应定律,当一导体在磁场中运动切割磁力线时,在导体的两端即产生感生电势 e,其方向由右手定则确定,其大小与磁场的磁感应强度 B,导体在磁场内的长度 L 及导体的运动速度 u 成正比,如果 B,L,u 三者互相垂直,则

$$e = BLu \tag{8-12}$$

在磁感应强度为 B 的均匀磁场中,垂直于磁场方向放一个内径为 D 的不导磁管道,当导电液体在管道中以流速 u 流动时,导电流体就切割磁力线。如果在管道截面上垂直于磁场的直径两端安装一对电极(如图 8 – 22 所示),只要管道内流速分布为轴对称分布,两电极之间也特产生感生电动势:

$$e = BD\bar{u} \tag{8-13}$$

式中,$\bar{u}$ 为管道截面上的平均流速。由此可得管道的体积流量为:

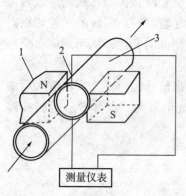

图 8 – 22　电磁流量计原理简图
1—磁极;2—电极;3—管道

$$q_v = \frac{\pi D^2}{4}\bar{u} = \frac{\pi D}{4}\frac{e}{B} \tag{8-14}$$

由上式可见,体积流量 q_v 与感应电动势 e 和测量管内径 D 成线性关系,与磁场的磁感应强度 B 成反比,与其他物理参数无关,这就是电磁流量计的测量原理。

需要说明的是,要使测量条件严格成立,必须满足下列假定:磁场是均匀分布的恒定磁场;被测流体的流速轴对称分布;被测液体是非磁性的;被测液体的电导率均匀且各向同性。

(2) 励磁方式

励磁方式即产生磁场的方式。由前述可知,为使测量条件严格成立,第一个必须满足的条件就是要有一个均匀恒定的磁场。为此,就需要选择一种合适的励磁方式。目前,一般有三种励磁方式,即直流励磁、交流励磁和低频方波励磁。现分别予以介绍。

①直流励磁

直流励磁方式用直流电产生磁场或采用永久磁铁，它能产生一个恒定的均匀磁场。这种直流励磁变送器的最大优点是受交流电磁场干扰影响很小，因而可以忽略液体中的自感现象的影响。但是，使用直流磁场易使通过测量管道的电解质液体被极化，即电解质在电场中被电解，产生正负离子。在电场力的作用下，负离子跑向正极，正离子跑向负极。这样，将导致正负电极分别被相反极性的离子所包围，严重影响电磁流量计的正常工作。所以，直流励磁一般只用于测量非电解质液体，如液态金属等。

②交流励磁

工业上使用的电磁流量计大都采用工频（50Hz）电源交流励磁方式，即它的磁场是由正弦交变电流产生的，所以产生的磁场也是一个交变磁场，交变磁场变送器的主要优点是消除了电极表面的极化干扰。另外，由于磁场是交变的，所以输出信号也是交变信号，放大和转换低电平的交流信号要比直流信号容易得多。

当测量管内径不变，磁感应强度为一定值时，两电极上输出的感生电动势与流量成正比，这就是交流磁场电磁流量变送器的基本工作原理。

值得注意的是，用交流磁场会带来一系列的电磁干扰问题，例如正交干扰、同相干扰等，这些干扰信号与有用的流量信号混杂在一起。因此，如何正确区分流量信号与干扰信号，并如何有效地抑制和排除各种干扰信号，就成为交流励磁电磁流量计研制的重要课题。

③低频方波励磁

直流励磁方式和交流励滋方式各有优缺点，为了充分发挥它们的优点，尽量避免它们的缺点，20世纪70年代以来开始采用低频方波励磁方式，其励磁电流波形其频率通常为工频的 $1/4 \sim 1/10$。

在半个周期内，磁场是恒稳的直流磁场，它具有直流励磁的特点，受电磁干扰影响很小。从整个时间过程看，方波信号又是一个交变的信号，所以它能克服直流励滋易产生的极化现象，低频方波励磁是一种比较好的励磁方式，在电磁流量计上广泛的应用。

优点：测量通道是一段无阻流测量件的光滑直管，不易阻塞；无压力损失；所测得的体积流量，实际上不受流体密度、黏度、温度、压力和电导率（只要在某阈值以上）变化明显的影响；与其他大部分流量仪表相比，前置直管段要求较低；测量范围度大，通常为 $20:1 \sim 50:1$；口径范围比其他品种流量仪表宽，从几毫米到3m；可测正反双向流量，也可测脉动流量，只要脉动频率低于激磁频率很多；仪表输出本质上是线性的；易于选择与流体接触件的材料品种，可应用于腐蚀性流体。

缺点：不能测量电导率很低的液体，如石油制品和有机溶剂等。不能测量气体、蒸汽和含有较多较大气泡的液体；由于衬里材料和电气绝缘材料限制，不能用于较高温度的液体；有些型号仪表用于过低于室温的液体，因测量管外凝露（或霜）而破坏绝缘。在集输领域常用于污水计量。

6. 磁电流量计

磁电流量计，全称为磁电式智能流量计。其优点在于结合旋涡流量计和电磁流量计的优点，是一种最经济实惠的智能流量仪表。采用先进的单片机技术和微功耗新技术，具有结构简单、无可动部件、压力损失小，测量准确度高，量程比宽，无零点漂移，便于安装维护等能测量导电液体包括酸、碱、盐等强腐蚀性液体和纸浆、泥浆、废污水及固液两相悬浮液的体积流量，在集输系统中常用作油田污水的测量。

(1) 磁电流量计工作原理

磁电流量计是根据法拉第电磁感应原理研制的。在表壳内放置一个与被测介质流向垂直的梯形柱体感应发生体，其下游的磁钢产生强磁场，磁力线穿过管道，当介质流经感应发生体时，在其下游两侧交替地分离释放出两列规则的交错排列导体，切割磁力线感应出频率相同的电动势，用电极度检出电信号在一定速度范围既可实现流体的分离频率正比于流量。

在感应发生体下游的电极度输入高频振荡信号，该信号受感应频率调制，经调制后高频信号进入检测器单片机进行运算与处理，准确检出流量信号，输入显示仪单片机进行流量运算和功能处理。

(2) 磁电流量计选型

由于流量计输出频率是与使用状态下流过仪表的体积流量成正比，所以应明确实际的工作条件，包括流体名称、成分、密度、黏度、工作压力、温度范围以及流量范围。

① 流量计型式的选择

小于 $DN300$ 的选用管道式；

大于 $DN300$ 的选用插入式流量计或选用管道式。

② 流量计口径的选择原则

使介质流速处于经济流速($1\sim3m/s$)范围内；流量计上限流量应能满足工艺要求的最大流量；为了调整介质流速，在流量计两端可能需要装设异径管。渐缩管用于提升局部流速，渐扩管的作用相反，不常使用。

(3) 选型时要考虑的问题

被测液体必须能导电，不能用来测量气体、油品和有机溶剂等非导电介质的流量。

被测介质中不应含有大量气泡，否则会影响测量准确度。

被测流体应在流量计满量程的 20%~80% 之间，以获得较高的测量精度。

应根据被测介质的腐蚀性和温度，选择适当的电极材料。

根据流量计的安装方式选用不同方位的显示器，以便于观察。

7. 涡街流量计

(1) 原理

涡街流量计是在流体中放置一个非流线型柱状物(圆柱或三角柱形等)，在某一雷诺数范围内便会在柱状物后面的两侧交替地产生一种有规律的旋涡。根据两侧旋涡之间的距离与同侧旋涡之间距的相互关系，就可测出旋涡频率即可得出体积流量。

由传感器和转换器两部分组成，传感器包括旋涡发生体(阻流体)、测量元件、仪表表体等；转换器包括前置放大器、滤波整形电路、D/A 转换电路、输出接口电路、端子、支架和防护罩等。智能式流量计还把微处理器、显示通信及其他功能模块亦装在转换器内。

旋涡发生体：是测量器的主要部件，它与仪表的流量特性(仪表系数、线性度、范围度等)和阻力特性(压力损失)密切相关。

流量计测量旋涡信号有 5 种方式：用设置在旋涡发生体内的测量元件直接测量发生体两侧差压；旋涡发生体上开设导压孔，在导压孔中安装测量元件测量发生体两侧差压；测量旋涡发生体周围交变环流；测量旋涡发生体背面交变差压；测量尾流中旋涡列。

(2) 优点

结构简单牢固，安装维护方便（与节流式差压流量计相比较，无需导压管和三阀组等，减少泄漏、堵塞和冻结等）；适用流体种类多，如液体、气体、蒸气和部分混相流体；精确度较高（与差压式，浮子式流量计比较），（±1%～±2%）R；范围宽度，可达10∶1或20∶1；压损小（约为孔板流量计1/4～1/2）；输出与流量成正比的脉冲信号，适用于总量计量，无零点漂移；在一定雷诺数范围内，输出频率信号不受流体物性（密度，黏度）和组分的影响，即仪表系数仅与旋涡发生体及管道的形状尺寸有关；可根据测量对象选择相应的测量方式，仪表的适应性强；是一种较有可能成为仅需干式校验的流量计。

(3) 局限性

①不适用于低雷诺数测量（$Re_D \geq 2 \times 10^4$），故在高黏度、低流速、小口径情况下应用受到限制。

②旋涡分离的稳定性受流速分布畸变及旋转流的影响，应根据上游侧不同形式的阻流件配置足够长的直管段或装设流动调整器（整流器），一般可借鉴节流式差压流量计的直管段长度要求安装。

③力敏测量法对管道机械振动较敏感，不宜用于强振动场所。

④与涡轮流量计相比仪表系数较低，分辨率低，口径愈大愈低，一般满管式流量计用于DN300以下。

⑤仪表在脉动流、混相流中尚欠缺理论研究和实践经验

涡街流量计在集输系统中常用于污水计量和天然气计量。

8. 超声流量计

超声流量计是通过测量流体流动时对超声束（或超声脉冲）的作用，以测量体积流量的仪表。

按测量原理分类有：①传播时间法；②多普勒效应法；③波束偏移法；④相关法；⑤噪声法。

(1) 优点

①可作非接触测量；

②无流动阻挠测量，无额外压力损失；

③可采用干法标定，一般不需作实流校验；

④适用于大型圆形管道和矩形管道，且原理上不受管径限制，其造价基本上与管径无关；

⑤多普勒法可测量固相含量较多或含有气泡的液体；

⑥可测量非导电性液体；

⑦可解决一些特殊测量问题（速度分布严重畸变、非圆截面管道等）；

⑧附有测量声波传播时间的功能。

(2) 缺点和局限性

①传播时间法仪表只能用于清洁液体和气体，不能测量悬浮颗粒和气泡超过某一范围的液体；反之多普勒法仪表只能用于测量含有一定异相的液体；

②外夹装换能器的仪表不能用于衬里或结垢太厚的管道，以及不能用于衬里（或锈层）

与内管壁剥离(若夹层夹有气体会严重衰减超声信号)或锈蚀严重(改变超声传播路径)的管道;

③多普勒法仪表多数情况下测量精度不高;

④国内生产现有品种不能用于管径小于 DN25 的管道。

9. 刮板流量计

刮板流量计是一种容积式流量计量仪表用以测量封闭管道中流体的体积流量。在这种流量计的转子上装有两对可以径向内外滑动的刮板,转子在流量计进、出口差压作用下转动,每转动一周排出四份"计量空间"的流体体积。只要测出转动次数,就可以计算出排出流体的体积量。具有以下特点:

①可选用机械计数表头实现就地指示,并可配备脉冲发讯器或智能表实现远传;

②精度高,最高精度等级为 0.2;

③刮板不易磨损,能承受高压力,防止渗漏;

④压力损失小,精度衰减率低,最大不超过 0.03MPa;

⑤单壳体结构简单,重量轻;双壳体结构不受管热涨及压力的影响,变形量小;

⑥安装方便,不需要直管段、整流器等附属设备,不受弯头、阀门等件的影响;

⑦运行平稳、无振动、噪声;

⑧比速度式流量计压降大,但优于其他容积式流量计。

(五) 可燃性气体的测量

在油气集输过程中,存在各种易燃易爆气体。当这些气体在空气中的浓度达到一定数值时,随时都可能发生爆炸,危及人身与设备的安全。因此严密监测可燃性气体在空气中的浓度,对确保生产安全是非常重要的。

目前测量空气中可燃性气体浓度的传感器种类很多,采用的原理也各不相同。常见的有接触燃烧法(即催化燃烧法)、红外线、热导、光干涉法以及半导体气敏元件等等。它们都各有特点,但相比之下,接触燃烧法原理的传感器有以下几个优点:

在 0~100% 量程范围内,有较好的线性,测量精度较高,响应时间短,能满足工程需要;对环境温度补偿容易;抗干扰能力较强,但为保证其正常工作,背景气体中必须含有 9% 以上的氧量;

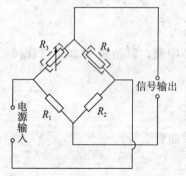

图 8-23 接触燃烧法测量原理

接触燃烧法传感器的测量原理如图 8-23 所示。它是基于可燃性气体与催化元件接触产生燃烧,发出的热量与可燃性气体的浓度成正比,使催化元件(R_3)的阻值发生变化。

如图 8-23 中桥臂电阻 R_1、R_2 为标准电阻,R_3、R_4 分别为粒状测量元件与补偿元件。R_3 是经过催化处理的测量元件,R_4 是经过钝化处理的补偿元件,它们都安装在相同的环境中。当无可燃性气体与传感器接触时,桥路平衡,无输出。当有可燃性气体与传感器接触时,可燃性气体就会在测量元件上产生无焰燃烧,元件(R_3)温度升高,阻值发生变化,桥路失去平衡,输出与可燃性气体浓度成正比的信号,送入二次仪表进行显示、报警。

三、显示仪表

在油田生产中,不仅需要测量出生产过程中各个参数量的大小,而且还要求把这些测量值进行指示、记录,或用数字、图像等显示出来,这种作为显示被测参数测量值的仪表称为显示仪表。显示仪表直接接收测量元件、变送器或传感器的输出信号,然后经过测量线路和显示装置,把被测参数进行显示,以便提供生产所必须的数据,让操作者了解生产过程进行情况,更好地控制和生产管理。

显示仪表按显示方式可分为模拟显示、数字显示和图像显示三大类。

模拟显示仪表是以仪表的指针(或记录笔)的线位移或角位移来模拟显示被测参数连续变化的仪表。这类仪表使用了磁电偏转机构,测量速度较慢,读数容易造成多值性。但它可靠,又能反映出被测参数的变化趋势。

所谓数字显示仪表,是直接以数字形式显示被测参数量值大小的仪表。它具有测量速度快,精度高,读数直观,并且对所测量的参数便于进行数值控制和数字打印记录,也便于和计算机联用等特点,为此,这类仪表得到了迅速的发展。

图像显示就是直接把工艺参数的变化量,以文字、数字、符号和图像的形式在屏幕上进行显示的仪器。它是随着电子计算机的推广应用相继发展起来的一种新型显示设备。图像显示的实质是属于数字式,它具有模拟式与数字式显示仪表两种功能,并具有计算机大存储量的记忆能力与快速性功能,是现代计算机不可缺少的终端设备,常与计算机联用,作为计算机综合集中控制不可缺少的显示装置。

(一)模拟显示仪表

模拟显示仪表主要为动圈式显示仪表。

动圈式显示仪表与热电偶、热电阻、霍尔变送器等配合用来指示温度、压力等工艺参数。由于它结构简单,体积小,重量轻,价格低廉,使用维护方便,并具有一定的抗干扰能力,因此在我国中小型企业中应用较普遍。

动圈式指示仪表是一个磁电式毫伏计。其中动圈是由具有绝缘层的细铜丝绕制而成的一个矩形框,如图 8 - 24 所示。

由铍青铜制成的张丝,把可动线圈吊在永久磁铁和软铁芯之间的均匀磁场中。张丝除悬挂动圈之外,还引导电流流入动圈,提供反作用力矩。由毫伏信号 U_m 引起的电流流过动圈时,在磁场中产生电磁力矩,使动圈偏转,并带动固定在动圈上的指针一起偏转。因动圈的偏转使张丝扭转而产生反力矩,并且反力矩随着转角的增大而增大。当反力矩与电磁力矩相等时,指针停止转动,并在刻度板上指示出相应的读数。

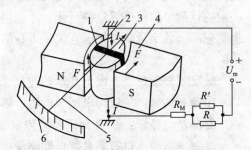

图 8 - 24 动圈式显示仪表构造原理图
1—动圈;2—张丝;3—铁芯;4—永久磁铁;
5—指针;6—刻度板

动圈产生的电磁力矩 M 与流过的电流 I 成正比关系,

$$M = C_1 I \tag{8-15}$$

式中，C_1 是与磁感应强度、动圈圈数和动圈的几何尺寸有关的系数，对一个定型的仪表，这些参数都是固定的，所以，C_1 是一个常数。

反力矩 M_f 与动圈的转角成正比，即：

$$M_f = C_2 \cdot \varphi \tag{8-16}$$

式中，C_2 是与张丝的尺寸、弹性和工作张力有关的系数，对定型仪表 C_2 也是一个常数。达到平衡时，两力矩相等，即可得到：

$$\varphi = \frac{C_1}{C_2}I = CI \tag{8-17}$$

从式可知，仪表指针的偏转角与通过动圈的电流成正比。如输入信号 U_x 越大，流过动圈的电流也越大，则指针偏转的角也越大，刻度盘上指示的变量值也越大。

（二）数字式显示仪表

数字式显示仪表是把与被测变量（如温度、流量、压力、物位及成分等等）成一定函数关系的连续变化的模拟量（如电信号），变换成断续的数字量来显示的仪表。数字式仪表与模拟式仪表相比，具有精度高，测量速度快。读数直观、准确、方便，便于与计算机联网等优点。

数字式显示仪表由前置放大器、模—数转换器（即 A/D、非线性补偿、标度变换）和显示装置等部分组成。

由测量单元送来的信号首先经变送器转换成电信号，由于信号较弱，通常需进行前置放大后才能进行 A/D 转换。把连续变化的模拟电信号转换成断续变化的数字 t，然后经非线性补偿，再通过标度变换，最后送入计数器计数并显示；同时还可送往带报警系统和打印机构去打印，需要时也可把数字量输出，供其他计算单元使用。它还可与单回路数字调节器或计算机配套作设定值控制等。

模—数转换是数字式显示仪表的核心部分。模—数转换的任务是使连续变化的模拟量转换成与其成比例的、断续变化的数字量，以便进行数字显示，要完成这一任务，必须用一定的计量单位使连续量整量化，才能得到近似的数字量。计量单位越小，整量化的误差也就越小，数字量就越接近连续量本身的值。模—数转换技术就是讨论如何使连续量整量化的方法。

数字式显示仪表有以下基本功能：

①输入信号：一般为电压、电流、频率、脉冲及开关信号等。

②测量值显示：0~9 数码和被测量参数的单位符号等。

③基本功能：对被测参数自动测量；数字形式显示测量值；对被测参数设定报警；可输出模拟量信号或数字量信号；当被测参数达到预定值时给出控制信号；数字打印；可多点测量、显示、报警、输出控制信号。

作为工业生产过程参数的显示，数字式和模拟式各有自己的特点，选用时应根据具体情况而定。数字式仪表准确，分辨率高，有助于减少含糊不清的疑点，并便于和计算机配用，目前多用于单点测量显示或多点巡检带数字打印的场合。模拟式仪表最大的优点是性能稳定，记录显示能反映测量趋势。对于高密度安装仪表的表盘来说，使用模拟式仪表便于操作者了解掌握生产过程的全面情况。

四、控制仪表

（一）智能操作器

1. HR-WP 智能操作器

适用于各种温度、压力、液位、速度、长度等的测量控制。采用微处理器进行数学运算，可对各种非线性信号进行高精度的线性矫正。数字测量显示和模拟测量显示于一体，采用数码 LED 显示，可精确的显示控制实时测量值；同时采用高精度 100 线光柱显示，清晰直观的显示实时测量值。以方便直观的与其他测量参数进行比较。向用户开启了仪表内部参数(包括输入类型、运算方式、输出参数、通信参数等)的设定界面。可切换输入多种分度号。采用先进的无跳线技术，更改输入分度号时，不用更改跳线或开关。整个仪表改型过程不需断电，只需设定仪表的分度号及相关参数，即可在线完成输入分度号的更改。支持多机通信，具有多种标准串行双向通信功能，可选择多种通信接口方式(如 RS-232C, RS-485, RS-422 等)，通信波特率 300~9600bps 仪表内部参数自由设定。可与各种带串行输入输出的设备(如电脑、可编程控制器、PLC 等)进行通信，构成智能管理系统。仪表面板如图 8-25 所示。

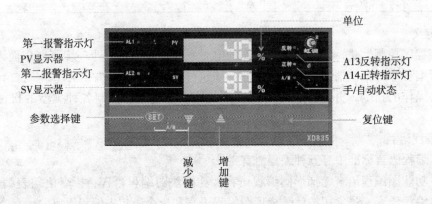

图 8-25　HR-WP 智能操作器面板

2. 使用方法

HR-WP 智能操作器必须同测量仪表和执行器连接起来才能实现其功能。

以有源操作器检测控制容器进液为例，电源接操作器端子(220~+、-)，压力变送器端子"+"接操作器端子"mA+"，压力变送器端子"-"接操作器端子"mA-"，设定高报参数"AHH=80"，低报参数"ALL=20"，上水参数"AL=50"，断水参数"AH=70"，回差"DL=20"，分度号"SL0=19"。

3. 故障处理

常见的故障及对策如表 8-18 所示。

（二）可编程逻辑控制器

1969 年时被称为可编程逻辑控制器，简称 PLC (Programmable Logic Controller)。20世纪 70 年代后期，随着微电子技术和计算机技术的迅猛发展，称其为可编程控制器，简称 PC (Programmable Controller)。但由于 PC 容易和个人计算机(Personal Computer)相混淆，故人们仍习惯地用 PLC 作为可编程控制器的缩写。

表 8-18 智能操作器常见故障及对策

内容		原因	对策
显示	显示不出	电源端子配线不正确	参照仪表接线图正确装配
		未接正规电源电压	参照主要技术参数接正规电源电压
	显示异常	仪表附近有强干扰源	进行排查
	闪烁	输入端断线	重新接线
控制	控制异常	未使用正规传感器	使用符合规格的传感器
		传感器的配线不正确	参照接线图正确装配
		传感器插入深度不足	确认传感器重新插入
		传感器插入位置错误	插入至固定位置
		配线附近有强干扰源	进行排查
	无控制输出	控制输出接线错误	参照仪表接线图正确装配
		参数设定不适当	设定正确参数
		参数设定操作不正确	参照操作手册操作
操作	无法变更设定	设定操作被禁锁	参照操作手册解除禁锁

1. 定义

可编程序控制器是一种数字运算操作的电子系统，专为在工业环境下应用而设计。它采用了可编程序的存储器，用来在其内部存储执行逻辑运算、顺序控制、定时、计数和算术运算等操作的指令，并通过数字的，模拟的输入和输出，控制各种类型的机械或生产过程。

2. 编程语言

PLC 编程语言标准中有五种编程语言：

顺序功能图编程语言、梯形图编程语言、功能块图编程语言、指令语句表编程语言、结构文本编程语言。最常用的就是梯形图编程语言和指令语句表编程语言。

（1）梯形图编程语言

梯形图是在原继电器—接触器控制系统的继电器梯形图基础上演变而来的一种图形语言。它是目前用得最多的 PLC 编程语言。

注意：梯形图表示的并不是一个实际电路而只是一个控制程序，其间的连线表示的是它们之间的逻辑关系，即所谓"软接线"。

常开触点、常闭触点、线圈等，它们并非是物理实体，而是"软继电器"。每个"软继电器"仅对应 PLC 存储单元中的一位。该位状态为"1"时，对应的继电器线圈接通，其常开触点闭合、常闭触点断开；状态为"0"时，对应的继电器线圈不通，其常开、常闭触点保持原态。

（2）梯形图编程格式

①梯形图按行从上至下编写，每一行从左和右顺序编写。PLC 程序执行顺序与梯形图的编写顺序一致。

②图左、右边垂直线称为起始母线、终比母线。每一逻辑行必须从起始母线开始画起，终比于继电器线圈或终比母线（有些 PLC 终比母线可以省略）。

③梯形图的起始母线与线圈之间一定要有触点，而线圈与终比母线之间则不能有任何触点。

(3) 指令语句表编程语言

指令语句表编程语言也叫助记符语言类似于计算机汇编语言，用一些简洁易记的文字符号表达 PLC 的各种指令。同一厂家的 PLC 产品，其助记符语言与梯形图语言是相互对应的，可互相转换。

助记符语言常用于手持编程器中，梯形图语言则多用于计算机编程环境中。

可编程调节器除了能完成模拟和数字信号的输入—输出处理、运算处理和 PID 调节控制等功能外，通过编程，同样一台调节器。只要软件不同，可实现从简单的 PID 控制方式至串级控制、前馈控制和多变量控制等高级控制方式。数字式控制仪表与常规模拟调节器的一个重要区别是：它具有通讯功能、自诊断功能，能与集散系统兼容，组成综合管理控制系统网络，而且维护方便等。

PLC 具有通用性强、使用方便、适应面广、可靠性高、抗干扰能力强、编程简单等特点。PLC 程序既有生产厂家的系统程序，又有用户自己开发的应用程序，系统程序提供运行平台，同时，还为 PLC 程序可靠运行及信息与信息转换进行必要的公共处理。用户程序由用户按控制要求设计。

3. 需注意的问题

可编程控制器是专门为工业生产环境设计的控制装置，一般不需要采取什么特殊措施便可自接用于工业环境，但是，如果环境过于恶劣，电磁干扰特别强烈，或安装使用不当，都不能保证系统的正常安全运行，为了保证其正常安全运行和提高系统的可靠性和稳定性，我们在应用可编程控制器时还要注意以下问题。

(1) 温度

一般情况下可编程控制器的四周环境温度不应低于 0° 或高于 60°，最好不高于 45°，否则应采取通风或其他保温措施。

(2) 湿度

为了保证可编程控制器的绝缘性能，其周围的湿度应保持在 35~80% RH 范围内。

(3) 振动

可编程控制器不应在具有频繁振动、连续振动(频率为 10~55Hz，振幅大于 0.5mm)或超过 $10g$ 的冲击加速度的环境下工作，否则应采取防振或减振措施。

(4) 介质

可编程控制器不应安装在充满导电尘埃、油物或有机溶剂、腐蚀性气体的环境下工作，否则应将控制柜做成封闭结构或对柜内气体采取净化措施。

4. 日常维护

(1) 日常清洁与巡查

经常用干抹布和皮老虎为可编程控制器的表面及导线间除尘除污，以保持工作环境的整洁和卫生；经常巡视、检查工作环境、工作状况、自诊断指示信号、编程器的监控信息及控制系统的运行情况，并做好记录，发现问题及时处理。

(2) 定期检查与维修

在日常检查、记录的基础上，每隔半年(可根据实际情况适当提前或推迟)应对控制系统做一次全面停机检查，项目应包括工作环境、安装条件、电源电压、使用寿命和控制性能等方面。重点检查温度、湿度、振动、粉尘、干扰是否符合标准工作环境；接线是否安全、可靠，螺丝、连线以及接插头是否有松动；电气、机械部件是否有锈蚀和损坏等；检查电压大小、电压波动是否在允许范围内；检查导线及元件是否老化、电池寿命是否到期、继电器输出型触点开关次数是否已经超过规定次数(如35 VA以下为300万次)、金属部件是否锈蚀等。

5. 故障诊断

可编程控制系统的常见故障，一方面可能来自于外部设备，如各种开关、传感器、执行机构和负载等；另一方面也可能来自于系统内部，如CPU、存储器、系统总线、电源等。大量的统计分析与实践经验已经证明，可编程控制器本身一般是很少发生故障的，控制系统故障主要发生在各种开关、传感器、执行机构等外部设备。因此，当系统发生故障时首先检查外部设备。

在检查时根据可编程控制器使用手册上给出的诊断方法、诊断流程图和错误代码表，根据它们可很容易检查出PLC的故障。另外，可利用FX系列PLC基本单元上LED指示灯诊断故障的方法。PLC电源接通，电源指示灯(POWER) LED亮，说明电源正常；若电源指示灯不亮，说明电源不通，应按电源检查流程图检查。当系统处于运行或监控状态，若基本单元上的RUN灯不亮，说明基本单元出了故障。锂电池(BATTERY)灯亮，应更换锂电池。若一路输入触点接通，相应的LED灯不亮；或者某一路未输入信号但是这一路对应的LED灯亮，可以判断是输入模块出了问题。

输出LED灯亮，对应的硬输出继电器触点不动作，说明输出模块出了故障。

基本单元上CPU ERROR灯LED闪亮，说明PLC用户程序的内容因外界原因发生改变所致。可能的原因有：锂电池电压下降；外部干扰的影响和PLC内部故障；写入程序时的语法错误也会使它闪亮。基本单元上CPU ERROR灯LED常亮，表示PLC的CPU误动作后，监控定时器使CPU恢复正常工作。这种故障可能由于外部干扰和PLC内部故障引起，应查明原因，对症采取措施。

五、执行器

执行器在自动控制系统中的作用，就是接受调节器发出的控制信号，改变调节参数，把被调参数控制在所要求的范围内，从而达到生产过程自动化。因此，执行器是自动控制系统中一个极为重要而又不可缺少的组成部分。

执行器按其能源形式可分为气动、电动和液动三大类。

电动执行器是由电动执行机构和调节机构组成。电动执行器根据不同的使用要求有各种不同的结构。电磁阀就是一种最简单的电动执行器。电动执行器大多数使用电动机作为动力元件，将调节器给予的信号转变为调节阀不同的开度。

电动执行机构根据配用的调节机构种类不同其输出方式有直行程、角行程和多转式三种类型，可和直线移动的调节阀，旋转式的蝶阀，多转动作的感应调压器等各种调节机构配合工作。在结构上，电动执行机构既可与调节阀组装成整体的执行器，也可根据需要单独分装，使用灵活。

气动执行器习惯称为气动薄膜调节阀，它以压缩空气为能源。具有结构简单、动作可靠、平稳、输出推力大、本质防爆、价格便宜、维修方便等独特的优点。大大优于液动和电动执行器。因此，气动薄膜调节阀被广泛地应用在石油、化工、冶金、电力等工业部门中。

气动调节阀可以很方便地与气动仪表配套使用。当采用电动仪表或电子计算机控制时，只要用电－气阀门定位器或电－气转换器，将电量信号转换成 20～100kPa 的气压信号即可。

（一）调节阀

执行器常用调节阀，又称控制阀。它由执行机构和调节机构（也称调节阀）两部分组成。

其中执行机构是调节阀的推动部分，它按控制信号的大小产生相应的推力，通过阀杆使调节阀阀芯产生相应的位移（或转角）。

调节机构是调节阀的调节部分，它与调节介质直接接触。在执行机构的推动下，改变阀芯与阀座间的流通面积，从而达到调节流量的目的。

1. 执行机构

（1）气动薄膜执行机构

气动薄膜执行机构是一种应用最广泛的执行机构，它通常接受 0.02～0.1MPa 或 0.04～0.2MPa 的气动信号。气动薄膜执行机构分正作用和反作用两种形式，如图 8－26 所示。当信号压力增加时推杆向下移动的叫正作用执行机构。信号压力增大时推杆向上移动的叫反作用式执行机构。较大口径的调节阀都采用正作用式执行机构。信号压力通过波纹膜片的上方（正作用式）或下方（反作用式）进入气室，在波纹膜片上产生一个作用力，使推杆移动并压缩或拉伸弹簧，当弹簧的反作用力与膜片上的作用力相平衡时，推杆就稳定在一个新的位置。信号压力越大，作用在波纹膜片的作用力越大，弹簧的反作用力也越大，即推杆的位移越大。国产正作用式执行机构型号为 ZMA 型，反作用式为 ZMB 型。

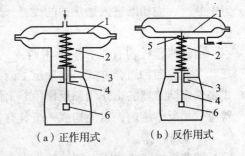

图 8－26 气动薄膜式执行机构
1—波纹膜片；2—反力弹簧；3—调节件；
4—推杆；5—密封垫片；6—连接件

气动薄膜（有弹簧）执行机构的行程规格有 10，16，25，40，60，100mm 等。薄膜的有效面积有 200，280，400，630，1000，1600cm^2 六种规格。有效面积越大，执行机构的推力和位移也越大，可按实际需要进行选择。

（2）气动活塞式执行机构

气动活塞式（无弹簧）执行机构，它的活塞随气缸两侧压差而移动。气动活塞式执行机构的气缸允许操作压力可达 0.5～0.7MPa，因为没有反力弹簧抵消推力，所以有很大的输出推力，故特别适用于高静压、高压差的工艺场合。

气动活塞式执行机构的输出特性有比例式和两位式两种。所谓比例式是指输入信号压力与推杆位移成比例关系，这种执行机构必须带有阀门定位器。两位式是根据输入执行机构活塞两侧的操作压力之差完成的，活塞由高压侧推向低压侧，就使推杆由一个极端位置移动到另一个极端位置。两位式执行机构的行程一般为 25～100mm。

（3）长行程执行机构

长行程执行机构具有行程长 200~400mm、转矩大的特点，适用于输出转角（0~90°）和力矩大的场合。

如蝶阀、风门等，它将 0.02~0.1MPa 或 0.04~0.2MPa）的气动信号压力或 4~20mA 的电流信号转变成相应的位移或转角。

（4）侧装式气动薄膜执行机构

这种执行机构同时融合了气动薄膜执行机构和活塞执行机构的特点，采用杠杆传动进行力矩放大，可使执行机构的输出力增大 3~5 倍。其输出位移与输入信号压力间呈非线性关系，但使用专用的阀门定位器后，可使输出位移与输入信号压力间呈线性关系。这种执行机构通用性好，实现正、反作用很方便，只要将连杆与转板的连接位置做相应的变更即可。侧装式气动执行机构还附有手轮机构，当调节系统因停电、停气或调节器出现故障时，可利用手轮机构直接操作阀，以保证生产过程正常进行。侧装式气动薄膜执行机构适用于高压差、重负荷、噪音控制等多方面操作要求的控制系统。

（5）执行机构的选择

调节阀气开、气关的选择主要从工艺生产需要和安全要求考虑。原则是当信号压力中断时，应保证工艺设备和生产的安全。如阀门处于全开位置时危险性小，则应选用气关式；反之应选气开式。例如，加热炉的燃料气或燃料油应采用气开式调节阀，即当信号压力中断时，应切断进入加热护的燃料，以免炉温过高造成生产或设备事故。而被加热的原油进料阀应选气关阀。

由于执行机构有正、反作用两种，阀也有正装和反装两种，因此。实现调节阀的气开、气关有四种组合方式。在确定了调节阀的气开、气关形式之后，必须根据阀的这一形式来确定调节器的正作用和反作用。上例中的燃料气或燃料油的调节阀是气开的，则调节器应选用反作用的，以便构成一个具有负反馈的控制系统。

2. 调节机构

调节机构又简称阀。阀的种类很多，可根据阀的结构、用途来分。其基本形式是直通单座阀、直通双座阀、蝶阀、三通阀等。在此基础上根据特殊用途要求，派生出波纹管密封阀、低温阀、保温夹套阀、隔膜阀、角形阀以及阀体分离阀等。近年来，随着工业自动化装置向大型化、高性能发展，研制出许多新型调节阀，如高温蝶阀、高压蝶阀和超高压调节阀。在阀的结构方面发展也很快，出现了偏心旋转阀、套筒阀、O形球阀、V形球阀。在特殊要求下使用的有卫生阀、低噪音阀、低压降阀以及单座塑料阀和全钛钢调节阀等品种。

在生产现场，调节阀直接控制工艺介质，尤其是高温、高压、低温、强腐蚀、易燃、易爆、易渗透、剧毒及高黏度、易结晶等介质情况下，若选择或使用不当，往往会给生产过程自动化带来困难，导致调节质量下降，甚至会造成严重的生产事故。因此，对执行器的正确选用、安装和维修等各个环节都必须十分重视。在选择调节阀时，必须要考虑以下几个方面：

根据工艺条件，选择合适的结构和类型；

根据工艺对象特性，选择合适的流量特性；

根据工艺参数，选择阀门的口径；

根据阀杆受不平衡力的大小,选择足够推力的执行机构;

根据工艺过程的要求,选择合适的辅助装置。

调节阀结构形式的选择非常重要。在实际生产过程中,不少控制系统由于阀选型不当,导致控制系统运行不正常,甚至无法投入自动。而改变阀的结构形式后,控制系统不仅能自动控制,而且很平稳。还有些场合因阀选型不当而导致阀经常发生故障,并且缩短阀的寿命。如套筒阀与偏心旋转阀是近年来两种优良的新品种阀,在振动和噪声较大的场合选用套筒阀合适,而介质有黏性或带有微小颗粒时,则选用偏心旋转阀较合适。在选择阀的结构形式时,还应考虑调节介质的工艺条件和流体特性。

合理选择阀的材质是一个非常重要的问题。选材一般应根据工艺介质的腐蚀性及温度、压力、气蚀、冲刷等几个方面而定,同时还要考虑其经济的合理性。

对水蒸气、含水较多的湿气体、易燃易爆的流体,不宜选用铸铁阀体。环境温度低于 −10℃ 的场合,阀内流体在伴热蒸汽中断时会发生冻结的场合,也不应选用铸铁阀体。

化学腐蚀是一个非常复杂的问题。工艺介质种类、浓度、温度及流速不同,对材料腐蚀的程度也不同。因此,一定要根据流体的具体情况选择耐腐蚀材料。

3. 阀门定位器

阀门定位器是调节阀的主要附件,它可分气动阀门定位器和电-气阀门定位器。气动阀门定位器接受气动信号 0.02~0.1MPa、0.02~0.06MPa、0.05~0.1MPa,输出为 0.02~0.1MPa、0.04~0.2MPa。电气阀门定位器将 4~20mA/0~10mA DC 的控制信号转换成 0、0.02~0.1MPa、0.04~0.2MPa 的气压,并且按气动阀门定位器的功能进行工作。

阀门定位器接受调节器输出的控制信号,去驱动调节阀动作,并利用阀杆的位移进行反馈,将位移信号直接与阀位比较,改善阀杆行程的线性度,克服阀杆的各种附加摩擦力,消除被调介质在阀上产生的不平衡力的影响,从而使阀位对应于调节器的控制信号,实现正确定位。

气动阀门定位器能够增大调节阀的输出功率,减小调节信号的传递滞后,加快阀杆的移动速度等。电-气阀门定位器在易燃易爆场所必须选用防爆产品。

电-气阀门定位器的结构形式有多种,主要由接线盒组件、转换组件、气路组件和反馈组件等四部分组成。整个机体部分被封装在涂有防腐漆的外壳中,具有防水、防尘等功能。

工作原理:来自调节器或输出安全栅送来的 4~20mA 电流输入线圈时,使位于线圈之中的可动铁芯磁化。因为可动铁芯位于永久磁钢所产生的磁场中,因而,两磁场相互作用,使杠杆产生偏转力矩,它以中心支点为中心发生偏转。假设输入信号增加,则杠杆左端应向逆时针方向偏转。这时,固定在杠杆上的挡板便靠近喷嘴,使放大器背压增大,经放大后的输出气压作用于调节阀的膜头上,使其阀杆下移。阀杆的位移通过反馈拉杆转换为反馈轴和反馈压板的角位移,再通过调量程支点使反馈机体向下偏移。固定在杠杆右端上的反馈弹簧被拉伸,产生了一个负的反馈力矩,使杠杆向顺时针方向偏转。当反馈力矩与输入力矩相等时,使杠杆平衡,同时,阀杆稳定在一个相应的确定位置上,从而实现了信号电流与阀位之间的比例关系。

(二)变频器

1. 电气传动知识

以交流(直流)电动机为动力拖动各种生产机械的系统我们称之为交流(直流)电气传动系统,也称交流(直流)电气拖动系统。

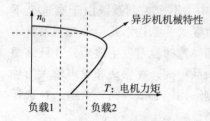

图8-27 异步电机机械特性

直流电气传动系统特点:控制对象是直流电动机;控制原理简单,一种调速方式;性能优良,对硬件要求不高;电机有换向电刷(换向火花);电机设计功率受限;电机易损坏,不适应恶劣现场;需定期维护。

交流电气传动系统特点:控制对象是交流电动机;控制原理复杂,有多种调速方式;性能较差,对硬件要求较高;电机无电刷,无换向火化问题;电机功率设计不受限,电机不易损坏,适应恶劣现场;基本免维护。

交流异步电动机的机械特性如图8-27所示。

$$n = 60f/p(1-s) \tag{8-18}$$

式中 n——电机转速,r/min;
f——给电机供电的交流电频率,Hz;
p——电机极对数;
s——转差率,%。

调速目的:根据设备和工艺的要求通过改变电动机速度或输出转矩改变终端设备的速度或输出转矩,从而达到节能、提高产品质量或改善工作环境的目的。

交流调速的控制核心是,只有保持电机磁通恒定才能保证电机出力,才能获得理想的调速效果。V/F控制简单实用,性能一般,使用最为广泛。只要保证输出电压和输出频率恒定就能近似保持磁通保持恒定。

例:对于380V 50Hz电机,当运行频率为40Hz时,要保持V/F恒定,则40Hz时电机的供电电压:$380 \times (40/50) = 304V$。低频时,定子阻抗压降会导致磁通下降,需将输出电压适当提高。

2. 功率因数与电容补偿

在交流电路中,电压与电流之间的相位差(ϕ)的余弦叫做功率因数,用符号$\cos\phi$表示,在数值上,功率因数是有功功率和视在功率的比值,即$\cos\phi = P/S$。每种电机系统均消耗两大功率,分别是真正的有用功及电抗性的无用功。功率因数是有用功与总功率间的比率。功率因数越高,有用功与总功率间的比率便越高,系统运行则更有效率。

功率因数的大小与电路的负荷性质有关,如白炽灯泡、电阻炉等电阻负荷的功率因数为1,一般具有电感或电容性负载的电路功率因数都小于1。功率因数是电力系统的一个重要的技术数据。功率因数是衡量电气设备效率高低的一个系数。功率因数低,说明电路用于交变磁场转换的无功功率大,从而降低了设备的利用率,增加了线路供电损失。

无功补偿的主要目的就是提升补偿系统的功率因数。电网中的电力负荷如电动机、变压器、日光灯及电弧炉等,大多属于电感性负荷,这些电感性的设备在运行过程中不仅需要向电力系统吸收有功功率,还同时吸收无功功率。因此在电网中安装并联电容器无功补偿设备后有如下优点:

(1) 改善功率因数,减少线路中总电流和供电系统中的电气元件,如变压器、电器设备、导线等的容量,因此不但减少投资费用,而且降低本身电能的损耗。

(2) 确保良好的功率因数值,减少供电系统中的电压损失,使负载电压更稳定,改善电能的质量。

(3) 增加系统的裕度,挖掘发供电设备的潜力。如果系统的功率因数低,那么在既有设备容量不变的情况下,装设电容器后,可以提高功率因数,增加负载的容量。

举例而言,将 1000 kV·A 变压器之功率因数从 0.8 提高到 0.98 时:

补偿前:$1000 \times 0.8 = 800kW$

补偿后:$1000 \times 0.98 = 980kW$

同样一台 1000kV·A 的变压器,功率因数改变后,它就可以多承担 180kW 的负载。

(4) 减少了用户的电费支出;

3. 变频器

变频器是利用电力半导体器件的通断作用将工频电源变换为另一频率的电能控制装置。我们现在使用的变频器主要采用交-直-交方式(VVVF 变频或矢量控制变频),如图 8-28 所示。先把工频交流电源通过整流器转换成直流电源,然后再把直流电源转换成频率、电压均可控制的交流电源以供给电动机。变频器的电路一般由整流、中间直流环节、逆变和控制 4 个部分组成。整流部分为三相桥式不可控整流器,逆变部分为 IGBT 三相桥式逆变器,且输出为 PWM 波形,中间直流环节为滤波、直流储能和缓冲无功功率。

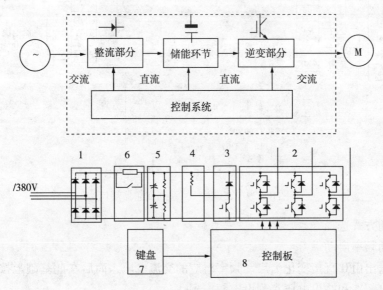

图 8-28 交直交通用变频器

整流部分 1:将工频交流变成直流,输入无相序要求,主要器件是整流桥;

逆变部分 2:将直流转换为频率电压均可变的交流电,无输出相序要求,主要器件是 IGBT;

制动部分 3/4:消耗过多的回馈能量,保持直流母线电压不超过最大值,主要器件是单管 IGBT 和制动电阻,大功率制动单元;

上电缓冲 6:降低上电冲击电流,上电结束后接触器自动吸合,而后变频器允许允许,主要器件是限流电阻和接触器;

储能部分5：保持直流母线电压恒定，降低电压脉动，主要器件是电解电容和均压电阻；

键盘7：对变频器参数进行调试和修改，并实时监控变频器状态，主要器件是MCU（单片机）；

控制电路：交流电机控制算法生成，外部信号接收处理及保护，主要器件是DSP。

变频器主机（艾默生EV系列）主要端口接线如图8–29所示。

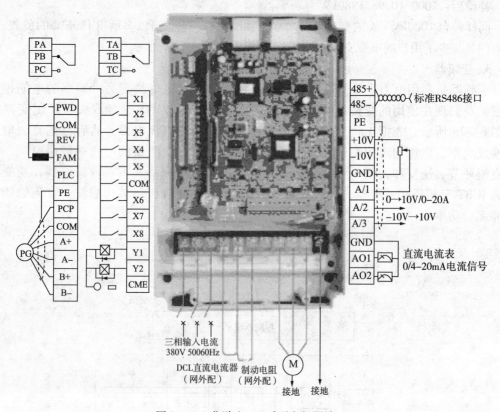

图8–29 艾默生EV系列变频器端口

（1）启动方式选择

①从启动频率启动

变频器输出由0直接变化为启动频率对应的交流电压，而后在此基础上按照加速曲线逐步提高输出频率和输出电压直到设定频率到达。

注：启动频率不宜过大，否则会造成启动冲击或过流。

②先制动后从启动频率再启动

变频器先给电机通脉冲直流，使电机保持在停止状态，然后再按照从启动频率方式直接启动。

注：一般应用在负载初始状态不确定的场合。

③转速跟踪启动

直接将正在自由旋转的电机或负载由当前速度驱动到预定速度。

注：非常适用于水泵的工频变频切换或重要设备的异常停机后的快速恢复。

(2) 停车方式

①减速停车

变频器接到停止命令后按照减速时间对应曲线逐渐减小输出频率，到 0 后停机。

注：这种方式最常用，当直流母线电压过高时会自动启动能耗制动，此时需配置制动单元，否则会报减速过电压。

②自由停车

变频器接到运行停止命令后，立刻中止输出，负载靠自然阻力停止。

注：变频器故障时的停车方式就是自由停车。

③减速加直流制动停车

变频器接到运行停止命令后，按照减速时间对应曲线逐渐减少输出频率，当到达某一预设频率，即开始直流制动（通脉冲直流）停车，防止电机爬行。

(3) 变频器的运行和相关参数的设置

变频器的设定参数多，每个参数均有一定的选择范围，使用中常常遇到因个别参数设置不当，导致变频器不能正常工作的现象。

控制方式：即速度控制、转距控制、PID 控制或其他方式。采取控制方式后，一般要根据控制精度，需要进行静态或动态辨识。

最低运行频率：即电机运行的最小转速，电机在低转速下运行时，其散热性能很差，电机长时间运行在低转速下，会导致电机烧毁。而且低速时，其电缆中的电流也会增大，也会导致电缆发热。

最高运行频率：一般的变频器最大频率到 60Hz，有的甚至到 400Hz，高频率将使电机高速运转，这对普通电机来说，其轴承不能长时间的超额定转速运行，电机的转子是否能承受这样的离心力。

载波频率：载波频率设置的越高其高次谐波分量越大，这和电缆的长度，电机发热，电缆发热变频器发热等因素是密切相关的。

电机参数：变频器在参数中设定电机的功率、电流、电压、转速、最大频率，这些参数可以从电机铭牌中直接得到。

跳频：在某个频率点上，有可能会发生共振现象，特别在整个装置比较高时；在控制压缩机时，要避免压缩机的喘振点。

4. 常见故障

(1) 过流故障

过流故障可分为加速、减速、恒速过电流。其可能是由于变频器的加减速时间太短、负载发生突变、负荷分配不均，输出短路等原因引起的。这时一般可通过延长加减速时间、减少负荷的突变、外加能耗制动元件、进行负荷分配设计、对线路进行检查。如果断开负载变频器还是过流故障，说明变频器逆变电路已坏，需要更换变频器。

(2) 过载故障

过载故障包括变频过载和电机过载。其可能是加速时间太短，电网电压太低、负载过重等原因引起的。一般可通过延长加速时间、延长制动时间、检查电网电压等。负载过重，所选的电机和变频器不能拖动该负载，也可能是由于机械润滑不好引起。如前者则必须更换大功率的电机和变频器；如后者则要对生产机械进行检修。

(3) 欠压

说明变频器电源输入部分有问题,需检查后才可以运行。

第三节 安装与维护

自动化仪表要完成其测量或调节任务,其各个部件必须组成一个回路或组成一个系统。仪表安装就是把各个独立的部件即仪表、管道、电缆、附属设备等按设计要求组成回路或系统完成测量或调节任务。也就是说,仪表安装就是根据设计要求完成仪表与仪表之间、仪表与工艺设备、仪表与工艺管道、现场仪表与中央控制室、现场控制室之间的种种连接。这种连接可以用管道连接(如测量管道、气动管道、伴热管道等),也可以是电缆(包括电线和补偿导线)连接。

一、仪表的安装

(一) 管路敷设

仪表管道有四种,即气动管路、测量管路、电气保护管和伴热管,其加起来的长度总数并不会比同一装置的工艺管道少多少,因此,管道的工作量很大。

测量管路又称脉冲管路,在仪表四种管路中是唯一与工艺管道直接相接的管道,介质完全同工艺管道。这种管道的安装要求完全同工艺管道,因此,对它的要求高于其他三种管道,需要经过耐压试验。

电气保护管是仪表电缆补偿导线的保护管。通常使用专用电气管或镀锌水煤气管。其作用是使电缆免受机械损伤和排除外界电、磁场的干扰,它用螺纹连接,不需试压。

伴热管又称伴管,介质是低压蒸汽。它给仪表、仪表管道和仪表保温箱伴热。管材是无缝钢管20#或铜管,要经过试压。

(二) 特殊条件下的安装

仪表安装过程中经常会遇到不适宜于安装仪表的环境,如易爆易燃的环境,高寒地带,多尘的环境,环境温度高又湿度大的潮湿地区,还有强电场和强磁场地区。在这些环境下安装仪表,必须要采取针对性措施。

1. 易燃易爆

(1) 易燃易爆场所

爆炸是物质从一种状态,经过物理或化学变化,突然变成另一种状态,并放出巨大的能量。急剧速度释放的能量,将使周围的物体遭受到猛烈的冲击和破坏。

爆炸必须具备的三个条件:

爆炸性物质:能与氧气(空气)反应的物质,包括气体、液体和固体(气体:氢气,乙炔,甲烷等;液体:酒精,汽油;固体:粉尘,纤维粉尘等)。

氧气:空气中的氧气是无处不在的。

点燃源:包括明火、电气火花、机械火花、静电火花、高温、化学反应、光能等。在生产过程中大量使用的电气仪表,各种摩擦的电火花、机械磨损火花、静电火花、高温等不可避免。

(2) 仪表安装注意事项

仪表的电气线路应在爆炸危险性较小的环境或远离释放源的地方敷设。

当易燃物质比空气重时，仪表的电气线路应在较高处敷设或直接理地，架空敷设时要采用槽板。当易燃物质比空气轻时，电气线路应在较低处敷设。仪表的电气线路要在爆炸危险的建、构筑物的墙外敷设。仪表电缆中间不允许有接头。

仪表电气线路的电缆或钢管，穿过孔洞时，应用阻油性或非燃性材料严密堵塞。

敷设电气线路时。要避开可能受到机械损伤、振动、腐蚀以及可能受热的地方，不能避开时，要采取预防措施。

安装在爆炸和火灾危险区的所有仪表、电气设备、电气材料，必须要有符合防爆质量标准的技术鉴定文件和"防爆产品出厂合格证"，并且外部没有损伤和裂纹。

保护管之间，保护管与接线盒、分线箱、拉线盒之间的连接，采用螺纹连接，螺纹有效结合部分应在6扣以上，螺纹处要涂导电性防锈脂，并用锁紧螺母锁紧。连接处应保证良好的电气连续性。全部保护管必须密封。保护管应用管卡牢固固定，不能用焊接。

电气线路沿工艺管架敷设时，其位置应在爆炸与火灾危险环境危险性较小的一侧。当工艺管道内可能产生爆炸和燃烧的介质密度大于空气时，仪表管道应在工艺管架上方，小于空气时，则应在工艺管架的下方。

仪表线路在现场接线和分线时，应采用防爆型分线箱和接线箱。接线必须牢固可靠，接线良好，并应加防松和防拔脱装置。接线箱和分接线盒的接线口必须密封。

采用正压通风防爆仪表箱的通风管必须畅通，也不能装切断阀。

在爆炸和火灾危险场合安装仪表箱以及仪表、电气设备，必须挂牌操作。也就是应该有"电源未切断，不得打开"的标志。

本质安全线路和非本质安全线路不能共用一根电缆，也不能合穿一根保护管。

采用芯线无屏蔽电缆或无屏蔽电线时，两个及其以上不同系列的本质安全型线路不能共用一根电缆和同穿一根保护管。

本质安全型线路敷设完毕，要用50Hz，500V交流电压进行1min试验，没有击穿，表明其绝缘性能已符合要求。

保护管要采用被锌水煤气管，不能用电气管和塑料管。

本质安全型仪表系统的接地宜采用独立的接地极或接至信号接地极上，其接地电阻值应符合设计要求。

本质安全线路本身不接地，但仪表功能要求接地时，应按仪表安装使用说明书规定执行。

挠性连接管必须采用防爆的。防爆金属挠性管配防爆接头，其接头要与仪表相配套。

2. 有毒

在这种环境下安装，要严防管道的泄漏。剧毒介质在管道内流动、输送，管道不泄漏是不会有危险性的。因此，对导压管的管材、加工件、阀门、管道加工、管道焊接、管道试压，包括弧度试验、严密性试验与气密性试验都有较高的要求，与易爆易燃环境下要求是同等的。

新建项目可以不考虑保护措施。扩建、改建项目必须有可靠的安全防护措施，万一毒气或毒物泄漏，要有相应的万无一失的安全措施。如必须要有排风装置，使工作环境空气流通，并且一旦发生毒气泄漏，立即能把毒气排出装置外，确保施工人员的安全和不损害健康。

除此之外，必须要有足够的防毒用品，如防毒面具、防毒衣服等，以防万一发生毒气泄漏可以立即采取必要的防护措施。

在这种环境施工，必须要有有毒气体或有毒物质的测量仪和报警仪。在警戒值之内，可以施工，超出警戒值，便立即停工。

3. 高温高压

高温、高压的介质在化工生产中经常遇到的。仪表管道、仪表设备、仪表电缆的安装要尽可能地远离高温工艺设备和工艺管道，以尽可能地减少温度的影响。高温管道和高温设备通常都需要保温，仪表安装或管道敷设要预先查阅保温层的厚度，使仪表安装在保温层的外面。

对高压介质的仪表施工有些特殊的要求：

高压管子与高压管件要经过检验，包括高压紧固件都必须检验，检验的标准是《工业管道工程施工及验收规范》（金属管道篇）。

仪表高压管的弯制都是冷弯。对高压管的特殊要求是一次制成，不允许反复弯制。

当高压管路分支时，要采用三通连接。三通必须通过检验，其材质与管路相同。

4. 潮湿

潮湿环境一般不具备安装仪表的条件。在湿度很大的环境下要注意保护仪表。在控制室内，仪表使用的湿度应予以满足。

在配管、配线时，要注意电气的绝缘。通常用硬质塑料管作保护管。有可能带电的金属部分和金属裸露部分必须按地。

二、日常维护与故障处理

（一）日常维护

自动化检测与控制仪表的日常维护是一件十分重要的工作，它是保证生产安全和平稳操作诸多环节中不可缺少的一环，仪表日常维护保养体现出全面质量管理预防为先的思想，应当认真做好仪表的日常维护工作，保证仪表正常运行

仪表日常维护大致有以下几项工作内容：

1. 巡回检查

根据仪表分布情况，选定最佳巡回检查路线，每天至少巡回检查一次。巡回检查时，应向当班工艺人员了解仪表运行情况。

查看仪表指示、记录是否正常，现场一次仪表（变送器）指示和控制室显示仪表、调节仪表指示值是否一致，调节器输出指示和调节阀阀位是否一致（通常需两位同时观察，若工艺生产变化不大，生产现场和控制室观察有一个时间差是正常的）。

查看仪表电源、气源是否达到额定值；检查仪表保温、伴热状况；检查仪表本体和连接件损坏和腐蚀情况；检查仪表和工艺接口泄漏情况；查看仪表完好状况。

2. 定期润滑

定期润滑也是日常维护的一项内容，但在具体工作中往往容易忽视。定期润滑的周期

应根据具体情况确定，一个月或一季度均可。

需要定期润滑的仪表和部件如下：

记录仪（自动平衡电桥、自动电子电位差计）的传动机构、平衡机构；气动记录（调节）仪表自动—手动切换滑块、走纸机构；椭圆齿轮流量计现场指示部分齿轮传动部件；与旋涡流量计（涡街流量计）和涡轮流量计配套的累积器的机械计数器器；气动长行程执行机构的传动部件；气动凸轮挠曲阀转动部件；气动切断球阀转动部件；气动蝶阀转动部件；调节阀椭圆形压盖上的毡垫；保护箱、保温箱的门轴。

此外，固定环室的双头螺栓、外露的丝扣以及其他恶劣环境下固定仪表、调节阀等使用的螺栓、丝扣，外露部分应涂上黑铅油（石墨粉加黄油），防止丝扣锈蚀，拆装困难。

3. 定期排污

定期排污主要有两项工作，其一是排污，其二是定期进行吹洗。这项工作应因地制宜，并不是所有仪表都需要定期排污。

（1）排污

排污主要是针对差压变送器、压力变送器、浮筒液位计等仪表，由于测量介质含有粉尘、油垢、微小颗粒等在导压管内沉积（或在取压阀内沉积），直接或间接影响测量。排污周期可由根据实践自行确定。

定期排污应注意事项如下：

排污前，必须和工艺人员联系，取得工艺人员认可才能进行；

流量或压力调节系统排污前，应先将自动切换到手动，保证调节阀的开度不变；

对于差压变送器，排污前先将三阀组正负取压阀关死；

排污阀下放置容器，慢慢打开排污阀，使物料和污物进入容器，防止物料直接排入地沟。

观察现场指示仪表，确定输出正常，若是调节系统，将手动切换成自动。

（2）吹洗

吹洗是利用吹气或冲液使被测介质与仪表部件或测量管道不直接接触，以保护测量仪表并实施测量的一种方法。吹气是通过测量管道向测量对象连续定量地吹入气体。冲液是通过测量管道向测量对象连续定量地冲入液体。

对于腐蚀性、黏稠性、结晶性、熔融性、沉淀性介质进行测量，并采用隔离方式难以满足要求时，才采用吹洗。

吹洗应注意事项如下：

吹洗气体或液体必须是被测工艺对象所允许的流动介质，通常它应满足下列要求

①与被测工艺介质不发生化学反应；②清洁，不含固体颗粒；③通过节流减压后不发生相变；④无腐蚀性；⑤流动性好。

吹洗液体供应源充足可靠，不受工艺操作影响。

吹洗流体的压力应高于工艺过程在测量点可能达到的最高压力，保证吹洗流体按设计要求的流量连续稳定地吹洗。

采用限流孔板或带可调阻力的转子流量计测量和控制吹洗液体或气体的流量。

吹洗流体入口点应尽可能靠近仪表取源部件（或靠近测量点），以便使吹洗流体在测量

管道中产生的压力降保持在最小值。

为了尽可能减小测量误差，要求吹洗流体的流量必须恒定。根据吹洗流体的种类、被测介质的特性以及测量要求决定吹洗流量。

4. 保温伴热

检查仪表保温伴热。是日常维护工作的内容之一，它关系到节约能源，防止仪表冻坏。保证仪表测量系统正常运行，是仪表维护不可忽视的一项工作。

这项工作的地区性、季节性比较强。冬天，巡回检查应观察仪表保温状况，检查安装在工艺设备与管道上的仪表，如椭圆齿轮流量计、电磁流量计、旋涡流量计、法兰式差压变送器、浮筒液位计和调节阀等保温状况，观察保温材料是否脱落，是否被雨水打湿造成保温材料不起作用，发现问题及时处理。

还要检查差压变送器和压力变送器取压管道保温情况，检查保温箱保温情况。差压变送器和压力变送器导压管内物料由于处在静止状态，有时除保温以外尚需伴热。伴热有电伴热和蒸汽伴热。对于电伴热应检查电源电压，保证正常运行。蒸汽伴热是最常见的伴热形式。对于蒸汽伴热，由于冬天气温变化很大，温差可达20℃左右，应根据气温变化调节伴热蒸汽流量。蒸汽流量大小可通过观察伴热蒸汽管疏水器排汽状况决定，疏水器连续排汽说明蒸汽流量过大，很长时间不排汽说明蒸汽流量太小。蒸汽流量调节裕度是很大的，因为蒸汽伴热是为了保证导压管内物料不冻。要注意的是伴热蒸汽量不是愈大愈好，有些为了省事，加大伴热蒸汽量，天气暖和了也不关小蒸汽流量，这样一是造成不必要的能源浪费，增加消耗，有时反而造成测量故障。因为化工物料冰点和沸点各不相同，对于沸点比较低的物料保温伴热过高。会出现汽化现象，导压管内出现汽液两相，引起输出振荡，所以根据冬天天气变化及时调整伴热蒸汽量是十分必要的。

（二）故障的判断与处理

1. 故障范围判断

当仪表失灵时，先观察一下记录曲线的变化趋势。若指针缓慢到达故障点，一般是工艺原因造成。如果指针突然跳到故障点，一般才是仪表故障。

先根据仪表故障表现猜测故障点，然后加以验证。一般来讲，仪表集成部分不易损坏。先查接线端子以外的部分，机械部分损坏的几率要大于电气部分的损坏，并且机械部分的故障比较直观，容易发现和排除。重点查有无卡、松脱、接触不良现象。

2. 故障的规律

气动仪表大部分故障出现在漏、堵、卡三个方面。

漏：因为气动仪表信号源来自压缩空气，所以任何一部分泄露都会造成仪表偏差和失灵，易漏的部分有仪表接头、橡胶软管、密封圈、垫，特别是橡胶件，在长期使用后容易老化造成泄漏。

堵：因为仪表空气中仍含有一定水汽、灰尘和油性杂质，长期运行过程中会使一些节流部件堵塞或半堵，如放大器节流孔、喷嘴、挡板，只要沾上一点灰尘，就会程度不同地引起输出信号改变，特别是潮湿的天气，温度偏低的情况下，更容易发生。

卡：因为气信号驱动力矩小，只要某一个部位摩擦力增大，都会造成传动机构卡住或反应迟钝。常见部位连杆、指针和其他机械传动部件。

电路部分容易出现问题是接触不良、断路、断路、松脱四个方面。

接触不良：仪表插件板、接线端子表面氧化、松动以及导线不紧固。

断路：因仪表接线一般较细，在操作过程中稍有碰撞，就会造成短线，保险烧毁也属于断路问题。

短路：导线裸露部分相碰，晶体管、电容击穿等现象。

松脱：主要是机械部分，如滑线盘、螺丝松脱。

3. 故障的分析

（1）调查法

通过对故障发生的过程进行调查，分析判断故障发生的原因。

包括：故障发生前的情况和征兆；故障发生时有无打火，冒烟，声音等异常现象；供电电压变动；过热，雷电，碰撞等情况；外界强电场，强磁场干扰；使用不当和误操作；以前是否发生过类似故障；以前发生过的维修情况。

（2）直观检查法

①外部检查

仪表外壳有无变形，紧固件有无松脱，各开关位置是否正确，活动部位是否灵活；连线有无断开，各插接部分是否接触不良；继电器、接触器触点有无错位、氧化、卡住情况；

保险丝是否熔断，电阻、线圈是否烧；电路板铜箔有无腐蚀断裂、搭锡短路，各元件有无脱焊、虚焊；各零件排列和布线是否相碰、脱落；

②开机通电检查

机内电源指示灯、电子管等发光元件通电是否发亮。机内有无打火、冒烟；运动部件是否有摩擦、碰击声；变压器、电阻、集成块等发热元件的发热情况是否正常，有无烫手情况；有无特殊气味；机械传动部分有无齿轮啮合不好、卡死、打滑现象。

直观检查一定要十分仔细认真，切忌粗心急躁。在检查元件和连线时只能轻轻摇拨，不能用力过猛，以防损坏器件、连线、电路板等。对含有电容的设备，要等电容内存电量释放完毕后再进行检查，防止触电。开机检查时注意避免两只手同时接触带电设备，发现异常及时关闭电源，以避免故障扩大。

（3）断路法

将所怀疑的部分与整机或单元电路断开，看故障可否消失，从而断定故障所在的方法。

仪器仪表出现故障后，先初步判断故障的几种可能性。在故障范围区域内，把可疑部分电路断开，以确定故障发生在断开前或断开后。通电检查如发现故障消失，表明故障多在被断开的电路中．如故障仍然存在，再做进一步断路分割检查，逐步排除怀疑。缩小故障范围，直到查出故障的真正原因。

断路法对单元化、组合化、插件化的仪器仪表故障检查尤为方便，对一些电流过大的短路性故障也很有效。但对整体电路是大环路的闭合系统回路或直接耦合式电路结构不宜采用。

（4）短路法

将所怀疑发生故障的某级电路或元器件暂时短接，观察故障状态有无变化来断定故障部位的方法。

短路法用于检查多级电路时，短路某一级，故障消失或明显减小，说明故障在短路点之前，故障无变化则在短路点之后。如某级输出端电位不正常，将该级的输入端短路，如此时输出端电位正常，则该级电路正常。短路法也常用来检查元器件是否正常，如用镊子将晶体三极管基极和发射极短路，观察集电极电压变化情况，判断管子有无放大作用。在TTL数字集成电路中，用短路法判断门电路、触发器是否能够正常工作。将可控硅控制极和阴极短路判断可控硅是否失效等。另外也可将某些仪表（如电子电位差计）输入端短路，看仪表指示变化来判断仪表是否受到干扰。

（5）替换法

通过更换某些元器件或线路板以确定故障在某一部位的方法。

用规格相同、性能良好的元器件替下所怀疑的元器件，然后通电试验，如故障消失，则可确定所怀疑的元器件是故障所在。若故障依然存在，可对另一被怀疑的元器件或线路板进行相同的替代试验，直到确定故障部位。

在进行替换前，要先用一点时间分析故障原因，而不要盲目乱换元器件。如故障是由于短路或热损伤造成，则替换上的好元件也可能被损害。再如一只二极管烧坏，可能是由于该管的工作电流和反向峰值电压不够，若此时换上另一只同型号的二极管也仅仅是把故障暂时做了处理，而未根除。

另外，元器件的更换均应切断电源，不允许通电边焊接边试验。所替换的元器件安装焊接时，应符合原焊接安装方式和要求。如大功率晶体管和散热片之间一般加有绝缘片，切勿忘记安装。在替换时还要注意不要损坏周围其他元件，以免造成人为故障。

（6）分部法

在查找故障的过程中，将电路和电气部件分成几个部分，以查明故障原因的方法。

一般测量控制仪表电路可分为三大部分，即外部回路（由仪表的接线端往外到测量元件、控制执行机构为止的全部电路）、电源回路（由交流电源到电源变压器等全部电路）、内部回路（除外部回路、电源回路以外的全部电路）。在内部电路中又可分为几小部分（根据其内部电路特点、电气部件结构划分）。分部检查即根据划分出的各个部分，采取从外到内、从大到小、由表及里的方法检查各部分，逐步缩小怀疑范围。当检查判断出故障在哪一部分后，再对这一部分做全面检查，找到故障部位。

分部检查按顺序对仪器仪表各部分进行检查分析判断，虽比较有条理，但检修时间长，在检查中往往抓不住重点，浪费不少时间。此法适应于检修人员维修经验较少，对仪器仪表故障现象不太熟悉，且故障较复杂的情况。

（7）电压法

电压法就是用万用表（或其他电压表）适当量程测量怀疑部分，分测交流电压和直流电压两种。测交流电压主要指交流供电电压。如交流220V网电压、交流稳压器输出电压、变压器线圈电压及振荡电压等；测直流电压指直流供电电压、电子管、半导体元器件各极工作电压、集成块各引出角对地电压等。

电压法是维修工作中最基本方法之一，但它所能解决的故障范围仍是有限的。有些故障，如线圈轻微短路、电容断线或轻微漏电等，往往不能在直流电压上得到反映。有些故障，如出现元器件短路、冒烟、跳火等情况时，就必须关掉电源，此时电压法就不起作用了，这时必须采用其他方法来检查。

(8) 电流法

电流法分直接测量和间接测量两种。直接测量是将电路断开后串入电流表，测出电流值与仪器仪表正常工作状态时的数据进行对比，从而判断故障。如发现哪部分电流不在正常范围内，就可以认为这部分电路出了问题，至少受到了影响。间接测量不用断开电路，测出电阻上的压降，根据电阻值的大小计算出近似的电流值，多用于晶体管元件电流的测量。

电流法比电压法要麻烦一些，一般需要将电路断开后串入电流表进行测试。但它在某些场合比电压法更加容易检查出故障。电流法与电压法相互配合，能检查判断出电路中绝大部分故障。

(9) 电阻法

电阻检查法即在不通电的情况下，用万用表电阻挡检查仪器仪表整机电路和部分电路的输入输出电阻是否正常；各电阻元件是否开路、短路，阻值有无变化；电容器是否击穿或漏电；电感线圈、变压器有无断线、短路；半导体器件正反向电阻；各集成块引出脚对地电阻；并可粗略判断晶体管 β 值；电子管、示波管有无极间短路，灯丝是否完好等。

应用电阻法检查故障时，应注意以下几点：

①由于电路中有不少非线性元件，如晶体管、大容量的电解电容等，采用电阻法测量某两点间的电阻时，因这些非线性元件连接着，所以要注意万用表的红、黑极性，因为不同极性所测出的结果是不同的；

②要避免用 $\Omega \times 1$ 挡(电流较大)和 $\Omega \times 10k$ 挡(电压较高)直接测量普通小电流和耐压低的晶体管、集成电路块，以免造成损坏；

③仪器仪表中被测元件大多在电路上要牵连(串联或并联)许多其他元件。因此，对于不是直接击穿而是漏电或电阻阻值比较大的场合，要把被测元件脱开后再进行检查测量。对于只有两个引出线的电阻、电容器等元件，只要脱开·个引线即开，而对于具有 3 根线如晶体二极管等，则应脱开两根引出线。

4. 故障排除举例

(1) 压力测量故障

故障现象：天然气压力调节系统波动，将该调节器打手动控制，后工段各系统波动现象消失，但压力调节器测量指示照样波动，只是波动现象明显减弱。

故障分析：检查压力变送器，将排污阀打开后(未关根部阀)，压力很快泄掉，还有一点微气，判断是根部阀堵塞所致。根部阀堵塞死，导压管很长，介质管道中压力变化之后，很久才能传递到变送器感测元件中，这种滞后累计的压力传递，必然引起变送器输出始终在变化。当调节器投自动运行时，调节器对假信号进行调节，必然引起系统介质压力波动。

故障处理：拆去导压管，发现阀门结炭黑很多，堵死了，用铁丝捅通根部阀，装回开表，该表运行稳定。

(2) 温度测量故障

故障现象：现场热电偶的毫伏信号符合正常值，在主控接线端子测量又偏低，检查各处接线均接触良好。

故障处理：用万用表测量接地电阻，也未发现有短路接地现象。再仔细检查，发现该点补偿电缆穿线管加热炉太近，怀疑电缆已被高温烤坏，两根补偿导线相互短接。现场断开热电偶接线，在主控测量现场电缆电阻，证实补偿导线确已短路。靠近加热炉高温段电缆换用耐高温补偿电缆后使用正常。

故障分析：加热炉温度高，设计中采用普通补偿电缆，其绝缘层处于长期高温环境老化变脆而容易脱落，补偿电缆绝缘层脱落，或者与穿线金属管接触，导致接地，或者两根电缆相互短接都会造成测量失真。

（3）液位测量故障

故障现象：液位变送器液位正常调节时，该表始终指示100%不变。由于该表的液位是带调节的，它的错误指示给调节阀，给调节液位带来极大困难。工艺操作人员没法使用该表进行自动调节，只能改为手动。现场操作人员也只有不断地参考现场玻璃液位计进行手动操作。

故障分析及处理：浮筒变送器正常运行时，浮筒里的介质始终处在相对静止状态，导致容器里的许多杂质沉淀在浮筒里。天长日久，污泥就会把浮子卡住，这时即使液位发生了变化，浮子由于被卡住无法动作，就出现了输出值不变的情况。为了排除故障，到现场后，首先关死根部截止阀，打开排污阀，用水对浮筒内壁进行清洗。打开浮筒后，发现浮子的挂扣脱落。由于脱扣，浮子沉到浮筒底部，扭力管无挂重，相当于液位满量程时的情况。把浮子挂扣挂好后，投运该表，运行正常。

（4）涡街流量计故障

①新安装或新检修好的涡街流量计安装在现场管道上后，在开表过程中有时显示仪表无指示。这往往是管道内无流量或流量很小，在传感器内无旋涡产生。也可能是由于传感器内的测量放大器灵敏度调得太低。如果管道内未吹净的焊渣、铁屑等杂物卡在探头与内壁之间，使探头不振动，也会引起一次表无指示。

②管道内无流体流动，但显示仪表有流量显示。这是由于仪表接地不良，引入了外部干扰引起的，也可能是由于灵敏度调得太高所致。实践证明，灵敏度不能调得太高，否则会引起流量偏高或指示波动，调得太低，显示仪表又无指示。一般应在无流量和无外界干扰时，使显示仪表指零即可。

③管道内有强烈的机械振动，也会使显示仪表有指示，而生产现场管道常常受动力设备的影响而发生振动，这种振动所形成的噪声干扰，对涡街流量计仪表的准确测量是非常有害的，严重时会导致仪表无法正常工作。如泵可以引起流体的压力脉动（静压脉动），而间隙性大幅度的开闭阀门或负荷的突变，则可引起流体对仪表的大冲击。涡街流量计最怕大范围的波动冲击，更怕介质中夹杂的焊渣、石块等硬物的冲击，这些都会使噪声信号增大，以致影响测量精度。

④流量显示仪表摆动，这除了是放大器灵敏度调整的不合适以外，另一个原因是流量计安装不正确，使流场产生振动。

⑤涡街传感器的探头与内壁只有很小的距离，极易被沙粒、污物堵住，使振动源不能振动，仪表指零。此时如用外力敲击几下一次表的壳体，有时会把探头与内壁之间的污物振掉，使仪表恢复指示。有时二次表指示偏低且迟缓，是有污物堵在了探头与内壁之间，

但未堵死,此时可旋动丝杠,使振动源旋转180°,即把振动源倒过来,让流体反冲一下振动源,有时会解决问题。

⑥有时一送电,仪表就指示某一刻度,且不管怎样调整灵敏度电位器,也总不变化,这往往是一次表内部某元件损坏所致。

第四节 自动化控制系统

在生产中,对各个工艺生产过程中的物理量(或称工艺参数)都有一定的控制要求。有些工艺参数直接表征生产过程,对产品的产量和质量起着决定性的作用。如三相分离器压力 0.3MPa,才能使效率达到最佳指标;负压闪蒸稳定塔压力为 -0.03MPa,才能达到操作条件等等。而有些参数虽不直接影响产品的产量和质量,然而保持它平稳却是使生产获得良好控制的先决条件。如用天然气处理中的重沸器,若蒸汽总管压力波动剧烈,要把反应温度或塔釜温度控制好是很困难的。还有些工艺参数是决定生产安全的问题,如受压容器的压力不允许超过最大的控制指标,否则将会发生设备爆炸等严重事故,危及工厂的安全等。对以上各种类型的参数,在生产过程中都必须加以必要的控制。

一、自动控制系统

（一）分类

控制方式一般分为手动或自动两大类,如果纠正系统的偏差是由人直接操作,这种回路称为手动控制系统;如果系统具有反馈通道组成的闭环回路并能自动纠正偏差,这种系统称为自动控制系统,或叫自动调节系统。自动控制系统由被控对象、测量元件(包括变送器)、调节器和调节阀等四部分组成。其作用是把来自变送器的标准测量值,并与给定值比较,若产生偏差,调节器则按事先选定的调节规律调整偏差,并通过调节阀来执行调节器的调节指令。自动控制系统组成的方块图如图8-30所示。

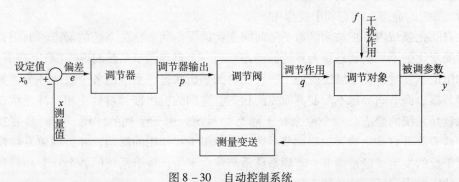

图8-30 自动控制系统

（二）常用术语

1. 调节对象

又称被调对象,简称对象,在自动调节系统中,把需要调节的工艺设备的有关部分称为调节对象。

2. 被调参数

指能够在设备运转情况并需要进行调节的工艺参数。

3. 调节参数

用来克服干扰对被调参数的影响,实现调节作用的参数叫调节参数。

4. 给定值

工艺上希望被调参数所保持的数值。

5. 偏差

被调参数的测量值与给定值之差。

6. 干扰

指引起被调参数偏离给定值的一切因素。

7. 反馈

将被调参数的信号反送到调节器的比较元件去的通道称为反馈回路,简称反馈。

8. 闭环控制系统

系统的输出(被控变量)通过测量变送环节,又返回到系统的输入端,与给定信号比较,以偏差的形式进入控制器,对系统起控制作用,整个系统构成了一个封闭的反馈回路,这种控制系统被称为闭环控制系统,或称反馈控制系统。

9. 定值控制系统

是指这类控制系统的给定值是恒定不变的。定值控制系统的基本任务是克服扰动对被控变量的影响,即在扰动作用下仍能便被控变量保持在设定值(给定值)或在允许范围内。

10. 随动控制系统

也称为自动跟踪系统,这类系统的设定值是一个未知的变化量。这类控制系统的主要任务是使被控变量能够尽快地、准确无误地跟踪设定值的变化,而不考虑扰动对被控变量的影响。

11. 程序控制系统

也称顺序控制系统。这类控制系统的设定值也是变化的,但它是时间的已知函数,即设定值按一定的时间程序变化。

12. 系统的静态、动态和干扰作用

在自动化领域内,把被调参数不随时间变化的平衡状态称为系统的静态,而把被调参数随时间变化的不平衡状态称为系统的动态。当一个自动调节系统的输入(给定和干扰)和输出均恒定不变时,整个系统就处于一种相对的平衡状态。系统的各个组成环节,如变送器、调节器、调节阀等都不改变其原先的状态,它们的输出信号都处于相对静止状态,这种状态就是系统的静态。一个原来处于静态的系统,由于干扰的作用,被调参数发生变化,使调节器等自动化装置改变调节系数,以克服干扰作用的影响,并力图使系统恢复平衡。从干扰的发生,经过调节,直到系统重新建立平衡,整个系统的各个环节和参数都处于变动状态之中,所以这种状态就叫做动态。

13. 自动调节系统的过渡过程

当自动调节系统处于动态阶段时,被调参数是不断变化的,这种被调参数随时间而变化的过程叫做自动调节系统的过渡过程。在调节过程中,调节器对调节对象施加的影响叫调节作用。因此,自动调节系统的过渡过程又可以理解为是调节作用不断克服干扰影响的过程。

14. 调节系统的品质指标

为了定量地评定过渡过程品质,规定了以下几个质量指标,如图8-31所示。

(1) 最大偏差是指系统瞬时偏离给定值的最大程度,它是衡量自动调节系统的品质指标之一。对于图8-31中所示的衰减振荡过渡过程,最大偏差是第一个波的峰值A。

(2) 超调量是指被调参数第一个波峰值与新的稳态值之差。在图8-31中用B表示,$B = A - C$。通常在对给定值改变的调节系统作分析时,多采用超调量这个品质指标。

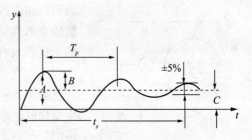

图8-31 调节质量指标

(3) 衰减比是指过渡曲线中第一个波峰的高度B与第二个波峰高度B'之比,习惯上写成$n:1$的形式。在图8-31中,衰减比为$n:1 = B:B'$。显然,凡是衰减振荡,n值必大于1。n值越大,表示过程衰减得越快,系统稳定性越好。通常n的取值范围在0~4之间。

(4) 余差。当过渡过程终了时,被调参数所达到的新的稳态值与给定值的偏差叫做余差(又称静差、稳态误差),也就是最后残余的偏差。如图8-31中的C。余差的数值可正可负。在生产中,给定值是生产的技术指标,当然希望经过调节以后,被调参数越接近给定值越好,也就是余差越小越好。

(5) 过渡时间从干扰作用发生的时刻起,直到系统重新建立新的平衡为止,过渡过程所经历的时间叫做"过渡时间"或"调节时间",如图8-31中t_s。

(三) 位式调节系统

位式调节的最简单形式是双位调节,如图8-32所示。双位调节的动作规律是当测量值大于给定值时,调节器的输出为最小;而测量值小于给定值时,调节器的输出为最大。

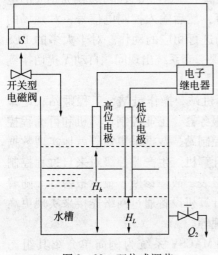

图8-32 双位式调节

从图8-32中可以看出,当$H > H_l$时,电子继电器使电磁阀全开。水位由H_l逐渐上升到H_h。在水位上升过程中,阀全开的状态不变。当水面接触到高位电极时,即$H > H_h$,电磁阀关闭。水位由上升变为下降,但在下降过程中中阀全闭的状态不变。因此水位又由H_h下降到H_l,当水面降到H_l以下时,电磁闭打开。水位又由下降变为上升,但上升过程中,阀全开的状态不变。如此循环不已。

(四) 单回路控制系统

所谓简单控制系统,通常是指由一个测量元件及变送器、一个调节器、一个调节阀和一个对象所组成的单闭环控制系统,又称为单回路控制系统。

最常用的液位控制系统是锅炉汽包水位自动控制系统,它的任务是使给水量与锅炉蒸发量相平衡,并维持汽包中水位在工艺规定的范围内。因此，汽包水位是锅炉正常运行的主要指标，水位过高会影响汽包的汽水分离，产生蒸汽带液现象；水位过低，则由于汽包的容积较小，而负荷却很大，水的汽化速度加快，因而汽包内的水量变化速度很快，如不及时调节就会使汽包内液体全部汽化，可能导致锅炉烧坏和爆炸事故。影响锅炉水位的干扰因素有：给水量的干扰、蒸汽负荷变化、燃料量变化、汽包压力变化等。

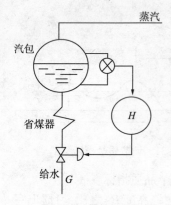

图 8-33 锅炉汽包液位控制系统示意图

如图 8-33 所示是锅炉汽包液位控制系统，当汽包水位发生变化时，水位变送器便发出信号并输入控制器，控制器将水位信号与给定值相比较得出偏差信号，经过运算放大后输出控制信号，然后通过执行机构带动给水调节阀，完成对给水量进行自动控制的任务。

类似控制方式在集输系统应用较广泛，比如控制三相分离器工作压力保持 0.3MPa，使用压力变送器检测容器压力，控制对象为容器的压力，在出口安装调节阀；要使负压闪蒸稳定塔压力保持在 -0.03MPa，在塔顶安装负压压缩机抽取负压，使用变频器作为执行机构。

二、DCS 控制系统

DCS 是分布式控制系统的英文缩写（Distributed Control System），在国内自控行业又称之为集散控制系统。它是在集中式控制系统的基础上发展、演变而来的。在系统功能方面，DCS 和集中式控制系统的区别不大，但在系统功能的实现方法上却完全不同。DCS 是一个由过程控制级和过程监控级组成的以通信网络为纽带的多级计算机系统，综合了计算机（Computer）、通信（Communication）、显示（CRT）和控制（Control）等 4C 技术，其基本思想是分散控制、集中操作、分级管理、配置灵活以及组态方便。

根据现场测量仪表测量到物理量（如热电阻、热电偶、变送器等设备）转换为相应的电信号，传送到 DCS 系统，通过 DCS 系统控制算法计算，然后输入控制电信号，对现场的调节机构和执行机构（如调节阀、泵、风机等）对现场进行相应的动作。对于大多的 DCS 系统，多使用冗余结构（成对使用、互为备用），以确保一套系统出现问题自动无扰切换到完好的系统上，保证安全生产。

DCS 的构成方式十分灵活，可由专用的管理计算机站、操作员站、工程师站、记录站、现场控制站和数据采集站等组成，也可由通用的服务器、工业控制计算机和可编程控制器构成。处于底层的过程控制级一般由分散的现场控制站、数据采集站等就地实现数据采集和控制，并通过数据通信网络传送到生产监控级计算机。生产监控级对来自过程控制级的数据进行集中操作管理，如各种优化计算、统计报表、故障诊断、显示报警等。随着计算机技术的发展，DCS 可以按照需要与更高性能的计算机设备通过网络连接来实现更高级的集中管理功能，如计划调度、仓储管理、能源管理等。

DCS 厂家很多，下面以北京和利时 HOLLYSYS - MACSV 系统为例简单介绍其组态方法。

（一）系统简介

MACSV 系统容量：模块 0～125、现场控制站 10～49、操作站 50～79 的范围。总体使用 IP 协议，分为 130、131、128、129 四个网段，其中 130 和 131 网段联系工程师站与操作员站，它们组成的网络称做监控网；128 和 129 网段联系工程师站和现场控制站，它们组成的网络称做系统网。现场控制站与现场设备组成控制网，期间不使用网络协议。服务器与操作员站和现场控制站连接，使用 HSIE 网络协议，无 IP 地址。

现场控制站由主控单元、智能 IO 单元、电源单元、现场总线和专用机柜等部分组成，采用分布式结构设计，扩展性强。其中主控单元是一台特殊设计的专用控制器，运行工程师站所下装的控制程序，进行工程单位变换、控制运算，并通过监控网络与工程师站和操作员站进行通讯，完成数据交换；智能 IO 单元完成现场内的数据采集和控制输出；电源单元为主控单元、智能 IO 单元提供稳定的工作的电源；现场总线为主控单元与智能 IO 单元之间进行数据交换提供通讯链路。

主要硬件模块：

FM801 – 主控模块；

FM910、920 – 电源模块；

FM301、300 – 机笼单元（FM801、FM910 的安装笼）；

FM131A – 端子模块；

FM143 – 8 路热电阻输入模块，通过 FM131A 连接；

FM147A – 8 路热电偶输入模块，与 J、K、N、E、S、R、T 型热偶测温元件相连。采用 FM192B – CC 温度补偿模块；

FM148A – 8 路大信号输入模块，可处理 0～10V 电压信号与 0～20mA 的电流信号，有 2 线制和 4 线制的接法；

FM148R – 8 路冗余模拟量输入模块，与 FM133（接电流）、FM134（接电压）使用；

FM151A – 8 路模拟量输出模块，4～20mA 模拟量输出，现场负载电阻大于等于 250Ω 时，接 8 路；小于 250Ω 时，接 6 路；输出时要考虑负载能力；

FM152 – 6 路模拟量输出模块，与 FM132 底座连接使用；

FM161D – 16 路开关量输入模块，处理触点型开关量；

FM171 – 16 路开关量输出模块，指令输出：与 FM131A、131 – C 通过继电器连接；与 FM131 – D 通过 FM138 系列中间继电器端子板连接；

TR – 终端匹配器，一个控制站一般使用 2 个；

REP – 重复器，1 个控制站最多使用 3 个，而每 23 个模块需要使用 1 个 REP；

MACS 软件分为物理点（包括硬件通道 AI、AO、DI、DO）和内部点（如 AM、DM 等，可以自己创建）。

一个系统最多有 255 个，32 个组，一个组内可分为 8 个域（0～7 序号）。

（二）软件安装

1. 软件构成介绍

MACSV 软件主要包括：组态软件、操作员软件、服务器软件、控制站软件等。

组态软件是安装在工程师站上的，它包括：数据库总控、设备组态、服务器算法组态、控制器算法组态、报表组态、图形组态、工程师在线下装等组成部分。完成用户对于测点、控制方案、人机界面等的组态。

操作员站软件是安装在操作员站上的，它完成用户对于人机交互界面的监控包括流程图、趋势、参数列表、报警、日志的显示及控制调节、参数整定等操做功能。

服务器软件是安装在服务器上的，它完成对系统实时、历史数据的集中管理和监视，并为各站的数据请求提供服务。

控制站软件是安装在现场控制站中的主控单元中的，它完成数据采集、转换、控制运算等。

2. 安装

非连到控制柜设备情况下，只是进行 macs 组态工具的学习或者设计，只需要安装前三个程序。按顺序安装 codesys2.3；sql 数据库；并按要求重启计算机。重点是安装组态程序时，也叫工程师站安装，会在最后弹出设置目标 installtarget：

注意：此时，右边框可能有内容，选定左、右边框内容，点 remove，删除掉。然后点 open，浏览到安装文件\ CodeSys2.3 安装\ hollysys - v23 + v22 - target 文件夹，选定 HollySys.trg 文件；确定打开，回到上面画面，将左边框内容 install 到右边，然后点 close；完成目标安装。打上 sp2 补丁。重启计算机。

（三）前期工作

在系统组态前，先进行前期工作，包括确定测点清单、控制运算方案、系统硬件配置（系统的规模、各站 IO 单元的配置和测点的配置等），还要提出对流程图、报表、历史库、追忆库的设计要求。这是整个组态的基础，只有在前期做好了准备工作，在编制控制方案时才能考虑严密、完善，整个系统运行后才能符合现场控制要求。

（四）系统组态步骤

进行系统组态，要按照下面步骤进行，才能有条不紊的设计组态。其具体内容为：

1. 新建工程（数据库总控）

在正式进行应用工程的组态之前，必须针对该应用工程定义一个工程名，该目标工程新建后便新建起了该工程的数据目录

新建工程是整个组态中的第一个步骤。在正式进行应用工程的组态之前，必须针对该应用工程定义一个工程名，该目标工程新建后便新建起了该工程的数据目录。对该工程进行编组分域。工程创建完毕后系统自动在组态软件安装路径下创建了一个以工程名命名的文件夹，以后关于组态产生的文件都是存放在这个文件夹中的。也可以导入工程：将其他计算机上组态的工程导入到本机上作为参考或者继续组态。然后进行域号组态。

2. 硬件配置（设备组态）

在工程中定义应用系统的硬件配置，根据工程内容确定硬件配置及其在机柜中的地址，然后通过设备组态告知控制单元。

设备组态是在工程中定义应用系统的硬件配置。设备组态分为：系统设备组态和 IO 设备组态两个部分。

（1）系统设备组态

系统设备组态是完成系统网和监控网上各网络设备的硬件配置；

系统设备组态要用到的基本概念：

节点：网络上所连接的能完成独立功能的单元，包括服务器节点（SVR 节点）、现场控制站节点（FCS 节点）、操作员站节点（OPS 节点）等。服务器：站号为 0；现场

控制站：站号为10~49；操作员站：站号为50~79；设备：网络上每个节点中所挂接的硬件设备。

(2) IO设备组态

IO设备组态是以现场控制站为单位来完成每个站的IO单元配置。地址与实际机柜一致。

IO设备组态要用到的基本概念：

通信链路：指有相同通信介质、通信参数和通信端口的物理线路。

通信参数：指完成链路通信所需要的参数及设备配置信息。

设备：指挂接在通信链路上，可以独立寻址的IO设备，如各种类型的IO单元。每个设备都有对应的设备地址、设备说明，以及不同的设备属性。

3. 数据库定义（数据库总控）

定义和编辑系统各站的点信息，这是形成整个应用系统的基础。

数据库组态就是定义和编辑系统各站的点信息，这是形成整个应用系统的基础。数据库组态用以生成整个系统的核心数据环境——数据库。

进入数据库，需要输入用户名和密码，默认ID：hollymacs，CODE：macs；进入即可对数据库进行编辑工作。在进入数据库中，选择AI、AO、DI、DO等点，要选中下方的"可以修改默认风格"，以便数据库以后的修改。为方便起见，常常把要整理的物理量点，在EXECEL中作成表格，然后另存为.TXT格式，在数据库中之间导入进去，然后进行数据库的更新并保存，也可以将编辑的数据库导出为.TXT格式，方便保存。注意，EXECEL内的项目要和数据库中的项目一一对应，不然不能导入；在保存为.TXT过程中，要去掉第一行文字。

需通过数据库组态工具生成的数据有以下几类：

(1) 物理量点组态数据：即实际I/O点，包括通过现场控制站等进行采集、输出的所有外部物理点。

如模拟量输入点（AI）、模拟量输出点（AO）、开关量输入点（DI）、开关量输出点（DO）、脉冲量输入点（PI）、脉冲量输出点（PO）等，此类点需要手工或通过导入的方式在数据库编辑中组态完成。

(2) 中间量点组态数据：指通过计算后所得到的新的数据库点，同实际物理测点相比，差别在于没有与物理位置相关的信息，可在控制算法组态和图形组态中使用。如内部模拟量点（AM）、内部开关量点（DM）等，此类点如果是服务器中的点可以手工或通过导入的方式在数据库编辑中组态完成。如果是现场站中的点需要在控制站算法组态中添加到全局变量表中，通过基本编译后自动加入到数据库中。数据库内容解释：

点—数据采集单元或记录，数据库中的一个记录；

项—数据采集单元或内部数据处理单元的一个属性，是数据库内的一个字段。

每次做完一个数据库，都要及时编译，将产生的错误及时修改出来，然后更新保存。

注意：控制表需要把PID项里面MM项改为全下装处理才能使用PID调节功能。

4. 工程基本编译（数据库总控）

在设备组态编译成功的基础上，数据库编辑完成后可以进行基本编译。

基本编译：在设备组态编译成功的基础上，数据库编辑完成后可以进行基本编译。它是针对硬件配置及数据库所作的基础性编译，只有基本编译成功后才能进行下文所述的其他组态。

5. 服务器算法组态（服务器算法组态）

是用来编制服务器算法程序的

服务器算法组态是用来编制服务器算法程序的，它用树型结构表现工程、服务站和控制方案之间的关系。

服务器算法：传输数据，保证其负荷。在设计时选择"FM"语言，在其属性内选择"周期运行"，建成后使用公式"GETSYS（FUHE0），回到数据库编辑，加入 FUHE0 一项，注意量程为 0~100。然后对算法全部进行编译，查看修改错误。

6. 工程完全编译（数据库总控）

在服务器控制算法工程编译和基本编译成功之后可以进行联编，生成控制器算法工程。只有生成了控制器算法工程，才能进入控制器算法组态。

7. 编制控制方案（控制器算法组态）

进入控制器算法组态后可能载入不成功需要再次全编译，看下方错误报告，有可能为地址错误，需要在控制器算法中进行设备地址添加。

控制器算法组态软件是针对底层控制器的软件。软件安装在工程师站上，作为控制方案的开发平台，包括控制方案编辑器和仿真调试器两部分，主要作用为：

完成用户控制方案的组态，具体包括：用不同的算法语言编写用户控制方案；

仿真调试；

登录控制器，把程序下装到主控单元；运行并在线调试程序。

进入算法组态，首先要增加使用的函数库：*.lib 文件。常用的有 Hsac.lib，PID 控制调节，Hsaired.lib 信号选择；Hsmacsctrol 流量累积顺控等函数库。

变量：实时变化的数据，使用前应进行变量声明，如变量名称、数据类型能。常用的数据类型有布尔型（BOOL）、整形（INT、BYTE、WORD 等等）、实数型（REAL、LREAL）、字符串型（STRING）、时间型（TIME）、时间日期型、日期时间型、日期型，自定义的一维、二维和三维数组，指针型，枚举型，结构型等。声明时注意变量的使用范围，是局部还是全局变量。

POU 为程序组织单元（ProgramOrganizationUnit），是控制器算法组态软件作为控制软件的核心部分。控制算法组态的过程就是按照设计好的控制方案，创建解决问题所需的一系列 POU，在 POU 中编写相应的控制运算回路。分为 3 类：

Program：程序型。最常用的 POU 类型。定义程序的关键字：PROGRAM 程序名；

Function_ Block：功能块型。可以赋予参数并具有静态参数（带有记忆）的 POU。当以相同输入参数调用时，FB 的输出值取决于其内部变量和外部变量的状态，这些变量在功能块的这一次执行到下一次执行的过程中是保持不变的。定义功能块的关键字：FUNCTION_ BLOCK 功能块名；

Function：函数型。可以赋予参数但没有静态参数。当以相同输入参数调用时，它总生成相同的结果作为其输出。定义函数的关键字：FUNCTION 函数名：数据类型任何一个 POU 只有经过触发才能够开始运算。

通过任务配置触发 POU，用已被触发的 POU 触发其他 POU。

POU 语言即算法编程语言，控制器算法组态软件共提供六种编程语言。

FBD（功能块图——FunctionBlockDiagram）

LD（梯形图——LadderDiagram）

ST（结构化文本——StructuredText）

SFC（顺序功能表图——SequentialFunctionChart）

IL（指令表——InstructionList）

CFC（连续功能图——ContinuousFunctionChart）

常用 FBD 和 CFC 语言。在使用 CFC 语言时，可以配合 F2 按键，很方便的调出要用的模块。常用的函数模块有 hsaccum 积算函数功能块、hsscs 顺控功能块、pid 调节器功能块等。

控制方案组态完成之后，要进行编译，以检查控制方案组态是否存在错误，并在"信息"窗口中显示编译结果。编译后会生成两个文件：*.SDB 和符号表文件*.SYM。

8. 初始下装（控制器算法组态）

是用来编制控制器算法程序及下装控制器的，只有控制站存在情况下才可以使用，如果只是设计组态，没有连接机柜硬件，不能使用。

下装：把控制方案文件从工程师站传送到主控单元的过程。这要借助于以太网连接来实现。所以在下装前，需要建立工程师站和主控单元间的通讯参数，即『在线』『通讯参数』来设置。通讯参数中设置 IP 地址。

初始化下装：把全新的目标文件下装到正在运行的主控单元，使主控复位，主控中的所有变量重置初始值；发生初始化下装的原因有：第一次编译工程后下装；执行过"工程"菜单中的"全部清空"命令，将原有的目标文件纪录清除；修改 MACS 配置；修改目标设置；修改任务配置中的任务属性；主控单元内的程序丢失。

无扰下装即：下装目标文件并没有全部重建，而只在原目标文件的基础上追加修改内容。无扰下装只将修改的部分下装到主控，对于未修改部分是无扰的，对于修改部分视具体修改内容判断。

调试：控制器算法组态软件提供在本地计算机中仿真调试的功能。经仿真调试初步检查组态后，便可登录主控下装，在主控中运行程序，再次进行全面的调试；这时用户无需连接现场设备，就能在试运行之前测试逻辑的正确性，极大地方便了使用。

9. 绘制图形（图形组态）

图形组态软件是 MACS 系统生成应用系统所需的各种总貌图、流程图和工况图。该软件为用户提供了方便的绘图工具和多种动态显示方式。通过图形，操作员可以对现场运行情况一目了然，从而方便地监控现场运行。工业控制系统流程图形包括静态图形和动态图形两部分。静态图形表示流程画面中的静态信息，它们与数据库信息没有任何联系。动态图形一种是一类随相关数据库点实时值的变化而变化的图形单元，由设置的动态特性决定。另一种是一类由用户点击可以弹出界面的图形，由设置的交互特性决定。

10. 制作报表（报表组态）

用来制作反映现场工艺数据的报表。报表分为定时报表、实时报表。

定时报表：一般用来在规定的时刻打印生产过程的操作记录和统计，通过在线组态触发打印。

实时报表：则用来随机打印某个时刻的报表或者历史报表，由人工触发报表组态步骤：

（1）离线组态：打开报表组态工具—打开工程—绘制静态表格—添加动态点—编译报表—保存报表文件—关闭报表组态工具。

（2）工程师在线下装到操作员站。

（3）在线组态：进入操作员在线—登录到工程师级别—打印设置—报表打印组态—编辑调度—编辑事件。

（五）调试应用

1. 生成下装文件

基本编译：在设备组态编译成功的基础上，数据库编辑完成后可以进行基本编译。另外如果在控制器算法工程中添加了 REAL 或 BOOL 型全局变量，经过基本编译后，变量会自动加入到数据库的 AM 或 DM 类中，在图形界面上可以显示出此变量的数值。

联编：在服务器控制算法工程编译和基本编译成功之后可以进行联编。

生成下装文件：联编成功后可以生成服务器和操作员站的下装文件，同时还生成控制器算法工程。

数据库总控画面中打开工程后选择数据库下装。在编译信息栏中将显示是否成功生成下装文件和控制器算法工程。

2. 登录控制器

打开控制算法组态，菜单－登录，登录控制器将工程下装到主控单元。

3. 下装服务器、操作员站

打开工程师在线下装，输入授权密码，选择下装服务器，完成后重新启动服务器。待主备服务器都下装完成正常运行后，再下装操作员站。

4. 在线调试

系统开始运行后，对现有控制方案的执行情况进行试验调校，达到工艺要求。在系统刚运行阶段，还需要根据工艺情况调整各个点控制参数，

（六）其他注意事项

现场控制站在上电调试和正式投运前，必须按照其接地要求完成接地系统的安装，并测试合格。

一般情况下，现场控制站的接地系统包括：保护地、屏蔽地和系统地。

保护地：是为了防止设备外壳的静电荷积累、避免造成人身伤害而采取的保护措施。

屏蔽地：它可以把信号传输时所受到的干扰屏蔽掉，以提高信号质量。进入现场控制站的弱电信号电缆的屏蔽层应做屏蔽接地。

系统地：在现场控制站中，就是 I/O 级设备的 24VDC 或 5VDC 的工作电源地。是为 DCS 电子系统提供可靠性和准确性的参考点。

良好的接地系统能够保证：当进入 MACS 系统现场控制站的信号、供电电源或现场控制站内部设备本身出现问题时，可以迅速将过载电流导入大地；为进入现场控制站的信号

电缆提供屏蔽层,消除电子噪声干扰,并为整个控制系统提供公共信号参考点;防止设备外壳的静电荷积累,避免造成人员的触电伤害及设备的损坏。

☞**复习思考题:**

1. 游标卡尺的使用方法。
2. 百分表的使用方法。
3. 简述气动调节阀的工作过程。
4. 双转子流量计是怎样工作的?
5. 变频器的作用和特点。
6. 电容补偿的优点。
7. 易燃易爆场所仪表安装应注意哪些?
8. 自动控制系统由哪些部分组成?
9. 什么是位式调节系统?
10. 集散控制系统的特点。

第九章 油气集输安全与环保

油气集输是油田原油、天然气生产的重要组成部分。油气集输生产既有油田点多、线长、面广的生产特性,又具有炼化企业高温高压、易燃易爆、工艺复杂、压力容器集中、生产连续性强、火灾危险性大的生产特点,任一环节出现问题或操作失误,都将会造成恶性的火灾爆炸事故、人身伤亡事故和环境污染事故等。

第一节 油气集输生产特点及主要风险

油气集输处理过程是高风险的工作过程,生产的特点是点多、线长、面广、重大危险源多;压力容器、压力管道、锅炉、加热炉等特种设备多,高温高压;生产介质易燃、易爆;工艺流程复杂;生产各环节连续性强,不允许中断;污水处理量递增快,部分水外排环境影响风险大。其主要危险、危害是:火灾、爆炸、中毒等;主要环境影响是:含油污水外排、烃类伴生气泄漏、油泥沙无序堆放等。

一、油气集输生产特点

(一) 系统生产的连续性

油气集输是油田从事石油、天然气工业生产的主体。一般油气站库、原油中转站、轻烃站、大口径输油、输气管道等都属于集输系统的范畴,它们分布在油田各个区域,比较分散,在安全管理上难度比较大。而且,由于这些站库的生产储存设施、设备比较集中,生产介质易燃易爆,因此,集输生产现场分散、设备集中、工艺技术复杂、生产连续性强及火灾危险性大等特点,构成了一个庞大、复杂而危险的集输储运系统。在这个系统中,任一环节出现故障或发生事故,有可能造成全线停输,甚至会影响到整个油田的生产。因此,生产中必须保证系统处于正常状态,以保持系统生产的连续性。

(二) 工艺技术的复杂性

在油气集输系统,储罐、油泵、天然气增压机、分离器等,是油气集输生产的基本设备,随着油田生产建设的不断发展,原有的陈旧设备、生产工艺已经远远满足不了当代石油生产与安全的实际需要。因此,新设备、新装置、新工艺等生产技术便被各油田企业广泛地引进。由于设备、装置、仪表等自动化程度的提高,使得系统内的工艺技术条件也变的十分复杂,各种数据、报表、技术参数的控制与要求都非常严格,生产中任一环节出现问题,或操作工人监控、操作不到位,都会造成系统的全面停产,而且还可能引起设备、装置的严重损坏,甚至引发火灾爆炸事故。

(三) 生产介质的易燃易爆性

油气集输生产的主业是原油、天然气的生产与外输,所加工、储存的主要产品是原油、天然气、轻质油。这些产品都具有易燃、易爆、易蒸发的特性,有的还具有易积聚、不易扩散的特点。生产中如果可燃蒸气或气体与空气混合后，很容易形成燃烧性混合物或爆炸性混合物，遇到火源便可引起火灾、爆炸事故的发生。

总之，生产过程的连续性、工艺技术的复杂性、生产介质的易燃易爆性，是油田集输系统的三大生产特点。这些特点都给油田集输生产的安全带来了一定的负面影响。

二、集输系统的主要风险

（一）火灾爆炸的风险

油气集输站库是原油、天然气集中的场所，石油是多种碳氢化合物混合组成的可燃性液体。石油的闪点、燃点和自燃点比起其他一般可燃性物质都要低。天然气主要成分是气态烃类，还含有少量非烃气体。天然气的烃类物质主要是甲烷，一般气层气中甲烷含量约占天然气总体积的 90% 以上，而油田伴生气中甲烷含量一般占天然气总体积的 80%。天然气的燃烧分为混合燃烧和扩散燃烧两种形式。混合燃烧是可燃性气体预先与空气混合后发生的燃烧。这种燃烧反应迅速，着火温度高，火焰传播速度极快。以汽化后的液化石油气为例，它的燃烧速度可高达 3000m/s，石油与天然气的性质决定了它们易燃易爆的危险性。油气集输站库储存、处理与输送的主要产品是原油、天然气、轻质油。这些产品都具有易燃、易爆、易蒸发的特性，生产中很容易形成燃烧性混合物或爆炸性混合物，遇到火源便可引起火灾、爆炸事故的发生。

（二）人员中毒的风险

油气集输过程中通常遇到的特别危险物质有硫化氢、二氧化硫、一氧化碳等。

1. 硫化氢（H_2S）

硫化氢为无色、具有臭蛋味的剧毒气体。在空气中含量达到 0.035 mg/m^3 时，人们即可嗅到。浓度很低时，臭味与其浓度成正比。但当它在空气中的浓度超过 10 mg/m^3 时，这种臭味反而减弱，甚至不能察觉。因此这种毒性气体危险性很大，往往使吸入这种气体者出现"闪电式"死亡。

硫化氢对空气的相对密度为 1.19。因为它比空气重，所以常积聚在比较低的地方（如坑洼、管沟、地下室之类的处所）。我国开采的天然气中许多都含有硫化氢。含有硫化氢的天然气称为酸性气。

2. 二氧化硫（SO_2）

燃烧含硫量高的燃料油所产生的烟气中，硫化物被氧化生成二氧化硫。二氧化硫比空气重，其相对密度为 2.3。这种酸性气体对人体上呼吸道、眼、鼻、喉等诸器官有刺激作用，甚至会使对此敏感的人呼吸困难。在达到中毒临界值 15 mg/m^3 时，就可明显嗅到它的气味。浓度较高时，可对呼吸道产生刺激，能引起支气管炎及眼睛灼痛。慢性二氧化硫轻度中毒的症状是食欲减退、鼻炎、咽炎及支气管炎发作等；中度中毒除上述症状加剧外，会出现声音嘶哑、胸痛、发烧等；重度中毒除上述症状更为严重，出现呼吸困难、知觉障碍、肺水肿等症状，严重者可造成窒息死亡。

3. 一氧化碳（CO）

一氧化碳无味，常存于燃烧条件不正常的烟道废气中，有些通风不良的发电机房、天然气取暖的房间及工作室等都有可能存在。一氧化碳是人们接触最广泛的一种气体。

一氧化碳比空气轻，相对密度为 0.968。由于一氧化碳是燃烧不完全生成的产物，是易燃易爆气体，与空气混合极易形成爆气体，遇明火则发生爆炸、着火。一氧化碳由于无色无味，很容易使人不知不觉地中毒。急性中毒可引起头痛、眩晕、恶心、呕吐；它能阻止人体血液吸收氧气，从而引起化学性窒息。当空气中浓度达到 11.7 mg/m^3 时，吸入 5min 即可窒息死亡。

4. 惰性气体

惰性气体在石油集输中主要指二氧化碳、氮气或其混合气体。主要危险是含氧量低或不含氧，在管道或容器内部检修时很容易造成缺氧窒息，严重者可造成死亡。

当气体中的氧含量降到正常体积分数21%以下时，人们呼吸就会加快。当含氧量体积分数下降到16%以下时，就会感到呼吸困难。当含氧量体积分数下降到10%以下时，人们就会失去知觉。氧气含量愈小，意识丧失愈快，进而失去知觉窒息死亡。

(三) 环境污染的风险

油气集输系统存在的环境污染风险主要是废水、废气固体废弃物、噪声等。

1. 废水

废水污染源是原油脱出的含油污水；油气分离器及分离罐排出的含砂、含油污水；原油稳定流程中的气液三相分离器及真空罐和冷凝液储罐排水；汁量站、联合站、脱水站、油水泵区、油罐区、装卸油台、原油稳定、轻烃回收和集输流程的管道、设备及地面冲洗等排放出的含油、含有机溶剂的污水。

2. 废气

主要废气污染源有储罐、油罐车、增压站、集气站、压气站、天然气净化厂等损耗烃类的场所和设备，还有加热炉放空火炬等。

3. 固体废弃物

主要固体废弃物有从三相分离器、脱水沉降罐、电脱水等设备排水时排出的污油；泵及管道跑、冒、滴、漏排出的污油；脱水沉降罐、油罐、油罐车、含油污水处理厂等设施。以及天然气净化厂清出和排出的油砂、油泥、过滤滤料等固体泥状废物。

4. 噪声

主要噪声源有泵机、电动机、加热炉螺杆式压缩机等。

油气集输主要污染源构成如图9-1所示。油气集输场所危险物质及风险告知表如表9-1所示。

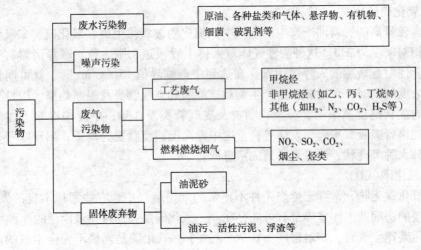

图9-1 油气集输主要污染源

表9-1 油气集输场所危险物质及风险告知表

序号	场所名称	危险物质名称	危险因素	危害事件
1	轻油罐区、原油稳定区	轻质油、原油、天然气	泄漏	火灾、爆炸、中毒 环境污染
2	原油脱水区、储油罐区	原油、天然气	泄漏	火灾、爆炸、中毒 环境污染
3	天然气处理区	天然气	泄漏	火灾、爆炸、中毒 环境污染
4	注水泵房	高压水 16~24MPa 高电压 6000V	泄漏 绝缘损坏	高压刺漏伤人 触电伤人
5	油、气集输场所内	蒸汽	高温	灼烫伤人
6	油、气集输场所内	化学药剂	有毒、腐蚀	中毒、灼伤
7	油、气集输场所内	机械设备	高速旋转	机械伤害

第二节 油气集输安全防控重点

油气集输生产的特点和风险,要求生产岗位的每一位员工,必须清醒的认识工作环境中存在的主要危险:直接作业的风险和集输站库的防火防爆、防中毒以及防环境污染的风险,分析原因并能采取正确的预防措施控制它。

一、主要危险及预防

油气集输系统的主要危险及预防措施如表9-2所示。

表9-2 油气集输系统的主要危险及预防措施

序号	主要危险	原因分析	预防措施
1	储油罐着火爆炸	1. 量油孔盖未盖,阻火器芯损坏,罐顶有孔洞,泡沫发生器"米"字玻璃损坏等引来明火引燃油气; 2. 雷击产生火花; 3. 使用非防爆工具、铁器,碰撞产生火花; 4. 违章操作,开关手电,劳保用品不符合规定; 5. 收发油造成静电聚集,产生放电; 6. 量油孔没有有色金属衬套,量油尺与量油孔摩擦; 7. 罐区有易燃物,自然造成明火; 8. 违章动火施工; 9. 计量人员上罐操作携带火种或通信设备	1. 按量油操作规程进行操作,同时穿戴符合规定的劳保用品; 2. 阻火器必须良好; 3. 关闭量油孔、透光孔等大罐附件设备; 4. 油罐区动火,安全防火措施要到位; 5. 定期测试防雷接地网,阻值小于4Ω; 6. 定期检查油罐防静电线有无破损; 7. 严禁穿铁钉鞋、带火种上罐,应使用防爆手电、工具; 8. 及时清理罐区油污、棉纱等易燃物; 9. 保持消防系统良好

续表

序号	主要危险	原因分析	预防措施
2	储油罐冒顶事故	1. 液位计失灵； 2. 检尺不准确或未检尺，没有及时倒罐； 3. 工艺流程倒错； 4. 中间站没有及时倒流程； 5. 加热温度过高，使罐底积水沸腾	1. 液位计定期校验维修； 2. 按时检尺，及时掌握储罐液量； 3. 严格执行工艺操作规程； 4. 加强上下游站生产协调； 5. 来油加热温度控制在一定范围内
3	储油罐抽空、抽憋事故	1. 液位计失灵； 2. 没有按时检尺； 3. 没有及时倒罐或倒错流程； 4. 呼吸阀、安全阀失效	1. 液位计定期效验维修； 2. 按时检尺，及时掌握储罐液量； 3. 严格执行工艺操作规程； 4. 定期对呼吸阀、安全阀校验
4	加热炉炉管穿孔着火	1. 来液量过低或断流，炉管内液体气化膨胀憋压； 2. 炉管焊缝有砂眼或裂缝； 3. 炉管高温氧化或低温腐蚀，造成炉管穿孔或开裂、漏油； 4. 炉管偏流、偏烧或局部过热使炉管结焦，造成炉管烧穿； 5. 倒错流程，炉管憋压	1. 严格执行巡回检查制度，及时调整生产运行参数； 2. 定期进行专业检测，发现炉管强度有问题，及时解决； 3. 及时调整火嘴，避免偏烧； 4. 及时检查加热炉出口温度，杜绝偏流、偏烧或"烧死油"现象； 5. 认真检查流程，确认无误后再操作
5	输油泵房着火	1. 泵抽空或超压，造成密封泄漏，热油窜出自燃； 2. 盘根安装过紧，温度过高引燃油蒸气； 3. 油气管道、闸门、仪表、泵等渗漏，使室内油气浓度增大，达到火灾爆炸极限； 4. 电线电阻过大或电路短路起火； 5. 违反规定使用非防爆式电机、电器、灯具打火； 6. 使用防爆工具碰击打出火花，引燃易燃气体； 7. 违章动(用)火施工； 8. 不按规定穿戴防静电防护用品； 9. 可燃气体报警器失灵	1. 定期巡检确保仪表运行状态完好； 2. 定期对电机进行检查、保养，测试线路电阻符合要求； 3. 盘根安装松紧度适当，严禁泵空转； 4. 使用合格的防爆电器、防爆工具； 5. 按照《工业动火规定》进行动火施工； 6. 保证通风设施良好运行； 7. 正确穿戴劳保用品； 8. 配备足够的灭火器材，保证消防系统正常良好； 9. 可燃气体报警器按规定检验，保证其灵敏、好用
6	输油泵房跑油	1. 盘根松动造成原油泄漏； 2. 罐、池溢出油，没有及时回收； 3. 漏斗、排污管道堵塞； 4. 泵出口法兰垫子刺坏； 5. 管道腐蚀穿孔、爆裂； 6. 压力表损坏	1. 做好泵的保养维护； 2. 污油池定期检查液位，及时抽油； 3. 加强巡检，掌握泵、仪表状况； 4. 做好管道的检测防护工作，认真按时检查仪表，确保灵活可靠

续表

序号	主要危险	原因分析	预防措施
7	输油管道事故跑油	1. 管道憋压腐蚀穿孔跑油； 2. 管道因人为因素遭到破坏，被打眼盗油； 3. 管道受外力破坏跑油； 4. 自然灾害造成管道破损，原油泄漏	1. 对腐蚀进行巡检，确保运行状态完好； 2. 严格按照操作规程进行流程切换，将压力控制在规定范围内； 3. 加强管道巡回检查，防止人为破坏； 4. 制定相应的应急措施，防止事态扩大； 5. 做好管道各种标识，避免管道受损； 6. 做好管道穿越、跨越、桁架等部位的加固维护
8	泵机组烧毁	1. 润滑油或润滑脂不足或变质； 2. 泵抽空或供液不足； 3. 电压过高或过低； 4. 电机线圈绝缘损坏，发生短路； 5. 泵超负荷运行； 6. 泵维修质量不高； 7. 冷却水不足，轴瓦过热； 8. 违章操作	1. 按照巡回检查点，按时检查机组； 2. 及时检查罐的液位、泵的进口闸板、进口过滤器等，防止泵抽空及供液不足； 3. 按时检查过载保护装置； 4. 工作电压在规定范围以内； 5. 机组停机24h以上，启动前必须测量电机的绝缘电阻，保证其符合要求； 6. 不能超负荷运行； 7. 定期保养泵机组； 8. 严格执行操作规程
9	天然气管道泄漏或爆裂	1. 管道腐蚀穿孔； 2. 人为破坏； 3. 管道冻堵造成憋压； 4. 工艺流程切换失误，造成憋压； 5. 管道超限运行； 6. 天然气增压装置失控	1. 严格执行工艺设施操作及保养规程； 2. 严格执行巡回检查制度； 3. 严格执行《输气工操作规程》； 4. 定期对管道进行维护； 5. 加强阴极保护管理； 6. 定期进行管道巡护； 7. 制定事故处理应急预案； 8. 配备正压式呼吸器和防火服
10	压力容器泄漏着火	1. 压力容器有裂缝、穿孔； 2. 容器超压； 3. 安全附件、工艺附件失灵或与容器结合处渗漏； 4. 工艺流程切换失误； 5. 容器周围有明火； 6. 周围电路有阻值偏大或短路等故障发生； 7. 雷击起火； 8. 有违章操作（如使用非防爆手电，使用非防爆工具，不按规定穿戴劳保服装等）现象	1. 压力容器应有使用登记和检验合格证； 2. 制定事故处理应急预案； 3. 一旦发生泄漏、着火，要立即切断油源、火种； 4. 按压力容器操作规程进行操作； 5. 对压力容器定期进行维护保养； 6. 工艺切换严格执行相关操作规程； 7. 严格执行巡回检查制度； 8. 严格执行各类安全操作规程； 9. 定期检验安全附件，并有检验合格证； 10. 防雷和防静电设施性能良好，有检验合格证； 11. 容器周围严禁明火，需要明火作业时，需经安全技术部门批准，采取一定预防措施后，方可动（用）火； 12. 定期对容器周围电路进行维护保养； 13. 定期检修各种工艺附件； 14. 配备正压式呼吸器和防火服

续表

序号	主要危险	原因分析	预防措施
11	原油稳定装置火灾爆炸	1. 容器薄弱处泄漏，引起火灾； 2. 雷击造成火灾； 3. 用火不当，引起火灾； 4. 炉内有余气遇到明火，炉管爆裂； 5. 短路、缺相超载运行； 6. 电线短路	1. 容器要定期检测，安全附件要按时校检，容器及其附件要准确无误，不失灵； 2. 防雷避电设施要定期检测，保持完好； 3. 严格执行动用明火制度，炉火要按时检查，大风天加密检查，作业场所要严禁烟火； 4. 勤听电机运行声音，观察电流变化情况，定期检查电器线路
12	轻油装车火灾爆炸	1. 车速度过快产生静电火花； 2. 夏天装车挥发迅速； 3. 装车时周围有明火； 4. 装车人员未使用防爆工具，未穿防静电服； 5. 轻油装车装置闸门管道泄漏，遇明火	1. 装车时一定要将电线搭接牢靠，接地线定期检测，保持完好； 2. 严格执行夏季装油时间规定； 3. 装置装车时，周围50m严禁烟火； 4. 装车工具必须防爆，装车人员须穿防静电工服； 5. 对装车装置要勤检查，确保完好
13	压缩机装置爆炸着火	1. 压缩机装置启运前，未置换工艺流程内的空气； 2. 压缩机装置有渗漏点； 3. 压缩机装置发生机械故障； 4. 安全附件、工艺附件失灵或与压缩机装置结合处渗漏； 5. 工艺流程切换失误； 6. 压缩机装置电路有阻值偏大或短路等故障； 7. 压缩机装置周围有明火； 8. 未按照压缩机操作规程操作； 9. 有违章操作（如使用非防爆手电，使用非防爆工具，不按规定穿戴劳保服装等）现象	1. 新投运、检修后投运或长时间停产后投运的压缩机装置，要用惰性气体或天然气对工艺流程内的气体进行置换； 2. 制定事故处理应急预案； 3. 一旦爆炸着火，要立即切断气源、火种； 4. 按压缩机装置操作规程进行操作； 5. 定期对压缩机装置进行维护保养； 6. 工艺切换严格执行相关操作规程； 7. 严格执行巡回检查制度； 8. 严格执行各类安全操作规程； 9. 定期检验安全附件，并有检验合格证； 10. 防静电设施性能良好，有检验合格证； 11. 压缩机装置区周围严禁明火，需要明火作业时，需经安全技术部门批准，采取一定预防措施后，方可动(用)火； 12. 定期对压缩机装置电路进行维护保养； 13. 定期检修各种附件，确保灵活好用； 14. 配备正压式呼吸器和防火服

二、岗位直接作业环节控制

（一）用火作业

1. 用火作业安全措施

（1）用火设备内部构件清理干净，蒸汽吹扫或水洗合格，达到用火条件。

（2）断开与用火设备相连接的所有管道，加盲板。

（3）用火点周围(最小半径15m)的下水井、地漏、地沟、电缆沟等清除易燃物，并已采取覆盖、铺沙、水封等手段进行隔离。

(4) 罐区内用火点同一围堰内和防火间距内的油罐不得进行脱水作业。
(5) 高处作业应采取防火花飞溅措施。
(6) 清除用火点周围易燃物。
(7) 电焊回路线应接在焊件上,把线不得穿过下水井或与其他设备搭接。
(8) 乙炔气瓶(禁止卧放)、氧气瓶与火源间的距离不得少于 10m。
(9) 现场配备消防灭火器、铁锹把、石棉布等。

2. 岗位操作人员监控管理内容
(1) 岗位操作人员有责任监督在所管范围内的动火。
(2) 岗位操作人员发现违反"三不用火"制度的应立即汇报。"三不用火"是指没有经批准的《用火作业许可证》不用火、无用火监护人或用火监护人不在现场不用火、用火安全措施不落实不用火。
(3) 岗位操作人员发现用火作业中危及岗位正常生产的现象,应建议改正并立即汇报。
(4) 用火作业期间,不应同时进行排污、放空、可燃溶剂清洗和喷漆等操作。
(5) 用火作业涉及进入受限空间、临时用电、高处等作业时,应有相应的作业许可证。

(二) 进入受限空间作业

1. 进入受限空间作业安全措施
(1) 所有与受限空间有联系的阀门、管道应加盲板隔离。
(2) 设备经过置换、吹扫、通风,严禁用通氧气的方法补充氧。
(3) 挂"正在检修"标志牌,设专人监护。
(4) 分析可燃、有毒有害气体含量。
(5) 现场备相关的应急器材、消防器材、救生绳、防毒面罩等。

2. 岗位操作人员监控管理内容
(1) 岗位操作人员有责任监督在所管范围的进入受限空间作业。
(2) 岗位操作人员有权检查《进入受限空间作业许可证》,并清楚安全措施落实情况。
(3) 岗位操作人员发现作业过程中存在不安全的现象,应建议改正并立即汇报。
(4) 进入受限空间涉及用火、临时用电等作业时,还应办理相应的施工作业许可证。

(三) 临时用电

1. 临时用电安全措施
(1) 安装临时线路人员持有电工作业操作证。
(2) 在防爆场所使用的临时电源,电气元件和线路达到相应的防爆等级要求。
(3) 临时用电的单项和混用线路采取五线制。
(4) 临时用电线路架空高度在装置内不低于 2.5m,道路不低于 5m。
(5) 临时用电线路架空进线不得采用裸线,不得在树上或脚手架上架设。
(6) 现场临时用电盘、箱应有防雨措施。用电设备、线路容量、负荷符合要求。
(7) 临时用电设施应安有漏电保护器、移动工具、手持工具应一机一闸一保护。

2. 岗位操作人员监控管理内容
(1) 岗位操作人员有责任监督在所管范围的临时用电作业。

（2）岗位操作人员有权检查《临时用电作业许可证》，并清楚安全措施落实情况。

（3）岗位操作人员发现作业过程中存在不安全的现象，应建议改正并立即汇报。

（四）施工作业

1. 施工作业安全措施

（1）施工作业前应办理施工作业许可证。

（2）施工单位人员进入生产设施和装置施工现场，应经过安全培训。

（3）油气集输安全人员在施工单位进入作业区域前，应履行安全告知义务。

（4）施工单位根据作业内容和环境情况制定出安全有效的作业区隔离措施方案。

（5）油气集输和施工单位共同确认达到安全施工条件后，方可进行施工作业。

（6）凡与施工项目相关的工艺管道、下水井系统等，应采取有效的隔离措施。有毒有害及可燃介质的工艺管道必须加盲板进行隔离；通往下水系统的沟、井、漏斗等必须严密封堵；施工隔离区内凡与生产有关的工艺设备、阀门、管道等，均应有明显的禁动标志。

（7）凡在运行的装置区域内进行施工作业，而又无法实施区域隔离的，必须由建设单位和施工单位共同制定安全措施和施工方案，并逐条落实，检查确认达到安全施工条件后，方可进行施工作业。

（8）在不停产状态下进行施工作业，应制定可靠的安全措施并认真执行。

基层单位应制定边生产、边施工作业的事故处理预案，并组织员工进行学习和演练；现场有施工作业时，不得就地排放易燃易爆、有毒有害介质；遇有异常情况，如紧急排放、泄漏、事故处理等，应立即停止一切施工作业，撤离人员并及时报警和报告处理。

2. 岗位操作人员监控管理内容

（1）岗位操作人员有责任监督在所管范围的施工作业。

（2）岗位操作人员有权检查施工作业安全措施落实情况。

（3）岗位操作人员发现作业过程中存在不安全的现象，应建议改正并立即汇报，出现危及安全的紧急情况，有权要求停止施工。

（4）涉及用火、临时用电、进入受限空间等作业时，还应办理相应的施工作业许可证。

（5）施工作业时，不得就地排放易燃易爆、有毒有害介质；遇有异常情况，如紧急排放、泄漏、事故处理等，应立即停止一切施工作业，撤离人员并及时报警和报告处理。

（五）高处作业

1. 高处作业安全措施

（1）作业人员身体条件、着装符合要求。

（2）作业人员佩戴安全带、携带有工具袋。

（3）现场搭设的脚手架、防护围栏符合安全规程。

（4）垂直分层作业中间有隔离设施。

（5）梯子或绳梯符合安全规定。

（6）在石棉瓦等不承重物上作业应搭设并站在固定承重板上。

（7）高处作业有充足照明，安装临时灯、防爆灯。

2. 岗位操作人员监控管理内容

(1) 岗位操作人员有责任监督在所管范围的高处作业及交叉作业。

(2) 岗位操作人员有权检查高处作业及交叉安全措施落实情况。

(3) 岗位操作人员发现作业过程中存在不安全的现象,应建议改正并立即汇报,出现危及安全的紧急情况,有权要求停止施工。

(4) 高处作业涉及用火、临时用电等作业时,还应办理相应的施工作业许可证。

(六) 起重作业

1. 起重作业安全措施

(1) 作业前安全检查

作业单位安全管理人员对从事指挥和操作的人员进行资格确认;对起重机械和吊具进行安全检查确认,确保符合安全技术要求;对安全措施落实情况进行确认;对吊装区域内的安全状况进行检查;检查地面附着物情况、起重机械与地面的固定或垫木的设置情况,划定不准闲人进入的危险区域并派人看护,设置警示标志;检查确认起重机械作业时或在作业点静置时各部位活动空间范围内没有在用的电线、电缆和其他障碍物;核实天气情况。

(2) 作业安全措施

起重作业时必须明确指挥人员,指挥人员应佩戴明显的标志;起重指挥必须按规定的指挥信号进行指挥,其他作业人员应清楚吊装方案和指挥信号;起重指挥应严格执行吊装方案,确认一切正常,方可正式吊装;吊装过程中,出现故障,应立即向指挥者报告,没有指挥令,任何人不得擅自离开岗位。

2. 岗位操作人员监控管理内容

(1) 岗位操作人员有责任监督在所管范围的起重作业。

(2) 操作人员有权检查起重作业安全措施落实情况。

(3) 岗位操作人员发现作业过程中存在不安全的现象,应建议改正并立即汇报,出现危及安全的紧急情况,有权要求停止施工。

(七) 破土作业

1. 破土作业安全措施

(1) 破土前,对所有作业人员进行安全教育和安全技术交底后方可施工。

(2) 可能损坏道路、管道、电力、邮电通信等设施的;需要临时停水、停电、中断道路交通的;采取有效措施后方可进行作业。

(3) 在道路上及危险区域内施工,应在施工现场设围栏及警告牌,夜间应设警示灯。

(4) 在施工过程中,使用电动工具应安装漏电保护器。

2. 岗位操作人员监控管理内容

(1) 岗位操作人员有责任监督在所管范围的破土施工作业。

(2) 岗位操作人员有权检查《破土作业许可证》及安全措施落实情况。

(3) 岗位操作人员发现作业过程中存在不安全的现象,应建议改正并立即汇报,出现危及安全的紧急情况,有权要求停止施工。

(4) 工作业涉及用火、临时用电等作业时,还应办理相应的施工作业许可证。

(5) 道路上及危险区域内施工,应在施工现场设围栏及警告牌,夜间应设警示灯。

（八）高温作业

1. 高温作业安全措施

（1）应对高温作业场所进行定时检测，包括温度、湿度、风速和辐射强度，掌握气象条件的变化，及时采取改进措施。

（2）当热源（炉子、蒸汽设备等）影响员工操作时，应采取隔热措施。

（3）高温作业场所的防暑降温，应首先采用自然通风，必要时使用送风风扇。

（4）根据工艺特点，对产生有害气体的高温工作场所，应采用隔热、强制送风或排风装置。

（5）发现有中暑症状患者，除进行急救治疗和必要的处理外，还应送医院诊疗。

2. 岗位操作人员注意事项

（1）锅炉、加热炉等高温作业场所岗位操作人员防暑降温，应首先采用自然通风，操作时，应采取隔热措施。

（2）现有中暑症状患者，应立即到凉爽地方休息，除进行急救治疗和必要的处理外，应到诊断机构诊疗。

三、防火防爆、防中毒、防污染

（一）防火防爆措施

爆炸起火是对站库安全生产最严重的威胁，一旦发生爆炸火灾就可能造成生命财产的巨大损失，因此必须落实好防范措施。

（1）站库内严禁吸烟及携带火种。

（2）不准穿带铁钉鞋进入油气区。

（3）站库内不准就地排放可燃物、易燃物。

（4）油罐防护堤必须保持完好。

（5）禁止在油气区内用黑色金属或易产生火花的工具敲打和撞击作业。

（6）不准穿带易产生静电的服装进入油气区。

（7）禁止用汽（轻）油擦洗设备、衣物、工具及地面等。

（8）未采取防火措施，严禁机动车辆进生产装置、罐区及易燃易爆区。

（二）防油气中毒措施

原油或石油气体能使人中毒，如果措施得当，在集输过程中就可避免中毒危险。防止中毒的措施有以下几种：

（1）在设计集输油（气）站时，应充分考虑防毒问题。泵房、阀室、工作间要保证通风良好，在易泄漏油（气）的场所要安装可燃气体报警装置。

（2）加强安全检查，发现危及职工安全健康的隐患要及时整改，保证油（气）输送管道设备严密不漏。

（3）加强职工安全教育。在工作人员进入油气泄漏区域或存有油气的容器内，要按要求戴好防毒面具和防护用品，工作时要有人监护，严格执行安全措施。

（4）在操作工艺设备时，要注意防毒工作；油气放空时要点燃，操作人员要站在上风处；对含硫化物的气体场所要设专门仪器监测，不准超过临界限的规定。

（5）定期对有毒场所所有岗位职工进行体检，加强职工的保健管理，发现情况及时治疗。

（三）防环境污染措施

油气集输过程的容器、阀门、法兰、罐底、机泵等处都可能发生油品泄漏现象，所有这些漏出的油品，都会对大气、土壤、水系造成污染。针对存在的污染源，可以采取以下措施，防止或降低污染程度。

（1）规范清洗油罐的操作要求罐内清出的污物应集中堆放，并应妥善处理，避免污物中的油渗入油罐区土壤，清罐结束后应及时将清出的污物运出油罐区，尽量利用新技术、新工艺提高清洗效率和清洗水的利用率，以减少污水量，保持油罐区的洁净是努力的方向。

（2）防止油品泄漏选用高质量的阀门、法兰、垫片、泵的密封件等，平时发现问题及时处理，对罐底板因腐蚀而发生的泄漏要提高警惕，对由罐基础周围排放管流出的油品进行判断并采取相应措施。

（3）减少储罐的油气排放量；检查和维护好固定顶油罐的呼吸阀，使其始终处在有效可靠的状况下；有条件的油罐区应设置气相连通线，将储存油同油品的油罐气体空间用管道连通，成为一个储罐间的气相连通线，油罐间可以相互交换油蒸气，减少罐内吸入的空气和排出的油气，也可以将油品集中储存，应尽可能做到满罐状态，相同油品不要分散在许多油罐，这样可以减少罐顶与油品液面的气体空间，从而减少蒸发损耗，减少了油气对大气的污染。

（4）保证油罐区雨水的合理处理平时要对油罐区阀门、法兰等可能泄漏油品的地方和清扫孔、排污孔附近的地面进行局部处理，避免油品渗入地下。

（5）储罐采用自动脱水器排水，人工脱水往往对油水界面的变化掌握不准，排水含油量较高，不仅损失油品，也造成了对环境的污染，如果有条件，应采用自动脱水器。目前，主要有两种类型的自动脱水器，一种是机械式的，利用浮力原理和杠杆原理的巧妙结合来实现自动脱水；另一种是电子式的，利用电子器件检测油水界面的变化情况，根据信号反馈实现自动脱水，只要平时加强对脱水器的管理和维护，在生产中是能满足脱水要求的。

（四）油气集输岗位环境保护管理

（1）严格执行国家和企业的有关环境保护法律法规及制度，油气集输系统的油气处理、污水处理、污泥处理、天然气处理岗位操作工，在工作期间是岗位环保管理的第一责任人。

（2）严格执行油气处理、污水处理、污泥处理、天然气处理等环保设施设备操作规程，确保其安全平稳运行。

（3）按时巡检环保设施、"三废"排放源等作业现场，发现问题，及时处理并做好记录；处理不了及时汇报。

（4）岗位做到"三清"（场地清、房内清、设备清）、"四无"（无油污、无杂草、无易燃物、无明火）、"五不漏"（油气管道和各类容器设备不漏油、不漏气、不漏水、不漏火、不漏电）。

四、人员不安全行为控制措施

（1）严禁在禁烟区域内吸烟、在岗饮酒、酒后上岗和高处作业不系安全带。

（2）严禁无操作证从事电气、起重、电气焊、锅炉、压力容器、场（厂）内机动车辆作业。

（3）严禁擅自停用、拆除锅炉、压力容器、压力管道上的安全阀等安全泄压、联锁、检测、报警装置。

（4）严禁机泵未停机进行维护保养作业。

（5）严禁违反操作规程进行用火、起重、进入受限空间、临时用电、临近高压带电体、破土、高处、管道解堵、试压、硫化氢作业。

（6）严禁当班操作人员脱岗、睡岗，油气装卸人员违反操作规程进行装卸作业或擅离岗位。

（7）严禁6级以上大风、暴雨、雷电等天气上罐、塔等装置进行登高作业。

（8）严禁身体正对高压注水、注聚、蒸汽阀门开关操作。

（9）严禁在爆炸危险区域内接打手机、使用非防爆工具及照明器材。

（10）严禁外管道巡线人员不按规定巡检，不及时阻止和上报违章占压、违章施工。

第三节　集输站库防静电、防雷电

在油气集输系统，因雷击、静电产生的电火花而引起油罐、处理装置等着火或爆炸是着火爆炸事故的重要原因之一，其危害和损失是惨重的。

一、防静电

（一）静电的危害

静电对油气集输系统最大的危害是引起爆炸和火灾。当静电放电产生的火花能量超过周围环境中爆炸性混合物的最小引燃能量时，就会引起火灾或爆炸。

生产过程中的静电，虽有较高的电压，但其能量很小，因此其引起的电击不至直接使人致命。但人体可能因电击导致坠落、摔倒等二次事故；电击还可以使工作人员紧张，妨碍工作。此外，在很多生产过程中，静电还可能妨碍生产或降低产品质量。

（二）静电产生的原因

油品在收发、输转、灌装过程中，油品分子之间和油品与其他物质之间的摩擦，会产生静电，其电压随着摩擦的加剧而增大，如不及时导除，当电压增高到一定程度时，就会在两带电体之间闪火（即静电放电）而引起油品爆炸着火。静电电压越高越轻易放电。电压的高低或静电电荷量大小主要与下列因素有关：

（1）灌输油流速越快，摩擦越剧烈，产生静电电压越高；

（2）空气越干燥，产生静电电压越高；

（3）油管出口与油面的间隔越大，油品与空气摩擦越剧烈，油流对油面的搅动和冲击越厉害，静电电压就越高；

（4）管道内壁越粗糙，油品流经的弯头阀门越多，产生静电电压越高；

（5）油品含水时，比不含水分产生的电压高；

（6）非金属管道如帆布、橡胶、石棉、水泥、塑料等管道比金属管道更易产生静电。

（三）预防静电的方法

1. 防止人体静电

油气站库大多都是易爆作业区域，因此严禁穿用由化纤材料制成的衣服、围巾和手套到危险区作业，禁止在危险场所脱掉衣服。禁止用化纤抹布擦试机泵或油罐容器。所有上罐作业均不得穿着化纤服装，上罐前要释放人体和携带工具的静电。

2. 静电接地

接地是消除静电危害最简单、最基本的方法。用于储存、输转油品的油罐、管道、装卸设备，都必须有良好的接地装置，并应经常检查静电接地装置技术状况和测试接地电阻。油罐的接地极每两组之间不大于30m，每罐接地极不少于二组。接地电阻不应大于10Ω。静电接地必须牢靠，并有足够的机械强度。防静电接地装置应接地良好，接地电阻每年至少检查两次，如有问题应立即解决。

3. 工艺控制

工艺控制法是指从工艺上采取适当的措施，限制静电的产生和积累。工艺控制的方法很多，主要有以下几种：

(1) 适当选用导电性较好的材料；

(2) 降低摩擦速度或流速；

(3) 改变注油方式（如装油时最好从底部注油，或沿罐壁注入）；

(4) 装设松弛容器；

(5) 消除油罐或管道中混入的杂质；

(6) 降低爆炸性混合物的浓度。

4. 其他方法

(1) 增湿。增湿就是提高空气的湿度以消除静电荷的积累。有静电危险的场所，在工艺条件允许的情况下，可以安装空调设备、喷雾器或采用挂湿布条等办法，增加空气的相对湿度。从消除静电危害的角度考虑，保持相对湿度在70%以上较为适宜。对于有静电危险的场所，相对湿度不应低于30%。

(2) 加抗静电添加剂。抗静电添加剂是特制的辅助剂。一般只需要加入千分之几或万分之几的微量，即可显著消除生产过程中的静电。磺酸盐、季胺盐等可用作塑料和化纤行业的抗静电添加剂；油酸盐、环烷酸盐可用作石油行业的抗静电添加剂；乙炔炭黑等可用作行业的抗静电添加剂等。采用抗静电添加剂时，应以不影响产品的性能为原则，此外，还应注意防止某些添加剂的毒性和腐蚀性。

(3) 静电中和器。静电中和器又称静电消除器。是借助电力和离子来完成的。按照各种原理和结构的不同，大体上可分为感应式中和器、高压中和器、放射线中和器和离子流中和器。

二、防雷电

(一) 雷电的直接危害

雷电的直接危害是指雷电的热效应、机械效应等。当强大的雷电流通过物体时，由于物体存在电阻，因此便会发热。瞬间温度会上升到数千摄氏度，甚至上万摄氏度，在这样的高温下，储油罐排出的可燃气体就会被引燃。雷电打在油罐上，若油罐接地状态不良，则可能在油罐某一局部产生高热，使油罐或某一附件毁坏，从而导致油罐燃烧爆炸事故。另一方面当雷电流通过两根平行的导体时，会在两导体之间产生很强的机械斥力，这种斥力可能使油罐或附件损坏。如雷电流通过钢筋混凝土油罐内两根平行的钢筋时，便可能使混凝土崩裂。

（二）雷电的间接危害

雷电的间接危害可以是雷电反击、静电感应和电磁感应。所谓雷电反击是这样一种现象：即雷电打击在某一物体上，瞬间在该物体上建立起高电压，如果有一种物体距该被雷击物体很近，则将会在此两物体之间产生很强的电场强度。如果电场强度大到足以击穿空气，那么被雷击物体便会对靠近它的其他物体放电。如果可燃气体存在于该火花放电空间内，则可能引起爆炸或燃烧。因此单独设置的避雷针到油罐的最近距离不得小于3m。

（三）防雷电危害的基本措施

1. 避雷针

避雷针是一种最常用的防雷保护装置，它由受雷器、引下线和接地装置三部分组成。

（1）受雷器：又称接闪器，即避雷针的针尖部分。采用直径 10~12mm，长为 1~2m 的铁棒或打扁并焊接封口的直径 20~25mm 镀锌钢管制成。

（2）引下线：常用直径不小于 6mm 的圆钢或截面积小于 30~35mm^2 的扁铁制成。引线应短而直，避免转弯和穿越铁管等闭合结构。

（3）接地装置：是为了把雷电电流引入地壳的一些金属接地体。它的尺寸和埋深需由计算决定。

2. 避雷针的保护作用

因避雷针比其周围建筑物高而尖，其感应电荷的场强比周围建筑物感应电荷的场强大得多，使避雷针附近的空气较容易击穿。若雷击对大地发生放电，因为避雷针针尖附近的空气已击穿，通过避雷针放电是最有利的路径，即避雷针吸引了雷击，使雷电流经避雷针入地，避免雷电流经其附近的构筑物入地。

3. 避雷针的保护范围

受到避雷针某种程度保护的空间称为避雷针的保护范围。避雷针的保护范围与避雷针的高度、数目、相对位置、雷的高度以及雷电对避雷针的位置因素有关。

第四节　集输站库应急处置技术

油气集输站库是储存和处理加工石油天然气的场所，生产过程中存在的巨大能量和易燃易爆物质，一旦发生重大事故，往往造成惨重的生命、财产损失和环境破坏。由于自然、人为或技术等原因，当事故或灾害不可能完全避免的时候，建立应急机制，有效的应急是控制危害蔓延，降低危害后果的唯一手段。

一、事故现场抢险应急预案

应急预案的基本概念是为减少事故后果而预先制定的抢险救灾方案，在事先预测危险源、危险目标可能发生事故的类别、危害程度的基础上制定的救援活动方案。

应急预案的目的是清晰而明确的应急预案有利于在事故发生时快速、高效率的应用，操作人员和救援队伍按预案有条不紊地快速行动，最大限度地减少人员伤亡和财产损失。

应急抢险原则是以人为本，最大限度保证企业员工和当地群众生命安全。实行"立即报告、三级管理、按级启动、分级负责"。先抢救人员、控制险情，再消除污染、抢救物资。

(一) 应急处置流程

集输站库应急处置流程如图9-2所示。

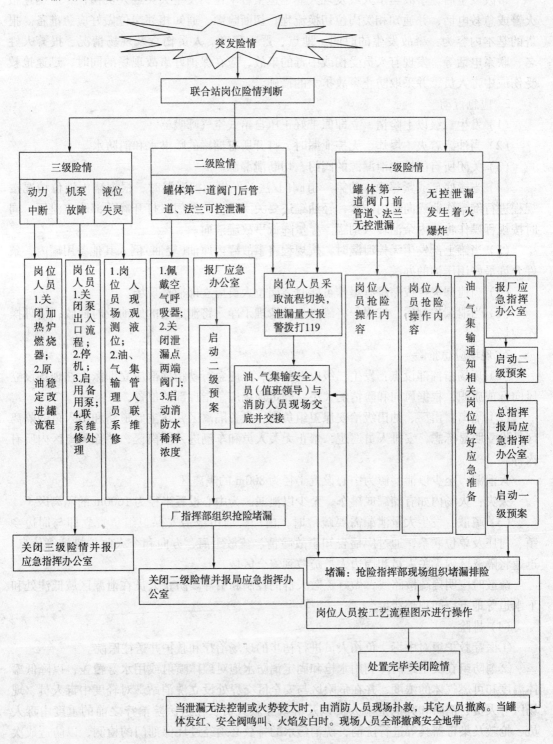

图9-2 集输站库应急处置流程图

（二）应急处置程序

1. 报警

事故发生后，事故当事人或发现人应迅速报告单位，发生火灾或人员伤亡，应迅速报火警或急救电话，并通知相关岗位切换流程，切断险源。通知相邻岗位做好应急准备。报告的基本内容为：事故发生的时间、地点、严重程度、人员伤亡及现场情况、报警人姓名、联系电话等。发现有人员受伤或中毒的事故，应在保护好事故现场的同时，迅速抢救受伤或中毒人员，并采取防止事故扩大的措施。

2. 应急行动

（1）发生二级以上险情，立即佩带好正压自给式空气呼吸器。

（2）当油罐着火、爆炸、无控泄漏时，打开所有储罐的喷淋水和消防水。

（3）关闭所有能控制泄漏源的阀门，切断泄漏源。

（4）当罐底部或紧邻罐体的第一道阀门/法兰发生无控泄漏时，根据罐内液位情况按规程进行倒罐作业或向罐内注水，轻油罐还要关闭平衡气阀门，打开罐顶部防空泄压。同时按规程操作将罐内余油转入别罐。尽量降低事故罐液面。

（5）当罐上部发生无控泄漏时，按规程将事故罐内原油（轻油）倒入其他备用罐内，条件允许最好用压油的办法。

（6）当泄漏失控或储罐有爆炸可能时，岗位人员应立即撤离现场。

（7）当泄漏控制后，按规程将罐内余油清理干净，将泄露出的原油及时回收，清理操作现场。

3. 现场应急抢险

（1）现场指挥部设点：发生二级以上险情，厂应急行动指挥部应立即派人在现场设立风向标或旗帜，根据风向和险情的大小，确定现场应急指挥部的位置。

（2）隔离：由厂、油田级治安保卫组负责，设置隔离区并在主要道路和出入口的隔离区外设立明显标志，安排人员巡逻，禁止无关人员和车辆进入隔离区，消除隔离区内所有火种。

大泄漏：至少以泄漏源为中心设置半径为800m的隔离区。

火灾：火场内如有储罐或罐车，至少以泄漏源为中心设置半径为1600m的隔离区。

（3）疏散：发生大量泄漏需要疏散时，由厂、油田级治安保卫组负责立即与周边乡镇、村庄及单位联系，通过广播告知事故险情、疏散距离、方向和个人防护措施等信息，迅速将隔离区内无关人员和周边人员疏散到安全区域。

疏散时应明确疏散路线，做好疏散人群的控制和引导。防止人员在泄漏区域低洼处和下水道等地下空间顶部滞留。

（4）排险：

①医疗救护组对中毒、负伤人员进行初步的现场治疗和救护并送往医院。

②消防组在安全距离外利用水枪和固定消防水炮对罐体喷射或用水雾覆盖，以降低罐体温度和可燃气体的浓度，并在危险区与安全区交界处设立洗消站。对轻度中毒人员、现场医务人员、消防和其他抢险人员以及群众互救人员、在送医院治疗之前的重度中毒人员、抢救及染毒器具等进行洗消，洗消污水的排放必须经过环保部门的检测，以防造成次生灾害。

③环境监测组负责对现场的可燃气体的浓度进行监测，向指挥人员提供决策依据。

④专家咨询组根据现场环境和工艺条件向指挥人员提交抢险方案。

⑤工程抢险组根据指挥和方案组织现场排险。

（5）人员撤离条件：

①当泄漏难以控制或着火，由消防组进行现场扑救，其他人员撤离。

②当火场中罐体变红、火焰变白、安全阀发出鸣叫声，消防人员立即撤离。

（6）排险完毕后，对装置、储罐周围边沟要及时用喷雾开花水枪或蒸汽由下向上驱散雾气，减低油气的浓度，直至检测合格，以防再次引起爆燃。

（7）注意事项：

①行动中人员应站在上风向，至少两人以上同行，并随时与外界保持联系。

②抢险时所有设备应接地，应使用防爆工具。

③冷却和灭火时要确保对泄漏口或安全阀出口畅通。

④防止泄漏物蒸汽进入水体、下水道、通风系统及其他密闭性空间。

⑤禁止接触或跨越泄漏物。

4. 应急行动的关闭

（1）关闭条件

①火已扑灭，泄漏已完全控制，检测确认现场不会发生次生事件。

②参加抢险人员清点完毕，受伤人员全部已送医院救治。

③现场已清理完毕，达到恢复生产的条件。

（2）关闭程序

逐级签署关闭指令，解除应急状态。一级应急行动关闭后，油田应急指挥部将后续工作移交给二级应急行动现场指挥部，二级应急行动关闭后，应急行动现场指挥部将后续工作移交联合站。

（三）应急培训和演练

1. 应急处置的培训

（1）油、气集输基层单位每季度组织职工，进行一次本场所应急预案培训和应急知识考核，并做好记录。

（2）基层岗位人员经过培训、演练至少掌握一图（逃生路线图）、一点（紧急集合地点）、一号（报警电话号码）、一法（常用急救方法）等基本技能；

（3）实施应急演练前，应制订有针对性的应急演习计划，演习结束应进行评审并作好记录。

2. 应急处置的演练方法

应急演练的过程可划分为演练准备、演练实施和演练总结三个阶段。对应急预案的完整性和周密性进行评估，可采用多种应急演练方法，如桌面演练、功能演练和全面演练等。

（1）桌面演练

桌面演练是指由应急组织的代表或关键岗位人员参加的，按照应急预案及其标准工作程序讨论紧急情况时应采取行动的演练活动。桌面演练的主要特点是对演练情景进行口头演练，一般是在会议室内举行。主要目的是锻炼参演人员解决问题的能力，以及解决应急组织相互协作，职责划分的问题。

（2）功能演练

功能演练是指针对某项应急响应功能或其中某些应急响应行动举行的演练活动。功能演练一般是在应急指挥中心举行，并可同时开展现场演练，调用有限的应急设备，主要目的是针对应急响应功能，检验应急人员以及应急体系的策划和响应能力。

（3）全面演练

全面演练是指针对应急预案中全部或大部分应急响应功能，检验、评价应急组织应急运行能力的演练活动。全面演练一般要求持续几个小时，采取交互方式进行，演练过程要求尽量真实，调用更多的应急人员和资源，并开展人员、设备及其他资源的实战性演练，以检验相互协调的应急响应能力。

3. 应急演练程序

应急演练程序如图9-3所示。

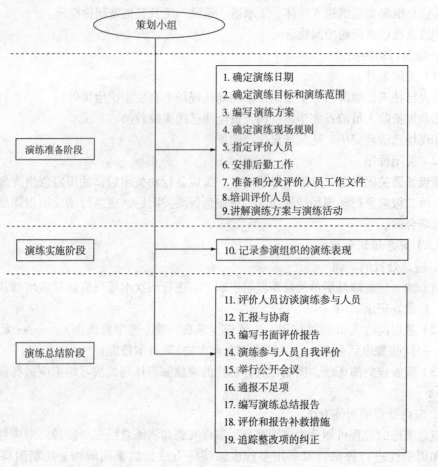

图9-3 应急演练程序

4. 演练结果的评价

应急演练结束后应对演练的效果作出评价，提交演练报告，并详细说明演练过程中发现的问题。按对应急救援工作及时有效性的影响程度，演练过程中发现的问题可划分为不足项、整改项和改进项。

（1）不足项：是指演练过程中观察或识别出的应急准备缺陷，可能导致在紧急事件发生时，不能确保应急组织或应急救援体系有能力采取合理应对措施，保护公众的安全与健康。不足项应在规定的时间内予以纠正。

（2）整改项：是指演练过程中观察或识别出的，单独不可能在应急救援中对公众的安全与健康造成不良影响的应急准备缺陷。整改项应在下次演练前予以纠正。

（3）改进项：指应急准备过程中应予改善的问题。改进项不同于不足项和整改项，它不会对人员的生命安全、健康产生严重的影响，视情况予以改进，不必一定要求予以纠正。

二、油罐着火应急处置

油罐着火后，由于油品性质、油罐结构、材质及罐内液位高低不同，以及其可能会出现爆炸或沸溢等情况，故扑救的程序也不同。

（一）扑救拱顶油罐火灾的程序

1. 呈火炬状燃烧的扑救

火炬燃烧一般是指在罐顶呼吸阀、透光孔或裂缝处燃烧。

应根据火焰燃烧的特点判断在短期内油罐是否会发生爆炸。若火焰呈橘黄色，发亮冒黑烟时，油罐则不会爆炸。这时罐内油气混合气体的浓度超过爆炸极限，处于富气状态，且混合气体中缺氧，为不完全燃烧。这种情况下，可靠近着火处，采取关闭盖子或用覆盖物（如浸湿的棉被、麻袋、石棉、毡等）窒息灭火，也可以用手提式化学干粉灭火器灭火。若火焰呈蓝色不亮、无黑烟时，说明罐内空气混合物的浓度处在爆炸极限范围内，在短期内有可能发生爆炸，这种情况下，人员千万不要靠近油罐，应采取以下工作程序：

（1）当班人应立即报告站库领导和上一级值班调度，并拨打火警119，说明着火地点及部位。

（2）启动站库内的报警器报警。

（3）消防岗当班人立即启动消防泵，站库消防人员启运消防栓喷射水流或采用泡沫进行切割，封闭的方法灭火并冷却着火罐和临近油罐。

（4）听从站库领导指挥。待相联岗位切换流程后，切断着火罐和临近罐的进出口油阀门。

（5）待消防车到场后，协助消防人员扑灭火灾。

【注：当发生火炬燃烧时，决不要将罐内油品外输，这样会使罐内形成负压，将罐外火焰吸入罐内引起爆炸。】

2. 能产生沸溢油罐火灾的扑救

对这类油罐火灾，如果固定消防设施未遭到破坏，应首先启动清水系统，对着火罐和邻近罐进行冷却；接着启动泡沫系统，对着火罐油面火焰进行泡沫灭火。

当固定消防设施遭到破坏时，应采取用移动式灭火设备及时控制火势，等待消防车扑灭火灾。

对具有可能产生沸溢现象的原油或重油罐着火爆炸后顶盖全部掀掉，在处理这类油罐火灾时，可采取如下措施：

（1）在热波中注入冷却水，即着火后和施放泡沫前，用软管喷头将水注入到油品表面形成的热波中，水流速度控制在 0.08~0.2L/min 的范围内。这时油品表面起泡，导致缓和的溢出起到冷却热波层和减少热波传递速度的作用。此操作继续到安全施放泡沫为止。

（2）当罐内油位较高时，可用空气搅拌法破坏热波层。因为当热波深度超过罐中油品的 1/4 时，若罐底有水，则可能发生沸溢；若罐底无水，而油温超过水的沸点，则施放泡沫时，也会发生缓和的沸溢。

（3）当液位较低时，可用泵输入部分冷油来降低热波温度。

（4）用泡沫扑灭沸溢性油品的火灾，施放泡沫一般应在着火后的 30min 内，也就是有效热波厚度约在 30~50cm 以下时将火扑灭。

3. 罐盖部分破坏或塌落在罐内火灾的扑救

当罐顶呈凹凸不平的状态时，火焰将液面的罐盖烧得很热，对泡沫有破坏作用；另外由于罐顶凹凸不平，泡沫不易覆盖遮挡部分的火焰，不能发挥灭火作用。在这种情况下，当油位较低时，可以提高液位，使液面高出罐盖，然后再注入泡沫，扑灭火灾。

如果是原油罐或重油罐，在使用泡沫灭火不能发挥作用时，应根据估算可能发生的沸溢时间，将油品外输一部分以减少油品损失，而且为油品沸溢在罐内准备了更多的空间，不至于油品外泄过多，扩大火势。

4. 罐壁或罐底破坏火灾的扑救

油罐着火后，无论罐壁或罐底遭到破坏，都会使油品流散，在防火堤内形成大面积燃烧，油罐周围全是火，灭火人员根本无法接近着火罐，即使固定泡沫灭火设备未被破坏，也无法使用。在这种情况下，应组织足够的灭火力量，采用截堵包围的灭火方法。首先可用化学干粉灭火器，由远及近逐渐向着火罐推进式扑灭或控制防火堤内流散的火焰，然后再处理罐内的火灾。

（二）扑救浮顶油罐火灾的程序

浮顶油罐的火灾，几乎全是发生在罐顶边缘密封处。储存在浮顶罐中的原油，由于不完全具备发生沸溢的条件，尽管在密封圈处发生火灾，油罐也不会发生沸溢现象。对于这类火灾，可用便携式泡沫水龙带或手提式化学干粉灭火器即可扑灭。如果周围都有火焰，应由两三人合作进行同时灭火。

当浮顶罐钢板被烧得温度很高时，应先用水冷却油罐，然后再使用泡沫。

如果浮顶发生了沉没，油品液面卷入火灾。在这种情况下，应将油品转移到罐外安全地方。转移油品的数量，应使降低的液位到浮顶沉降到的深度为止，其灭火方法和步骤与拱顶罐爆炸着火相同。

（三）扑救油罐火灾注意事项

（1）当金属拱顶油罐发生火炬燃烧时，决不要将罐内油品外输，这样会使罐内形成负压，将燃烧火焰吸入罐内引起爆炸。

（2）扑救浮顶罐火灾时，要特别注意的是泡沫和水雾不能以大流量直冲密封处，防止油品从此溅到浮顶上，引起大面积燃烧。同时，要防止泡沫和冷却水大量注入到浮顶上，易致使浮顶负荷太重而沉没。在灭火过程中，要打开浮顶上的排泄阀。

（3）及时停止着火油罐进油，打开旁通使油进其他外输油罐。

（4）应组织力量，迅速投运站内各种消防设施，采用先控制、后灭火的原则。

（5）要用水冷却着火罐和临近罐，特别是下风口的临近罐，受着火罐的辐射热最强，罐壁温度高达 80~90℃，不冷却易被引燃扩大火灾趋势。

（6）因泡沫热时间一般为 6min，应将泡沫集中使用，进行交叉或平行位移喷射，增大面积覆盖，隔绝火源。

（7）对周围可能受到威胁的设备、建筑物进行疏散、拆迁，对原油可能流散的方向、部位迅速筑防火堤，堵塞通道，控制火灾范围，以防扩大。

（8）在确定灭火方案时，应根据油罐着火现场具体情况而定。当油罐内原油不多，扑救火灾的可能性又小，火灾也不能蔓延，周围设备建筑物均能受到保护或油罐处于偏僻得不到外援的地区，而本单位又无足够的力量达到灭火的目的时，可采取放弃灭火，让其在限制范围内燃烧，把重点放在控制和防止火灾的蔓延上，以防止造成更大的损失。

三、常见意外伤害急救要点

（一）高处坠落急救

坠落在地的伤员，应初步检查伤情，不要搬动摇晃；立即呼叫"120"急救医生前来救治；采取初步急救措施：止血、包扎、固定；注意固定颈部、胸腰部脊椎，搬运时保持动作一致平稳，避免脊柱弯曲扭动加重伤情。

（二）中暑急救

立即将伤者移到通风、阴凉、干爽的地方；尽快冷却降温：冷敷头颈部、腋下，或用温水、酒精进行全身擦浴；饮服绿豆汤或淡盐水、西瓜水解暑；服用人丹等药物；应尽快送往医院救治。

（三）触电急救

（1）迅速关闭开关，切断电源。

（2）用绝缘物品挑开或切断触电者身上的电线、灯、插座等带电物品。

（3）保持呼吸道畅通。

（4）立即呼叫"120"急救服务。

（5）呼吸、心跳停止，立即进行心肺复苏，并坚持长时间进行。

（6）妥善处理局部电烧伤的伤口。

（四）烧伤急救

（1）电灼伤，火焰烧伤或高温气，水烫伤均应保持伤口清洁。伤员的衣服鞋袜用剪刀剪开后除去。伤口全部用清洁布扯覆盖，防止污染。四肢烧伤时，先用清洁冷水冲洗，然后用清洁布片或消毒纱布覆盖送医院。

（2）强酸或碱灼伤应立即用大量清水彻底冲洗，迅速将被侵蚀的衣物剪去。为防止酸、碱残留在伤口内，冲洗时间一般不少于 10~20min。

（3）未经医务人员同意，灼伤人员不宜使用药物。

（4）送医院途中，可给伤员多次少量口服凉盐水。

（五）有害气体中毒急救

（1）气体中毒开始时有流泪、眼痛、呛咳、咽部干燥等症状，应引起警惕，稍重时头痛、气促、胸闷、眩晕，严重时会引起惊厥昏迷。

（2）怀疑可能存在有害气体时，应即将人员撤离现场，转移到通风良好处休息。抢救人员进入险区必须带防毒面具。

(3) 已昏迷病员应保持气道通畅，有条件时给予氧气呼入。呼吸心跳停止者，按心肺复苏法抢救，并联系急救部门或医院。

(4) 迅速查明有害气体的名称，供医院及早对症治疗。

（六）化学烧伤现场急救

(1) 抢救者首先要了解事故情况，迅速作出判断，抢救者和伤员不能直接用手去接触被溅染的衣服或皮肤，不得用毛巾布片擦拭。

(2) 迅速将受溅染的衣服、鞋袜、手表、饰物等除去。

(3) 立即用大量流动水冲洗，伤势较重者冲洗时的水压不能太大。最好有淋浴设备，冲洗时间应在20min以上，流动清水冲洗是最可靠的方法。

(4) 灰溅伤，必须在顺风处先除净粉末，然后用植物油拭去颗粒。再用5%硼酸液冲洗。

(5) 酸类（如硫酸、硝酸、盐酸、氢氟酸等），先用流水冲洗20min后，然后用淡肥皂水或5%小苏打水冲洗，再用清水冲去中和液。

(6) 碱性物烧伤先用流水冲洗20min后，然后用1%枸橼酸液冲洗，再用水将中和液冲洗干净。碳酸烧伤时，先用酒精清理，然后再用流水冲洗。磷烧伤除冲洗外，应将磷的颗粒清除。

(7) 氢氟酸能使皮下深层组织坏死，除用小苏打液冲洗外，应将凝固层下方残留化学物进行清除，因疼痛不明显，往往耽误就医。

(8) 化学物质溅入眼内常使眼球受伤，应立即用茶壶或其他清洁瓶子装水冲洗眼睛。冲洗时应用手指使眼睑张开。为防止角膜受伤，冲洗时应从眼的内角开始，不能直接冲击角膜。也可将眼睛张开，淹于面盆水内，头部左右摇动，以代替冲洗，眼睛不必敷盖，然后急送医院治疗。不要用醋或小苏打放入眼内作中和剂。现场不充分冲洗，急送医院是绝对错误！

(9) 呼吸道烧伤时每有明显刺激症状，如呛咳、咽部烧灼感、气促等，但也有吸入后延迟发作的病例。

(10) 送院时伤处用湿布覆盖，记录厂名、厂址、电话、烧伤物名称，以便对证治疗。中毒、烧伤而心跳呼吸停止者，按心肺复苏法进行抢救。化学烧灼伤要注意有无呼吸道中毒的可能。

四、火灾、中毒事故案例

（一）罐区特大火灾事故

1. 事故回顾

1997年6月27日晚21时26分许，北京东方化工厂罐区发生了特大火灾和爆炸事故，造成9人死亡，伤37人，20余座1000~10000m^3装有多种化工物料的球罐被毁，直接经济损失约3亿余元人民币。这是一起国内外罕见的特大事故，在国内外造成很大的影响。

尽管这起事故的原因是多方面的，但直接原因是卸轻柴油时作业人员错开错关阀门，使轻柴油进入了满载的石脑油罐，致使石脑油大量"冒顶"溢出，遇到火源发生了爆炸和燃烧。这惨重的损失，血的教训，每一位高危险行业从业人员都应牢牢记取！

2. 事故经过

1997年6月27日21时05分左右，在罐区当班的职工闻到泄漏物料异味。21时10分左右，操作室仪表盘有可燃气体报警信号显示。泄漏物料形成的可燃气体迅速扩散。21时15分左右，油品罐区工段操作员张某和调度员郑某去检查泄漏源。21时26分左右，可燃物遇火源发生燃烧爆炸，其中泵房爆炸破坏最大。石脑油A罐区易燃液体发生燃烧。爆炸对周围环境产生冲击和震动破坏，造成新的可燃物泄漏并被引燃，火势迅速扩散，乙烯B罐因被烧烤出现塑性变形开裂，21时42分左右，罐中液相乙烯突沸爆炸。此次爆炸的破坏强度更大，被爆炸驱动的可燃物在空中形成火球和"火雨"向四周抛撒；乙烯B罐炸成7块，向四处飞散，打坏管网引起新的火源，与乙烯B罐相邻的A罐被爆炸冲击波向西推倒，罐底部的管道断开，大量液态乙烯从管口喷出后遇火燃烧。爆炸冲击波还对其他管网、建筑物、铁道上油罐车等产生破坏作用，大大增加了可燃物的泄漏，火势严重扩散，大火至1997年6月30日4时55分熄灭。

3. 事故原因

（1）事故现场阀门开关状况勘察表明，6月27日20时接班后卸轻柴油操作时阀门处于错开错关状况，造成错误卸油流程。①事故现场勘察及残骸分析证明：万米罐区的卸油管道共有9个直径为500 mm的气动带手动阀门，阀门开关状态为：石脑油的B#、C#、D#罐分阀和轻柴油A#罐的分阀处于关闭状态；石脑油A#罐分阀、轻柴油B#罐分阀处于开启状态；石脑油总阀处于开启状态，轻柴油总阀处于关闭状态，泵房卸油总阀处于半开启状态。②石脑油和轻柴油共用一条卸油总管，由于轻柴油总阀关闭，不能向轻柴油B#罐卸油；又由于石脑油总阀和石脑油A#罐分阀均处于开启状态，所卸轻柴油只能进入石脑油A#罐中。

（2）处于满载的石脑油A#罐，被卸入大量轻柴油后，发生"冒顶"，溢出的石脑油是引发燃烧和爆炸的物料。①轻柴油装卸前，石脑油A#罐的液面高度为13.725m，已达到额定液位高度（13.775 m）的99.64%。②轻柴油向石脑油A#罐错卸，可以很快"冒顶"。③石脑油蒸气密度略高于空气，气体沿地面扩散，遇到火源便发生爆炸或爆燃，同时未气化的石脑油起火燃烧。

因此，"6·27"事故的模式是：石脑油A罐"满装外溢"蒸发，造成大面积的石脑油气的爆炸（石脑油气浓度在爆炸范围即1.2%~6.0%内）、爆燃、燃烧（浓度超过爆炸范围，即浓度大于6.0%），最后引起乙烯B罐的"爆沸"（即爆炸）。

4. 反思与教训

历史的经验告诫我们，对于像东方化工厂这样一类高危险性企业，必须建立起科学而严密的安全管理体系，才能有效地防止重大事故的发生。科学而严密的安全管理体系一般应包括：安全法规、安全标准、安全设施和安全文化等。

虽然"6·27"特大事故的直接原因是操作失误，但根本原因却是企业在安全管理体系上存在严重疏漏。首先是安全教育不够，从业人员的安全意识淡薄，敬业精神与责任心不强，导致出现不应有的操作失误。其次是安全设施上存在问题，表现在两方面：一是在设备的设计上没有防止误操作的技术措施，是出现误操作的潜在因素；二是在出现操作失误的情况下，缺乏及时发现与信息反馈的技术设施；第三是在安全管理体系中的监控、检查机制不力，对企业内各个关键环节不能实施有效的安全监控与检查。从6月27日20时开始卸轻柴油到 21 时 42 分发生大爆炸，历时 1 小时 40 分，在这期间，只要能切断"多米诺骨牌"事故链中的任何一个环节，都能有效地制止这次事故的发生。遗憾的是，由于该企业在安全管理体系上的不健全，酿成了此次悲剧的发生。有关行政主管部门和所有企业都应当从此次悲剧中汲取有益的教训，改善和加强安全管理体系。

（二）"6·25"中毒事故

1. 事故经过

1992 年 6 月 25 日，某化工厂乙烯车间技术组对 OA-203 塔进行检修后，检查发现釜底有部分残渣需要清理。14 时，车间派人进入塔内进行清理。18 时 30 分，塔内留有 2 人在塔底清理残渣，1 人在釜外监护。18 时 40 分，塔内挥发出一股浓烈难闻的气味，塔底 2 人均感觉不适，其中一人爬到人孔处获救，另外一人经抢救无效死亡。在救人过程中，先后有 4 人佩戴氧气呼吸器进入塔内救人，但由于塔内窄小，行动不便，加上此时塔内已通入仪表风，4 人均摘下氧气呼吸器面罩，导致轻度中毒。

2. 事故原因

（1）塔内残渣中含有大量的硫化氢、二氧化碳、一氧化碳等有害气体，清理时搅动引起挥发，造成人员伤害。

（2）塔内原来除了 4 个人孔可以通风外，与塔相连的 4 根管道全部敞开，使塔内空气畅通；检修到了收尾阶段，所有与塔相连的管道全部接好，致使塔内空气不能充分形成对流，挥发的物质容易堆积。

（3）检修后期，职工思想麻痹，对塔内通风条件变化认识不足，没有采取特殊安全保证措施。

3. 反思与教训

（1）塔、容器、罐、池、井等经常需要清理、检修，底部残渣多少都含有一些有毒有害气体，例如含硫污水的残渣中就含有大量的硫化氢、二氧化碳、一氧化碳等有害气体，其他污水残渣中还含有酚、硫醇、环烷酸等有机挥发性有毒气体，污泥腐化后甚至含有沼气等有害气体。因此，对容器、构筑物、井等进行清洗、检修作业时必须按照要求进行气体检测，做好通风工作，以免发生中毒事故。

（2）组织在狭小有毒有害区域内（如池、井、容器）工作的人员进行事故预案演练，提高职工的应急处理能力，减少人身伤害。

（三）"7·31"中毒窒息事故

1. 事故经过

1998 年 7 月 31 日下午，某炼油厂钳工班接到检修凝缩油泵的任务，钳工班操作人员到空冷泵房拆卸凝缩油泵大盖螺栓。拆完螺栓后，钳工班操作人员和起重工将已拆完螺栓的泵体进行拆卸。约 16 时 5 分，当泵体从泵壳内拖出时，大量凝缩油（主要是液态烃和汽油）从泵壳处喷出，将约 71 kg 重的泵体侧向冲至距泵壳 1.4 m 的地方，将在泵两侧作业的 4 名工人冲倒。瞬间泵房被白雾笼罩，站在窗口的钳工班操作人员摸索着跑出泵房，告诉在泵房外的钳工急忙跑到炼油一部 I 催化操作室报警。刚接班的 I 催化班长闻讯后，迅速跑向事故发生地点，发现空冷泵房内大量液化气泄漏，回操作室取空气呼吸器佩戴好后，跑进空冷泵房内，发现南起第 3 台泵跑气，即用手把泵入口阀关死，并与后赶来的炼油一部安全员及有关领导一起积极组织抢救。最先被冲击的

4 人因抢救无效，中毒窒息死亡。

2. 事故原因分析

（1）检修人员未将检修设备与生产装置系统隔断，未落实安全措施，也未对现场进行任何检查，就盲目开始检修工作从而导致事故的发生。

《施工作业安全管理规定》）明确要求：凡与施工项目相关的工艺管道、下水井系统等，应采取有效的隔离措施。有毒有害及可燃介质的工艺管道必须加盲板板进行隔离；通往下水系统的沟、井、漏斗等必须严密封堵；施工隔离区内凡与生产有关的工艺设备、阀门、管道等，均应有明显的禁动标志。

（2）检修之前，在炼油一部的领导未安排切断该泵电源、未隔断设备系统、未放净管道内的凝缩油、未经安全人员现场检查的情况下，炼油一部的安全员冒名顶替擅自一人开了"安全施工（拆卸）许可证"并予以签发，这是事故的主要原因。

（3）泵房空间狭窄，通风不畅；泵房门口有一辆叉车挡路，造成泵房通道不畅，这给作业人员逃生和抢救工作造成障碍。

3. 事故教训及对策

（1）设备检修应严格贯彻落实"设备检修制度"。生产单位和检修单位一定要相互交接工作，在情况完全明了、各项安全措施都落实的情况下，才能开始检修。

（2）在存在危险性介质且场地狭窄、通风不畅的场所进行检修作业时，必须增加强制通风措施，火灾爆炸场所还须有防爆措施，作业场所的道路一定要畅通。

（3）这次事故也暴露出了该厂在"安全施工许可证"管理上的漏洞，暴露出一部分工人包括管理人员和基层安全员安全意识和安全技术素质差，责任心不强，应该加强培训。

☞**复习思考题：**

1. 油气集输安全生产的特点是什么？
2. 预防静电危害的方法是什么？
3. 防雷电危害的基本措施是什么？
4. 油罐应采取哪些防雷、防静电措施？
5. 应急预案的基本概念是什么？
6. 空气呼吸器的使用步骤是什么？
7. 硫化氢中毒的急救处理方法。

第十章 油气集输管道工程施工图

第一节 管道工程施工图的基本知识

一、分类

按图形和作用，管道工程施工图可分为基本图和详图两大部分。

（一）基本图

基本图包括文字资料、投影图和流程图等三个部分。

1. 文字资料

文字资料有图纸目录、施工图说明和设备材料表。对于数量较多的图纸，为了便于施工人员查阅，设计人员把图纸按一定图名和顺序，归纳编排成图纸目录。从图纸目录中可查知图纸编号及张数、工程名称和设计单位。设备材料表设计人员将设备和材料的名称、规格、型号和数量用表格的形式清楚地表示出来，便于施工人员做好施工准备。凡用图样无法表示出来，而又需要施工人员知道的一些内容，设计人员用文字形式编写出施工图说明。它的内容一般包括工程主要技术数据、施工和验收要求以及其他注意事项。

施工图的文字资料，是管道工程施工图必不可少的一个组成部分。在现场识读管道工程施工图时，一定要先阅读施工图的文字资料，再读施工图的视图部分，这样有利于对管道工程施工图的理解。

2. 投影图

投影图包括平面图、立面图、剖视图和轴测图。

管道平面图用以表示建(构)筑物和设备的平面布置，管道的走向、排列和长宽两个方向的尺寸以及管子的管径、坡度、坡向等具体数据。管道的立面图和剖视图，主要表示建(构)筑物和设备在立面上的分布，管道在垂直方向上的排列和走向，以及管道的编号、管径和标高等具体数据。立面图和剖视图的表达目的、识读方法大致相同。但由于管道结构特点的关系，在管道工程施工图中多数情况采用剖视图。管道平面图、立面图和剖视图，都是用正投影法绘制的。

在工程上应用正投影法绘制的多面正投影图，可以完全确定物体的形状和大小，且作图简便，度量性好，依据这种图样可制造出所表示的物体。但它缺乏立体感，直观性较差，要想象物体的形状，需要运用正投影原理把几个视图联系起来看，对缺乏读图知识的人难以看懂。

轴测图是一种单面投影图，在一个投影面上能同时反映出物体三个坐标面的形状，并接近于人们的视觉习惯，形象、逼真，富有立体感。但是轴测图一般不能反映出物体各表面的实形，因而度量性差，同时作图较复杂。因此，在工程上常把轴测图作为辅助图样，来说明机器的结构、安装、使用等情况，在设计中，用轴测图帮助构思、想象物体的形状，以弥补正投影图的不足。

由于轴测图是用平行投影法形成的，所以在原物体和轴测图之间必然保持如下关系：

（1）若空间两直线互相平行，则在轴测图上仍互相平行。

（2）凡是与坐标轴平行的线段，在轴测图上必平行于相应的轴测轴，且其伸缩系数与相应的轴向伸缩系数相同。

凡是与坐标轴平行的线段，都可以沿轴向进行作图和测量，"轴测"一词就是"沿轴测量"的意思。而空间不平行于坐标轴的线段在轴测图上的长度不具备上述特性。

按投射方向对轴测投影面相对位置的不同，轴测图可分为两大类：

（1）正轴测图：投射方向垂直于轴测投影面时，得到正轴测图。

（2）斜轴测图：投射方向倾斜于轴测投影面时，得到斜轴测图。

在上述两类轴测图中，按轴向伸缩系数的不同，每类又可分为三种：

（1）正（或斜）等轴测图（简称正等测或斜等测）：$p1 = q1 = r1$。

（2）正（或斜）二等轴测图（简称正二测或斜二测）：$p1 = r1 \neq q1$，$p1 = q1 \neq r1$，$r1 = q1 \neq p1$。

（3）正（或斜）三轴测图（简称正三测或斜三测）：$p1 \neq q1 \neq r1$。

GB/T 14692—2008 中规定，一般采用正等测、正二测、斜二测三种轴测图，工程上使用较多的是正等测和斜二测。

管道轴测图是管道施工图中的重要图样之一，有的管道工程施工图用平面图和轴测图就可表达管道，并依据它们进行施工。如室内给排水管道工程施工图和室内采暖管道工程施工图，都是由平面图、轴测图和详图所组成的。

流程图又称原理图，它不是按投影原理画出的。流程图是对某一个生产系统或某一个生产装置的整个工艺变化过程的表示，它是一种示意性的展开图样。通过它可以对整个系统的设备、建（构）筑物的名称及整个系统输送的介质、流向及仪表阀门控制等有一个全面而确切的了解。

较复杂的工艺管道，要先读流程图，再读投影图。

（二）详图

详图有节点详图、大样图和标准图。详图一般不能用来作为单独进行施工的图纸，而只能作为某些施工图的一个组成部分。

节点详图能清楚地表示某一部分管道的详细结构及尺寸，是对平面图及其他施工图所不能反映清楚的某点图形的放大。

大样图是表示一组设备的配管或一组管配件组合安装的一种详图。大样图的特点是用双线图绘制，对物体有真实感，并对组装体各部位的详细尺寸都做了注记。

标准图是一种具有通用性质的图样。标准图中标有成组管道、设备或部件的具体图形和详细尺寸。标准图一般由国家或有关部委出版标准图集，作为国家标准或部标准的一部分予以颁发。

二、线型、图例和类别代号

（一）线型

管道工程施工图上的管道，多用单线图表示，因此就要采用各种不同的线型。各专业管道工程施工图对线型都分别编制了国家标准或行业标准。

（二）图例

管道工程施工图上的管件、阀门和设备等多采用规定的图例来表示。图例仅示意性地表示具体的管件、阀门和设备，而不能完全反映实物的形象。各专业管道工程施工图对图例都分别编制了国家标准或行业标准。

三、管道施工图表示方法

（一）标题栏

标题栏位于图纸右下角。它提供的内容比图纸目录详细。图名：表明本张图纸的名称和主要内容。设计项目：应根据该项工程的具体名称而定。图号：表明本专业图纸的编号顺序。

（二）比例

管道工程施工图上所画物体的图形大小与实物大小之比称为比例。如比例1∶50即图样大小仅为实物大小的五十分之一。各专业管道工程施工图对比例都分别编制了国家标准或行业标准。

（三）标高

在管道工程施工图中，管道高度方向的尺寸用标高表示。标高分相对标高和绝对标高两种。室内管道标高都用相对标高表示，远离建筑物的室外管道标高一般用绝对标高表示，如表10-1所示。

表10-1 标高符号示意图

项 目	符 号
一般标高	 ▽
中心标高	 ▼
顶部标高	 ▽
底部标高	 ▽
总平面图室外标高	 ▼

管道的相对标高，一般以建筑物底层屋内地坪为正负零，用±0.000表示。比地坪高的用正号表示，正号可以省略。比地坪低的用负号表示，负数标高数字前必须加注"-"号。

管道的绝对标高，我国把青岛黄海平均海平面定为绝对标高的零点，其他各地标高都以它为基准来推算。

管道标高用标高符号来表示。标高符号为45°的等腰三角形，同一图面上标高符号大小应一致，在需要标注标高的地方作一引出线，三角形的尖端画在引出线上表示标高位置，在三角形底边延长线上注写标高数值。标高单位一般以"m"为单位。标高数字注至小数点以后第三位。标高符号用细实线绘制，如图10-1所示。

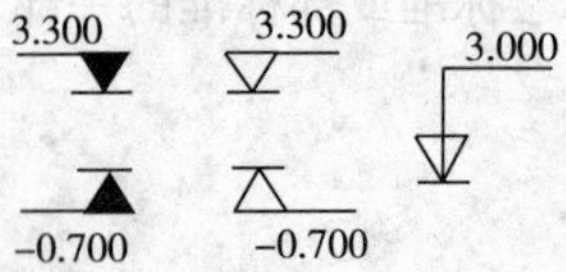

管道标高标注在立面图、剖视图和轴测图上。平面图上一般不标注标高，必要时也可在平面图上标注标高以便查对，如图10-2所示。

图10-1 标高符号及注法

各种管道应在起迄点、转角点、连接点、变坡点和交叉点等处，视需要标注管道标高。

（四）坡度和坡向

管道的坡度及坡向表示管道倾斜的程度和方向。坡向用箭头表示，箭头指向低的一端。

坡度符号用"i"表示，在"i"的后面加上等号及坡度值。常用的表示方法如图 10-3 所示。

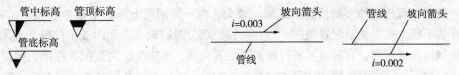

图 10-2 管中、管底和管顶标高符号　　　图 10-3 坡度及坡向的表示方法

（五）管道的表示方法

管道的表示方法很多，标注的内容有多有少，形式上也没有统一的规定。工艺简单或管道种类较少的管道，通常只标注管道编号、管道规格、标高和介质流向，如图 10-4 所示。

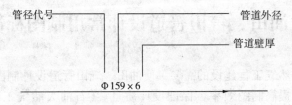

图 10-4 管道的表示方法

管道规格在流程图中用公称直径表示，即 DN×× 表示。在施工图中钢管用外径×壁厚，铸铁管和非金属管用 DN×× 表示。管径尺寸应以毫米为单位。箭头表示介质流向，它有两种标注形式：一种是直接标注在管道上，一种是标注在管道的外面。

（六）尺寸标注

管道施工图中注有详细尺寸，作为管道预制和安装的依据。图样上的尺寸由尺寸界线、尺寸线、箭头和尺寸数字四部分组成，如图 10-5 所示。

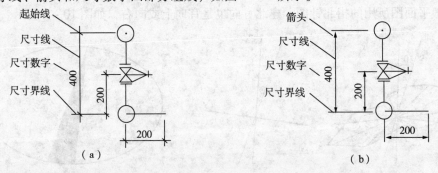

图 10-5 尺寸标注

图样上标注尺寸的单位，室外管道用公里或米，标高用米，其余都用毫米。用毫米时为使图面清晰，可免注毫米单位。

管道或管件的真实大小，以图样上所注尺寸数字为依据，与图形的大小及绘图的准确度无关。

四、管道施工图的特点

（一）视图组成

平面图是最基本的视图，读图时要以平面图为主，首先读平面图再联系其他视图对照识读。

（二）视图配置

管道工程施工图多数情况图纸幅面较大，在一张图纸上画不下视图组成中的各个视图，这样就不能按投影关系配置视图。当在一张图纸上能够画下视图组成中的各个视图时，为了合理利用图纸幅面，有时也不按投影关系配置视图。不按投影关系配置视图，给读图带来了一定的难度。读图时要特别注意各个视图间的投影对应规律及每个视图的方位关系。

（三）流程图

管道是用于输送液体或气体介质的，各种管道都与该系统的工艺常识或工艺流程原理有紧密联系。

第二节　油田、气田管道设计常用制图标准与图例

为了适应石油天然气工程建设的需要，使油田、气田管道设计制图做到基本统一，图面简洁清晰，有利于提高制图效率，保证设计质量。《石油天然气工程制图标准》（SY/T 0003—2003）在油田、气田管道工程设计中，规定了具体的制图标准，对设备、建（构）筑物、管件、仪表等图例都做了相应规定。

一、风向频率及方向

总平面图或需要标明建筑方位的其他平面图，应绘出当地的常年风向频率玫瑰图或建筑方位简化图。图上必须标出建北方向与北方向的夹角。建北方向宜向上或向右，如图10-6所示。

一般平面图所用的指北针图，建北方向也是宜向上或向右，如图10-7所示。

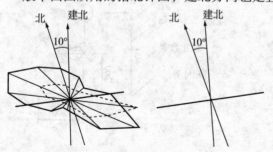

图10-6　风向频率玫瑰图及建筑方位简图

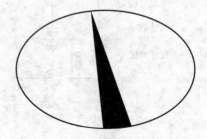

图10-7　指北针图

二、坐标网

在油田矿场集输管道工程施工图的系统总平面布置图上，站（场）的位置一般用坐标标

注法表示；在站（场）总平面布置图上，建（构）筑物和设备的位置或用坐标标注法表示，或用尺寸标注法表示。

（一）测量坐标网

测量坐标网应以细实线画成交叉十字线表示所示。根据测量专业的规定，X 轴为南北方向轴线，Y 轴为东西方向轴线，如图 10-8 所示。

（二）建筑坐标网

建筑坐标网应以细实线画成网格通线，A 表示纵坐标，B 表示横坐标，如图所示。建筑坐标的 A 坐标应与测量坐标的 X 坐标相对应，B 坐标应与 Y 坐标相对应，当不能完全对应时，两坐标轴线的夹角应小于 45°。图上应注明建筑坐标与测量坐标的换算关系，建北方向应与 A 坐标保持一致。如图 10-9 所示。

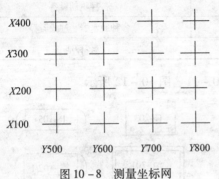

图 10-8 测量坐标网

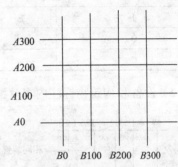

图 10-9 建筑坐标网

三、管道标注

管道标注主要是标注内容和标注方法两个问题。

《石油天然气工程制图标准》（SY/T 0003—2003）中，规定管道标注基本内容包括管道规格、输送介质、流向、标高和管道编号等五项。

管道规格，当需要表示管壁厚度时，应以外径×壁厚表示，如 $\phi 89 \times 4$；当不需要表示管壁厚度时，应以公称通径 DN 表示，如 $DN150$；当工艺管道为夹层套管时，应表示内、外管径，并用斜线分开，内管在前，外管在后，如 $\phi 89 \times 4 / \phi 195 \times 5$。输送介质可标注名称或介质代号（如汉语拼音）。由于油田矿场集输管道种类多，布局和敷设复杂，所以管道标注方法多数情况采用列表（编管号）标注法，如图 10-10 所示。

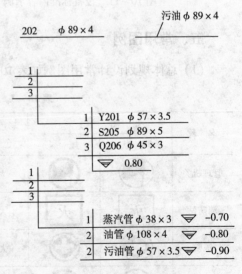

图 10-10 管道标注举例

四、设备和构筑物编号及标注

（1）设备和构筑物代号应以汉语拼音字母或汉字表示，如表 10-2 所示。

表 10-2　主要设备和构筑物代号

代号		类别或名称
字母	汉字	
T	塔	各种塔
L	炉	各种炉子
H	换	各种冷换、热换设备
F	分	各种分离设备
R	容	各种容器
G	罐	各种储罐
B	泵	各种泵机组
J	机	各种机动设备
Q	器	各种脱水器、过滤器等
C	池	各种池

(2) 设备和构筑物标注内容及编号，如图 10-11、图 10-12 所示。

图 10-11　设备标准内容示例　　图 10-12　设备和构筑物标注

五、常用图例

(1) 总体规划设计常用图例如表 10-3 所示。

表 10-3　总体规划设计常用图例

名 称	图 例		彩色图着色规定	名 称	图 例		彩色图着色规定
	现 状	规 划			现 状	规 划	
管理机关			大红	轻油储库液化石油气站			玫瑰红
消防站	灭	灭	大红	转油站			大红
医院			大红	加压站 热泵站			大红
学校	文	文	浅蓝	油库及输油首站　末站			大红
居民点			桔黄	集中处理站			大红

续表

名 称	图 例 现状	图 例 规划	彩色图着色规定	名 称	图 例 现状	图 例 规划	彩色图着色规定
计量站			大红	联合站			组合图例以主要功能着色
计量配水站			大红	集气站			桔黄
水源泵站			浅蓝	注水配水间			深蓝
污水处理站			青莲	变电所(站)			棕
注汽井			大红	自喷油井			大红
气井			桔黄	机械采油井			大红

(2) 总平面布置设计常用图例如表 10-4 所示。

表 10-4　总平面布置设计常用图例

名 称	图 例	备 注	名 称	图 例	备 注
各种塔类			管墩管带		
台阶或梯子		箭头方向表示向上	管架管带		
各种圆形立式容器或设备、构筑物		按实物主要外形轮廓绘制加画基础时，可用细实线表示	管桥		
各种卧式容器或设备、构筑物			管沟管带		
			装置内管架		
避雷针塔			电缆沟	$b=1.0$　$b=1.2$	b 表示电缆沟的净宽电缆沟在底图背后涂红
地下建筑物或构筑物					
敞棚或敞廊			设计等高线及变坡线	175.00 170.00 165.00	
坐标	X 105.00 Y 425.00	上图表示测量坐标下图表示建筑坐标	烟囱		必要时，可注写烟囱高度和用细线表示烟囱基础
方格网交叉点标高	-0.50 | 77.85 / 78.35	"78.35"为原地面标高"77.85"为设计材料高"0.50"为填挖高度"—"为挖方	新设计的建筑物		1. 需要时可在右上角以点数(或数字)表示层数 2. 用粗实线表示

(3) 工艺流程设计常用图例如表 10-5 所示。

表 10-5 工艺流程设计常用图例

名 称	图 例	备 注	名 称	图 例	备 注
主要工艺管线		可加注汉语拼音字母表示管道类别	法兰盖		
次要工艺管线		同序号1	截止阀		用于 $DN \geq 50$ 用于 $DN \leq 50$
软管			玻璃管看窗		
网状过滤器			角式截止阀		
管内介质流向			限流孔板		
进出装置或单元的介质流向			减压阀		
封头			8字音板		
加热炉		用于工艺方法流程图	球阀		
			消声器		
			重沸器加热器		用于工艺方法流程
卧式加热炉			管式换热器		用于工艺方法流程,伸入圆内的为管程

(4) 工艺流程设计过程检测(或调节)就地仪表常用图例如表 10-6 所示。

表 10-6 工艺流程设计过程检测(或调节)就地仪表常用图例

名 称	图 例	名 称	图 例
带测温套管的测试接头	TW 102	流量记录 (FE 为检测元件)	FR 331 FR 331
温度指示	TI 101	流量指示 (检测元件为孔板)	FI 306
外部取压的自力式阀前压力调节	PCV 201	流量指示 (检测元件为文丘利管或喷嘴)	FI 306
外部取压的自力式阀后压力调节	PCV 201	流量记录 (检测元件为孔板)	FR 214
压力或真空指示	PI 201		
压差指示	PdR 226	流量指示 (FE 为检测元件)	FI 330 FE 330
压力记录	PR 202		

(5) 管线安装设计常用图例如表 10-7 所示。

表 10-7 管线安装设计常用图例

名 称	图 例	名 称	图 例 螺纹或承插连接	图 例 法兰连接
保温管		闸阀		
夹套管		截止阀	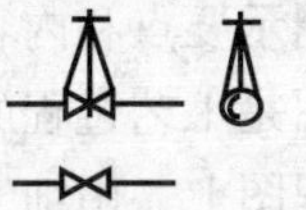	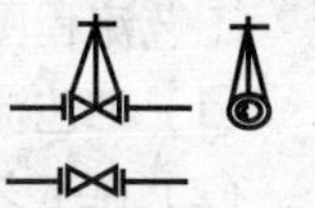
伴热管		止回阀	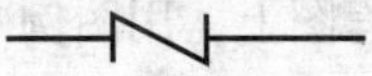	
电伴热管		球阀		
软管		直通球阀		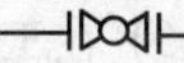
保护套管		减压阀		
螺纹法兰		旋塞阀		
内外丝		角式调节阀	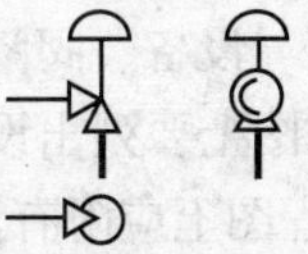	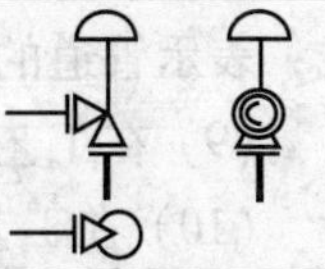
卡箍		开放式弹簧安全阀		
丝堵		蝶阀		
法兰盖		紧急切断阀		
椭圆形封头				
管帽				

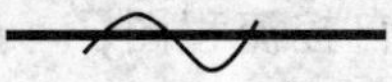

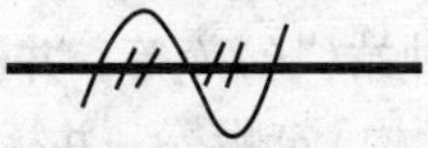

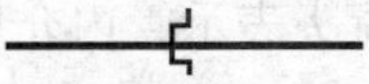

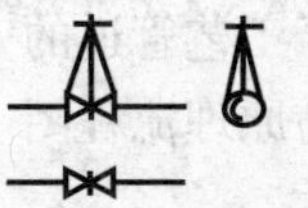

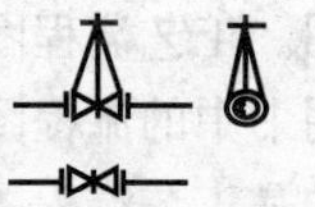

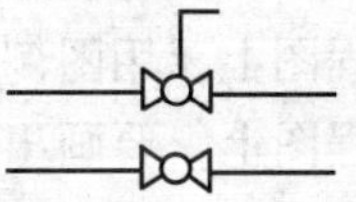

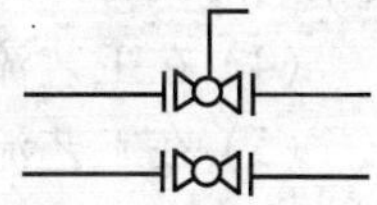

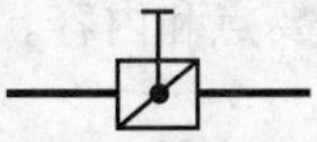

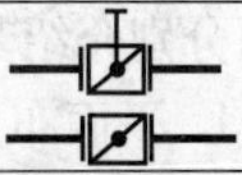

第三节 油气集输管道工程施工图

一、种类、图示要点和内容

油气集输管道工程施工图图样的种类,根据图样性质的不同,可分为流程图、由单面视图形成的图样和由多面视图形成的图样等三大类。下面分别介绍其图示要点和内容。

(一)流程图

油气集输流程图按表达工程的对象和范围,可分为系统总流程图、站(场)库流程图和单体装置流程图等三种。按流程图的作用可分为原理流程图和工艺安装流程图两种。两种分类方法综合一起命名就构成了流程图的具体称谓，如接转站工艺安装流程图和集中处理站原理流程图等。

原理流程图又称为流程示意图。原理流程图表达集输工程的原理，内容较简单，易于识读。工艺安装流程图又称为施工工艺流程图或工艺自控流程图，一般简称为工艺流程图。工艺流程图用于工艺管道的安装，内容复杂，较难识读。一般情况下，书籍和设计说明书中的流程图多为原理流程图。施工图中的流程图多为工艺流程图，管道工人经常识读的是工艺流程图。

工艺流程图的图示要点和内容是：

（1）工艺流程图是工艺过程的原理图。它不是按投影原理画出的，也不按比例绘制。

（2）在工艺流程图上，用细实线长形方框画出各种站（场）库等，并注明名称和编号。

（3）在工艺流程图上，用图例画出各类设备、建（构）筑物等，并标明其名称、型号。用相同的设备只画一个，但轮换操作的相同设备要全部画出。

（4）在工艺流程图上，用图例画出各种仪表、阀件、管配件，并标注其名称、规格。

（5）在工艺流程图上，要画出所有的连接管道，并用列表标注法表示出管道的编号、管内输送的介质、介质流向和管道规格等。

（6）在工艺流程图上，主要工艺管道用粗实线画，一般管道用中实线画，仪表引线用细实线画。

（7）在工艺管道和设备进、出口管道上，用单线箭头表示管内介质流向。在站（场）进、出口管道上，用双线箭头表示管内介质流向。

（8）表示管道的图线，当横线与竖线交叉时，习惯上规定横线为连续线，竖线为断开线；表示管道的图线与设备、阀门、建（构）筑物交叉时，横线与竖线均为断开线。

（9）在工艺流程图上要列出设备表，并注明其编号、名称、型号和数量。

（10）在工艺流程图上应附有流程操作顺序的说明。

（二）平面布置图和平面管网图

这两种图样都是只画平面图的单面视图。它们都是用正投影方法并且按比例画出的。下面分别介绍其图示要点和内容。

1. 平面布置图

平面布置图分为系统总平面布置图和站（场）库总平面布置图两种。

（1）平面布置图一般是在地形图上绘制。

（2）在平面布置图上要画出风玫瑰简图，标出建北方向以及建北方向与真北方向夹角。

（3）在平面布置图上要用图例画出站（场）、建（构）筑物、设施和设备，还要画出厂（站）区的道路、围墙、大门，并标出它们的编号。

（4）在平面布置图上，站（场）、建（构）筑物、设施和设备的图线，新建的用中实线，原有的用细实线，预规划的用中虚线。

（5）在平面布置图上，站（场）、建（构）筑物、设施和设备等的平面定位上，一般在建筑坐标网上以相对坐标 A、B 表示，个别地方亦可用尺寸定位。

（6）在平面布置图上，一般要列出设备和建（构）筑物一览表，标出建（构）和设备的名称、编号和规格等。

（7）平面布置图应附有说明，说明尺寸单位以及相对标高和绝对标高的关系。

2. 平面管网图

（1）对于平面管网图，要特别注意它的表达对象和内容。平面管网图是连接站（场）库内所有进、出管道的网络。具体包括：从站（场）库外接入站（场）库内的进口管道、从站（场）库内接出站（场）库外的出口管道和站（场）库内各设备、装置和建（构）筑物间的连接管道。由于它是只画平面图的单面图样，所以用平面管网图的视图仅能表达管网的平面布置，它在立面上的布置不是用立面图或剖视图表示，而是用管道的标高表示。

（2）平面管网图上管道标高均在管道列表标注法中标出。管道列表标注法标出了管道的名称、管内输送介质、管道规格和标高。

（3）平面管网图是用平面图的形式表示的，一般是在总平面布置图上绘制。为使图面清晰，通常将总平面布置图上与管网无关的内容去掉。因此，当工程内容较少时，一般将平面布置图和平面管网图合并为一张图。

（4）要画出风玫瑰简图，标出建北方向以及建北方向与真北方向的夹角。

（5）为了便于架设和安装平面管网图上的管道，一般都集中设置成管廊带成排有序地敷设。在图上要表示出管墩或管架的位置。

（6）平面管网图上应说明尺寸单位以及设备、管道的防腐和保温等要求。

（三）设备布置图、油气集输管道图、工艺管道安装图和平面管网安装图

这四种图样都由两个或两个以上视图组成。它们都是用正投影方法并按比例画出的。

1. 设备布置图

用来表达站（场）库内设备安装位置的图样称为设备布置图。其图示要点和内容是：

（1）设备较多的主要站（场）要绘制设备布置图。设备较少，而且在平面布置图上能清楚表示出设备的平、立面布置的站（场），一般可不绘设备布置图。

（2）设备布置图由平面图、立面图和剖视图等视图组成。当设备为多层立体布置时，应分层绘制设备布置平面图。

（3）要画出风玫瑰简图，标出建北方向以及建北方向和真北方向的夹角。

（4）站（场）库内各类容器、换热设备、塔、炉、机泵等设备和所有建筑物都要画在设备布置图上。各种管架、梯子、平台、池坑、阀井、管沟等构筑物，也要画在设备布置图上。

（5）设备布置图上的图线，设备用粗实线画，建（构）筑物用细实线画。

（6）站（场）库内的各类设备和建（构）筑物，在平面上的位置是以总平面布置图上的建筑坐标网为基准，标出定位坐标或尺寸。在立面上的位置用标高表示。

（7）在设备布置图上，应附有设备和建（构）筑物一览表，并注明编号、名称和规格。

（8）在设备布置图上，应附有必要的说明。说明尺寸和坐标的单位以及相对标高和绝对标高的关系。

2. 油气集输管道图

油气集输管道图，是表达从油井到油站的集油管网和从油站到油库的输油管网的站（场）库外的管网系统。油气集输管道图是由平面图，纵剖视图和详图等视图组成的。其图示要点和内容是：

（1）平面管网图只是表达站（场）库内设备、装置和建（构）筑物间的连接管道，而不表达站（场）库内设备、装置和建（构）筑物内部的管道连接。

（2）纵剖视图上除绘出管沟沟底、高程线外，还应标出管沟挖深、沟低标高、管堤堤顶标高和各段管道规格等。

（3）详图一般包括穿（跨）越工程图和阀室、排水器等安装图。

3. 艺管道安装图

工艺管道安装图分站（场）库工艺管道安装图和单体工程工艺管道安装图两种。它们都是表达设备、装置等与管道连接关系的图样，仅是表达范围不同，其图示要点和内容基本相同。

（1）工艺管道安装图是由平面图、立面图、剖视图、轴测图和详图等组成。平面图是主要视图，它反映工艺管道安装中的主要投影和尺寸。多层建（构）筑物中的管道，应分层绘制平面图，并以标高命名。在平面图上无法表示清楚的地方，再利用立面图或剖视图来表示。某些节点或局部安装关系，有时用轴测图或详图表示。

（2）在工艺管道安装图上，要画出全部设备、建（构）筑物、仪表、阀件、管架、管墩管卡、支吊架和管道的平、立面布置，并注明其编号、名称、规格、型号等。

（3）同一类型设备装置多台，且设备与管道布置均相同时，为了简化作图，在平面图上可只绘出其中一台设备所连接的管道，未画出部分的管道用细实线方框示出范围，但设备仍要全部画出。在立面图或剖视图上可只绘出其中一台设备及其连接管道。

（4）在工艺管道安装图上，要将管道安装中需要的尺寸标注清楚。各种管道要用列表标注法注出管道的编号、管内输送介质、管道规格和标高等。

（5）在工艺管道安装图上，要列出设备、装置、建（构）筑物一览表，并注明它们的名称、规格、型号等。

（6）在工艺管道安装图上，应说明尺寸单位以及相对标高与绝对标高的关系。

4. 平面管网安装图

平面管网安装图与平面管网图的表达对象和内容是完全相同的。它们的区别是：

（1）平面管网图是只画平面图的单面视图的图样。而平面管网安装图除了平面图外，还画有立面图或剖视图，所以它是多面视图的图样。

（2）它们在管道标高的表达方法上是不同的，平面管网图完全用管道列表标注法表示各管的标高，而平面管网安装图有的管道标高用管道列表标注法表示，有的管道标高用立面图或剖视图表示。

一般说来，管道在高度方向布置较简单的站（场），画平面管网图；在高度方向布置较复杂，不便于完全用管道列表标注法表示标高的站（场），就画平面管网安装图。现场应用的施工图大多采用平面管网安装图。

二、读图单元及识读方法

（一）读图单元

一个矿场集输系统，施工图的数量极其繁多。从读图的方法考虑，按照它们表达的范围和对象，大致可将它们分成四个读图单元，即矿场集输系统总图、站管道图、站（场）库总图和工艺管道安装图。

1. 矿场集输系统总图

矿场集输系统总图，一般由设计说明书、设备表、材料表、系统总工艺流程图、系统总平面布置图等组成。它们综合一起表达了从井场到原油库整个集输系统的工艺过程和平面布置等情况。

2. 站(场)库外的油气集输管道图

站(场)库外油气集输管道图,一般由平面图、纵剖视图和详图等组成。它们表达了站(场)库外的管网系统。

3. 站(场)库总图

站(场)库总图,一般由设计说明书、设备表、材料表、站(场)库工艺流程图、站(场)库总平面布置图、站(场)库设备布置图、平面管网图或平面管网安装图等组成。它们综合一起表达了站(场)库的工艺过程、平面布置、设备布置和平面管网等情况。

4. 工艺管道安装图

设备少、管道敷设简单的功能单一的站(场),由站(场)工艺管道安装图就可表达清楚站(场)内设备与管道的连接情况。设备多、管道敷设复杂的多功能联合在一起的站(场),一般由若干个单体装置工艺管道安装图,综合到一起来表达站(场)内设备与管道的连接情况。两种工艺管道安装图的视图都是由于面图、立面图、剖视图、轴测图和详图等组成。

(二) 读图方法与步骤

(1) 施工图中的站(场)库、设备、装置、容器、阀件、仪表、管道等都用图例表示,所以读图时一定要先熟悉施工图中有关图例符号的意义。

(2) 读图时要注意管道工程施工图上的一些特殊表达方法。主要的特殊表达方法有:

①用箭头注明管内介质的流动方向;

②用列表标注法注明管道编号,管内输送介质;

③用列表标注法注明阀件的种类、规格和型号;

④用文字注明表达相邻部分图纸的图号等。

注意这些表达方法,运用视图间投影规律,加以综合分析,可以较快读懂施工图。

(3) 凡是有文字资料的读图单元,一般都要先读文字资料部分,后读视图部分,这将有助于对施工图的理解。

(4) 识读整个矿场集输管道工程施工图时,要按读图单元逐个单元地读。一般先读集输系统总图,再依次识读站(场)库外的油气集输管道图、站(场)库总图和工艺管道安装图。

(5) 识读站(场)库管道工程施工图时,也要按读图单元来读,要先读站(场)库的总图,再逐一识读工艺管道安装图。

(6) 识读工艺流程图时,在读懂设备、装置和建(构)筑物的前提下,再逐条地识读工艺流程线。要注意以下几个问题:

①工艺流程图只是一种示意图,它只代表一个区域或一个系统所用的设备及管道的来龙去脉,不代表设备的实际位置和管道的实际长度。

②工艺流程图是为了说明处理系统的工艺原理,可作为画施工图的依据,也可作为倒换流程时对照操作阀之用。从图上可以直接看出介质的来源,经过哪些设备,最后去向。

③工艺流程由各种图形符号、直线、线段所组成,所以要看懂工艺流程图,必须事先要熟悉各种图形符号,即先看图例说明。

④要熟悉各种设备、管道、介质的标注方法及代号代表的意义。从标注栏上明了管道的作用、管径。如 $\phi 104 \times 4$,代表无缝钢管或有色金属管,外径104mm,管壁厚度4mm。

⑤要熟悉各种设备的作用原理和结构,这样才会加深对工艺流程图的理解。

⑥看图时先要看主要设备和主要管道，后看次要设备和辅助管道。

⑦看管道时要从头到尾清楚每条管道的来龙去脉。

（7）识读平面管网图或平面管网安装图时，第一要识读各台设备或装置间所连接管道的平面布置；第二要识读每台设备或装置进、出口管道数；第三要通过管道列表标注法或剖视图中的标高，来识读各条管道的立面布置。最后，如能画出各条管道的轴测图或三视图，则就读懂了平面管网图或平面管网安装图。

（8）识读工艺管道安装图时，要注意以下几个问题：

①一定要先读懂该站（场）库的总平面布置图、工艺流程图平面管网图或平面管网安装图。先读懂这几种图样，才能较容易地读懂工艺管道安装图。

②识读工艺管道安装图时，一般应逐条管道识读。综合分析表达该管道的几个视图，就可将该管道读懂。每条管道都读懂，则就读懂整个管道，这是一种化繁为简的读图方法。

③复杂的工艺管道，投影重叠交叉，识读时要注意分析交叉投影和折断显露画法等规定画法的空间意义。

④管道标高的识读，对读懂工艺管道安装图极为重要。读图时既要从立面图或剖视图上识读，也要从管道列表标注法中识读。设备进、出口管道的标高还要与平面管网图或平面管网安装图对照识读。最后，如能画出每条管道的轴测图或三视图，则可说明读懂了工艺管道安装图。

（9）施工图中几种不同性质的图样，要采取不同的识读方法。工艺流程图是原理图，读懂它必须用矿场集输的知识去分析和理解。平面布置图和平面管网图都是只有一个视图的单面图样，较易识读，识读时一定要将图纸内容读全。设备布置图、油气集输管道图、工艺管道安装图和平面管网安装图，都是由几个视图组成的图样。读图时要充分运用管道图的投影基础，几个视图对投影的方法来分析和理解。

☞复习思考题：

1. 简述管道工程施工图的分类。
2. 简述流程图的分类及其特点。
3. 简述油气集输管道工程施工图的读图单元的组成。
4. 如何识读油气集输管道工程施工图？
5. 《石油天然气工程制图标准》中对管道标注是如何规定的？

参 考 文 献

1　黄春芳主编．石油管道输送技术．北京：中国石化出版社，2008
2　本书编写组．油田油气集输设计技术手册．北京：石油工业出版社，1994
3　郭揆常主编．矿场油气集输与处理．北京：中国石化出版社，2009
4　宗铁，雍自强主编．油田企业节能技术与实例分析．北京：中国石化出版社，2010
5　乐嘉谦主编．仪表工手册．北京：化学工业出版社，1998
6　左国庆，明赐东主编．自动化仪表故障处理实例．北京：化学工业出版社，2003
7　齐志才，刘红丽主编．自动化仪表．北京：中国林业出版社，2006
8　冯叔初，郭揆常等编著．油气集输与矿场加工．东营：中国石油大学出版社，2006